Java 面试一战到底（基础卷）

周冠亚 著

清华大学出版社
北京

内 容 简 介

本书立足于当前主流互联网企业对 Java 开发人员的技术要求，分析并总结面试中常见的面试考点以提升 Java 开发人员的技术实力。通过结合作者和行业内多位阅历丰富的 Java 开发人员、面试官和猎头的工作经验，总结出高效的面试技巧，助力 Java 开发人员早日走出面试困惑期，收获满意的工作机会和丰厚的薪资。本书第 1 章讲解 Java 语言开发环境的搭建过程。第 2 章和第 3 章讲解 Java 开发人员面试中常见的数据结构和算法考点。第 4 章讲解 Java 开发人员面试中常见的 Java 基础相关的考点。第 5 章和第 6 章讲解 Java 开发人员面试中常见的并发编程考点。第 7 章和第 8 章讲解 Java 开发人员可能会面临的面试形式和应对面试所需的技巧。

本书内容翔实，贴近面试实践，考点讲解详尽，适用于所有 Java 语言面试候选人、分布式系统开发爱好者以及计算机相关专业的学生阅读，也可供具有一到三年 Java 开发经验的读者夯实基础，提升开发技术。

本书封面贴有清华大学出版社防伪标签，无标签者不得销售。
版权所有，侵权必究。举报：010-62782989，beiqinquan@tup.tsinghua.edu.cn。

图书在版编目（CIP）数据

Java 面试一战到底.基础卷 / 周冠亚著.—北京：清华大学出版社，2020.9
ISBN 978-7-302-56436-2

Ⅰ. ①J… Ⅱ. ①周… Ⅲ. ①JAVA 语言—程序设计 Ⅳ. ①TP312.8

中国版本图书馆 CIP 数据核字（2020）第 178262 号

责任编辑：王金柱
封面设计：王　翔
责任校对：闫秀华
责任印制：沈　露

出版发行：清华大学出版社
网　　址：http://www.tup.com.cn，http://www.wqbook.com
地　　址：北京清华大学学研大厦 A 座
邮　　编：100084
社 总 机：010-62770175
邮　　购：010-62786544
投稿与读者服务：010-62776969，c-service@tup.tsinghua.edu.cn
质 量 反 馈：010-62772015，zhiliang@tup.tsinghua.edu.cn

印 装 者：三河市龙大印装有限公司
经　　销：全国新华书店
开　　本：190mm×260mm　　印　张：48.75　　字　数：1248 千字
版　　次：2020 年 11 月第 1 版　　印　次：2020 年 11 月第 1 次印刷
定　　价：179.00 元

产品编号：084278-01

前　　言

　　Java 语言在如今的软件行业已然成为重要、流行的开发语言之一，越来越多的企业选择 Java 语言作为其主要开发语言。伴随着互联网行业的不断发展，越来越多的互联网企业为 Java 开发人员提供了优厚的薪水。随着 Java 开发人员薪水的不断上调，企业在 Java 开发人员的挑选方面投入了越来越多的时间成本和人力成本。本书结合目前互联网公司常见的面试考点进行分析，针对各个面试考点各个击破，并结合国内一二线主流互联网公司和部分"独角兽"公司的面试场景，总结面试中高效的面试技巧，尽可能提升 Java 开发人员的面试通过率。

　　本书涵盖软件开发必备的、面试必考的数据结构和算法，JDK（Java Development Kit）中重要的、面试常见的代码分析、Java 语言并发编程核心代码分析和面试技巧揭秘。本书从结构上可以分为五篇，第一篇是准备开发环境，介绍 Java 语言开发中常见的工具和使用技巧，涉及第 1 章内容。第二篇是数据结构和算法，讲解软件开发行业中无论任何编程语言都会涉及的数据结构和算法，涵盖第 2 章和第 3 章。第三篇是 Java 基础，主要讲解面试中常见的 Java 类的代码实现原理，涉及第 4 章内容。第四篇是 Java 并发编程，主要讲解 Java 多线程中常见的面试题，涵盖第 5 章和第 6 章。第五篇是面试，主要讲解 Java 开发人员可能会遇到的面试形式和必备的面试技巧，涵盖第 7 章和第 8 章。

本书结构

　　本书共 8 章，各章内容概述如下：

- 第 1 章介绍 Java 开发所需的环境和工具，包括 JDK 安装、IntelliJ IDEA 安装、Maven 安装和 IntelliJ IDEA 插件安装。
- 第 2 章介绍面试中常见的数据结构，如线性表、链表、栈、队列、树、森林和图等。
- 第 3 章介绍面试中常见的算法，如冒泡排序、选择排序、希尔排序和堆排序等。
- 第 4 章介绍面试中常见的 Java 集合框架，如 HashMap、TreeMap 等。
- 第 5 章介绍面试中常见的 Java 线程基础相关的知识，如线程阻塞、线程唤醒、volatile、synchronized 等。
- 第 6 章介绍面试中常见的 Java 并发编程工具类的实现原理，如 ReentrantLock、CopyOnWriteArrayList、ConcurrentHashMap 等。
- 第 7 章介绍常见的面试形式，如语音面试、视频面试、现场面试、压力面试、背景调查等。
- 第 8 章介绍常见的几种候选人的面试过程和高效的面试技巧。

本书预备知识

Java 基础

　　建议读者掌握必要的 Java 编程基础知识，可以参考本书内容实现编程。

本书使用的软件版本

本书使用到的开发环境如下：

- 操作系统：MacOS 10.14.3。
- 开发工具：IntelliJ IDEA 2019.1.3。
- JDK 版本：1.8。
- maven-3.5.0。

读者对象

本书适合所有 Java 语言开发人员、Java 语言求职人员、在校学生及对面试存在疑惑的开发人员阅读。

源代码下载

GitHub 源代码下载地址：

https://github.com/online-demo/java-interview-guide。

也可以扫描右侧的二维码进行下载。如果下载有问题，请联系 booksaga@126.com，邮件主题为"Java 面试一战到底（基础卷）"。

致谢

本书能够顺利出版，首先要感谢清华大学出版社的王金柱编辑，他给了笔者一次与各位读者分享技术、交流学习的机会，感谢王金柱编辑在本书出版过程中的辛勤付出。感谢笔者的好友黄文毅，也是笔者曾经的同事，对笔者在写作思路上给予的帮助和支持。

感谢中国电信天翼电子商务有限公司（甜橙金融），书中很多知识点和项目实战经验都来源于"甜橙金融"，感谢"甜橙金融"营销中各位同事对笔者工作和学习的帮助和支持。感谢行业前辈杨继龙对笔者职业生涯的提点，感谢好友钱方对笔者写作进度的监督和指导，感谢英语老师吴定山对笔者英语能力的培养。

限于笔者水平有限，书中难免存在疏漏之处，敬请广大读者朋友及业界专家批评指正，以期使本书更加完善。

周冠亚

2020 年 2 月 16 日

目　　录

第一篇　准备开发环境

第1章　开发环境搭建 1
- 1.1　Java 语言版本构成及特性 1
- 1.2　JDK 的安装 3
- 1.3　IntelliJ IDEA 的安装 4
- 1.4　Apache Maven 的安装 5
- 1.5　IntelliJ IDEA 插件安装 5
- 1.6　小结 6

第二篇　数据结构和算法

第2章　数据结构 7
- 2.1　线性表 8
  - 2.1.1　线性表的定义 8
  - 2.1.2　线性表的类型 8
  - 2.1.3　线性表的抽象类型的定义 8
  - 2.1.4　线性表常见面试考点 9
- 2.2　顺序表 10
  - 2.2.1　顺序表添加元素 10
  - 2.2.2　顺序表查找元素 10
  - 2.2.3　顺序表删除元素 11
  - 2.2.4　顺序表的实现 11
  - 2.2.5　顺序表常见面试考点 15
- 2.3　单链表 15
  - 2.3.1　单链表添加元素 16
  - 2.3.2　单链表查找元素 16
  - 2.3.3　单链表删除元素 17
  - 2.3.4　单链表的实现 17
  - 2.3.5　单链表常见面试考点 23

2.4 双向链表 23
2.4.1 双向链表添加元素 24
2.4.2 双向链表查找元素 24
2.4.3 双向链表删除元素 25
2.4.4 双向循环链表 25
2.4.5 双向链表常见面试考点 26
2.5 栈 26
2.5.1 顺序栈 27
2.5.2 链式栈 31
2.5.3 栈常见面试考点 34
2.6 队列 34
2.6.1 顺序队列 35
2.6.2 循环队列 39
2.6.3 链式队列 43
2.6.4 优先队列 46
2.6.5 队列常见面试考点 50
2.7 树 50
2.7.1 树结构的相关概念 51
2.7.2 二叉树 52
2.7.3 斜树 52
2.7.4 满二叉树 53
2.7.5 完全二叉树 53
2.7.6 二叉树存储结构 54
2.7.7 二叉树的遍历 56
2.7.8 二叉排序树 56
2.7.9 AVL 树 64
2.7.10 2-3-4 树 79
2.7.11 红黑树 86
2.7.12 哈夫曼树 106
2.7.13 树常见面试考点 114
2.8 树和森林 115
2.8.1 普通树转化为二叉树 115
2.8.2 森林转化为二叉树 116
2.8.3 树的遍历 117
2.8.4 森林的遍历 117
2.8.5 树和森林常见面试考点 117
2.9 图 118
2.9.1 图的相关概念 118
2.9.2 图的邻接矩阵存储结构 119

- 2.9.3 图的邻接表存储结构 ... 122
- 2.9.4 图的十字链表存储结构 ... 126
- 2.9.5 图的遍历 ... 132
- 2.9.6 最小生成树 ... 136
- 2.9.7 Prim 算法求解最小生成树 ... 137
- 2.9.8 Kruskal 算法求解最小生成树 ... 146
- 2.9.9 Dijkstra 算法求解最短路径 ... 152
- 2.9.10 图的常见面试考点 ... 159

第3章 算法 ... 160

3.1 字符串相关算法 ... 160
- 3.1.1 验证回文字符串 ... 160
- 3.1.2 分割回文字符串 ... 162
- 3.1.3 单词拆分 ... 164
- 3.1.4 前缀树 ... 167
- 3.1.5 有效的字母异位词 ... 170
- 3.1.6 无重复字符的最长子串 ... 172
- 3.1.7 电话号码的字母组合 ... 174
- 3.1.8 串联所有单词的子串 ... 176
- 3.1.9 字符串相关算法常见面试考点 ... 179

3.2 数组相关算法 ... 179
- 3.2.1 乘积最大连续子序列 ... 179
- 3.2.2 求众数 ... 181
- 3.2.3 旋转数组 ... 183
- 3.2.4 移动零 ... 186
- 3.2.5 求两个数组的交集 ... 187
- 3.2.6 递增的三元子序列 ... 189
- 3.2.7 搜索二维矩阵 ... 191
- 3.2.8 除自身以外数组的乘积 ... 194
- 3.2.9 数组相关算法常见面试考点 ... 197

3.3 排序算法 ... 197
- 3.3.1 冒泡排序算法 ... 197
- 3.3.2 选择排序算法 ... 199
- 3.3.3 插入排序算法 ... 201
- 3.3.4 希尔排序算法 ... 203
- 3.3.5 归并排序算法 ... 206
- 3.3.6 快速排序算法 ... 208
- 3.3.7 堆排序算法 ... 213
- 3.3.8 计数排序算法 ... 219

3.3.9 桶排序算法 221
3.3.10 基数排序算法 224
3.3.11 排序算法常见面试考点 227

第三篇　Java 基础

第 4 章　Java 中的集合框架 229

4.1　集合框架概述 229
4.2　ArrayList 230
4.2.1 ArrayList 类的使用方式 230
4.2.2 ArrayList 类的声明 232
4.2.3 ArrayList 类的属性 233
4.2.4 ArrayList 类的构造器 233
4.2.5 ArrayList 类添加元素的方法 234
4.2.6 ArrayList 类查询元素方法 238
4.2.7 ArrayList 类更新元素方法 240
4.2.8 ArrayList 类删除元素方法 240
4.2.9 ArrayList 类批量方法 242
4.2.10 ArrayList 类导出数组方法 244
4.2.11 ArrayList 类排序方法 245
4.2.12 ArrayList 类的迭代器 247
4.2.13 ArrayList 常见面试考点 253

4.3　LinkedList 253
4.3.1 LinkedList 类的使用方式 253
4.3.2 LinkedList 类的声明 255
4.3.3 LinkedList 类的属性 256
4.3.4 LinkedList 类的内部类 Node 256
4.3.5 LinkedList 类的构造器 257
4.3.6 LinkedList 类添加元素方法 257
4.3.7 LinkedList 类查询元素的方法 260
4.3.8 LinkedList 类更新元素方法 261
4.3.9 LinkedList 类删除元素的方法 262
4.3.10 LinkedList 类批量方法 263
4.3.11 LinkedList 类的迭代器 265
4.3.12 LinkedList 常见面试考点 269

4.4　Deque 270
4.4.1 Deque 类的使用方式 270
4.4.2 Queue 接口 271

目录

- 4.4.3 Deque 接口 272
- 4.4.4 LinkedList 类的 addFirst()方法 276
- 4.4.5 LinkedList 类的 addLast()方法 276
- 4.4.6 LinkedList 类的 offerFirst()方法 277
- 4.4.7 LinkedList 类的 offerLast()方法 277
- 4.4.8 LinkedList 类的 removeFirst()方法 278
- 4.4.9 LinkedList 类的 removeLast()方法 279
- 4.4.10 LinkedList 类的 pollFirst()方法 280
- 4.4.11 LinkedList 类的 pollLast()方法 280
- 4.4.12 LinkedList 类的 getFirst()方法 280
- 4.4.13 LinkedList 类的 getLast()方法 281
- 4.4.14 LinkedList 类的 peekFirst()方法 281
- 4.4.15 LinkedList 类的 peekLast()方法 281
- 4.4.16 LinkedList 类的 add()方法 282
- 4.4.17 LinkedList 类的 offer()方法 282
- 4.4.18 LinkedList 类的 remove()方法 282
- 4.4.19 LinkedList 类的 poll()方法 283
- 4.4.20 LinkedList 类的 element()方法 283
- 4.4.21 LinkedList 类的 peek()方法 283
- 4.4.22 LinkedList 类的 removeFirstOccurrence()方法 284
- 4.4.23 LinkedList 类的 removeLastOccurrence()方法 284
- 4.4.24 LinkedList 类的 push()方法 285
- 4.4.25 LinkedList 类的 pop()方法 286
- 4.4.26 Deque 常见面试考点 286
- 4.5 PriorityQueue 286
  - 4.5.1 PriorityQueue 类的使用方式 286
  - 4.5.2 PriorityQueue 类的声明 287
  - 4.5.3 PriorityQueue 类的属性 288
  - 4.5.4 PriorityQueue 类的构造器 289
  - 4.5.5 PriorityQueue 类的 add()方法 294
  - 4.5.6 PriorityQueue 类的 offer()方法 294
  - 4.5.7 PriorityQueue 类的 poll()方法 297
  - 4.5.8 PriorityQueue 类的 peek()方法 297
  - 4.5.9 PriorityQueue 常见面试考点 298
- 4.6 HashMap 298
  - 4.6.1 HashMap 类的使用方式 298
  - 4.6.2 Entry 接口 300
  - 4.6.3 Map 接口 301
  - 4.6.4 HashMap 类的声明 307

4.6.5 HashMap 类的属性ᅠᅠ307
4.6.6 HashMap 静态内部类 Nodeᅠᅠ309
4.6.7 HashMap 静态内部类 TreeNodeᅠᅠ311
4.6.8 HashMap 的存储结构ᅠᅠ312
4.6.9 HashMap 的类构造器ᅠᅠ312
4.6.10 HashMap 类的 put()方法ᅠᅠ313
4.6.11 HashMap 类的 hash()方法ᅠᅠ314
4.6.12 HashMap 类的 putVal()方法ᅠᅠ314
4.6.13 HashMap 类的 resize()方法ᅠᅠ318
4.6.14 HashMap 类的 putTreeVal()方法ᅠᅠ323
4.6.15 HashMap 类的 treeifyBin()方法ᅠᅠ324
4.6.16 HashMap 类的 remove()方法ᅠᅠ330
4.6.17 HashMap 类的 get()方法ᅠᅠ334
4.6.18 HashMap 常见面试考点ᅠᅠ335

4.7 LinkedHashMapᅠᅠ335
4.7.1 LinkedHashMap 类的使用方式ᅠᅠ336
4.7.2 LinkedHashMap 类的声明ᅠᅠ339
4.7.3 LinkedHashMap 静态内部类 Entryᅠᅠ339
4.7.4 LinkedHashMap 类的属性ᅠᅠ339
4.7.5 LinkedHashMap 类的构造器ᅠᅠ340
4.7.6 LinkedHashMap 类的 put()方法ᅠᅠ341
4.7.7 LinkedHashMap 类的 get()方法ᅠᅠ345
4.7.8 LinkedHashMap 类的 getOrDefault()方法ᅠᅠ345
4.7.9 LinkedHashMap 类的 containsValue()方法ᅠᅠ346
4.7.10 LinkedHashMap 类的 removeEldestEntry()方法ᅠᅠ346
4.7.11 LinkedHashMap 类常见面试考点ᅠᅠ346

4.8 TreeMapᅠᅠ346
4.8.1 TreeMap 类的使用方式ᅠᅠ347
4.8.2 TreeMap 类的声明ᅠᅠ348
4.8.3 TreeMap 静态内部类 Entryᅠᅠ352
4.8.4 TreeMap 类的属性ᅠᅠ353
4.8.5 TreeMap 类的构造器ᅠᅠ354
4.8.6 TreeMap 类的 putAll()方法ᅠᅠ355
4.8.7 TreeMap 类的 buildFromSorted()方法ᅠᅠ355
4.8.8 TreeMap 类的 put()方法ᅠᅠ358
4.8.9 TreeMap 类的 get()方法ᅠᅠ361
4.8.10 TreeMap 类的 remove()方法ᅠᅠ362
4.8.11 TreeMap 类的 firstKey()方法ᅠᅠ365
4.8.12 TreeMap 类的 lastKey()方法ᅠᅠ365

4.8.13　TreeMap 类常见面试考点 366
 4.9　HashSet 366
  4.9.1　HashSet 类的使用方式 366
  4.9.2　HashSet 类的声明 367
  4.9.3　HashSet 类的属性 367
  4.9.4　HashSet 类的构造器 368
  4.9.5　HashSet 类的 add()方法 369
  4.9.6　HashSet 类的 remove()方法 369
  4.9.7　HashSet 类的 contains()方法 369
  4.9.8　HashSet 类的 iterator()方法 370
  4.9.9　HashSet 类常见面试考点 372
 4.10　LinkedHashSet 372
  4.10.1　LinkedHashSet 类的使用方式 372
  4.10.2　LinkedHashSet 类的声明 373
  4.10.3　LinkedHashSet 类构造器 373
  4.10.4　LinkedHashSet 类常见面试考点 374
 4.11　TreeSet 374
  4.11.1　TreeSet 类的使用方式 375
  4.11.2　TreeSet 类的声明 377
  4.11.3　TreeSet 类的属性 379
  4.11.4　TreeSet 类的构造器 379
  4.11.5　TreeSet 类的 add()方法 380
  4.11.6　TreeSet 类的 first()方法 381
  4.11.7　TreeSet 类的 last()方法 382
  4.11.8　TreeSet 类的 descendingIterator()方法 382
  4.11.9　TreeSet 类常见面试考点 385

第四篇　Java 并发编程

第 5 章　线程基础 387
 5.1　线程的概念 387
  5.1.1　进程与线程的关系 387
  5.1.2　线程的概念常见面试考点 388
 5.2　线程的创建 388
  5.2.1　继承 Thread 类 388
  5.2.2　实现 Runnable 接口 389
  5.2.3　实现 Callable 接口 390
  5.2.4　线程池 391

5.2.5　线程创建的常见面试考点 394
5.3　线程的生命周期 394
　　5.3.1　初始状态 395
　　5.3.2　就绪状态 396
　　5.3.3　运行中状态 396
　　5.3.4　阻塞状态 396
　　5.3.5　等待状态 396
　　5.3.6　超时等待状态 396
　　5.3.7　终止状态 396
　　5.3.8　线程的生命周期常见面试考点 397
5.4　线程中断 397
　　5.4.1　线程中断的概念 397
　　5.4.2　线程中断的响应 397
　　5.4.3　线程中断的操作 397
　　5.4.4　线程中断常见面试考点 401
5.5　线程的优先级和守护线程 401
　　5.5.1　线程优先级的特性 402
　　5.5.2　守护线程 406
　　5.5.3　线程优先级和守护线程常见面试考点 408
5.6　线程常用方法 408
　　5.6.1　sleep()方法 408
　　5.6.2　wait()方法 410
　　5.6.3　notify()/notifyAll()方法 411
　　5.6.4　yield()方法 413
　　5.6.5　join()方法 415
　　5.6.6　线程常用方法常见面试考点 416
5.7　线程组 416
　　5.7.1　线程组的概念 416
　　5.7.2　一级关联 417
　　5.7.3　多级关联 419
　　5.7.4　线程组自动归属 420
　　5.7.5　批量管理线程 421
　　5.7.6　线程组常见面试考点 422
5.8　Thread 类代码解析 423
　　5.8.1　Thread 类常用属性 423
　　5.8.2　Thread 类的构造器 424
　　5.8.3　Thread 类的 start()方法 427
　　5.8.4　Thread 类的 run()方法 431
　　5.8.5　Thread 类的 exit()方法 431

- 5.8.6 Thread 类的 interrupt()方法 431
- 5.8.7 Thread 类的 interrupted()方法 434
- 5.8.8 Thread 类的 isInterrupted()方法 435
- 5.8.9 Thread 类的 join()方法 435
- 5.8.10 Thread 类的 sleep()方法 438
- 5.8.11 Thread 类常见面试考点 441
- 5.9 volatile 442
  - 5.9.1 硬件系统架构 442
  - 5.9.2 缓存一致性问题 443
  - 5.9.3 缓存一致性协议 444
  - 5.9.4 as-if-serial 445
  - 5.9.5 程序顺序规则 446
  - 5.9.6 指令重排序 447
  - 5.9.7 volatile 内存语义 450
  - 5.9.8 volatile 常见面试考点 451
- 5.10 synchronized 451
  - 5.10.1 synchronized 的作用 451
  - 5.10.2 synchronized 的使用方式 452
  - 5.10.3 synchronized 死锁问题 462
  - 5.10.4 synchronized 的特性 464
  - 5.10.5 synchronized 的实现原理 464
  - 5.10.6 synchronized 的存储结构 469
  - 5.10.7 自旋锁 473
  - 5.10.8 锁消除 474
  - 5.10.9 锁粗化 475
  - 5.10.10 偏向锁 475
  - 5.10.11 轻量级锁 478
  - 5.10.12 重量级锁 480
  - 5.10.13 synchronized 实现线程通信 481
  - 5.10.14 synchronized 常见面试考点 488
- 5.11 ThreadLocal 488
  - 5.11.1 ThreadLocal 的使用方式 488
  - 5.11.2 ThreadLocal 原理分析 490
  - 5.11.3 静态内部类 ThreadLocalMap 492
  - 5.11.4 ThreadLocal 类的 set()方法 499
  - 5.11.5 ThreadLocal 类的 get()方法 499
  - 5.11.6 ThreadLocal 与内存泄漏 500
  - 5.11.7 ThreadLocal 常见面试考点 501

第6章 并发编程工具 ... 502

6.1 AbstractQueuedSynchronizer ... 502
- 6.1.1 AbstractOwnableSynchronizer 代码分析 ... 502
- 6.1.2 AbstractQueuedSynchronizer 内部类 ... 503
- 6.1.3 AbstractQueuedSynchronizer 的属性 ... 506
- 6.1.4 AbstractQueuedSynchronizer 独占模式 ... 506
- 6.1.5 AbstractQueuedSynchronizer 共享模式 ... 516
- 6.1.6 AbstractQueuedSynchronizer 条件模式 ... 522
- 6.1.7 AbstractQueuedSynchronizer 常见面试考点 ... 546

6.2 Lock ... 547
- 6.2.1 Lock 接口加锁方法 ... 547
- 6.2.2 Lock 接口解锁方法 ... 549
- 6.2.3 Lock 接口的 newCondition()方法 ... 549

6.3 ReentrantLock ... 549
- 6.3.1 ReentrantLock 的使用方式 ... 549
- 6.3.2 ReentrantLock 类图 ... 551
- 6.3.3 ReentrantLock 内部类 Sync 代码解析 ... 552
- 6.3.4 ReentrantLock 内部类 FairSync 代码解析 ... 554
- 6.3.5 ReentrantLock 内部类 NonfairSync 代码解析 ... 555
- 6.3.6 ReentrantLock 构造器代码解析 ... 556
- 6.3.7 ReentrantLock 公平锁代码解析 ... 557
- 6.3.8 ReentrantLock 非公平锁代码解析 ... 559
- 6.3.9 公平锁与非公平锁比较 ... 560
- 6.3.10 ReentrantLock 常见面试考点 ... 561

6.4 Semaphore ... 561
- 6.4.1 Semaphore 的使用方式 ... 561
- 6.4.2 Semaphore 类图 ... 563
- 6.4.3 Semaphore 内部类 Sync 代码解析 ... 563
- 6.4.4 Semaphore 内部类 FairSync 代码解析 ... 565
- 6.4.5 Semaphore 内部类 NonfairSync 代码解析 ... 566
- 6.4.6 Semaphore 构造器代码解析 ... 566
- 6.4.7 Semaphore 公平模式代码解析 ... 567
- 6.4.8 Semaphore 非公平模式代码解析 ... 570
- 6.4.9 Semaphore 常见面试考点 ... 571

6.5 CountDownLatch ... 571
- 6.5.1 CountDownLatch 的使用方式 ... 572
- 6.5.2 CountDownLatch 类图 ... 575
- 6.5.3 CountDownLatch 内部类 Sync 代码解析 ... 575

	6.5.4 CountDownLatch 构造器代码解析	576
	6.5.5 await()方法代码解析	577
	6.5.6 await(long timeout, TimeUnit unit)方法代码解析	578
	6.5.7 countDown()方法代码解析	579
	6.5.8 CountDownLatch 常见面试考点	580
6.6	CyclicBarrier	580
	6.6.1 CyclicBarrier 的使用方式	580
	6.6.2 CyclicBarrier 的属性	583
	6.6.3 CyclicBarrier 内部类 Generation 代码解析	583
	6.6.4 CyclicBarrier 构造器代码解析	584
	6.6.5 await()方法代码解析	584
	6.6.6 reset()方法代码解析	588
	6.6.7 CyclicBarrier 常见面试考点	588
6.7	ReentrantReadWriteLock	589
	6.7.1 ReentrantReadWriteLock 的使用方式	589
	6.7.2 ReentrantReadWriteLock 类图	591
	6.7.3 ReentrantReadWriteLock 的属性	592
	6.7.4 ReentrantReadWriteLock 构造器代码解析	592
	6.7.5 ReentrantReadWriteLock 内部类 Sync 代码解析	593
	6.7.6 ReentrantReadWriteLock 内部类 FairSync 代码解析	595
	6.7.7 ReentrantReadWriteLock 内部类 NonfairSync 代码解析	595
	6.7.8 ReentrantReadWriteLock 内部类 ReadLock 代码解析	596
	6.7.9 ReentrantReadWriteLock 内部类 WriteLock 代码解析	597
	6.7.10 ReentrantReadWriteLock 写锁代码解析	599
	6.7.11 ReentrantReadWriteLock 读锁代码解析	602
	6.7.12 ReentrantReadWriteLock 常见面试考点	607
6.8	ArrayBlockingQueue	607
	6.8.1 ArrayBlockingQueue 的使用方式	608
	6.8.2 ArrayBlockingQueue 的属性	609
	6.8.3 ArrayBlockingQueue 构造器代码解析	610
	6.8.4 ArrayBlockingQueue 入队方法代码解析	612
	6.8.5 ArrayBlockingQueue 出队方法代码解析	614
	6.8.6 ArrayBlockingQueue 常见面试考点	617
6.9	LinkedBlockingQueue	618
	6.9.1 LinkedBlockingQueue 的使用方式	618
	6.9.2 LinkedBlockingQueue 内部类 Node 代码解析	620
	6.9.3 LinkedBlockingQueue 的属性	621
	6.9.4 LinkedBlockingQueue 构造器代码解析	622
	6.9.5 LinkedBlockingQueue 入队方法代码解析	623

- 6.9.6 LinkedBlockingQueue 出队方法代码解析 625
- 6.9.7 LinkedBlockingQueue 常见面试考点 629
- 6.10 DelayQueue 629
  - 6.10.1 DelayQueue 的使用方式 629
  - 6.10.2 DelayQueue 的声明 632
  - 6.10.3 DelayQueue 的属性 632
  - 6.10.4 DelayQueue 构造器代码解析 633
  - 6.10.5 DelayQueue 入队方法代码解析 633
  - 6.10.6 DelayQueue 出队方法代码解析 635
  - 6.10.7 DelayQueue 工作原理解析 639
  - 6.10.8 DelayQueue 常见面试考点 640
- 6.11 LinkedBlockingDeque 640
  - 6.11.1 LinkedBlockingDeque 的使用方式 640
  - 6.11.2 LinkedBlockingDeque 的声明 644
  - 6.11.3 LinkedBlockingDeque 内部类 Node 代码解析 647
  - 6.11.4 LinkedBlockingDeque 的属性 648
  - 6.11.5 LinkedBlockingDeque 构造器代码解析 649
  - 6.11.6 LinkedBlockingDeque 入队方法代码解析 650
  - 6.11.7 LinkedBlockingDeque 出队方法代码解析 654
  - 6.11.8 LinkedBlockingDeque 常见面试考点 658
- 6.12 CopyOnWriteArrayList 658
  - 6.12.1 CopyOnWriteArrayList 的使用方式 658
  - 6.12.2 CopyOnWriteArrayList 的属性 660
  - 6.12.3 CopyOnWriteArrayList 构造器代码解析 660
  - 6.12.4 CopyOnWriteArrayList 添加元素方法代码解析 661
  - 6.12.5 CopyOnWriteArrayList 更新元素方法代码解析 663
  - 6.12.6 CopyOnWriteArrayList 删除元素方法代码解析 664
  - 6.12.7 CopyOnWriteArrayList 查找元素方法代码解析 666
  - 6.12.8 CopyOnWriteArrayList 工作原理解析 667
  - 6.12.9 CopyOnWriteArrayList 常见面试考点 668
- 6.13 ConcurrentHashMap 668
  - 6.13.1 ConcurrentHashMap 的使用方式 669
  - 6.13.2 ConcurrentHashMap 类的属性 670
  - 6.13.3 ConcurrentHashMap 内部类 Node 代码解析 671
  - 6.13.4 ConcurrentHashMap 内部类 TreeNode 代码解析 672
  - 6.13.5 ConcurrentHashMap 内部类 TreeBin 代码解析 674
  - 6.13.6 ConcurrentHashMap 内部类 ForwardingNode 代码解析 675
  - 6.13.7 ConcurrentHashMap 类 put()方法代码解析 676
  - 6.13.8 ConcurrentHashMap 类 putIfAbsent()方法代码解析 676

6.13.9	ConcurrentHashMap 类 putVal()方法代码解析	677
6.13.10	ConcurrentHashMap 类 initTable()方法代码解析	679
6.13.11	ConcurrentHashMap 类 helpTransfer()方法代码解析	680
6.13.12	ConcurrentHashMap 类 treeifyBin()方法代码解析	682
6.13.13	ConcurrentHashMap 类 tryPresize()方法代码解析	683
6.13.14	ConcurrentHashMap 类 transfer()方法代码解析	684
6.13.15	ConcurrentHashMap 类 get()方法代码解析	690
6.13.16	ConcurrentHashMap 常见面试考点	690

6.14 Unsafe 690
- 6.14.1 Unsafe 单例设计模式 691
- 6.14.2 Unsafe 类内存操作相关方法 691
- 6.14.3 Unsafe 类 CAS 相关方法 695
- 6.14.4 Unsafe 类线程调度相关方法 697
- 6.14.5 Unsafe 类 Class 相关方法 698
- 6.14.6 Unsafe 类对象相关方法 700
- 6.14.7 Unsafe 类数组相关方法 701
- 6.14.8 Unsafe 类 volatile 相关方法 703
- 6.14.9 Unsafe 类内存屏障相关方法 704
- 6.14.10 Unsafe 类常见面试考点 704

6.15 LockSupport 704
- 6.15.1 LockSupport 的使用方式 705
- 6.15.2 LockSupport 构造器代码解析 706
- 6.15.3 LockSupport 静态代码块 707
- 6.15.4 LockSupport 类阻塞方法代码解析 708
- 6.15.5 LockSupport 类唤醒方法代码解析 709
- 6.15.6 LockSupport 常见面试考点 709

6.16 原子类 710
- 6.16.1 AtomicInteger 的使用方式 711
- 6.16.2 AtomicInteger 类的属性 712
- 6.16.3 AtomicInteger 构造器代码解析 712
- 6.16.4 AtomicInteger 常用方法代码解析 713
- 6.16.5 ABA 问题 715
- 6.16.6 AtomicStampedReference 代码解析 717
- 6.16.7 原子类常见面试考点 718

6.17 线程池 719
- 6.17.1 ThreadPoolExecutor 的使用方式 719
- 6.17.2 ThreadPoolExecutor 构造器代码解析 722
- 6.17.3 ThreadPoolExecutor 工作流程 726
- 6.17.4 ThreadPoolExecutor 内部类 Worker 代码解析 727

6.17.5　ThreadPoolExecutor 的状态 729
6.17.6　ThreadPoolExecutor 提交任务代码解析 731
6.17.7　ThreadPoolExecutor 类 execute() 方法代码解析 733
6.17.8　ThreadPoolExecutor 类 addWorker() 方法代码解析 735
6.17.9　ThreadPoolExecutor 类 runWorker() 方法代码解析 738
6.17.10　ThreadPoolExecutor 类 getTask() 方法代码解析 741
6.17.11　ThreadPoolExecutor 类 processWorkerExit() 方法代码解析 742
6.17.12　ThreadPoolExecutor 类 shutdown() 方法代码解析 743
6.17.13　ThreadPoolExecutor 类 shutdownNow() 方法代码解析 743
6.17.14　线程池常见面试考点 744

第五篇　面试与技巧

第 7 章　剖析面试 745
7.1　什么是面试 745
7.1.1　让面试官记住你 746
7.1.2　让面试官信任你 747
7.2　面试环节分析 748
7.2.1　笔试 748
7.2.2　语音面试 748
7.2.3　视频面试 748
7.2.4　现场面试 749
7.2.5　压力面试 750
7.2.6　背景调查 750
7.2.7　在线考试 751

第 8 章　面试技巧 752
8.1　第一类候选人 752
8.2　第二类候选人 755
8.3　第三类候选人 755
8.4　第四类候选人 756

参考文献 762

第一篇

准备开发环境

第 1 章

开发环境搭建

Java 是当前主流的编程语言之一。经过 20 多年的发展，Java 有着非常丰富的开发环境和开发工具。本章主要介绍 Java 语言的发展和主流的 Java 程序的开发环境，并介绍一些常用工具以及本书使用的工具版本。

1.1 Java 语言版本构成及特性

Java 语言是由 Sun Microsystems 公司于 1995 年推出的一款编程语言。Java 分为 3 个体系：

（1）JavaSE：Java 平台标准版（Java Platform Standard Edition）。
（2）JavaEE：Java 平台企业版（Java Platform Enterprise Edition）。
（3）JavaME：Java 平台微型版（Java Platform Micro Edition）。

Java 语言是一门面向对象的编程语言，Java 不仅吸收了 C++编程语言的各种优点，并且摒弃了 C++ 语言中难以理解的多继承、指针等概念，这使得 Java 语言更加简单易用。

Java 语言具有面向对象、健壮性、安全性、平台独立性、多线程等多种特性，正是由于 Java 语言提供如此多的优良特性，才使得 Java 语言长期占据企业编程语言榜首的地位。

1. 简单性

Java 语言的语法简单，大多数开发人员可以很容易地学习和掌握。不仅如此，Java 语言还摒弃了 C++ 中比较难以理解和令人困惑的特性。特别是，Java 语言不使用指针，而是使用引用。Java 提供的垃圾收集机制使开发人员在开发过程中不再为内存管理而烦恼。

2. 面向对象

Java 语言提供类、接口和继承等面向对象的特性，Java 语言只支持类之间的单继承，但支持接口之间的多继承，并支持类与接口之间的实现机制（关键字为 implements）。Java 语言是一个纯的面向对象的程序设计语言。

3. 分布式

Java 语言支持 Internet 应用的开发。Java 提供网络编程接口，提供了用于网络应用编程的类库，包括 URL、URLConnection、Socket、ServerSocket 等。

4. 健壮性

Java 语言的强类型机制、异常处理、垃圾收集等是 Java 程序健壮性的重要保证。Java 语言的安全检查机制使 Java 语言更具健壮性。

5. 安全性

Java 语言通常被用在网络环境中，因此 Java 语言提供了一个安全机制以防恶意代码的攻击。除了 Java 语言具有的许多安全特性以外，Java 对通过网络下载的类具有一个安全防范机制（ClassLoader），如分配不同的名字空间以防替代本地的同名类、字节代码检查，并提供安全管理机制（Security Manager）。

6. 可移植性

Java 程序在 Java 平台上被编译为体系结构中立的字节码格式，可以在任何平台上运行。Java 程序不依赖于具体操作系统和平台，方便开发人员在各种平台间移植 Java 程序。

7. 解释型

Java 程序在 Java 平台上被编译为字节码格式，可以在实现 Java 平台的任何系统中运行。在运行时，Java 平台中的 Java 解释器对这些字节码进行解释执行，执行过程中需要的类在连接阶段被载入运行环境中。

8. 高性能

Java 语言的运行速度随着 JIT（Just-In-Time）编译器技术的发展越来越接近 C++ 语言。

9. 多线程

线程是操作系统调度的最小单元。Java 语言提供的多线程框架能够充分发挥当代多核 CPU 的性能。Java 线程使应用程序在同一时刻可以并发处理多个任务，极大限度地提高了 Java 程序的执行效率，改善用户体验。

10．动态性

Java 语言的设计目标之一是适应动态变化的环境。Java 程序需要的类能够动态地被载入运行时环境，也可以通过网络来载入所需要的类。这也有利于软件的升级。

Java 语言如此多样的特性，使 Java 自创造之初到目前为止，一直是企业开发很受欢迎的编程语言之一。

随着 JVM（Java Virtual Machine，Java 虚拟机）技术的不断优化，出现了越来越多的可以运行在 JVM 上的编程语言，如 Kotlin、Scala、Clojure、Groovy 等。Java 开发者只要掌握好 JVM 的知识便可以快速地学习其他编程语言。

1.2　JDK 的安装

JDK（Java Development Kit）是 Java 语言的软件开发工具包。JDK 是整个 Java 语言的核心，它包含 Java 的运行环境（JVM 和 Java 系统类库）和 Java 工具。

本书 JDK（Java SE Development Kit）建议使用 JDK 1.8 及以上的版本。JDK 下载路径为：https://www.oracle.com/technetwork/java/javase/downloads/index.html。

目前 Java 开发者的工作平台主要有 Windows 系统、Linux 系统和 Mac OS 系统。本书使用的是 Mac OS 系统。下面将以 Mac OS 系统为例讲解 JDK 的安装过程。

1．下载 JDK

开发人员可以到 Java 官网下载 JDK。除此之外，Mac OS 系统开发人员还可以通过 brew 命令下载 JDK。

2．解压

下载完 JDK 后，可以通过如下命令解压：

```
tar -zxvf JDK 安装包
```

3．配置环境变量

与 Windows 系统和 Linux 系统类似，Mac OS 系统安装 JDK 后，也需要配置 JDK 的环境变量。环境变量配置需要修改 profile 文件：

```
vim /etc/profile
```

以上命令行的含义是：通过 vim 命令打开 profile 文件。在 profile 文件中加入以下配置项，其中 JAVA_HOME 应配置为开发者实际解压后的 JDK 路径。

```
JAVA_HOME=开发者实际解压后的 JDK 路径
CLASSPATH=$JAVA_HOME/lib/
PATH=$PATH:$JAVA_HOME/bin
```

```
export PATH JAVA_HOME CLASSPATH
```

4．生效环境变量

编辑后的 profile 文件不会立刻生效，开发者需要执行以下命令使之生效：

```
source /etc/profile
```

5．验证 JDK 安装

在终端中输入以下命令，验证 JDK 安装是否成功：

```
java -version
```

以本书为例，执行以上命令后得到如下输出信息：

```
java version "1.8.0_192"
Java(TM) SE Runtime Environment (build 1.8.0_192-b12)
Java HotSpot(TM) 64-Bit Server VM (build 25.192-b12, mixed mode)
```

至此，就完成了 JDK 的安装和配置工作。

1.3　IntelliJ IDEA 的安装

IntelliJ IDEA 是 JetBrains 公司的产品，IntelliJ IDEA 是一款综合的 Java 开发环境，被誉为市场上最好的 IDE。IntelliJ IDEA 支持 Java EE、Ant、Junit、Maven 和 CSV 等集成。IntelliJ IDEA 将 Java 开发人员从一些耗时的常规工作中解放出来，显著地提高了开发效率。

IntelliJ IDEA 在 2009 年以后推出了免费的社区开源版本，读者可以在 IntelliJ IDEA 的官方网站（http://www.jetbrains.com/idea/）下载免费社区版的 IntelliJ IDEA，有条件的读者可以购买 IntelliJ IDEA 付费版。IntelliJ IDEA 官网下载页面如图 1-1 所示。

图 1-1　IntelliJ IDEA 官网下载页面

下载 IntelliJ IDEA 后，运行安装程序，按提示安装即可。本书使用的 IntelliJ IDEA 的版本为 2019.1.3，也可以使用其他版本的 IntelliJ IDEA，版本只要不过低即可。安装成功之后，软件打开界面如图 1-2 所示。

图 1-2　IntelliJ IDEA 软件打开界面

1.4　Apache Maven 的安装

Apache Maven 是目前流行的项目管理和构建自动化工具。使用 Maven 可以方便地为开发者完成清理、编译、测试、报告、打包和部署等工作。可以通过 Maven 的官网（http://maven.apache.org/download.cgi）下载最新版的 Maven。本书的 Maven 版本为 apache-maven-3.5。下载完成后解压缩即可。

在 IntelliJ IDEA 界面中，选择 File→Settings，在出现的窗口中找到 Maven 选项，分别把 Maven home directory、User settings file、Local repository 设置成读者自己的 Maven 的相关目录，如图 1-3 所示。

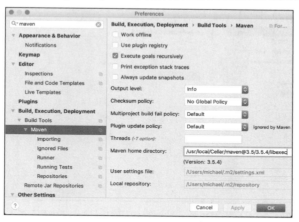

图 1-3　IntelliJ IDEA 集成 Apache Maven 窗口

1.5　IntelliJ IDEA 插件安装

在开发过程中可能需要很多插件辅助开发人员，如使用 Maven 插件辅助开发人员快速解决 JAR 包冲突问题。下面以常见的编码规范插件为例，讲解 IntelliJ IDEA 插件的安装。

在 IntelliJ IDEA 界面中，选择 File→Settings，在出现的窗口中找到 Plugins 选项，在其中搜索需要安装的插件，以阿里巴巴编码规范插件为例，搜索结果如图 1-4 所示。阿里巴巴编码规范插件可以辅助开发人员在修改代码规范问题，并提示潜在系统的漏洞和空指针等异常。

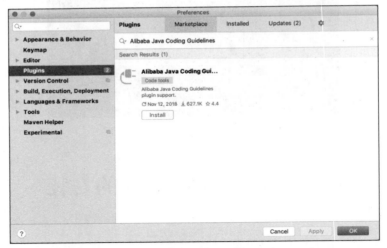

图 1-4　IntelliJ IDEA 搜索阿里巴巴编码规范插件窗口

单击 Install 按钮进行安装，安装完成后，IntelliJ IDEA 会提示开发者重启 IntelliJ IDEA，如图 1-5 所示。单击 Restart IDE 按钮重启 IntelliJ IDEA 后，阿里巴巴编码规范插件生效。

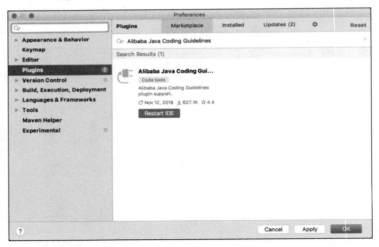

图 1-5　IntelliJ IDEA 安装阿里巴巴编码规范插件提示窗口

1.6　小　　结

本章主要介绍了 Java 开发必备的开发环境和常用辅助插件的安装和使用，熟练掌握本章知识点可以极大地提高开发人员的开发效率。

第二篇

数据结构和算法

第 2 章

数据结构

　　数据结构是计算机存储、组织数据的方式。数据结构是指相互之间存在一种或多种特定关系的数据元素的集合。通常情况下，精心选择的数据结构可以带来更高的运行速度和存储效率。

　　数据结构主要包含以下 4 种逻辑结构：

　　（1）线性结构：数据可以按照某种规则排列成线性的形式。

　　（2）集合结构：数据元素间除"同属于一个集合"外，没有其他的任何关系。

　　（3）树形结构：数据元素之间呈现倒立的树形结构，每个元素有一个双亲，每个元素有 0 个或多个孩子，数据元素间呈现一对多的关系。

　　（4）网状结构：每个数据元素都有可能有多个相邻的数据元素，数据元素之间呈现一种多对多的关系。

　　在 Java 企业级开发中，存在各种各样的数据结构，这些数据结构被 JDK 和各种 Java 框架实现。同时，数据结构也是互联网公司面试中常见的考点。熟练掌握数据结构的知识有助于开发人员更好地学习 JDK 和各种 Java 框架的核心代码，提升面试通过率。

2.1 线性表

2.1.1 线性表的定义

线性表是由 N 个相同数据类型的数据元素组成的有限序列，其中除了第一个数据元素外，每个元素有且仅有一个直接前驱结点，除最后一个数据元素外，每个元素有且仅有一个直接后继结点。

线性表数据类型主要包括两个方面：数据元素集合和该数据元素集合上的操作集合。

数据元素集合可以表示为 A0,A1,A2,...,An-1 大小为 N 的数据集合。

操作集合包括以下操作：

（1）向线性表插入元素。
（2）从线性表删除元素。
（3）从线性表查找元素。
（4）判断线性表是否为空。
（5）求线性表的元素个数。

2.1.2 线性表的类型

线性表是一种逻辑结构，这种逻辑结构在计算机中的表现形式（存储结构）主要有以下两种：

（1）线性存储：用顺序结构存储的线性表叫作顺序线性表，一般称作顺序表。顺序表一般通过高级语言中的数组类型实现。

（2）链式存储：用链式结构存储的线性表叫作链式线性表，一般称作链表。链表通常是通过定义结点的方式，通过指针（Java 语言中使用的是引用）将各个数据元素和数据元素之间的关系体现出来的。

2.1.3 线性表的抽象类型的定义

由于线性表有顺序表和链表两种实现形式，因此可以通过软件工程的设计思想对线性表这种数据结构进行抽象，由不同的子类生成不同的线性表的实现。

本节将定义一个 List 接口，该接口定义了线性表的规范，即定义线性表需要实现的基本操作，这些操作包括插入元素、删除元素、查找元素、判断表是否为空和查询线性表元素个数。List 接口代码如下：

```
/**
 * @Author : zhouguanya
 * @Project : java-interview-guide
 * @Date : 2019-04-23 15:38
```

```java
 * @Version : V1.0
 * @Description : 线性表
 */
public interface List {
    /**
     * 查询线性表长度
     *
     * @return 线性表长度
     */
    int size();

    /**
     * 判断线性表是否为空
     *
     * @return           true : 空 false : 非空
     */
    boolean isEmpty();

    /**
     * 插入元素
     *
     * @param index    位置
     * @param object   元素
     */
    void insert(int index, Object object);

    /**
     * 删除元素
     *
     * @param index    位置
     */
    void delete(int index);

    /**
     * 查询指定位置的元素
     *
     * @param index    位置
     * @return         元素
     */
    Object get(int index);
}
```

2.1.4 线性表常见面试考点

（1）线性表的概念。
（2）线性表的存储方式和实现方式。
（3）在线性表中操作元素的时间复杂度。

2.2 顺序表

顺序表采用顺序结构存储数据，在 Java 语言中常用的顺序存储结构是数组。顺序表如图 2-1 所示。

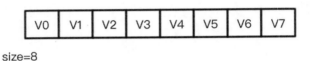

图 2-1 顺序表存储示例

2.2.1 顺序表添加元素

在顺序表指定位置添加元素，首先需要确定指定位置是否已经有元素。如果指定位置没有元素，就直接加入元素，如图 2-2 所示。

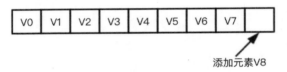

图 2-2 顺序表末尾添加元素示意图

如果指定位置已经有元素，就需要将指定位置处的元素及其后续元素依次向后移动，将指定位置空出后，插入指定元素，如图 2-3 所示。

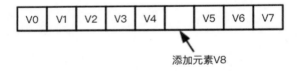

图 2-3 顺序表非末尾位置添加元素示意图

2.2.2 顺序表查找元素

当顺序表按照索引查找元素时，将以 O(1) 的时间复杂度查找到指定的元素，如图 2-4 所示。

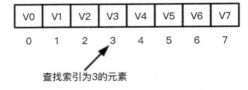

图 2-4 顺序表查找指定位置元素示意图

顺序表按照元素值查询指定元素时，需要从第一个元素开始依次向后查找元素，直至找到指定元素，查找的时间复杂度为 O(n)。查找 V5 元素的过程如图 2-5 所示。

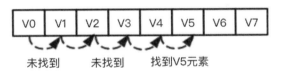

图 2-5　顺序表查找指定元素示意图

2.2.3　顺序表删除元素

如果从顺序表删除的元素是末尾元素，就直接删除即可，如图 2-6 所示。

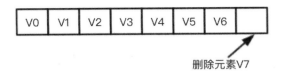

图 2-6　顺序表删除末尾元素示意图

如果删除的元素并非末尾元素，就已删除元素后面的所有元素将依次向前移动，如图 2-7 所示。

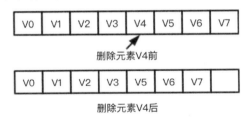

图 2-7　顺序表删除非末尾元素示意图

2.2.4　顺序表的实现

创建顺序表实现类 SequenceList 并实现 List 接口。其中使用对象数组 Object[]存储线性表中的数据。顺序表 SequenceList 类的代码如下：

```java
/**
 * @Author : zhouguanya
 * @Project : java-interview-guide
 * @Date : 2019-04-23 16:25
 * @Version : V1.0
 * @Description : 顺序线性表实现
 */
public class SequenceList implements List {
    /**
     * 顺序表的容量
     */
```

```java
private int maxSize;
/**
 * 顺序表实际长度
 */
private int length;
/**
 * 一个数组来存放数据
 */
private Object[] list;

/**
 * 构造函数
 *
 * @param size    顺序表初始化容量
 */
public SequenceList(int size) {
    if (size <= 0) {
        throw new RuntimeException("顺序表容量异常");
    }
    this.maxSize = size;
    this.length = 0;
    this.list = new Object[size];
}

/**
 * 默认构造函数
 */
public SequenceList() {
    this(10);
}
/**
 * 查询线性表长度
 *
 * @return 线性表长度
 */
@Override
public int size() {
    return this.length;
}

/**
 * 判断线性表是否为空
 *
 * @return true : 空 false : 非空
 */
@Override
public boolean isEmpty() {
    return length == 0;
}
```

```java
/**
 * 插入元素
 *
 * @param index       位置
 * @param object      元素
 */
@Override
public void insert(int index, Object object) {
    if (length == maxSize) {
        throw new RuntimeException("顺序表已满，无法插入！");
    }
    // 插入位置编号是否合法
    if (index < 0 || index > maxSize) {
        throw new RuntimeException("参数错误！");
    }
    for (int i = length - 1; i >= index; i--) {
        list[i + 1] = list[i];
    }
    list[index] = object;
    length++;
}

/**
 * 删除元素
 *
 * @param index 位置
 */
@Override
public void delete(int index) {
    if (isEmpty()) {
        throw  new RuntimeException("顺序表为空，无法删除！");
    }
    if (index < 0 || index > maxSize - 1) {
        throw new RuntimeException("参数错误！");
    }
    // 移动 index 位置后的元素
    for (int i = index; i < length - 1; i++) {
        list[i] = list[i + 1];
    }
    length--;
}

/**
 * 查询指定位置的元素
 *
 * @param index 位置
 * @return 元素
 */
@Override
public Object get(int index) {
```

```java
        if (index < 0 || index >= maxSize) {
            throw new RuntimeException("参数错误！");
        }
        return list[index];
    }
}
```

创建顺序表测试类，验证顺序表的功能。测试类的代码如下：

```java
/**
 * @Author : zhouguanya
 * @Project : java-interview-guide
 * @Date : 2019-04-23 17:29
 * @Version : V1.0
 * @Description : 测试顺序线性表
 */
public class SequenceListDemo {
    public static void main(String[] args) {
        /**
         * 线性表最大容量
         */
        int maxSize = 15;
        SequenceList sequenceList = new SequenceList(maxSize);
        System.out.println("----------向顺序线性表新增元素----------");
        // 测试 insert、get、size 方法
        for (int i = 0; i < maxSize; i++) {
            sequenceList.insert(sequenceList.size(), i);
        }
        for (int i = 0; i < sequenceList.size(); i++) {
            System.out.print(sequenceList.get(i) + " ");
        }
        System.out.println();
        System.out.println("----------测试顺序线性表已满----------");
        try {
            sequenceList.insert(0, 100);
        } catch (Exception e) {
            e.printStackTrace();
        }
        System.out.println();
        // 测试 delete 方法
        sequenceList.delete(0);
        System.out.println("----------顺序线性表是否为空----------");
        System.out.println(sequenceList.isEmpty());
        System.out.println("----------顺序线性表删除元素后----------");
        for (int i = 0; i < sequenceList.size(); i++) {
            System.out.print(sequenceList.get(i) + " ");
        }
    }
}
```

执行顺序表测试类，测试结果如下：

```
----------向顺序线性表新增元素----------
0 1 2 3 4 5 6 7 8 9 10 11 12 13 14
----------测试顺序线性表已满----------
java.lang.RuntimeException: 顺序表已满，无法插入！
    at
com.example.java.interview.guide.chapter1.list.sequence.SequenceList.insert(Se
quenceList.java:75)
    at
com.example.java.interview.guide.chapter1.list.sequence.SequenceListDemo.main(
SequenceListDemo.java:25)
----------顺序线性表是否为空----------
false
----------顺序线性表删除元素后----------
1 2 3 4 5 6 7 8 9 10 11 12 13 14
```

因为线性表有最大容量 maxSize = 15 的限制，所以在测试代码中再次添加新元素 100 时，将会抛出"顺序表已满，无法插入！"的异常信息。

2.2.5 顺序表常见面试考点

（1）顺序表的概念：顺序表是使用顺序结构存储的线性表。
（2）顺序表的存储：顺序表必须使用一块连续的存储空间存储数据。
（3）顺序表的优点：顺序表是使用顺序结构存储数据的，通过索引访问元素的时间复杂度为 O(1)。
（4）顺序表的缺点：

- 顺序表的存储空间必须是连续的，如果在顺序表中存储大量数据，那么对存储介质的容量是一个挑战。
- 顺序表的存储容量是有限的、固定的，超过顺序表的存储容量将无法进行数据存储。
- 顺序表中按值查找元素的时间复杂度为 O(n)。
- 在顺序表的非末尾位置添加元素将导致顺序表此位置后的元素依次向后移动。
- 在顺序表的非末尾位置删除元素将导致顺序表此位置后的元素依次向前移动。

（5）JDK 中的实现：JDK 中的 ArrayList 实现了顺序表，并提供了动态扩容等高级特性，ArrayList 的详细内容可参考本书 4.2 节。

2.3 单 链 表

链表采用链式结构存储数据。在链式存储结构中，一个最小的存储单元称为一个结点，结点类似于链条中的一个环。多个结点串在一起构成一个链，形成如图 2-8 所示的一条链条。

图 2-8　链条示意图

使用链式存储可以克服顺序表需要预先知道数据大小和插入删除元素造成的数据移动等缺点，链式存储结构可以充分利用内存空间，实现灵活的内存动态管理。但是链式存储失去了数组随机存取的特点，同时增加了结点的指针域，空间开销较大。

单向链表也称作单链表，是链表中很简单的一种，其特点是链表的链接方向是单向的，对链表的访问要通过顺序读取从头部开始。

下面将阐述链表增加元素、查找元素和删除元素的过程。

单链表中的数据是以结点来表示的。每个结点的构成包括元素值和指向下一个结点（通常称作后继结点）的引用。单链表中第一个结点通常称作头结点。单链表如图 2-9 所示。

图 2-9　单链表示意图

2.3.1　单链表添加元素

在单链表的实现中，需要一个结点类 Node，用于表示链表中的一个结点。Node 中含有一个用于存储数据的 data 属性和指向链表中后一个结点的引用。

单链表添加元素之前如图 2-10 所示。

将值为 element 的新结点插入第 index 的位置上。首先找到索引为 index-1 的结点，然后生成一个数据为 element 的新结点，并将 index-1 处结点的 next 引用指向新结点，新结点的 next 引用指向原来 index 处的结点。单链表添加元素之后的示意图如图 2-11 所示。

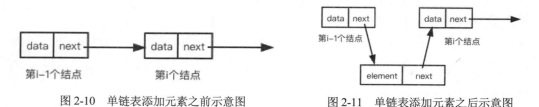

图 2-10　单链表添加元素之前示意图　　　　图 2-11　单链表添加元素之后示意图

2.3.2　单链表查找元素

在单链表中查找 element 元素，必须从单链表的第一个元素开始向后遍历，直至找到目标元素为止。单链表的查找过程如图 2-12 所示。

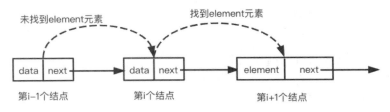

图 2-12　单链表查找元素示意图

2.3.3　单链表删除元素

将值为 element 的元素从单链表中删除，需要从单链表的头结点开始查找，找到 element 元素所在的 index 位置后，将 index-1 位置上的结点的 next 引用指向 index+1 位置上的结点。

单链表删除元素之前如图 2-13 所示。

图 2-13　单链表删除元素之前示意图

单链表删除元素之后如图 2-14 所示。

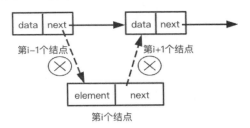

图 2-14　单链表删除元素之后示意图

2.3.4　单链表的实现

在链表的实现中，用内部类 Node 表示链表中的一个结点。Node 中含有一个用于存储数据的 data 属性和指向链表中后一个结点的引用 next。链表的代码如下：

```java
/**
 * @Author : zhouguanya
 * @Project : java-interview-guide
 * @Date : 2019-04-24 10:12
 * @Version : V1.0
 * @Description : 单链表实现
 */
public class LinkList implements List {

    /**
     * 定义一个内部类Node，代表单链表的结点
```

```java
 */
private class Node {
    /**
     * 保存单链表的结点数据
     */
    private Object data;
    /**
     * 指向下一个结点的引用
     */
    private Node next;
    /**
     * Node 无参构造器
     */
    public Node() {

    }
    /**
     * Node 有参构造器
     *
     * @param element    结点数据
     * @param next       指向下一个结点的引用
     */
    public Node(Object element, Node next) {
        this.data = element;
        this.next = next;
    }
}

/**
 * 单链表头结点
 */
private Node header;
/**
 * 单链表尾结点
 */
private Node tail;
/**
 * 单链表长度
 */
private int size;

/**
 * 单链表无参构造器
 */
public LinkList() {
    header = null;
    tail = null;
}

/**
```

```java
 * 单链表有参构造器
 *
 * @param element      元素值
 */
public LinkList(Object element) {
    header = new Node(element, null);
    // 只有一个结点,header、tail 都指向该结点
    tail = header;
    size++;
}

/**
 * 查询线性表长度
 *
 * @return 线性表长度
 */
@Override
public int size() {
    return size;
}

/**
 * 判断线性表是否为空
 *
 * @return true : 空 false : 非空
 */
@Override
public boolean isEmpty() {
    return size == 0;
}

/**
 * 插入元素
 *
 * @param index  位置
 * @param element 元素
 */
@Override
public void insert(int index, Object element) {
    if(index < 0 || index > size){
        throw new RuntimeException("索引超出单链表范围");
    }
    //如果是空链表
    if(header == null) {
        add(element);
        return;
    }
    //当 index 为 0 时,就在链表头处插入元素
    if(index == 0){
        addAtHead(element);
```

```java
        }
        else{
            //获取前一个结点
            Node prev = findByIndex(index - 1);
            //让prev的next指向新结点，新结点的next指向原来prev的下一个结点
            prev.next = new Node(element, prev.next);
            size++;
        }
    }

    /**
     * 单链表头部插入元素
     *
     * @param element      元素值
     */
    private void addAtHead(Object element){
        // 创建新结点
        Node newNode = new Node(element, null);
        // 新结点的next指向header
        newNode.next = header;
        // 新结点作为新的header
        header = newNode;
        // 若插入前是空表
        if(tail == null){
            tail = header;
        }
        size++;
    }
    /**
     * 新增一个单链表结点
     *
     * @param element      元素值
     */
    private void add(Object element) {
        // 如果单链表是空的
        if(header == null){
            header = new Node(element, null);
            // 只有一个结点，header、tail都指向该结点
            tail = header;
        } else {
            // 创建新结点
            Node newNode = new Node(element, null);
            // 尾结点的next指向新结点
            tail.next = newNode;
            // 将新结点作为尾结点
            tail = newNode;
        }
        size++;
    }
```

```java
/**
 * 删除元素
 *
 * @param index     位置
 */
@Override
public void delete(int index) {
    if(index < 0 || index > size-1){
        throw new IndexOutOfBoundsException("索引超出单链表范围");
    }
    Node del;
    // 若删除的是头结点
    if(index == 0) {
        header = header.next;
        size--;
        return;
    }
    // 获取待删除结点的前一个结点
    Node prev = findByIndex(index - 1);
    // 获取待删除结点
    del = prev.next;
    prev.next = del.next;
    // 将被删除结点的 next 引用置为空
    del.next = null;
    size--;
}

/**
 * 查询指定位置的元素
 *
 * @param index     位置
 * @return          元素
 */
@Override
public Object get(int index) {
    Node node = findByIndex(index);
    if (node != null) {
        return node.data;
    }
    return null;
}

/**
 * 根据索引值查找单链表元素
 *
 * @param index         索引值
 * @return              Node 结点
 */
private Node findByIndex(int index) {
    if(index < 0 || index > size-1){
```

```java
            throw new RuntimeException("索引超出单链表范围");
        }
        // 从 header 开始遍历
        Node current = header;
        // 从单链表头结点向后查找 index 位置的 Node 结点
        for (int i = 0; i < size && current != null;
             i++, current = current.next) {
            if (i == index) {
                return current;
            }
        }
        return null;
    }
}
```

创建链表测试类，验证链表功能。测试类的代码如下：

```java
/**
 * @Author : zhouguanya
 * @Project : java-interview-guide
 * @Date : 2019-04-24 14:33
 * @Version : V1.0
 * @Description : 测试单链表
 */
public class LinkListDemo {
    public static void main(String[] args) {
        int size = 10;
        LinkList linkList = new LinkList();
        System.out.println("----------向单链表新增元素----------");
        // 测试 insert、get、size 方法
        for (int i = 0; i < size; i++) {
            linkList.insert(i, i);
        }
        for (int j = 0; j < linkList.size(); j++) {
            System.out.print(linkList.get(j) + " ");
        }
        System.out.println();
        // 从单链表删除元素
        linkList.delete(0);
        System.out.println("----------单链表是否为空----------");
        System.out.println(linkList.isEmpty());
        System.out.println("----------单链表删除元素后----------");
        for (int j = 0; j < linkList.size(); j++) {
            System.out.print(linkList.get(j) + " ");
        }
    }
}
```

执行链表测试类，测试结果如下：

```
----------向单链表新增元素----------
0 1 2 3 4 5 6 7 8 9
```

```
----------单链表是否为空----------
false
----------单链表删除元素后----------
1 2 3 4 5 6 7 8 9
```

2.3.5 单链表常见面试考点

（1）单链表的概念：单链表是使用链式结构存储的线性表。单链表只有一个方向。

（2）单链表的存储：单链表是使用离散的存储结构存储数据的。每个结点都保存了数据和指向后继结点的引用。

（3）单链表的优点：

- 单链表不需要使用连续的存储空间存储数据。
- 单链表没有固定的容量限制。
- 添加或删除单链表中的元素只需修改相关结点的引用，无须移动其他元素。

（4）单链表的缺点：

- 访问链表中的元素所需的时间复杂度为 O(n)。
- 每个结点保存下一个结点的引用，占用更多存储空间。
- 单链表只能从头结点向后查找元素，不能从后向前查找元素。

2.4 双向链表

双向链表也称作双链表，是链表的一种。双向链表是有前后两个方向的。与单链表不同的是，双向链表带有两个引用：一个是指向后一个结点（通常称作后继结点）的引用；另一个是指向前一个结点（通常称作前驱结点）的引用。

双向链表第一个结点称作头结点，可以从头结点开始向后正向遍历双向链表中的元素。头结点无前驱结点。双向链表的最后一个结点称作尾结点，可以从尾结点开始向前逆向遍历双向链表中的元素。尾结点无后继结点。双向链表如图 2-15 所示。

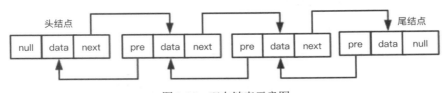

图 2-15　双向链表示意图

单链表只能从一个方向访问链表中的元素（通常是从前向后依次访问）。与单链表相比，双向链表的明显优势在于，双向链表可以方便地从两个方向（从前向后和从后向前）访问其中的元素。

2.4.1 双向链表添加元素

向双向链表中添加元素需要修改前一个结点的后继结点的引用和后一个结点的前驱结点的引用。

双向链表添加元素前如图 2-16 所示。

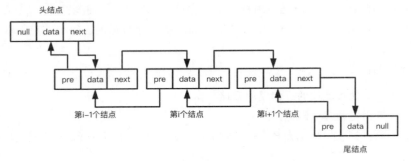

图 2-16 双向链表添加元素之前示意图

在双向链表第 i 个位置添加元素后的示意图如图 2-17 所示。

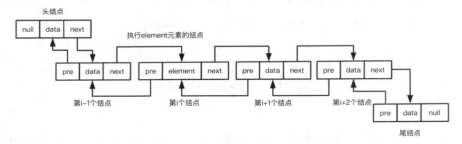

图 2-17 双向链表添加元素之后示意图

2.4.2 双向链表查找元素

双向链表的查找可以分为两种情况：一种是从头向尾查找元素；另一种是从尾向头查找元素。双向链表查找元素的示意图如图 2-18 所示。

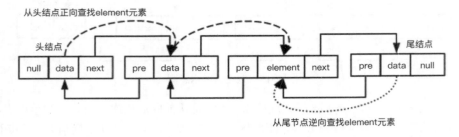

图 2-18 双向链表查找元素示意图

2.4.3　双向链表删除元素

双向链表删除元素是双向链表添加元素的反向操作。
双向链表删除 element 元素之前如图 2-19 所示。

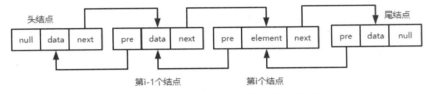

图 2-19　双向链表删除元素之前示意图

双向链表删除 element 元素之后的示意图如图 2-20 所示。

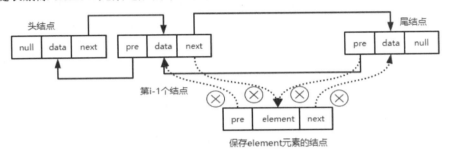

图 2-20　双向链表删除元素之后示意图

2.4.4　双向循环链表

从双向链表可以看出，双向链表的头结点没有前驱结点，双向链表的尾结点没有后继结点。为了解决头尾结点的问题，诞生了双向循环链表。双向循环链表在双向链表的基础上将头结点和尾结点进行首尾相连。双向循环链表如图 2-21 所示。

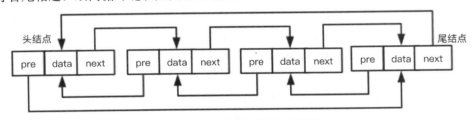

图 2-21　双向循环链表示意图

双向链表只是在单链表的基础上增加了一个"反向单链表"。双向循环链表是在双向链表的基础上使双向链表首尾相连。读者可以参考单链表的实现，自行开发实现双向链表和双向循环链表。

2.4.5　双向链表常见面试考点

（1）双向链表的概念：双向链表可以看成是由两个方向相反的单链表组成的。双向链表既可以从前向后遍历，又可以从后向前遍历。

（2）双向链表的存储：双向链表是使用离散的存储结构存储数据的。双向链表中每个结点都有一个指向前驱结点的引用和指向后继结点的引用。

（3）双向链表的优点：

- 双向链表不需要使用连续的存储空间存储数据。
- 双向链表没有固定的容量。
- 添加或删除单链表中的元素只需修改相关结点的引用，无须移动其他元素。
- 双向链表可以从正反两个反向进行遍历。
- 双向循环链表相比于双向链表，每个结点的属性都是完整的，没有需要单独处理的结点（不存在前驱结点或者后继结点为空的结点）。

（4）双向链表的缺点：

- 访问双向链表中的元素必须从第一个结点或者从最后一个结点开始遍历，依次访问下一个结点，直至找到所需的元素位置。因此，访问双向链表的时间复杂度为 O(n)。
- 双向链表每个结点保存了前驱结点和后继结点的引用，每个结点占用更多的存储空间。

（5）JDK 中的实现：JDK 中的 LinkedList 实现了双向链表，并提供更多高级特性，详情可参见 4.3 节。

2.5　栈

栈是一种只允许在一端进行插入或删除的线性表，即栈只允许先进后出（First In Last Out，FILO）或者后进先出（Last In First Out，LIFO）。栈的操作端通常被称为栈顶，另一端被称为栈底，栈的插入操作称为压栈（Push），栈的删除操作称为出栈（Pop）。压栈是把新元素放到当前栈顶元素的上面，并使之成为新的栈顶元素；出栈则是把栈顶元素删除掉，使其相邻的元素成为新的栈顶元素。栈的结构如图 2-22 所示。

栈的实现方式主要分为两种：一种是基于顺序结构实现的；另一种是基于链式结构实现的。基于顺序结构存储的栈称为顺序栈，基于链式结构存储的栈称为链式栈。无论是基于何种形式实现的栈，一般都要实现这几个方法，分别是判断栈是否为空、判断栈是否已满、压栈操作和出栈操作。值得说明的是，由于链表

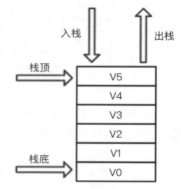

图 2-22　栈的结构示意图

离散存储的特性，在链式栈中无须检测栈是否已满，只要内存足够大，理论上链式栈是不会满的。

将栈的相关操作定义成 Stack 接口，代码如下：

```java
/**
 * @Author : zhouguanya
 * @Project : java-interview-guide
 * @Date : 2019-04-24 21:42
 * @Version : V1.0
 * @Description : 栈接口
 */
public interface Stack {
    /**
     * 栈是否为空
     *
     * @return    true: 空  false: 非空
     */
    boolean isEmpty();

    /**
     * 入栈操作
     *
     * @param element  元素
     * @return         入栈结果
     */
    boolean push(Object element);

    /**
     * 出栈
     *
     * @return         元素
     */
    Object pop();

    /**
     * 栈的大小
     *
     * @return         栈中的元素个数
     */
    int size();
}
```

下面分别介绍栈的两种实现方式。

2.5.1 顺序栈

基于数组的顺序栈存储模型如图 2-23 所示。

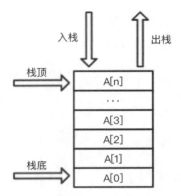

图 2-23 基于数组的顺序栈结构示意图

顺序栈是基于顺序结构实现的，顺序结构添加元素、查找元素和删除元素等操作可参考 2.2 节顺序表相关实现。顺序栈的实现如下：

```java
/**
 * @Author : zhouguanya
 * @Project : java-interview-guide
 * @Date : 2019-04-25 10:21
 * @Version : V1.0
 * @Description :    顺序栈实现
 */
public class SequenceStack implements Stack {
    /**
     * 顺序栈用于存储数据的数组
     */
    private Object[] data;
    /**
     * 顺序栈最大容量
     */
    private int maxSize;
    /**
     * 栈顶元素索引
     */
    private int top;
    /**
     * 顺序栈有参构造器
     *
     * @param maxSize        顺序栈最大容量
     */
    public SequenceStack(int maxSize) {
        this.maxSize = maxSize;
        data = new Object[maxSize];
    }
    /**
     * 顺序栈无参构造器
     */
    public SequenceStack() {
        this(10);
```

```java
}
/**
 * 栈是否为空
 *
 * @return true: 空  false: 非空
 */
@Override
public boolean isEmpty() {
    return top == -1;
}

/**
 * 入栈操作
 *
 * @param element 元素
 * @return        入栈结果
 */
@Override
public boolean push(Object element) {
    if (isFull()) {
        throw new RuntimeException("栈已满，不能加入元素");
    }
    data[top++] = element;
    return true;
}

/**
 * 出栈
 *
 * @return 元素
 */
@Override
public Object pop() {
    if (isEmpty()) {
        throw new RuntimeException("栈为空，不能取出元素");
    }
    // 栈顶元素
    Object element = data[--top];
    // GC
    data[top] = null;
    return element;
}

/**
 * 栈的大小
 *
 * @return 栈中的元素个数
 */
@Override
public int size() {
```

```
        return top + 1;
    }

    /**
     * 栈是否已满
     *
     * @return     true: 空   false: 非空
     */
    public boolean isFull() {
        return top >= maxSize;
    }

}
```

创建顺序栈测试类,验证顺序栈的功能。测试代码如下:

```
/**
 * @Author : zhouguanya
 * @Project : java-interview-guide
 * @Date : 2019-04-25 10:51
 * @Version : V1.0
 * @Description :   顺序栈测试代码
 */
public class SequenceStackDemo {
    public static void main(String[] args) {
        int size = 10;
        SequenceStack sequenceStack = new SequenceStack(size);
        // 入栈
        for (int i = 0; i < size; i++) {
            sequenceStack.push(i);
        }
        System.out.println("----------顺序栈是否为空----------");
        System.out.println(sequenceStack.isEmpty());
        System.out.println("----------顺序栈是否已满----------");
        System.out.println(sequenceStack.isFull());
        System.out.println("----------打印顺序栈的元素----------");
        // 出栈
        for (int i = 0; i < size; i++) {
            System.out.print(sequenceStack.pop() + " ");
        }
    }
}
```

执行顺序栈测试类,测试结果如下:

```
----------顺序栈是否为空----------
false
----------顺序栈是否已满----------
true
----------打印顺序栈的元素----------
9 8 7 6 5 4 3 2 1 0
```

2.5.2 链式栈

基于链表的链式栈存储模型如图 2-24 所示。

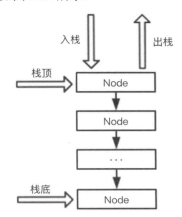

图 2-24　基于链表的链式栈结构示意图

链式栈是基于链式结构实现的，链式存储结构添加元素、查找元素和删除元素等操作可参考 2.3 节单链表相关实现。链式栈的实现如下：

```java
/**
 * @Author : zhouguanya
 * @Project : java-interview-guide
 * @Date : 2019-04-25 16:34
 * @Version : V1.0
 * @Description : 链式栈
 */
public class LinkStack implements Stack {
    /**
     * 栈顶元素
     */
    private Node top;
    /**
     * 链式栈长度
     */
    private int size;
    /**
     * 链式栈构造器
     */
    public LinkStack() {
        this.top = null;
    }

    /**
     * 定义一个内部类 Node，代表链式栈的结点
     */
```

```java
    private class Node {
        /**
         * 保存链式栈的结点数据
         */
        private Object data;
        /**
         * 指向下一个结点的引用
         */
        private Node next;
        /**
         * Node 无参构造器
         */
        public Node() {

        }
        /**
         * Node 有参构造器
         *
         * @param element       链式栈结点数据
         * @param next          链式栈下一个结点指针
         */
        public Node(Object element, Node next) {
            this.data = element;
            this.next = next;
        }
    }

    /**
     * 栈是否为空
     *
     * @return true: 空  false: 非空
     */
    @Override
    public boolean isEmpty() {
        return top == null;
    }

    /**
     * 入栈操作
     *
     * @param element 元素
     * @return 入栈结果
     */
    @Override
    public boolean push(Object element) {
        if (element == null) {
            throw new NullPointerException("入栈元素为空");
        }
        // 创建新 Node 结点，新结点指向原 top 结点
        Node node = new Node(element, top);
```

```java
        // 修改 top 结点指向
        top = node;
        size++;
        return true;
    }

    /**
     * 出栈
     *
     * @return 元素
     */
    @Override
    public Object pop() {
        if (isEmpty()) {
            return null;
        }
        // 当前栈顶元素
        Object element = top.data;
        // 修改栈顶元素为原栈顶元素的下一个结点
        top = top.next;
        size--;
        return element;
    }

    /**
     * 栈的大小
     *
     * @return 栈中的元素个数
     */
    @Override
    public int size() {
        return size;
    }
}
```

创建链式栈测试类，验证链式栈的功能。测试代码如下：

```java
/**
 * @Author : zhouguanya
 * @Project : java-interview-guide
 * @Date : 2019-04-25 17:46
 * @Version : V1.0
 * @Description : 测试链式栈
 */
public class LinkStackDemo {
    public static void main(String[] args) {
        int size = 10;
        LinkStack linkStack = new LinkStack();
        for (int i = 0; i < size; i++) {
            linkStack.push(i);
        }
```

```
            System.out.println("----------链式栈是否为空----------");
            System.out.println(linkStack.isEmpty());
            System.out.println("----------链式栈元素个数----------");
            System.out.println(linkStack.size());
            System.out.println("----------打印链式栈元素----------");
            for (int i = 0; i < size; i++) {
                System.out.print(linkStack.pop() + " ");
            }
        }
    }
```

执行链式栈测试类，测试结果如下：

```
----------链式栈是否为空----------
false
----------链式栈元素个数----------
10
----------打印链式栈元素----------
9 8 7 6 5 4 3 2 1 0
```

2.5.3 栈常见面试考点

（1）栈的概念：栈是只允许在一端进行操作的线性表。

（2）栈的特点：先进后出/后进先出。

（3）栈的存储：

- 顺序栈：顺序存储结构。
- 链式栈：链式存储结构。
- 栈的相关算法：如软件开发人员使用的编辑器中的括号匹配问题。

（4）JDK 中的实现：JDK 中的 Stack 类实现了栈，并实现了线程安全的 API 供开发人员使用。

2.6 队　　列

队列是在一端进行插入操作，另一端进行删除操作的线性表。队列只允许先进先出（First In First Out，FIFO）。

队列的数据元素称为队列元素。在队列中插入一个元素称为入队，进行入队操作的一端称为队尾。从队列中删除一个元素称为出队，进行出队操作的一端称为队头。队列结构如图 2-25 所示。

图 2-25　队列结构示意图

将队列的相关操作定义成 Queue 接口，代码如下：

```java
/**
 * @Author : zhouguanya
 * @Project : java-interview-guide
 * @Date : 2019-04-28 16:07
 * @Version : V1.0
 * @Description :   队列接口
 */
public interface Queue {
    /**
     * 添加元素到队列
     *
     * @param element    队尾元素
     */
    void add(Object element);

    /**
     * 从队列获取元素
     *
     * @return           队头元素
     */
    Object take();

    /**
     * 队列的大小
     *
     * @return           队列包含的元素个数
     */
    int size();

    /**
     * 是否为空
     *
     * @return           队列是否为空
     */
    boolean isEmpty();
}
```

2.6.1 顺序队列

顺序队列是基于顺序结构实现的队列。顺序队列出队的实现分为两种：

（1）队列头部不移动，队列头部后的所有元素向前移动，如图 2-26 所示。

以这种方式实现的出队缺点是每次队列头部的元素出队后，需要依次移动队列头部后的所有元素，出队效率不高。

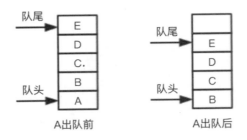

图 2-26　队列头部后的所有元素向前移动示意图

（2）队列头部移动，出队后队列头部向后移动一个位置，如图 2-27 所示。

这种方式实现的出队会造成"假溢出现象"，即顺序队列因多次入队列和出队列操作后出现尚有存储空间但不能进行入队列操作的溢出，如图 2-28 所示。相比于第（1）种队列头部不移动的方式，队列头部移动的方式实现的出队编码稍微复杂一些。

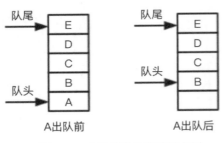

图 2-27　出队后队头移动示意图

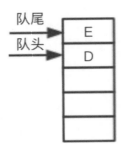

图 2-28　假溢出示意图

本节以第（1）种方式实现顺序队列，代码实现如下：

```java
/**
 * @Author : zhouguanya
 * @Project : java-interview-guide
 * @Date : 2019-04-28 16:14
 * @Version : V1.0
 * @Description : 顺序队列的实现
 */
public class SequenceQueue implements Queue {
    /**
     * 存储队列中元素的数组
     */
    private Object[] array;
    /**
     * 队列的大小
     */
    private int size;

    public SequenceQueue(int initialCapacity) {
        array = new Object[initialCapacity];
        this.size = 0;
    }
```

```java
/**
 * 添加元素到队列
 *
 * @param element 队尾元素
 */
@Override
public void add(Object element) {
    array[size++] = element;
}

/**
 * 从队列获取元素
 *
 * @return 队头元素
 */
@Override
public Object take() {
    Object element = array[0];
    for (int i = 1; i < size; i++) {
        array[i - 1] = array[i];
    }
    size--;
    return element;
}

/**
 * 队列的大小
 *
 * @return 队列包含的元素个数
 */
@Override
public int size() {
    return size;
}

/**
 * 队列是否为空
 *
 * @return 队列是否为空
 */
@Override
public boolean isEmpty() {
    return size == 0;
}

/**
 * 队列是否已满
 *
 * @return 队列是否已满
```

```
     */
    public boolean isFull() {
        return size >= array.length;
    }
}
```

创建顺序队列测试类,验证顺序队列的功能。测试代码如下:

```
/**
 * @Author : zhouguanya
 * @Project : java-interview-guide
 * @Date : 2019-04-28 17:58
 * @Version : V1.0
 * @Description : 测试顺序队列
 */
public class SequenceQueueDemo {
    public static void main(String[] args) {
        int initialCapacity = 10;
        SequenceQueue sequenceQueue = new SequenceQueue(initialCapacity);
        // 入队
        for (int i = 0; i < initialCapacity; i++) {
            sequenceQueue.add(i);
        }
        System.out.println("----------队列是否为空----------");
        System.out.println(sequenceQueue.isEmpty());
        System.out.println("----------队列是否已满----------");
        System.out.println(sequenceQueue.isFull());
        System.out.println("----------队列元素个数----------");
        System.out.println(sequenceQueue.size());
        System.out.println("----------打印队列元素----------");
        // 出队
        for (int i = 0; i < initialCapacity; i++) {
            System.out.print(sequenceQueue.take() + " ");
        }
    }
}
```

执行顺序队列测试类,测试结果如下:

```
----------队列是否为空----------
false
----------队列是否已满----------
true
----------队列元素个数----------
10
----------打印队列元素----------
0 1 2 3 4 5 6 7 8 9
```

2.6.2 循环队列

为了有效解决假溢出的问题,当顺序结构存储的队列中的元素到达最大容量后,从头开始重新利用未使用的存储空间,即形成头尾相连的循环。这种首尾相连的存储结构实现的队列称为循环队列。循环队列如图 2-29 所示。

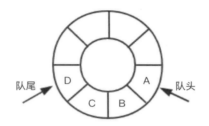

图 2-29　循环队列示意图

循环队列在队列为空和队列已满时,队头和队尾都会相遇,如图 2-30 所示。此时仅用队头和队尾相遇这个条件将不能有效区分队列是否为空或者队列是否已满。

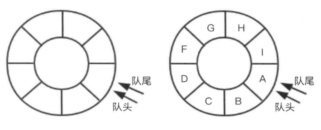

队列为空时队头队尾相遇　　　　队列已满时队头队尾相遇

图 2-30　队头和队尾相遇情况示意图

为了解决以上问题,可以使用如下改进方案。假设队尾位置是 tail,队头位置为 head,队列最大容量为 capacity。

【方案 1】设置一个标志位 flag,初始时 flag=0,每当入队成功设置 flag=1,每当出队成功设置 flag=0。在【方案 1】的前提下,重新分析队列为空和队列已满的情况。

(1) 队列为空的条件为:head=tail 并且 flag=0。
(2) 队列已满的条件为:head=tail 并且 flag=1。

【方案 2】预留一个存储空间不使用。在【方案 2】的前提下,重新分析队列为空和队列已满的情况。

(1) 队列为空的条件为:(head+1) % capacity = tail。
(2) 队列已满的条件为:(tail+1) % capacity = head。

【方案 3】设计一个计数器 count,统计队列中的元素个数。在【方案 3】的前提下,重新分析队列为空和队列已满的情况。

(1）队列为空的条件为：count=0。
(2）队列已满的条件为：count=capacity。

本节将采用【方案3】的方法实现循环链表。循环链表代码如下：

```java
/**
 * @Author : zhouguanya
 * @Project : java-interview-guide
 * @Date : 2019-06-22 15:52
 * @Version : V1.0
 * @Description : 循环队列实现
 */
public class CircleQueue implements Queue {
    /**
     * 队头
     */
    int front;
    /**
     * 队尾
     */
    int rear;
    /**
     * 统计元素个数的计数器
     */
    int count;
    /**
     * 队列的最大长度
     */
    int maxSize;
    /**
     * 存储队列中元素的数组
     */
    Object[] array;

    /**
     * 构造器
     *
     * @param size 指定队列容量
     */
    public CircleQueue(int size) {
        init(size);
    }

    /**
     * 初始化
     *
     * @param size 队列容量
     */
    public void init(int size) {
        maxSize = size;
```

```java
        front = 0;
        rear = 0;
        count = 0;
        array = new Object[size];
    }

    /**
     * 添加元素到队列
     *
     * @param element 队尾元素
     */
    @Override
    public void add(Object element) {
        if (count == maxSize && front == rear) {
            // 队列已满
            System.out.println("队列已满");
            return;
        }
        array[rear] = element;
        rear = (rear + 1) % maxSize;
        count++;
    }

    /**
     * 从队列获取元素
     *
     * @return 队头元素
     */
    @Override
    public Object take() {
        if (isEmpty()) {
            // 队列为空
            return null;
        }
        Object obj = array[front];
        front = (front + 1) % maxSize;
        count--;
        return obj;
    }

    /**
     * 队列的大小
     *
     * @return 队列包含的元素个数
     */
    @Override
    public int size() {
        return count;
    }
```

```java
/**
 * 是否为空
 *
 * @return 队列是否为空
 */
@Override
public boolean isEmpty() {
    return count == 0;
}

/**
 * 队列是否已满
 *
 * @return 队列是否已满
 */
public boolean isFull() {
    return count >= maxSize;
}
```

创建循环队列测试类,验证循环队列的功能。测试代码如下:

```java
/**
 * @Author : zhouguanya
 * @Project : java-interview-guide
 * @Date : 2019-06-22 16:01
 * @Version : V1.0
 * @Description : 测试循环队列
 */
public class CircleQueueDemo {
    public static void main(String[] args) {
        int initialCapacity = 10;
        CircleQueue circleQueue = new CircleQueue(initialCapacity);
        // 添加20个元素,测试队列由空到满的情况
        for (int i = 0; i < initialCapacity + initialCapacity; i++) {
            circleQueue.add(i);
        }
        System.out.println("----------队列是否为空----------");
        System.out.println(circleQueue.isEmpty());
        System.out.println("----------队列是否已满----------");
        System.out.println(circleQueue.isFull());
        System.out.println("----------队列元素个数----------");
        System.out.println(circleQueue.size());
        System.out.println("----------打印队列元素----------");
        // 依次出队
        for (int i = 0; i < initialCapacity; i++) {
            System.out.print(circleQueue.take() + " ");
        }
    }
}
```

执行循环队列测试类,测试结果如下:

```
队列已满
队列已满
队列已满
队列已满
队列已满
队列已满
队列已满
队列已满
队列已满
队列已满
----------队列是否为空----------
false
----------队列是否已满----------
true
----------队列元素个数----------
10
----------打印队列元素----------
0 1 2 3 4 5 6 7 8 9
```

从测试结果可以看出,当调用入栈方法尝试将 20 个元素加入循环队列中,循环队列已满后将无法加入元素。整个队列中只存储了 0~9 这 10 个元素。

2.6.3 链式队列

链式队列是使用链式存储方式实现的队列。链式队列如图 2-31 所示。

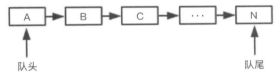

图 2-31 链式队列示意图

链式队列实现如下:

```java
/**
 * @Author : zhouguanya
 * @Project : java-interview-guide
 * @Date : 2019-04-28 19:24
 * @Version : V1.0
 * @Description : 链式队列
 */
public class LinkQueue implements Queue {
    /**
     * 队列头部元素
     */
    private Node head;
    /**
```

```java
 *   队列尾部元素
 */
private Node tail;
/**
 *   队列长度
 */
private int size;
/**
 *   队列构造器
 */
public LinkQueue() {
    this.head = null;
}

/**
 *   定义一个内部类Node，代表队列的结点
 */
private class Node {
    /**
     *   保存队列的结点数据
     */
    private Object data;
    /**
     *   指向下一个结点的引用
     */
    private Node next;
    /**
     *   Node无参构造器
     */
    public Node() {

    }
    /**
     *   Node有参构造器
     *
     *   @param element          队列结点数据
     *   @param next             队列下一个结点指针
     */
    public Node(Object element, Node next) {
        this.data = element;
        this.next = next;
    }
}
/**
 *   添加元素到队列
 *
 *   @param element  队尾元素
 */
@Override
public void add(Object element) {
```

```java
        if (isEmpty()) {
            head = new Node(element, null);
            tail = head;
        } else {
            Node node = new Node(element, null);
            tail.next = node;
            tail = node;
        }
        size++;
    }

    /**
     * 从队列获取元素
     *
     * @return 队头元素
     */
    @Override
    public Object take() {
        Object data = head.data;
        head = head.next;
        size--;
        return data;
    }

    /**
     * 队列的大小
     *
     * @return 队列包含的元素个数
     */
    @Override
    public int size() {
        return size;
    }

    /**
     * 是否为空
     *
     * @return 队列是否为空
     */
    @Override
    public boolean isEmpty() {
        return head == null;
    }
}
```

创建链式队列测试类，验证链式队列的功能。测试代码如下：

```java
/**
 * @Author : zhouguanya
 * @Project : java-interview-guide
 * @Date : 2019-04-28 20:07
```

```java
 * @Version : V1.0
 * @Description : 测试链式队列
 */
public class LinkQueueDemo {
    public static void main(String[] args) {
        int initialCapacity = 10;
        LinkQueue linkQueue = new LinkQueue();
        // 入队
        for (int i = 0; i < initialCapacity; i++) {
            linkQueue.add(i);
        }
        System.out.println("----------队列是否为空----------");
        System.out.println(linkQueue.isEmpty());
        System.out.println("----------队列元素个数----------");
        System.out.println(linkQueue.size());
        System.out.println("----------打印队列元素----------");
        // 出队
        for (int i = 0; i < initialCapacity; i++) {
            System.out.print(linkQueue.take() + " ");
        }
        System.out.println();
        System.out.println("----------队列元素个数----------");
        System.out.println(linkQueue.size());
    }
}
```

执行链式队列测试类，测试结果如下：

```
----------队列是否为空----------
false
----------队列元素个数----------
10
----------打印队列元素----------
0 1 2 3 4 5 6 7 8 9
----------队列元素个数----------
0
```

2.6.4 优先队列

在优先队列中，元素被赋予优先级。优先队列入队与其他队列没有差别。当出队时，具有最高优先级的元素最先出队。优先队列具有最高级先出（First In Largest Out）的特点。

优先队列分为两种：

（1）最大优先队列：无论入队顺序，当前最大的元素优先出队。

（2）最小优先队列：无论入队顺序，当前最小的元素优先出队。

本节使用顺序存储结构实现最大优先队列。

```java
/**
 * @Author : zhouguanya
```

```java
 * @Project : java-interview-guide
 * @Date : 2019-06-22 16:55
 * @Version : V1.0
 * @Description : 顺序存储结构实现最大优先队列
 */
public class PriorityQueue implements Queue {
    /**
     * 优先级队列元素类
     */
    public static class Node {
        /**
         * 数据
         */
        Object element;
        /**
         * 优先级
         */
        int priority;

        public Node(Object obj, int priority) {
            this.element = obj;
            this.priority = priority;
        }
    }

    /**
     * 队头
     */
    int front;
    /**
     * 队尾
     */
    int rear;
    /**
     * 计数器
     */
    int count;
    /**
     * 队列最大长度
     */
    int maxSize;
    /**
     * 队列
     */
    Node[] queue;

    public PriorityQueue(int size) {
        maxSize = size;
        front = rear = 0;
        count = 0;
```

```java
        queue = new Node[size];
    }

    /**
     * 添加元素到队列
     *
     * @param element 队尾元素
     */
    @Override
    public void add(Object element) {
        // 如果队列已满
        if (count >= maxSize) {
            System.out.println("队列已满");
        }
        queue[rear] = (Node) element;
        rear++;
        count++;
    }

    /**
     * 从队列获取元素
     *
     * @return 队头元素
     */
    @Override
    public Object take() {
        if (isEmpty()) {
            System.out.println("队列为空");
        }

        // 默认第一个元素的优先级最高
        Node max = queue[0];
        int maxIndex = 0;
        // 时间复杂度O(n)
        for (int i = 0; i < count; i++) {
            if (queue[i].priority > max.priority) {
                max = queue[i];
                maxIndex = i;
            }
        }

        // 找到优先级别最高的元素后，把该元素后面的元素向前移动
        for (int i = maxIndex + 1; i < count; i++) {
            // 移动元素
            queue[i - 1] = queue[i];
        }
        rear--;
        count--;
        return max;
    }
```

```java
/**
 * 队列的大小
 *
 * @return 队列包含的元素个数
 */
@Override
public int size() {
    return count;
}

/**
 * 是否为空
 *
 * @return 队列是否为空
 */
@Override
public boolean isEmpty() {
    return count == 0;
}
}
```

创建顺序存储结构实现最大优先队列测试类,验证顺序存储结构实现的最大优先队列的功能。测试代码如下:

```java
/**
 * @Author : zhouguanya
 * @Project : java-interview-guide
 * @Date : 2019-06-22 17:03
 * @Version : V1.0
 * @Description : 测试顺序存储结构实现的最大优先队列
 */
public class PriorityQueueDemo {
    public static void main(String[] args) {

        PriorityQueue queue = new PriorityQueue(5);
        PriorityQueue.Node temp;

        // 5个不同优先级的元素入队
        queue.add(new PriorityQueue.Node(1, 30));
        queue.add(new PriorityQueue.Node(2, 90));
        queue.add(new PriorityQueue.Node(3, 40));
        queue.add(new PriorityQueue.Node(4, 50));
        queue.add(new PriorityQueue.Node(5, 80));

        // 按照优先级出队
        while (!queue.isEmpty()) {
            temp = (PriorityQueue.Node) queue.take();
            System.out.println("编号是" + temp.element + "的元素出队,"
                    + "该元素优先级" + temp.priority);
        }
```

```
        }
    }
```

执行最大优先队列测试类，测试结果如下：

```
编号是 2 的元素出队，该元素优先级 90
编号是 5 的元素出队，该元素优先级 80
编号是 4 的元素出队，该元素优先级 50
编号是 3 的元素出队，该元素优先级 40
编号是 1 的元素出队，该元素优先级 30
```

从顺序存储结构实现最大优先队列的代码可知，顺序存储结构实现最大优先队列每次出队都要比较每个元素的优先级，即时间复杂度为 O(n)。

顺序存储结构并非是实现优先队列的唯一方式，感兴趣的读者可以自行使用链式存储结构实现。与线性存储结构相比，堆数据结构是更加常见的实现优先队列的方式，详情可参考 4.5 节。

2.6.5 队列常见面试考点

（1）队列的概念：队列是在一端进行插入操作，另一端进行删除操作的线性表。
（2）队列的特点：先进先出。
（3）队列的存储：

- 顺序队列。
- 链式队列。

（4）JDK 中的实现：JDK 中的 LinkedList 实现了队列，PriorityQueue 实现了优先队列。

2.7 树

树（Tree）是 n（n≥0）个结点组成的有限集合。当 n=0 时，称为空树。当 n>0 时，称为非空树。非空树的特性如下：

（1）有且仅有一个根（Root）结点。
（2）当 n>1 时，除根结点以外的其他结点可以分为 m（m>0）个互不相交的有限集合 S1,S2,S3,...,Sm，每个集合本身也是一棵树，这些树称为根结点的子树。

从以上非空树的特性可知，树结构是一个递归的过程。根结点拥有子树，子树中的每个结点也可以拥有子树。如图 2-32 所示为一棵普通的树。

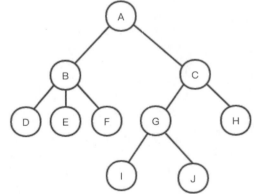

图 2-32　普通树示意图

2.7.1 树结构的相关概念

树实现有多种,其中有一些通用的概念。

1. 结点的度

结点拥有的子树的数量称为结点的度。在图 2-32 所示的树中,根结点 A 的度是 2,结点 B 的度是 3,结点 C 的度是 2。

2. 结点的关系

结点子树的根结点称作该结点的子结点(也可以称作孩子结点)。相应地,该结点称作孩子结点的父结点(也可以称作双亲结点)。在图 2-32 所示的树中,结点 B 和结点 C 都是结点 A 的孩子结点。结点 A 称为结点 B 和结点 C 的父结点。

同一个父结点的所有子结点之间互相称作兄弟结点。在图 2-32 所示的树中,结点 B 和结点 C 互为兄弟结点。

3. 结点的层次

从根结点开始,根结点称为第 1 层,根结点的孩子称为第 2 层,以此类推。结点的层次如图 2-33 所示。

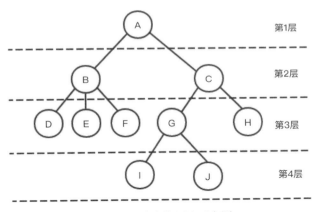

图 2-33　结点的层次示意图

4. 树的高度

树中结点的最大层次称为树的高度(或者称为深度)。在图 2-33 所示的树中,树的高度为 4。

5. 树的叶结点

如果一个结点没有任何子结点,那么称这个结点为叶结点。在图 2-33 所示的树中,结点 D、结点 E、结点 F、结点 H、结点 I、结点 J 都是叶结点。

2.7.2 二叉树

二叉树是 n（n≥0）个结点组成的有限集合，该集合或者为空集（称为空二叉树），或者由一个根结点和两棵互不相交的子树组成，这两棵子树分别称为根结点的左子树和右子树。二叉树如图 2-34 所示。

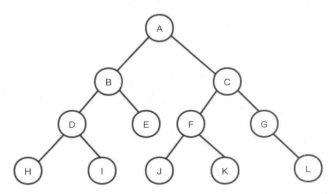

图 2-34　二叉树示意图

二叉树的特点如下：

（1）二叉树中每个结点最多有两棵子树，即二叉树中不存在度大于 2 的结点。
（2）二叉树是区分左子树和右子树的，左子树和右子树不能随意颠倒。
（3）即使二叉树中某个结点只有一棵子树，这棵子树也是要区分左子树和右子树的。
（4）在二叉树中，第 i 层最多有 2^{i-1} 个结点（i≥1）。
（5）高度为 h 的二叉树，最多有 2^h-1 个结点（h≥1）。
（6）n0=n2+1，其中 n0 表示度为 0 的结点数，n2 表示度为 2 的结点数。

2.7.3 斜树

斜树的定义是基于二叉树的，即斜树仍然是一棵二叉树。斜树分为两种：

（1）左斜树：是一种所有的结点都只有左子树的二叉树或者没有子树的一种特殊的二叉树。
（2）右斜树：是一种所有的结点都只有右子树或者没有子树的一种特殊的二叉树。

斜树如图 2-35 所示。

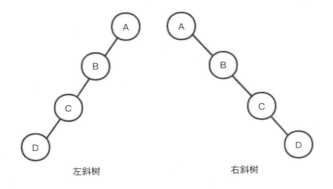

图 2-35　左斜树和右斜树示意图

2.7.4　满二叉树

所有结点都存在左子树和右子树，并且所有的叶子结点都在同一层上的二叉树，称为满二叉树。

满二叉树的特点如下：

（1）所有的叶子必须出现在最后一层。
（2）非叶子结点的度一定是 2。
（3）在同样高度的二叉树中，满二叉树的总结点数最多，满二叉树的叶子结点数最多。

满二叉树如图 2-36 所示。

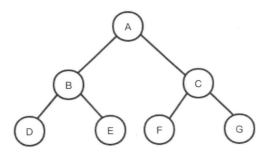

图 2-36　满二叉树示意图

2.7.5　完全二叉树

完全二叉树是由满二叉树引出的。对一棵高度为 h，具有 n 个结点的二叉树，当且仅当每个结点都与深度为 h 的满二叉树中编号为 1~n 的结点一一对应时，称这棵二叉树为完全二叉树。

完全二叉树的特点如下：

（1）叶子结点只能在最后一层或者倒数第二层。
（2）最下层的叶子结点集中在完全二叉树的左边。

（3）倒数第二层如果存在叶子结点，那么一定集中在完全二叉树的右边。
（4）如果结点的度为1，那么该结点只能有左子树，没有右子树。
（5）同样结点数目的二叉树，完全二叉树高度最小。
（6）满二叉树一定是完全二叉树，完全二叉树不一定是满二叉树。

完全二叉树如图2-37所示。

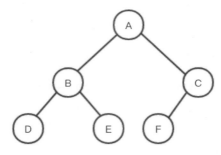

图2-37　完全二叉树示意图

2.7.6　二叉树存储结构

二叉树的存储可以使用顺序存储结构和链式存储结构。

1．二叉树顺序存储结构

二叉树的顺序存储结构使用一维数组存储二叉树中的结点，并且通过数组下标表示结点在二叉树中的位置。

对一棵完全二叉树采用如图2-38所示的方式进行编号。

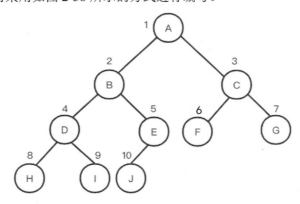

图2-38　完全二叉树编号示意图

图2-38所示的完全二叉树可以使用图2-39所示的一维数组存储。

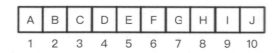

图2-39　完全二叉树顺序存储示意图

对一棵非完全二叉树进行编号（图中虚线框中的结点为不存在的结点），如图 2-40 所示。

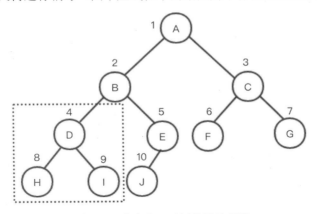

图 2-40　非完全二叉树编号示意图

图 2-40 所示的非完全二叉树顺序存储结构如图 2-41 所示。

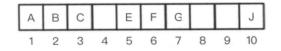

图 2-41　非完全二叉树顺序存储示意图

图 2-41 中一维数组空出的位置 4、8 和 9 并没有存储元素，此时顺序存储结构出现空间浪费。当用顺序存储结构存储左斜树或者右斜树时，将会造成更大的空间浪费。因此，顺序存储结构仅适用于完全二叉树的存储。

2. 二叉树链式存储结构

使用如图 2-42 所示的数据结构表示二叉树的一个结点。其中，data 表示结点的数据域，leftChild 表示结点的左子树的引用，rightChild 表示结点的右子树的引用。

图 2-42　自定义结构表示二叉树结点

使用图 2-42 的数据结构存储二叉树，如图 2-43 所示。

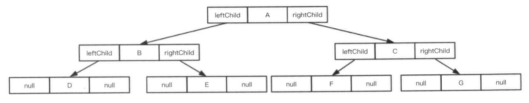

图 2-43　二叉树链式存储结构示意图

2.7.7　二叉树的遍历

二叉树的遍历指从二叉树的根结点出发，按照某种次序依次访问二叉树中所有结点的过程。

（1）二叉树前序遍历

前序遍历的顺序是：首先遍历根结点，然后递归遍历左子树，最后递归遍历右子树。

图 2-38 所示的二叉树前序遍历结果为：ABDHIEJCFG。

（2）二叉树中序遍历

中序遍历的顺序是：首先递归遍历左子树，然后遍历根结点，最后递归遍历右子树。

图 2-38 所示的二叉树中序遍历结果为：HDIBJEAFCG。

（3）二叉树后序遍历

后序遍历的顺序是：首先递归遍历左子树，然后递归遍历右子树，最后遍历根结点。

图 2-38 所示的二叉树后序遍历结果为：HIDJEBFGCA。

（4）二叉树层次遍历

层次遍历是按照树的层次自上而下遍历二叉树中的所有结点。

图 2-38 所示的二叉树层次遍历结果为：ABCDEFGHIJ。

2.7.8　二叉排序树

二叉排序树又称二叉查找树或二叉搜索树。二叉排序树是一种特殊的二叉树，需要满足以下条件：

（1）如果左子树非空，那么左子树上所有结点的值都小于根结点的值。
（2）如果右子树非空，那么右子树上所有结点的值都大于根结点的值。
（3）每个结点的左子树和右子树都必须是二叉排序树。
（4）二叉树的所有结点中没有值相等的结点。

1. 二叉排序树查找元素

二叉排序树的查找过程如下：

（1）判断根结点的值是否等于查找的值，如果相等，就返回，否则执行（2）。
（2）如果查找的值小于结点的值，就递归查找左子树。
（3）如果查找的值大于结点的值，就递归查找右子树。
（4）二叉排序树中不存在值相等的结点。

在如图 2-44 所示的二叉排序树查找值为 4 的元素。

第 2 章 数据结构 | 57

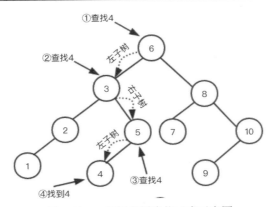

图 2-44 二叉排序树查找元素示意图

二叉排序树的查找过程的时间复杂度是 $O(\log_2 n)$。

2. 二叉排序树添加元素

二叉排序树添加元素需要经历查找过程，通过二叉排序树的查找过程找到待添加元素的合适的位置，以保证添加元素后仍满足二叉排序树的要求。

3. 二叉排序树删除元素

二叉排序树删除元素分为 3 种情况，下面分别介绍。

（1）删除的结点是叶子结点

在二叉排序树中删除叶子结点不会破坏二叉排序树的结构，可以直接删除。在图 2-44 所示的二叉排序树中，需要删除叶子结点 1。找到结点 1 所在的位置，直接删除。删除过程如图 2-45 所示。

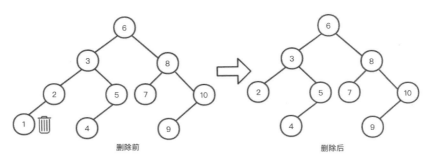

图 2-45 二叉排序树删除叶结点示意图

（2）删除的结点只有左子树或者右子树

在二叉排序树中删除的结点仅有左子树或者右子树，使用左子树或者右子树的根结点替换删除的结点，删除指定的结点。

在图 2-44 所示的二叉排序树中，删除元素 5，需要将结点 4 移动到结点 5 的位置，然后删除结点 5。删除过程如图 2-46 所示。

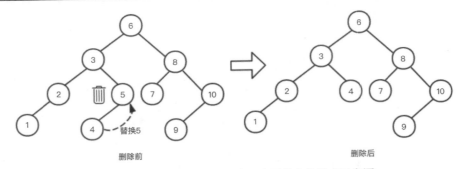

图 2-46　二叉排序树删除仅有一个子结点的结点示意图

（3）删除的结点有左子树和右子树

删除的结点有左子树和右子树，删除该结点后，需要对二叉排序树进行调整。调整的方式有两种，下面分别介绍。

【方案 1】从删除的结点的左子树中，找到左子树最右边的结点，即左子树中最大的结点，替换删除的结点；然后进行后续的调整。删除过程如图 2-47 所示。

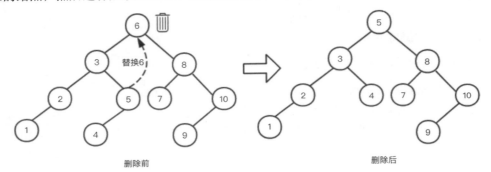

图 2-47　二叉排序树删除有左右子结点的结点方案 1 示意图

【方案 2】从删除的结点的右子树中，找到右子树最左边的结点，即右子树中最小的结点，替换删除的结点；然后进行后续的调整。删除过程如图 2-48 所示。

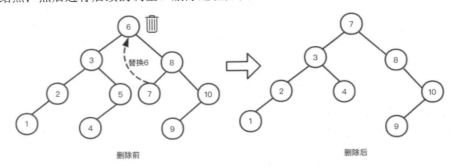

图 2-48　二叉排序树删除有左右子结点的结点方案 2 示意图

删除二叉排序树的 3 种情况中，第 3 种情况可以转化为前两种情况。

当找到删除结点的左子树中的最大结点或者右子树中的最小结点后，对删除的结点进行替换。替换后，替换结点只可能有一棵左子树，或者没有子树，即是叶子结点。

在图 2-47 中，用于替换的结点 5 不可能有右子树，如果有，就应该是结点 5 的右子结点替换结点 6。

在图 2-48 中，用于替换的结点 7 不可能有左子树，如果有，就应该是结点 7 的左子结点替换结点 6。

4. 二叉排序树的实现

二叉排序树的代码实现如下：

```java
/**
 * @Author : zhouguanya
 * @Project : java-interview-guide
 * @Date : 2019-04-30 11:04
 * @Version : V1.0
 * @Description : 二叉排序树实现
 */
public class BinarySearchTree {
    private class Node {
        /** 保存结点数据 */
        public int data;
        /** 当前结点的左孩子的引用 */
        public Node left;
        /** 当前结点的右孩子的引用 */
        public Node right;
        /** 当前结点的父结点的引用 */
        public Node parent;

        /**
         * Node 构造器
         *
         * @param value     结点值
         */
        public Node(int value){
            data = value;
            left = null;
            right = null;
            parent = null;
        }
    }
    /** 二叉排序树根结点 */
    private Node root;
    /**
     * 二叉排序树构造器
     */
    public BinarySearchTree(){
        root = null;
    }

    /**
     * 查找指定的元素
```

```java
 *
 * @param key      待查找的元素
 * @return         返回待查找的元素
 *                 如果不存在,就返回其父结点
 */
public Node find(int key) {
    // 从根结点开始遍历
    Node current = root;
    while (current != null) {
        // 如果查找元素小于当前结点的元素
        // 从当前结点的左子树上搜索指定元素
        if (key < current.data) {
            // 当前结点左孩子为空
            if (current.left == null) {
                return current;
            }
            current = current.left;
            // 如果查找元素大于当前结点的元素
            // 从当前结点的右子树上搜索指定元素
        } else if (key > current.data) {
            // 当前结点右孩子为空
            if (current.right == null) {
                return current;
            }
            current = current.right;
        } else {
            return current;
        }
    }
    return null;
}

/**
 * 添加元素
 *
 * @param value     待插入的元素
 */
public void put(int value) {
    Node newNode = new Node(value);
    // 如果当前二叉排序树不存在
    if (root == null) {
        root = newNode;
        return;
    }
    Node parent = find(value);
    // 当前值小于父结点值
    if (value < parent.data) {
        parent.left = newNode;
        parent.left.parent = parent;
        return;
```

```
        }
        // 当前元素值大于等于父结点的值
        parent.right = newNode;
        parent.right.parent = parent;
    }
}

/**
 * 从二叉排序树上删除指定元素
 *
 * 删除元素分为以下情况
 * 情况 1.待删除的结点没有左右子结点，可以直接删除
 * 情况 2.待删除的结点存在左子结点或者右子结点，删除后需要对子结点移动
 * 情况 3.待删除的结点存在左右两个子结点，可以通过和待删除的结点后
 * 继结点交换后转换为情况 1 或 2
 *
 * @param value          待删除元素
 * @return               删除结果
 */
public boolean remove(int value) {
    Node temp = find(value);
    if (temp.data != value) {
        return false;
    }
    //首先处理第 3 种情况，删除的结点同时存在左右子树
    if (temp.left != null && temp.right != null) {
        // 待删除结点的后继结点
        Node successor = findSuccessor(temp);
        // 转移待删除结点的后继结点值到当前结点
        temp.data = successor.data;
        // 把待删除的当前结点指向后继结点
        temp = successor;
    }
    //经过上一步处理，下面只有前两种情况，待删除的结点只有 1 个子结点或者没有结点
    //无论待删除的结点是否有子结点，都获取待删除的结点的子结点
    Node child;
    // 待删除的结点的子结点
    child = temp.left != null ? temp.left : temp.right;
    if (child != null) {
        // 将待删除的子结点和待删除结点的父结点关联上
        child.parent = temp.parent;
    }
    // 如果当前待删除的结点没有父结点（后继结点的情况到这儿时一定有父结点）
    // 说明要待删除的就是根结点
    if (temp.parent == null) {
        root = child;
    } else if (temp == temp.parent.left) {
        // 当前待删除的结点存在父结点，并且当前待删除的结点是其父结点的一个左结点
        temp.parent.left = child;
    } else if (temp == temp.parent.right) {
        // 当前待删除的结点存在父结点，并且当前待删除的结点是其父结点的一个右结点
```

```java
            temp.parent.right = child;
        }
        return true;
    }

    /**
     * 查询当前结点的后继结点
     * 1.若当前结点没有右孩子，则返回当前结点
     * 2.若当前结点有右孩子，则返回右子树中最小的大于当前结点的结点
     *
     * @param node      当前结点
     * @return          后继结点
     */
    public Node findSuccessor(Node node) {
        if (node.right == null) {
            return node.parent;
        }
        Node current = node.right;
        Node parent = node.right;
        while (current != null) {
            parent = current;
            current = current.left;
        }
        return parent;
    }

    /**
     * 获取根结点
     *
     * @return  根结点
     */
    public Node getRoot() {
        return root;
    }

    /**
     * 中序遍历
     * 左孩子----->父结点----->右孩子
     *
     * @param node  起始结点
     */
    public void inOrder(Node node) {
        if (node != null) {
            inOrder(node.left);
            System.out.print(node.data + " ");
            inOrder(node.right);
        }
    }

    /**
```

```java
 * 先序遍历
 * 父结点---->左孩子---->右孩子
 *
 * @param node 起始结点
 */
public void preOrder(Node node) {
    if (node != null) {
        System.out.print(node.data + " ");
        preOrder(node.left);
        preOrder(node.right);
    }
}

/**
 * 后序遍历
 * 左孩子---->右孩子---->父结点
 *
 * @param node 起始结点
 */
public void postOrder(Node node) {
    if (node != null) {
        postOrder(node.left);
        postOrder(node.right);
        System.out.print(node.data + " ");
    }
}
}
```

创建二叉排序树的测试类，验证二叉排序树的功能。测试代码如下：

```java
/**
 * @Author : zhouguanya
 * @Project : java-interview-guide
 * @Date : 2019-05-01 14:26
 * @Version : V1.0
 * @Description : 测试二叉排序树
 */
public class BinarySearchTreeDemo {
    public static void main(String[] args) {
        BinarySearchTree binarySearchTree = new BinarySearchTree();
        binarySearchTree.put(6);
        binarySearchTree.put(3);
        binarySearchTree.put(8);
        binarySearchTree.put(10);
        binarySearchTree.put(2);
        binarySearchTree.put(9);
        binarySearchTree.put(5);
        binarySearchTree.put(1);
        binarySearchTree.put(4);
        binarySearchTree.put(7);
        System.out.println("----------二叉排序树中序遍历结果----------");
```

```
            binarySearchTree.inOrder(binarySearchTree.getRoot());
            System.out.println();
            System.out.println("----------二叉排序树先序遍历结果----------");
            binarySearchTree.preOrder(binarySearchTree.getRoot());
            System.out.println();
            System.out.println("----------二叉排序树后序遍历结果----------");
            binarySearchTree.postOrder(binarySearchTree.getRoot());
            System.out.println();
            // 删除元素 8
            binarySearchTree.remove(8);
            System.out.println("-----二叉排序树删除元素 8 后中序遍历结果------");
            binarySearchTree.inOrder(binarySearchTree.getRoot());
    }
}
```

执行测试代码，执行结果如下：

```
----------二叉排序树中序遍历结果----------
1 2 3 4 5 6 7 8 9 10
----------二叉排序树先序遍历结果----------
6 3 2 1 5 4 8 7 10 9
----------二叉排序树后序遍历结果----------
1 2 4 5 3 7 9 10 8 6
-----二叉排序树删除元素 8 后中序遍历结果------
1 2 3 4 5 6 7 9 10
```

2.7.9 AVL 树

AVL 树本质上是一棵自平衡的二叉排序树。AVL 树具有以下特点：

（1）AVL 树是一棵空树或它的左右两棵子树的高度差的绝对值不超过 1。

（2）AVL 树每个结点的左右两棵子树都是一棵平衡二叉树。

平衡二叉树和非平衡二叉树对比如图 2-49 所示。

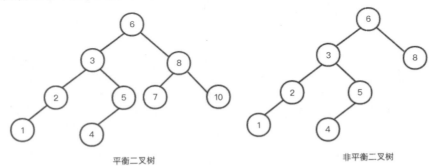

图 2-49　平衡二叉树和非平衡二叉树对比示意图

AVL 树中有一个重要的概念叫作平衡因子。平衡因子指左子树与右子树高度差的绝对值。计算公式如下：

平衡因子 =｜左子树高度 - 右子树高度｜

AVL 树的平衡因子的取值范围是：-1≤平衡因子≤1。

普通的二叉排序树在一些极端的情况下可能会退化成链式结构，例如图 2-50 所示的结点 1~5 组成的二叉排序树。

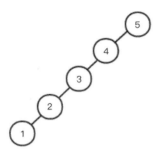

图 2-50　退化成链式结构的二叉排序树示意图

当二叉排序树退化成为链表时，此时访问其中的元素的时间复杂度从 $O(\log_2 n)$ 退化为 $O(n)$。即便是在构建二叉排序树时尽量避免如图 2-50 所示的情况，但是随着在使用过程中不断地对二叉排序树进行添加和删除操作，还是会造成二叉排序树向左倾斜或者向右倾斜，造成二叉排序树的平衡性被破坏。

1. AVL 树的基本操作

AVL 树的插入和删除可能会破坏 AVL 树的平衡性。在插入或删除元素后，从变更的结点开始向根结点回溯，遇到的第一个不平衡的结点称为"最低失衡根结点"。从最低失衡根结点向下分析，不平衡的情况可以分为 4 种情况：

（1）导致失衡的结点出现在最低失衡根结点的左子树的左子树中。
（2）导致失衡的结点出现在最低失衡根结点的左子树的右子树中。
（3）导致失衡的结点出现在最低失衡根结点的右子树的右子树中。
（4）导致失衡的结点出现在最低失衡根结点的右子树的左子树中。

分析解决不平衡的情况之前，先介绍两种调整 AVL 树使之平衡的基本操作。

①左旋转

当向 AVL 树插入元素后，右子树的高度减去左子树的高度大于 1，此时发生左旋转，即 AVL 树向左旋转，如图 2-51 所示。

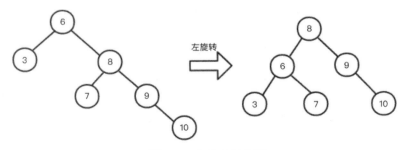

图 2-51　左旋转示意图

②右旋转

当向 AVL 树插入元素后，左子树的高度减去右子树的高度大于 1，此时发生右旋转，即 AVL 树向右旋转，如图 2-52 所示。

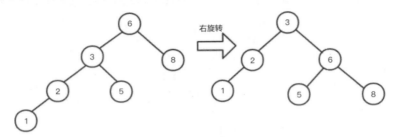

图 2-52　右旋转示意图

下面分别对各种不平衡的情况进行分析。

（1）LL 情况旋转

LL（Left-Left）旋转即导致失衡的结点出现在最低失衡根结点的左子树的左子树中而发生结点旋转的情况。旋转方式是找到最低失衡根结点，将最低失衡根结点右旋转，如图 2-53 所示。

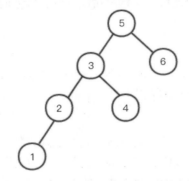

图 2-53　导致失衡的结点出现在最低失衡根结点的左子树的左子树中示意图

如图 2-53 所示，最低失衡根结点是结点 5，失衡是因为结点 1 的存在，而结点 1 位于结点 5 左子树的左子树中，需要一次右旋转即可达到平衡。具体的方法是：LL 旋转的对象是最低失衡根结点（结点 5），找到结点 5 的左孩子（结点 3），将结点 3 的右孩子结点 4 变成结点 5 的左孩子，最后将结点 5 变成结点 3 的右孩子，调整后的 AVL 树如图 2-54 所示。

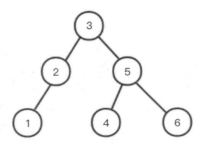

图 2-54　LL 情况旋转示意图

（2）LR 情况旋转

LR（Left-Right）旋转即导致失衡的结点出现在最低失衡根结点的左子树的右子树中而发生旋转的情况。旋转方式是找到最低失衡根结点，先对最低失衡根结点的左孩子进行左旋转，然后对最低失衡根结点进行右旋转，如图 2-55 所示。

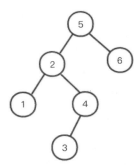

图 2-55　导致失衡的结点出现在最低失衡根结点的左子树的右子树中示意图

图 2-55 的情况的调整过程：首先对最低失衡根结点 5 的左孩子结点 2 进行左旋转，然后对最低失衡根结点 5 进行右旋转。调整过程如图 2-56 所示。

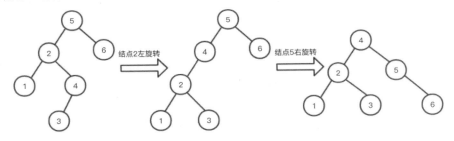

图 2-56　LR 情况旋转示意图

（3）RR 情况旋转

RR（Right-Right）旋转即导致失衡的结点出现在最低失衡根结点的右子树的右子树中而发生旋转的情况。旋转方式是找到最低失衡根结点，将最低失衡根结点左旋转，如图 2-57 所示。

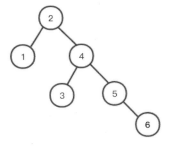

图 2-57　导致失衡的结点出现在最低失衡根结点的右子树的右子树中示意图

如图 2-57 所示，最低失衡根结点是结点 2，失衡是结点 6 导致的，而结点 6 位于结点 2 右子树的右子树，需要一次左旋转即可达到平衡。旋转的对象是最低失衡根结点（结点 2），找到结点 2 的右孩子结点 4，将结点 4 的左孩子结点 3 变成结点 2 的右孩子，最后将结点 2 变成结点 4 的左孩子，旋转后的结果如图 5-58 所示。

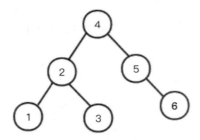

图 2-58　RR 情况旋转示意图

（4）RL 情况旋转

RL（Right-Left）旋转即导致失衡的结点出现在最低失衡根结点的右子树的左子树中而发生旋转的情况。旋转方式是找到最低失衡根结点，先对最低失衡根结点的右孩子进行右旋转，然后对最低失衡根结点进行左旋转，如图 2-59 所示。

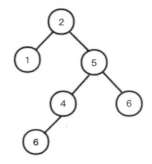

图 2-59　导致失衡的结点出现在最低失衡根结点的右子树的左子树中示意图

图 2-59 的情况的调整过程：首先对最低失衡根结点 2 的右孩子结点 5 进行右旋转，然后对最低失衡根结点 2 进行左旋转。调整过程如图 2-60 所示。

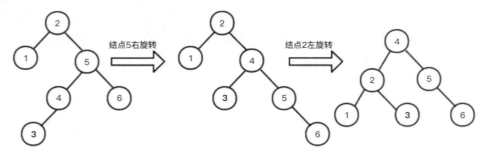

图 2-60　RL 情况旋转示意图

2. AVL 树的实现

AVL 树的代码实现如下：

```
/**
 * @Author : zhouguanya
 * @Project : java-interview-guide
```

```java
 * @Date : 2019-05-05 20:33
 * @Version : V1.0
 * @Description : AVL 树实现
 */
public class AvlTree {
    /**
     * 根结点
     */
    private Node root;

    /**
     * 内部类
     */
    public class Node {
        /**
         * 结点元素值
         */
        private int key;
        /**
         * 高度
         */
        private int height;
        /**
         * 左子结点
         */
        private Node left;
        /**
         * 右子结点
         */
        private Node right;
        /**
         * 父结点
         */
        private Node parent;
        /**
         * 内部类构造器
         *
         * @param key      元素值
         * @param left     左子结点
         * @param right    右子结点
         * @param parent   父结点
         */
        Node(int key, Node left, Node right, Node parent) {
            this.key = key;
            this.left = left;
            this.right = right;
            this.height = 0;
            this.parent = parent;
        }
    }
```

```java
/**
 * AVL 树构造器
 */
public AvlTree() {

}

/**
 * 添加 key 到 AVL 树
 *
 * @param key
 */
public void insert(int key) {
    root = insert(root, key);
    root.parent = null;
}

/**
 * 将结点插入 AVL 树中，并返回根结点
 *
 * @param root       父结点
 * @param key        元素值
 * @return           插入结果
 */
private Node insert(Node root, int key) {
    // 创建结点
    if (root == null) {
        root = new Node(key, null, null, null);
    } else if (key < root.key) {
        // 插入左子树
        root.left = insert(root.left, key);
        root.left.parent = root;
        // 二叉树失衡
        if (height(root.left) - height(root.right) == 2) {
            // 进行 LL 旋转
            if (key < root.left.key) {
                root = leftLeftRotate(root);
            } else {
                // 进行 LR 旋转
                root = leftRightRotate(root);
            }
        }
    } else if (key > root.key) {
        // 插入右子树
        root.right = insert(root.right, key);
        root.right.parent = root;
        // 二叉树失衡
        if (height(root.right) - height(root.left) == 2) {
            if (key > root.right.key) {
```

```
                // 进行 RR 旋转
                root = rightRightRotate(root);
            } else {
                // 进行 RL 旋转
                root = rightLeftRotate(root);
            }
        }
    }
    root.height = max(height(root.left), height(root.right)) + 1;
    return root;
}

/**
 * LL 旋转(右旋)
 *
 * @param root      失衡 AVL 树根结点
 * @return          调整后的 AVL 树根结点
 */
private Node leftLeftRotate(Node root) {
    // 失衡 AVL 树根结点的左子结点,也是调整后的 AVL 树的根结点
    Node leftChild = root.left;
    // 失衡 AVL 树根结点的左子结点 = 失衡 AVL 树根结点的左子结点的右子结点
    root.left = leftChild.right;
    if (root.left != null) {
        root.left.parent = root;
    }
    // 失衡 AVL 树根结点的左子结点的右结点 = 原 AVL 树的根结点
    leftChild.right = root;
    leftChild.right.parent = leftChild;
    // 调整 leftChild 的高度 = max(左子树的高度,右子树的高度) + 1
    leftChild.height = max(height(leftChild.left), height(leftChild.right)) + 1;
    // 调整 root 的高度 = max(左子树的高度,右子树的高度) + 1
    root.height = max(height(root.left), height(root.right)) + 1;
    return leftChild;
}

/**
 * RR 旋转(左旋)
 *
 * @param root      失衡 AVL 树根结点
 * @return          调整后的 AVL 树根结点
 */
private Node rightRightRotate(Node root) {
    // 失衡 AVL 树根结点的右子结点,也是调整后的 AVL 树的根结点
    Node rightChild = root.right;
    // 失衡 AVL 树根结点的右子结点 = 失衡 AVL 树根结点的右子结点的左子结点
    root.right = rightChild.left;
    if (root.right != null) {
        root.right.parent = root;
```

```java
            // 失衡 AVL 树根结点的右子结点的左结点 = 原 AVL 树的根结点
            rightChild.left = root;
            rightChild.left.parent = rightChild;
            // 调整 leftChild 的高度 = max(左子树的高度，右子树的高度) + 1
            rightChild.height = max(height(rightChild.left),
height(rightChild.right)) + 1;
            // 调整 root 的高度 = max(左子树的高度，右子树的高度) + 1
            root.height = max(height(root.left), height(root.right)) + 1;
            return rightChild;
        }

        /**
         * LR 旋转(左右旋)
         *
         * @param root      失衡 AVL 树根结点
         * @return          调整后的 AVL 树根结点
         */
        private Node leftRightRotate(Node root) {
            // 对左子树进行 RR 旋转
            root.left = rightRightRotate(root.left);
            // 对失衡 AVL 树最低失衡根结点进行 LL 旋转
            return leftLeftRotate(root);
        }

        /**
         * RL 旋转(右左旋)
         *
         * @param root      失衡 AVL 树根结点
         * @return          调整后的 AVL 树根结点
         */
        private Node rightLeftRotate(Node root) {
            // 对左子树进行 LL 旋转
            root.right = leftLeftRotate(root.right);
            // 对失衡 AVL 树最低失衡根结点进行 RR 旋转
            return rightRightRotate(root);
        }

        /**
         * 比较两个子树的最大高度
         *
         * @param a      子树 a 的高度
         * @param b      子树 b 的高度
         * @return       子树 a 和子树 b 的最大高度
         */
        private int max (int a, int b) {
            return a > b ? a : b;
        }

        /**
```

```java
 * 获取树的高度
 *
 * @param node      结点
 * @return          树高
 */
private int height(Node node) {
    if (node != null) {
        return node.height;
    }
    return 0;
}

/**
 * 先序遍历 AVL 树
 */
public void preOrder() {
    preOrder(this.root);
}

/**
 * 先序遍历 AVL 树
 *
 * @param parent    父结点
 */
private void preOrder(Node parent) {
    if (parent != null) {
        System.out.print(parent.key + " ");
        preOrder(parent.left);
        preOrder(parent.right);
    }
}

/**
 * 中序遍历 AVL 树
 */
public void inOrder() {
    inOrder(root);
}

/**
 * 中序遍历 AVL 树
 *
 * @param parent    父结点
 */
private void inOrder(Node parent) {
    if (parent != null) {
        inOrder(parent.left);
        System.out.print(parent.key + " ");
        inOrder(parent.right);
    }
```

```java
    }

    /**
     * 后序遍历 AVL 树
     */
    public void postOrder() {
        postOrder(root);
    }

    /**
     * 后序遍历 AVL 树
     *
     * @param parent    父结点
     */
    private void postOrder(Node parent) {
        if (parent != null) {
            postOrder(parent.left);
            postOrder(parent.right);
            System.out.print(parent.key + " ");
        }
    }

    /**
     * 查找 key
     *
     * @param key       待查找的 key
     * @return          查找的 key
     */
    public int search(int key) {
        Node node = search(root, key);
        if (node != null) {
            return node.key;
        }
        return -1;
    }

    /**
     * 查找 AVL 树中值为 key 的结点
     *
     * @param root      父结点
     * @param key       查找的 key
     * @return          查找到的结点
     */
    private Node search(Node root, int key) {
        if (root == null) {
            return null;
        }
        if (key < root.key) {
            return search(root.left, key);
        } else if (key > root.key) {
```

```java
            return search(root.right, key);
        } else {
            return root;
        }
    }

    /**
     * 从二叉查找树上删除指定元素
     *
     *
     * @param value     待删除元素
     * @return          删除结果
     */
    public boolean remove(int value) {
        Node deleteNode = search(root, value);
        if (deleteNode == null) {
            return false;
        }
        remove(root, deleteNode);
        return true;
    }

    /**
     * 删除结点
     *
     * @param root          父结点
     * @param deleteNode    待删除结点
     * @return              删除后的根结点
     */
    private Node remove(Node root, Node deleteNode) {
        if (root == null || deleteNode == null) {
            return null;
        }
        // 待删除结点值 - 父结点值
        int compare = deleteNode.key - root.key;
        // 待删除的结点在左子树中
        if (compare < 0) {
            root.left = remove(root.left, deleteNode);
            root.left.parent = root;
            // 删除结点后，若 AVL 树失去平衡，则进行相应的调节
            if (height(root.right) - height(root.left) == 2) {
                // 右子结点
                Node rightChild = root.right;
                if (height(rightChild.left) > height(rightChild.right)) {
                    // RL 旋转
                    root = rightLeftRotate(root);
                } else {
                    // RR 旋转
                    root = rightRightRotate(root);
                }
```

```java
        }
        // 待删除的结点在右子树中
    } else if (compare > 0) {
        root.right = remove(root.right, deleteNode);
        if (height(root.left) - height(root.right) == 2) {
            Node leftChild = root.left;
            if (height(leftChild.left) > height(leftChild.right)) {
                // LL 旋转
                root = leftLeftRotate(root);
            } else {
                // LR 旋转
                root = leftRightRotate(root);
            }
        }
    } else {
        //root 是当前需要删除的结点
        if (root.left != null && root.right != null) {
            // 如果 tree 的左子树比右子树高，就执行以下操作
            if (height(root.left) > height(root.right)) {
                // (01) 找出 root 的左子树中的最大结点
                // (02) 将该最大结点的值赋给 root
                // (03) 删除该最大结点
                // 采用这种方式的好处是：删除左子树中的最大结点之后，AVL 树仍然是平衡的
                Node max = findMax(root.left);
                root.key = max.key;
                root.left = remove(root.left, max);
                root.left.parent = root;
            } else {
                // 如果 tree 的右子树比左子树高，就执行以下操作
                // (01) 找出 root 的右子树中的最小结点
                // (02) 将该最小结点的值赋给 root
                // (03) 删除该最小结点
                // 采用这种方式的好处是：删除右子树中的最小结点之后，AVL 树仍然是平衡的
                Node min = findMin(root.right);
                root.key = min.key;
                root.right = remove(root.right, min);
                root.right.parent = root;
            }
        } else {
            Node temp = root;
            root = root.left != null ? root.left : root.right;
            if (root != null) {
                root.parent = root.parent.parent;
            }
            temp = null;
        }
    }
    return root;
}
```

```java
/**
 * 查找最小结点：返回 node 为根结点的 AVL 树的最小结点
 *
 * @param node        AVL 树的父结点
 * @return            最小结点
 */
private Node findMin(Node node) {
    if (node == null) {
        return null;
    }
    while (node.left != null) {
        node = node.left;
    }
    return node;
}

/**
 * 查找最大结点：返回 node 为根结点的 AVL 树的最大结点
 *
 * @param node        AVL 树的父结点
 * @return            最大结点
 */
private Node findMax(Node node) {
    if (node == null) {
        return null;
    }
    while (node.right != null) {
        node = node.right;
    }
    return node;
}
```

创建 AVL 树的测试类，验证 AVL 树的功能。在测试代码中，通过数组中的 1~16 共 16 个数字创建了一个如图 2-61 所示的 AVL 树。

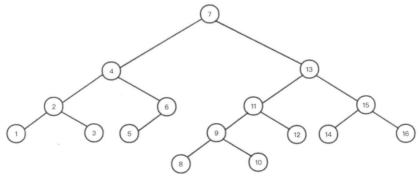

图 2-61　测试类创建的 AVL 树示意图

AVL 树的测试类代码如下：

```java
/**
 * @Author : zhouguanya
 * @Project : java-interview-guide
 * @Date : 2019-05-06 20:47
 * @Version : V1.0
 * @Description :   AVL 树测试代码
 */
public class AvlTreeDemo {
    public static void main(String[] args) {
        AvlTree avlTree = new AvlTree();
        int[] array = { 3,2,1,4,5,6,7,16,15,14,13,12,11,10,8,9 };
        for (int i = 0; i < array.length; i++) {
            // 添加元素到 AVL 树
            avlTree.insert(array[i]);
        }
        print(avlTree);
        System.out.println();
        System.out.println("--------在 AVL 树查找元素 12--------");
        System.out.println(avlTree.search(12));
        System.out.println("--------在 AVL 树查找元素 20--------");
        System.out.println(avlTree.search(20));
        avlTree.remove(12);
        print(avlTree);
    }
    public static void print(AvlTree avlTree) {
        System.out.println("----------中序遍历 AVL 树----------");
        avlTree.inOrder();
        System.out.println();
        System.out.println("----------先序遍历 AVL 树----------");
        avlTree.preOrder();
        System.out.println();
        System.out.println("----------后序遍历 AVL 树----------");
        avlTree.postOrder();
    }
}
```

执行测试代码，执行结果如下：

```
----------中序遍历 AVL 树----------
1 2 3 4 5 6 7 8 9 10 11 12 13 14 15 16
----------先序遍历 AVL 树----------
7 4 2 1 3 6 5 13 11 9 8 10 12 15 14 16
----------后序遍历 AVL 树----------
1 3 2 5 6 4 8 10 9 12 11 14 16 15 13 7
--------在 AVL 树查找元素 12--------
12
--------在 AVL 树查找元素 20--------
-1
--------在 AVL 树删除元素 12--------
```

```
----------删除元素 12 后遍历 AVL 树---------
----------中序遍历 AVL 树----------
1 2 3 4 5 6 7 8 9 10 11 13 14 15 16
----------先序遍历 AVL 树----------
7 4 2 1 3 6 5 13 10 9 8 11 15 14 16
----------后序遍历 AVL 树----------
1 3 2 5 6 4 8 9 11 10 14 16 15 13 7
```

2.7.10　2-3-4 树

2-3-4 树是一棵单个结点可以存储多个元素值的完美平衡（Perfect Balance）的查找树。所谓完美平衡，指的是从 2-3-4 树的根结点到每个叶子结点的路径的高度都是相等的。2-3-4 树是一种进阶的二叉树，是一种自平衡的数据结构，它可以保证 $O(\log_2 n)$ 的时间内完成查找、插入和删除操作。2-3-4 树具有以下性质：

（1）每个结点可以存储 1 个、2 个或者 3 个元素值，相应的称这些结点为 2（孩子）结点、3（孩子）结点、4（孩子）结点。

（2）根结点到所有的叶子结点的路径长度相等。

（3）每个结点的元素值从左到右保持了从大到小的顺序。两个元素值之间的子树中所有结点的元素值一定大于其父结点的左边的元素值，小于其父结点的右边的元素值。

（4）2 结点的左子树上的所有元素值小于其父结点的元素值。2 结点右子树上的所有元素值大于其父结点的元素值。

（5）3 结点的左子树的所有元素值小于其父结点最小的元素值。3 结点中间子树的所有元素值大于其父结点最小的元素值，小于其父结点最大的元素值。3 结点的右子树上的所有元素值大于其父结点的最大元素值。同理，4 结点也满足这样的性质。

2-3-4 树示意图如图 2-62 所示。

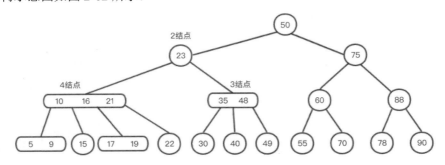

图 2-62　2-3-4 树示意图

1. 2-3-4 树的查找元素

2-3-4 树查找元素的过程与二叉排序树类似，首先比较查找的元素值与根结点的大小，如果元素值不存在于根结点中，就选择元素值所在的子树，递归上述过程，直至找到元素。2-3-4 树的查找过程如图 2-63 所示。

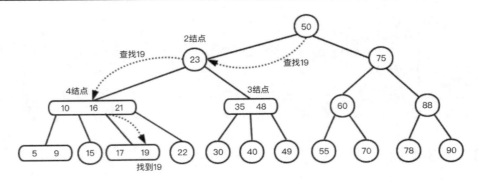

图 2-63　2-3-4 树查找元素示意图

2. 2-3-4 树添加元素

2-3-4 树添加元素的步骤如下：

（1）如果 2-3-4 树中已存在当前插入的 key，就会插入失败，否则通过查找过程找到合适的位置，在叶子结点中进行插入操作。

（2）如果待插入的结点不是 4 结点，那么直接在该结点插入新元素即可。

（3）如果待插入的结点是 4 结点，那么应该先分裂该结点再插入。一个 4 结点可以分裂成一个根结点和两个子结点（这 3 个结点各含一个元素值），然后在子结点中插入，可以把分裂形成的根结点中的元素值看成向上层结点插入的一个元素值。

（4）重复第 2 步和第 3 步，直至 2-3-4 树达到完美平衡。

下面分别对 2-3-4 树的各种插入情况进行分析。

（1）向一个 2 结点插入元素

直接将 2 结点变成一个 3 结点即可。例如向图 2-63 所示的 2-3-4 树中插入元素 12，插入结果如图 2-64 所示。插入元素 12，将 2 结点【15】变成一个 3 结点。

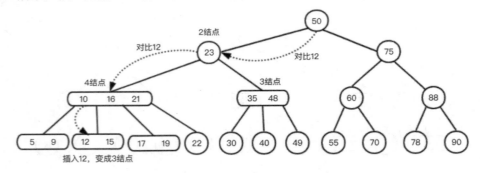

图 2-64　2-3-4 树 2 结点插入元素示意图

（2）向一个 3 结点插入元素

将 3 结点变成一个 4 结点即可。例如向图 2-63 所示的 2-3-4 树中插入元素 20，插入结果如图 2-65 所示。插入元素 20，将 3 结点【17，19】变成一个 4 结点。

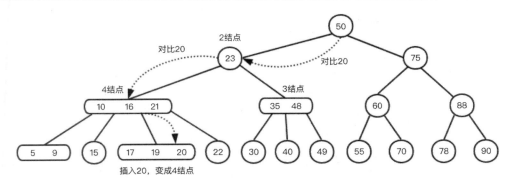

图 2-65 2-3-4 树 3 结点插入元素示意图

（3）向一个 4 结点插入元素

4 结点已经是最大的结点了，无法再插入元素。首先将 4 结点分裂成一个根结点和两个 2 子结点，向父结点中插入这个刚刚分裂出来的根结点。如果父结点也是一个 4 结点，就递归父结点的父结点直至 2-3-4 树达到平衡。例如向图 2-65 所示的 2-3-4 树中插入元素 18，则插入过程可以分解为以下两个步骤。

（1）将 4 结点【17，19，20】分裂成 3 个 2 结点。分裂过程如图 2-66 所示。

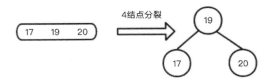

图 2-66 2-3-4 树 4 结点分裂示意图

（2）将元素 18 插入 2-3-4 树中，调整 2-3-4 树使之达到平衡。

在如图 2-65 所示的 2-3-4 树中，4 结点【17，19，20】的父结点【10，16，21】也是一个 4 结点，当 4 结点【17，19，20】分裂后，结点 19 会进入父结点【10，16，21】，因此父结点也需要进行图 2-66 所示的分裂。

向图 2-65 所示的 2-3-4 中插入元素 18 的详细过程如下：

首先通过 2-3-4 树的查找过程找到元素 18 合适的位置，如图 2-67 所示。

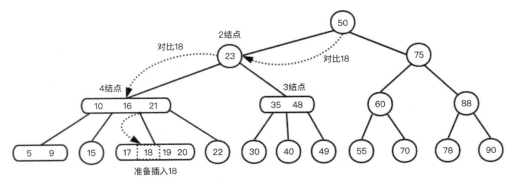

图 2-67 查找元素 18 合适的位置示意图

4结点【17，19，20】进行分裂，元素19会进入父结点中，分裂结果如图2-68所示。

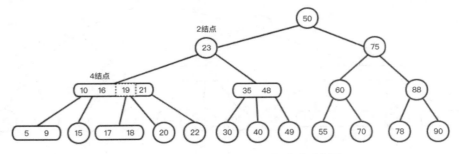

图2-68　4结点【17，19，20】分裂示意图

由于元素19的进入造成4结点【10，16，21】进行分裂，分裂结果如图2-69所示。

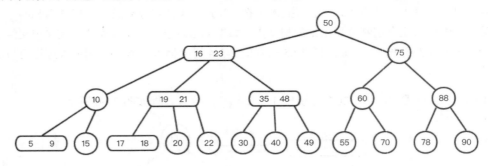

图2-69　4结点【10，16，21】分裂示意图

达到图2-69所示的状态后，2-3-4树已经达到完美平衡，不需要再进行调整，此次插入元素18结束。

（4）带有预分裂的插入

上述的向4结点插入元素的操作在某些情况下需要不断回溯来调整树的结构以达到平衡。为了消除回溯过程，在插入操作过程中可以采取预分裂的操作，即在插入操作搜索过程中，遇到4结点就分裂（分裂后形成的根结点的元素要上移，与父结点中的元素合并），这样可以保证查找到需要插入的结点时可以直接插入（该结点一定不是4结点）。

在图2-65所示的2-3-4树中，当查找元素18的存储位置时，遇到4结点【10，16，21】进行预分裂，如图2-70所示。

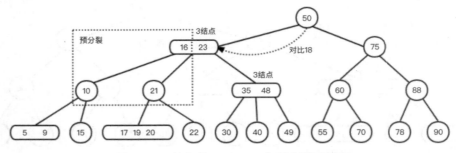

图2-70　4结点【10，16，21】预分裂示意图

在图 2-70 所示的 2-3-4 树中，继续向下查找元素 18 的存储位置，当遇到 4 结点【17，19，20】时进行预分裂，如图 2-71 所示。

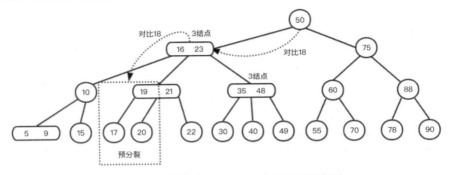

图 2-71 4 结点【17，19，20】预分裂示意图

此时寻找到结点 17 可以存储元素 18，直接将元素 18 插入即可。插入后的结果见图 2-69。

3. 2-3-4 树删除元素

2-3-4 树删除元素的步骤如下：

（1）如果删除的元素不存在于 2-3-4 树中，就会删除失败。
（2）删除的元素不存在于叶子结点，用后继结点替代删除的结点。
（3）删除的元素位于叶子结点，如果叶子结点不是 2 结点，那么直接删除元素即可。如果删除的元素是 2 结点，那么删除该结点后需要进行如下调整：

①如果兄弟结点不是 2 结点，就将父结点中的一个元素值下移到该结点，兄弟结点中的一个元素值上移到父结点。
②如果兄弟结点是 2 结点，父结点是 3 结点或者 4 结点，父结点中的元素值就与兄弟结点中的元素值合并。
③如果兄弟结点是 2 结点，父结点是 2 结点，父结点中的元素值就与兄弟结点中的元素值合并，形成一个新的 3 结点，以新的 3 结点作为当前结点，重复①和②的步骤进行调整。

以图 2-62 为例，删除元素 55 的过程如下：
首先通过 2-3-4 树的查找过程找到元素 55 所在的结点位置，删除结点 55，如图 2-72 所示。

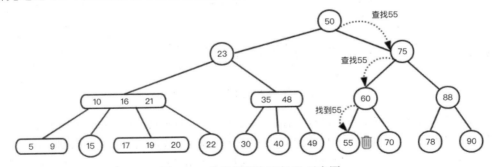

图 2-72 查找并删除元素 55 示意图

由于删除的结点位于叶子结点，满足第（3）点的第③小点，需要将父结点和兄弟结点合并，如图 2-73 所示。

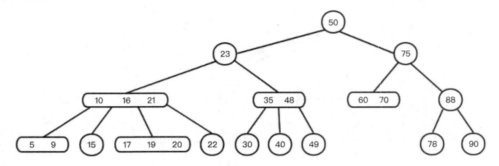

图 2-73　父结点 60 和兄弟结点 70 合并示意图

调整后的结点【60，70】的兄弟结点和父结点都是 2 结点，继续合并兄弟结点和父结点，如图 2-74 所示。

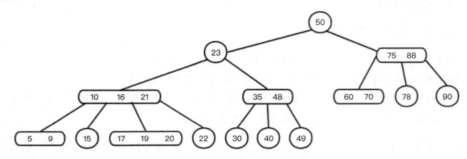

图 2-74　父结点 75 和兄弟结点 88 合并示意图

调整后的结点【75，88】的父结点和兄弟结点都是 2 结点，继续合并父结点和兄弟结点，如图 2-75 所示。

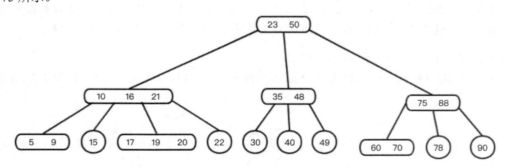

图 2-75　父结点 50 和兄弟结点 23 合并示意图

从 2-3-4 树删除和调整结点的过程可知，如果 2-3-4 树的删除导致了根结点参与合并，2-3-4 树的高度就会降低一层。例如上述删除元素 55 的过程中，2-3-4 树的高度从 4 降到了 3。

与 2-3-4 树插入元素的过程相对应的，2-3-4 树可以使用预合并的删除操作避免删除过程中的回溯。在搜索过程中（除根结点，因为根结点没有兄弟结点和父结点），遇到当前结点是 2 结点，如果兄弟结点也是 2 结点就合并（该结点的父结点中的元素值下移，与自身和兄弟结点合并）；如果兄弟结点不是 2 结点，那么父结点的元素值下移，兄弟结点中的元素值上移。这样可以保证，找到需要删除的元素值所在的结点时可以直接删除（要删除的元素值所在的结点一定不是 2 结点）。

在图 2-62 所示的 2-3-4 树中，当查找元素 55 的存储位置时，遇到 2 结点 75，其兄弟结点也是 2 结点，需要预合并，如图 2-76 所示。

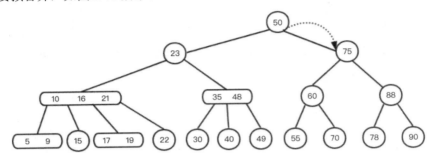

图 2-76　查找到 2 结点 75 示意图

对 2 结点 75 及其兄弟结点 23 和父结点 50 进行预合并，预合并结果如图 2-77 所示。

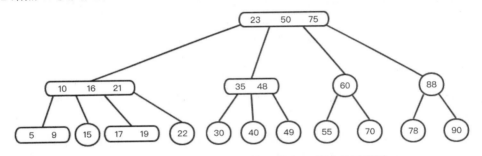

图 2-77　2 结点 23、2 结点 50 和 2 结点 75 预合并示意图

继续向下搜索，找到 2 结点 60，其兄弟结点【35，48】是 3 结点，父结点中的元素值下移，兄弟结点中的元素值上移，如图 2-78 所示。值得注意的是，除了这种调整方式以外，还可以将父结点的元素值 75 与结点 88 合并，这两种方式都可以使 2-3-4 树达到平衡。

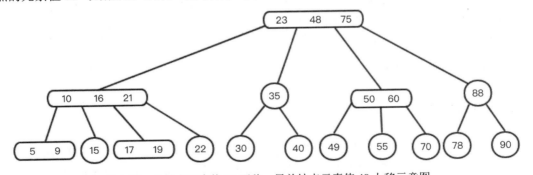

图 2-78　父结点元素值 50 下移，兄弟结点元素值 48 上移示意图

找到元素 55 所在的结点后，结点 55 是一个 2 结点，其兄弟结点是 2 结点，父结点【50，60】中的元素值下移，与结点 55 和结点 70 进行预合并，合并结果如图 2-79 所示。

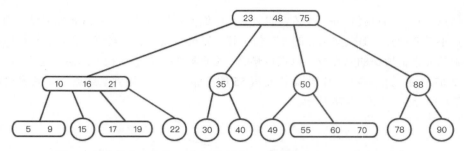

图 2-79　父结点元素值 60 与兄弟结点 55 和兄弟结点 70 预合并示意图

删除结点 55 后的结果如图 2-80 所示。

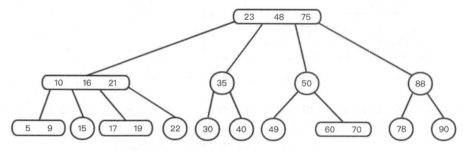

图 2-80　删除结点 55 后 2-3-4 树示意图

下面分析 2-3-4 树的执行效率。

（1）2-3-4 树高度的最坏情况（全是 2 结点），相当于演变成了平衡二叉树，其查询的时间复杂度为 $O(\log_2 n)$。

（2）2-3-4 树高度的最好情况（全是 4 结点），$O(\log_4 n) = 1/2\, O(\log_2 n)$（但这种情况是不可能出现的，因为 4 结点的父结点或者子结点不能是 4 结点）。

（3）对于 100 万个结点，2-3-4 树的高度为 10~20。

（4）对于 10 亿的结点，2-3-4 树的高度为 15~30。

由此来看，2-3-4 树的效率比平衡二叉树要好，但是问题在于 2-3-4 树并不好实现。

首先，需要用 3 种不同类型的结点代表 2 结点、3 结点和 4 结点。

其次，在插入结点时，可能需要进行大量的切分 4 结点的工作，也可能需要频繁地在 3 种结点之间进行转换。

为了更好地利用 2-3-4 树平衡高度的特点，同时又便于实现，于是诞生了红黑树。

2.7.11　红黑树

红黑树是与 2-3-4 树一一对应的树形结构，由于大部分编程语言直接实现 2-3-4 树很烦琐，因此一般是通过红黑树来实现 2-3-4 树的。红黑树同样可以保证在 $O(\log_2 n)$ 时间内完成查找、插入和删除操作。

红黑树是每个结点都带有红色或黑色属性的平衡二叉排序树。红黑树除了满足一般二叉排序树的要求外，红黑树还需要满足以下要求：

（1）每个结点必须带有颜色，红色或者黑色。
（2）根结点一定是黑色。
（3）每个叶子结点都带有两个空的黑色子结点（NIL 结点，又称为黑色哨兵）。
（4）每个红色结点的两个子结点都是黑色结点，即从根结点到叶子结点的所有路径上，不存在两个连续的红色结点。
（5）从任一结点到其所能到达的叶子结点的所有路径含有相同数量的黑色结点。

红黑树是一个基本平衡的二叉排序树，红黑树并没有像 AVL 树一样保持绝对平衡，但是同样数量的结点组成的红黑树比 AVL 树少了很多旋转操作，且红黑树的删除效率比 AVL 树更高。

红黑树与 2-3-4 树的等价关系如下：

（1）3 结点与红黑树的对应关系

2-3-4 树的一个 3 结点可以使用红黑树的一个红色结点加一个黑色结点表示。如图 2-81 所示是红黑树表示的 2-3-4 树的一个 3 结点。

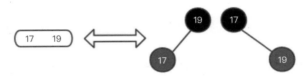

图 2-81　2-3-4 树 3 结点与红黑树对应关系示意图

（2）4 结点与红黑树的对应关系

2-3-4 树的一个 4 结点可以使用红黑树的两个红色结点加一个黑色结点表示。如图 2-82 所示是红黑树表示的 2-3-4 树的一个 4 结点。

图 2-82　2-3-4 树 4 结点与红黑树对应关系示意图

一棵完整的 2-3-4 树对应的红黑树如图 2-83 所示。

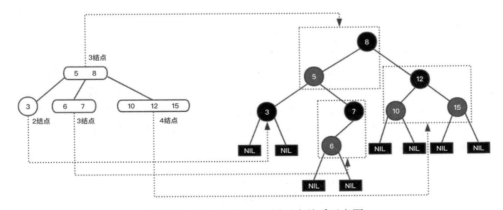

图 2-83　2-3-4 树与红黑树对应关系示意图

根据图 2-83 所示的红黑树，参照上述红黑树的 5 个特性进行分析。

（1）红黑树中每个结点都有颜色，结点的颜色只能为红色或者黑色。

（2）红黑树的根结点是黑色结点。如图 2-83 所示的结点 8 为黑色。

（3）红黑树的每个叶子结点带有两个空的黑色子结点，如图 2-83 所示的 NIL 结点。

（4）红黑树的每个红色结点的两个子结点都是黑色结点。

（5）红黑树的根结点到每个黑色子结点 NIL 的路径上包含的黑色结点数目都是 3 个。

因此，图 2-83 中的红黑树就是一棵标准的红黑树。

一棵红黑树对应一棵唯一形态的 2-3-4 树，但是一棵 2-3-4 树可以对应多种形态的红黑树，原因在于 2-3-4 树的 3 结点对应两种不同形态的红黑树，如图 2-81 所示。

红黑树的查找操作与二叉排序树类似。下面将重点分析红黑树添加元素操作和删除元素操作。

1. 红黑树添加元素

红黑树添加元素的过程如下：

（1）如果红黑树中已存在待插入的值，那么插入操作失败，否则一定是在叶子结点进行插入操作，执行步骤（2）。

（2）插入一个新结点后，将该结点涂红（涂红操作，从 2-3-4 树的角度来看，就是向上层结点进位一个元素值），由于插入操作可能破坏了红黑树的平衡性，因此需要不断回溯，进行调整。调整过程就是颜色变换和旋转操作，而这些操作都可以结合 2-3-4 树来理解。

插入新结点时，可以分为以下几种情况：

（1）父结点是黑色结点

如果父结点是黑色结点，插入新结点后，给结点涂红色即可，如图 2-84 所示。

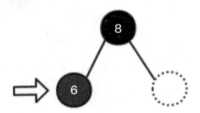

图 2-84　插入结点的父结点是黑色示意图

图 2-84 中箭头指向的结点表示插入的位置，图中的虚线表示可以有该结点，也可以没有该结点，如果有，那么该结点一定是红色的。这种插入场景还有可能存在另一种对称的情况，即在父结点的右子树上插入，操作方式是一样的，由于不涉及旋转操作，因此不再赘述。

这个操作相当于在 2-3-4 树中插入的叶子结点是 2 结点（红黑树中的黑色父结点没有子结点）或者 3 结点（红黑树中的黑色父结点有一个红色子结点），此时不会造成 2-3-4 树结点分裂，因此此时的红黑树不需要进行调整。

（2）父结点是红色的且叔叔结点是黑色的

这种情况需要对当前的红黑树进行相应的调整，以使红黑树恢复平衡。这种情况相当于 2-3-4 树中，容纳进位的父结点为 3 结点，还有空间可以容纳新的元素值，所以到这里就不用继续回溯了。

这种情况分别有以下 4 种形态：

①不平衡的红色结点是左子树中红色父结点的左孩子，如图 2-85 所示。

图 2-85　红色结点是左子树中红色父结点的左孩子示意图

②不平衡的红色结点是左子树中红色父结点的右孩子，如图 2-86 所示。

当出现图 2-86 的形态时，需要进行一次左旋转，左旋转后转化为图 2-85 所示的形态，继续进行后续的调整。

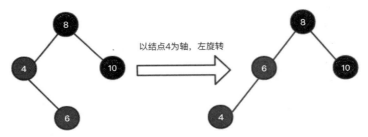

图 2-86　红色结点是左子树中红色父结点的右孩子示意图

以上两种形态还有其对应的镜像形态，即发生在右子树上。

③不平衡的红色结点是右子树中红色父结点的右孩子，如图 2-87 所示。

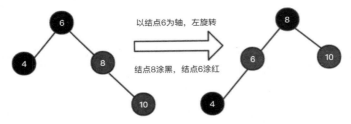

图 2-87　红色结点是右子树中红色父结点的右孩子示意图

④不平衡的红色结点是右子树中红色父结点的左孩子，如图 2-88 所示。

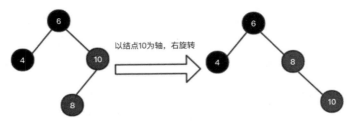

图 2-88　红色结点是右子树中红色父结点的左孩子示意图

当出现图 2-88 的形态时,需要进行一次右旋转,右旋转后转化为图 2-87 所示的形态,继续进行后续的调整。

(3)父结点是红色的且叔叔结点是红色的

这种情况相当于 2-3-4 树中,向上进位的父结点为 4 结点,所以先分裂,再插入新的元素并继续回溯,把分裂出的父结点看成向更上一层进位的结点继续回溯。

这种情况分别有以下 4 种形态:

①不平衡的红色结点是左子树中红色父结点的左孩子,如图 2-89 所示。

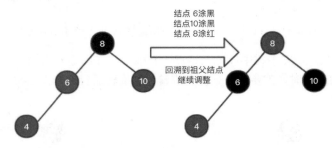

图 2-89　红色结点是左子树中红色父结点的左孩子示意图

②不平衡的红色结点是左子树中红色父结点的右孩子,如图 2-90 所示。

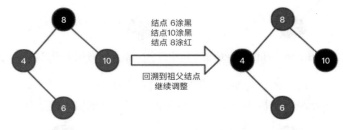

图 2-90　红色结点是左子树中红色父结点的右孩子示意图

以下两种形态是与上面两种形态对应的镜像形态,即发生在右子树上。因不涉及旋转操作,可以复用以上两种形态的代码实现,所以不进行区分。

③不平衡的红色结点是右子树中红色父结点的右孩子。

④不平衡的红色结点是右子树中红色父结点的左孩子。

2. 红黑树删除元素

红黑树删除操作的过程如下:

(1)如果在红黑树中不存在要删除的元素值,就会删除失败,否则执行(2)。

(2)如果删除的结点不是叶子结点,就用删除结点的后继结点替换,颜色不需要改变。

删除结点可以分为以下几种情况:

(1)要删除的结点为红色叶子结点

如果要删除的结点为红色叶子结点,那么直接删除该结点即可,如图 2-91 所示。

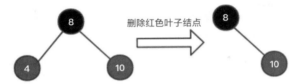

图 2-91 删除红色叶子结点示意图

（2）要删除的结点是一个黑色结点且只有一个孩子结点

如果要删除的结点只有一个孩子结点，那么这个孩子结点一定是红色结点。删除此结点后，孩子结点上移并涂黑色。这种情况如图 2-92 和图 2-93 所示。

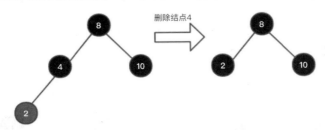

图 2-92 删除黑色结点拥有红色左孩子示意图

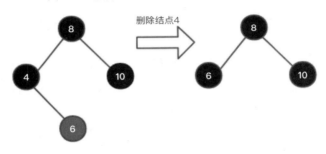

图 2-93 删除黑色结点拥有红色右孩子示意图

（3）要删除的结点是一个黑色叶子结点

删除黑色叶子结点后需要对红黑树进行调整，使之重新达到平衡。调整的情况分为以下 a、b、c 和 d 所示的 4 种。其中未着色的结点可以为红色或黑色。

1）删除的结点的兄弟结点为黑色结点且侄子结点为红色，这种情况分为以下 1、2、3 和 4 这四种不同的情况。

①删除的黑色叶子结点是父结点的右子结点，且其兄弟结点为黑色结点，且左侄子结点为红色的情况。删除黑色叶子结点 10 的调整过程如图 2-94 所示。

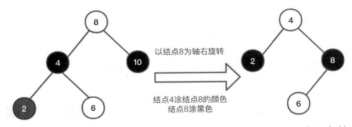

图 2-94 删除右子结点 10，兄弟结点 4 为黑色的，左侄子结点 2 为红色的示意图

②删除的黑色叶子结点是父结点的右子结点，且其兄弟结点为黑色结点，且右侄子结点为红色的情况。删除黑色叶子结点 10 的调整过程如图 2-95 所示。

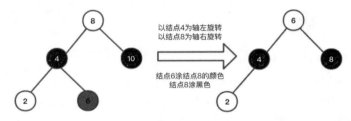

图 2-95　删除右子结点 10，兄弟结点 4 为黑色的，右侄子结点 6 为红色的示意图

③删除的黑色叶子结点是父结点的左子结点，且其兄弟结点为黑色结点，且右侄子结点为红色的情况。删除黑色叶子结点 4 的调整过程如图 2-96 所示。

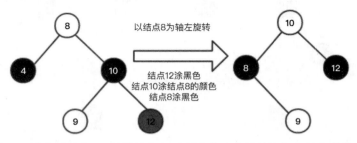

图 2-96　删除左子结点 4，兄弟结点 10 为黑色的，右侄子结点 12 为红色的示意图

④删除的黑色叶子结点是父结点的左子结点，且其兄弟结点为黑色结点，且左侄子结点为红色的情况。删除黑色叶子结点 4 的调整过程如图 2-97 所示。

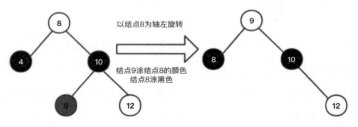

图 2-97　删除左子结点 4，兄弟结点 10 为黑色的，左侄子结点 9 为红色的示意图

2）删除的结点的兄弟结点为黑色结点，且侄子结点为黑色结点，且父结点是红色结点（侄子结点只能是 NIL 结点，因为删除的结点是叶子结点）。删除结点 4 的调整过程如图 2-98 所示。删除结点 10 与删除结点 4 类似，删除结点 10 的过程不再赘述。

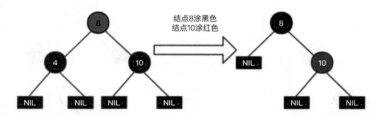

图 2-98　删除黑色结点 4，兄弟结点 10 为黑色的，父结点 8 为红色的示意图

3）删除的结点的兄弟结点、侄子结点、父结点都是黑色结点（侄子结点只能是 NIL 结点，因为删除的结点是叶子结点）。删除结点 4 的调整过程如图 2-99 所示。删除结点 10 与删除结点 4 类似，删除结点 10 的过程不再赘述。

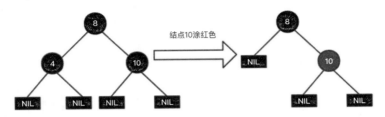

图 2-99　删除黑色结点 10，兄弟结点 4 为黑色的，父结点 8 为黑色的示意图

4）删除的结点的兄弟结点是红色结点，父结点是黑色结点。对结点 4 的调整过程如图 2-100 所示，旋转完成后转换成了③中的情况。

图 2-100　调整黑色结点 4，兄弟结点 10 为红色的，父结点 8 为黑色的

3. 红黑树的实现

红黑树的代码实现如下：

```java
/**
 * @Author : zhouguanya
 * @Project : java-interview-guide
 * @Date : 2019-05-13 17:31
 * @Version : V1.0
 * @Description :    红黑树的实现
 */
public class RedBlackTree {
    /**
     * 表示红色结点的颜色值
     */
    private final int RED = 0;
    /**
     * 表示黑色结点的颜色值
     */
    private final int BLACK = 1;
    /**
     * 红黑树根结点
     */
    private Node root;
    /**
     * 红黑树默认构造器
```

```java
    */
    public RedBlackTree() {
        root = null;
    }
    /**
     * 红黑树的结点
     */
    private class Node {
        /**
         * 结点值
         */
        int key;
        /**
         * 结点颜色
         */
        int color = BLACK;
        /**
         * 结点的左孩子
         */
        Node left = null;
        /**
         * 结点的右孩子
         */
        Node right = null;
        /**
         * 结点的父结点
         */
        Node parent = null;

        /**
         * 结点构造器
         *
         * @param key    结点元素值
         */
        Node(int key) {
            this.key = key;
        }
    }

    /**
     * 红黑树中插入结点
     *
     * @param key    结点值
     */
    public void insert(int key) {
        Node node = new Node(key);
        insert(node);
    }

    /**
```

```java
 * 插入结点
 *
 * @param node    待插入结点
 */
public void insert(Node node) {
    Node temp = root;
    // 待插入结点的父结点
    Node parent = null;
    // 父结点和子结点 key 值大小比较值
    int compare;
    // step 1. 将红黑树当作一颗二叉查找树，将结点添加到二叉查找树中
    while (temp != null) {
        parent = temp;
        // 子结点 key - 父结点 key
        compare = node.key - temp.key;
        // 子结点 key < 父结点 key
        if (compare < 0) {
            //搜索左子树，改变 temp 引用指向其左孩子
            temp = temp.left;
        } else if(compare > 0) {
            //搜索右子树
            temp = temp.right;
        } else {
            // 等于 0 说明元素已经存在，不需要插入
            return;
        }
    }
    // 找到了待插入结点的位置：parent 结点
    // 待插入结点的父结点 = parent
    node.parent = parent;
    if (parent != null) {
        // 确定 node 是其父结点 parent 的左孩子还是右孩子
        compare = node.key - parent.key;
        if (compare < 0) {
            // 待插入结点作为 parent 父结点的左子结点
            parent.left = node;
        } else {
            // 待插入结点作为 parent 父结点的右子结点
            parent.right = node;
        }
    } else {
        // parent == null, 即红黑树不存在
        root = node;
    }
    // step 2. 设置插入的结点的颜色为红色
    node.color = RED;
    // step 3. 调整红黑树，使之重新达到平衡
    fixRedBlackTree(node);
}
```

```java
/**
 * 调整红黑树，使之重新达到平衡
 *
 * @param node    结点
 */
private void fixRedBlackTree(Node node) {
    // 查询 node 结点的父结点
    Node parent;
    // node 祖父结点
    Node grandParent;
    // 父结点是黑色的情况下不需要调整
    // 父结点存在 && 父结点的颜色是红色——此时需要调整红黑树
    while (((parent = parentOf(node)) != null) && isRed(parent)) {
        // 祖父结点
        grandParent = parentOf(parent);
        // 祖父结点不存在，说明当前的红黑树高度为 2，跳出当前循环
        if (grandParent == null) {
            break;
        }
        // 父结点是祖父结点的左孩子
        if (parent == grandParent.left) {
            // node 结点的叔叔结点
            Node uncle = grandParent.right;
            // case 1: 叔叔结点是红色
            if (isRed(uncle)) {
                // 叔叔结点涂黑
                setBlackColor(uncle);
                // 父结点涂黑
                setBlackColor(parent);
                // 祖父结点涂红
                setRedColor(grandParent);
                // 继续调整祖父结点
                node = grandParent;
                continue;
            }
            // case 2: 叔叔结点是黑色 && 当前结点是父结点的右孩子
            if (node == parent.right) {
                // 父结点
                Node temp = parent;
                // 左旋转
                leftRotate(parent);
                // 交换 parent 和 node
                parent = node;
                node = temp;
            }
            // case 3: 叔叔是黑色，且当前结点是左孩子
            // 也有可能是 case 2 的情况通过旋转而得到 case 3 的场景
            // 或者插入的时候就是左结点
            setBlackColor(parent);
            setRedColor(grandParent);
```

```java
                rightRotate(grandParent);
            } else {
                // 父结点是祖父结点的右孩子的情况
                // node 结点的叔叔结点
                Node uncle = grandParent.left;
                // case 1 : 叔叔结点是红色
                if (isRed(uncle)) {
                    setBlackColor(uncle);
                    setBlackColor(parent);
                    setRedColor(grandParent);
                    node = grandParent;
                    continue;
                }
                // case 2 : 叔叔结点是黑色 && 当前结点是左孩子
                if (node == parent.left) {
                    rightRotate(parent);
                    Node temp = parent;
                    parent = node;
                    node = temp;
                }
                // case 3 : 叔叔结点是黑色,且当前结点是右孩子
                // 也有可能是 case 2 的情况通过旋转而得到的
                // 或者插入的时候就是右孩子
                setBlackColor(parent);
                setRedColor(grandParent);
                leftRotate(grandParent);
            }
        }
        // 设置根结点为黑色
        setBlackColor(root);
    }

    /**
     * 红黑树右旋转
     *
     * @param node     结点
     */
    private void rightRotate(Node node) {
        // 当前结点的左结点
        Node leftChild = node.left;
        // node 结点的左孩子=node 结点的左孩子的右结点
        node.left = leftChild.right;
        if (leftChild.right != null) {
            // 左孩子的右孩子=node
            leftChild.right.parent = node;
        }
        // 左孩子的父结点=node 的父结点
        leftChild.parent = node.parent;
        // node 父结点为空
        if (node.parent == null) {
```

```java
            // 根结点=leftChild
            root = leftChild;
        } else {
            // node 结点是父结点的右孩子
            if (node.parent.right == node) {
                // node 父结点的右孩子=node 结点的左孩子
                node.parent.right = leftChild;
            } else {
                // node 父结点的左孩子=node 结点的左孩子
                node.parent.left = leftChild;
            }
        }
        // node 左孩子的右孩子=node
        leftChild.right = node;
        // node 结点的父结点=node 左孩子
        node.parent = leftChild;
    }

    /**
     * 红黑树左旋转
     *
     * @param node     结点
     */
    private void leftRotate(Node node) {
        // 结点 node 的右孩子
        Node rightChild = node.right;
        // 结点的右孩子=右孩子的左孩子
        node.right = rightChild.left;
        if (rightChild.left != null) {
            rightChild.left.parent = node;
        }
        // 右结点的父结点 = 父结点的父结点
        rightChild.parent = node.parent;
        if (node.parent == null) {
            root = rightChild;
        } else {
            // 如果 node 是父结点的左孩子
            if (node.parent.left == node) {
                // node 结点的父结点的左孩子=node 结点的右孩子
                node.parent.left = rightChild;
            } else {
                // node 结点的父结点的右孩子=node 结点的右孩子
                node.parent.right = rightChild;
            }
        }
        // node 结点的右孩子的左孩子=node
        rightChild.left = node;
        // node 结点的父结点=node 结点的右孩子
        node.parent = rightChild;
    }
```

```java
/**
 * 设置结点颜色为红色
 *
 * @param node    结点
 */
private void setRedColor(Node node) {
    if (node != null) {
        node.color = RED;
    }
}

/**
 * 设置结点颜色为黑色
 *
 * @param node    结点
 */
private void setBlackColor(Node node) {
    if (node != null) {
        node.color = BLACK;
    }
}

/**
 * 返回结点的颜色
 *
 * @param node     结点
 * @return         结点颜色
 */
private boolean isRed(Node node) {
    return (node != null) && (node.color == RED);
}

/**
 * 查询 node 结点的父结点
 *
 * @param node      node 结点
 * @return          父结点
 */
private Node parentOf(Node node) {
    return node != null ? node.parent : null;
}

/**
 * 中序遍历红黑树
 */
public void inOrder() {
    inOrder(root);
}
```

```java
/**
 * 中序遍历红黑树
 *
 * @param node    父结点
 */
private void inOrder(Node node) {
    if (node != null) {
        inOrder(node.left);
        System.out.print(node.key + ":" +
                (node.color == RED ? "红色" : "黑色") + "  ");
        inOrder(node.right);
    }
}

/**
 * 删除结点
 *
 * @param key    结点值
 */
public void remove(int key) {
    Node node;
    if ((node = search(root, key)) != null) {
        remove(node);
    }
}

/**
 * 删除结点
 *
 * @param node    待删除的结点
 */
private void remove(Node node) {
    if (node == null) {
        return;
    }
    Node child;
    Node parent;
    int color;
    // 被删除结点有左右两个子结点
    if (node.left != null && node.right != null) {
        // 被删除结点的后继结点
        // 用后继结点取代删除的结点,然后去除删除的结点
        // 后继结点是右子树中最左边的结点
        Node replace = node;
        // 下面是搜索 node 结点的后继结点
        replace = replace.right;
        while (replace.left != null) {
            replace = replace.left;
        }
```

```java
        // node 不是根结点(只有根结点不存在父结点)
        if (parentOf(node) != null) {
            if (parentOf(node).left == node) {
                parentOf(node).left  = replace;
            } else {
                parentOf(node).right = replace;
            }
        } else {
            // 更新根结点
            root = replace;
        }
        // 后继结点的右孩子
        // 后继结点一定不会存在左孩子,否则就是其左孩子成为后继结点
        child = replace.right;
        // 后继结点的父结点
        parent = parentOf(replace);
        // 后继结点的颜色
        color = colorOf(replace);
        // 待删除结点是后继结点的父结点
        if (parent == node) {
            // 后继结点替代后继结点的父结点
            parent = replace;
        } else {
            // 后继结点的右孩子的父结点=后继结点的父结点
            if (child != null) {
                child.parent = parent;
            }
            // 后继结点父结点的左孩子=后继结点的右孩子
            parent.left = child;
            // 后继结点的右孩子=node 的右孩子
            replace.right = node.right;
            // node 结点右孩子的父亲=后继结点
            node.right.parent = replace;
        }
        // 修改后继结点在红黑树中的父结点和子结点的关系
        replace.parent = node.parent;
        replace.color = node.color;
        replace.left = node.left;
        node.left.parent = replace;
        if (color == BLACK) {
            fixRemove(child, parent);
        }
        return;
    }
    // 待删除结点只有一个孩子结点
    if (node.left != null) {
        child = node.left;
    } else {
        child = node.right;
    }
```

```
        // 待删除结点的父结点
        parent = node.parent;
        // 待删除结点的颜色
        color = node.color;
        if (child != null) {
            child.parent = parent;
        }
        // node 结点不是根结点
        if (parent != null) {
            if (parent.left == node) {
                parent.left = child;
            } else {
                parent.right = child;
            }
        } else {
            // 待删除结点是根结点
            root = child;
        }
        if (color == BLACK) {
            fixRemove(child, parent);
        }
    }

    /**
     * 红黑树删除后,重新调整红黑树
     *
     * @param node      待修正的结点
     * @param parent    父结点
     */
    private void fixRemove(Node node, Node parent) {
        Node other;
        while ((node == null || isBlack(node)) && node != root) {
            // node 是父结点的一个左孩子
            if (parent.left == node) {
                // 兄弟结点=父结点的右孩子
                other = parent.right;
                if (isRed(other)) {
                    // case 1 : 兄弟结点是红色的
                    setBlackColor(other);
                    setRedColor(parent);
                    leftRotate(parent);
                    other = parent.right;
                }
                if ((other.left == null || isBlack(other.left))
                        && (other.right == null || isBlack(other.right))) {
                    // 经历上面的 if 条件保证兄弟结点一定是黑色的
                    // case 2 : 兄弟结点是黑色的 && 兄弟结点的两个孩子都是黑色的
                    setRedColor(other);
                    node = parent;
                    parent = parentOf(node);
```

```
        } else {
            if (other.right == null || isBlack(other.right)) {
                // case 3：兄弟结点的左孩子是红色的，兄弟结点的右孩子是黑色的
                setBlackColor(other.left);
                setRedColor(other);
                rightRotate(other);
                other = parent.right;
            }
            // case 4：兄弟结点是黑色的 && 右孩子是红色的
            setColor(other, colorOf(parent));
            setBlackColor(parent);
            setBlackColor(other.right);
            leftRotate(parent);
            node = root;
            break;
        }
    } else {
        // 兄弟结点=父结点的左孩子
        other = parent.left;
        if (isRed(other)) {
            // case 1：兄弟结点是红色的
            setBlackColor(other);
            setRedColor(parent);
            rightRotate(parent);
            other = parent.left;
        }
        if ((other.left == null || isBlack(other.left))
                && (other.right == null || isBlack(other.right))) {
            // 经历上面的 if 条件保证兄弟结点一定是黑色的
            // case 2：兄弟结点是黑色的 && 兄弟结点的两个孩子都是黑色的
            setRedColor(other);
            node = parent;
            parent = parentOf(node);
        } else {
            if (other.left == null || isBlack(other.left)) {
                // case 3：兄弟结点的右孩子是红色的，兄弟结点的左孩子是黑色的
                setBlackColor(other.right);
                setRedColor(other);
                leftRotate(other);
                other = parent.left;
            }
            // case 4：兄弟结点是黑色的 && 左孩子是红色的
            setColor(other, colorOf(parent));
            setBlackColor(parent);
            setBlackColor(other.left);
            rightRotate(parent);
            node = root;
            break;
        }
    }
}
```

```java
        }
        if (node != null) {
            setBlackColor(node);
        }
    }

    /**
     * 设置结点的颜色
     * @param node
     * @param color
     */
    private void setColor(Node node, int color) {
        if (node != null) {
            node.color = color;
        }
    }

    /**
     * 结点的颜色是否为黑色的
     *
     * @param node      结点
     * @return          boolean
     */
    private boolean isBlack(Node node) {
        return (node != null) && (node.color == BLACK);
    }

    /**
     * 结点的颜色
     * @param node
     * @return
     */
    private int colorOf(Node node) {
        return node != null ? node.color : BLACK;
    }

    /**
     * 查找值为 key 的结点
     *
     * @param node      父结点
     * @param key       待查找元素
     * @return          对应的 Node
     */
    private Node search(Node node, int key) {
        if (node == null) {
            return null;
        }
        if (key < node.key) {
            return search(node.left, key);
        } else if (key > node.key){
```

```
            return search(node.right, key);
        } else {
            return node;
        }
    }
}
```

在测试类中创建了一颗红黑树，如图 2-101 所示。

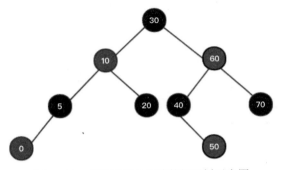

图 2-101　在测试类中创建的红黑树示意图

删除元素 60 后的红黑树如图 2-102 所示。

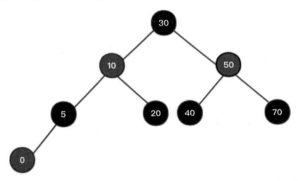

图 2-102　在测试类中创建的红黑树删除元素 60 后示意图

红黑树测试类代码如下：

```
/**
 * @Author : zhouguanya
 * @Project : java-interview-guide
 * @Date : 2019-05-15 16:33
 * @Version : V1.0
 * @Description :    红黑树测试
 */
public class RedBlackTreeDemo {
    public static void main(String[] args) {
        int[] array = {10, 40, 30, 60, 70, 20, 50, 5, 0};
        RedBlackTree redBlackTree = new RedBlackTree();
        for (int i = 0; i < array.length; i++) {
            redBlackTree.insert(array[i]);
```

```
                }
                System.out.println("----------红黑树中序遍历结果----------");
                redBlackTree.inOrder();
                redBlackTree.remove(60);
                System.out.println();
                System.out.println("----------红黑树中序遍历结果----------");
                redBlackTree.inOrder();
        }
}
```

执行测试代码，执行结果如下：

```
----------红黑树中序遍历结果----------
0:红色  5:黑色  10:红色  20:黑色  30:黑色  40:黑色  50:红色  60:红色  70:黑色
----------红黑树中序遍历结果----------
0:红色  5:黑色  10:红色  20:黑色  30:黑色  40:黑色  50:红色  70:黑色
```

2.7.12 哈夫曼树

哈夫曼树（Huffman Tree）又称最优二叉树，是一种带权路径长度最短的树。

1. 哈夫曼树的由来

假设有这样一个场景：某学校期末考试成绩分为 5 个等级，分别是：成绩大于等于 90 分的为 A，成绩大于等于 80 分且小于 90 分的为 B，成绩大于等于 70 分且小于 80 分的为 C，成绩大于等于 60 分且小于 70 分的为 D，成绩未达到 60 分的为 E。

上述场景可以使用一棵二叉树来表示，如图 2-103 所示。

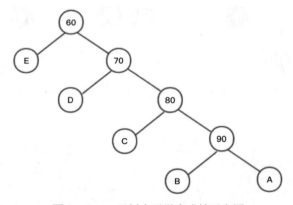

图 2-103 二叉树表示学生成绩示意图

假设该校有 10 000 名学生，成绩分布情况为：5%的学生取得成绩 E，15%的学生取得成绩 D，40%的学生取得成绩 C，30%的学生取得成绩 B，10%的学生取得成绩 A。因此，在 10 000 个学生的样本中，在图 2-103 所示的二叉树中，查询每个学生的成绩需要查询的次数如下：

```
(5%×1 + 15%×2 + 40%×3 + 30%×4 + 10%×4) × 10000 = 31500 次
```

将图 2-103 所示的二叉树调整为图 2-104 所示的二叉树，重新计算查询次数。

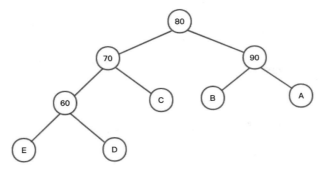

图 2-104　学生成绩二叉树修正示意图

在图 2-104 所示的二叉树中，查询每个学生的成绩需要查询的次数如下：

(5%×3 + 15%×3 + 40%×2 + 30%×2 + 10×2) × 10000 = 22000 次

由以上计算结果可知，哈夫曼树就是这样一种效率最高的判别树。

2. 哈夫曼树的特性

若给二叉树中的结点赋予一个有意义的数值，则这个数值称为该结点的权。从根结点到该结点的路径长度与该结点的权的乘积称为结点的带权路径长度。

树的带权路径长度规定为所有叶子结点的带权路径长度之和，记为 WPL。

在权为 $w_1,w_2,\ldots,w_n$ 的 N 个叶子结点组成的所有二叉树中，带权路径长度 WPL 最小的二叉树称为哈夫曼树或最优二叉树。

哈夫曼树具有以下特性：

（1）满二叉树不一定是哈夫曼树。
（2）哈夫曼树中权越大的叶子离根越近。
（3）相同带权结点生成的哈夫曼树不唯一。
（4）哈夫曼树的结点的度数为 0 或 2，没有度为 1 的结点。
（5）包含 n 个叶子结点的哈夫曼树中共有 2n – 1 个结点。
（6）包含 n 棵树的森林要经过 n–1 次合并才能形成哈夫曼树，共产生 n–1 个新结点。

3. 哈夫曼树的构建

下面通过权值集合 {7,19,2,6,32,3,21,10} 阐述哈夫曼树的构造过程。

（1）根据权值集合构建 N 棵二叉树的集合，其中每棵二叉树只有一个结点，如图 2-105 所示。

图 2-105　构建哈夫曼树步骤（1）示意图

（2）在步骤（1）中选择两棵根结点权值最小的二叉树作为左右子树，构造一颗新的二叉树，将新的二叉树的根结点的权值设置为左右子树根结点的权值之和，将左右子树从二叉树集合中删除，新的二叉树加入二叉树集合。合并根结点为 2 和 3 的两棵二叉树，如图 2-106 所示。

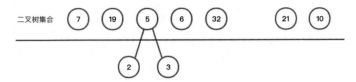

图 2-106　构建哈夫曼树步骤（2）示意图

（3）重复步骤（2），在图 2-106 所示的二叉树集合中，合并根结点为 5 和 6 的这两棵二叉树，如图 2-107 所示。

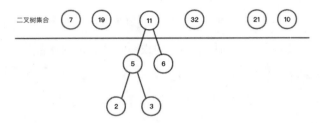

图 2-107　构建哈夫曼树步骤（3）示意图

（4）合并根结点为 7 和 10 的这两棵二叉树，如图 2-108 所示。

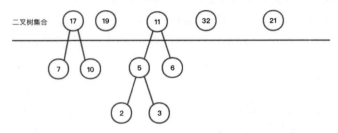

图 2-108　构建哈夫曼树步骤（4）示意图

（5）合并根结点为 11 和 17 的这两棵二叉树，如图 2-109 所示。

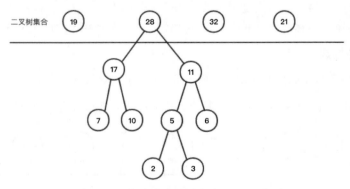

图 2-109　构建哈夫曼树步骤（5）示意图

（6）合并根结点为 19 和 21 的这两棵二叉树，如图 2-110 所示。
（7）合并根结点为 28 和 32 的这两棵二叉树，如图 2-111 所示。

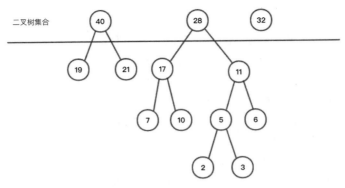

图 2-110　构建哈夫曼树步骤（6）示意图

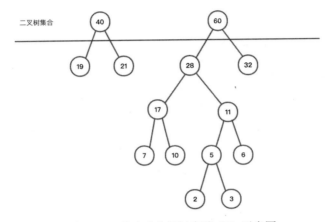

图 2-111　构建哈夫曼树步骤（7）示意图

（8）合并根结点为 40 和 60 的这两棵二叉树，如图 2-112 所示。

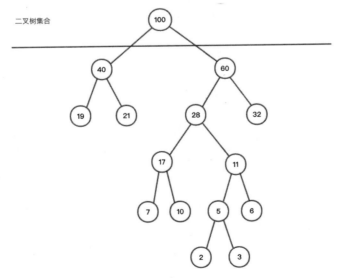

图 2-112　构建哈夫曼树步骤（8）示意图

4. 哈夫曼编码

哈夫曼树的应用很广，哈夫曼编码就是哈夫曼树在电信通信中的应用之一。哈夫曼树广泛地用于数据文件压缩，其压缩率通常为20%～90%。在电信通信业务中，通常用二进制编码来表示字母或其他字符，并用这样的编码来表示字符序列。

下面通过案例说明使用哈夫曼树设计哈夫曼编码的过程。

如需传送的电文为"ABACCDA"，即：A、B、C、D的频率（权值）分别为0.43、0.14、0.29、0.14，尝试构造电文的哈夫曼编码。

以电文中的字符作为叶子结点构造哈夫曼树。然后将哈夫曼树中的结点引向其左孩子的分支标记"0"，引向其右孩子的分支标记"1"，每个字符的编码即为从根到每个叶子的路径上得到的0、1序列。电文为"ABACCDA"生成的哈夫曼树如图2-113所示。

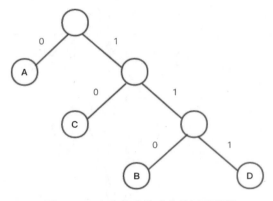

图2-113　电文生成的哈夫曼树示意图

5. 哈夫曼树的实现

在构造哈夫曼树的过程中，每次调整都是合并权重值最小的两个结点。因此，在本书的哈夫曼树的实现过程中，使用继承Comparable接口的Node结点，方便对结点进行排序，读者亦可选择其他算法代替。

```java
/**
 * @Author : zhouguanya
 * @Project : java-interview-guide
 * @Date : 2019-05-23 16:11
 * @Version : V1.0
 * @Description : 哈夫曼树的实现
 */
public class HuffmanTree {
    /**
     * 根结点
     */
    public Node root;

    /**
     * 创建Node结点
     *
     * @param weight 权重
```

* @return 结点
 */
public Node createNode(int weight) {
    return new Node(weight);
}

/**
 * 创建哈夫曼树
 *
 * @param nodeList 结点集合
 */
public void createHuffmanTree(List<Node> nodeList) {
    if (nodeList == null || nodeList.isEmpty()) {
        return;
    }
    while (nodeList.size() > 1) {
        Collections.sort(nodeList);
        Node left = nodeList.get(nodeList.size() - 1);
        Node right = nodeList.get(nodeList.size() - 2);
        Node parent = new Node(left.weight + right.weight, left, right, null);
        parent.left = left;
        parent.right = right;
        nodeList.remove(left);
        nodeList.remove(right);
        nodeList.add(parent);
    }
    root = nodeList.get(0);
}

/**
 * 中序遍历
 *
 * @param parent 父结点
 */
public void inOrder(Node parent) {
    if (parent != null) {
        inOrder(parent.left);
        System.out.print(parent.weight + " ");
        inOrder(parent.right);
    }
}

/**
 * 哈夫曼编码
 *
 * @param parent 结点
 * @param code   编码
 */
public void huffmanEncode(Node parent, String code) {
    // 叶子结点

```java
        if (parent != null && parent.left == null && parent.right == null) {
            System.out.println(parent.weight + "被编码成" + code);
        }

        if (parent != null && parent.left != null) {
            // 左子树，编码 code 添加 0
            code += "0";
            huffmanEncode(parent.left, code);
            // 删除上一步添加的'0'
            code = code.substring(0, code.length() - 1);
        }

        if (parent != null && parent.right != null) {
            // 右子树，编码 code 添加 1
            code += "1";
            huffmanEncode(parent.right, code);
            // 删除上一步添加的'1'
            code = code.substring(0, code.length() - 1);
        }
    }

    /**
     * 哈夫曼树结点
     */
    public class Node implements Comparable {
        /**
         * 结点的权重
         */
        public int weight;
        /**
         * 左孩子
         */
        public Node left;
        /**
         * 右孩子
         */
        public Node right;
        /**
         * 父结点
         */
        public Node parent;

        /**
         * 构造器
         *
         * @param weight
         */
        public Node(int weight) {
            this(weight, null, null, null);
        }
```

```java
/**
 * 构造器
 *
 * @param weight
 * @param left
 * @param right
 * @param parent
 */
public Node(int weight, Node left, Node right, Node parent) {
    this.weight = weight;
    this.left = left;
    this.right = right;
    this.parent = parent;
}

@Override
public int compareTo(Object o) {
    if (o instanceof Node) {
        return ((Node) o).weight - this.weight;
    }
    return 0;
}
    }
}
```

创建哈夫曼树的测试类，用于验证哈夫曼树的功能：

```java
/**
 * @Author : zhouguanya
 * @Project : java-interview-guide
 * @Date : 2019-05-24 14:54
 * @Version : V1.0
 * @Description : 测试哈夫曼树的实现
 */
public class HuffmanTreeDemo {
    public static void main(String[] args) {
        HuffmanTree huffmanTree = new HuffmanTree();
        int[] wightArray = {4, 3, 5, 1, 2};
        List<HuffmanTree.Node> nodeList = new ArrayList<>();
        for (int i = 0; i < wightArray.length; i++) {
            nodeList.add(huffmanTree.createNode(wightArray[i]));
        }
        huffmanTree.createHuffmanTree(nodeList);
        System.out.println("----------哈夫曼树中序遍历----------");
        huffmanTree.inOrder(huffmanTree.root);
        System.out.println();
        System.out.println("----------哈夫曼编码结果----------");
        huffmanTree.huffmanEncode(huffmanTree.root, "");
    }
}
```

测试类中维护了一棵如图 2-114 所示的哈夫曼树。

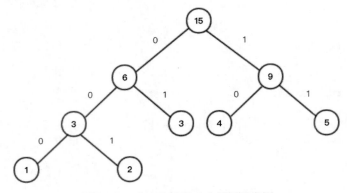

图 2-114　电文生成的哈夫曼树示意图

执行测试代码，执行结果如下：

```
----------哈夫曼树中序遍历----------
1 3 2 6 3 15 4 9 5
----------哈夫曼编码结果----------
1 被编码成 000
2 被编码成 001
3 被编码成 01
4 被编码成 10
5 被编码成 11
```

2.7.13　树常见面试考点

（1）二叉树的概念。
（2）二叉树的存储。
（3）二叉树的遍历。

- 前序遍历。
- 中序遍历。
- 后序遍历。
- 层次遍历。

（4）二叉排序树的实现及其优缺点。
（5）AVL 树的优缺点。
（6）红黑树的原理及 JDK 对红黑树的应用。
（7）哈夫曼的编码及解码。

2.8 树和森林

2.8.1 普通树转化为二叉树

普通树可以转化为二叉树，转化步骤如下：

（1）在普通树的兄弟结点之间加一条线，使兄弟结点互连，如图 2-115 所示。

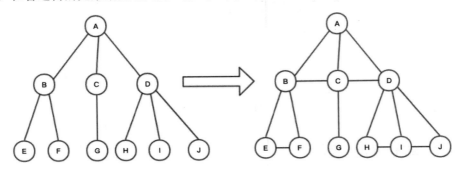

图 2-115 兄弟结点间加一条线示意图

（2）对于树中的每个结点，只保留其与第一孩子结点的连线，删除结点与其他孩子结点之间的连线，如图 2-116 所示。

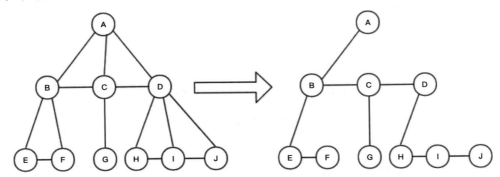

图 2-116 每个结点只保留与第一个孩子结点的连线示意图

（3）调整树的层次结构。以树的根结点为轴心，将整棵树旋转一定的角度，使树结构层次分明，如图 2-117 所示。

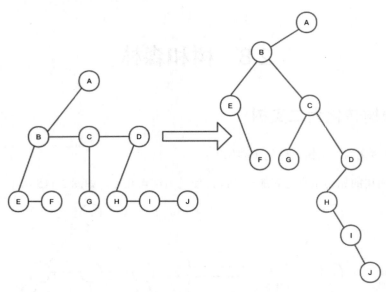

图 2-117　调整树的层次结构示意图

2.8.2　森林转化为二叉树

森林由多棵树组成。森林可以转化为二叉树，转化步骤如下：

（1）将森林中的每棵树转化为二叉树，如图 2-118 所示。

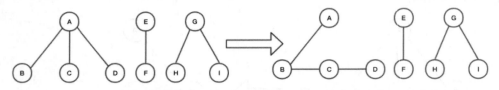

图 2-118　森林中的每棵树转化为二叉树示意图

（2）保持第一棵不动，从第二棵二叉树开始，依次把后一棵二叉树的根结点作为前一棵二叉树的根结点的右孩子，用线连接起来，如图 2-119 所示。

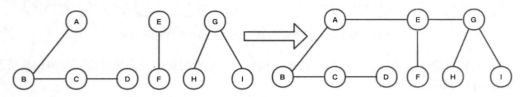

图 2-119　依次把后一棵二叉树的根结点作为前一棵二叉树的根结点的右孩子示意图

（3）调整树的层次结构。以树的根结点为轴心，将整棵树旋转一定的角度，使树结构层次分明，如图 2-120 所示。

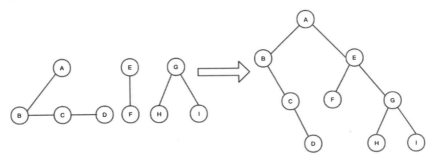

图 2-120 调整树的层次结构示意图

2.8.3 树的遍历

树的遍历分为以下两种：

（1）先根遍历。先访问树的根结点，再依次先根遍历根的每棵子树。

（2）后根遍历。先依次遍历每棵子树，再访问根结点。

图 2-121 所示的树，先根遍历的结果为 ABEFCGDHIJ，后根遍历的结果为 EFBGCHIJDA。

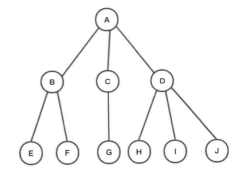

图 2-121 普通树示意图

2.8.4 森林的遍历

森林的遍历也分为先跟遍历和后根遍历，其实就是按照树的先根遍历和后根遍历依次访问森林的每一棵树。

在图 2-122 所示的森林中，森林的先根遍历结果为 ABCDEFGHI，森林的后根遍历结果为 BCDAFEHIG。

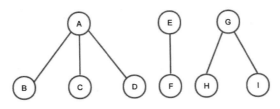

图 2-122 森林示意图

2.8.5 树和森林常见面试考点

（1）普通树与二叉树间的转换。
（2）森林与二叉树间的转换。

（3）树的遍历方式。
（4）森林的遍历方式。

2.9 图

图（Graph）是由顶点的有穷非空集合和顶点之间边的集合组成的，通常表示为：G（V,E），其中，G 表示一个图，V 是图 G 中顶点的集合，E 是图 G 中边的集合。

2.9.1 图的相关概念

（1）顶点。顶点是图的基本单元之一，相当于树中的结点。
（2）边。图中顶点之间的关联关系。
（3）无向边。若两个顶点之间的边没有方向，则称这条边为无向边。
（4）无向图。任意两个顶点之间的边都是无向边的图称为无向图。
（5）有向边。若两个顶点之间的边是有方向的，则称为有向边。
（6）有向图。任意两个顶点之间的边都是有向边的图称为有向图。
（7）简单图。不存在自环（指向顶点自身的边）和重边（完全相同的多条边）的图。
（8）无向完全图。任意两个顶点间都存在边的无向图称为无向完全图。
（9）有向完全图。任意两个顶点间都存在方向相反的两条边的有向图称为有向完全图。
（10）稀疏图。只有很少条边组成的图称为稀疏图。
（11）稠密图。有很多条边组成的图称为稠密图。
（12）权重。从图中一个顶点到另一个顶点的距离或耗费。
（13）带权图。带有权重的图称为带权图。
（14）度。与顶点相连接的边的数目称为度。
（15）出度。有向图中的概念，出度表示以此顶点为起点的边的数目。
（16）入度。有向图中的概念，入度表示以此顶点为终点的边的数目。
（17）环。开始顶点和结束顶点相同的路径称为环。
（18）简单环。除去第一个顶点和最后一个顶点后没有重复顶点的环。
（19）连通图。任意两个顶点都互相连通的图。
（20）非连通图。存在不能互相连通的顶点的图称为非连通图。
（21）极大连通子图。加入任何一个不在图的点都会导致图不再连通，此时的图就是极大连通子图。连通图的极大连通子图是自身，非连通图存在多个极大连通子图。
（22）连通分量。无向图的极大连通子图称为连通分量。任何连通图的连通分量只有一个，就是其自身，非连通的无向图有多个连通分量。
（23）生成树。对连通图进行遍历，过程中所经过的边和顶点的组合可看作一棵普通树，通常称为生成树。
（24）最小生成树：对连通图来说，边的权重之和最小的生成树称为最小生成树。

(25) AOV 网。用顶点表示活动，用边表示活动间的优先关系的有向图称为 AOV 网。

(26) AOE 网。带权有向图中以顶点表示事件，有向边表示活动，边上的权值表示该活动持续的时间，这样的图称为 AOE 网。

图的结构比较复杂，任意两个顶点之间都可能存在关系，因此用简单的顺序存储来表示图是很难实现的，而若使用多重链表的方式（一个数据域、多个指针域的结点来表示），则会出现严重的空间浪费或操作不便。图的常用存储结构有邻接矩阵、邻接表和十字链表。下面将一一分析这 3 种存储结构。

2.9.2 图的邻接矩阵存储结构

邻接矩阵（Adjacency Matrix）使用两个数组存储图，其中一个一维数组用于存储图中的顶点，另一个二维数组存储顶点之间的边的信息。以图 2-123 所示的无向图为例，使用邻接矩阵进行存储。

使用邻接矩阵存储图 2-123 所示的无向图，其中顶点间有边相连的用数值 1 表示，顶点间没有边相连的用数值∞表示。图 2-123 所示的无向图的邻接矩阵存储如图 2-124 所示。

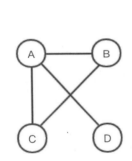

图 2-123　无向图示意图

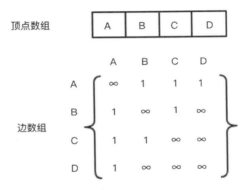

图 2-124　无向图邻接矩阵存储示意图

因为无向图的边不区分方向，所以无向图的邻接矩阵的实现是一个对称矩阵。

以图 2-125 所示的有向图为例，使用邻接矩阵进行存储。

图 2-125 所示的有向图的邻接矩阵存储如图 2-126 所示。

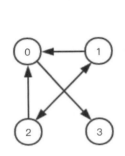

图 2-125　有向图示意图

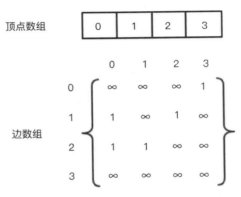

图 2-126　有向图邻接矩阵存储示意图

下面以有向图为例，阐述邻接矩阵的实现。

```java
/**
 * @Author : zhouguanya
 * @Project : java-interview-guide
 * @Date : 2019-05-25 18:22
 * @Version : V1.0
 * @Description : 邻接矩阵实现有向图
 */
public class AdjacencyMatrixDirectGraph {
    /**
     * 顶点数量
     */
    private int vertexCount;
    /**
     * 边数量
     */
    private int edgeCount;
    /**
     * 存放弧信息的二维数组
     */
    private int[][] arcArray;

    /**
     * 构造器
     *
     * @param data          元数据
     * @param vertexCount   顶点个数
     */
    public AdjacencyMatrixDirectGraph(int[][] data, int vertexCount) {
        this.vertexCount = vertexCount;
        this.edgeCount = data.length;
        arcArray = new int[vertexCount][vertexCount];
        for (int i = 0; i < vertexCount; i++) {
            for (int j = 0; j < vertexCount; j++) {
                // 如果两个顶点之间没有边，就用 Integer.MAX_VALUE 表示
                arcArray[i][j] = Integer.MAX_VALUE;
            }
        }
        // 根据初始化数组构建邻接矩阵
        for (int i = 0; i < data.length; i++) {
            // 边的起点
            int tail = data[i][0];
            // 边的终点
            int head = data[i][1];
            // 顶点间存在边的用 1 表示
            arcArray[tail][head] = 1;
        }
    }
}
```

```java
/**
 * 查询一个顶点的邻接点
 *
 * @param vertex 顶点
 * @return       邻接点
 */
public Set<Integer> adjacency(int vertex) {
    Set<Integer> set = new HashSet<>();
    for (int i = 0; i < vertexCount; i++) {
        // 不等于 Integer.MAX_VALUE 说明有边存在
        if (arcArray[vertex][i] != Integer.MAX_VALUE) {
            set.add(i);
        }
    }
    return set;
}
```

创建邻接矩阵的测试类,用于验证邻接矩阵的功能:

```java
/**
 * @Author : zhouguanya
 * @Project : java-interview-guide
 * @Date : 2019-05-25 20:14
 * @Version : V1.0
 * @Description : 邻接矩阵实现有向图测试
 */
public class AdjacencyMatrixDirectGraphDemo {
    public static void main(String[] args) {
        // 描述有向图的有向边
        int[][] data = {
                {0, 3},
                {1, 0},
                {1, 2},
                {2, 0},
                {2, 1}
        };
        AdjacencyMatrixDirectGraph graph = new AdjacencyMatrixDirectGraph(data, 4);
        Set<Integer> set = graph.adjacency(1);
        System.out.println(set);
    }
}
```

执行测试代码,执行结果如下:

顶点 1 的邻接点为:[0, 2]

邻接矩阵的优点:邻接矩阵的结构简单,操作方便。

邻接矩阵的缺点:邻接矩阵存储稀疏图,将会造成大量的空间浪费。

2.9.3 图的邻接表存储结构

邻接表是一种将数组与链表相结合的存储方法。其具体实现为：将图中顶点用一个一维数组存储，每个顶点所有邻接点用一个单链表来存储。以图 2-127 所示的无向图为例，使用邻接表进行存储。

图 2-127 所示的无向图用邻接表存储示意图如图 2-128 所示。

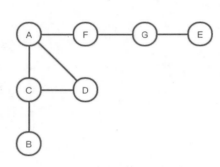
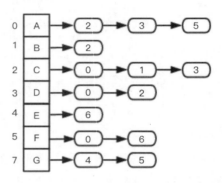

图 2-127　无向图示意图　　　　图 2-128　无向图用邻接表存储示意图

在图 2-128 所示的邻接表示意图中，一维数组中存储了无向图的顶点信息，每个顶点拥有一个指向一条单链表的引用，单链表中的每个结点记录了对应的顶点连接点的位置。例如，第 2 个顶点（顶点 C）指向的链表所包含的结点的数据分别是"0,1,3"，而"0,1,3"分别对应"A,B,D"的序号，因此 C 的邻接点是"A,B,D"。

下面以无向图为例阐述邻接表的实现。

```java
/**
 * @Author : zhouguanya
 * @Project : java-interview-guide
 * @Date : 2019/6/12 11:12
 * @Version : V1.0
 * @Description : 无向图的邻接表实现
 */
public class AdjacencyListGraph {
    /**
     * 顶点数组
     */
    public String[] vertexArray;

    /**
     * 邻接点组成的单链表的单个结点
     */
    private class EdgeNode {
        /**
         * 该边所指向的顶点的位置
         */
        int index;
```

```java
    /**
     * 指向下一条弧的指针
     */
    EdgeNode next;
}

/**
 * 邻接表的顶点
 */
private class VertexNode {
    /**
     * 顶点信息
     */
    String value;
    /**
     * 指向第一条依附该顶点的弧
     */
    EdgeNode firstEdge;
}

/**
 * 顶点数组
 */
private VertexNode[] vertexNodes;

/**
 * 构造器
 *
 * @param vertexArray 顶点数组
 * @param edgeArray   表示无向图的二维边数组
 */
public AdjacencyListGraph(String[] vertexArray, String[][] edgeArray) {
    // 初始化"顶点数"和"边数"
    int vertexArrayLength = vertexArray.length;
    int edgeArrayLength = edgeArray.length;
    this.vertexArray = vertexArray;
    // 初始化顶点数组：数组赋值,边为空
    vertexNodes = new VertexNode[vertexArrayLength];
    for (int i = 0; i < vertexNodes.length; i++) {
        vertexNodes[i] = new VertexNode();
        vertexNodes[i].value = vertexArray[i];
        vertexNodes[i].firstEdge = null;
    }

    // 初始化边关系
    for (int i = 0; i < edgeArrayLength; i++) {
        // 获取边的头结点和尾结点
        String head = edgeArray[i][0];
        String tail = edgeArray[i][1];
        // 查询边的头结点和尾结点在顶点数组的位置
```

```java
            int headPosition = getPosition(head);
            int tailPosition = getPosition(tail);
            // 将 node1 链接到 "head 结点指向的链表的头部"
            EdgeNode node1 = new EdgeNode();
            node1.index = tailPosition;
            if (vertexNodes[headPosition].firstEdge == null) {
                vertexNodes[headPosition].firstEdge = node1;
            } else {
                addFirst(vertexNodes[headPosition], node1);
            }
            // 将 node2 链接到 "tail 结点指向的链表的头部"
            EdgeNode node2 = new EdgeNode();
            node2.index = headPosition;
            if (vertexNodes[tailPosition].firstEdge == null) {
                vertexNodes[tailPosition].firstEdge = node2;
            } else {
                addFirst(vertexNodes[tailPosition], node2);
            }
        }
    }

    /**
     * 向链表头部添加结点
     *
     * @param vertexNode
     * @param node
     */
    private void addFirst(VertexNode vertexNode, EdgeNode node) {
        EdgeNode temp = vertexNode.firstEdge;
        vertexNode.firstEdge = node;
        node.next = temp;
    }

    /**
     * 返回指定元素在顶点数组中的位置
     *
     * @param value 待查找元素
     * @return 位置
     */
    private int getPosition(String value) {
        for (int i = 0; i < vertexNodes.length; i++) {
            if (value.equals(vertexNodes[i].value)) {
                return i;
            }
        }
        return -1;
    }

    /**
     * 查询一个顶点的邻接点
```

```java
 *
 * @param value
 * @return
 */
public Iterable<String> adj(String value) {
    Set<String> set = new HashSet<>();
    EdgeNode current = null;
    // 从顶点数组中搜索指定值的顶点所指向的链表的头部
    for (int i = 0; i < vertexNodes.length; i++) {
        if (value.equals(vertexNodes[i].value)) {
            current = vertexNodes[i].firstEdge;
            break;
        }
    }
    // 从链表表头开始向后迭代，找到所有的邻接点
    while (current != null) {
        VertexNode node = vertexNodes[current.index];
        set.add(node.value);
        current = current.next;
    }
    return set;
}
```

创建邻接表的测试类，用于验证邻接表的功能：

```java
/**
 * @Author : zhouguanya
 * @Project : java-interview-guide
 * @Date : 2019/6/12 11:26
 * @Version : V1.0
 * @Description : 有向图的邻接表实现测试
 */
public class AdjacencyMatrixDirectGraphDemo {
    public static void main(String[] args) {
        // 顶点数组
        String[] vertexArray = {"A", "B", "C", "D", "E", "F", "G"};
        // 边关系
        String[][] edges = new String[][]{
                {"A", "C"},
                {"A", "D"},
                {"A", "F"},
                {"B", "C"},
                {"C", "D"},
                {"E", "G"},
                {"F", "G"}};
        AdjacencyListGraph adjDirectGraph = new AdjacencyListGraph(vertexArray, edges);
        // 获取每个顶点的邻接点
        for (String vertex : vertexArray) {
            for (String adjNode : adjDirectGraph.adj(vertex)) {
```

```
                System.out.println("顶点" + vertex + "的邻接点有: " + adjNode);
            }
        }
    }
}
```

执行测试代码，执行结果如下：

```
顶点 A 的邻接点有: C
顶点 A 的邻接点有: D
顶点 A 的邻接点有: F
顶点 B 的邻接点有: C
顶点 C 的邻接点有: A
顶点 C 的邻接点有: B
顶点 C 的邻接点有: D
顶点 D 的邻接点有: A
顶点 D 的邻接点有: C
顶点 E 的邻接点有: G
顶点 F 的邻接点有: A
顶点 F 的邻接点有: G
顶点 G 的邻接点有: E
顶点 G 的邻接点有: F
```

2.9.4 图的十字链表存储结构

邻接矩阵的实现虽然非常简单，但是其缺点也暴露得非常明显。当存储的是稀疏图时（图的顶点较多，边较少），寻找一个点能连到的所有点的代价非常大，需要把矩阵每一行都遍历一次。此外，存储邻接矩阵需要顶点数量的平方个存储空间，对于稀疏图而言，矩阵中会存在大量∞表示两个点之间没有连线，这样会存在非常大的空间浪费。

邻接表在存储稀疏图时，相比邻接矩阵是有明显优势的，从一个特定顶点出发去寻找邻接点时不需要把所有点都遍历一遍。但是邻接表在处理一些特殊问题时遇到一些麻烦，如不能沿着边反向查找。在图 2-128 所示的邻接表中，如果需要寻找所有能连接到顶点 A 的点，就需要把 C、D 和 F 指向的链表都搜索一遍，极端情况下可能得把整个图都遍历一次。这种情况下，邻接表的查找效率非常低下。

基于以上图的邻接矩阵实现结构和图的邻接表存储结构的缺点，更加健壮的数据结构十字链表诞生了。

逆邻接表：任一表头结点下的边结点的数量是图中该结点入度的弧的数量，与邻接表相反。图的邻接表反映的是结点的出度邻接情况，图的逆邻接表反映的是结点的入度邻接情况。

十字链表（Orthogonal List）是有向图的另一种链式存储结构。该结构可以看成是将有向图的邻接表和逆邻接表结合起来得到的。

以图 2-129 所示的有向图为例，使用十字表进行存储。

图 2-129 所示的有向图十字链表存储结构如图 2-130 所示。

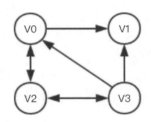

图 2-129　有向图示意图

第 2 章　数据结构 | 127

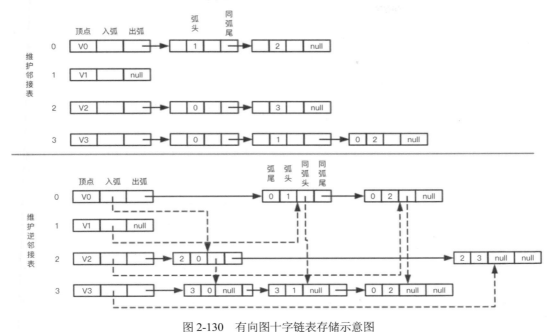

图 2-130　有向图十字链表存储示意图

下面以有向图为例，阐述十字链表的实现。

```java
/**
 * @Author : zhouguanya
 * @Project : java-interview-guide
 * @Date : 2019-06-14 17:13
 * @Version : V1.0
 * @Description : 十字链表实现有向图
 */
public class OrthogonalListGraph {
    /**
     * 顶点数量
     */
    int vexCount;
    /**
     * 边的数量
     */
    int sideCount;
    /**
     * 顶点数组
     */
    Vertex[] vertexArray;

    /**
     * 顶点
     */
    private class Vertex {
        /**
         * 顶点值
```

```java
     */
    char vertex;
    /**
     * 表示指向该顶点入度的第一条边
     */
    SideNode firstIn;
    /**
     * 表示指向该顶点出度的第一条边
     */
    SideNode firstOut;

    /**
     * 构造器
     */
    public Vertex() {

    }

    /**
     * 构造器
     *
     * @param vertex 顶点值
     */
    public Vertex(char vertex) {
        this.vertex = vertex;
    }
}

/**
 * 边结点
 */
private class SideNode {
    /**
     * 弧尾在顶点表中的下标
     */
    int tailVex;
    /**
     * 弧头在顶点表中的下标
     */
    int headVex;
    /**
     * 指向相同终点(弧头一样)的下一条边 出度
     */
    SideNode headLink;
    /**
     * 指向相同起点(弧尾一样)的下一条边 入度
     */
    SideNode tailLink;

    /**
```

```java
 * 构造器
 *
 * @param tailVex
 * @param headVex
 */
public SideNode(int tailVex, int headVex) {
    super();
    this.tailVex = tailVex;
    this.headVex = headVex;
}
}

/**
 * 构造函数，初始化十字链表
 * 参数示意：如 char[][] side = {{'A','B'}}表示顶点A至顶点B的有一条向边
 */
public OrthogonalListGraph(char[] vex, char[][] side) {
    vexCount = vex.length;
    sideCount = side.length;
    vertexArray = new Vertex[vexCount];

    // 初始化顶点，建立顶点表
    for (int i = 0; i < vexCount; i++) {
        vertexArray[i] = new Vertex(vex[i]);
    }

    // 利用头插法建立十字链表
    for (int i = 0; i < sideCount; i++) {

        // 取得同一条边弧尾顶点(起点)下标和弧头顶点(终点)下标
        // 弧尾顶点(起点)
        int tail = getPosition(side[i][0], vertexArray);
        // 弧头顶点(终点)
        int head = getPosition(side[i][1], vertexArray);

        //建立边结点    tail -> head
        SideNode Node = new SideNode(tail, head);

        // 将入度边依次插入相同终点的顶点后
        Node.tailLink = vertexArray[head].firstIn;
        vertexArray[head].firstIn = Node;

        // 头插法，将出度边依次插入相同起点的顶点后
        Node.headLink = vertexArray[tail].firstOut;
        vertexArray[tail].firstOut = Node;

    }
}

/**
```

```java
 * 查找顶点的下标
 *
 * @param c             查找的元素值
 * @param vertexArray 顶点数组
 * @return 位置
 */
private int getPosition(char c, Vertex[] vertexArray) {
    for (int i = 0; i < vertexArray.length; i++) {
        if (vertexArray[i].vertex == c) {
            return i;
        }
    }
    return -1;
}

/**
 * 打印十字链表
 */
public void print() {
    // 打印邻接表
    System.out.println("邻接表: ");
    for (int i = 0; i < vertexArray.length; i++) {
        System.out.print(vertexArray[i].vertex + "->");
        if (vertexArray[i].firstOut != null) {
            SideNode pre = vertexArray[i].firstOut;
            while (pre != null) {
                if (pre.headLink == null) {
                    System.out.println(vertexArray[pre.headVex].vertex);
                } else {
                    System.out.print(vertexArray[pre.headVex].vertex + ",");
                }
                pre = pre.headLink;
            }
        } else {
            System.out.println();
        }
    }

    // 打印逆邻接表
    System.out.println("逆邻接表");
    for (int i = 0; i < vertexArray.length; i++) {
        System.out.print(vertexArray[i].vertex + "<-");
        if (vertexArray[i].firstIn != null) {
            SideNode pre = vertexArray[i].firstIn;
            while (pre != null) {
                if (pre.tailLink == null) {
                    System.out.println(vertexArray[pre.tailVex].vertex);
                } else {
                    System.out.print(vertexArray[pre.tailVex].vertex +
```

```
","");
                }
                pre = pre.tailLink;
            }
        } else {
            System.out.println();
        }
    }
}
```

创建十字链表的测试类,用于验证十字链表的功能:

```
/**
 * @Author : zhouguanya
 * @Project : java-interview-guide
 * @Date : 2019-06-14 17:59
 * @Version : V1.0
 * @Description : 十字链表实现有向图测试
 */
public class OrthogonalListGraphDemo {
    public static void main(String[] args) {
        // 顶点数组
        char[] vex = {'A', 'B', 'C', 'D'};
        // 边的关系
        char[][] side = {
                {'A', 'B'},
                {'B', 'A'},
                {'A', 'C'},
                {'A', 'D'},
                {'D', 'A'},
                {'B', 'C'}
        };
        OrthogonalListGraph orthogonalListGraph = new OrthogonalListGraph(vex, side);
        orthogonalListGraph.print();
    }
}
```

执行测试代码,执行结果如下:

```
邻接表:
A->D,C,B
B->C,A
C->
D->A
逆邻接表
A<-D,B
B<-A
C<-B,A
D<-A
```

2.9.5 图的遍历

从图的某个顶点出发，遍历图中其余顶点，且使每个顶点仅被访问一次，这个过程叫作图的遍历（Traversing Graph）。对于图的遍历通常有两种方法：深度优先遍历和广度优先遍历。

图的深度优先遍历思想：从图中某个顶点出发，首先访问此顶点，然后依次从该顶点相邻的顶点出发深度优先遍历，直至图中所有与该顶点路径相通的顶点都被访问；若此时图中还有顶点未被访问，则从中选一个顶点作为起始点，重复上述过程，直到所有的顶点都被访问。

以图 2-131 所示的无向图为例，阐述图的深度优先遍历过程。

图 2-131 所示的无向图的深度优先遍历过程如图 2-132 所示。其中白色结点表示未访问的结点，黑色结点表示已经访问的结点。

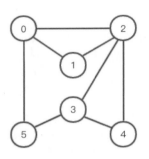

图 2-131 无向图示意图

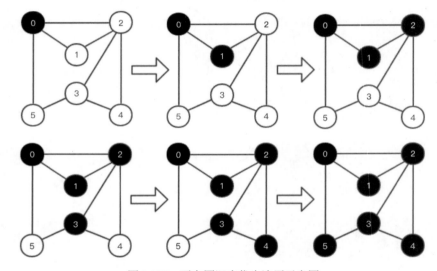

图 2-132 无向图深度优先遍历示意图

图的深度优先遍历用一个递归方法来遍历所有顶点，在访问某一个顶点时：

（1）将该顶点标记为已访问。

（2）以递归地方式访问该顶点的所有未被标记过的邻接点。

图的深度优先遍历实现如下（本例中的图使用邻接表实现，邻接表的详细实现可参考 2.9.3 小节）：

```
/**
 * @Author : zhouguanya
 * @Project : java-interview-guide
 * @Date : 2019/6/17 10:55
 * @Version : V1.0
```

```java
 * @Description : 图的深度优先遍历
 */
public class DepthFirstSearch {
    private Map<String, Boolean> visited;
    AdjacencyListGraph graph;
    LinkedList<String> list;

    /**
     * 构造器
     */
    public DepthFirstSearch(AdjacencyListGraph graph) {
        // 指定初始容量，此处使用默认容量，具体容量的估算参考 4.6 节
        visited = new HashMap<>(16);
        this.graph = graph;
        list = new LinkedList<>(Arrays.asList(graph.vertexArray));
    }

    /**
     * 深度优先遍历
     *
     * @param value 深度优先遍历的起点
     */
    public void dfsPrint(String value) {
        // 已遍历元素标记为 true
        visited.put(value, true);
        System.out.print(value + "    ");
        // 查找 value 的邻接点并开始迭代每个邻接点
        for (String adj : graph.adj(value)) {
            if (visited.get(adj) == null || !visited.get(adj)) {
                // value 的每个邻接点递归深度优先遍历
                dfsPrint(adj);
            }
        }
    }
}
```

创建图的深度优先遍历的测试类，用于验证图的深度优先遍历的功能：

```java
/**
 * @Author : zhouguanya
 * @Project : java-interview-guide
 * @Date : 2019/6/17 11:15
 * @Version : V1.0
 * @Description : 图的深度优先遍历测试
 */
public class DepthFirstSearchDemo {
    public static void main(String[] args) {
        AdjacencyListGraph adjacencyListGraph = init();
        DepthFirstSearch depthFirstSearch =
                new DepthFirstSearch(adjacencyListGraph);
        System.out.print("从顶点 0 开始图的深度优先遍历：");
```

```
            depthFirstSearch.dfsPrint("0");
        }

        public static AdjacencyListGraph init() {
            String[] vertexArray = {"0", "1", "2", "3", "4", "5"};
            String[][] edges = new String[][]{
                    {"0", "1"},
                    {"0", "2"},
                    {"0", "5"},
                    {"1", "2"},
                    {"2", "3"},
                    {"2", "4"},
                    {"3", "4"},
                    {"3", "5"}
            };
            return new AdjacencyListGraph(vertexArray, edges);
        }
    }
```

执行测试代码，执行结果如下：

| 从顶点 0 开始图的深度优先遍历： | 0 | 1 | 2 | 3 | 4 | 5 |

广度优先遍历（Breadth First Search，BFS）又称为广度优先搜索。图的广度优先遍历思想：从图的某个顶点出发，首先访问该顶点，然后依次访问与该顶点相邻的未被访问的顶点，接着分别从这些顶点出发，进行广度优先遍历，直至所有的顶点都被访问完。

以图 2-133 所示的无向图为例阐述图的广度优先遍历过程。其中白色结点表示未访问的结点，黑色结点表示已经访问的结点。

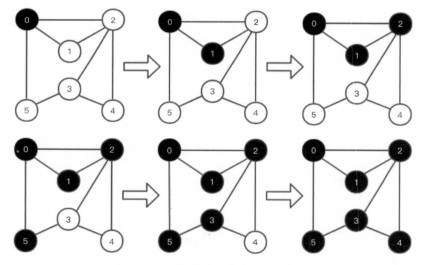

图 2-133　无向图广度优先遍历示意图

图的广度优先遍历实现如下（本例中的图使用邻接表实现，邻接表的详细实现可参考 2.9.3 小节）：

```java
/**
 * @Author : zhouguanya
 * @Project : java-interview-guide
 * @Date : 2019/6/17 15:45
 * @Version : V1.0
 * @Description : 图的广度优先遍历
 */
public class BreadthFirstSearch {
    /**
     * 记录哪些顶点已经访问
     */
    private Map<String, Boolean> visited;
    /**
     * 邻接表实现的有向图
     */
    AdjacencyListGraph graph;
    /**
     * 图的顶点
     */
    LinkedList<String> list;

    /**
     * 构造器
     */
    public BreadthFirstSearch(AdjacencyListGraph graph) {
        // 指定初始容量，此处使用默认容量，具体容量的估算参考 4.6 节
        visited = new HashMap<>(16);
        this.graph = graph;
        list = new LinkedList<>(Arrays.asList(graph.vertexArray));
    }

    /**
     * 广度优先遍历
     *
     * @param value    起点
     */
    public void bfsPrint(String value) {
        // 队列  先进先出
        Queue<String> queue = new LinkedList<>();
        // 已遍历元素标记为 true
        visited.put(value, true);
        System.out.print(value + "    ");
        // value 入队
        queue.add(value);
        while (!queue.isEmpty()) {
            // 出队
            String vertex = queue.poll();
            // 当前顶点的邻接点
            for (String adj : graph.adj(vertex)) {
                if (visited.get(adj) == null || !visited.get(adj)) {
```

```
                    // 已遍历元素标记为true
                    visited.put(adj, true);
                    // 邻接点入队
                    queue.offer(adj);
                    System.out.print(adj + "    ");
                }
            }
        }
    }
}
```

创建图的广度优先遍历的测试类，用于验证图的广度优先遍历的功能：

```
/**
 * @Author : zhouguanya
 * @Project : java-interview-guide
 * @Date : 2019/6/17 16:08
 * @Version : V1.0
 * @Description : 图的广度优先遍历测试
 */
public class BreadthFirstSearchDemo {
    public static void main(String[] args) {
        AdjacencyListGraph adjacencyListGraph =
                DepthFirstSearchDemo.init();
        BreadthFirstSearch breadthFirstSearch =
                new BreadthFirstSearch(adjacencyListGraph);
        breadthFirstSearch.bfsPrint("0");
    }
}
```

执行测试代码，执行结果如下：

从顶点0开始图的广度优先遍历：0   1   2   5   3   4

2.9.6 最小生成树

图的生成树是图的一个含有其所有顶点的无环连通子图。一幅加权图的最小生成树（Minimum Spanning Tree，MST）是其权值（所有边的权值之和）最小的生成树。加权无向图如图2-134所示。

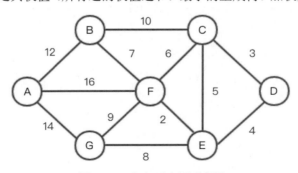

图2-134 加权无向图示意图

图 2-134 所示的加权无向图的最小生成树如图 2-135 所示。其中虚线连接的顶点和路径为最小生成树,最小生成树的权值是 36。

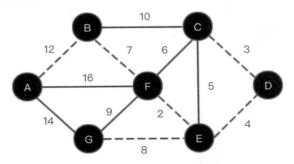

图 2-135　加权无向图最小生成树示意图

2.9.7　Prim 算法求解最小生成树

普里姆（Prim）算法，是用来求加权连通图的最小生成树的算法。

Prim 算法的基本思想：对于图 G 及其所有顶点的集合 V，设置两个新的集合 U 和 T，其中 U 用于存放 G 的最小生成树中的顶点，T 存放 G 的最小生成树中的边。从所有 U 和 V-U（V-U 表示 V 中除去 U 的所有顶点）的边中选取权值最小的边(u, v)，将顶点 v 加入集合 U 中，将边(u, v)加入集合 T 中，如此不断重复，直到 U=V 为止，最小生成树构造完毕，这时集合 T 中包含了最小生成树中的所有边。

以图 2-134 为例阐述 Prim 算法的执行过程。

（1）选取顶点 A，在集合 U 中加入 A。此时 U={A}，V-U={B,C,D,E,F,G}，如图 2-136 所示。

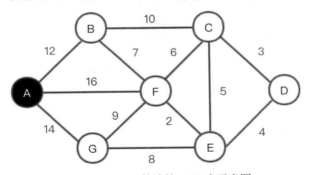

图 2-136　Prim 算法第（1）步示意图

（2）选取顶点 B，在集合 U 中加入 B。此时 U={A,B}，V-U={C,D,E,F,G}，如图 2-137 所示。

（3）选取顶点 F，在集合 U 中加入 F。此时 U={A,B,F}，V-U={C,D,E,G}，如图 2-138 所示。

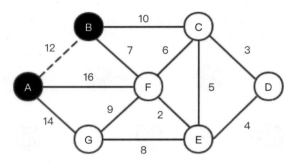

图 2-137　Prim 算法第（2）步示意图

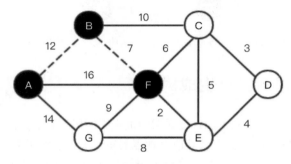

图 2-138　Prim 算法第（3）步示意图

（4）选取顶点 E，在集合 U 中加入 E。此时 U={A,B,F,E}，V-U={C,D,G}，如图 2-139 所示。

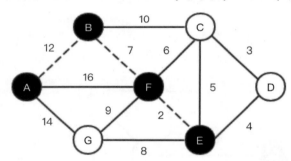

图 2-139　Prim 算法第（4）步示意图

（5）选取顶点 D，在集合 U 中加入 D。此时 U={A,B,F,E,D}，V-U={C,G}，如图 2-140 所示。

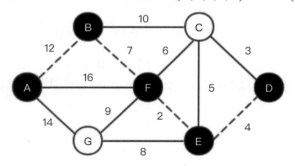

图 2-140　Prim 算法第（5）步示意图

（6）选取顶点 C，在集合 U 中加入 C。此时 U={A,B,F,E,D,C}，V-U={G}，如图 2-141 所示。

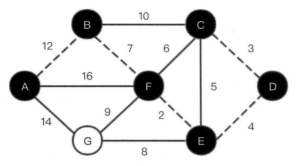

图 2-141　Prim 算法第（6）步示意图

（7）选取顶点 G，在集合 U 中加入 G。此时 U={A,B,F,E,D,C,G}，V-U={}，如图 2-142 所示。

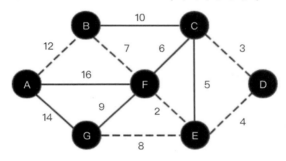

图 2-142　Prim 算法第（7）步示意图

经过上面 7 个步骤后，此时 U=V，最小生成树构建完毕，其中虚线连接的顶点和路径为最小生成树，如图 2-142 所示。最小生成树包括的顶点依次是 A、B、F、E、D、C、G。

下面通过代码实现 Prim 算法求解最小生成树。首先创建 EdgeData 用于表示带权边。

```java
/**
 * @Author : zhouguanya
 * @Project : java-interview-guide
 * @Date : 2019-06-18 10:48
 * @Version : V1.0
 * @Description : 图的边的存储类
 */
public class EdgeData {
    /**
     * 边的起点
     */
    char start;
    /**
     * 边的终点
     */
    char end;
    /**
     * 边的权重
     */
```

```java
    int weight;

    /**
     * 构造器
     *
     * @param start     边的起点
     * @param end       边的终点
     * @param weight    边的权重
     */
    public EdgeData(char start, char end, int weight) {
        this.start = start;
        this.end = end;
        this.weight = weight;
    }
}
```

创建邻接表用于表示带权图，其实现如下：

```java
/**
 * @Author : zhouguanya
 * @Project : java-interview-guide
 * @Date : 2019-06-17 17:58
 * @Version : V1.0
 * @Description : 邻接表表示带权图
 */
public class AdjacencyListWeightGraph {
    /**
     * 邻接表中的链表结点
     */
    class EdgeNode {
        /**
         * 该边所指向的顶点的位置
         */
        int vertexIndex;
        /**
         * 该边的权重
         */
        int weight;
        /**
         * 指向下一条弧的引用
         */
        EdgeNode nextEdge;
    }

    /**
     * 邻接表中表的顶点
     */
    public class VertexNode {
        /**
         * 顶点信息
         */
```

```java
    char data;
    /**
     * 指向第一条依附该顶点的弧
     */
    EdgeNode firstEdge;
}

/**
 * 边的数量
 */
int edgNum;
/**
 * 顶点数组
 */
VertexNode[] vertexNodes;

/**
 * 创建图(用已提供的矩阵创建图)
 *
 * @param vertexArray    顶点数组
 * @param edges          边数组
 */
public AdjacencyListWeightGraph(char[] vertexArray, EdgeData[] edges) {

    // 初始化图的顶点数和边数
    int vertexArrayLength = vertexArray.length;
    int edgeLength = edges.length;

    // 初始化图的顶点
    this.vertexNodes = new VertexNode[vertexArrayLength];
    for (int i = 0; i < this.vertexNodes.length; i++) {
        this.vertexNodes[i] = new VertexNode();
        this.vertexNodes[i].data = vertexArray[i];
        this.vertexNodes[i].firstEdge = null;
    }

    // 初始化边
    edgNum = edgeLength;
    for (EdgeData edge : edges) {
        // 读取边的起始顶点和结束顶点
        char c1 = edge.start;
        char c2 = edge.end;
        int weight = edge.weight;

        // 读取边的起始顶点和结束顶点
        int p1 = getPosition(c1);
        int p2 = getPosition(c2);
        // 初始化node1
        EdgeNode node1 = new EdgeNode();
        node1.vertexIndex = p2;
```

```java
            node1.weight = weight;
            // 将node1链接到"p1所在链表的末尾"
            if (this.vertexNodes[p1].firstEdge == null) {
                this.vertexNodes[p1].firstEdge = node1;
            } else {
                // 将node结点链接到list的最后
                linkLast(this.vertexNodes[p1].firstEdge, node1);
            }
            // 初始化node2
            EdgeNode node2 = new EdgeNode();
            node2.vertexIndex = p1;
            node2.weight = weight;
            // 将node2链接到"p2所在链表的末尾"
            if (this.vertexNodes[p2].firstEdge == null) {
                this.vertexNodes[p2].firstEdge = node2;
            } else {
                linkLast(this.vertexNodes[p2].firstEdge, node2);
            }
        }
    }

    /**
     * 将node结点链接到list的最后
     *
     * 在链表尾部添加元素（与无向图邻接表在链表头部添加元素形成对比）
     */
    private void linkLast(EdgeNode edgeNode, EdgeNode node) {
        EdgeNode temp = edgeNode;
        while (temp.nextEdge != null) {
            temp = temp.nextEdge;
        }
        temp.nextEdge = node;
    }

    /**
     * 返回结点位置
     *
     * @param ch    待查结点
     * @return      位置信息
     */
    private int getPosition(char ch) {
        for (int i = 0; i < vertexNodes.length; i++) {
            if (vertexNodes[i].data == ch) {
                return i;
            }
        }
        return -1;
    }
}
```

通过 Prim 算法实现最小生成树。其中使用上述邻接表表示带权有向图，实现如下：

```java
/**
 * @Author : zhouguanya
 * @Project : java-interview-guide
 * @Date : 2019-06-19 16:45
 * @Version : V1.0
 * @Description : 普里姆(Prim)算法生成最小生成树
 */
public class PrimMinSubTree {
    /**
     * 表示顶点之前没有边相连
     */
    private static int INF = Integer.MAX_VALUE;

    /**
     * Prim 最小生成树
     *
     * @param start 从图中的第 start 个元素开始，生成最小树
     * @param graph 图
     */
    public void minSubTree(int start, AdjacencyListWeightGraph graph) {
        int min, i, j, k, m, n, tmp, sum;
        // 顶点数组长度
        int num = graph.vertexNodes.length;
        // Prim 最小生成树的索引，即 resultArray 数组的索引
        int index = 0;
        // Prim 最小生成树的结果数组
        char[] resultArray = new char[num];
        // 顶点间边的权值
        int[] weights = new int[num];

        // Prim 最小生成树中第一个元素是 "图中第 start 个顶点"，因为是从 start 开始的
        resultArray[index++] = graph.vertexNodes[start].data;

        // 初始化 "顶点的权值数组"
        // 将每个顶点的权值初始化为 "第 start 个顶点" 到 "该顶点" 的权值
        for (i = 0; i < num; i++) {
            weights[i] = getWeight(start, i, graph);
        }

        for (i = 0; i < num; i++) {
            // 由于是从 start 开始的，因此不需要再对第 start 个顶点进行处理
            if (start == i) {
                continue;
            }

            j = 0;
            k = 0;
            min = INF;
```

```java
        // 在未被加入最小生成树的顶点中，找出权值最小的顶点
        while (j < num) {
            // 若 weights[j]=0，则意味着"第 j 个结点已经被排序过"（或者说已经加入最
               小生成树中）
            if (weights[j] != 0 && weights[j] < min) {
                min = weights[j];
                k = j;
            }
            j++;
        }

        // 经过上面的处理后，在未被加入最小生成树的顶点中，权值最小的顶点是第 k 个顶点
        // 将第 k 个顶点加入最小生成树的结果数组中
        resultArray[index++] = graph.vertexNodes[k].data;
        // 将"第 k 个顶点的权值"标记为 0,意味着第 k 个顶点已经排序过了(或者说已经加入
           最小树结果中)
        weights[k] = 0;
        // 当第 k 个顶点被加入最小生成树的结果数组中之后，更新其他顶点的权值
        for (j = 0; j < num; j++) {
            // 获取第 k 个顶点到第 j 个顶点的权值
            tmp = getWeight(k, j, graph);
            // 更新第 k 个顶点到各个顶点的权重，重新赋值 weights 数组
            // 当第 j 个结点没有被处理，并且需要更新时才被更新
            if (weights[j] != 0 && tmp < weights[j]) {
                weights[j] = tmp;
            }
        }
    }

    // 计算最小生成树的权值
    sum = 0;
    for (i = 1; i < index; i++) {
        min = INF;
        // 获取 resultArray[i]在矩阵表中的位置
        n = getPosition(resultArray[i], graph);
        // 在顶点数组中，找出到 j 的权值最小的顶点
        for (j = 0; j < i; j++) {
            m = getPosition(resultArray[j], graph);
            tmp = getWeight(m, n, graph);
            if (tmp < min) {
                min = tmp;
            }
        }
        sum += min;
    }
    // 打印最小生成树
    System.out.printf("PRIM最小生成树=%d: ", sum);
    for (i = 0; i < index; i++) {
        System.out.printf("%c ", resultArray[i]);
    }
}
```

```java
            System.out.printf("\n");
        }

        /**
         * 获取边<start, end>的权值,若 start 和 end 不是连通的,则返回无穷大
         *
         * @param start 起始结点
         * @param end   结束结点
         * @param graph 带权图
         * @return      权重
         */
        private int getWeight(int start, int end, AdjacencyListWeightGraph graph) {
            if (start == end) {
                return 0;
            }

            AdjacencyListWeightGraph.EdgeNode node = graph.vertexNodes[start].firstEdge;
            while (node != null) {
                if (end == node.vertexIndex) {
                    return node.weight;
                }
                node = node.nextEdge;
            }

            return INF;
        }

        /**
         * 返回顶点的位置
         *
         * @param ch    顶点
         * @param graph 图
         * @return      位置
         */
        private int getPosition(char ch, AdjacencyListWeightGraph graph) {
            for (int i = 0; i < graph.vertexNodes.length; i++) {
                if (graph.vertexNodes[i].data == ch) {
                    return i;
                }
            }
            return -1;
        }
    }
```

创建测试类用于验证 Prim 算法生成最小生成树的功能,实现如下:

```java
/**
 * @Author : zhouguanya
```

```java
 * @Project : java-interview-guide
 * @Date    : 2019-06-19 17:11
 * @Version : V1.0
 * @Description : 普里姆(Prim)算法最小生成树测试
 */
public class PrimMinSubTreeDemo {
    public static void main(String[] args) {
        AdjacencyListWeightGraph adjacencyListWeightGraph = init();
        PrimMinSubTree primMinSubTree = new PrimMinSubTree();
        // Prim算法生成最小生成树
        primMinSubTree.minSubTree(0, adjacencyListWeightGraph);
    }
    public static AdjacencyListWeightGraph init() {
        char[] vertexArray = {'A', 'B', 'C', 'D', 'E', 'F', 'G'};
        EdgeData[] edges = {
                new EdgeData('A', 'B', 12),
                new EdgeData('A', 'F', 16),
                new EdgeData('A', 'G', 14),
                new EdgeData('B', 'C', 10),
                new EdgeData('B', 'F', 7),
                new EdgeData('C', 'D', 3),
                new EdgeData('C', 'E', 5),
                new EdgeData('C', 'F', 6),
                new EdgeData('D', 'E', 4),
                new EdgeData('E', 'F', 2),
                new EdgeData('E', 'G', 8),
                new EdgeData('F', 'G', 9),
        };
        return new AdjacencyListWeightGraph(vertexArray, edges);
    }
}
```

执行测试代码，执行结果如下：

PRIM最小生成树=36：A B F E D C G

2.9.8 Kruskal 算法求解最小生成树

克鲁斯卡尔（Kruskal）算法是一种用来求加权连通图的最小生成树的算法。

Kruskal 算法的核心思想：依权值从小到大从连通图中选择边加入森林中，并使森林中不产生回路，直至森林变成一棵树为止。

以图 2-135 为例阐述 Kruskal 算法的执行过程。

（1）选取边<E, F>，如图 2-143 所示。

（2）选取边<C, D>，如图 2-144 所示。

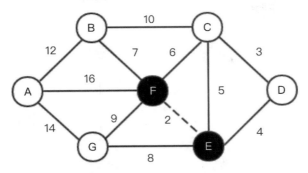

图 2-143 Kruskal 算法第（1）步示意图

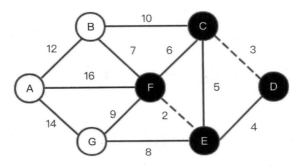

图 2-144 Kruskal 算法第（2）步示意图

（3）选取边<D, E>，如图 2-145 所示。

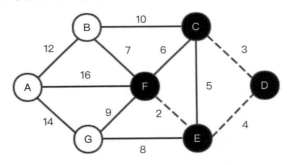

图 2-145 Kruskal 算法第（3）步示意图

（4）选取边<B,F>，如图 2-146 所示。

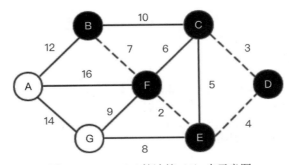

图 2-146 Kruskal 算法第（4）步示意图

（5）选取边<G, E>，如图 2-147 所示。

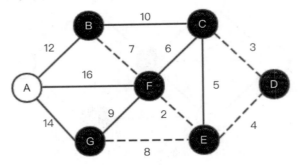

图 2-147　Kruskal 算法第（5）步示意图

（6）选取边<A, B>，如图 2-148 所示。

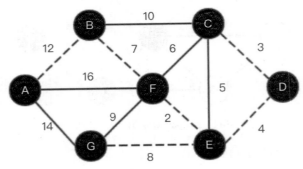

图 2-148　Kruskal 算法第（6）步示意图

图 2-148 中虚线连接的顶点和路径为最小生成树。下面通过代码实现 Kruskal 算法求解最小生成树，Kruskal 算法求解最小生成树的实现中仍然使用 Prim 算法中的邻接表表示带权图，其中边用 2.9.7 小节介绍的 EdgeData 类表示。Kruskal 算法实现最小生成树代码如下：

```java
/**
 * @Author : zhouguanya
 * @Project : java-interview-guide
 * @Date : 2019-06-18 16:18
 * @Version : V1.0
 * @Description : 克鲁斯卡尔（Kruskal)最小生成树
 */
public class KruskalMinSubTree {

    /**
     * 打印最小生成树
     */
    public void minSubTree(AdjacencyListWeightGraph graph) {
        // 结果数组，保存 kruskal 最小生成树的边
        EdgeData[] resultArray = new EdgeData[graph.edgNum];
        // resultArray 数组的索引
        int index = 0;
        // 用于保存"已有最小生成树"中每个顶点在该最小生成树中的终点
```

```
    int[] vertexEndArray = new int[graph.edgNum];
    // 图中所有的边
    EdgeData[] edges = getEdges(graph);
    // 将边按照"权"的大小进行排序(从小到大)
    sortEdges(edges, graph.edgNum);
    // 遍历带权边（从权重最小的边开始遍历）
    for (int i = 0; i < graph.edgNum; i++) {
        // 获取第i条边的"起点"的序号
        int startPosition = getPosition(edges[i].start, graph);
        // 获取第i条边的"终点"的序号
        int endPosition = getPosition(edges[i].end, graph);
        // 获取startPosition在"已有的最小生成树"中的终点
        int startDestination = getEnd(vertexEndArray, startPosition);
        // 获取endPosition在"已有的最小生成树"中的终点
        int endDestination = getEnd(vertexEndArray, endPosition);
        // 如果startDestination!=endDestination
        // 意味着"边i"与"已经添加到最小生成树中的顶点"没有形成环路
        if (startDestination != endDestination) {
            // 设置startDestination在"已有的最小生成树"中的终点
            // 为endDestination
            vertexEndArray[startDestination] = endDestination;
            // 保存"最小生成树"一条边
            resultArray[index++] = edges[i];
        }
    }

    // 统计并打印"kruskal最小生成树"的信息
    int sum = 0;
    for (int i = 0; i < index; i++) {
        sum += resultArray[i].weight;
    }
    System.out.printf("Kruskal最小生成树=%d: ", sum);
    for (int i = 0; i < index; i++) {
        System.out.printf("(%c,%c) ", resultArray[i].start, resultArray[i].end);
    }
    System.out.println();
}

/**
 * 根据邻接表获取图中的带权边
 *
 * @param graph 邻接表表示带权图
 * @return      边数组
 */
private EdgeData[] getEdges(AdjacencyListWeightGraph graph) {
    int index = 0;
    EdgeData[] edges = new EdgeData[graph.edgNum];
    for (int i = 0; i < graph.vertexNodes.length; i++) {
        AdjacencyListWeightGraph.EdgeNode node =
```

```java
graph.vertexNodes[i].firstEdge;
            while (node != null) {
                if (node.vertexIndex > i) {
                    edges[index++] = new EdgeData(graph.vertexNodes[i].data,
graph.vertexNodes[node.vertexIndex].data, node.weight);
                }
                node = node.nextEdge;
            }
        }
        return edges;
    }

    /**
     * 对边按照权值大小进行排序(由小到大)
     */
    private void sortEdges(EdgeData[] edges, int elen) {

        for (int i = 0; i < elen; i++) {
            for (int j = i + 1; j < elen; j++) {

                if (edges[i].weight > edges[j].weight) {
                    // 交换"边 i"和"边 j"
                    EdgeData tmp = edges[i];
                    edges[i] = edges[j];
                    edges[j] = tmp;
                }
            }
        }
    }

    /**
     * 返回顶点的位置
     *
     * @param ch        顶点
     * @param graph     图
     * @return          位置
     */
    private int getPosition(char ch, AdjacencyListWeightGraph graph) {
        for (int i = 0; i < graph.vertexNodes.length; i++) {
            if (graph.vertexNodes[i].data == ch) {
                return i;
            }
        }
        return -1;
    }

    /**
     * 递归获取 position 的终点
     *
     * @param vertexEndArray 用于保存"已有最小生成树"中每个顶点在该最小树中的终点
```

```
     * @param position         顶点位置
     * @return                 最终的终点位置
     */
    private int getEnd(int[] vertexEndArray, int position) {
        while (vertexEndArray[position] != 0) {
            // position 结点所在的边的终点的 position
            position = vertexEndArray[position];
        }
        return position;
    }
}
```

创建测试类用于验证 Kruskal 算法生成最小生成树的功能，测试类如下：

```
/**
 * @Author : zhouguanya
 * @Project : java-interview-guide
 * @Date : 2019-06-18 16:45
 * @Version : V1.0
 * @Description : 克鲁斯卡尔（Kruskal)最小生成树测试
 */
public class KruskalMinSubTreeDemo {
    public static void main(String[] args) {
        AdjacencyListWeightGraph adjacencyListWeightGraph = init();
        KruskalMinSubTree kruskalMinSubTree = new KruskalMinSubTree();
        // Kruskal 算法生成最小生成树
        kruskalMinSubTree.minSubTree(adjacencyListWeightGraph);
    }

    public static AdjacencyListWeightGraph init() {
        char[] vertexArray = {'A', 'B', 'C', 'D', 'E', 'F', 'G'};
        EdgeData[] edges = {
                new EdgeData('A', 'B', 12),
                new EdgeData('A', 'F', 16),
                new EdgeData('A', 'G', 14),
                new EdgeData('B', 'C', 10),
                new EdgeData('B', 'F', 7),
                new EdgeData('C', 'D', 3),
                new EdgeData('C', 'E', 5),
                new EdgeData('C', 'F', 6),
                new EdgeData('D', 'E', 4),
                new EdgeData('E', 'F', 2),
                new EdgeData('E', 'G', 8),
                new EdgeData('F', 'G', 9),
        };
        return new AdjacencyListWeightGraph(vertexArray, edges);
    }
}
```

执行测试代码，执行结果如下：

```
Kruskal 最小生成树=36: (E,F) (C,D) (D,E) (B,F) (E,G) (A,B)
```

2.9.9 Dijkstra 算法求解最短路径

迪杰斯特拉（Dijkstra）算法是用于计算一个顶点到其他顶点的最短路径的算法。Dijkstra 的主要特点是以起始点为中心向外层扩展，直到扩展到终点为止。

通过以下案例分析 Dijkstra 算法求解最短路径的过程。

以图 2-134 为例阐述 Dijkstra 算法的执行过程。

（1）选取顶点 D 作为起点，如图 2-149 所示。

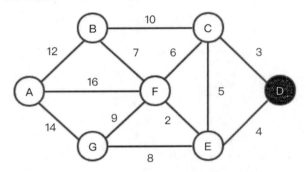

图 2-149　Dijkstra 算法第（1）步示意图

（2）选取顶点 C，如图 2-150 所示。

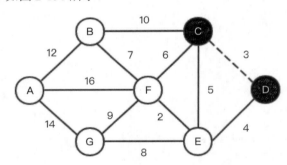

图 2-150　Dijkstra 算法第（2）步示意图

（3）选取顶点 E，如图 2-151 所示。

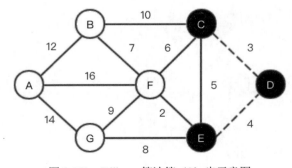

图 2-151　Dijkstra 算法第（3）步示意图

（4）选取顶点 F，如图 2-152 所示。

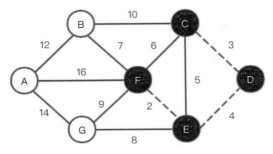

图 2-152　Dijkstra 算法第（4）步示意图

（5）选取顶点 G，如图 2-153 所示。

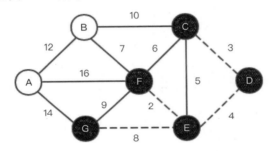

图 2-153　Dijkstra 算法第（5）步示意图

（6）选取顶点 B，如图 2-154 所示。

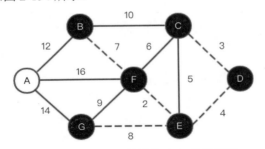

图 2-154　Dijkstra 算法第（6）步示意图

（7）选取顶点 A，如图 2-155 所示。

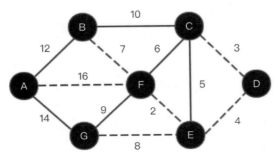

图 2-155　Dijkstra 算法第（7）步示意图

图 2-155 中虚线连接的路径为最短路径。下面通过代码实现 Dijkstra 算法求解最短路径，代码如下：

```java
/**
 * @Author : zhouguanya
 * @Project : java-interview-guide
 * @Date : 2019/6/24 20:04
 * @Version : V1.0
 * @Description : Dijkstra算法获取最短路径
 */
public class DijkstraShortestWay {
    /**
     * 两个顶点间没有边相连
     */
    private static int INF = Integer.MAX_VALUE;

    /**
     * 邻接表中的链表的结点
     */
    private class EdgeNode {
        /**
         * 该边所指向的顶点的位置
         */
        int vertexIndex;
        /**
         * 该边的权
         */
        int weight;
        /**
         * 指向下一条弧的指针
         */
        EdgeNode nextEdge;
    }

    /**
     * 邻接表中表的顶点
     */
    public class VertexNode {
        /**
         * 顶点信息
         */
        char data;
        /**
         * 指向第一条依附该顶点的边
         */
        EdgeNode firstEdge;
    }

    /**
     * 边的表示形式
```

```java
     */
    public static class EdgeData {
        /**
         * 边的起点
         */
        char start;
        /**
         * 边的终点
         */
        char end;
        /**
         * 边的权重
         */
        int weight;

        /**
         * 构造器
         */
        public EdgeData(char start, char end, int weight) {
            this.start = start;
            this.end = end;
            this.weight = weight;
        }
    }

    /**
     * 顶点数组
     */
    public VertexNode[] vertexNodes;

    /**
     * 用已提供的矩阵创建带权图
     *
     * @param vertexNodes    顶点数组
     * @param edges          边数组
     */
    public DijkstraShortestWay(char[] vertexNodes, EdgeData[] edges) {

        // 初始化"顶点数"和"边数"
        int vertexLength = vertexNodes.length;
        int edgeLength = edges.length;

        // 初始化"顶点"
        this.vertexNodes = new VertexNode[vertexLength];
        for (int i = 0; i < this.vertexNodes.length; i++) {
            this.vertexNodes[i] = new VertexNode();
            this.vertexNodes[i].data = vertexNodes[i];
            this.vertexNodes[i].firstEdge = null;
        }
        for (int i = 0; i < edgeLength; i++) {
```

```java
            // 读取边的起始顶点、结束顶点和权重
            char c1 = edges[i].start;
            char c2 = edges[i].end;
            int weight = edges[i].weight;

            // 读取边的起始顶点和结束顶点在顶点数组中的位置
            int p1 = getPosition(c1);
            int p2 = getPosition(c2);
            // 初始化 node1
            EdgeNode node1 = new EdgeNode();
            node1.vertexIndex = p2;
            node1.weight = weight;
            // 将 node1 链接到 "p1 所在链表的末尾"
            if (this.vertexNodes[p1].firstEdge == null) {
                this.vertexNodes[p1].firstEdge = node1;
            } else {
                linkLastet(this.vertexNodes[p1].firstEdge, node1);
            }
            // 初始化 node2
            EdgeNode node2 = new EdgeNode();
            node2.vertexIndex = p1;
            node2.weight = weight;
            // 将 node2 链接到 "p2 所在链表的末尾"
            if (this.vertexNodes[p2].firstEdge == null) {
                this.vertexNodes[p2].firstEdge = node2;
            } else {
                linkLast(this.vertexNodes[p2].firstEdge, node2);
            }
        }
    }

    /**
     * 将 node 结点链接到 list 的最后
     */
    private void linkLast(EdgeNode list, EdgeNode node) {
        EdgeNode p = list;

        while (p.nextEdge != null) {
            p = p.nextEdge;
        }
        p.nextEdge = node;
    }

    /**
     * 返回 ch 位置
     */
    private int getPosition(char ch) {
        for (int i = 0; i < vertexNodes.length; i++) {
            if (vertexNodes[i].data == ch) {
                return i;
```

```
        }
        return -1;
    }

    /**
     * 获取边<start, end>的权值，若start和end不是连通的，则返回无穷大
     */
    private int getWeight(int start, int end) {

        if (start == end) {
            return 0;
        }

        EdgeNode node = vertexNodes[start].firstEdge;
        while (node != null) {
            if (end == node.vertexIndex) {
                return node.weight;
            }
            node = node.nextEdge;
        }

        return INF;
    }

    /**
     * Dijkstra      最短路径
     *
     * @param start  起始顶点，即计算起始顶点到其他顶点的最短路径
     * @param prev   前驱顶点数组。prev[i]的值是起始顶点到其他顶点的最短路径
     *               所经历的全部顶点中，位于"顶点i"之前的那个顶点
     * @param dist   长度数组，即dist[i]是起始顶点到其他顶点的最短路径的长度
     */
    public void dijkstra(int start, int[] prev, int[] dist) {
        // flag[i]=true 表示起始顶点到其他顶点的最短路径已成功获取
        boolean[] flag = new boolean[vertexNodes.length];

        // 初始化
        for (int i = 0; i < vertexNodes.length; i++) {
            // 顶点i的最短路径尚未获取到
            flag[i] = false;
            // 顶点i的前驱顶点为0
            prev[i] = 0;
            // 顶点i的最短路径为权重最小的边的权总和
            dist[i] = getWeight(start, i);
        }

        // 对顶点自身进行初始化
        flag[start] = true;
        dist[start] = 0;
```

```java
        // 每次找出一个顶点的最短路径
        int k = 0;
        for (int i = 1; i < vertexNodes.length; i++) {
            // 寻找当前最小的路径
            // 即在未获取最短路径的顶点中，找到离 start 最近的顶点(k)
            int min = INF;
            for (int j = 0; j < vertexNodes.length; j++) {
                if (!flag[j] && dist[j] < min) {
                    min = dist[j];
                    k = j;
                }
            }
            // 标记"顶点 k"为已经获取到最短路径
            flag[k] = true;

            // 修正当前最短路径和前驱顶点
            // 即当已经获取到"顶点 k 的最短路径"之后，
            // 更新"未获取最短路径的顶点的最短路径和前驱顶点"
            for (int j = 0; j < vertexNodes.length; j++) {
                int tmp = getWeight(k, j);
                // 防止溢出
                tmp = (tmp == INF ? INF : (min + tmp));
                if (flag[j] == false && (tmp < dist[j])) {
                    dist[j] = tmp;
                    prev[j] = k;
                }
            }
        }

        // 打印 dijkstra 最短路径的结果
        System.out.printf("dijkstra算法求解顶点%c 到各个顶点的最短路径：\n",
                vertexNodes[start].data);
        for (int i = 0; i < vertexNodes.length; i++) {
            System.out.printf("  顶点(%c, %c)之间的最短路径=%d\n",
                    vertexNodes[start].data, vertexNodes[i].data, dist[i]);
        }
    }
}
```

创建测试类用于验证 Dijkstra 算法生成最短路径的功能，测试类如下：

```java
/**
 * @Author : zhouguanya
 * @Project : java-interview-guide
 * @Date : 2019-08-04 15:40
 * @Version : V1.0
 * @Description : 测试 Dijkstra 算法
 */
public class DijkstraShortestWayDemo {
    public static void main(String[] args) {
```

```java
        char[] vertexArray = {'A', 'B', 'C', 'D', 'E', 'F', 'G'};
        DijkstraShortestWay.EdgeData[] edges = {
                // 起点 终点 权
                new DijkstraShortestWay.EdgeData('A', 'B', 12),
                new DijkstraShortestWay.EdgeData('A', 'F', 16),
                new DijkstraShortestWay.EdgeData('A', 'G', 14),
                new DijkstraShortestWay.EdgeData('B', 'C', 10),
                new DijkstraShortestWay.EdgeData('B', 'F', 7),
                new DijkstraShortestWay.EdgeData('C', 'D', 3),
                new DijkstraShortestWay.EdgeData('C', 'E', 5),
                new DijkstraShortestWay.EdgeData('C', 'F', 6),
                new DijkstraShortestWay.EdgeData('D', 'E', 4),
                new DijkstraShortestWay.EdgeData('E', 'F', 2),
                new DijkstraShortestWay.EdgeData('E', 'G', 8),
                new DijkstraShortestWay.EdgeData('F', 'G', 9),
        };
        DijkstraShortestWay dijkstraShortestWay;

        // 求解最短路径
        dijkstraShortestWay = new DijkstraShortestWay(vertexArray, edges);
        int[] prev = new int[dijkstraShortestWay.vertexNodes.length];
        int[] dist = new int[dijkstraShortestWay.vertexNodes.length];
        dijkstraShortestWay.dijkstra(3, prev, dist);
    }
}
```

执行测试代码，执行结果如下：

```
dijkstra算法求解顶点D到各个顶点的最短路径：
  顶点(D, A)之间的最短路径=22
  顶点(D, B)之间的最短路径=13
  顶点(D, C)之间的最短路径=3
  顶点(D, D)之间的最短路径=0
  顶点(D, E)之间的最短路径=4
  顶点(D, F)之间的最短路径=6
  顶点(D, G)之间的最短路径=12
```

2.9.10　图的常见面试考点

（1）图的概念。
（2）图的存储方式。
（3）图的遍历方式。
（4）图的最小生成树算法。
（5）图的最短路径算法。

第 3 章

算 法

3.1 字符串相关算法

3.1.1 验证回文字符串

将一个字符串逆序，若逆序后的字符串与原字符串完全一样，则两个字符串互为回文字符串。

【算法题】

> 给定一个字符串，验证它是否是回文字符串。
> 说明：只考虑字母和数字字符，可以忽略字母的大小写。
> 例如，"A man, a plan, a canal: Panama"是一个回文字符串。
> 例如，"Hello World"不是一个回文字符串。

通过前后两个指针分别从字符串首尾比较字符是否相等，若遇到首尾不等的字符，则证明不是回文字符串，否则同时移动前后两个指针，直至前后两个指针相遇。上述算法题的解法如下：

```java
/**
 * @Author : zhouguanya
 * @Project : java-interview-guide
 * @Date : 2019/6/25 21:15
 * @Version : V1.0
 * @Description : 回文字符串判断
 */
public class Palindrome {
    /**
     * 判断是否是回文字符串，忽略字母数字外的其他字符
     *
     * @param str    待验证的字符串
     * @return       验证结果
     */
```

```java
public boolean isPalindrome(String str) {
    // 非空判断
    if (str == null || "".equals(str)) {
        // 把 null 和空字符串当作非回文字符串
        return false;
    }
    // 从头向尾的指针
    int startIndex = 0;
    // 从尾向头的指针
    int endIndex = str.length() - 1;
    // 循环退出的条件：startIndex >= endIndex
    while (startIndex < endIndex) {
        // 获取字符串 startIndex 位置上的字符并转成小写字母
        char front = Character.toLowerCase(str.charAt(startIndex));
        // 不是字母或者数字，查找后一个字符
        if (!Character.isLetterOrDigit(front)) {
            // 指针向后移动一位
            startIndex++;
            continue;
        }
        // 获取字符串 endIndex 位置上的字符并转成小写字母
        char back = Character.toLowerCase(str.charAt(endIndex));
        // 不是字母或者数字，查找前一个字符
        if (!Character.isLetterOrDigit(back)) {
            // 指针向前移动一位
            endIndex--;
            continue;
        }
        // 前后两个字符不等
        if (front != back) {
            // 不是回文字符串
            return false;
        }
        // startIndex 向后移动，继续向后遍历
        startIndex++;
        // endIndex 向前移动，继续向前遍历
        endIndex--;
    }
    // 是回文字符串
    return true;
}
```

创建测试类用于验证回文算法的功能，测试类如下：

```
/**
 * @Author : zhouguanya
 * @Project : java-interview-guide
 * @Date : 2019/6/25 21:42
 * @Version : V1.0
 * @Description : 回文字符串判断测试
```

```java
*/
public class PalindromeDemo {
    public static void main(String[] args) {
        Palindrome palindrome = new Palindrome();
        String str1 = "A man, a plan, a canal: Panama";
        String str2 = "Hello World";
        // 验证 str1 是不是回文
        System.out.println(str1 + "是不是回文字符串？"
                + palindrome.isPalindrome(str1));
        // 验证 str2 是不是回文
        System.out.println(str2 + "是不是回文字符串？"
                + palindrome.isPalindrome(str2));
    }
}
```

执行测试代码，执行结果如下：

```
A man, a plan, a canal: Panama 是不是回文字符串？true
Hello World 是不是回文字符串？false
```

3.1.2 分割回文字符串

【算法题】

对于给定的一个字符串，将其分割成一些子串，使每个子串都是回文串，返回所有可能的分割方案。
例如，给定一个字符串"aab"，其可能的分割方案如下：
[
　　["aa","b"],
　　["a","a","b"]
]

此题可以使用回溯算法进行求解。回溯算法是一种系统地搜索问题解的方法。回溯算法是在搜索尝试的过程中寻找问题的解。当发现某一条路径出现不满足的条件而造成无法得到最优解时，就返回这条路径的起点，尝试其他的路径。这种走不通就退回起点再选择走别的路径的技术为回溯法，而满足回溯条件的某个状态的点称为回溯点。许多复杂的，规模较大的问题都可以使用回溯法。

上述算法题的解法如下：

```java
/**
 * @Author : zhouguanya
 * @Project : java-interview-guide
 * @Date : 2019/6/26 14:44
 * @Version : V1.0
 * @Description : 分割回文字符串
 */
public class PalindromeSplit {
    /**
     * 原字符串
     */
    private String content;
```

```java
/**
 * 构造器
 *
 * @param content 原字符串
 */
public PalindromeSplit(String content) {
    // 初始化原字符串
    this.content = content;
}

/**
 * 分割回文字符串的结果
 */
List<List<String>> result = new ArrayList<>();

/**
 * 分割回文字符串
 *
 * @return 返回结果
 */
public List<List<String>> split() {
    // 从某个位置搜索回文字符串
    search(0, new ArrayList<>());
    // 返回分割回文字符串的结果
    return result;
}

/**
 * 从某个位置搜索回文字符串
 *
 * @param index 位置
 * @param list  回文字符串
 */
private void search(int index, List<String> list) {
    // 递归出口
    if (index == content.length()) {
        // 到达递归出口,保存此次结果
        List<String> temp = new ArrayList<>(list);
        result.add(temp);
        return;
    }
    // 从 index 位置向后查找回文字符串
    for (int i = index; i < content.length(); i++) {
        // 截取部分字符串
        String substring = content.substring(index, i + 1);
        // 复用 3.1.1 中的方法验证 substring 是否是回文字符串
        Palindrome palindrome = new Palindrome();
        // 如果 substring 是回文字符串
        if (palindrome.isPalindrome(substring)) {
            // 保存回文字符串
```

```
                list.add(substring);
                // 向后递归
                search(i + 1, list);
                // 递归出口返回后，删除 list 中的数据
                // 供下一次外层循环保存回文字符串
                list.remove(list.size() - 1);
            }
        }
    }
}
```

创建测试类用于验证分割回文字符串的功能，测试类如下：

```
/**
 * @Author : zhouguanya
 * @Project : java-interview-guide
 * @Date : 2019/6/26 16:24
 * @Version : V1.0
 * @Description : 分割回文字符串测试
 */
public class PalindromeSplitDemo {
    public static void main(String[] args) {
        String content = "aab";
        PalindromeSplit palindromeSplit = new PalindromeSplit(content);
        // 分割回文
        List<List<String>> result = palindromeSplit.split();
        System.out.println(content + "分割回文字符串结果：");
        // 打印测试结果
        for (List<String> list : result) {
            System.out.println(list);
        }
    }
}
```

执行测试代码，执行结果如下：

```
aab 分割回文字符串结果：
[a, a, b]
[aa, b]
```

3.1.3 单词拆分

【算法题】

给定一个非空字符串和一个包含非空单词列表的字典，判定非空字符串是否可以被空格拆分为一个或多个在字典中出现的单词。

例如，给定字符串"HelloWorld"和字典["Hello", "World"]，返回 true，因为"HelloWorld"可以被分为"Hello World"。

例如，给定字符串"JavaInterviewJava"和字典["Java", "Interview"]，返回 true，因为字符串"JavaInterviewJava"可以被分为"Java Interview Java"，其中每个单词都出现在字典中。

例如，给定字符串"catsandog"和字典["cats","dog","sand","and","cat"]，返回 false，

因为字符串"catsandog"无论如何拆分都不能保证每个单词都出现在字典中。

此题可以使用动态规划算法求解。动态规划是运筹学的一个分支，动态规划算法通常用于求解具有某种最优性质的问题。在这类问题中，可能会有许多可行解。每一个解都对应一个值。动态规划算法的基本思想是将待求解问题分解成若干个子问题，先求解子问题，然后从这些子问题的解得到原问题的解。可以用一个表来记录所有已解的子问题的答案。无论这个子问题以后是否被用到，只要这个子问题被计算过，就将其结果填入表中。这就是动态规划法的基本思路。

上述算法题的解法如下：

```java
/**
 * @Author : zhouguanya
 * @Project : java-interview-guide
 * @Date : 2019/6/25 21:15
 * @Version : V1.0
 * @Description : 单词拆分
 */
public class WordSplit {
    /**
     * 判断 content 是否可以被拆分为一个或多个在字典中出现的单词
     *
     * @param content             待拆分字符串
     * @param wordDictionary      字典
     * @return 返回结果
     */
    public boolean splitToWordDictionary(String content, Set<String> wordDictionary) {
        // 记录 content 每一段子串是否满足条件
        boolean[] subStringResult = new boolean[content.length() + 1];
        // 初始化 subStringResult[0]为 true 方便下面的计算
        subStringResult[0] = true;
        // i 从 1 向后遍历，直至整个 content 字符串
        for (int i = 1; i <= content.length(); i++) {
            // 从 i 向前检测每段字符串是否满足条件
            for (int j = i - 1; j >= 0 && !subStringResult[i]; j--) {
                // 截取从 j 到 i 的子串
                String subString = content.substring(j, i);
                // 赋值 subStringResult 的第 i 个元素的值
                // subStringResult[i]的值等于
                // subStringResult[j]对应的值 && (j~i 间的子串是否存在于字典中)
                subStringResult[i] = subStringResult[j]
                        && wordDictionary.contains(subString);
            }
        }
        // 返回整个字符串是否满足条件
        return subStringResult[content.length()];
    }
}
```

创建测试类用于验证单词拆分的功能，测试类如下：

```java
/**
 * @Author : zhouguanya
 * @Project : java-interview-guide
 * @Date : 2019/6/25 22:15
 * @Version : V1.0
 * @Description : 测试单词拆分
 */
public class WordSplitDemo {

    public static void main(String[] args) {
        WordSplit wordSplit = new WordSplit();
        String content1 = "HelloWorld";
        Set<String> set1 = new HashSet<>();
        set1.add("Hello");
        set1.add("World");
        System.out.printf("测试%s，字典=%s，结果=", content1, set1);
        System.out.println(wordSplit
                .splitToWordDictionary(content1, set1));
        String content2 = "JavaInterviewJava";
        Set<String> set2 = new HashSet<>();
        set2.add("Java");
        set2.add("Interview");
        System.out.printf("测试%s，字典=%s，结果=", content2, set2);
        System.out.println(wordSplit
                .splitToWordDictionary(content2, set2));
        String content3 = "catsandog";
        Set<String> set3 = new HashSet<>();
        set3.add("cats");
        set3.add("dog");
        set3.add("sand");
        set3.add("and");
        set3.add("cat");
        System.out.printf("测试%s，字典=%s，结果=", content3, set3);
        System.out.println(wordSplit
                .splitToWordDictionary(content3, set3));
    }
}
```

执行测试代码，执行结果如下：

```
测试HelloWorld，字典=[Hello, World]，结果=true
测试JavaInterviewJava，字典=[Java, Interview]，结果=true
测试catsandog，字典=[sand, cats, and, cat, dog]，结果=false
```

3.1.4 前缀树

前缀树即字典树，又称单词查找树或键树，是一种树形结构。前缀树典型的应用场景是用于统计和排序大量的字符串（但不仅限于字符串）。前缀树经常被搜索引擎系统用于文本词频统计。前缀树的优点是最大限度地减少无谓的字符串比较。

前缀树的核心思想是空间换时间。利用字符串的公共前缀来降低查询时间的开销以达到提高查询效率的目的。

给出一组单词：inn、int、ate、age、adv、ant，可以得到如图 3-1 所示的前缀树。

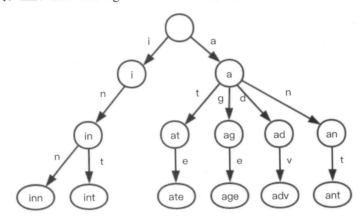

图 3-1 前缀树示意图

【算法题】

实现一棵前缀树

前缀树的实现如下：

```
/**
 * @Author : zhouguanya
 * @Project : java-interview-guide
 * @Date : 2019/6/28 15:31
 * @Version : V1.0
 * @Description : 前缀树
 */
public class Trie {
    /**
     * 结点类
     */
    static class Node {
        /**
         * 是否到达单词的末尾
         */
        boolean isEnd;
        /**
         * 该结点的子结点
```

```java
     */
    Map<Character, Node> children = new HashMap<>();
}

/**
 * 根结点
 */
private Node root;

/**
 * 构造器
 */
public Trie() {
    root = new Node();
}

/**
 * 添加单词到前缀树
 *
 * @param word 单词
 */
public void add(String word) {
    // 单词非空校验
    if (word == null || word.length() == 0) {
        return;
    }
    // 获取根结点
    Node current = root;
    // 遍历单词的每个字符
    for (int i = 0; i < word.length(); i++) {
        // 获取word第i位置上的字符
        char character = word.charAt(i);
        // 当前的结点的子结点不包含这个字符
        if (!current.children.containsKey(character)) {
            // 如果当前结点中的子结点中不包含当前字符
            // 新建一个子结点，并将这个字符存放到children中
            current.children.put(character, new Node());
        }
        // 指向当前结点的下一个结点
        current = current.children.get(character);
    }
    // 跳出循环后，单词每个字符都已经遍历完
    current.isEnd = true;
}

/**
 * 查找word是否已存在前缀树中
 *
 * @param word    待查的单词
 * @return        查询结果
```

```java
 */
public boolean search(String word) {
    // 获取根结点
    Node current = root;
    // 遍历单词的每个字符
    for (int i = 0; i < word.length(); i++) {
        // 获取 word 第 i 位置上的字符
        char character = word.charAt(i);
        // 当前结点的子结点集合 children 不包含这个字符
        if (!current.children.containsKey(character)) {
            // word 这个单词不存在于前缀树中
            return false;
        }
        // 指向当前结点的下一个结点
        current = current.children.get(character);
    }
    // 是否到达单词的末尾，如果是，就表明单词 word 存在于前缀树中
    return current.isEnd;
}
```

创建测试类用于验证前缀树的功能，测试类如下：

```java
/**
 * @Author : zhouguanya
 * @Project : java-interview-guide
 * @Date : 2019/6/28 15:52
 * @Version : V1.0
 * @Description : 测试前缀树
 */
public class TrieDemo {
    public static void main(String[] args) {
        Trie trie = new Trie();
        // 字典
        String[] dictionary = {"abc", "abd", "b", "abdc"};
        // 将字典中的每个单词加入前缀树中
        for (int i = 0; i < dictionary.length; i++) {
            // 依次加入前缀树
            trie.add(dictionary[i]);
        }
        // 验证前缀树
        System.out.print("abc 是否存在于前缀树中: ");
        System.out.println(trie.search("abc"));
        System.out.print("abdc 是否存在于前缀树中: ");
        System.out.println(trie.search("abdc"));
        System.out.print("acdb 是否存在于前缀树中: ");
        System.out.println(trie.search("acdb"));
    }
}
```

执行测试代码，执行结果如下：

```
abc 是否存在于前缀树中：true
abdc 是否存在于前缀树中：true
acdb 是否存在于前缀树中：false
```

3.1.5 有效的字母异位词

【算法题】

给定两个字符串 string1 和 string2，编写一个函数来判断 string1 和 string2 是否互为字母异位词。假设只考虑小写字母。
例如，string1="animal"，string2="naimal"，返回 true。
例如，string1="cat"，string2="car"，返回 false。

此题只要统计每个字符串的每个字符出现的频率即可。统计完成后，比较两个字符串每个字符出现的频率，如果完全相同，就证明两者是有效的字母异位词，否则就不是有效的字母异位词。上述算法题的解法如下：

```java
/**
 * @Author : zhouguanya
 * @Project : java-interview-guide
 * @Date : 2019/6/30 12:01
 * @Version : V1.0
 * @Description : 有效的字母异位词
 */
public class AnagramWords {
    /**
     * 判断两个字符串是否是异位词
     *
     * @param base  基础字符串
     * @param test  比较的字符串
     * @return      比较结果
     */
    public boolean isAnagram(String base, String test) {
        // 非空校验
        if (base == null || base.length() == 0) {
            return false;
        }
        // 非空校验
        if (test == null || test.length() == 0) {
            return false;
        }
        // 字符串长度不等，返回 false
        if (base.length() != test.length()) {
            return false;
        }
        // 统计 base 字符串的每个字符的频率
        Map<Character, Integer> baseMap = calculateFrequency(base);
        // 统计 test 字符串的每个字符的频率
        Map<Character, Integer> testMap = calculateFrequency(test);
        // 对比 baseMap 与 testMap 是否相等
```

```java
        return baseMap.equals(testMap);
    }

    /**
     * 统计字符串中每个字符出现的频率
     *
     * @param base    待统计的字符串
     * @return        每个字符的频率
     */
    private Map<Character, Integer> calculateFrequency(String base) {
        // 记录字符串字符频率
        Map<Character, Integer> frequencyMap = new HashMap<>(16);
        // 遍历字符串的每个字符
        for (int i = 0; i < base.length(); i++) {
            // 第i个位置上的字符
            Character character = base.charAt(i);
            // 字符的频率
            Integer frequency = frequencyMap.get(character);
            // 当前字符已经统计过，累计一次
            if (frequency != null && frequency > 0) {
                // 字符频率加1
                frequencyMap.put(character, frequency + 1);
            } else {
                // 当前字符未统计过，增加频率为1
                frequencyMap.put(character, 1);
            }
        }
        // 返回每个字符的频率
        return frequencyMap;
    }
}
```

创建测试类用于验证字母异位词的功能，测试类如下：

```java
/**
 * @Author : zhouguanya
 * @Project : java-interview-guide
 * @Date : 2019/6/30 12:01
 * @Version : V1.0
 * @Description : 测试有效的字母异位词
 */
public class AnagramWordsDemo {
    public static void main(String[] args) {
        String base = "animal";
        String test = "naimal";
        AnagramWords anagramWords = new AnagramWords();
        System.out.printf("%s 和%s 是否是异位词：", base, test);
        System.out.println(anagramWords.isAnagram(base, test));

        String base2 = "cat";
        String test2 = "car";
```

```
            System.out.printf("%s 和%s 是否是异位词：", base2, test2);
            System.out.println(anagramWords.isAnagram(base2, test2));
    }
}
```

执行测试代码，执行结果如下：

```
animal 和 naimal 是否是异位词：true
cat 和 car 是否是异位词：false
```

3.1.6　无重复字符的最长子串

【算法题】

给定一个字符串，找出其中不含有重复字符的最长子串的长度。
例如，字符串"abcabcbb"，输出 3，因为无重复字符的最长子串是 "abc"。
例如，字符串"bbbbb"，输出 1，因为无重复字符的最长子串是 "b"。

本题可以使用一个 Map 结构存储第一个不重复的字符的位置，并用一个变量记录最长子串的长度。上述算法题的解法如下：

```java
/**
 * @Author : zhouguanya
 * @Project : java-interview-guide
 * @Date : 2019/6/30 16:37
 * @Version : V1.0
 * @Description : 无重复字符的最长子串
 */
public class LongestSubString {
    /**
     * 无重复字符的最长子串
     *
     * @param content    待查字符串
     * @return           长度
     */
    public int lengthOfLongestSubString(String content) {
        // 保存第一个不重复的字符的位置
        Map<Character, Integer> characterIndexMap = new HashMap<>(16);
        // 无重复字符的最长子串的长度
        int maxLength = 0;
        // 当前有效的非空子串的起始位置
        int current = 0;
        // 遍历 content 字符串的内容
        for (int i = 0; i < content.length(); i++) {
            // 第 i 个位置上的字符
            Character character = content.charAt(i);
            // HashMap 存在，说明已经重复
            if (characterIndexMap.containsKey(character)) {
                // 当前有效的非空子串的起始位置后移
                current = Math.max(current, characterIndexMap.get(character) + 1);
```

```java
            if (i - current + 1 > maxLength) {
                maxLength = i - current + 1;
            }
        }
        // character 不存在与 HashMap 中
        // 更新最长子串的长度
        if (i - current + 1 > maxLength) {
            maxLength = i - current + 1;
        }
        // 修改当前字符的 value，记录最新位置
        characterIndexMap.put(character, i);
    }
    // 返回无重复字符的最长子串的长度
    return maxLength;
}
```

创建测试类用于验证无重复字符的最长子串的功能，测试类如下：

```java
/**
 * @Author : zhouguanya
 * @Project : java-interview-guide
 * @Date : 2019/7/1 10:11
 * @Version : V1.0
 * @Description : 测试无重复字符的最长子串
 */
public class LongestSubStringDemo {
    public static void main(String[] args) {
        LongestSubString longestSubString = new LongestSubString();
        String content1 = "abcabcbb";
        System.out.print(content1 + "无重复字符的最长子串=");
        System.out.println(longestSubString.
                lengthOfLongestSubString(content1));
        String content2 = "bbbbb";
        System.out.print(content2 + "无重复字符的最长子串=");
        System.out.println(longestSubString.
                lengthOfLongestSubString(content2));
        String content3 = "pwwkew";
        System.out.print(content3 + "无重复字符的最长子串=");
        System.out.println(longestSubString.
                lengthOfLongestSubString(content3));
    }
}
```

执行测试代码，执行结果如下：

```
abcabcbb 无重复字符的最长子串=3
bbbbb 无重复字符的最长子串=1
pwwkew 无重复字符的最长子串=3
```

3.1.7 电话号码的字母组合

【算法题】

从电话拨号的键盘上选取任意数字组成一个字符串，返回所有它能表示的字母组合。电话拨号键盘如图3-2所示。

图3-2 电话拨号键盘示意图

本题可以使用递归算法，此题的解法如下：

```java
/**
 * @Author : zhouguanya
 * @Project : java-interview-guide
 * @Date : 2019/7/2 15:33
 * @Version : V1.0
 * @Description : 电话号码的字母组合
 */
public class PhoneNoCombination {
    /**
     * 初始化数字和字母的映射关系
     */
    private Map<Integer, List<String>> phoneNoMap =
            new HashMap<Integer, List<String>>() {
        {
            put(1, Collections.emptyList());
            put(2, Arrays.asList("a", "b", "c"));
            put(3, Arrays.asList("d", "e", "f"));
            put(4, Arrays.asList("g", "h", "i"));
            put(5, Arrays.asList("j", "k", "l"));
            put(6, Arrays.asList("m", "n", "o"));
            put(7, Arrays.asList("p", "q", "r", "s"));
            put(8, Arrays.asList("t", "u", "v"));
            put(9, Arrays.asList("w", "x", "y", "z"));
        }
    };

    /**
     * 可能的字母组合
```

```java
 *
 * @param phoneNo      电话号码
 * @return             字符串列表
 */
public List<String> letterCombinations(String phoneNo) {
    // 校验电话号码非空
    if (phoneNo == null || phoneNo.length() == 0) {
        return Collections.emptyList();
    }
    // 电话号码可能的字母组合
    List<String> resultList = new ArrayList<>();
    // 第一个数字
    Integer first = Integer.valueOf(phoneNo.substring(0, 1));
    // 数字对应的字符列表
    List<String> characterList = phoneNoMap.get(first);
    // 递归出口
    if (phoneNo.length() == 1) {
        resultList.addAll(characterList);
        return resultList;
    }
    // 剩余子串进行递归
    List<String> leftCharacterList
            = letterCombinations(phoneNo.substring(1));
    // 拼接字符串
    for (String character : characterList) {
        for (String leftCharacter : leftCharacterList) {
            resultList.add(character + leftCharacter);
        }
    }
    // 返回电话号码可能的字母组合
    return resultList;
    }
}
```

创建测试类用于验证电话号码的字母组合的功能，测试类如下：

```java
/**
 * @Author : zhouguanya
 * @Project : java-interview-guide
 * @Date : 2019/7/2 16:12
 * @Version : V1.0
 * @Description : 测试电话号码的字母组合
 */
public class PhoneNoCombinationDemo {
    public static void main(String[] args) {
        PhoneNoCombination phoneNoCombination
                = new PhoneNoCombination();
        String phoneNo = "23";
        List<String> result = phoneNoCombination
                .letterCombinations(phoneNo);
        System.out.printf("电话号码%s的字母组合是：%n", phoneNo);
```

```
            System.out.println(result);
        }
    }
```

执行测试代码，执行结果如下：

电话号码 23 的字母组合是：
[ad, ae, af, bd, be, bf, cd, ce, cf]

3.1.8 串联所有单词的子串

【算法题】

给定一个字符串和一些长度相同的单词组成的字典，找出字符串中恰好可以由单词中所有单词串联形成的子串的起始位置。

例如，字符串"barfoothefoobarman"和单词字典["foo","bar"]，返回 0 和 9，因为字符串"barfoothefoobarman"从索引 0 和 9 开始的子串分别是"barfoor"和"foobar"，这两个子串都可以使用单词字典中的所有单词串联形成。

本题可以使用一个滑窗来求解。扫描原字符串，如果新增单词是单词集 words 中的单词，那么滑窗增长（滑窗 right 指针增加），否则滑窗缩小（滑窗 left 指针增加）。当滑窗满足需求时，记录滑窗左侧（left）的位置，继续扫描，直至无法再生成满足需求的滑窗为止。

上述算法题的解法如下：

```
/**
 * @Author : zhouguanya
 * @Project : java-interview-guide
 * @Date : 2019/7/2 18:25
 * @Version : V1.0
 * @Description : 串联所有单词的子串
 */
public class AllWordsSubString {
    /**
     * 查找串联所有单词的子串
     *
     * @param content    字符串
     * @param words      单词数组
     * @return           子串的位置
     */
    public List<Integer> findSubstring(String content, String[] words) {
        // 字符串非空校验
        if (content == null || content.length() == 0) {
            return Collections.emptyList();
        }
        // 单词数组校验
        if (words == null || words.length == 0) {
            return Collections.emptyList();
        }
        // 结果集
        List<Integer> resultList = new ArrayList<>();
```

```java
        // 单词长度
        int size = words[0].length();
        // 单词数组长度
        int length = words.length;
        // 创建单词 Map
        Map<String, Integer> wordsMap = createMap(words);
        // 窗口的不同的初始起点，有 size 个不同的初始起点
        for (int i = 0; i < size; i++) {
            // 滑动窗口出现的单词次数
            Map<String, Integer> windowWordsMap = new HashMap<>(8);
            // 窗口的左边界
            int left = i;
            // 窗口的右边界
            int right = i;
            // 窗口右侧剩余字符长度不足一个单词的长度 &&
            // 剩余子串不足所有单词的总长度，退出循环
            while (right <= content.length() - size && left <= content.length() - length * size) {
                // 截取 size 长度的字符串
                String word = content.substring(right, right + size);
                // 统计截取的单词出现的次数
                increase(windowWordsMap, word);
                // 截取的字符串不存在于 Map 中，即不能匹配单词数组中的任何单词
                if (!wordsMap.containsKey(word)) {
                    // 出现不包含的单词，清除之前的结果，重新对单词进行统计
                    windowWordsMap.clear();
                    // 窗口滑动
                    right += size;
                    left = right;
                    continue;
                }
                // 窗口内单词出现的次数 > 单词数组中的次数，不满足条件
                while (windowWordsMap.get(word) > wordsMap.get(word)) {
                    // 窗口左边界向右移动
                    String removeWord = content.substring(left, left + size);
                    // 减少单词出现的次数
                    decrease(windowWordsMap, removeWord);
                    // 窗口向右收缩
                    left += size;
                }
                // 窗口向右膨胀
                right += size;
                // 窗口内的字符长度 = 单词数组中所有单词的总和
                if (right - left == length * size) {
                    resultList.add(left);
                }
            }
        }
        return resultList;
    }
```

```java
/**
 * 减少单词出现的次数
 *
 * @param wordsMap   单词出现的次数 Map
 * @param word       单词
 */
private void decrease(Map<String, Integer> wordsMap, String word) {
    if (wordsMap.containsKey(word)) {
        int count = wordsMap.get(word);
        if (count <= 1) {
            wordsMap.remove(word);
        } else {
            wordsMap.put(word, count - 1);
        }
    }
}

/**
 * 单词和出现的次数 Map
 *
 * @param words  单词数组
 * @return 单词出现的次数 Map
 */
private Map<String, Integer> createMap(String[] words) {
    Map<String, Integer> wordsMap = new HashMap<>(16);
    for (String string : words) {
        increase(wordsMap, string);
    }
    return wordsMap;
}

/**
 * 增加单词出现的次数
 *
 * @param wordsMap   单词出现的次数 Map
 * @param word       单词
 */
private void increase(Map<String, Integer> wordsMap, String word) {
    // 返回 key 对应的 value，如果 key 不存在，就返回默认值
    int count = wordsMap.getOrDefault(word, 0);
    // 增加单词的次数
    wordsMap.put(word, count + 1);
}
```

创建测试类用于验证串联所有单词的子串的功能，测试类如下：

```
/**
 * @Author : zhouguanya
 * @Project : java-interview-guide
```

```
 * @Date : 2019/7/2 19:50
 * @Version : V1.0
 * @Description : 测试串联所有单词的子串
 */
public class AllWordsSubStringDemo {
    public static void main(String[] args) {
        AllWordsSubString allWordsSubString = new AllWordsSubString();
        String content1 = "barfoothefoobarman";
        String[] words1 = {"foo","bar"};
        List<Integer> result1 = allWordsSubString
                .findSubstring(content1, words1);
        System.out.printf("字符串%s 串联所有单词的子串为: ", content1);
        System.out.println(result1);
        String content2 = "wordgoodstudentgoodword";
        String[] words2 = {"word","student"};
        List<Integer> result2 = allWordsSubString
                .findSubstring(content2, words2);
        System.out.printf("字符串%s 串联所有单词的子串为: ", content2);
        System.out.println(result2);
    }
}
```

执行测试代码，执行结果如下：

字符串 barfoothefoobarman 串联所有单词的子串为：[0, 9]
字符串 wordgoodstudentgoodword 串联所有单词的子串为：[]

3.1.9 字符串相关算法常见面试考点

除了本节介绍的相关字符串算法外，常见的字符串算法还有很多，如将语句翻转、重构字符串、压缩字符串、打乱字符串和删除字符串中的元音字母等。感兴趣的读者可以到互联网上搜索更多有关字符串的算法。

3.2 数组相关算法

3.2.1 乘积最大连续子序列

【算法题】

给定一个整型数组，找出一个序列中乘积最大的连续子序列。
例如，数组[2,-5,2,-4]输出 80，因为数组[2,-5,2,-4]的最大乘积子序列为[2,-5,2,-4]。
例如，数组[-2,0,-1]输出 0，而不是 2，因为数组[-2,-1]不是连续子序列。

本题使用两个变量分别记录计算过程中的正数的最大值和负数的最小值。因为数组中的数字可能有正数和负数，所以在计算中需要不断调整这两个数。上述算法题的解法如下：

```java
/**
 * @Author : zhouguanya
 * @Project : java-interview-guide
 * @Date : 2019/7/3 10:25
 * @Version : V1.0
 * @Description : 乘积最大连续子序列
 */
public class MaxMultiSubSeq {

    /**
     * 乘积最大连续子序列的乘积
     *
     * @param array 整型数组
     * @return 乘积最大连续子序列的乘积
     */
    public int maxSubSqe(int[] array) {
        /**
         * 最大连续子序列的乘积
         */
        int positiveMax = array[0];
        /**
         * 最小连续子序列的乘积
         */
        int negativeMax = array[0];
        /**
         * 乘积最大值
         */
        int max = array[0];
        // 从第1个位置向后遍历
        for (int i = 1; i < array.length; i++) {
            // 遍历过程中的最大值
            int tempPositiveMax = positiveMax;
            // 遍历过程中的负数最小值
            int tempNegativeMax = negativeMax;
            // 第i个元素与最大值和最小值相乘后的最大值
            int multiMax = Math.max(array[i] * tempPositiveMax,
                    array[i] * tempNegativeMax);
            // 修改最大连续子序列的乘积
            positiveMax = Math.max(array[i], multiMax);
            // 第i个元素与最大值和最小值相乘后的最小值
            int multiMin = Math.min(array[i] * tempPositiveMax,
                    array[i] * tempNegativeMax);
            // 调整最小连续子序列的乘积
            negativeMax = Math.min(array[i], multiMin);
            // 最大连续子序列的乘积和最小连续子序列的乘积的最大值 > max
            if (Math.max(positiveMax, negativeMax) > max) {
                // 调整最大值
                max = Math.max(positiveMax, negativeMax);
            }
        }
```

```
            // 返回乘积最大值
            return max;
    }
}
```

创建测试类用于验证乘积最大连续子序列的功能，测试类如下：

```
/**
 * @Author : zhouguanya
 * @Project : java-interview-guide
 * @Date : 2019/7/4 16:39
 * @Version : V1.0
 * @Description : 测试乘积最大连续子序列
 */
public class MaxMultiSubSeqDemo {
    public static void main(String[] args) {
        MaxMultiSubSeq maxMultiSubSeq = new MaxMultiSubSeq();
        int[] array1 = {2, -5, 2, -4};
        System.out.print("数组{2, -5, 2, -4}乘积最大连续子序列=");
        System.out.println(maxMultiSubSeq.maxSubSqe(array1));
        int[] array2 = {-2, 0, -1};
        System.out.print("数组{-2, 0, -1}乘积最大连续子序列=");
        System.out.println(maxMultiSubSeq.maxSubSqe(array2));
    }
}
```

执行测试代码，执行结果如下：

```
数组{2, -5, 2, -4}乘积最大连续子序列=80
数组{-2, 0, -1}乘积最大连续子序列=0
```

3.2.2 求众数

【算法题】

给定一个大小为 n 的数组，找到其中的众数。众数是指在数组中出现次数大于等于 n/2 的元素。
例如，数组[3,2,3]的众数是 3，因为数组长度为 3，元素 3 出现的次数为 2 次。
例如，数组[2,2,1,1,1,2,2]的众数是 2，因为数组长度为 7，元素 2 出现的次数为 4 次。
可以假设数组是非空的，并且给定的数组总是存在众数。

本题可以使用摩尔投票算法求解。摩尔投票算法是一种在线性时间和空间复杂度的情况下，在一个元素序列中查找包含最多的元素的算法。

摩尔投票算法在局部变量中定义一个序列元素 m 和一个计数器 i，初始情况下计数器为 0。依次遍历序列中的每个元素。当遍历到元素 x 的时候，如果计数器为 0，那么将 x 赋值给 m，然后将计数器 i 设置为 1，如果计数器不为 0，那么比较序列元素 m 和 x，如果相等，那么计数器 i 加 1，如果不等，那么计数器 i 减 1。序列遍历结束后，最后存储的序列元素 m 就是这个序列的众数。

摩尔投票算法的局限性是序列中必须有且仅有一个出现次数最多的元素，否则摩尔投票算法将不能检测到正确的结果。

上述算法题的解法如下：

```java
/**
 * @Author : zhouguanya
 * @Project : java-interview-guide
 * @Date : 2019/7/4 17:25
 * @Version : V1.0
 * @Description : 求众数
 */
public class MostCountNum {

    /**
     * 求数组的众数
     *
     * @param array 数组
     * @return 众数
     */
    public int majorityNum(int[] array) {
        // 众数
        int result = array[0];
        // 计数器
        int count = 1;
        // 遍历数组 array
        for (int i = 1; i < array.length; i++) {
            // 如果 count=0，就说明众数未出现
            // 重新修改 result 为当前的元素
            if (count == 0) {
                // result=当前元素
                result = array[i];
            } else {
                // count!=0 时
                // 如果 result=当前元素
                if (result == array[i]) {
                    // 计数器+1
                    count++;
                } else {
                    // 如果 result 不等于当前元素
                    // 计数器-1
                    count--;
                }
            }
        }
        // 返回众数
        return result;
    }
}
```

创建测试类用于验证求众数算法的功能，测试类如下：

```java
/**
 * @Author : zhouguanya
```

```
 * @Project : java-interview-guide
 * @Date : 2019/7/4 18:00
 * @Version : V1.0
 * @Description : 测试求众数
 */
public class MostCountNumDemo {
    public static void main(String[] args) {
        MostCountNum mostCountNum = new MostCountNum();
        int[] array1 = {3, 2, 3};
        System.out.print("数组{3, 2, 3}的众数是");
        System.out.println(mostCountNum.majorityNum(array1));
        int[] array2 = {2, 2, 1, 1, 1, 2, 2};
        System.out.print("数组{2,2,1,1,1,2,2}的众数是");
        System.out.println(mostCountNum.majorityNum(array2));
    }
}
```

执行测试代码，执行结果如下：

```
数组{3, 2, 3}的众数是3
数组{2,2,1,1,1,2,2}的众数是2
```

3.2.3 旋转数组

【算法题】

给定一个数组，将数组中的元素向右移动 k 个位置，其中 k 是非负数。
例如，数组为[1,2,3,4,5,6,7]，k=3，返回[5,6,7,1,2,3,4]。
执行过程如下：
向右旋转 1 步：[7,1,2,3,4,5,6]
向右旋转 2 步：[6,7,1,2,3,4,5]
向右旋转 3 步：[5,6,7,1,2,3,4]

上述算法题的解法如下：

```
/**
 * @Author : zhouguanya
 * @Project : java-interview-guide
 * @Date : 2019/7/5 10:01
 * @Version : V1.0
 * @Description : 旋转数组
 */
public class RotateArray {
    /**
     * 旋转数组
     *
     * @param array     原数组
     * @param position  向右移动position位置
     */
    public void rotate(int[] array, int position) {
        // 参数校验
```

```java
        if (array == null || array.length == 0 || position == 0) {
            return;
        }
        // 数组长度
        int length = array.length;
        // 移动的位置 = 数组长度，等于没有移动数组中的任何元素
        if (position == length) {
            return;
        }
        // 移动的位置 > 数组长度，数组旋转大于一圈，对 position 取模
        if (position > length) {
            position = position % length;
        }
        // 交换的次数
        int count = 0;
        // 外层循环临时存放元素
        int tempOut;
        // 内层循环临时存放元素
        int tempIn;
        // 外层循环，从数组最后一个元素开始旋转
        out:
        for (int i = length - 1; i > length - 1 - position; i--) {
            // 外层循环临时存放元素
            tempOut = array[i];
            // 内层循环，跟随外层循环移动后的位置进行调整
            in:
            for (int j = (i + position) % length; j <= i;
                 j = (j + position) % length) {
                // 交换内外层循环的元素
                tempIn = array[j];
                array[j] = tempOut;
                tempOut = tempIn;
                // 交换的次数+1
                count++;
                // 交换的次数 = 数组长度，数组全部元素调整完毕
                if (count == length) {
                    // 结束外层循环
                    break out;
                }
                // 内层循环结束
                if (j == i) {
                    break;
                }
            }
        }
    }
}
```

创建测试类用于验证旋转数组算法的功能，测试类如下：

```
/**
```

```java
 * @Author : zhouguanya
 * @Project : java-interview-guide
 * @Date : 2019/7/5 10:34
 * @Version : V1.0
 * @Description : 测试旋转数组
 */
public class RotateArrayDemo {
    public static void main(String[] args) {
        RotateArray rotateArray = new RotateArray();
        int[] array1 = {1, 2, 3, 4, 5, 6, 7};
        int position1 = 3;
        rotateArray.rotate(array1, position1);
        System.out.printf("{1, 2, 3, 4, 5, 6, 7}旋转%s 个位置后的结果：%n",
                position1);
        print(array1);
        System.out.println();
        System.out.println("----------------分割线----------------");
        int[] array2 = {-1, -100, 3, 99};
        int position2 = 2;
        rotateArray.rotate(array2, position2);
        System.out.printf("{-1, -100, 3, 99}旋转%s 个位置后的结果：%n",
                position2);
        print(array2);
    }

    /**
     * 打印数组
     *
     * @param array 数组
     */
    public static void print(int[] array) {
        System.out.print("{");
        for (int i = 0; i < array.length; i++) {
            System.out.print(array[i]);
            if (i < array.length - 1) {
                System.out.print(", ");
            }
        }
        System.out.print("}");
    }
}
```

执行测试代码，执行结果如下：

```
{1, 2, 3, 4, 5, 6, 7}旋转 3 个位置后的结果：
{5, 6, 7, 1, 2, 3, 4}
----------------分割线----------------
{-1, -100, 3, 99}旋转 2 个位置后的结果：
{3, 99, -1, -100}
```

3.2.4 移动零

【算法题】

给定一个数组 array,编写一个函数将数组中所有 0 移动到数组的末尾,同时保持非零元素的相对顺序。例如,数组[0,1,0,3,12]返回[1,3,12,0,0]。

本题可以简化为数组中的元素依次跟 0 进行比较,非 0 元素移动到数组前面,剩余的部分都是 0。上述算法题的解法如下:

```java
/**
 * @Author : zhouguanya
 * @Project : java-interview-guide
 * @Date : 2019/7/5 16:11
 * @Version : V1.0
 * @Description : 移动零
 */
public class MoveZeroes {
    /**
     * 移动零
     *
     * @param array 原数组
     */
    public void move(int[] array) {
        // 非空校验
        if (array == null || array.length == 0) {
            return;
        }
        // 非零索引
        int nullZero = 0;
        for (int i = 0; i < array.length; i++) {
            // array[i]不等于 0
            if (array[i] != 0) {
                array[nullZero++] = array[i];
            }
        }
        // nullZero 以后的元素都等于 0
        while (nullZero < array.length) {
            array[nullZero++] = 0;
        }
    }
}
```

创建测试类用于验证移动零算法的功能,测试类如下:

```java
/**
 * @Author : zhouguanya
 * @Project : java-interview-guide
 * @Date : 2019/7/5 16:23
 * @Version : V1.0
```

```
 *  @Description : 测试移动零
 */
public class MoveZeroesDemo {
    public static void main(String[] args) {
        MoveZeroes moveZeroes = new MoveZeroes();
        int[] array = {0, 1, 0, 3, 12};
        moveZeroes.move(array);
        System.out.println("{0, 1, 0, 3, 12}移动零以后结果：");
        print(array);
    }
}
```

执行测试代码，执行结果如下：

```
{0, 1, 0, 3, 12}移动零以后结果：
{1, 3, 12, 0, 0}
```

3.2.5 求两个数组的交集

【算法题】

给定两个数组，编写一个函数计算两个数组的交集。
例如，输入array1=[1,2,3,4]，array2=[2,3]，输出[2,3]。
例如，输入array1=[1,2,3,4]，array2=[3,4,5]，输出[3,4]。
如果给定的数组已经排好序呢？你将如何优化算法？

本题提供两种解题思路。一种思路是假设两个数组都是无序的情况下，分别对数组中的元素进行计数，用另一个数组与之对比，出现相同的元素就加入交集中。另一种思路是假设在两个数组都是有序的前提下，只需同时遍历两个数组，相同的元素就加入交集中，否则继续向后搜索，直至结束。上述算法题的解法如下：

```
/**
 *  @Author : zhouguanya
 *  @Project : java-interview-guide
 *  @Date : 2019/7/11
 *  @Version : V1.0
 *  @Description : 两个数组的交集
 */
public class InterSect {

    /**
     * 两个数组的交集实现 1
     *
     * 统计数组 1 中每个数组出现的次数并用数组 2 做对比
     *
     * @param array1 数组 1
     * @param array2 数组 2
     * @return 交集
     */
    public List<Integer> intersect1(int[] array1, int[] array2) {
```

```java
        if (array1 == null || array1.length == 0 || array2 == null || array2.length == 0) {
            return null;
        }
        // 每个数字出现的次数计数器
        Map<Integer, Integer> counter = new HashMap<>(16);
        // 统计数组 1
        for (int i = 0; i < array1.length; i++) {
            int num = array1[i];
            // 数字已经出现过，次数加 1
            if (counter.containsKey(num)) {
                counter.put(num, counter.get(num) + 1);
            } else {
                // 数字未出现过，次数 = 1
                counter.put(num, 1);
            }
        }
        // 交集
        List<Integer> result = new ArrayList<>();
        // 遍历数组 2
        for (int i = 0; i < array2.length; i++) {
            int num = array2[i];
            // 存在于计数器中
            if (counter.containsKey(num) && counter.get(num) > 0) {
                // 计数器减 1
                counter.put(num, counter.get(num) - 1);
                // 添加到交集
                result.add(num);
            }
        }
        return result;
    }

    /**
     * 两个数组的交集实现 2
     * 进阶题：两个数组都有序
     *
     * @param array1 数组 1
     * @param array2 数组 2
     * @return 交集
     */
    public List<Integer> intersect2(int[] array1, int[] array2) {
        int cursor1 = 0;
        int cursor2 = 0;
        // 交集
        List<Integer> result = new ArrayList<>();
        while (cursor1 < array1.length && cursor2 < array2.length) {
            int num1 = array1[cursor1];
            int num2 = array2[cursor2];
            if (num1 == num2) {
```

```
            result.add(num1);
            cursor1++;
            cursor2++;
        } else if (num1 < num2) {
            cursor1++;
        } else {
            cursor2++;
        }
    }
    return result;
}
```

创建测试类用于验证求解两个数组交集的算法的功能，测试类如下：

```
/**
 * @Author : zhouguanya
 * @Project : java-interview-guide
 * @Date : 2019/7/11
 * @Version : V1.0
 * @Description : 测试两个数组的交集
 */
public class InterSectDemo {
    public static void main(String[] args) {
        InterSect interSect = new InterSect();
        int[] array1 = {1, 2, 3, 4};
        int[] array2 = {2, 3};
        System.out.print("数组{1, 2, 3, 4}和数组{2, 3}的交集=");
        System.out.println(interSect.intersect1(array1, array2));
        int[] array3 = {1, 2, 3, 4};
        int[] array4 = {3, 4, 5};
        System.out.print("数组{1, 2, 3, 4}和数组{3, 4, 5}的交集=");
        System.out.println(interSect.intersect2(array3, array4));
    }
}
```

执行测试代码，执行结果如下：

```
数组{1, 2, 3, 4}和数组{2, 3}的交集=[2, 3]
数组{1, 2, 3, 4}和数组{3, 4, 5}的交集=[3, 4]
```

3.2.6 递增的三元子序列

【算法题】

给定一个未排序的数组，判断这个数组中是否存在长度为 3 的递增子序列。
例如，输入数组[1,2,3,4,5]，输出 true。
例如，输入数组[5,4,3,2,1]，输出 false。
要求算法的时间复杂度为 O(n)，空间复杂度为 O(1)。

本题用两个变量分别记录最大值和最小值，如果出现比最大值还大的元素，就说明存在递增的三元子序列。上述算法题的解法如下：

```java
/**
 * @Author : zhouguanya
 * @Project : java-interview-guide
 * @Date : 2019/7/12
 * @Version : V1.0
 * @Description : 递增的三元子序列
 */
public class IncreasingTriplet {

    /**
     * 判断是否包含递增的三元子序列
     *
     * @param array    数组
     * @return         结果
     */
    public boolean containsIncreasingTriplet(int[] array) {
        // 数组合法性校验
        if (array == null || array.length == 0) {
            return false;
        }
        // 最大值
        int high = Integer.MAX_VALUE;
        // 最小值
        int low = Integer.MAX_VALUE;
        for (int num : array) {
            // 数字小于当前最小值
            if (num <= low) {
                // 修改最小值
                low = num;
            } else if (num <= high) {
                // 数字 ≥ 当前的最小值 && 数字 ≤ 当前的最大值
                // 修改最大值
                high = num;
            } else {
                // 数字大于最大值，说明此时已满三个元素
                // 分别是 low、high 和 num 三个元素组成的递增的三元子序列
                return true;
            }
        }
        return false;
    }
}
```

创建测试类用于验证求递增三元子序列的算法的功能，测试类如下：

```java
/**
 * @Author : zhouguanya
 * @Project : java-interview-guide
 * @Date : 2019/7/12
```

```java
 * @Version : V1.0
 * @Description : 测试递增的三元子序列
 */
public class IncreasingTripletDemo {
    public static void main(String[] args) {
        IncreasingTriplet increasingTriplet = new IncreasingTriplet();
        int[] array1 = {1, 2, 3, 4, 5};
        System.out.print("数组{1,2,3,4,5}是否含有递增的三元子序列: ");
        System.out.println(increasingTriplet
                .containsIncreasingTriplet(array1));
        int[] array2 = {5, 4, 3, 2, 1};
        System.out.print("数组{5,4,3,2,1}是否含有递增的三元子序列: ");
        System.out.println(increasingTriplet
                .containsIncreasingTriplet(array2));
    }
}
```

执行测试代码，执行结果如下：

```
数组{1,2,3,4,5}是否含有递增的三元子序列: true
数组{5,4,3,2,1}是否含有递增的三元子序列: false
```

3.2.7 搜索二维矩阵

【算法题】

在一个 M×N 的矩阵中搜索目标值 target。该矩阵的特性是：每行的元素从左到右升序排列，每列的元素从上到下升序排列。
例如，在如下矩阵中搜索 target 元素：
[
  [1,   4,   7, 11, 15],
  [2,   5,   8, 12, 19],
  [3,   6,   9, 16, 22],
  [10, 13, 14, 17, 24],
  [18, 21, 23, 26, 30]
]
给定 target=5，返回 true。
给定 target=50，返回 false。

本题提供两种解法：方法 1 是使用二分搜索，搜索数组的每一行；方法 2 是使用分治算法，不断缩小矩阵的规模。上述算法题的解法如下：

```java
/**
 * @Author : zhouguanya
 * @Project : java-interview-guide
 * @Date : 2019/7/15
 * @Version : V1.0
 * @Description : 搜索二维矩阵
 */
public class SearchTwoDimensionalMatrix {
    /**
```

```java
 * 方法1：
 *
 * 搜索二维矩阵是否含有某个元素
 *
 * 二分查找法搜索矩阵的每一行
 *
 * @param matrix 二维矩阵
 * @param element 元素
 * @return 结果
 */
public boolean contains(int[][] matrix, int element) {
    // 矩阵合法性校验
    int dimension = matrix.length;
    if (dimension == 0) {
        return false;
    }
    int size = matrix[0].length;
    if (size == 0) {
        return false;
    }
    // 遍历二维矩阵
    for (int i = 0; i < dimension; i++) {
        // 低位指针，二分搜索matrix[i]的起点
        int low = 0;
        // 高位指针，二分搜索matrix[i]的终点
        int high = size - 1;
        // 低位指针 ≤ 高位指针
        while (low <= high) {
            // 中间值
            int middle = (low + high) / 2;
            // 找到元素
            if (matrix[i][middle] == element) {
                return true;
                // 中间值 < element
            } else if (matrix[i][middle] < element) {
                // 修改low指针，即在matrix[i]的后半部分搜索
                low = middle + 1;
                // 中间值 > element
            } else {
                // 修改high指针，即在matrix[i]的前半部分搜索
                high = middle - 1;
            }
        }
    }
    return false;
}

/**
 * 方法2：
 *
```

```
 * 分治算法查找二维矩阵是否含有某个元素
 *
 * 1.若左下角元素等于目标元素,则找到元素
 *
 * 2.若左下角元素大于目标元素
 * 则目标元素不可能存在于当前矩阵的最后一行
 * 因为最后一行每个元素都比左下角元素大
 * 问题规模可以减少最后一行
 *
 * 3.若左下角元素小于目标元素
 * 则目标元素不可能存在于当前矩阵的第一列
 * 因为第一列其他元素都比左下角元素小
 * 问题规模可以减小第一列
 *
 * 4.依次减小问题的规模
 *
 * @param matrix  二维矩阵
 * @param element 元素
 * @return 结果
 */
public boolean search(int[][] matrix, int element) {
    // 矩阵合法性校验
    int dimension = matrix.length;
    if (dimension == 0) {
        return false;
    }
    int size = matrix[0].length;
    if (size == 0) {
        return false;
    }
    // 最后 1 行
    int i = dimension - 1;
    // 第 1 列
    int j = 0;
    while (i >= 0 && j < size) {
        // 找到 element
        if (matrix[i][j] == element) {
            return true;
            // matrix[i][j] < elements 说明这一列不可能含有 element
        } else if (matrix[i][j] < element) {
            // 下一列进行搜索
            j++;
            // matrix[i][j] > elements 说明这一行不可能含有 element
        } else {
            // 上一行进行搜索
            i--;
        }
    }
    return false;
}
```

}
```

创建测试类用于验证搜索二维矩阵算法的功能，测试类如下：

```java
/**
 * @Author : zhouguanya
 * @Project : java-interview-guide
 * @Date : 2019/7/15
 * @Version : V1.0
 * @Description : 测试搜索二维矩阵
 */
public class SearchTwoDimensionalMatrixDemo {
    public static void main(String[] args) {
        SearchTwoDimensionalMatrix searchTwoDimensionalMatrix
                = new SearchTwoDimensionalMatrix();
        int[][] matrix = {
                {1, 4, 7, 11, 15},
                {2, 5, 8, 12, 19},
                {3, 6, 9, 16, 22},
                {10, 13, 14, 17, 24},
                {18, 21, 23, 26, 30},
        };
        System.out.print("二维矩阵是否含有 5：");
        System.out.println(searchTwoDimensionalMatrix
                .contains(matrix, 5));
        System.out.print("二维矩阵是否含有 20：");
        System.out.println(searchTwoDimensionalMatrix
                .contains(matrix, 20));
        System.out.print("二维矩阵是否含有 8：");
        System.out.println(searchTwoDimensionalMatrix
                .search(matrix, 8));
        System.out.print("二维矩阵是否含有 28：");
        System.out.println(searchTwoDimensionalMatrix
                .search(matrix, 28));
    }
}
```

执行测试代码，执行结果如下：

```
二维矩阵是否含有 5：true
二维矩阵是否含有 20：false
二维矩阵是否含有 8：true
二维矩阵是否含有 28：false
```

3.2.8 除自身以外数组的乘积

【算法题】

给定长度为 n 的整数数组，返回输出数组，其中每个元素等于原数组中除了自身以外的其他元素的乘积。例如，输入数组[1,2,3,4]，输出数组[24,12,8,6]。
要求不使用除法。
```

本题可以使用左右两个数组 left 和 right 分别存储第 i 个元素左边的各个元素的乘积和第 i 个元素右边的各个元素的乘积，最终结果就是 left 和 right 两个数组对应位置两个元素的乘积生成的数组。

上述方法采用 O(n)的时间复杂度和 O(n)的空间复杂度，但 O(n)的空间是可以省去的。使用两个变量就可以满足要求，使用变量 left 保存从左向右扫描数组 A 的乘积，使用变量 right 保存从右向左扫描数组 A 的乘积。

上述算法题的解法如下：

```java
/**
 * @Author : zhouguanya
 * @Project : java-interview-guide
 * @Date : 2019/7/15
 * @Version : V1.0
 * @Description : 除自身以外数组的乘积
 */
public class ExceptSelfProduct {
    /**
     * 返回除自身以外数组的乘积数组
     *
     * @param source 原数组
     * @return 目标数组
     */
    public int[] product1(int[] source) {
        // 原数组大小
        int size = source.length;
        // 从左向右的乘积数组
        int[] left = new int[size];
        // 从右向左的乘积数组
        int[] right = new int[size];
        // 结果数组
        int[] result = new int[size];
        // 数组第 1 个元素为 1，方便做乘积
        left[0] = 1;
        right[size - 1] = 1;
        // 遍历原数组
        for (int i = 1; i < size; i++) {
            // left 数组赋值
            // left[i] = source[i]左边的元素 * source[i - 1]左边元素的乘积
            left[i] = source[i - 1] * left[i - 1];
            // right 数组赋值
            // right[size - i - 1] = source[size]右边的元素 *
            // source[size - i]右边元素的乘积
            right[size - i - 1] = source[size - i] * right[size - i];
        }
        // 结果数组赋值
        for (int i = 0; i < size; i++) {
            // result[i] = 左边元素的乘积 * 右边元素的乘积
            result[i] = left[i] * right[i];
        }
        return result;
```

```java
    }

    /**
     * 返回除自身以外数组的乘积数组
     * 常数空间复杂度
     *
     * @param source 原数组
     * @return 目标数组
     */
    public int[] product2(int[] source) {
        // 原数组长度
        int size = source.length;
        // 保存从左向右扫描数组的乘积
        int left = 1;
        // 保存从右向左扫描数组的乘积
        int right = 1;
        // 结果数组
        int[] result = new int[size];
        // 给结果数组赋初始值
        for (int i = 0; i < size; i++) {
            result[i] = 1;
        }
        // 遍历原数组，把result当作左右两个数组来使用
        for (int i = 0; i < source.length; i++) {
            // 第i个元素左边各元素的乘积
            // result[i]=result[i]*left
            result[i] *= left;
            // 第i个元素右边各元素的乘积
            // result[size - i - 1]=result[size - i - 1]*left
            result[size - i - 1] *= right;
            // 修改 left=left * source[i]
            left *= source[i];
            // 修改 right=right * source[size - i - 1]
            right *= source[size - i - 1];
        }
        return result;
    }
}
```

创建测试类用于验证算法的功能，测试类如下：

```java
/**
 * @Author : zhouguanya
 * @Project : java-interview-guide
 * @Date : 2019/7/15
 * @Version : V1.0
 * @Description : 测试除自身以外数组的乘积
 */
public class ExceptSelfProductDemo {
    public static void main(String[] args) {
        ExceptSelfProduct exceptSelfProduct = new ExceptSelfProduct();
```

```
        int[] source = {1, 2, 3, 4};
        int[] result1 = exceptSelfProduct.product1(source);
        System.out.print("数组{1, 2, 3, 4}除自身以外数组的乘积=");
        for (int i = 0; i < result1.length; i++) {
            System.out.print(result1[i] + " ");
        }
        System.out.println();
        System.out.print("数组{1, 2, 3, 4}除自身以外数组的乘积=");
        int[] result2 = exceptSelfProduct.product2(source);
        for (int i = 0; i < result2.length; i++) {
            System.out.print(result2[i] + " ");
        }
    }
}
```

执行测试代码，执行结果如下：

数组{1, 2, 3, 4}除自身以外数组的乘积=24 12 8 6
数组{1, 2, 3, 4}除自身以外数组的乘积=24 12 8 6

3.2.9　数组相关算法常见面试考点

除了本节介绍的相关的数组算法外，常见的数组相关算法还有很多，如数组排序、数组分割、最短无序子数组、山脉数组和数组拆分等。感兴趣的读者可以到互联网上搜索更多有关数组的算法。

3.3　排序算法

本节将介绍的排序算法是面试中频率很高的一类算法题，下面将挑选一些常见的排序算法进行讲解，并分析每种算法的优劣。

3.3.1　冒泡排序算法

冒泡排序算法的核心思想是重复地遍历要排序的数列，每次比较两个元素，如果这两个元素的顺序错误，就把这两个元素的顺序交换，重复地执行交换操作，直至没有需要交换的元素为止。以从小到大的顺序对数组进行排序为例，冒泡排序算法的执行流程如图3-3所示。

从图3-3可知，黑色元素42一直在向后

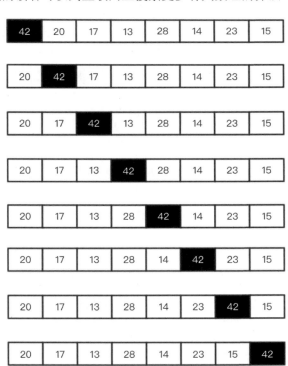

图3-3　冒泡排序算法示意图

"冒泡"，直到 42 排到数组末尾，因为 42 是数组中最大的元素，因此排在最后一位。此时元素 42 不需要再调整，下一次循环只需对数组剩余的元素进行冒泡排序即可。

冒泡排序算法的实现如下：

```java
/**
 * @Author : zhouguanya
 * @Project : java-interview-guide
 * @Date : 2019/7/17
 * @Version : V1.0
 * @Description : 冒泡排序
 */
public class BubbleSort {
    /**
     * 数组的最小的容量，若小于两个元素，则不需要排序
     */
    public static final int COUNT = 2;

    /**
     * 排序方法
     *
     * @param source 原数组
     */
    public void sort(int[] source) {
        // 数组非空校验和长度校验
        if (source == null || source.length < COUNT) {
            return;
        }
        // 表示调整的次数，一共需要 source.length - 1 次
        for (int i = 0; i < source.length - 1; i++) {
            for (int j = 0; j < source.length - 1 - i; j++) {
                // 前一个数 > 后一个数
                if (source[j] > source[j + 1]) {
                    // 两个数交换位置
                    int temp = source[j];
                    source[j] = source[j + 1];
                    source[j + 1] = temp;
                }
            }
        }
    }
}
```

创建测试类用于验证冒泡排序算法的功能，测试类如下：

```java
/**
 * @Author : zhouguanya
 * @Project : java-interview-guide
 * @Date : 2019/7/17
 * @Version : V1.0
 * @Description : 测试冒泡排序
 */
```

```
public class BubbleSortDemo {
    public static void main(String[] args) {
        int[] array = {42, 20, 17, 13, 28, 14, 23, 15};
        BubbleSort bubbleSort = new BubbleSort();
        bubbleSort.sort(array);
        System.out.println("{42, 20, 17, 13, 28, 14, 23, 15}" +
                "\n进行冒泡排序后的结果是: ");
        for (int num : array) {
            System.out.print(num + " ");
        }
    }
}
```

执行测试代码，执行结果如下：

```
{42, 20, 17, 13, 28, 14, 23, 15}
进行冒泡排序后的结果是:
13 14 15 17 20 23 28 42
```

冒泡排序算法的平均时间复杂度为 $O(n^2)$，最好情况下的时间复杂度为 $O(n)$，最坏情况下的时间复杂度为 $O(n^2)$，空间复杂度为 $O(1)$。

3.3.2 选择排序算法

选择排序算法的核心思想是首先在未排序序列中找到最小（大）元素，存放到排序序列的起始位置，然后从剩余未排序元素中继续寻找最小（大）元素，存放到已排序序列的末尾。以此类推，直到所有元素均排序完毕。以从小到大的顺序对数组进行排序为例，选择排序算法的执行流程如图3-4所示。

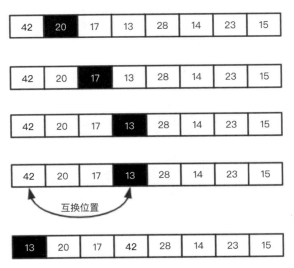

图3-4 选择排序算法示意图

图3-4的黑色结点表示当前遍历到的序列中最小的元素，图中描述了选择排序算法对最小元素

13进行排序的过程。当确定元素13为整个数组的最小元素后，将元素13排到数组的第一个位置。以此类推，对剩余的元素进行排序。

选择排序算法的实现如下：

```java
/**
 * @Author : zhouguanya
 * @Project : java-interview-guide
 * @Date : 2019/7/18
 * @Version : V1.0
 * @Description : 选择排序
 */
public class SelectionSort {
    /**
     * 排序方法
     *
     * @param source 原数组
     */
    public void sort(int[] source) {
        // 数组非空校验和长度校验
        if (source == null || source.length < 2) {
            return;
        }
        // 表示调整的次数，一共需要 source.length - 1 次
        for (int i = 0; i < source.length - 1; i++) {
            // 最小值的索引位置
            int minIndex = i;
            // 遍历 j 到 source.length 的无序区间
            for (int j = i; j < source.length; j++) {
                // source[j] < source[minIndex]
                // 说明存在比 minIndex 位置更小的元素
                if (source[j] < source[minIndex]) {
                    // 修改最小值索引位置
                    minIndex = j;
                }
            }
            // 两个数交换位置
            int temp = source[minIndex];
            source[minIndex] = source[i];
            source[i] = temp;
        }
    }
}
```

创建测试类用于验证选择排序算法的功能，测试类如下：

```java
/**
 * @Author : zhouguanya
 * @Project : java-interview-guide
 * @Date : 2019/7/18
 * @Version : V1.0
 * @Description : 测试选择排序
```

```
*/
public class SelectionSortDemo {
    public static void main(String[] args) {
        SelectionSort selectionSort = new SelectionSort();
        int[] array = {42, 20, 17, 13, 28, 14, 23, 15};
        selectionSort.sort(array);
        System.out.println("{42, 20, 17, 13, 28, 14, 23, 15}" +
                "\n进行选择排序后的结果是：");
        for (int num : array) {
            System.out.print(num + " ");
        }
    }
}
```

执行测试代码，执行结果如下：

```
{42, 20, 17, 13, 28, 14, 23, 15}
进行选择排序后的结果是：
13 14 15 17 20 23 28 42
```

选择排序算法的平均时间复杂度为 $O(n^2)$，最好情况下的时间复杂度为 $O(n^2)$，最坏情况下的时间复杂度为 $O(n^2)$，空间复杂度为 $O(1)$。

3.3.3 插入排序算法

插入排序的核心思想是对于一个未排序元素，扫描已排序的序列，找到合适的位置并插入。插入排序在实现上通常采用 in-place 排序（只需用到 $O(1)$ 的额外空间的排序），因而在扫描过程中需要反复把已排序元素逐步向后挪位，为最新元素腾出空间，以便新元素能成功插入。重复以上步骤，直至所有元素均已排序为止。以从小到大的顺序对数组进行排序为例，插入排序算法执行流程如图 3-5 所示。

图 3-5 描述了使用插入排序算法对数组排序的过程。其中双向箭头相连的两个元素表示新元素找到合适的插入位置，已排序的序列对应的元素需要向后逐位移动，黑色元素表示已排序的序列的最后一个元素。随着未排序元素不断加入，在已排序的序列中找到新加入的未排序元素的合适位置后，可能需要不断对已排序序列的部分元素进行排序，以便新加入的未排序元素能够顺利插入已排序的序列中。

插入排序算法的实现如下：

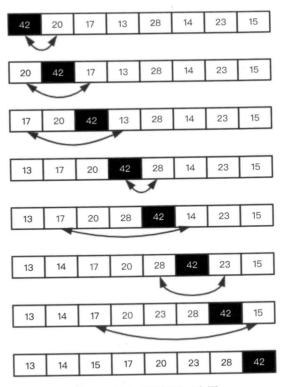

图 3-5 插入排序算法示意图

```java
/**
 * @Author : zhouguanya
 * @Project : java-interview-guide
 * @Date : 2019/7/18
 * @Version : V1.0
 * @Description : 插入排序
 */
public class InsertionSort {
    /**
     * 排序方法
     *
     * @param source 原数组
     */
    public void sort(int[] source) {
        // 数组非空校验和长度校验
        if (source == null || source.length < 2) {
            return;
        }
        for (int i = 0; i < source.length - 1; i++) {
            // 当前已排序的序列的最后一个元素
            int current = source[i + 1];
            // 前一个元素
            int preIndex = i;
            // 当前元素 < 前一个元素
            while (preIndex >= 0 && current < source[preIndex]) {
                // 前一个元素向后移动
                source[preIndex + 1] = source[preIndex];
                // 向前迭代
                preIndex--;
            }
            // 在空出的位置插入新元素
            source[preIndex + 1] = current;
        }
    }
}
```

创建测试类用于验证插入排序算法的功能，测试类如下：

```java
/**
 * @Author : zhouguanya
 * @Project : java-interview-guide
 * @Date : 2019/7/18
 * @Version : V1.0
 * @Description : 测试插入排序
 */
public class InsertionSortDemo {
    public static void main(String[] args) {
        InsertionSort insertionSort = new InsertionSort();
        int[] array = {42, 20, 17, 13, 28, 14, 23, 15};
        insertionSort.sort(array);
        System.out.println("{42, 20, 17, 13, 28, 14, 23, 15}" +
```

```
            "\n进行插入排序后的结果是: ");
    for (int num : array) {
        System.out.print(num + " ");
    }
  }
}
```

执行测试代码，执行结果如下：

```
{42, 20, 17, 13, 28, 14, 23, 15}
进行插入排序后的结果是：
13 14 15 17 20 23 28 42
```

插入排序算法的平均时间复杂度为 $O(n^2)$，最好情况下的时间复杂度为 $O(n)$，最坏情况下的时间复杂度为 $O(n^2)$，空间复杂度为 $O(1)$。

3.3.4 希尔排序算法

希尔排序算法是希尔（Donald Shell）于 1959 年提出的一种排序算法。希尔排序算法是简单插入排序经过改进之后的一个更高效的版本。希尔排序算法与插入排序算法的不同之处在于，希尔排序算法会优先比较距离较远的元素。希尔排序算法又叫缩小增量排序算法。

希尔排序算法的核心思想是把序列按照一定的增量分组，对每组使用直接插入排序算法进行排序。随着增量逐渐减小，每组包含的元素越来越多。当增量减至 1 时，整个序列恰被分成一组，整个序列达到有序状态。

希尔排序算法第 1 次选择增量 gap=length/2，第 2 次缩小增量继续以 gap = gap/2 的方式，以此类推。可以用序列 {n/2,(n/2)/2,...,1} 来表示，此序列称为增量序列。希尔排序的增量序列的选择与证明是一个数学难题，本书选择的这个增量序列是比较常用的，也是希尔建议的增量，称为希尔增量，但这个增量序列不是最优的。

以图 3-6 所示的序列为例，分析希尔排序算法的步骤。

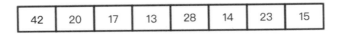

图 3-6　希尔排序算法初始序列示意图

（1）第 1 次选择增量 gap=length/2，即 gap=4。此时图 3-6 所示的序列将会被分为 4 组，分别是[42,28]、[20,14]、[17,23]和[13,15]。分组结果如图 3-7 所示。

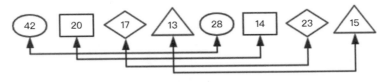

图 3-7　希尔排序算法第 1 次分组示意图

图 3-7 中相同形状的元素被分为一组，在同一组中使用插入排序算法对组内元素进行排序，排序后的结果如图 3-8 所示。

图 3-8 希尔排序算法第 1 次组内插入排序示意图

从图 3-8 可以看出，通过对每个组内的元素进行插入排序后，相同形状的元素保持相对有序。

（2）缩小增量 gap=4/2，即 gap=2。此时图 3-8 所示的序列将会被分为两组，分别是[28,17,42,23]和[14,13,20,15]。分组结果如图 3-9 所示。

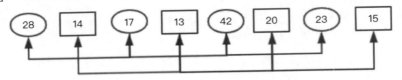

图 3-9 希尔排序算法第 2 次分组示意图

图 3-9 中相同形状的元素被分为一组，在同一组中使用插入排序算法对组内元素进行排序，排序后的结果如图 3-10 所示。

图 3-10 希尔排序算法第 2 次组内插入排序示意图

从图 3-10 可以看出，通过对每个组内的元素进行插入排序后，相同形状的元素保持相对有序。

（3）缩小增量 gap=2/2，即 gap=1。此时对组内元素进行插入排序后，排序结果如图 3-11 所示。

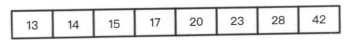

图 3-11 希尔排序算法第 3 次组内插入排序示意图

希尔排序算法的实现如下：

```java
/**
 * @Author : zhouguanya
 * @Project : java-interview-guide
 * @Date : 2019/7/19
 * @Version : V1.0
 * @Description : 希尔排序
 */
public class ShellSort {
    /**
     * 排序方法
     *
     * @param source 原数组
     */
    public void sort(int[] source) {
        // 数组非空校验和长度校验
        if (source == null || source.length < 2) {
```

```
            return;
        }
        // 数组长度
        int length = source.length;
        // 增量
        int gap = length / 2;
        while (gap > 0) {
            // 插入排序
            for (int i = gap; i < length; i++) {
                int temp = source[i];
                // 前一个元素的索引位置
                int preIndex = i - gap;
                // 前面的元素 > 当前的元素
                // 插入排序
                while (preIndex >= 0 && source[preIndex] > temp) {
                    source[preIndex + gap] = source[preIndex];
                    preIndex -= gap;
                }
                // 插入元素
                source[preIndex + gap] = temp;
            }
            // 缩小增量
            gap = gap / 2;
        }
    }
}
```

创建测试类用于验证希尔排序算法的功能,测试类如下:

```
/**
 * @Author : zhouguanya
 * @Project : java-interview-guide
 * @Date : 2019/7/19
 * @Version : V1.0
 * @Description : 测试希尔排序
 */
public class ShellSortDemo {
    public static void main(String[] args) {
        ShellSort shellSort = new ShellSort();
        int[] array = {42, 20, 17, 13, 28, 14, 23, 15};
        shellSort.sort(array);
        System.out.println("{42, 20, 17, 13, 28, 14, 23, 15}" +
                "\n 进行希尔排序后的结果是: ");
        for (int num : array) {
            System.out.print(num + " ");
        }
    }
}
```

执行测试代码,执行结果如下:

```
{42, 20, 17, 13, 28, 14, 23, 15}
```

进行希尔排序后的结果是:
13 14 15 17 20 23 28 42

希尔排序算法的平均时间复杂度为 $O(n\log_2 n)$,最好情况下的时间复杂度为 $O(n\log_2 n)$,最坏情况下的时间复杂度为 $O(n\log_2 n)$,空间复杂度为 $O(1)$。

3.3.5 归并排序算法

归并排序算法的核心思想是先使每个子序列有序,再将多个子序列合并为一个完整有序的序列。将两个有序序列合并成一个有序序列,称为二路归并。以从小到大的顺序对数组进行排序为例,对图 3-6 所示的序列执行插入排序算法,执行流程如图 3-12 所示。

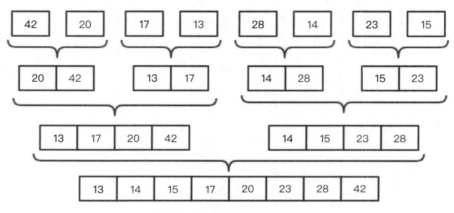

图 3-12 归并排序算法示意图

图 3-12 所示的执行流程中,将原序列切分成 8 个子序列,其中每个子序列中含有 1 个元素。分别对这 8 个子序列进行二路归并排序,形成 4 个有序的子序列,每个子序列中的元素都是有序的。以此类推,直至将所有的子序列合并成一个有序序列。

归并排序算法的实现如下:

```java
/**
 * @Author : zhouguanya
 * @Project : java-interview-guide
 * @Date : 2019/7/19
 * @Version : V1.0
 * @Description : 归并排序
 */
public class MergeSort {
    /**
     * 排序方法
     *
     * @param source 原数组
     */
    public int[] sort(int[] source) {
        // 数组非空校验和长度校验
        if (source == null || source.length < 2) {
```

```java
        return source;
    }
    // 原数组中间位置
    int middle = source.length / 2;
    // 原数组前半部分作为一个新的数组
    int[] left = Arrays.copyOfRange(source, 0, middle);
    // 原数组后半部分作为一个新的数组
    int[] right = Arrays.copyOfRange(source, middle, source.length);
    // 递归对 left 和 right 数组进行排序
    // 二路归并
    return merge(sort(left), sort(right));
}

/**
 * 合并两个有序数组
 *
 * @param left   数组 1
 * @param right  数组 2
 * @return 合并后的数组
 */
private int[] merge(int[] left, int[] right) {
    // 结果数组
    int[] result = new int[left.length + right.length];
    // index:结果数组的索引
    // i: left 数组索引
    // j: right 数组索引
    for (int index = 0, i = 0, j = 0; index < result.length; index++) {
        // 如果 left 数组遍历结束
        if (i >= left.length) {
            // right 数组依次插入 result 数组，j 自增
            result[index] = right[j++];
            // 如果 right 数组遍历结束
        } else if (j >= right.length) {
            // left 数组依次插入 result 数组，i 自增
            result[index] = left[i++];
            // 如果 left[i] > right[j]
        } else if (left[i] > right[j]) {
            // 优先在 result 数组插入 right[j]，j 自增
            result[index] = right[j++];
            // 如果 left[i] <= right[j]
        } else {
            // 优先在 result 数组插入 left[i]，i 自增
            result[index] = left[i++];
        }
    }
    // 返回归并后的结果数组
    return result;
}
}
```

创建测试类用于验证归并排序算法的功能，测试类如下：

```java
/**
 * @Author : zhouguanya
 * @Project : java-interview-guide
 * @Date : 2019/7/20
 * @Version : V1.0
 * @Description : 测试归并排序
 */
public class MergeSortDemo {
    public static void main(String[] args) {
        MergeSort mergeSort = new MergeSort();
        int[] array = {42, 20, 17, 13, 28, 14, 23, 15};
        int[] result = mergeSort.sort(array);
        System.out.println("{42, 20, 17, 13, 28, 14, 23, 15}" +
                "\n进行归并排序后的结果是：");
        for (int num : result) {
            System.out.print(num + " ");
        }
    }
}
```

执行测试代码，执行结果如下：

```
{42, 20, 17, 13, 28, 14, 23, 15}
进行归并排序后的结果是：
13 14 15 17 20 23 28 42
```

归并排序算法的平均时间复杂度为 $O(nlog_2 n)$，最好情况下的时间复杂度为 $O(nlog_2 n)$，最坏情况下的时间复杂度为 $O(nlog_2 n)$，空间复杂度为 $O(n)$。

3.3.6 快速排序算法

快速排序的基本思想是通过一次排序将待排序的序列分隔成独立的两个子序列，若其中一个子序列的元素均比另一个子序列的元素小，接下来可以分别对这两部分记录继续进行排序，直至整个序列达到有序状态。

快速排序算法步骤如下：

（1）从序列中挑出一个元素，称为"基准元素"（Pivot）。

（2）重新排序序列，所有比基准元素小的元素摆放在基准元素前面，所有比基准元素大的元素摆放在基准元素后面，等于基准元素的可以摆放在基准元素的任一边。在这个操作结束后，该基准元素就处于序列的中间位置。这个步骤称为分区（Partition）操作。

（3）递归地把小于基准元素的子序列和大于基准元素的子序列进行快速排序。

快速排序算法常见的实现方式有挖坑法和指针交换法。本书以挖坑法为例阐述快速排序算法的实现过程。感兴趣的读者可以自行研究指针交换法。

挖坑法执行步骤如下，其中黑色结点代表一个"坑"。

（1）在图 3-13 所示的初始状态中，选定基准元素 pivot 为 4，其所在位置当成一个"坑"，并且设置两个指针 left 和 right，分别指向序列的最左和最右两个位置。

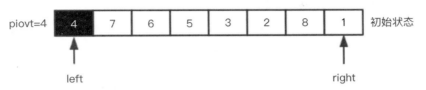

图 3-13　快速排序算法第（1）步示意图

（2）从 right 指针开始，对比指向的元素与基准元素 pivot。如果指向的元素比 pivot 大，就向左移动 right 指针；如果指向的元素比 pivot 小，就把 right 指向的元素填入"坑"中。在图 3-13 所示的情况下，因为 right 指向的元素 1 小于 pivot 元素 4，因此将 1 填入"坑"中，元素 1 原来的位置成为新的"坑"。同时，left 指针向右移动 1 位。执行示意图如图 3-14 所示。

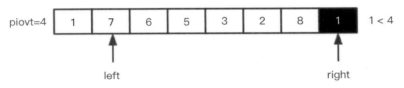

图 3-14　快速排序算法第（2）步示意图

（3）切换到 left 指针进行比较。如果 left 指向的元素小于 pivot，left 指针就向右移动；如果 left 指向的元素大于 pivot，就把 left 指向的元素填入"坑"中。在当前序列中，left 指向的元素 7 大于 pivot 元素 4，所以把 7 填入"坑"中。这时元素 7 原来的位置成为了新的"坑"。同时，right 向左移动 1 位。执行示意图如图 3-15 所示。

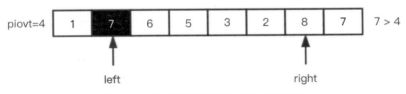

图 3-15　快速排序算法第（3）步示意图

（4）切换到 right 指针进行比较，因为 right 指向的元素 8 大于 pivot 元素 4，所以无须变动元素位置。同时，right 指针向左移动 1 位。执行示意图如图 3-16 所示。

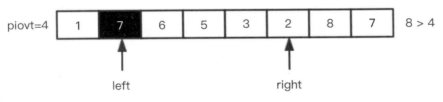

图 3-16　快速排序算法第（4）步示意图

（5）right 指针指向的元素 2 小于 pivot 元素 4，将 right 指针指向的元素 2 填入"坑"中，元素 2 原来的位置成为新的"坑"。同时，left 指针向右移动 1 位。执行示意图如图 3-17 所示。

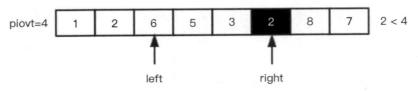

图 3-17　快速排序算法第（5）步示意图

（6）切换到 left 指针进行比较，因为 left 指向的元素 6 大于 pivot 元素 4，所以将元素 6 填入"坑"中。元素 6 原来的位置称为新的"坑"。同时，将 right 指针向左移动 1 位。执行示意图如图 3-18 所示。

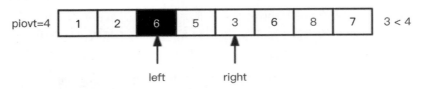

图 3-18　快速排序算法第（6）步示意图

（7）切换到 right 指针进行比较，因为 right 指向的元素 3 小于 pivot 元素 4，所以将元素 3 填入"坑"中，元素 3 原来的位置称为新的"坑"。同时，将 left 指针向右移动 1 位。执行示意图如图 3-19 所示。

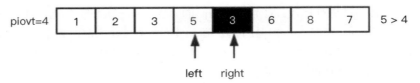

图 3-19　快速排序算法第（7）步示意图

（8）切换到 left 指针进行比较，因为 left 指向的元素 5 大于 pivot 元素 4，所以将元素 5 填入"坑"中，元素 5 原来的位置称为新的"坑"。同时，将 right 指针向左移动 1 位。执行示意图如图 3-20 所示。

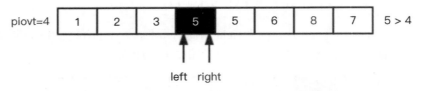

图 3-20　快速排序算法第（8）步示意图

（9）此时 left 指针与 right 指针相遇，将 pivot 元素填入这个"坑"中。此时元素 4 左边的元素都小于 4，元素 4 右边的元素都大于 4。执行示意图如图 3-21 所示。至此，第一轮交换结束。

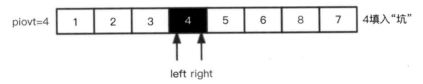

图 3-21 快速排序算法第（9）步示意图

快速排序算法的实现如下：

```java
/**
 * @Author : zhouguanya
 * @Project : java-interview-guide
 * @Date : 2019/7/23 16:54
 * @Version : V1.0
 * @Description : 快速排序
 */
public class QuickSort {
    /**
     * 排序方法
     *
     * @param source 原数组
     */
    public void sort(int[] source) {
        // 数组非空校验和长度校验
        if (source == null || source.length < 2) {
            return;
        }
        quickSort(source, 0, source.length - 1);
    }

    /**
     * 快速排序算法实现
     *
     * @param array 数组
     * @param start 排序的起点
     * @param end   排序的终点
     */
    private void quickSort(int[] array, int start, int end) {
        // 数组长度校验和起点终点校验
        if (array.length < 1 || start < 0
                || end > array.length || start > end) {
            return;
        }
        if (start < end) {
            // 初始化 left 指针
            int left = start;
            // 初始化 right 指针
            int right = end;
            // 选取基准数 pivot 为数组第一个元素
            int pivot = array[start];
```

```java
            while (left < right) {
                // 从右向左找，若 right 指向的位置 > pivot，则 right 左移
                // 当出现 array[right] < pivot 时，退出循环
                while (left < right && array[right] >= pivot) {
                    // 右指针向左移动 1 位
                    right--;
                }
                if (left < right) {
                    // right 指针指向的元素入坑
                    // left 指针向右移动 1 位
                    array[left++] = array[right];
                }
                // 从左向右找，若 left 指向的位置 < pivot，则 left 左移
                // 当出现 array[left] > pivot 时，退出循环
                while (left < right && array[left] < pivot) {
                    // 左指针向右移动
                    left++;
                }
                if (left < right) {
                    // left 指针指向的元素入坑
                    // right 指针向左移动 1 位
                    array[right--] = array[left];
                }
            }
            // 如果 left 指针与 right 指针相遇
            if (left == right) {
                // 调整基准数的位置
                // 基准数填入坑后
                // 基准数左边的数都小于基准数
                // 基准数右边的数都大于基准数
                array[left] = pivot;
            }
            // 基准数左边的数组进行递归
            quickSort(array, start, left - 1);
            // 基准数右边的数组进行递归
            quickSort(array, left + 1, end);
        }
    }
}
```

创建测试类用于验证快速排序算法的功能，测试类如下：

```java
/**
 * @Author : zhouguanya
 * @Project : java-interview-guide
 * @Date : 2019/7/23 18:34
 * @Version : V1.0
 * @Description : 测试快速排序
 */
public class QuickSortDemo {
    public static void main(String[] args) {
```

```
        QuickSort quickSort = new QuickSort();
        int[] array = {4, 7, 6, 5, 3, 2, 8, 1};
        quickSort.sort(array);
        System.out.println("{4, 7, 6, 5, 3, 2, 8, 1}");
        System.out.println("进行快速排序后的结果是: ");
        for (int num : array) {
            System.out.print(num + " ");
        }
    }
}
```

执行测试代码，执行结果如下：

```
{4, 7, 6, 5, 3, 2, 8, 1}
进行冒泡排序后的结果是：
1 2 3 4 5 6 7 8
```

快速排序算法的平均时间复杂度为 $O(n\log_2 n)$，最好情况下的时间复杂度为 $O(n\log_2 n)$，最坏情况下的时间复杂度为 $O(n^2)$，空间复杂度为 $O(n\log_2 n)$。

3.3.7 堆排序算法

堆排序算法是一种树形选择排序算法，在排序过程中可以把元素看成是一棵完全二叉树的结点，每个父结点都大（小）于它的两个子结点。当每个父结点都大于等于它的两个子结点时，就称为大顶堆；当每个父结点都小于等于它的两个子结点时，就称为小顶堆。

堆排序算法按照从小打大的顺序进行排序的主要步骤如下：

（1）将长度为 n 的待排序的序列造成一个大顶堆。
（2）将根结点与序列最后一个结点交换，此时确定了最后一个结点的顺序。
（3）将剩余的 n -1 个结点重新调整为一个大顶堆。
（4）重复步骤（2）和步骤（3），直至构造成一个完全有序的序列。

以[91,60,96,13,35,65,46,65,10,30,20,31,77,81,22]序列为例，阐述堆排序算法的执行过程。其中黑色结点代表发生交换的结点。

（1）通过原始序列构建一棵完全二叉树，如图 3-22 所示。

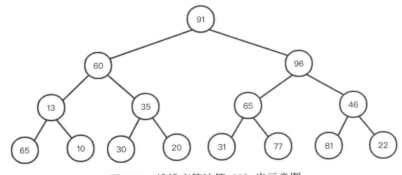

图 3-22　堆排序算法第（1）步示意图

（2）对第三层的父结点和第四层的子结点进行调整，使每棵子树都满足父结点大于两个子结点。调整过程如图 3-23 所示。

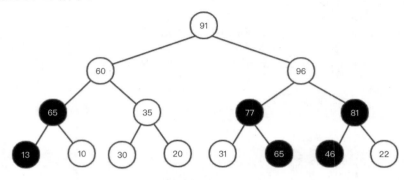

图 3-23　堆排序算法第（2）步示意图

（3）对第二层的父结点和第三层的子结点进行调整，使每棵子树都满足父结点大于两个子结点。调整过程如图 3-24 所示。

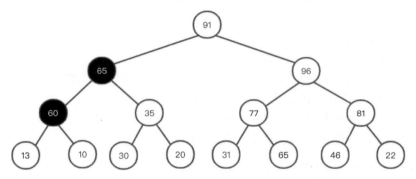

图 3-24　堆排序算法第（3）步示意图

（4）对第一层的根结点和第二层的子结点进行调整，使根结点及其两个子结点满足根结点大于两个子结点。调整过程如图 3-25 所示。

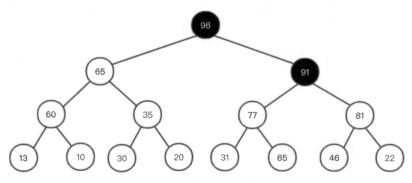

图 3-25　堆排序算法第（4）步示意图

至此，大顶堆构建完成，最终形成的大顶堆如图 3-26 所示。

（5）将根结点调整到最后一个位置，如图 3-27 所示。此时虚线连接的元素 96 已经有序。

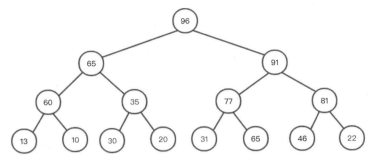

图 3-26　堆排序算法构建大顶堆示意图

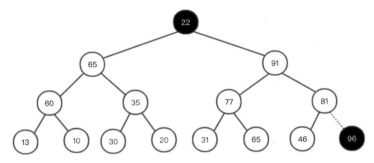

图 3-27　堆排序算法第（6）步示意图

（6）调整根结点与其两个子结点，使根结点大于两个子结点，调整过程如图 3-28 所示。

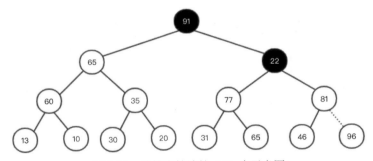

图 3-28　堆排序算法第（6）步示意图

（7）调整第二层父结点和第三层子结点，使父结点及其两个子结点满足父结点大于两个子结点，调整过程如图 3-29 所示。

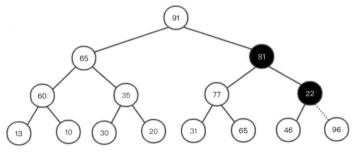

图 3-29　堆排序算法第（7）步示意图

（8）调整第三层父结点和第四层子结点，使父结点及其两个子结点满足父结点大于两个子结点，调整过程如图 3-30 所示。

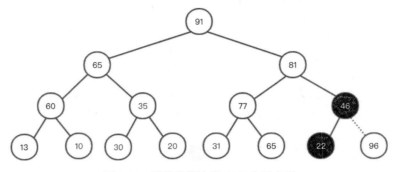

图 3-30　堆排序算法第（8）步示意图

（9）将根结点 91 交换到倒数第二的位置上，继续以上步骤，直至所有元素达到有序状态。

堆排序算法的实现如下：

```java
/**
 * @Author : zhouguanya
 * @Project : java-interview-guide
 * @Date : 2019/7/23 19:09
 * @Version : V1.0
 * @Description : 堆排序
 */
public class HeapSort {
    /**
     * 对数组排序
     *
     * @param source 待排序的数组
     */
    public void sort(int[] source) {
        // 数组非空校验和长度校验
        if (source == null || source.length < 2) {
            return;
        }
        // 数组长度
        int length = source.length;
        // 构建大顶堆
        buildMaxHeap(source, length);
        // 经过以上步骤构建大顶堆后
        // 最大的元素一定在堆顶
        // 堆顶元素的索引是 0
        // 从数组最后一个元素开始遍历
        for (int i = source.length - 1; i > 0; i--) {
            // 最后一个元素与堆顶元素交换
            // 即将最大元素放在数组最后一位
            swap(source, 0, i);
            // 堆顶元素交换后，不需要参与调整
            // 因此长度减去 1
```

```java
            length--;
            // 调整大顶堆
            modifyMaxHeap(source, 0, length);
        }
    }

    /**
     * 构建大顶堆
     *
     * @param source 数组
     * @param length 长度
     */
    private void buildMaxHeap(int[] source, int length) {
        // 构建大顶堆
        for (int parent = (int) Math.floor(length / 2);
             parent >= 0; parent--) {
            // 调整大顶堆
            modifyMaxHeap(source, parent, length);
        }
    }

    /**
     * 调整大顶堆
     *
     * @param source 数组
     * @param parent 父结点
     * @param length 长度
     */
    private void modifyMaxHeap(int[] source, int parent, int length) {
        // parent 位置的元素左孩子的位置
        int left = 2 * parent + 1;
        // parent 位置的元素右孩子的位置
        int right = 2 * parent + 2;
        // 父结点、左孩子、右孩子的最大值
        int largest = parent;
        // 左孩子 > 最大值
        if (left < length && source[left] > source[largest]) {
            // 修改最大值的位置
            largest = left;
        }
        // 右孩子 > 最大值
        if (right < length && source[right] > source[largest]) {
            // 修改最大值的位置
            largest = right;
        }
        // 最大值的位置不等于父结点的位置
        if (largest != parent) {
            // 交换最大值和父结点
            swap(source, parent, largest);
            // 递归
```

```java
                modifyMaxHeap(source, largest, length);
        }
    }

    /**
     * 交换两个位置上的元素
     *
     * @param array  数组
     * @param i      位置i
     * @param j      位置j
     */
    private void swap(int[] array, int i, int j) {
        int temp = array[i];
        array[i] = array[j];
        array[j] = temp;
    }
}
```

创建测试类用于验证堆排序算法的功能，测试类如下：

```java
/**
 * @Author : zhouguanya
 * @Project : java-interview-guide
 * @Date : 2019/7/23 20:07
 * @Version : V1.0
 * @Description : 测试堆排序
 */
public class HeapSortDemo {
    public static void main(String[] args) {
        HeapSort heapSort = new HeapSort();
        int[] array = {91, 60, 96, 13, 35, 65, 46, 65
                , 10, 30, 20, 31, 77, 81, 22};
        heapSort.sort(array);
        System.out.println("{91,60,96,13,35,65,46," +
                "65,10,30,20,31,77,81,22}");
        System.out.println("进行堆排序后的结果是：");
        for (int num : array) {
            System.out.print(num + " ");
        }
    }
}
```

执行测试代码，执行结果如下：

```
{91,60,96,13,35,65,46,65,10,30,20,31,77,81,22}
进行堆排序后的结果是：
10 13 20 22 30 31 35 46 60 65 65 77 81 91 96
```

堆排序算法的平均时间复杂度为 $O(nlog_2 n)$，最好情况下的时间复杂度为 $O(nlog_2 n)$，最坏情况下的时间复杂度为 $O(nlog_2 n)$，空间复杂度为 $O(1)$。

3.3.8 计数排序算法

计数排序算法的核心思想是使用一个额外的数组 C，其中第 i 个元素是待排序数组 A 中值等于 i 的元素的个数，然后根据数组 C 来将 A 中的元素排到正确的位置。计数排序算法只能对整数进行排序。

计数排序算法按照从小到大的顺序进行排序的主要步骤如下：

（1）找出待排序数组中的最大元素和最小元素。

（2）统计数组中每个值为 i 的元素出现的次数，并将次数存入数组 C 的第 i 个位置上。

（3）将元素 i 放入原数组第 C[i]个位置上，每放一个元素就将 C[i]减去 1。

以从小到大的顺序对数组进行排序为例，对图 3-31 所示的序列执行计数排序算法。

2	3	8	7	1	2	2	2	7	3	9	8	2	1	4	2	4	6	9	2

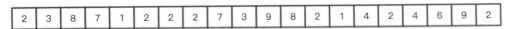

图 3-31　计数排序算法初始数组示意图

对初始数组进行统计，统计结果如图 3-32 所示。

2	7	2	2	0	1	2	2	2

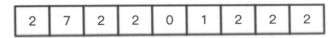

图 3-32　计数排序算法初始数组统计结果示意图

在图 3-32 所示的数组中，第 1 个位置存放的元素是 2，其表示的含义是元素 1 在初始数组中出现的次数为 2 次；第 2 个位置存放的元素是 7，其表示的含义是元素 2 在初始数组中出现的次数为 7 次；第 3 个位置存放的元素是 2，其表示的含义是元素 3 在初始数组中出现的次数为 2 次，以此类推。

根据统计结果对元素进行排序，执行结果如图 3-33 所示。其中，黑色结点表示已经排序的结点。

1	1	8	7	1	2	2	2	7	3	9	8	2	1	4	2	4	6	9	2
1	1	2	2	2	2	2	2	2	3	9	8	2	1	4	2	4	6	9	2
1	1	2	2	2	2	2	2	2	3	3	8	2	1	4	2	4	6	9	2
1	1	2	2	2	2	2	2	2	3	3	4	4	1	4	2	4	6	9	2
1	1	2	2	2	2	2	2	2	3	3	4	4	6	4	2	4	6	9	2
1	1	2	2	2	2	2	2	2	3	3	4	4	6	7	7	4	6	9	2
1	1	2	2	2	2	2	2	2	3	3	4	4	6	7	7	8	8	9	2
1	1	2	2	2	2	2	2	2	3	3	4	4	6	7	7	8	8	9	9

图 3-33　计数排序算法排序结果示意图

计数排序算法的实现如下：

```java
/**
 * @Author : zhouguanya
 * @Project : java-interview-guide
 * @Date : 2019/7/24 9:16
 * @Version : V1.0
 * @Description : 计数排序
 */
public class CountingSort {
    public void sort(int[] source) {
        // 数组非空校验和长度校验
        if (source == null || source.length < 2) {
            return;
        }
        // 数组的最小值
        int min = source[0];
        // 数组的最大值
        int max = source[0];
        // 寻找数组最大值和最小值
        for (int i = 1; i < source.length; i++) {
            if (source[i] > max) {
                max = source[i];
            }
            if (source[i] < min) {
                min = source[i];
            }
        }
        // 计算需要的桶的数量，用于计算每个元素出现的次数
        int[] bucket = new int[max - min + 1];
        // 初始化
        Arrays.fill(bucket, 0);
        // 待排序数组中的元素相对于最小值的偏移量
        int offset = -1 * min;
        for (int i = 0; i < source.length; i++) {
            // 累加数字出现的频率
            bucket[source[i] + offset]++;
        }
        for (int index = 0, i = 0; index < source.length;) {
            // 元素出现的频率 != 0
            if (bucket[i] != 0) {
                // 将排序后的元素写入原数组
                source[index] = i - offset;
                // 元素出现的频率减1
                bucket[i]--;
                index++;
            } else {
                // 进入bucket数组的下一个位置遍历
                i++;
            }
```

                }
            }
        }

创建测试类用于验证计数排序算法的功能，测试类如下：

```java
/**
 * @Author : zhouguanya
 * @Project : java-interview-guide
 * @Date : 2019/7/24 11:20
 * @Version : V1.0
 * @Description : 测试计数排序
 */
public class CountingSortDemo {
    public static void main(String[] args) {
        CountingSort countingSort = new CountingSort();
        int[] array = {2, 3, 8, 7, 1, 2, 2, 2, 7, 3,
                9, 8, 2, 1, 4, 2, 4, 6, 9, 2};
        countingSort.sort(array);
        System.out.println("进行计数排序后的结果是：");
        for (int num : array) {
            System.out.print(num + " ");
        }
    }
}
```

执行测试代码，执行结果如下：

```
进行计数排序后的结果是：
1 1 2 2 2 2 2 2 3 3 4 4 6 7 7 8 8 9 9
```

计数排序算法的平均时间复杂度为 $O(n+k)$，最好情况下的时间复杂度为 $O(n+k)$，最坏情况下的时间复杂度为 $O(n+k)$，空间复杂度为 $O(k)$。

3.3.9 桶排序算法

桶排序算法的核心思想是假设输入数据服从均匀分布，将数据分到有限数量的桶里，分别对每个桶进行排序（有可能再使用别的排序算法或者以递归方式继续使用桶排序进行排序），最后将每个桶内有序的序列进行合并，得到一个完成的有序的序列。

以图 3-34 所示的序列为例，阐述桶排序算法的执行过程。

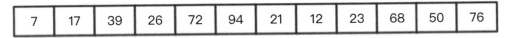

图 3-34　桶排序算法初始序列示意图

以每个数的十位数作为桶，将十位数相同的数字放入一个桶内，对每个桶内的元素进行排序。将图 3-34 中的各个元素依次填入与之对应的桶中，执行结果如图 3-35 所示。

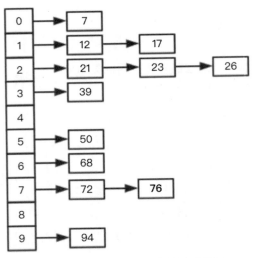

图 3-35　桶排序算法排序结果示意图

经过图 3-35 所示的排序过程，此时 0~9 号桶中，每个桶内的元素有序，仅需将每个桶内的元素根据桶的大小进行合并即可。

桶排序算法的实现如下：

```java
/**
 * @Author : zhouguanya
 * @Project : java-interview-guide
 * @Date : 2019/7/24 16:22
 * @Version : V1.0
 * @Description : 桶排序
 */
public class BucketSort {
    public void sort(int[] source) {
        // 数组非空校验和长度校验
        if (source == null || source.length < 2) {
            return;
        }
        int bucketSize = 8;
        // 数组的最小值
        int min = source[0];
        // 数组的最大值
        int max = source[0];
        // 遍历数组，寻找数组的最大值和最小值
        for (int i = 1; i < source.length; i++) {
            if (source[i] > max) {
                // 调整最大值
                max = source[i];
            }
            if (source[i] < min) {
                // 调整最小值
                min = source[i];
            }
```

```java
    }
    // 桶的数量
    int bucketCount = (max - min) / bucketSize + 1;
    // 映射关系
    int[][] buckets = new int[bucketCount][0];
    // 利用映射函数将数据分配到各个桶中
    for (int j = 0; j < source.length; j++) {
        // 元素放置的桶的位置
        int index = (source[j] - min) / bucketSize;
        // 桶中添加新的元素
        buckets[index] = arrAppend(buckets[index], source[j]);
    }
    // 使用插入排序对每个桶内的元素进行排序
    InsertionSort insertionSort = new InsertionSort();
    int arrIndex = 0;
    for (int[] bucket : buckets) {
        // 桶中没有元素
        if (bucket.length <= 0) {
            continue;
        }
        // 对每个桶进行插入排序
        insertionSort.sort(bucket);
        // 每个桶内已经排序的元素,放入 source 数组中
        for (int value : bucket) {
            source[arrIndex++] = value;
        }
    }
}
/**
 * 自动扩容,并保存数据
 *
 * @param array 原数组
 * @param value 新元素
 */
private int[] arrAppend(int[] array, int value) {
    array = Arrays.copyOf(array, array.length + 1);
    // 添加新的元素
    array[array.length - 1] = value;
    return array;
}
```

创建测试类用于验证桶排序算法的功能,测试类如下:

```
/**
 * @Author : zhouguanya
 * @Project : java-interview-guide
 * @Date : 2019/7/24 16:49
 * @Version : V1.0
 * @Description : 测试桶排序
 */
```

```java
public class BucketSortDemo {
    public static void main(String[] args) {
        BucketSort bucketSort = new BucketSort();
        int[] array = {7, 17, 39, 26, 72, 94,
                21, 12, 23, 68, 50, 76};
        bucketSort.sort(array);
        System.out.println("{7, 17, 39, 26, 72, 94, " +
                "21, 12, 23, 68, 50, 76}");
        System.out.println("进行桶排序后的结果是:");
        for (int num : array) {
            System.out.print(num + " ");
        }
    }
}
```

执行测试代码，执行结果如下：

```
{7, 17, 39, 26, 72, 94, 21, 12, 23, 68, 50, 76}
进行桶排序后的结果是:
7 12 17 21 23 26 39 50 68 72 76 94
```

桶排序算法的平均时间复杂度为 $O(n+k)$，最好情况下的时间复杂度为 $O(n+k)$，最坏情况下的时间复杂度为 $O(n^2)$，空间复杂度为 $O(n+k)$。

3.3.10 基数排序算法

基数排序的核心思想是，按照数字的低位先排序，然后进行收集；再按照高位排序，然后进行收集；以此类推，直到最高位。

以图 3-36 所示的序列为例阐述基数排序按照从小到大排序的执行过程。

| 3 | 44 | 38 | 5 | 47 | 15 | 36 | 26 | 27 | 2 | 46 | 4 | 19 | 50 | 48 |

图 3-36 基数排序算法初始序列示意图

首次对序列中的元素按照个位数进行排序，将个位数相同的元素放入同一个桶中。个位数排序过程如图 3-37 所示。

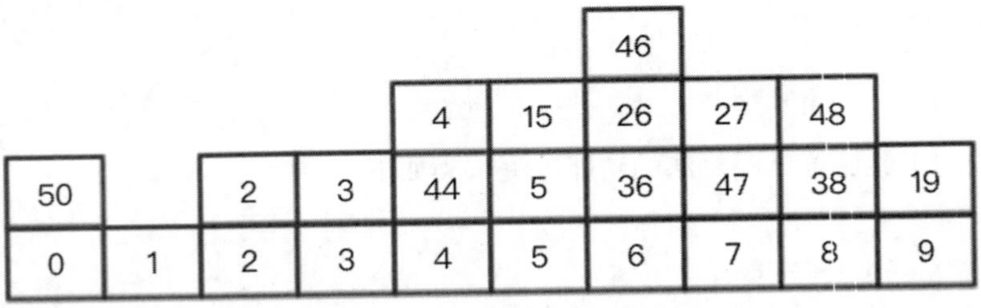

							46			
				4	15	26	27		48	
50		2	3	44	5	36	47	38	19	
0	1	2	3	4	5	6	7	8	9	

图 3-37 基数排序算法个位数排序示意图

初始序列按照个位数排序结果如图 3-38 所示。此时序列的每个元素保持个位数相对有序。

| 50 | 2 | 3 | 44 | 4 | 5 | 15 | 36 | 26 | 46 | 47 | 27 | 38 | 48 | 19 |

图 3-38 基数排序算法个位数排序结果示意图

其次，对序列中的元素按照十位数进行排序，将十位数相同的元素放入同一个桶中。十位数排序过程如图 3-39 所示。

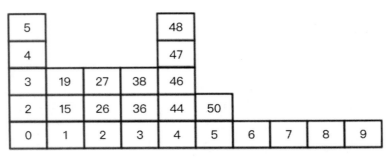

图 3-39 基数排序算法十位数排序示意图

初始序列按照十位数排序结果如图 3-40 所示。此时整个序列有序。

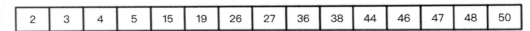

图 3-40 基数排序算法排序结果示意图

基数排序算法的实现如下：

```java
/**
 * @Author : zhouguanya
 * @Project : java-interview-guide
 * @Date : 2019/7/25 11:22
 * @Version : V1.0
 * @Description : 基数排序
 */
public class RadixSort {
    /**
     * 以十进制数为例进行基数排序
     */
    int decimal = 10;

    /**
     * 排序方法
     *
     * @param source 原数组
     */
    public void sort(int[] source) {
        // 数组非空校验和长度校验
        if (source == null || source.length < 2) {
            return;
        }
        int max = source[0];
```

```java
        for (int i = 1; i < source.length; i++) {
            // 最大数
            if (source[i] > max) {
                max = source[i];
            }
        }
        // 最大数的位数(如100是3位数)
        int digits = 0;
        while (max != 0) {
            max /= 10;
            // 最大数的位数累加
            digits++;
        }
        // 取模数,用于计算数字每个位数上的数字
        int mod = 10;
        int div = 1;
        // 槽位,每个槽位是一个list
        ArrayList<ArrayList<Integer>> bucket = new ArrayList<>();
        // 槽位初始化
        for (int i = 0; i < decimal; i++) {
            bucket.add(new ArrayList<>());
        }
        // 操作每一位数(从低位向高位,即从个位数向十位数,再向百位数……)
        for (int i = 0; i < digits; i++, mod *= decimal, div *= decimal) {
            // 每一位进行排序
            for (int j = 0; j < source.length; j++) {
                // 计算槽位
                int num = (source[j] % mod) / div;
                // 数值添加到对应槽位的list中
                bucket.get(num).add(source[j]);
            }
            int index = 0;
            // 遍历每个槽位
            for (int k = 0; k < bucket.size(); k++) {
                // 遍历每个槽位上list中的元素
                for (int m = 0; m < bucket.get(k).size(); m++) {
                    // 调整原数组的顺序
                    source[index++] = bucket.get(k).get(m);
                }
                // 槽位上的list清空,为下一次高位数字排序做准备
                bucket.get(k).clear();
            }
        }
    }
}
```

创建测试类用于验证基数排序算法的功能,测试类如下:

```
/**
 * @Author : zhouguanya
 * @Project : java-interview-guide
```

```
 * @Date : 2019/7/25 14:15
 * @Version : V1.0
 * @Description : 测试基数排序
 */
public class RadixSortDemo {
    public static void main(String[] args) {
        RadixSort radixSort = new RadixSort();
        int[] array = {3, 44, 38, 5, 47, 15, 36, 26,
                27, 2, 46, 4, 19, 50, 48};
        radixSort.sort(array);
        System.out.println("{3, 44, 38, 5, 47, 15, 36, 26," +
                " 27, 2, 46, 4, 19, 50, 48}");
        System.out.println("进行基数排序后的结果是：");
        for (int num : array) {
            System.out.print(num + " ");
        }
    }
}
```

执行测试代码，执行结果如下：

```
{3, 44, 38, 5, 47, 15, 36, 26, 27, 2, 46, 4, 19, 50, 48}
进行基数排序后的结果是：
2 3 4 5 15 19 26 27 36 38 44 46 47 48 50
```

基数排序算法的平均时间复杂度为 $O(n×k)$，最好情况下的时间复杂度为 $O(n×k)$，最坏情况下的时间复杂度为 $O(n×k)$，空间复杂度为 $O(n+k)$。

3.3.11 排序算法常见面试考点

排序算法是面试过程中出现频率最高的一类算法。本节介绍了常见的排序算法，面试中除了本节介绍的排序算法外，还可能会遇到本节算法的一些变种算法，如 Arrays.sort()方法中用到的二分插入排序算法等。感兴趣的读者可以到互联网上搜索更多排序算法。

第三篇

Java基础

第4章

Java 中的集合框架

4.1 集合框架概述

Java 集合框架是面试中常见的面试考点之一，主要考察候选人对基本数据结构的理解以及对 JDK 提供的集合工具的原理的掌握。

Java 集合框架的基础接口如下：

（1）Collection 为集合框架的基础接口之一。一个集合代表一组对象，这些对象即为集合的元素。Java 平台不提供这个接口任何直接的实现。

（2）Set 是一个不能包含重复元素的集合。

（3）List 是一个可以包含重复元素的集合。

（4）Map 是一个将 key 映射到 value 的对象。一个 Map 不能包含重复的 key，每个 key 最多只能映射一个 value。

（5）Queue 是 JDK 对数据结构中队列结构的实现。

（6）Iterable 接口的实现类可以通过 for-each 语法进行遍历。

本章主要讲解常见的 Java 集合容器的使用及原理，并不涉及多线程并发容器的讲解，并发容器将会在后续章节中介绍。常见的 Java 集合容器的类图如图 4-1 和图 4-2 所示。

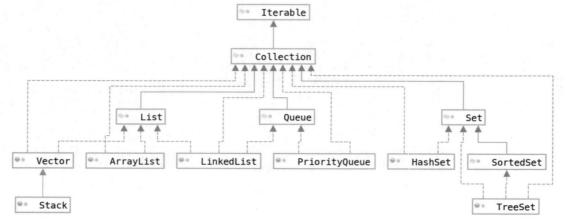

图 4-1　Collection 接口相关类图

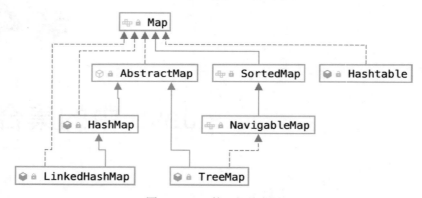

图 4-2　Map 接口相关类图

4.2　ArrayList

4.2.1　ArrayList 类的使用方式

ArrayList 是允许含有重复元素的集合工具。ArrayList 常见的使用方式如下：

```
/**
 * @Author : zhouguanya
 * @Project : java-interview-guide
 * @Date : 2019/8/12 11:04
 * @Version : V1.0
```

```java
 * @Description : ArrayList 的使用方式
 */
public class ArrayListDemo {
    public static void main(String[] args) {
        // 创建一个 ArrayList 对象
        ArrayList<Integer> arrayList = new ArrayList<>();
        // 元素个数
        int size = 10;
        // 初始化 arrayList 中的元素
        for (int i = 0; i < size; i++) {
            arrayList.add(i);
        }
        // 调用有参构造传入 arrayList 作为参数
        ArrayList<Integer> otherList = new ArrayList<>(arrayList);
        System.out.printf("arrayList 第 0 个位置元素是：%s%n",
                arrayList.get(0));
        System.out.printf("arrayList 元素 5 所在的位置是：%s%n",
                arrayList.get(5));
        System.out.printf("arrayList 是否包含元素 10：%s%n",
                arrayList.contains(10));
        System.out.printf("arrayList 删除第 0 个位置的元素：%s%n",
                arrayList.remove(0));
        // 获取 ArrayList 的迭代器
        Iterator<Integer> iterator = arrayList.iterator();
        // 是否还有下一个元素
        while (iterator.hasNext()) {
            // iterator 迭代输出每个元素
            Integer element = iterator.next();
            System.out.printf("iterator()迭代器输出 arrayList 元素：%s%n",
                    element);
            // 迭代输出的元素等于 5 时进行删除
            if (element == 5) {
                // 取消注释下面的代码，会抛出 ConcurrentModificationException 异常
                // arrayList.remove(0);
                iterator.remove();
                System.out.printf("iterator()迭代器删除 arrayList 元素：%s%n",
                        element);
                break;
            }
        }
        iterator.forEachRemaining(integer -> System.out
                .printf("forEachRemaining()输出 arrayList 元素：%s%n",
                        integer));
        // 删除与 arrayList 交集的部分
        otherList.removeAll(arrayList);
        // 通过 forEach 方法迭代
        otherList.forEach(integer -> System.out
                .printf("forEach()方法输出 otherList 元素：%s%n", integer));
    }
}
```

执行以上代码,执行结果如下:

```
arrayList 第 0 个位置元素是: 0
arrayList 元素 5 所在的位置是: 5
arrayList 是否包含元素 10: false
arrayList 删除第 0 个位置的元素: 0
iterator()迭代器输出 arrayList 元素: 1
iterator()迭代器输出 arrayList 元素: 2
iterator()迭代器输出 arrayList 元素: 3
iterator()迭代器输出 arrayList 元素: 4
iterator()迭代器输出 arrayList 元素: 5
iterator()迭代器删除 arrayList 元素: 5
forEachRemaining()输出 arrayList 元素: 6
forEachRemaining()输出 arrayList 元素: 7
forEachRemaining()输出 arrayList 元素: 8
forEachRemaining()输出 arrayList 元素: 9
forEach()方法输出 otherList 元素: 0
forEach()方法输出 otherList 元素: 5
```

4.2.2 ArrayList 类的声明

ArrayList 是顺序表的一种实现,在顺序表的基础上提供了更加丰富的功能。ArrayList 继承了 AbstractList 类,实现了 List、RandomAccess、Cloneable、Serializable 接口。

```
public class ArrayList<E> extends AbstractList<E>
        implements List<E>, RandomAccess, Cloneable, java.io.Serializable
```

ArrayList 类图如图 4-3 所示。

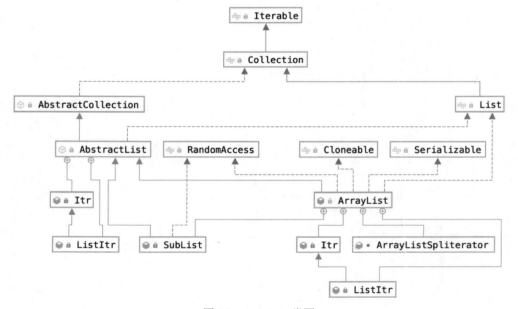

图 4-3　ArrayList 类图

接下来将会针对图 4-3 中的 ArrayList 类图对 ArrayList 的代码进行分析。

4.2.3　ArrayList 类的属性

ArrayList 的部分类属性（static 属性）和实例属性如下：

```java
/**
 * 默认的初始化容量
 */
private static final int DEFAULT_CAPACITY = 10;

/**
 * 空数组。无参构造器中创建空对象时用到
 */
private static final Object[] EMPTY_ELEMENTDATA = {};

/**
 * 空数组。用于控制当 ArrayList 加入新元素时，计算扩容的容量
 */
private static final Object[] DEFAULTCAPACITY_EMPTY_ELEMENTDATA = {};

/**
 * ArrayList 存放元素的数组
 */
transient Object[] elementData;

/**
 * ArrayList 包含的元素个数
 */
private int size;
```

从 ArrayList 类的属性可以看出，ArrayList 类是基于数组实现的线性表，并且用 size 属性记录 ArrayList 对象中包含的元素的个数，因此获取 ArrayList 对象的大小的时间复杂度为 O(1)，因为不需要对 ArrayList 对象中的每个元素进行遍历。

4.2.4　ArrayList 类的构造器

```java
/**
 * 带初始容量的构造器
 */
public ArrayList(int initialCapacity) {
    // 如果初始容量大于 0
    if (initialCapacity > 0) {
        // 初始化一个大小为 initialCapacity 的数组赋值给 elementData
        this.elementData = new Object[initialCapacity];
    } else if (initialCapacity == 0) {
        // 如果初始容量等于 0
        // 就用 4.2.3 小节中的 EMPTY_ELEMENTDATA 空数组赋值给 elementData
```

```
            this.elementData = EMPTY_ELEMENTDATA;
        } else {
            // 如果初始容量小于 0
            // 就抛出 IllegalArgumentException 异常
            throw new IllegalArgumentException("Illegal Capacity: "+
                                               initialCapacity);
        }
    }
```

带初始容量的构造器中会对指定的初始容量进行校验。如果初始容量参数非法，就会抛出 IllegalArgumentException 异常。初始容量不宜设置过大，否则可能会造成存储空间浪费，甚至会影响 JVM（Java Virtual Machine，Java 虚拟机）的性能。

```
/**
 * 无参构造器
 */
public ArrayList() {
    // DEFAULTCAPACITY_EMPTY_ELEMENTDATA 赋值给 elementData。
    this.elementData = DEFAULTCAPACITY_EMPTY_ELEMENTDATA;
}

/**
 * 带集合参数的构造器
 */
public ArrayList(Collection<? extends E> c) {
    // 将集合 c 中的所有元素放入数组中并将数组赋值给 elementData
    elementData = c.toArray();
    // 如果数组中的元素个数（ArrayList 对象大小）不等于 0
    if ((size = elementData.length) != 0) {
        // c.toArray() 可能会出现 Bug，为避免 Bug 出现，做以下处理
        // 如果 elementData 的类型不是 Object[].class
        if (elementData.getClass() != Object[].class)
            // 复制数组并将复制后的新数组赋值给 elementData
            elementData = Arrays.copyOf(elementData, size, Object[].class);
    } else {
        // 如果数组中的元素个数（ArrayList 对象大小）等于 0
        // 就用 EMPTY_ELEMENTDATA 赋值给 elementData
        this.elementData = EMPTY_ELEMENTDATA;
    }
}
```

本书 4.2.1 小节中的示例程序中使用到了无参构造器和带集合参数的构造器。注意，这里带集合参数的构造器中，c.toArray() 可能会出现 Bug，感兴趣的读者可以通过以下链接了解详细情况：

```
https://bugs.java.com/bugdatabase/view_bug.do?bug_id=6260652
```

4.2.5 ArrayList 类添加元素的方法

ArrayList 添加元素的方法有两个重载的方法，分别是 add(E e) 和 add(int index, E element)。下

面以 add(E e)为例分析 ArrayList 添加元素的过程。

```java
/**
 * 添加元素 e 到 ArrayList 中
 */
public boolean add(E e) {
    // 确保 ArrayList 的容量能够容纳新元素
    ensureCapacityInternal(size + 1);
    // 在 elementData 数组 size 位置存储元素 e
    // size 的大小加 1
    elementData[size++] = e;
    // 返回 true 表示添加成功
    return true;
}
```

由于 ArrayList 的元素存放在数组中，因此添加元素时需要确保数组容量能够容纳新元素。在上述的 add(E e) 方法中都是使用 ensureCapacityInternal() 方法来确保数组容量的。ensureCapacityInternal()方法的代码如下：

```java
private void ensureCapacityInternal(int minCapacity) {
    ensureExplicitCapacity(calculateCapacity(elementData, minCapacity));
}
```

ensureCapacityInternal()方法首先通过 calculateCapacity()方法计算容量，calculateCapacity()方法的代码如下：

```java
private static int calculateCapacity(Object[] elementData, int minCapacity) {
    if (elementData == DEFAULTCAPACITY_EMPTY_ELEMENTDATA) {
        return Math.max(DEFAULT_CAPACITY, minCapacity);
    }
    return minCapacity;
}
```

minCapacity 等于 ArrayList 当前容量加 1。从 calculateCapacity()方法的代码可知，如果 elementData == DEFAULTCAPACITY_EMPTY_ELEMENTDATA，即通过无参构造器创建的 ArrayList 对象，就会返回默认容量和 minCapacity 中的最大值，否则返回 minCapacity。因此，当通过无参构造器创建 ArrayList 对象时，如果 ArrayList 对象的大小不超过 DEFAULT_CAPACITY，即不超过 10，就默认使用 DEFAULT_CAPACITY 大小的空间用于存储元素。

通过 calculateCapacity() 方法计算得到了当前 ArrayList 需要的最小存储容量。ensureCapacityInternal()接着调用 ensureExplicitCapacity()方法，用于判断当前的 ArrayList 是否需要进行扩容。ensureExplicitCapacity()方法的代码如下：

```java
private void ensureExplicitCapacity(int minCapacity) {
    // 记录 ArrayList 发生结构性变化的次数
    modCount++;

    // 如果 ArrayList 需要的最小存储容量大于当前 elementData 数组的长度
    if (minCapacity - elementData.length > 0)
        // 扩容
```

```
        grow(minCapacity);
}
```

ensureExplicitCapacity()首先使 modCount 加 1。modCount 是 ArrayList 类的父类 AbstractList 类中的属性，用于记录 ArrayList 发生结构性变化的次数。所谓的结构性变化次数指的是 ArrayList 的 size 发生变化的次数。modCount 主要用于迭代器和列表迭代器中。

如果 ArrayList 需要的最小存储容量大于当前 elementData 数组的长度，就说明当前 ArrayList 的存储空间不足以存储新的元素，需要进行扩容。扩容方法 grow()的代码如下：

```
private void grow(int minCapacity) {
    // 当前 elementData 数组的容量
    int oldCapacity = elementData.length;
    // 新的容量 newCapacity = oldCapacity + (oldCapacity >> 1)
    // 即 newCapacity = 1.5 * oldCapacity
    int newCapacity = oldCapacity + (oldCapacity >> 1);
    // 如果新的容量 newCapacity 仍然小于最小容量 minCapacity
    if (newCapacity - minCapacity < 0)
        // newCapacity = 最小容量 minCapacity
        newCapacity = minCapacity;
    // 避免数组容量超过 JVM 允许的最大容量而出现内存溢出
    // 如果 newCapacity 大于 MAX_ARRAY_SIZE（Integer.MAX_VALUE - 8）
    if (newCapacity - MAX_ARRAY_SIZE > 0)
        // newCapacity 等于 hugeCapacity()方法返回值
        newCapacity = hugeCapacity(minCapacity);
    // 数组拷贝，返回新容量的数组
    elementData = Arrays.copyOf(elementData, newCapacity);
}
```

grow()方法首先将容量扩容到原容量的 1.5 倍，如果扩容后的新容量 newCapacity 仍然小于最小容量 minCapacity，就设置新的容量 newCapacity 为最小的容量 minCapacity。如果新的容量 newCapacity 大于 MAX_ARRAY_SIZE，就需要通过 hugeCapacity()方法再次计算新的容量 newCapacity 的大小。确定了新的容量 newCapacity 后，Arrays.copyOf()方法将旧数组中的元素拷贝到新的数组中，返回新容量的数组。

hugeCapacity()方法的实现如下：

```
private static int hugeCapacity(int minCapacity) {
    if (minCapacity < 0) // overflow
        throw new OutOfMemoryError();
    return (minCapacity > MAX_ARRAY_SIZE) ?
        Integer.MAX_VALUE :
        MAX_ARRAY_SIZE;
}
```

如果最小容量 minCapacity 小于 0，就说明 int 类型的 minCapacity 发生了溢出，抛出 OutOfMemoryError 错误。如果最小容量 minCapacity 大于 MAX_ARRAY_SIZE，就返回 Integer.MAX_VALUE。由此可知，ArrayList 的最大容量是 Integer.MAX_VALUE。

Arrays.copyOf()方法的代码如下：

```
public static <T> T[] copyOf(T[] original, int newLength) {
```

```
    return (T[]) copyOf(original, newLength, original.getClass());
}
```

Arrays.copyOf()方法会调用其重载方法。

```
public static <T,U> T[] copyOf(U[] original, int newLength, Class<? extends T[]> newType) {
    @SuppressWarnings("unchecked")
    T[] copy = ((Object)newType == (Object)Object[].class)
        ? (T[]) new Object[newLength]
        : (T[]) Array.newInstance(newType.getComponentType(), newLength);
    System.arraycopy(original, 0, copy, 0,
                     Math.min(original.length, newLength));
    return copy;
}
```

由此可知，Arrays.copyOf()方法是通过 System.arraycopy()方法实现数组拷贝的，其代码如下：

```
public static native void arraycopy(Object src,  int  srcPos,
                                    Object dest, int destPos,
                                    int length);
```

System.arraycopy()方法是一个 native 方法。System.arraycopy()方法是对内存直接进行拷贝的，是一种可靠且高效的数组拷贝方式。

回到 add(E e)方法实现中，通过 ensureCapacityInternal()方法确保数组容量足够容纳新元素后，即可将新元素加入 ArrayList 中。

add(E e)的重载方法 add(int index, E element)的代码如下：

```
/**
 * 在 index 位置添加元素 e 到 ArrayList 中
 */
public void add(int index, E element) {
    // 检查插入的位置是否合法
    rangeCheckForAdd(index);
    // 确保 ArrayList 的容量能够容纳新元素
    ensureCapacityInternal(size + 1);
    // 依次将 elementData 数组的 index 及其以后的元素拷贝到下一个位置
    // 目的是将 index 位置空出，用于存储元素 element
    System.arraycopy(elementData, index, elementData, index + 1,
                     size - index);
    // 在 elementData 数组的 index 位置存储元素 element
    elementData[index] = element;
    // size 的大小加 1
    size++;
}
```

add(int index, E element)只是比 add(E e)方法多了两个方法调用，其余的处理逻辑与 add(E e)方法类似。add(int index, E element)首先需要通过 rangeCheckForAdd()方法校验插入新元素的位置是否合法，rangeCheckForAdd()方法代码如下：

```
private void rangeCheckForAdd(int index) {
```

```
    if (index > size || index < 0)
        throw new IndexOutOfBoundsException(outOfBoundsMsg(index));
}
```

add(int index, E element)还调用 System.arraycopy()方法进行数组拷贝，将数组的第 index 位置空出，用于存储新元素。

4.2.6 ArrayList 类查询元素方法

ArrayList 查询元素的方法主要分为两类：一类是已知位置信息，查询 ArrayList 中的元素；另一类是已知元素信息，查询 ArrayList 中的位置信息或者 ArrayList 是否包含指定元素。

1. get()方法代码解析

get()方法是通过指定位置信息查询 ArrayList 指定位置的元素。get()方法代码如下：

```
public E get(int index) {
    // 对 index 范围进行校验
    rangeCheck(index);
    // 返回 elementData 指定位置的元素
    return elementData(index);
}
```

get()方法调用 rangeCheck()方法对 index 进行校验。rangeCheck()方法的代码如下：

```
private void rangeCheck(int index) {
    if (index >= size)
        throw new IndexOutOfBoundsException(outOfBoundsMsg(index));
}
```

如果输入的 index 大于 ArrayList 的 size，就抛出 IndexOutOfBoundsException 异常。如果 index 是一个合法值，就调用 elementData()方法获取 index 位置的元素。elementData()方法代码如下：

```
E elementData(int index) {
    return (E) elementData[index];
}
```

2. indexOf()方法代码解析

indexOf()方法是通过指定的元素查询元素在 ArrayList 第 1 次出现的位置。indexOf()方法代码如下：

```
public int indexOf(Object o) {
    // 如果查询的元素 o 为空
    if (o == null) {
        // 遍历 elementData 数组
        for (int i = 0; i < size; i++)
            // 找到第 1 个为空的元素
            if (elementData[i]==null)
                // 返回第 1 个为空的元素的位置
                return i;
    } else {
```

```
        // 如果查询的元素o非空。
        for (int i = 0; i < size; i++)
            // 找到第1个与o相等的元素
            // 注意：这里是通过equals()方法判断相等的
            if (o.equals(elementData[i]))
                // 找到第1个与o相等的元素的位置
                return i;
    }
    // 没有找到指定的元素，返回-1
    return -1;
}
```

从 indexOf()方法的源码可知，此方法只能找到 ArrayList 中第 1 次出现指定元素的位置，找到后立即返回。indexOf()方法比较元素相等用的是 equals()方法，因此两个 equals()相等的元素被 ArrayList 认为是同一个元素。

3. lastIndexOf()方法代码解析

lastIndexOf()方法是通过指定的元素查询元素在 ArrayList 最后一次出现的位置。lastIndexOf() 方法代码如下：

```
public int lastIndexOf(Object o) {
    // 如果查询的元素o为空
    if (o == null) {
        // 从最后一个元素向前遍历elementData数组
        for (int i = size-1; i >= 0; i--)
            // 找到最后一个为空的元素
            if (elementData[i]==null)
                // 返回最后一个为空的元素的位置
                return i;
    } else {
        // 如果查询的元素o非空
        for (int i = size-1; i >= 0; i--)
            // 找到最后一个与o相等的元素
            // 注意：这里是通过equals()方法判断相等的
            if (o.equals(elementData[i]))
                return i;
    }
    // 没有找到指定的元素，返回-1
    return -1;
}
```

lastIndexOf()方法与 indexOf()方法的不同之处仅仅在于，lastIndexOf()方法从 ArrayList 最后一个元素的位置向前搜索，返回指定元素最后一次出现的位置。

4. contains()方法代码解析

contains()方法返回 boolean 值，用于检查指定的元素是否存在于 ArrayList 中。contains()方法代码如下：

```
public boolean contains(Object o) {
```

```
    // 由 indexOf()方法可知
    // 如果不存在指定元素,将返回-1
    return indexOf(o) >= 0;
}
```

从 contains()方法的代码可知,contains()借助 indexOf()方法实现功能。如果指定的元素存在于 ArrayList 中,indexOf()就会返回元素的位置信息,其位置信息一定是大于等于 0 的一个数,此时 contains()方法返回 true;否则 indexOf()方法将返回-1,此时 contains()方法返回 false。

4.2.7　ArrayList 类更新元素方法

set()方法用指定的元素替换此 ArrayList 中指定位置的元素。set()方法代码如下:

```
public E set(int index, E element) {
    // 对 index 范围进行校验
    rangeCheck(index);
    // 返回 elementData 指定位置的元素
    E oldValue = elementData(index);
    // 将 elementData 数组 index 位置设置为新元素 element
    elementData[index] = element;
    // 返回旧值
    return oldValue;
}
```

4.2.8　ArrayList 类删除元素方法

1. remove(int index)方法代码解析

ArrayList 类删除元素的方法有两个重载方法,分别是 remove(int index)方法和 remove(Object o)方法。

首先以 remove(int index)方法为例,分析 ArrayList 删除元素的过程。remove(int index)方法的代码如下:

```
public E remove(int index) {
    // 对 index 范围进行校验
    rangeCheck(index);
    // 结构性变化次数加 1
    modCount++;
    // index 位置存储的旧值
    E oldValue = elementData(index);
    // 需要发生位移的元素的个数
    int numMoved = size - index - 1;
    // 如果 numMoved 大于 0,就说明需要移动元素
    if (numMoved > 0)
        // index 及以后的位置上的元素都需要向前移动 1 个位置
        System.arraycopy(elementData, index+1, elementData, index,
                     numMoved);
    // 因为删除了一个元素,所以最后一个位置为空
```

```
        // 并且将 size 的大小减 1
        elementData[--size] = null;
        // 返回 index 位置的旧值
        return oldValue;
}
```

remove(int index)方法是删除指定位置 index 上的元素。如果删除的位置不合法，就会抛出 IndexOutOfBoundsException 异常。如果删除的并非是最后一个位置的元素，就会通过 System.arraycopy()方法将 index 以后的元素依次向前移动。最后返回删除的元素。

2. remove(Object o)方法代码解析

与 remove(int index)方法不同的是，remove(Object o)方法不是删除指定位置的元素，而是删除 ArrayList 中与指定元素相等的元素。remove(Object o)方法代码如下：

```
public boolean remove(Object o) {
    // 如果查询的元素 o 为空
    if (o == null) {
        // 遍历 elementData 数组
        for (int index = 0; index < size; index++)
            // 找到第 1 个为空的元素
            if (elementData[index] == null) {
                // 调用 fastRemove()方法删除 index 位置的元素
                fastRemove(index);
                // 返回 true 表示删除成功
                return true;
            }
    } else {
        // 如果查询的元素 o 非空
        for (int index = 0; index < size; index++)
            // 找到第 1 个与 o 相等的元素
            if (o.equals(elementData[index])) {
                // 调用 fastRemove()方法删除 index 位置的元素
                fastRemove(index);
                // 返回 true 表示删除成功
                return true;
            }
    }
    // 返回 false 表示删除失败
    return false;
}
```

与 indexOf()方法和 lastIndexOf()方法类似，remove(int index)方法判断元素是否相等也是通过 equals()方法。remove(Object o)方法删除元素通过 fastRemove()方法实现，其代码如下：

```
private void fastRemove(int index) {
    // 结构性变化次数加 1
    modCount++;
    // 需要发生移动的元素的个数
    int numMoved = size - index - 1;
    // 如果 numMoved 大于 0，就说明需要移动元素
```

```
       if (numMoved > 0)
           // index 及以后的位置上的元素都需要向前移动 1 个位置
           System.arraycopy(elementData, index+1, elementData, index,
                            numMoved);
       // 因为删除了一个元素,所以最后一个位置置为空
       // 并且将 size 的大小减 1
       elementData[--size] = null;
}
```

fastRemove()方法的实现与 remove(int index)方法的处理逻辑类似,只是 fastRemove()方法无返回值,remove(int index)方法会返回删除的元素。

4.2.9 ArrayList 类批量方法

上述的若干方法都是对 ArrayList 单个元素进行操作的方法。ArrayList 提供了批量操作方法,可以同时操作多个元素。

1. addAll(Collection<? extends E> c)方法代码解析

addAll(Collection<? extends E> c)方法的功能是批量将另一个集合中的元素加入 ArrayList 的末尾。addAll(Collection<? extends E> c)代码如下:

```
public boolean addAll(Collection<? extends E> c) {
    // 将集合 c 中的元素放入数组 a 中
    Object[] a = c.toArray();
    // 数组 a 的长度
    int numNew = a.length;
    // 确保 ArrayList 容量能容纳所有新增元素
    ensureCapacityInternal(size + numNew);
    // 将数组 a 中的元素复制到 elementData 末尾
    System.arraycopy(a, 0, elementData, size, numNew);
    // 修改 ArrayList 的大小
    size += numNew;
    // 如果集合 c 非空,就返回 true,否则返回 false
    return numNew != 0;
}
```

ensureCapacityInternal()方法在 4.2.5 小节已讲解过,此处不再赘述。addAll(Collection<? extends E> c)方法默认将另一个集合中的元素追加在 ArrayList 的末尾。

2. addAll(int index, Collection<? extends E> c)方法代码解析

addAll(int index, Collection<? extends E> c)与 addAll(Collection<? extends E> c)方法的不同之处在于,addAll(int index, Collection<? extends E> c)可以指定将另一个集合中的元素插入 ArrayList 指定的位置后。addAll(int index, Collection<? extends E> c)方法代码如下:

```
public boolean addAll(int index, Collection<? extends E> c) {
    // 检查插入的位置是否合法
    rangeCheckForAdd(index);
    // 将集合 c 中的元素放入数组 a 中
```

```
        Object[] a = c.toArray();
        // 数组 a 的长度
        int numNew = a.length;
        // 确保 ArrayList 容量能容纳所有新增元素
        ensureCapacityInternal(size + numNew);
        // 需要移动的元素的个数
        int numMoved = size - index;
        // 如果 numMoved 大于 0，就说明需要移动元素
        if (numMoved > 0)
            // elementData 数组移动，空出位置给 a 数组
            System.arraycopy(elementData, index, elementData, index + numNew,
                    numMoved);
        // 将数组 a 中的元素复制到 elementData 数组 index 位置后
        System.arraycopy(a, 0, elementData, index, numNew);
        // 修改 ArrayList 的大小等于 size 加 numNew
        size += numNew;
        // 如果集合 c 非空，就返回 true，否则返回 false
        return numNew != 0;
}
```

3. removeAll(Collection<?> c)方法代码解析

removeAll(Collection<?> c)方法用于删除 ArrayList 与另一个集合 c 的交集部分。removeAll(Collection<?> c)方法代码如下：

```
public boolean removeAll(Collection<?> c) {
    // 校验集合 c 非空
    Objects.requireNonNull(c);
    // 批量删除
    return batchRemove(c, false);
}
```

removeAll(Collection<?> c)方法调用的 Objects.requireNonNull()方法用于校验对象非空。Objects.requireNonNull()方法代码如下：

```
public static <T> T requireNonNull(T obj) {
    if (obj == null)
        throw new NullPointerException();
    return obj;
}
```

removeAll(Collection<?> c)方法调用 batchRemove(Collection<?> c, boolean complement)传入的 complement 参数为 false。batchRemove()方法代码如下：

```
private boolean batchRemove(Collection<?> c, boolean complement) {
    // 获取 elementData 数组的引用
    final Object[] elementData = this.elementData;
    // r 用于控制循环
    // w 记录交集中元素的个数
    int r = 0, w = 0;
    boolean modified = false;
    try {
```

```java
            // 遍历ArrayList中的每个元素
            for (; r < size; r++)
                // 判断集合c是否包含元素elementData[r]
                // complement表示是否是补集
                // 如果complement为false，就表示删除两个交集中的元素
                // 如果complement为true，就表示保留两个集合的交集部分
                if (c.contains(elementData[r]) == complement)
                    // elementData[r]加入w位置，从而达到移除的效果
                    elementData[w++] = elementData[r];
        } finally {
            // finally语句主要是防止c.contains有异常抛出
            // 此时需要整理elementData数组，保证其完整性
            if (r != size) {
                // 将抛出异常时r位置（包含r）以后的元素全部向前移动r-w位
                System.arraycopy(elementData, r,
                                 elementData, w,
                                 size - r);
                // 修改w的值，size - r的大小等于没有遍历到的元素
                w += size - r;
            }
            // 如果无异常抛出，那么w下标(包含w)以后的元素都已被复制到w下标之前
            // 之后的元素做null值处理
            if (w != size) {
                // clear to let GC do its work
                for (int i = w; i < size; i++)
                    elementData[i] = null;
                modCount += size - w;
                size = w;
                modified = true;
            }
        }
        return modified;
    }
```

4. retainAll(Collection<?> c)方法代码解析

retainAll(Collection<?> c)方法的代码如下：

```java
public boolean retainAll(Collection<?> c) {
    Objects.requireNonNull(c);
    return batchRemove(c, true);
}
```

与removeAll(Collection<?> c)方法的唯一区别在于传入batchRemove()方法的参数为false。因此，retainAll(Collection<?> c)方法和removeAll(Collection<?> c)互为相反操作。

4.2.10　ArrayList类导出数组方法

1. toArray()方法代码解析

toArray()方法用于返回一个包含ArrayList中所有元素的数组。toArray()方法代码如下：

```java
public Object[] toArray() {
    return Arrays.copyOf(elementData, size);
}
```

toArray()方法调用 Arrays.copyOf()方法，此方法在 4.2.5 小节已经讲解过，此处不再赘述。

2. toArray(T[] a)方法代码解析

toArray(T[] a)方法与 toArray()方法的不同之处在于，toArray(T[] a)方法用于返回一个包含 ArrayList 中所有元素的指定类型的数组。toArray(T[] a)方法代码如下：

```java
public <T> T[] toArray(T[] a) {
    // 如果数组 a 的长度小于 ArrayList 的大小
    if (a.length < size)
        // Arrays.copyOf()复制新数组，容量为 ArrayList 的大小
        return (T[]) Arrays.copyOf(elementData, size, a.getClass());
    // 如果数组 a 的长度大于等于 ArrayList 的大小
    // 通过 System.arraycopy()方法进行复制
    System.arraycopy(elementData, 0, a, 0, size);
    // 如果数组 a 的长度大于 ArrayList 的大小
    // 数组 a 比 ArrayList 多出的存储空间置为 null
    if (a.length > size)
        a[size] = null;
    // 返回数组 a
    return a;
}
```

toArray(T[] a)方法首先校验传入的数组长度是否足够容纳 ArrayList 中的所有元素。如果不够，那么 Arrays.copyOf()复制一个新的数组，其容量为 ArrayList 的大小，用于存储 ArrayList 中的元素，否则 System.arraycopy()将 ArrayList 中的元素复制到传入的数组中，并将传入的数组多余的存储空间置为 null。

4.2.11　ArrayList 类排序方法

ArrayList 提供的 sort()方法可以实现对 ArrayList 中的元素进行排序。sort()方法代码如下：

```java
public void sort(Comparator<? super E> c) {
    // 用 expectedModCount 记录排序之前的 modCount
    final int expectedModCount = modCount;
    // 用 Arrays.sort()方法对元素进行排序
    Arrays.sort((E[]) elementData, 0, size, c);
    // 如果排序后的 modCount 不等于 expectedModCount
    // 就说明排序过程中 ArrayList 发生结构性变化
    // 抛出 ConcurrentModificationException 异常
    if (modCount != expectedModCount) {
        throw new ConcurrentModificationException();
    }
    // 结构性变化加 1
    modCount++;
}
```

sort()方法根据传入的比较器 Comparator 调用 Arrays.sort()方法进行排序。这里也是策略设计模式的一种运用场景。Comparator 接口的代码如下：

```java
@FunctionalInterface
public interface Comparator<T> {

    int compare(T o1, T o2);

    ···省略 JDK 1.8 新增的若干默认方法···
}
```

Comparator 是一个函数式接口，JDK1.8 对 Comparator 接口做了修改，在其中加入了很多默认方法，此处只节选了 compare()方法，因为 compare()方法是 Arrays.sort()方法中用到的。Arrays.sort()方法代码如下：

```java
public static <T> void sort(T[] a, int fromIndex, int toIndex,
                    Comparator<? super T> c) {
    // 如果传入的比较器 c 为空
    if (c == null) {
        // 使用 sort()方法进行排序
        sort(a, fromIndex, toIndex);
    } else {
        // 对 fromIndex 和 toIndex 进行校验
        rangeCheck(a.length, fromIndex, toIndex);
        // 判断是否再用 JDK1.6 之前的经典算法
        // 新版 JDK 默认不采用，可修改 JVM 参数来强行采用这种算法
        // 经典算法是 LegacyMergeSort（经典归并排序）
        // 新算法是 TimSort
        // 这段代码将在未来的 JDK 版本中删除
        if (LegacyMergeSort.userRequested)
            legacyMergeSort(a, fromIndex, toIndex, c);
        else
            // 通过 TimSort 提供的排序算法
            TimSort.sort(a, fromIndex, toIndex, c, null, 0, 0);
    }
}
```

如果不指定比较器，就会通过 Arrays 类的重载的 sort()方法进行排序。重载的 sort()方法代码如下：

```java
public static void sort(Object[] a, int fromIndex, int toIndex) {
    rangeCheck(a.length, fromIndex, toIndex);
    if (LegacyMergeSort.userRequested)
        legacyMergeSort(a, fromIndex, toIndex);
    else
        ComparableTimSort.sort(a, fromIndex, toIndex, null, 0, 0);
}
```

由此可见，Arrays.sort()方法会使用 ComparableTimSort.sort()方法或者 TimSort.sort()方法进行排序。这两种排序方法的实现方式类似，不同之处在于，TimSort.sort()使用自定义比较器进行排序，

ComparableTimSort.sort()使用元素的自然顺序进行排序。所谓的自然顺序，即实现了 Comparable 接口的类，如 Integer 类或者 String 类等，这些类的对象可以直接进行大小比较，因为没有自定义的比较器也可以对其进行排序。

此处使用的 TimSort 排序算法是一种混合、稳定高效的排序算法。TimSort 排序算法是由 Tim Peters 于 2002 年实施使用在 Python 编程语言中的。从 2.3 版本开始，TimSort 一直是 Python 的标准排序算法。Java 中也实现了 TimSort 算法。更多有关 TimSort 算法的细节可参考如下资料：

```
http://svn.python.org/projects/python/trunk/Objects/listsort.txt
```

4.2.12　ArrayList 类的迭代器

1. iterator()方法代码解析

iterator()方法用于遍历和迭代 ArrayList 中的元素。iterator()方法的代码如下：

```java
public Iterator<E> iterator() {
    return new Itr();
}
```

从 iterator()方法的代码可知，iterator()方法将返回一个内部类 Itr 对象。Itr 类的声明如下：

```java
private class Itr implements Iterator<E>
```

2. Iterator 接口代码解析

从 Itr 类的声明可知，Itr 类实现了 Iterator 接口。Iterator 接口的代码如下：

```java
public interface Iterator<E> {
    /**
     * 判断迭代器是否还有元素可以迭代
     * 即 next()能返回下一个元素，则 hasNext()方法将返回 true
     */
    boolean hasNext();

    /**
     * 返回的下一个元素
     */
    E next();

    /**
     * 从底层集合中删除此迭代器返回的最后一个元素（可选操作）
     */
    default void remove() {
        throw new UnsupportedOperationException("remove");
    }

    /**
     * 对每个剩余元素执行给定操作，直到处理完所有元素或抛出异常
     */
    default void forEachRemaining(Consumer<? super E> action) {
        Objects.requireNonNull(action);
```

```
        while (hasNext())
            action.accept(next());
    }
}
```

3. Itr 类属性代码解析

Itr 类的属性如下：

```
// 下一个将要返回的元素的索引位置
int cursor;
// 上一个返回的元素的索引位置。如果没有就返回-1
int lastRet = -1;
// expectedModCount 初始值等于父类 AbstractList 中的 modCount
int expectedModCount = modCount;
```

4. Itr 类 hasNext()方法代码解析

Itr 类实现 hasNext()方法用于判断是否还有下一个元素可以迭代。hasNext()方法的代码如下：

```
public boolean hasNext() {
    // 如果下一个将要返回的元素的索引位置不等于 size
    // 就说明还有下一个元素可以输出，返回 true
    return cursor != size;
}
```

5. Itr 类 next()方法代码解析

Itr 类实现 next()方法用于返回 ArrayList 中的下一个元素。next()方法的代码如下：

```
public E next() {
    // 检测是否有并发修改
    checkForComodification();
    // i 等于下一个将要返回的元素的索引位置
    int i = cursor;
    // 如果 i 大于等于 ArrayList 的大小
    if (i >= size)
        // 就抛出 NoSuchElementException 异常
        throw new NoSuchElementException();
    // 获取 elementData 数组
    Object[] elementData = ArrayList.this.elementData;
    // 如果 i 大于等于 elementData 的长度
    if (i >= elementData.length)
        // 就抛出 ConcurrentModificationException 异常
        throw new ConcurrentModificationException();
    // cursor 值加 1
    cursor = i + 1;
    // 返回 i 位置的元素，并将 i 赋值为 lastRet
    return (E) elementData[lastRet = i];
}
```

next()方法调用 checkForComodification()方法用于检测迭代器执行过程中是否有并发修改，如果有并发修改，就会抛出 ConcurrentModificationException 异常。此异常的作用通常是阻止并发修改 ArrayList 对象。例如，当一个线程通过迭代器修改一个 ArrayList 时，另一个线程修改 ArrayList 是不允许的。迭代器通过 ConcurrentModificationException 异常阻止这种情况的发生，这种迭代器也称作 fast-fail 迭代器。

6. Itr 类 remove() 方法代码解析

Itr 类实现 remove() 方法用于删除此迭代器返回的最后一个元素。remove() 方法的代码如下：

```java
public void remove() {
    // 如果上一个返回的元素的索引位置小于 0
    if (lastRet < 0)
        // 抛出 IllegalStateException 异常
        throw new IllegalStateException();
    // 检测是否有并发修改
    checkForComodification();

    try {
        // 调用外部类 ArrayList 中的 remove() 方法删除元素
        ArrayList.this.remove(lastRet);
        // 设置 cursor 等于 lastRet
        cursor = lastRet;
        // 设置 lastRet 为-1
        // 因为迭代器返回的最后一个元素被删除
        lastRet = -1;
        // 修改 expectedModCount 等于 modCount
        // 因为 remove() 方法将会修改 modCount 值
        expectedModCount = modCount;
    } catch (IndexOutOfBoundsException ex) {
        throw new ConcurrentModificationException();
    }
}
```

7. Itr 类 forEachRemaining() 方法代码解析

Itr 类实现 forEachRemaining() 方法用于对剩余元素执行给定操作。forEachRemaining() 方法的代码如下：

```java
public void forEachRemaining(Consumer<? super E> consumer) {
    // consumer 对象非空校验
    Objects.requireNonNull(consumer);
    // ArrayList 的大小
    final int size = ArrayList.this.size;
    // i 等于下一个将要返回的元素的索引位置
    int i = cursor;
    // 如果 i 大于等于 size, 就返回
    if (i >= size) {
        return;
    }
    // 获取 elementData 数组
    final Object[] elementData = ArrayList.this.elementData;
    // 如果 i 大于等于 elementData 数组的长度
```

```
        if (i >= elementData.length) {
            // 就抛出 ConcurrentModificationException 异常
            throw new ConcurrentModificationException();
        }
        // 对剩余的每个元素执行给定操作
        while (i != size && modCount == expectedModCount) {
            consumer.accept((E) elementData[i++]);
        }
        // 修改 cursor
        cursor = i;
        // 修改 lastRet
        lastRet = i - 1;
        // 检测是否有并发修改
        checkForComodification();
    }
```

从 Iterator 接口的代码可知，这种迭代器只能从前向后迭代元素，不能从后向前迭代元素。如果想实现向前迭代，就需要用到接下来介绍的这种迭代器。

8. ArrayList 类 listIterator()方法代码解析

listIterator()方法有两个重载的方法，代码如下：

```java
public ListIterator<E> listIterator() {
    return new ListItr(0);
}

public ListIterator<E> listIterator(int index) {
    if (index < 0 || index > size)
        throw new IndexOutOfBoundsException("Index: "+index);
    return new ListItr(index);
}
```

两个重载的 listIterator()方法都是返回一个内部类 ListItr 类的对象。ListItr 类的代码声明如下：

```java
private class ListItr extends Itr implements ListIterator<E>
```

从 ListItr 类的声明可以看出，ListItr 继承了 Itr 并且实现了 ListIterator 接口。ListIterator 接口的代码如下：

```java
public interface ListIterator<E> extends Iterator<E> {
    /**
     * 判断是否有下一个元素
     */
    boolean hasNext();

    /**
     * 返回下一个元素
     */
    E next();
```

```java
/**
 * 判断是否有前一个元素
 */
boolean hasPrevious();

/**
 * 返回前一个元素
 */
E previous();

/**
 * 返回调用 next()返回的元素的位置
 */
int nextIndex();

/**
 * 返回调用 previous()返回的元素的位置
 */
int previousIndex();

/**
 * 删除元素
 */
void remove();

/**
 * 更新元素
 */
void set(E e);

/**
 * 添加元素
 */
void add(E e);
}
```

从 ListIterator 接口的代码可以发现，ListIterator 接口比 Iterator 接口多了向前迭代和添加、修改元素等操作。

9. ListItr 类 hasPrevious()方法代码解析

```java
public boolean hasPrevious() {
    // 若 cursor 不等于 0，即不是第一个元素位置
    // 则返回 true，表示存在前一个元素
    // 否则返回 false，表示不存在前一个元素
    return cursor != 0;
}
```

由于 ListItr 类继承了 Itr 类，因此 ListItr 的 cursor 属性判断迭代器是否还有前一个元素。ArrayList 中除了第一个元素以外，其余元素均有前一个元素。

10. ListItr 类 nextIndex()方法代码解析

nextIndex()方法返回下一个将返回的元素的位置。nextIndex()方法代码如下：

```java
public int nextIndex() {
    return cursor;
}
```

11. ListItr 类 previousIndex()方法代码解析

previousIndex()方法用于返回前一个元素的索引位置。previousIndex()方法代码如下：

```java
public int previousIndex() {
    return cursor - 1;
}
```

12. ListItr 类 previous()方法代码解析

previous()方法用于返回前一个元素。previous()方法代码如下：

```java
public E previous() {
    // 检测是否有并发修改
    checkForComodification();
    // 前一个元素的索引位置
    int i = cursor - 1;
    // 如果 i 小于 0, 就没有前一个元素
    if (i < 0)
        // 抛出 NoSuchElementException 异常
        throw new NoSuchElementException();
    // 获取 ArrayList 存储数据的底层数组 elementData
    Object[] elementData = ArrayList.this.elementData;
    // 如果 i 大于或等于 elementData 数组的长度
    if (i >= elementData.length)
        // 就抛出 ConcurrentModificationException 异常
        throw new ConcurrentModificationException();
    // 修改 cursor 的值
    cursor = i;
    // 修改 lastRet 的值, 并返回 elementData 数组位置 i 处的元素
    return (E) elementData[lastRet = i];
}
```

13. ListItr 类 set()方法代码解析

ListItr 类的 set()方法用于更新元素值，set()方法代码如下：

```java
public void set(E e) {
    // 如果 lastRet 小于 0
    if (lastRet < 0)
        // 就抛出 IllegalStateException 异常
        throw new IllegalStateException();
    // 检测是否有并发修改
    checkForComodification();

    try {
```

```
        // 调用set()方法设置新的值
        ArrayList.this.set(lastRet, e);
    } catch (IndexOutOfBoundsException ex) {
        throw new ConcurrentModificationException();
    }
}
```

14. ListItr 类 add()方法代码解析

ListItr 类的 add()方法用于添加元素。add()方法代码如下：

```
public void add(E e) {
    // 检测是否有并发修改。
    checkForComodification();

    try {
        // cursor 赋值给 i
        int i = cursor;
        // 在 i 位置添加元素 e
        ArrayList.this.add(i, e);
        // cursor 值加 1
        cursor = i + 1;
        // 设置 lastRet 为-1
        lastRet = -1;
        // 修改 expectedModCount 等于 modCount
        expectedModCount = modCount;
    } catch (IndexOutOfBoundsException ex) {
        throw new ConcurrentModificationException();
    }
}
```

4.2.13　ArrayList 常见面试考点

ArrayList 常见面试考点如下：

（1）ArrayList 是基于顺序表实现的容器。
（2）ArrayList 存储模型。
（3）ArrayList 查找的时间复杂度。
（4）ArrayList 迭代器。
（5）ArrayList 线程安全问题及与之对应的并发容器。

4.3　LinkedList

4.3.1　LinkedList 类的使用方式

LinkedList 是实现了 List 接口和 Deque 接口的双向链表。LinkedList 常见的使用方式如下：

```java
/**
 * @Author : zhouguanya
 * @Project : java-interview-guide
 * @Date : 2019/8/12 11:05
 * @Version : V1.0
 * @Description : LinkedList 的使用方式
 */
public class LinkedListDemo {
    public static void main(String[] args) {
        // 创建一个 LinkedList 对象
        LinkedList<Integer> linkedList = new LinkedList<>();
        int size = 10;
        // 初始化 linkedList 中的元素
        for (int i = 0; i < size; i++) {
            linkedList.add(i);
        }
        // forEach 输出 linkedList 中的元素
        linkedList.forEach(integer
                -> System.out.printf("输出 linkedList 中的元素：%s%n", integer));
        linkedList.addFirst(-1);
        System.out.printf("linkedList 第一个元素是：%s%n",
                linkedList.getFirst());
        linkedList.addLast(10);
        System.out.printf("linkedList 是否包含元素 10：%s%n",
                linkedList.contains(10));
        System.out.printf("linkedList 最后一个元素是：%s%n",
                linkedList.getLast());
        System.out.printf("linkedList 第 5 个位置上的元素是：%s%n",
                linkedList.get(5));
        System.out.printf("linkedList 元素 10 所在的位置是：%s%n",
                linkedList.indexOf(10));
        linkedList.remove(0);
        // 获取迭代器
        Iterator<Integer> iterator = linkedList.iterator();
        while (iterator.hasNext()) {
            Integer element = iterator.next();
            System.out.printf("iterator 迭代器输出元素：%s%n", element);
            if (element == 8) {
                iterator.remove();
                System.out.printf("iterator 迭代器删除元素 8：%s%n", element);
                break;
            }
        }
        // forEachRemaining 迭代剩余元素
        iterator.forEachRemaining(integer
                -> System.out.printf("forEachRemaining()输出：%s%n",
                integer));
    }
}
```

执行以上代码，执行结果如下：

```
输出 linkedList 中的元素：0
输出 linkedList 中的元素：1
输出 linkedList 中的元素：2
输出 linkedList 中的元素：3
输出 linkedList 中的元素：4
输出 linkedList 中的元素：5
输出 linkedList 中的元素：6
输出 linkedList 中的元素：7
输出 linkedList 中的元素：8
输出 linkedList 中的元素：9
linkedList 第一个元素是：-1
linkedList 是否包含元素 10：true
linkedList 最后一个元素是：10
linkedList 第 5 个位置上的元素是：4
linkedList 元素 10 所在的位置是：11
iterator 迭代器输出元素：0
iterator 迭代器输出元素：1
iterator 迭代器输出元素：2
iterator 迭代器输出元素：3
iterator 迭代器输出元素：4
iterator 迭代器输出元素：5
iterator 迭代器输出元素：6
iterator 迭代器输出元素：7
iterator 迭代器输出元素：8
iterator 迭代器删除元素 8：8
forEachRemaining()输出：9
forEachRemaining()输出：10
```

4.3.2 LinkedList 类的声明

LinkedList 类的声明如下：

```
public class LinkedList<E>
    extends AbstractSequentialList<E>
    implements List<E>, Deque<E>, Cloneable, java.io.Serializable
```

从声明可知，LinkedList 实现了 List 接口和 Deque 接口，因此 LinkedList 既可以当作链表使用，又可以当作队列使用。

LinkedList 类图如图 4-4 所示。

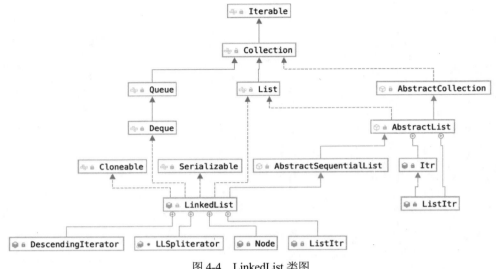

图 4-4 LinkedList 类图

下面将会针对图 4-4 中的 LinkedList 类图对 LinkedList 的代码进行分析。由于 LinkedList 既可以作为链表又可以作为队列使用，因此接下来先介绍 LinkedList 作为链表时的代码，在 4.4 节中将会分析 LinkedList 作为队列使用时的部分代码。

4.3.3　LinkedList 类的属性

LinkedList 的部分属性如下：

```
/**
 * 链表元素（结点）的个数
 */
transient int size = 0;

/**
 * 指向第一个结点的引用，即链表的头结点
 */
transient Node<E> first;

/**
 * 指向最后一个结点的引用，即链表的尾结点
 */
transient Node<E> last;
```

4.3.4　LinkedList 类的内部类 Node

Node 类是 LinkedList 的静态内部类，也是组成 LinkedList 最小的基本单元。LinkedList 类的代码如下：

```
private static class Node<E> {
```

```
// 存储元素值
E item;
// 指向后一个 Node 对象（后继结点）的引用
Node<E> next;
// 指向前一个 Node 对象（前驱结点）的引用
Node<E> prev;

/**
 * Node 的构造器
 */
Node(Node<E> prev, E element, Node<E> next) {
    this.item = element;
    this.next = next;
    this.prev = prev;
}
}
```

4.3.5　LinkedList 类的构造器

```
/**
 * 无参构造器
 */
public LinkedList() {
}

/**
 * 带有集合参数的构造器
 */
public LinkedList(Collection<? extends E> c) {
    this();
    addAll(c);
}
```

带有集合参数的构造器 LinkedList(Collection<? extends E> c)调用的 addAll()方法的代码将在下面的章节进行详细分析。

4.3.6　LinkedList 类添加元素方法

1. add()方法代码解析

add()方法的作用是向链表的尾部添加元素。add()方法代码如下：

```
public boolean add(E e) {
    // 调用 linkLast()方法
    // 添加元素 e 到链表尾部
    linkLast(e);
    // 返回添加成功
    return true;
}
```

add()方法调用的 linkLast()方法代码如下：

```
void linkLast(E e) {
    // 获取链表的尾结点
    final Node<E> l = last;
    // 创建一个新的结点 newNode
    // newNode 的 prev 引用指向原尾结点 l
    final Node<E> newNode = new Node<>(l, e, null);
    // 修改链表尾结点 last 为 newNode
    last = newNode;
    // 如果原链表的尾结点为空
    // 就说明原链表中不存在任何元素
    if (l == null)
        // 设置链表的头结点为 newNode
        first = newNode;
    else
        // 设置链表的原尾结点的 next 指向为 newNode
        l.next = newNode;
    // 修改链表的大小
    size++;
    // 修改链表结构性变化的次数
    modCount++;
}
```

2. add(int index, E element)方法代码解析

add(int index, E element)方法的作用是在 index 位置添加元素。add(int index, E element)方法的代码如下：

```
public void add(int index, E element) {
    // 校验插入位置的有效性
    checkPositionIndex(index);
    // 如果插入位置等于链表的大小
    // 就说明插入的位置是链表的尾部
    if (index == size)
        // 调用 linkLast()方法在链表尾部添加元素
        linkLast(element);
    else
        // 调用 linkBefore()方法添加元素
        linkBefore(element, node(index));
}
```

add(int index, E element)方法调用的 checkPositionIndex()方法用于校验插入位置的有效性。checkPositionIndex()方法代码如下：

```
private void checkPositionIndex(int index) {
    if (!isPositionIndex(index))
        throw new IndexOutOfBoundsException(outOfBoundsMsg(index));
}
```

checkPositionIndex()方法调用 isPositionIndex()方法判断参数是否为现有元素的索引，isElementIndex()方法代码如下：

```java
private boolean isPositionIndex(int index) {
    return index >= 0 && index <= size;
}
```

add(int index, E element)方法调用的 node()方法用于返回指定位置的 Node 结点。node()方法代码如下：

```java
Node<E> node(int index) {
    // size >> 1 即 sise/2，>>运算符效率更高
    // 如果 index 小于 sise/2
    // 就在链表的前半部分搜索
    if (index < (size >> 1)) {
        // 获取链表的头结点
        Node<E> x = first;
        // 从 0 开始查找，直到找到 index 位置元素
        for (int i = 0; i < index; i++)
            // 修改 x 为 x 的下一个结点
            x = x.next;
        // 返回 x
        return x
    } else {
        // 如果 index 大于或等于 sise/2
        // 就在链表的后半部分搜索
        // 获取链表的尾结点
        Node<E> x = last;
        // 从 size - 1 开始查找，直到找到 index 位置的元素
        for (int i = size - 1; i > index; i--)
            // 修改 x 为 x 的前一个结点
            x = x.prev;
        // 返回 x
        return x;
    }
}
```

add(int index, E element)方法调用的 linkBefore()方法的作用是在指定元素之前插入元素，linkBefore()方法代码如下：

```java
void linkBefore(E e, Node<E> succ) {
    // 获取 succ 的前驱结点
    final Node<E> pred = succ.prev;
    // 创建新的结点 newNode
    // newNode 的前驱结点是 pred
    final Node<E> newNode = new Node<>(pred, e, succ);
    // 设置 succ 的前驱结点 prev 引用指向 newNode
    succ.prev = newNode;
    // 如果 pred 为空，就说明链表没有任何元素
    if (pred == null)
        // 设置链表头结点 first 为 newNode
        first = newNode;
    else
        // 如果 pred 非空
```

```java
        // 设置pred的next引用指向newNode
        pred.next = newNode;
    // 修改链表的大小
    size++;
    // 修改链表结构性变化的次数
    modCount++;
}
```

4.3.7 LinkedList 类查询元素的方法

1. get()方法代码解析

get()方法用于返回链表指定位置存储的元素值。get()方法代码如下：

```java
public E get(int index) {
    // 校验index的合法性
    checkElementIndex(index);
    // 调用node()方法查询index位置的Node对象并返回item
    return node(index).item;
}
```

2. indexOf()方法代码解析

indexOf()方法返回在链表中指定元素第一次出现的位置。indexOf()方法代码如下：

```java
public int indexOf(Object o) {
    // 元素o在链表中的存储位置
    int index = 0;
    // 如果o为空
    if (o == null) {
        // 从链表的头结点依次向后查找，直到找到等于o的元素
        for (Node<E> x = first; x != null; x = x.next) {
            // 如果结点x保存的元素值item为null
            if (x.item == null)
                // 返回index
                return index;
            // 如果结点x保存的元素值item不为null,index加1
            index++;
        }
    } else {
        // 从链表的头结点依次向后查找，直到找到equals()方法返回true的元素
        for (Node<E> x = first; x != null; x = x.next) {
            // 如果equals()方法返回true,就说明找到元素
            if (o.equals(x.item))
                // 返回index
                return index;
            // 如果equals()方法返回false,那么index加1
            index++;
        }
    }
    // 如果遍历整个链表未找到指定元素,就返回-1
```

```
        return -1;
    }
```

3. lastIndexOf()方法代码解析

lastIndexOf()方法返回指定元素在链表中最后一次出现的位置。lastIndexOf()方法代码如下:

```
public int lastIndexOf(Object o) {
    int index = size;
    if (o == null) {
        for (Node<E> x = last; x != null; x = x.prev) {
            index--;
            if (x.item == null)
                return index;
        }
    } else {
        for (Node<E> x = last; x != null; x = x.prev) {
            index--;
            if (o.equals(x.item))
                return index;
        }
    }
    return -1;
}
```

lastIndexOf()方法与indexOf()方法的处理逻辑类似。不同的是,indexOf()方法从链表的头结点向后查找,lastIndexOf()方法从链表的尾结点向前查找。

4. contains()方法代码解析

contains()方法用于判断链表中是否含有指定的元素。contains()方法代码如下:

```
public boolean contains(Object o) {
    return indexOf(o) != -1;
}
```

contains()方法通过调用indexOf()方法查找指定元素在链表中的存储位置,如果indexOf()方法返回-1,即未找到指定的元素,contains()方法就返回false,否则返回true。

4.3.8 LinkedList类更新元素方法

set()方法用于将LinkedList指定位置的元素更新为新的值。set()方法代码如下:

```
public E set(int index, E element) {
    // 校验index的有效性
    checkElementIndex(index);
    // 通过node()方法搜索index位置的Node对象x
    Node<E> x = node(index);
    // 获取x存储的旧值
    E oldVal = x.item;
    // 设置x存储新的值element
    x.item = element;
```

```
    // 返回 x 存储的旧值
    return oldVal;
}
```

4.3.9　LinkedList 类删除元素的方法

remove()方法用于从 LinkedList 中删除元素。remove()方法有两个重载的方法，分别是 remove(int index)和 remove(Object o)。首先分析 remove(int index)方法，此方法用于删除链表指定位置的元素。remove(int index)方法代码如下：

```
public E remove(int index) {
    // 校验 index 的有效性
    checkElementIndex(index);
    // 调用 node()方法找到 index 位置的 Node 对象
    // 通过 unlink()方法完成删除操作
    return unlink(node(index));
}
```

remove(Object o)方法用于删除链表中的指定元素。remove(Object o)方法代码如下：

```
public boolean remove(Object o) {
    // 如果要删除的对象 o 为空
    if (o == null) {
        // 从链表的头结点开始向后遍历
        for (Node<E> x = first; x != null; x = x.next) {
            // 如果找到结点 x 保存的元素是 null
            if (x.item == null) {
                // 就调用 unlink()方法删除结点 x
                unlink(x);
                // 返回删除成功
                return true;
            }
        }
    } else {
        // 如果要删除的对象 o 非空
        // 从链表的头结点开始向后遍历
        for (Node<E> x = first; x != null; x = x.next) {
            // 如果找到结点 x 保存的元素的 equals()方法返回 true
            if (o.equals(x.item)) {
                // 就调用 unlink()方法删除结点 x
                unlink(x);
                // 返回删除成功
                return true;
            }
        }
    }
    // 返回删除失败
    return false;
}
```

两个重载的 remove() 方法都通过 unlink() 方法删除元素。unlink() 方法的代码如下：

```java
E unlink(Node<E> x) {
    // 结点 x 保存的元素值
    final E element = x.item;
    // 结点 x 的前驱结点
    final Node<E> next = x.next;
    // 结点 x 的后继结点
    final Node<E> prev = x.prev;
    // 如果 prev 为空，就说明结点 x 为头结点
    if (prev == null) {
        // 修改链表头结点为 next
        first = next;
    } else {
        // 如果 prev 非空
        // prev 的 next 指向结点 x 的 next
        prev.next = next;
        // 将结点 x 的前驱结点引用置为 null
        x.prev = null;
    }
    // 如果 next 为空，就说明结点 x 为尾结点
    if (next == null) {
        // 修改链表尾结点为 prev
        last = prev;
    } else {
        // 如果 next 非空
        // next 的 prev 指向结点 x 的 prev
        next.prev = prev;
        // 将结点 x 的后继结点引用置为 null
        x.next = null;
    }
    // 将 x 保存的元素置为 null
    // 至此，结点 x 为 null，将会被 GC
    x.item = null;
    // 链表大小减 1
    size--;
    // 修改结构性变化的次数
    modCount++;
    // 返回被删除的结点 x 保存的值 element
    return element;
}
```

4.3.10 LinkedList 类批量方法

1. addAll() 方法代码解析

addAll() 方法有两个重载的方法，分别是 addAll(Collection<? extends E> c) 和 addAll(int index, Collection<? extends E> c)。首先分析 addAll(Collection<? extends E> c)，代码如下：

```java
public boolean addAll(Collection<? extends E> c) {
```

```
        return addAll(size, c);
}
```

addAll(Collection<? extends E> c)默认将集合 c 中的所有元素添加到链表的尾部。如果想指定集合 c 插入的位置，就需要使用 addAll(int index, Collection<? extends E> c)方法。addAll(int index, Collection<? extends E> c)方法代码如下：

```
public boolean addAll(int index, Collection<? extends E> c) {
    // 校验插入集合 c 的位置的有效性
    checkPositionIndex(index);
    // 获取一个包含集合 c 中所有元素的数组 a
    Object[] a = c.toArray();
    // 数组 a 的长度 numNew
    int numNew = a.length;
    // 如果 numNew 为 0
    if (numNew == 0)
        // 返回添加失败
        return false;
    // pred: 前驱结点
    // succ: 后继结点
    Node<E> pred, succ;
    // 如果插入位置 index 等于链表的长度 size
    // 即插入的位置在链表的尾部
    if (index == size) {
        // 设置 succ 为空
        succ = null;
        // 设置 pred 为链表尾结点 last
        pred = last;
    } else {
        // 如果插入的位置不是链表的尾部
        // 设置 succ 为链表 index 位置的 Node 结点
        succ = node(index);
        // 设置 pred 为 succ 的前一个结点
        pred = succ.prev;
    }
    // 遍历数组 a
    for (Object o : a) {
        @SuppressWarnings("unchecked") E e = (E) o;
        // 使用数组 a 中的每个元素和对应的前驱结点 pred 创建一个 Node 对象
        Node<E> newNode = new Node<>(pred, e, null);
        // 如果前驱结点 pred 为空
        if (pred == null)
            // 说明创建的新结点 newNode 是链表中的头结点
            first = newNode;
        else
            // 如果前驱结点 pred 非空
            // 修改前驱结点 pred 的 next 指向 newNode 对象
            pred.next = newNode;
        pred = newNode;
    }
```

```java
        // 如果后继结点 succ 为空
        if (succ == null) {
            // 修改链表尾结点为 pred
            last = pred;
        } else {
            // 如果后继结点 succ 非空
            // 修改 pred 的 next 引用指向 succ
            pred.next = succ;
            // 修改后继结点 succ 的 prev 引用为 pred
            succ.prev = pred;
        }
        // 修改 LinkedList 的大小
        size += numNew;
        // 修改结构性变化的次数
        modCount++;
        // 返回添加成功
        return true;
    }
```

2. clear()方法代码解析

clear()方法从链表中删除所有元素。clear()方法代码如下：

```java
public void clear() {
    // 从头结点开始向后遍历
    for (Node<E> x = first; x != null; ) {
        // 获取链表的每个结点
        Node<E> next = x.next;
        // 将结点的 item 属性置为 null
        x.item = null;
        // 将结点的 next 属性置为 null
        x.next = null;
        // 将结点的 prev 属性置为 null
        x.prev = null;
        x = next;
    }
    // 将链表头结点和尾结点置为 null
    first = last = null;
    // 修改链表的大小为 0
    size = 0;
    // 修改结构性变化的次数
    modCount++;
}
```

4.3.11　LinkedList 类的迭代器

LinkedList 类的父类 AbstractSequentialList 中含有 iterator()方法，iterator()方法返回 LinkedList 类的迭代器。iterator()方法代码如下：

```java
public Iterator<E> iterator() {
```

```
        return listIterator();
    }
```

iterator()方法调用的 listIterator()方法位于其父类 AbstractList 中。listIterator()方法代码如下：

```
public ListIterator<E> listIterator() {
    return listIterator(0);
}
```

listIterator()方法在 LinkedList 类中的实现如下：

```
public ListIterator<E> listIterator(int index) {
    // 校验 index 的有效性
    checkPositionIndex(index);
    // 返回 ListItr 对象
    return new ListItr(index);
}
```

listIterator()方法返回 ListItr 对象。下面分析 ListItr 类的代码。

1. ListItr 类的声明

```
private class ListItr implements ListIterator<E>
```

ListItr 类实现了 ListIterator 接口，ListIterator 接口继承了 Iterator 接口。

2. ListItr 类的属性

ListItr 类的属性如下：

```
// 上次通过迭代器输出的 Node 结点
private Node<E> lastReturned;
// 下一个将要通过迭代器输出的 Node 结点
private Node<E> next;
// 下一个元素的存储位置
private int nextIndex;
// expectedModCount 初始值等于父类 AbstractList 中的 modCount
private int expectedModCount = modCount;
```

3. ListItr 类的构造器

ListItr 类的构造器如下：

```
ListItr(int index) {
    // 如果 index 等于 size，就将 next 设置为 null
    // 如果 index 不等于 size，就查找 index 位置的 Node 赋值给 next
    next = (index == size) ? null : node(index);
    // 将 index 赋值给 nextIndex
    nextIndex = index;
}
```

4. ListItr 类的 hasNext()方法

ListItr 类实现 hasNext()方法用于判断是否还有下一个元素可以迭代。hasNext()方法的代码如下：

```java
public boolean hasNext() {
    // 如果下一个将要返回的元素的索引位置小于 size
    // 就说明还有元素可以迭代输出，返回 true，否则返回 false
    return nextIndex < size;
}
```

5. ListItr 类的 next()方法

next()方法用于输出下一个元素。next()方法代码如下：

```java
public E next() {
    // 检查是否有并发修改
    checkForComodification();
    // 调用 hasNext()方法判断是否还有下一个元素
    if (!hasNext())
        // 如果没有下一个元素，就抛出 NoSuchElementException 异常
        throw new NoSuchElementException();
    // 修改 lastReturned 等于 next
    lastReturned = next;
    // 修改 next 为 next 的后继结点
    next = next.next;
    // 修改下一个元素的索引位置
    nextIndex++;
    // 返回 lastReturned 存储的元素值
    return lastReturned.item;
}
```

6. ListItr 类的 hasPrevious()方法

hasPrevious()方法用于判断是否有前一个元素。hasPrevious()方法代码如下：

```java
public boolean hasPrevious() {
    // nextIndex 是否大于 0。nextIndex 初始状态值为 0
    return nextIndex > 0;
}
```

7. ListItr 类的 previous()方法

previous()方法用于返回前一个元素。previous()方法代码如下：

```java
public E previous() {
    // 校验是否有并发修改
    checkForComodification();
    // 如果不存在前一个元素
    if (!hasPrevious())
        // 就抛出 NoSuchElementException 异常
        throw new NoSuchElementException();
    // 修改 lastReturned 和 next
    lastReturned = next = (next == null) ? last : next.prev;
    // 修改 nextIndex
    nextIndex--;
    // 返回 lastReturned 存储的元素值
    return lastReturned.item;
}
```

8. ListItr 类的 nextIndex()方法

nextIndex()方法用于返回下一个将要输出的元素的位置。nextIndex()方法代码如下：

```java
public int nextIndex() {
    return nextIndex;
}
```

9. ListItr 类的 previousIndex()方法

previousIndex()方法用于返回前一个输出的元素的位置。previousIndex()方法代码如下：

```java
public int previousIndex() {
    return nextIndex - 1;
}
```

10. ListItr 类的 remove()方法

remove()方法用于删除迭代器上一次输出的元素。remove()方法代码如下：

```java
public void remove() {
    // 检测是否存在并发修改
    checkForComodification();
    // 如果上一个返回的元素为 null
    if (lastReturned == null)
        // 就抛出 IllegalStateException 异常
        throw new IllegalStateException();
    // lastReturned 的后继结点
    Node<E> lastNext = lastReturned.next;
    // 调用 unlink()方法删除 lastReturned
    unlink(lastReturned);
    // 如果 next 等于 lastReturned
    if (next == lastReturned)
        // 设置 next 等于 lastNext
        next = lastNext;
    else
        // 如果 next 不等于 lastReturned
        // nextIndex 减 1
        nextIndex--;
    // 设置 lastReturned 为 null
    lastReturned = null;
    // 修改迭代器中的结构性变化次数
    expectedModCount++;
}
```

11. ListItr 类的 set()方法

set()方法用于迭代器更新元素。set()方法代码如下：

```java
public void set(E e) {
    // 如果迭代器上次返回的元素为 null
    if (lastReturned == null)
        // 就抛出 IllegalStateException 异常
        throw new IllegalStateException();
```

```
    // 检测是否存在并发修改
    checkForComodification();
    // 设置 lastReturned 存储的元素为 e
    lastReturned.item = e;
}
```

12. ListItr 类的 forEachRemaining()方法

forEachRemaining()方法用于对剩余元素执行给定操作。forEachRemaining()方法的代码如下：

```
public void forEachRemaining(Consumer<? super E> action) {
    // 校验 action 非空
    Objects.requireNonNull(action);
    // 从 next 对象开始，依次向后迭代，分别调用 action.accept()方法
    while (modCount == expectedModCount && nextIndex < size) {
        action.accept(next.item);
        lastReturned = next;
        next = next.next;
        nextIndex++;
    }
    // 检测是否存在并发修改
    checkForComodification();
}
```

13. 反向迭代器

LinkedList 提供了反向迭代器 DescendingIterator 类，DescendingIterator 迭代器主要是通过 ListItr 迭代器的 previous()实现从链表尾结点向前迭代的。DescendingIterator 代码如下：

```
private class DescendingIterator implements Iterator<E> {
    private final ListItr itr = new ListItr(size());
    public boolean hasNext() {
        return itr.hasPrevious();
    }
    public E next() {
        return itr.previous();
    }
    public void remove() {
        itr.remove();
    }
}
```

4.3.12　LinkedList 常见面试考点

LinkedList 常见面试考点如下：

（1）LinkedList 是基于双向链表实现的容器。
（2）LinkedList 的存储模型。
（3）LinkedList 查找时间复杂度。
（4）LinkedList 迭代器。

(5) LinkedList 线程安全问题及与之对应的并发容器。
(6) LinkedList 作为队列使用时的相关考点。

4.4 Deque

Deque（Double Ended Queue）支持在队列两端插入和移除元素的特殊队列，该接口定义了访问双端队列两端的元素的方法。

4.4.1 Deque 类的使用方式

Deque 常见的使用方式如下：

```
/**
 * @Author : zhouguanya
 * @Project : java-interview-guide
 * @Date : 2019/8/12 15:54
 * @Version : V1.0
 * @Description : LinkedList 用作 Queue 的使用方式
 */
public class QueueDemo {
    public static void main(String[] args) {
        // 创建一个队列
        Deque<String> queue = new LinkedList<>();
        // 向队列中添加元素
        queue.offer("a");
        queue.offer("b");
        queue.offer("c");
        queue.offer("d");
        queue.offer("e");
        // 打印队列中的元素
        queue.forEach(string
            -> System.out.printf("输出 queue 中的元素：%s%n",
                string));
        // 返回第一个元素，并在队列中删除
        System.out.printf("输出 queue 中的第一个元素：%s%n",
            queue.poll());
        // 返回第一个元素，但不删除
        System.out.printf("输出 queue 中的第一个元素：%s%n",
            queue.element());
        // 返回第一个元素，但不删除
        System.out.printf("输出 queue 中的第一个元素：%s%n",
            queue.peek());
        queue.forEach(string
            -> System.out.printf("输出 queue 中的元素：%s%n",
                string));
        // 队列尾部加入 f
```

```
        queue.offerLast("f");
        // 返回最后一个元素,但不删除
        System.out.printf("输出 queue 中的最后一个元素: %s%n",
                queue.peekLast());
        // 返回最后一个元素,并删除
        System.out.printf("输出 queue 中的最后一个元素: %s%n",
                queue.pollLast());

        // 队列头部加入新元素 z
        queue.push("z");
        // 打印队列中的元素
        queue.forEach(string
                -> System.out.printf("输出 queue 中的元素: %s%n",
                string));
    }
}
```

执行以上代码,执行结果如下:

```
输出 queue 中的元素: a
输出 queue 中的元素: b
输出 queue 中的元素: c
输出 queue 中的元素: d
输出 queue 中的元素: e
输出 queue 中的第一个元素: a
输出 queue 中的第一个元素: b
输出 queue 中的第一个元素: b
输出 queue 中的元素: b
输出 queue 中的元素: c
输出 queue 中的元素: d
输出 queue 中的元素: e
输出 queue 中的最后一个元素: f
输出 queue 中的最后一个元素: f
输出 queue 中的元素: z
输出 queue 中的元素: b
输出 queue 中的元素: c
输出 queue 中的元素: d
输出 queue 中的元素: e
```

4.4.2 Queue 接口

Queue 接口的声明如下:

```
public interface Queue<E> extends Collection<E>
```

Queue 接口继承自 Collection 接口。Queue 接口的方法如下:

```
/**
 * 在没有超出队列容量限制的前提下,向队列添加新元素
 * 添加成功返回 true。如果空间不足,就抛出 IllegalStateException 异常
 */
```

```java
boolean add(E e);

/**
 * 在没有超出队列容量限制的前提下，向队列添加新元素
 * 对于有容量限制的队列，此方法比 add() 方法更好
 */
boolean offer(E e);

/**
 * 检索并删除此队列的头
 * 此方法与 poll() 方法的不同之处在于，如果队列为空，就抛出异常
 */
E remove();

/**
 * 检索并删除此队列的头
 * 如果队列为空，就返回 null
 */
E poll();

/**
 * 检索但不删除此队列的头
 * 此方法不同于 peek() 之处在于，如果队列为空，就抛出异常
 */
E element();

/**
 * 检索但不删除此队列的头
 * 如果队列为空，就返回 null
 */
E peek();
```

4.4.3 Deque 接口

Deque 接口继承自 Queue 接口。Deque 接口的声明如下：

```java
public interface Deque<E> extends Queue<E>
```

Deque 接口继承自 Queue 接口。Deque 接口的方法如下：

```java
/**
 * 在没有超出队列容量限制的前提下，向队列头部添加新元素
 * 如果空间不足，就抛出 IllegalStateException 异常
 */
void addFirst(E e);

/**
 * 在没有超出队列容量限制的前提下，向队列尾部添加新元素
 * 如果空间不足，就抛出 IllegalStateException 异常
 */
```

```java
void addLast(E e);

/**
 * 在没有超出队列容量限制的前提下，向队列尾部添加新元素
 */
boolean offerFirst(E e);

/**
 * 在没有超出队列容量限制的前提下，向队列尾部添加新元素
 */
boolean offerLast(E e);

/**
 * 检索并删除此双端队列的第一个元素
 */
E removeFirst();

/**
 * 检索并删除此双端队列的最后一个元素
 */
E removeLast();

/**
 * 检索并删除此双端队列的第一个元素
 */
E pollFirst();

/**
 * 检索并删除此双端队列的最后一个元素
 */
E pollLast();

/**
 * 检索但不删除此双端队列的第一个元素
 */
E getFirst();

/**
 * 检索但不删除此双端队列的最后一个元素
 */
E getLast();

/**
 * 检索但不删除此双端队列的第一个元素
 */
E peekFirst();

/**
 * 检索但不删除此双端队列的最后一个元素
 */
```

```java
E peekLast();

/**
 * 从此双端队列删除第一次出现的指定元素
 */
boolean removeFirstOccurrence(Object o);

/**
 * 从此双端队列移除最后一次出现的指定元素
 */
boolean removeLastOccurrence(Object o);

// *** 以下是队列的方法 ***

/**
 * 将指定的元素插入此双端队列中
 */
boolean add(E e);

/**
 * 将指定的元素插入此双端队列中
 */
boolean offer(E e);

/**
 * 检索并删除此双端队列的头部
 */
E remove();

/**
 * 检索并删除此双端队列的头部
 */
E poll();

/**
 * 检索但不删除此双端队列的头部
 */
E element();

/**
 * 检索但不删除此双端队列的头部
 */
E peek();


// *** 以下是栈的方法 ***

/**
 * 将元素压入此双端队列表示的栈上
 */
```

```
void push(E e);

/**
 * 从此双端队列表示的栈中弹出一个元素
 */
E pop();


*** 以下是集合中的方法 ***

/**
 * 从此双端队列删除第一次出现的指定元素
 */
boolean remove(Object o);

/**
 * 返回此双端队列是否包含指定的元素
 */
boolean contains(Object o);

/**
 * 返回此双端队列中的元素数
 */
public int size();

/**
 * 以适当的顺序返回此双端队列中的元素的迭代器
 */
Iterator<E> iterator();

/**
 * 以反向顺序返回此双端队列中的元素的迭代器
 */
Iterator<E> descendingIterator();
```

通过以上 Deque 接口包含的方法可知，Deque 是一个双向队列，可以在队头和队尾分别进行入队和出队等操作。除此之外，Deque 还可以当作栈数据结构使用，实现入栈和出栈。

Deque 类图如图 4-5 所示。

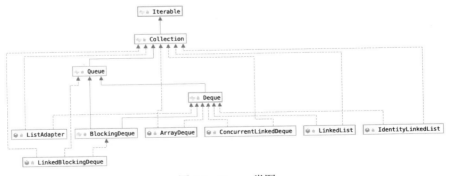

图 4-5　Deque 类图

从图 4-5 可知，Deque 接口的实现类有很多。本书仅以 LinkedList 为例，阐述 Deque 作为双向队列的使用及其实现方式。

4.4.4　LinkedList 类的 addFirst()方法

LinkedList 类实现了 Deque 接口，重写了 addFirst()方法。addFirst()方法代码如下：

```java
/**
 * 在队列头部添加新元素
 */
public void addFirst(E e) {
    linkFirst(e);
}
```

addFirst()方法调用 linkFirst()方法实现在队列头部添加元素。linkFirst()方法代码如下：

```java
/**
 * 链接 e 并使之成为第一个元素
 */
private void linkFirst(E e) {
    // 当前队列的第一个元素
    final Node<E> f = first;
    // 创建一个新的 Node 对象
    final Node<E> newNode = new Node<>(null, e, f);
    // 修改队列第一个元素引用 first 指向 newNode
    first = newNode;
    // 如果 f 为空，就说明队列没有任何元素
    // 将队列最后一个元素引用 last 指向 newNode。
    if (f == null)
        last = newNode;
    // 如果原来 f 非空
    else
        // 将 f 的前驱结点的引用指向 newNode
        f.prev = newNode;
    // 修改队列的元素个数
    size++;
    // 修改结构性变化次数
    modCount++;
}
```

4.4.5　LinkedList 类的 addLast()方法

```java
/**
 * 在队列尾部添加一个新元素
 */
public void addLast(E e) {
    linkLast(e);
}
```

addFirst()方法调用 linkLast()方法实现在队列头部添加元素。linkFirst()方法代码如下：

```java
/**
 * 链接 e 并使之称为最后一个结点
 */
void linkLast(E e) {
    // 队列的最后一个结点
    final Node<E> l = last;
    // 创建一个新的 Node 结点
    final Node<E> newNode = new Node<>(l, e, null);
    // 设置队列最后一个结点为 newNode
    last = newNode;
    // 如果 l 为空，就说明原队列中没有元素
    if (l == null)
        // 将队列第一个元素 first 的引用指向 newNode
        first = newNode;
    // 如果 l 非空
    else
        // 设置 l 的后继结点为 newNode
        l.next = newNode;
    // 修改队列的元素个数
    size++;
    // 修改结构性变化次数
    modCount++;
}
```

4.4.6 LinkedList 类的 offerFirst()方法

```java
/**
 * 在队列头部添加新元素
 */
public boolean offerFirst(E e) {
    addFirst(e);
    return true;
}
```

通过 offerFirst()方法的代码可知，offerFirst()方法通过 addFirst()方法实现在队列头部添加新元素。addFirst()方法的具体实现可参考 4.4.4 小节。

4.4.7 LinkedList 类的 offerLast()方法

```java
/**
 * 在队列尾部添加新元素
 */
public boolean offerLast(E e) {
    addLast(e);
    return true;
}
```

通过 offerLast()方法的代码可知,offerLast()方法通过 addLast()方法实现在队列头部添加新元素。addLast()方法的具体实现可参考 4.4.5 小节。

4.4.8　LinkedList 类的 removeFirst()方法

```java
/**
 * 删除队列头结点
 */
public E removeFirst() {
    // 获取链表头结点
    final Node<E> f = first;
    // 链表头结点为空,抛出异常
    if (f == null)
        throw new NoSuchElementException();
    return unlinkFirst(f);
}
```

removeFirst()方法通过 unlinkFirst()方法实现删除队列头结点。unlinkFirst()方法代码如下:

```java
/**
 * 删除非空的头结点 f
 */
private E unlinkFirst(Node<E> f) {
    // assert f == first && f != null;
    final E element = f.item;
    // 结点 f 的下一个结点
    final Node<E> next = f.next;
    // 删除结点 f
    f.item = null;
    f.next = null; // help GC
    // 设置头结点等于原头结点的下一个结点
    first = next;
    // 如果 next 结点为空
    if (next == null)
        // 将 last 结点设置为空
        last = null;
    else
        // 如果 next 结点非空
        // next 结点的 prev 引用置为空
        next.prev = null;
    // 队列元素个数减 1
    size--;
    // 结构性变化次数加 1
    modCount++;
    // 返回删除的元素
    return element;
}
```

4.4.9　LinkedList 类的 removeLast()方法

```java
/**
 * 删除队列尾结点
 */
public E removeLast() {
    // 获取队列尾结点
    final Node<E> l = last;
    // 队列尾结点为空
    if (l == null)
        // 抛出 NoSuchElementException 异常
        throw new NoSuchElementException();
    // 调用 unlinkLast()方法
    return unlinkLast(l);
}
```

removeLast()方法通过 unlinkLast()方法实现删除队列头结点。unlinkLast()方法代码如下：

```java
/**
 * 删除非空的尾结点 l
 */
private E unlinkLast(Node<E> l) {
    // 尾结点存储的元素值
    final E element = l.item;
    // 尾结点的前一个结点
    final Node<E> prev = l.prev;
    // 尾结点元素值置为 null
    l.item = null;
    // 尾结点的 prev 引用置为 null
    l.prev = null; // help GC
    // 尾结点设置为 prev
    last = prev;
    // 如果 prev 结点为空
    if (prev == null)
        // 就设置头结点为 null
        first = null;
    else
        // 如果 prev 结点非空
        // prev 结点的 next 引用置为 null
        prev.next = null;
    // 队列包含的元素个数减 1
    size--;
    // 结构性变化次数加 1
    modCount++;
    // 返回删除的元素
    return element;
}
```

4.4.10 LinkedList 类的 pollFirst()方法

```
/**
 * 返回并删除队列头部元素
 */
public E pollFirst() {
    // 获取队列的头结点
    final Node<E> f = first;
    // 如果队列头结点为 null, 就返回 null
    // 否则调用 unlinkFirst()方法
    return (f == null) ? null : unlinkFirst(f);
}
```

pollFirst()方法主要是用 unlinkFirst()方法删除队列头部元素。unlinkFirst()方法的具体实现可参考 4.4.8 小节。

4.4.11 LinkedList 类的 pollLast()方法

```
/**
 * 获取并删除队列尾部元素
 */
public E pollLast() {
    // 获取队尾结点
    final Node<E> l = last;
    // 如果队尾结点为 null, 就返回 null
    // 否则调用 unlinkLast()方法
    return (l == null) ? null : unlinkLast(l);
}
```

pollLast()方法主要是用 unlinkLast()方法删除队列尾部元素。unlinkLast()方法的具体实现可参考 4.4.9 小节。

4.4.12 LinkedList 类的 getFirst()方法

getFirst()方法用于获取头结点存储的元素值。getFirst()方法代码如下:

```
/**
 * 获取头结点存储的元素值
 */
public E getFirst() {
    // 获取队列头结点
    final Node<E> f = first;
    // 如果头结点为 null
    if (f == null)
    // 抛出 NoSuchElementException 异常
        throw new NoSuchElementException();
```

```
    // 返回结点 f 保存的元素值
    return f.item;
}
```

4.4.13　LinkedList 类的 getLast()方法

getLast()方法用于获取尾结点存储的元素值。getLast()方法代码如下：

```
/**
 * 获取尾结点存储的元素值
 */
public E getLast() {
    // 获取队列的尾部结点
    final Node<E> l = last;
    // 如果尾部结点为 null
    if (l == null)
        // 抛出 NoSuchElementException 异常
        throw new NoSuchElementException();
    // 返回尾部结点保存的元素值
    return l.item;
}
```

4.4.14　LinkedList 类的 peekFirst()方法

peekFirst()方法用于获取但不删除队列头部元素。peekFirst()方法代码如下：

```
/**
 * 获取但不删除队列头部元素
 */
public E peekFirst() {
    // 获取队列头部结点
    final Node<E> f = first;
    // 如果头部结点为 null，就返回 null
    // 否则返回头部结点保存的元素值
    return (f == null) ? null : f.item;
}
```

4.4.15　LinkedList 类的 peekLast()方法

peekLast()方法用于检索但不删除此双端队列的最后一个元素。peekLast()方法代码如下：

```
/**
 * 获取但是不删除队列尾部元素
 */
public E peekLast() {
    // 获取队列尾结点
    final Node<E> l = last;
    // 如果尾结点为 null，就返回 null
```

```
        // 如果尾结点不为null，就返回尾结点保存的元素值
        return (l == null) ? null : l.item;
}
```

4.4.16　LinkedList 类的 add()方法

add()方法用于在队列尾部添加元素。add()方法代码如下：

```
/**
 * 将指定的元素插入此队列的尾部
 */
public boolean add(E e) {
    linkLast(e);
    return true;
}
```

add()方法调用 linkLast()方法在队列尾部加入元素。linkLast()方法的具体实现可参考4.4.5小节。

4.4.17　LinkedList 类的 offer()方法

offer()方法将指定的元素插入此队列中。offer()方法代码如下：

```
/**
 * 将指定的元素插入此队列中
 */
public boolean offer(E e) {
    return add(e);
}
```

offer()方法调用 add()方法实现添加元素。add()方法的具体实现可参考4.4.16小节。

4.4.18　LinkedList 类的 remove()方法

remove()方法用于检索并删除此队列的头部。remove()方法代码如下：

```
/**
 * 检索并删除此队列的头部
 */
public E remove() {
    return removeFirst();
}
```

remove()方法调用 removeFirst()方法完成队列头部的删除。removeFirst()方法的具体实现可参考4.4.8小节。

4.4.19　LinkedList 类的 poll()方法

poll()方法用于检索并删除此队列的头部。poll()方法代码如下：

```
/**
 * 检索并删除此队列的头部
 */
public E poll() {
    // 获取队列头部结点
    final Node<E> f = first;
    // 如果头部结点为 null，就返回 null
    // 否则调用 unlinkFirst()方法
    return (f == null) ? null : unlinkFirst(f);
}
```

poll()方法调用 unlinkFirst()方法实现功能。unlinkFirst()方法的具体实现可参考 4.4.8 小节。

4.4.20　LinkedList 类的 element()方法

element()方法用于检索但不删除此队列的头部。element()方法代码如下：

```
/**
 * 检索但不删除此队列的头部
 */
public E element() {
    return getFirst();
}
```

element()方法调用 getFirst()方法实现功能。getFirst()方法的具体实现可参考 4.4.12 小节。

4.4.21　LinkedList 类的 peek()方法

peek()方法用于检索但不删除此双端队列的头部。peek()方法代码如下：

```
/**
 * 检索但不删除此双端队列的头部
 */
public E peek() {
    // 获取队列的头部结点
    final Node<E> f = first;
    // 如果队列头部结点为 null，就返回 null
    // 否则返回头部结点保存的元素值
    return (f == null) ? null : f.item;
}
```

4.4.22　LinkedList 类的 removeFirstOccurrence()方法

removeFirstOccurrence()方法从队列删除第一次出现的指定元素。

```java
/**
 * 从队列删除第一次出现的指定元素
 */
public boolean removeFirstOccurrence(Object o) {
    return remove(o);
}
```

removeFirstOccurrence()方法调用 remove()方法实现功能。remove()方法的具体实现可参考 4.4.18 小节。

4.4.23　LinkedList 类的 removeLastOccurrence()方法

removeLastOccurrence()方法用于从队列移除最后一次出现的指定元素。

```java
/**
 * 从队列移除最后一次出现的指定元素
 */
public boolean removeLastOccurrence(Object o) {
    // 如果删除的元素是 null
    if (o == null) {
    // 遍历队列
        for (Node<E> x = last; x != null; x = x.prev) {
            // 如果找到某个结点保存的元素值是 null
            if (x.item == null) {
              // 就调用 unlink()方法
                unlink(x);
                // 返回删除成功
                return true;
            }
        }
    } else {
        // 如果删除的元素不是 null
        // 遍历队列
        for (Node<E> x = last; x != null; x = x.prev) {
            // 如果 equals()方法返回 true
            if (o.equals(x.item)) {
                // 就调用 unlink()方法
                unlink(x);
                // 返回删除成功
                return true;
            }
        }
    }
    // 返回删除失败
```

```
    return false;
}
```

removeLastOccurrence()方法主要通过 unlink()方法实现功能。unlink()方法代码如下：

```
/**
 * 删除结点
 */
E unlink(Node<E> x) {
    // 获取结点 x 保存的元素
    final E element = x.item;
    // 获取结点 x 的后一个结点 next
    final Node<E> next = x.next;
    // 获取结点 x 的前一个结点 prev
    final Node<E> prev = x.prev;
    // 如果 prev 为 null，就说明删除的结点是头部结点
    if (prev == null) {
        // 修改头结点 first 为 next
        first = next;
    } else {
        // 如果 prev 不为 null
        // 设置 prev 的后继结点为 next
        prev.next = next;
        // 设置 x 的前驱结点为 null
        x.prev = null;
    }
    // 如果 next 为 null，就说明删除的是尾部结点
    if (next == null) {
        // 修改 last 为 prev
        last = prev;
    } else {
        // 如果 next 不为 null
        next.prev = prev;
        // 设置 x 的后继结点为 null
        x.next = null;
    }
    // 将结点 x 保存的元素置为 null
    x.item = null;
    // 队列保存的元素个数减 1
    size--;
    // 结构性变化次数加 1
    modCount++;
    // 返回删除的结点保存的元素
    return element;
}
```

4.4.24　LinkedList 类的 push()方法

push()方法是将元素压入此双端队列表示的栈上。push()方法的代码如下：

```
/**
 * 入栈
 */
public void push(E e) {
    addFirst(e);
}
```

push()方法调用 addFirst()方法实现功能。addFirst()方法的具体实现可参考 4.4.4 小节。

4.4.25　LinkedList 类的 pop()方法

pop()方法是从此双端队列表示的栈中弹出一个元素。pop()方法的代码如下：

```
/**
 * 出栈
 */
public E pop() {
    return removeFirst();
}
```

pop()方法调用 removeFirst()方法实现功能。removeFirst()方法的具体实现可参考 4.4.8 小节。

4.4.26　Deque 常见面试考点

Deque 常见面试考点如下：

（1）Deque 是一种可以在两端插入和移除元素的特殊队列。
（2）LinkedList 对 Deque 的支持和实现。
（3）Deque 查找时间复杂度。
（4）JDK 并发编程框架对 Deque 的支持和实现。

4.5　PriorityQueue

PriorityQueue 是优先级队列，PriorityQueue 的作用是保证每次出队的元素都是队列中权值最小的。PriorityQueue 中元素大小的比较可以通过元素本身的自然顺序（Natural Ordering）实现，也可以通过构造时传入的比较器实现。

4.5.1　PriorityQueue 类的使用方式

```
/**
 * @Author  : zhouguanya
 * @Project : java-interview-guide
 * @Date    : 2019-09-28 15:06
```

```
 * @Version : V1.0
 * @Description : 优先级队列使用方式
 */
public class PriorityQueueDemo {
    public static void main(String[] args) {
        PriorityQueue<String> priorityQueue = new PriorityQueue<>();
        // 优先级队列入列
        priorityQueue.add("1");
        priorityQueue.offer("2");
        priorityQueue.offer("5");
        priorityQueue.offer("3");
        priorityQueue.offer("4");

        // 获取队列头部元素，但是不删除
        System.out.print("队列头部元素是：");
        System.out.println(priorityQueue.peek());

        // 优先级队列出列
        System.out.print("依次将元素出队：");
        System.out.print(priorityQueue.poll() + " ");
        System.out.print(priorityQueue.poll() + " ");
        System.out.print(priorityQueue.poll() + " ");
        System.out.print(priorityQueue.poll() + " ");
        System.out.print(priorityQueue.poll());
    }
}
```

执行以上代码，执行结果如下：

```
队列头部元素是：1
依次将元素出队：1 2 3 4 5
```

4.5.2　PriorityQueue 类的声明

PriorityQueue 类的声明如下：

```
public class PriorityQueue<E> extends AbstractQueue<E>
    implements java.io.Serializable
```

PriorityQueue 实现了 Queue 接口，不允许存储 null 元素。PriorityQueue 通过小顶堆实现功能。PriorityQueue 类图如图 4-6 所示。

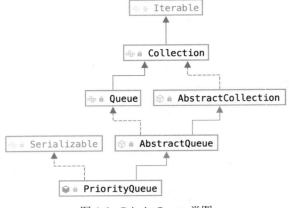

图 4-6　PriorityQueue 类图

4.5.3　PriorityQueue 类的属性

```java
/**
 * 优先级队列的默认初始容量为 11
 */
private static final int DEFAULT_INITIAL_CAPACITY = 11;

/**
 * 存放优先级队列数据的数组
 * 此数组存储的是小顶堆
 * 元素 queue[n]的孩子分别是 queue[2*n+1]和 queue[2*(n+1)]
 */
transient Object[] queue;

/**
 * 优先级队列中元素的数量
 */
private int size = 0;

/**
 * 用于比较元素大小的比较器，如果使用自然序，就可以为空
 */
private final Comparator<? super E> comparator;

/**
 * 优先级队列发生结构性变化的次数
 */
transient int modCount = 0;

/**
 * 数组的最大容量
 */
private static final int MAX_ARRAY_SIZE = Integer.MAX_VALUE - 8
```

4.5.4 PriorityQueue 类的构造器

1. 无参构造器

```
/**
 * 无参构造器，创建默认大小的数组和空的比较器
 */
public PriorityQueue() {
    this(DEFAULT_INITIAL_CAPACITY, null);
}
```

创建一个容量 DEFAULT_INITIAL_CAPACITY，即默认容量的优先级队列，其中的元素使用自然序进行排序。

2. 指定容量的构造器

```
/**
 * 创建指定容量的优先级队列
 */
public PriorityQueue(int initialCapacity) {
    this(initialCapacity, null);
}
```

此构造器指定优先级队列的容量，其中的元素使用自然序进行排序。

3. 指定比较器的构造器

```
/**
 * 使用指定的构造器创建优先级队列，容量为默认容量
 */
public PriorityQueue(Comparator<? super E> comparator) {
    this(DEFAULT_INITIAL_CAPACITY, comparator);
}
```

创建指定比较器的构造器，此优先级队列的容量为 DEFAULT_INITIAL_CAPACITY，即默认容量。

4. 指定容量和比较器的构造器

```
/**
 * 指定容量和比较器的构造器
 */
public PriorityQueue(int initialCapacity,
                     Comparator<? super E> comparator) {
    // 优先级队列的初始化容量校验
    // 注意：这里的约束是非必需的，仅仅为了兼容 JDK 1.5
    if (initialCapacity < 1)
        throw new IllegalArgumentException();
    // 初始化数组
    this.queue = new Object[initialCapacity];
    // 初始化比较器
    this.comparator = comparator;
}
```

创建指定容量和指定比较器的优先级队列。

5. 使用集合参数的构造器

```java
/**
 * 使用一个集合作为入参的构造器
 */
@SuppressWarnings("unchecked")
public PriorityQueue(Collection<? extends E> c) {
    // 如果集合是 SortedSet
    if (c instanceof SortedSet<?>) {
        SortedSet<? extends E> ss = (SortedSet<? extends E>) c;
        // 初始化优先级队列的比较器
        this.comparator = (Comparator<? super E>) ss.comparator();
        // 初始化优先级队列
        initElementsFromCollection(ss);
    }
    // 如果集合是一个优先级队列
    else if (c instanceof PriorityQueue<?>) {
        PriorityQueue<? extends E> pq = (PriorityQueue<? extends E>) c;
        // 初始化优先级队列的比较器
        this.comparator = (Comparator<? super E>) pq.comparator();
        // 初始化优先级队列
        initFromPriorityQueue(pq);
    }
    else {
        // 初始化比较器为空
        this.comparator = null;
        // 初始化优先级队列
        initFromCollection(c);
    }
}
```

如果传入的集合是 SortedSet 对象，就使用 SortedSet 对象的比较器作为优先级队列的比较器，并且通过 initElementsFromCollection() 初始化优先级队列。

```java
/**
 * 使用一个集合初始化优先级队列
 */
private void initElementsFromCollection(Collection<? extends E> c) {
    // 将集合中的元素存入数组
    Object[] a = c.toArray();
    // 如果 c.toArray 返回的不是 Object[]，就再次复制
    if (a.getClass() != Object[].class)
        a = Arrays.copyOf(a, a.length, Object[].class);
    // 数组 a 的长度
    int len = a.length;
    // 如果 a 的长度为 1 或者比较器非空
    if (len == 1 || this.comparator != null)
        for (int i = 0; i < len; i++)
            // 如果发现 null 元素
```

```
            if (a[i] == null)
                // 就抛出 NullPointerException 异常
                throw new NullPointerException();
    // 初始化优先级队列的数组
    this.queue = a;
    // 初始化优先级队列的长度
    this.size = a.length;
}
```

如果传入的集合是 PriorityQueue 对象,就使用 PriorityQueue 对象的比较器作为优先级队列的比较器,并且通过 initFromPriorityQueue() 初始化优先级队列。

```
/**
 * 使用一个优先级队列初始化优先级队列
 */
private void initFromPriorityQueue(PriorityQueue<? extends E> c) {
    // 如果入参是一个优先级队列
    if (c.getClass() == PriorityQueue.class) {
        // 初始化数组
        this.queue = c.toArray();
        // 初始化长度
        this.size = c.size();
    } else {
        // 如果入参不是优先级队列
        // 调用 initFromCollection() 方法
        initFromCollection(c);
    }
}
```

initFromPriorityQueue() 方法会调用 initFromCollection() 方法实现功能。initFromCollection() 方法代码如下:

```
/**
 * 使用集合初始化优先级队列
 */
private void initFromCollection(Collection<? extends E> c) {
    // 调用 initElementsFromCollection() 方法
    initElementsFromCollection(c);
    // 构建小顶堆
    heapify();
}
```

initFromCollection() 方法调用 heapify() 方法构建小顶堆。heapify() 方法代码如下:

```
/**
 * 构建小顶堆
 */
@SuppressWarnings("unchecked")
private void heapify() {
    // i=size 无符号右移 1 位,相当于 size 除以 2
    // i 递减不断调整小顶堆
    for (int i = (size >>> 1) - 1; i >= 0; i--)
```

```java
        // 调用 siftDown()方法
        siftDown(i, (E) queue[i]);
}
```

heapify()方法调用 siftDown()方法构建小顶堆。siftDown()方法代码如下：

```java
/**
 * 把 x 插入位置 k 上并调整小顶堆
 */
private void siftDown(int k, E x) {
    // 如果比较器非空
    if (comparator != null)
        // 使用比较器调整小顶堆
        siftDownUsingComparator(k, x);
    else
        // 按照自然顺序调整小顶堆
        siftDownComparable(k, x);
}
```

siftDown()方法调用 siftDownUsingComparator()方法实现功能，siftDownUsingComparator()代码如下，其作用主要是调整当前的堆数据结构使之满足小顶堆的要求。

```java
/**
 * 使用比较器调整小顶堆
 */
private void siftDownUsingComparator(int k, E x) {
    // half = size 无符号右移 1 位，相当于 size 除以 2
    int half = size >>> 1;
    // 如果插入的 k 位置小于 half
    while (k < half) {
        // 找到位置 k 处元素的左孩子结点所在的位置
        // k 左移 1 位加 1，即 2k+1
        int child = (k << 1) + 1;
        // 位置 k 处元素的左孩子的值
        Object c = queue[child];
        // 找到位置 k 处元素的右孩子结点所在的位置，即 2*(k+1)
        int right = child + 1;
        // 如果右孩子的位置小于 size 并且左孩子大于右孩子
        if (right < size &&
            comparator.compare((E) c, (E) queue[right]) > 0)
            // c 等于右孩子的值，即 c 等于左右孩子中的最小值
            c = queue[child = right];
        // 如果 x 小于等于左右孩子中的最小值，就满足小顶堆
        if (comparator.compare(x, (E) c) <= 0)
            // 循环结束
            break;
        // 如果 x 大于左右孩子中的最小值
        // 位置 k 存储左右孩子中的最小值
        queue[k] = c;
        // 设置 k=child，向下调整小顶堆
        k = child;
```

```
        }
        // 调整结束后,k 位置存放 x
        queue[k] = x;
}
```

当比较器为空时,siftDown()方法将会调用 siftDownComparable()方法,这个方法使用优先级队列中的元素自然序进行大小的比较。siftDownComparable()方法代码如下:

```
/**
 * 使用自然顺序调整小顶堆
 * 与 siftDownUsingComparator()方法类似
 * 不同之处在于,使用的是元素的自然顺序而不是比较器进行比较
 */
private void siftDownComparable(int k, E x) {
    Comparable<? super E> key = (Comparable<? super E>)x;
    int half = size >>> 1;        // loop while a non-leaf
    while (k < half) {
        int child = (k << 1) + 1; // assume left child is least
        Object c = queue[child];
        int right = child + 1;
        if (right < size &&
            ((Comparable<? super E>) c).compareTo((E) queue[right]) > 0)
            c = queue[child = right];
        if (key.compareTo((E) c) <= 0)
            break;
        queue[k] = c;
        k = child;
    }
    queue[k] = key;
}
```

通过以上代码可知,PriorityQueue 是基于小顶堆实现的。构建小顶堆的过程如下:

(1)假设有数组 A=[3,5,10,7,9,15,11,13,20,12]。
(2)基于上面的数组 A 构建小顶堆,如图 4-7 所示。

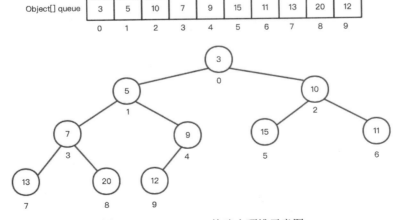

图 4-7　PriorityQueue 构建小顶堆示意图

6. 使用优先级队列参数的构造器

```java
public PriorityQueue(PriorityQueue<? extends E> c) {
    this.comparator = (Comparator<? super E>) c.comparator();
    initFromPriorityQueue(c);
}
```

此构造器使用参数中的优先级队列所使用的比较器构造一个优先级队列，然后通过调用 initFromPriorityQueue()方法实现优先级队列的初始化。initFromPriorityQueue()方法的具体细节可参考 PriorityQueue(Collection<? extends E> c)构造器。

7. 使用有序集合参数的构造器

```java
public PriorityQueue(SortedSet<? extends E> c) {
    this.comparator = (Comparator<? super E>) c.comparator();
    initElementsFromCollection(c);
}
```

此构造器使用入参中的有序集合对象的比较器作为优先级队列的比较器，然后通过调用 initElementsFromCollection()方法实现优先级队列的初始化。initElementsFromCollection()方法的具体细节可参考 PriorityQueue(Collection<? extends E> c)构造器。

4.5.5　PriorityQueue 类的 add()方法

add()方法用于向优先级队列添加元素。add()方法代码如下：

```java
/**
 * 向优先级队列插入元素
 */
public boolean add(E e) {
    // 调用 offer()方法
    return offer(e);
}
```

add()方法通过 offer()方法实现功能。offer()方法的具体细节可参考 4.5.6 小节。

4.5.6　PriorityQueue 类的 offer()方法

offer()方法用于向优先级队列添加元素。offer()方法代码如下：

```java
/**
 * 向优先级队列插入元素
 */
public boolean offer(E e) {
    // 如果插入的元素为 null
    if (e == null)
        // 就抛出 NullPointerException 异常
        throw new NullPointerException();
    // 修改优先级队列结构性变化次数
    modCount++;
```

```java
    // 当前优先级队列的元素个数
    int i = size;
    // 如果当前优先级队列的元素个数大于或等于优先级队列的容量
    if (i >= queue.length)
        // 扩容
        grow(i + 1);
    // 优先级队列的元素个数加 1
    size = i + 1;
    // 如果当前优先级队列的元素个数为 0
    if (i == 0)
        // 用 queue 数组的第 0 个位置存储插入的元素
        queue[0] = e;
    else
        // 如果当前优先级队列的元素个数不为 0
        // 插入元素并调整小顶堆使之平衡
        siftUp(i, e);
    // 返回插入成功
    return true;
}
```

如果当前优先级队列的元素个数大于或等于优先级队列的容量，此时没有多余的空间存储新元素。因此，通过 grow() 方法实现扩容。

```java
/**
 * 对优先级队列的底层数组进行扩容
 */
private void grow(int minCapacity) {
    // 原数组的容量
    int oldCapacity = queue.length;
    // 如果原数组容量小于 64，就扩容到 2 倍，扩容后的容量是 2*(oldCapacity+1)，
    // oldCapacity+1 可以存放新的元素，然后扩到 2 倍
    // 如果原数组长度大于 64，就扩容到 1.5 倍（oldCapacity 右移 1 位）
    int newCapacity = oldCapacity + ((oldCapacity < 64) ?
                                     (oldCapacity + 2) :
                                     (oldCapacity >> 1));
    // 为了避免内存溢出
    // 如果新的容量大于 MAX_ARRAY_SIZE（Integer.MAX_VALUE - 8）
    if (newCapacity - MAX_ARRAY_SIZE > 0)
        // 重新对 newCapacity 赋值
        newCapacity = hugeCapacity(minCapacity);
    // 数组复制，返回一个新的容量的数组
    queue = Arrays.copyOf(queue, newCapacity);
}
```

如果原优先级队列已经有元素，那么通过 offer() 方法添加元素后，需要使用 siftUp() 方法对优先级队列维护的小顶堆进行调整。siftUp() 方法代码如下：

```java
/**
 * 在位置 x 插入元素 k
 * 向上调整小顶堆
 */
```

```java
private void siftUp(int k, E x) {
    // 如果比较器不为 null
    if (comparator != null)
        // 使用比较器向上调整小顶堆
        siftUpUsingComparator(k, x);
    else
        // 使用自然顺序向上调整小顶堆
        siftUpComparable(k, x);
}
```

siftUp()方法调整小顶堆分为有比较器的调整方法 siftUpUsingComparator()和无比较器的调整方法 siftUpComparable()。siftUpUsingComparator()方法代码如下：

```java
/**
 * 使用比较器向上调整小顶堆
 */
private void siftUpUsingComparator(int k, E x) {
    // 如果位置 k 大于 0
    while (k > 0) {
        // parent = k 处元素的父结点的位置。
        int parent = (k - 1) >>> 1;
        // 父结点的元素
        Object e = queue[parent];
        // 如果插入的元素 x 大于等于父结点 e
        if (comparator.compare(x, (E) e) >= 0)
            // 跳出循环
            break;
        // 如果插入的元素小于父结点就需要调整
        // 数组位置 k 存放父结点 e
        queue[k] = e;
        // k 设置为 parent，进行下一次调整
        k = parent;
    }
    // 调整结束后，k 位置存放新元素 x
    queue[k] = x;
}
```

siftUpComparable()方法与 siftUpUsingComparator()方法类似，代码如下：

```java
/**
 * 与 siftUpUsingComparator()方法类似
 * 使用元素的自然顺序进行比较，调整小顶堆
 */
private void siftUpComparable(int k, E x) {
    Comparable<? super E> key = (Comparable<? super E>) x;
    while (k > 0) {
        int parent = (k - 1) >>> 1;
        Object e = queue[parent];
        if (key.compareTo((E) e) >= 0)
            break;
        queue[k] = e;
```

```
        k = parent;
    }
    queue[k] = key;
}
```

4.5.7　PriorityQueue 类的 poll()方法

poll()方法用于检索并删除队列头部元素。poll()方法代码如下：

```
/**
 * 检索并删除队列头部元素
 */
public E poll() {
    // 如果 size 等于 0，即队列为空
    if (size == 0)
        // 返回 null
        return null;
    // 优先级队列大小减 1
    int s = --size;
    // 优先级队列结构性变化加 1
    modCount++;
    // 数组位置 0 处的元素，即队列头部元素
    E result = (E) queue[0];
    // 数组最后一个元素
    E x = (E) queue[s];
    // 释放数组 s 位置的空间
    queue[s] = null;
    // 如果优先级队列非空
    if (s != 0)
        // 向下调整优先级队列
        siftDown(0, x);
    // 返回原优先级队列头部元素
    return result;
}
```

poll()方法调用 siftDown()方法的具体细节可参考 4.5.4 小节 PriorityQueue(Collection<? extends E> c)构造器部分代码解析。

4.5.8　PriorityQueue 类的 peek()方法

peek()方法用于检索但不删除优先级队列的头部元素。peek()方法代码如下：

```
public E peek() {
    // 如果 size 等于 0，即队列中没有元素，就返回 null
    // 如果 size 不等于 0，就返回 queue 数组第 0 个位置的元素
    return (size == 0) ? null : (E) queue[0];
}
```

4.5.9　PriorityQueue 常见面试考点

PriorityQueue 常见面试考点如下：

（1）PriorityQueue 是基于小顶堆实现的优先级队列。
（2）添加/删除元素时，PriorityQueue 需要对小顶堆做出调整。
（3）PriorityQueue 的使用场景。
（4）PriorityQueue 线程安全问题及与之对应的并发容器。

4.6　HashMap

HashMap 是开发中使用频率很高的用于映射（Key-Value，键值对）处理的工具类。JDK1.8 中，HashMap 的实现进行了多处优化，如引入红黑树数据结构和扩容优化等。

4.6.1　HashMap 类的使用方式

```java
/**
 * @Author : zhouguanya
 * @Project : java-interview-guide
 * @Date : 2019-10-01 13:42
 * @Version : V1.0
 * @Description : HashMap 的使用方式
 */
public class HashMapDemo {
    public static void main(String[] args) {
        Map<String, Integer> studentCore =
                new HashMap<>(8);
        studentCore.put("Michael", 90);
        studentCore.put("Jack", 85);
        studentCore.put("John", 88);
        studentCore.put("Allen", 92);
        System.out.printf("Michael 的分数是：%s%n",
                studentCore.get("Michael"));
        System.out.printf("Allen 的分数是：%s%n",
                studentCore.get("Allen"));
        studentCore.replace("Michael", 90, 95);
        System.out.printf("Michael 的更新后分数是：%s%n",
                studentCore.get("Michael"));
        studentCore.put("Allen", 90);
        System.out.printf("Allen 的更新后分数是：%s%n",
                studentCore.get("Allen"));
        System.out.printf("studentCore 键值对个数是：%s%n",
                studentCore.size());
        System.out.printf("studentCore 是否含有 John 键：%s%n",
                studentCore.containsKey("John"));
```

```java
        studentCore.remove("John");
        System.out.printf("studentCore 删除 John 后,是否含有 John 键: %s%n",
                studentCore.containsKey("John"));
        System.out.printf("studentCore 删除 John 后键值对个数是: %s%n",
                studentCore.size());
        Set<String> students = studentCore.keySet();
        System.out.print("studentCore 所有的键是: ");
        for (String student : students) {
            System.out.print(student + " ");
        }
        System.out.println();
        Collection<Integer> scores = studentCore.values();
        System.out.print("studentCore 所有的值是: ");
        for (Integer score : scores) {
            System.out.print(score + " ");
        }
        System.out.println();
        System.out.println("遍历 studentCore 中的键值对: ");
        Set<Map.Entry<String, Integer>> entrySet =
                studentCore.entrySet();
        for (Map.Entry<String, Integer> entry : entrySet) {
            System.out.printf("key=%s,", entry.getKey());
            System.out.printf("value=%s", entry.getValue());
            System.out.println();
        }
        System.out.println("遍历 studentCore 中的键值对: ");
        studentCore.forEach((key, value) -> {
            System.out.printf("key=%s,", key);
            System.out.printf("value=%s", value);
            System.out.println();
        });
    }
}
```

执行以上代码,执行结果如下:

```
Michael 的分数是: 90
Allen 的分数是: 92
Michael 的更新后分数是: 95
Allen 的更新后分数是: 90
studentCore 键值对个数是: 4
studentCore 是否含有 John 键: true
studentCore 删除 John 后,是否含有 John 键: false
studentCore 删除 John 后键值对个数是: 3
studentCore 所有的键是: Michael Jack Allen
studentCore 所有的值是: 95 85 90
遍历 studentCore 中的键值对:
key=Michael,value=95
key=Jack,value=85
key=Allen,value=90
遍历 studentCore 中的键值对:
```

```
key=Michael,value=95
key=Jack,value=85
key=Allen,value=90
```

4.6.2　Entry 接口

Entry 接口是 Map 接口的内部接口，Entry 代表了一个 Map 映射结构中的键值对。Entry 接口代码如下：

```java
/**
 * Map 接口的内部接口，表示一个键值对
 * Map.entrySet()方法将会返回一个映射的所有键值对
 */
interface Entry<K,V> {
    /**
     * 返回键值对中的键
     */
    K getKey();

    /**
     * 返回键值对中的值
     */
    V getValue();

    /**
     * 更新键值对中的值
     */
    V setValue(V value);

    /**
     * 比较指定对象与此键值对是否相等
     */
    boolean equals(Object o);

    /**
     * 返回此键值对的哈希码
     */
    int hashCode();

    /**
     * 返回一个比较器，该比较器以自然顺序比较键值对的键
     */
    public static <K extends Comparable<? super K>, V>
Comparator<Map.Entry<K,V>> comparingByKey() {
        return (Comparator<Map.Entry<K, V>> & Serializable)
            (c1, c2) -> c1.getKey().compareTo(c2.getKey());
    }

    /**
```

```java
     * 返回一个比较器，该比较器以自然顺序比较键值对的值
     */
    public static <K, V extends Comparable<? super V>>
Comparator<Map.Entry<K,V>> comparingByValue() {
        return (Comparator<Map.Entry<K, V>> & Serializable)
            (c1, c2) -> c1.getValue().compareTo(c2.getValue());
    }

    /**
     * 返回一个比较器，该比较器使用给定的比较器比较键值对的键
     */
    public static <K, V> Comparator<Map.Entry<K, V>>
comparingByKey(Comparator<? super K> cmp) {
        Objects.requireNonNull(cmp);
        return (Comparator<Map.Entry<K, V>> & Serializable)
            (c1, c2) -> cmp.compare(c1.getKey(), c2.getKey());
    }

    /**
     * 返回一个比较器，该比较器使用给定的比较器比较键值对的值
     */
    public static <K, V> Comparator<Map.Entry<K, V>>
comparingByValue(Comparator<? super V> cmp) {
        Objects.requireNonNull(cmp);
        return (Comparator<Map.Entry<K, V>> & Serializable)
            (c1, c2) -> cmp.compare(c1.getValue(), c2.getValue());
    }
}
```

4.6.3　Map 接口

Map 接口代表将键映射到值，一个 Map 对象不能包含重复的键，一个键最多只能映射一个值。Map 接口的声明如下：

```java
public interface Map<K,V>
```

Map 接口含有两个泛型：第一个泛型 K 用于约束键的类型；第二个泛型 V 用于约束值的类型。Map 接口的方法如下：

```java
// 以下是查询操作
/**
 * 返回此映射中键值对的数量
 */
int size();

/**
 * 返回此映射是否含有键值对
 * 如果此映射不含有键值对，就返回 true
 * 如果此映射含有键值对，就返回 false
 */
```

```java
boolean isEmpty();

/**
 * 返回此映射是否包含给定的键
 */
boolean containsKey(Object key);

/**
 * 返回此映射是否有键值对包含给定的值
 */
boolean containsValue(Object value);

/**
 * 获取键对应的值
 */
V get(Object key);

// 以下是修改操作

/**
 * 在此映射中添加键值对
 * 如果此映射中已有相同的键,键的值就会被更新
 */
V put(K key, V value);

/**
 * 从此映射中删除键对应的键值对
 */
V remove(Object key);

// 以下是批量操作

/**
 * 从指定的映射中将键值对复制到当前映射中
 */
void putAll(Map<? extends K, ? extends V> m);

/**
 * 从此映射中清除所有的键值对
 */
void clear();

// 以下是视图操作

/**
 * 返回此映射中所有键的 Set 视图
 */
Set<K> keySet();
```

```java
/**
 * 返回此映射中所有值的 Set 视图
 */
Collection<V> values();

/**
 * 返回此映射中所有键值对的 Set 视图
 *
 * @return a set view of the mappings contained in this map
 */
Set<Map.Entry<K, V>> entrySet();

// 以下是比较和哈希方法

/**
 * 比较指定对象与此映射是否相等
 */
boolean equals(Object o);

/**
 * 返回此映射的哈希码值
 */
int hashCode();

// 以下是默认方法

/**
 * 返回指定键所映射到的值
 * 如果此映射不包含该键的映射,就返回 defaultValue
 */
default V getOrDefault(Object key, V defaultValue) {
    V v;
    return (((v = get(key)) != null) || containsKey(key))
        ? v
        : defaultValue;
}

/**
 * 针对此映射中的每个键值对执行给定的操作
 */
default void forEach(BiConsumer<? super K, ? super V> action) {
    Objects.requireNonNull(action);
    for (Map.Entry<K, V> entry : entrySet()) {
        K k;
        V v;
        try {
            k = entry.getKey();
            v = entry.getValue();
        } catch(IllegalStateException ise) {
```

```java
            // this usually means the entry is no longer in the map.
            throw new ConcurrentModificationException(ise);
        }
        action.accept(k, v);
    }
}

/**
 * 将每个键值对的值替换为对该键值对调用给定函数的返回值
 */
default void replaceAll(BiFunction<? super K, ? super V, ? extends V> function)
{
    Objects.requireNonNull(function);
    for (Map.Entry<K, V> entry : entrySet()) {
        K k;
        V v;
        try {
            k = entry.getKey();
            v = entry.getValue();
        } catch(IllegalStateException ise) {
            // this usually means the entry is no longer in the map
            throw new ConcurrentModificationException(ise);
        }

        v = function.apply(k, v);

        try {
            entry.setValue(v);
        } catch(IllegalStateException ise) {
            // this usually means the entry is no longer in the map.
            throw new ConcurrentModificationException(ise);
        }
    }
}

/**
 * 如果指定的键尚未与值关联（或与 null 关联）
 * 就将其与给定值关联并返回，否则返回当前值
 */
default V putIfAbsent(K key, V value) {
    V v = get(key);
    if (v == null) {
        v = put(key, value);
    }

    return v;
}

/**
```

```
 * 仅当给定的键对应的值等于给定的值时删除此键值对
 */
default boolean remove(Object key, Object value) {
    Object curValue = get(key);
    if (!Objects.equals(curValue, value) ||
        (curValue == null && !containsKey(key))) {
        return false;
    }
    remove(key);
    return true;
}

/**
 * 仅当给定的键对应的值等于给定的值时更新此键值对的值
 */
default boolean replace(K key, V oldValue, V newValue) {
    Object curValue = get(key);
    if (!Objects.equals(curValue, oldValue) ||
        (curValue == null && !containsKey(key))) {
        return false;
    }
    put(key, newValue);
    return true;
}

/**
 * 仅当给定的键对应某个值时才替换指定键的条目
 */
default V replace(K key, V value) {
    V curValue;
    if (((curValue = get(key)) != null) || containsKey(key)) {
        curValue = put(key, value);
    }
    return curValue;
}

/**
 * 如果指定的键尚未与值相关联（或与 null 关联）
 * 就尝试使用给定的 mappingFunction 函数计算其值
 * 并将这个键值对保存到该映射中
 */
default V computeIfAbsent(K key,
        Function<? super K, ? extends V> mappingFunction) {
    Objects.requireNonNull(mappingFunction);
    V v;
    if ((v = get(key)) == null) {
        V newValue;
        if ((newValue = mappingFunction.apply(key)) != null) {
            put(key, newValue);
            return newValue;
```

```java
        }
    }
    return v;
}

/**
 * 如果指定键对应的值存在且非空
 * 就尝试通过给定键及其当前对应的值计算出一个新的映射
 */
default V computeIfPresent(K key,
        BiFunction<? super K, ? super V, ? extends V> remappingFunction) {
    Objects.requireNonNull(remappingFunction);
    V oldValue;
    if ((oldValue = get(key)) != null) {
        V newValue = remappingFunction.apply(key, oldValue);
        if (newValue != null) {
            put(key, newValue);
            return newValue;
        } else {
            remove(key);
            return null;
        }
    } else {
        return null;
    }
}

/**
 * 尝试对指定键及其对应的值进行计算
 */
default V compute(K key,
        BiFunction<? super K, ? super V, ? extends V> remappingFunction) {
    Objects.requireNonNull(remappingFunction);
    V oldValue = get(key);

    V newValue = remappingFunction.apply(key, oldValue);
    if (newValue == null) {
        // delete mapping
        if (oldValue != null || containsKey(key)) {
            // something to remove
            remove(key);
            return null;
        } else {
            // nothing to do. Leave things as they were
            return null;
        }
    } else {
        // add or replace old mapping
        put(key, newValue);
```

```
        return newValue;
    }
}

/**
 * 如果指定的键尚未与某个值关联或与 null 关联，就将其与给定的非 null 值关联
 */
default V merge(K key, V value,
        BiFunction<? super V, ? super V, ? extends V> remappingFunction) {
    Objects.requireNonNull(remappingFunction);
    Objects.requireNonNull(value);
    V oldValue = get(key);
    V newValue = (oldValue == null) ? value :
            remappingFunction.apply(oldValue, value);
    if(newValue == null) {
        remove(key);
    } else {
        put(key, newValue);
    }
    return newValue;
}
```

4.6.4　HashMap 类的声明

HashMap 类的声明如下：

```
public class HashMap<K,V> extends AbstractMap<K,V>
    implements Map<K,V>, Cloneable, Serializable
```

HashMap 实现了 Map 接口，用于存储 Key-Value 结构的键值对。HashMap 类图如图 4-8 所示。

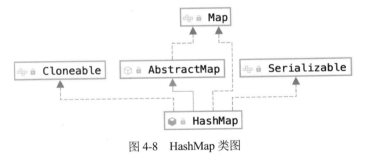

图 4-8　HashMap 类图

4.6.5　HashMap 类的属性

HashMap 的部分属性如下：

```
/**
 * Node 数组。首次使用时初始化，也称作哈希桶数组、哈希槽数组等
 * 必要时需要对数组扩容，数组长度总是 2 的整数次幂
 */
```

```java
transient Node<K,V>[] table;

/**
 * 映射用于保存键值对的集合
 */
transient Set<Map.Entry<K,V>> entrySet;

/**
 * 此映射中的键值对数量
 */
transient int size;

/**
 * 此映射发生结构性变化的次数
 */
transient int modCount;

/**
 * size 的阈值。threshold=容量*负载系数
 */
int threshold;

/**
 * 哈希表的负载因子，主要用于控制 HashMap 的扩容
 */
final float loadFactor;

/**
 * 默认的初始容量，即 16
 */
static final int DEFAULT_INITIAL_CAPACITY = 1 << 4;

/**
 * 最大容量
 */
static final int MAXIMUM_CAPACITY = 1 << 30;

/**
 * 默认的负载因子
 */
static final float DEFAULT_LOAD_FACTOR = 0.75f;

/**
 * 链表转换为红黑树的阈值
 */
static final int TREEIFY_THRESHOLD = 8;

/**
 * 红黑树退化为链表的阈值
 */
```

```
static final int UNTREEIFY_THRESHOLD = 6;

/**
 * 在链表转变成红黑树之前，还会有一次判断
 * 只有 table 数组长度大于 64 才会发生转换
 */
static final int MIN_TREEIFY_CAPACITY = 64;
```

4.6.6　HashMap 静态内部类 Node

在 4.6.5 小节介绍的 HashMap 的属性中，属性 table 表示哈希桶数组，哈希桶数组是一个 Node 类型的数组，其中存放了 HashMap 主要的数据元素。静态内部类 Node 的代码如下：

```
/**
 * 表示一个映射（Key-Value 键值对）
 */
static class Node<K,V> implements Map.Entry<K,V> {
    // 哈希码值
    final int hash;
    // 保存 key 值
    final K key;
    // 保存 value 值
    V value;
    // 保存下一个结点的引用
    Node<K,V> next;
    // 构造器
    Node(int hash, K key, V value, Node<K,V> next) {
        this.hash = hash;
        this.key = key;
        this.value = value;
        this.next = next;
    }

    /**
     * 返回键值对中的键
     */
    public final K getKey()        { return key; }

    /**
     * 返回键值对中的值
     */
    public final V getValue()      { return value; }

    /**
     * 重写 toString()方法
     */
    public final String toString() { return key + "=" + value; }

    /**
```

```java
     * 计算哈希码
     */
    public final int hashCode() {
        return Objects.hashCode(key) ^ Objects.hashCode(value);
    }

    /**
     * 设置键值对的值
     */
    public final V setValue(V newValue) {
        // 获取旧值
        V oldValue = value;
        // 设置新值
        value = newValue;
        // 返回旧值
        return oldValue;
    }

    /**
     * 重写键值对的equals()方法
     */
    public final boolean equals(Object o) {
        // 如果是同一个对象
        if (o == this)
            // 返回true
            return true;
        // 如果是Map.Entry类型的对象
        if (o instanceof Map.Entry) {
            // 将o转化为Map.Entry类型的对象
            Map.Entry<?,?> e = (Map.Entry<?,?>)o;
            // 如果键相等并且值相等
            if (Objects.equals(key, e.getKey()) &&
                Objects.equals(value, e.getValue()))
                // 返回true
                return true;
        }
        // 否则返回false
        return false;
    }
}
```

HashMap的静态内部类Node实现了Map.Entry<K,V>接口，表示一个键值对。Node类除了有键（key属性）、值（value属性）、哈希码（hash属性）外，还有一个重要的属性next属性。当HashMap出现"哈希碰撞"时，HashMap使用链表的方式处理"哈希碰撞"，因此这个next属性表示的是当前Node结点在链表中的下一个结点。

4.6.7 HashMap 静态内部类 TreeNode

由于 table 数组每一个位置只能存储一个 Node 对象，如果哈希桶数组 table 指定位置 index 已经存储了一个 Node 对象，此时又有新的键值对需要存储在 index 处，就出现了"哈希碰撞"。

从 4.6.6 小节的分析可知，HashMap 对"哈希碰撞"的处理方式是将发生碰撞的 Node 结点存储在链表中。由于链表的结构特性，链表查找的时间复杂度为 O(n)，因此当大量的键值对出现"哈希碰撞"时，使用链表的方式查询性能较低。JDK1.8 对 HashMap 的"哈希碰撞"做了优化，当链表到达一定长度后，HashMap 会使用红黑树处理"哈希碰撞"的结点。红黑树的基本存储单元是 TreeNode。红黑树的实现较为复杂，更多红黑树细节可参考 2.7.11 小节的红黑树部分。本节仅对 TreeNode 部分代码进行解析。

TreeNode 的声明如下：

```java
static final class TreeNode<K,V> extends LinkedHashMap.Entry<K,V>
```

TreeNode 继承自 LinkedHashMap.Entry 类。LinkedHashMap.Entry 类的声明如下：

```java
static class Entry<K,V> extends HashMap.Node<K,V>
```

从 TreeNode 的继承结构关系可知，TreeNode 其实是 4.6.6 小节介绍的 HashMap.Node 类的子类。TreeNode 部分代码如下：

```java
/**
 * 父结点
 */
TreeNode<K,V> parent;
/**
 * 左孩子
 */
TreeNode<K,V> left;
/**
 * 右孩子
 */
TreeNode<K,V> right;
/**
 * 前一个结点
 */
TreeNode<K,V> prev;
/**
 * 结点的颜色
 * true: 表示结点是红色的
 * false: 表示结点是黑色的
 */
boolean red;
/**
 * 构造器
 */
TreeNode(int hash, K key, V val, Node<K,V> next) {
```

```
        super(hash, key, val, next);
    }
```

4.6.8 HashMap 的存储结构

从结构实现上分析 HashMap 的结构，如图 4-9 所示。

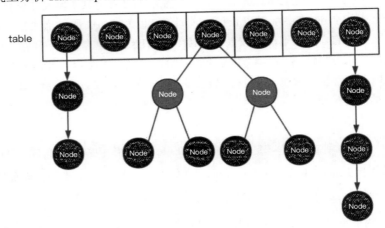

图 4-9　HashMap 存储结构示意图

当少量键值对发生哈希碰撞时，HashMap 会将碰撞的 Node 对象与原哈希桶数组 table 指定位置的 Node 对象组成一个链表结构进行存储。当链表长度达到限定值后，链表将会转为红黑树。table 数组通常也称为哈希桶数组。哈希桶数组的每个位置称为桶位。

4.6.9 HashMap 的类构造器

HashMap 无参构造器如下：

```
public HashMap() {
    this.loadFactor = DEFAULT_LOAD_FACTOR; // all other fields defaulted
}
```

无参构造器使用默认的负载因子 DEFAULT_LOAD_FACTOR=0.75f，其余属性都是使用默认值。

HashMap 指定初始容量的构造器如下：

```
public HashMap(int initialCapacity) {
    this(initialCapacity, DEFAULT_LOAD_FACTOR);
}
```

如果在开发中预先知道需要存入 HashMap 的键值对数量，就应该指定 HashMap 的初始容量，以避免在使用 HashMap 的过程中出现频繁扩容而影响 HashMap 的性能。此构造器使用默认的负载因子 DEFAULT_LOAD_FACTOR=0.75f。

HashMap 指定初始容量和负载因子的构造器如下：

```java
public HashMap(int initialCapacity, float loadFactor) {
    if (initialCapacity < 0)
        throw new IllegalArgumentException("Illegal initial capacity: " +
                                            initialCapacity);
    if (initialCapacity > MAXIMUM_CAPACITY)
        initialCapacity = MAXIMUM_CAPACITY;
    if (loadFactor <= 0 || Float.isNaN(loadFactor))
        throw new IllegalArgumentException("Illegal load factor: " +
                                            loadFactor);
    this.loadFactor = loadFactor;
    this.threshold = tableSizeFor(initialCapacity);
}
```

此构造器可以根据具体的使用场景设置 HashMap 的初始容量和负载因子。

创建一个与指定的映射含有相同键值对的新的 HashMap 的构造器如下：

```java
public HashMap(Map<? extends K, ? extends V> m) {
    this.loadFactor = DEFAULT_LOAD_FACTOR;
    putMapEntries(m, false);
}
```

此构造器使用 putMapEntries() 方法初始化 HashMap。putMapEntries() 方法代码如下：

```java
final void putMapEntries(Map<? extends K, ? extends V> m, boolean evict) {
    int s = m.size();
    if (s > 0) {
        // 数组还未初始化时，根据集合中的元素数量和负载因子计算数组大小的阈值
        if (table == null) { // pre-size
            float ft = ((float)s / loadFactor) + 1.0F;
            int t = ((ft < (float)MAXIMUM_CAPACITY) ?
                     (int)ft : MAXIMUM_CAPACITY);
            if (t > threshold)
                threshold = tableSizeFor(t);
        }
        // 数组已经初始化时，如果 Map 中的元素数量超过阈值，就扩容
        else if (s > threshold)
            resize();
        for (Map.Entry<? extends K, ? extends V> e : m.entrySet()) {
            K key = e.getKey();
            V value = e.getValue();
            putVal(hash(key), key, value, false, evict);
        }
    }
}
```

4.6.10　HashMap 类的 put() 方法

put() 方法将一组键值对存放在映射中。如果该映射已经包含与该键相对应的键值对，就会更新该键值对的值。put() 方法代码如下：

```java
public V put(K key, V value) {
    return putVal(hash(key), key, value, false, true);
}
```

4.6.11　HashMap 类的 hash()方法

put()方法首先需要调用 hash()方法。hash()方法用于计算键的哈希值并将键的哈希值的高位和低位进行运算。

无论是增加、删除还是查找键值对，定位到哈希桶数组 table 的位置都是很关键的第一步。HashMap 中的元素分布应当尽可能均匀，尽量使每个哈希桶数组的位置上的元素只有一个，那么通过 hash()方法求得这个位置的时候，马上就可以知道对应位置的元素是不是想要的元素，而不用遍历链表或者红黑树，大大优化了查询的效率。hash()方法代码如下：

```java
static final int hash(Object key) {
    int h;
    return (key == null) ? 0 : (h = key.hashCode()) ^ (h >>> 16);
}
```

hash()方法代码执行步骤分为 3 步：

（1）h = key.hashCode()，将 h 赋值为 key 对应的哈希值。

（2）h >>> 16 是将 h 无符号右移 16 位，即获得 h 的高 16 位。

（3）h 和(h >>> 16)进行异或运算。这么做可以在哈希桶数组 table 的 length 比较小的时候，也能保证考虑到高低位都参与到哈希的计算中，同时不会有太大的开销。

4.6.12　HashMap 类的 putVal()方法

put()方法通过调用 putVal()方法实现功能。putVal()方法代码如下：

```java
/**
 * 添加一个键值对。如果对应的键值对已经存在，就会覆盖键值对的值
 *
 * @param hash: 键的哈希值
 * @param key: 键值对的键
 * @param value: 键值对的值
 * @param onlyIfAbsent: 如果为true，不修改已有的键值对的值
 * @param evict: 如果为false，哈希表处于创建模式
 * @return 返回旧的键值对的值。如果键值对不存在，就返回null
 */
final V putVal(int hash, K key, V value, boolean onlyIfAbsent,
               boolean evict) {
    Node<K,V>[] tab; Node<K,V> p; int n, i;
    // 如果哈希桶数组table为空或者哈希桶数组table长度为0
    if ((tab = table) == null || (n = tab.length) == 0)
        // 调用resize()方法初始化哈希桶数组table
        n = (tab = resize()).length;
    // 经过上面的代码，tab指向哈希桶数组table，n为哈希桶数组table的长度
```

```java
// 通过键值对的键计算键值对在数组 table 中的存储位置
// 计算方式是通过(n - 1) & hash 即键的哈希值对 table 长度取模,得到的余数赋值给 i
// 将哈希桶数组 table 位置 i 处的元素赋值给 p
// 如果 p 为空,即哈希桶数组 table 在位置 i 上没有任何元素
if ((p = tab[i = (n - 1) & hash]) == null)
    // 在位置 i 上存储一个新的 Node 对象
    tab[i] = newNode(hash, key, value, null);
else {
    // 如果进入这个条件分支,说明哈希桶数组 table 位置 i 上存储的元素为非空
    // 此时发生哈希碰撞,即两个键值对需要存放在哈希桶数组 table 同一个位置上
    Node<K,V> e; K k;
    // 如果这个位置 i 上的结点 p 的键的哈希值等于传入的键值对的键的哈希值
    // 且 p 的键与传入的键相等(两者为同一个对象或者通过 equals()方法比较是相等的)
    // 说明当前操作的键值对在哈希桶数组 table 中已经存在
    if (p.hash == hash &&
        ((k = p.key) == key || (key != null && key.equals(k))))
        // 设置 e 等于 p
        e = p;
    // 如果结点 p 是 TreeNode 类型的
    else if (p instanceof TreeNode)
        // 调用 putTreeVal()方法进行红黑树的插入操作
        e = ((TreeNode<K,V>)p).putTreeVal(this, tab, hash, key, value);
    else {
        // 如果结点 p 不是 TreeNode 类型的,就进行链表插入操作
        // 遍历链表找到合适的位置
        for (int binCount = 0; ; ++binCount) {
            // 如果 e=p.next 为空,即结点 p 没有下一个结点
            if ((e = p.next) == null) {
                // 创建一个新的 Node 结点并让 p.next 指向这个结点
                // 此时新结点存放在链表的尾部
                p.next = newNode(hash, key, value, null);
                // 链表长度大于等于 TREEIFY_THRESHOLD
                // (看成 binCount+1>=TREEIFY_THRESHOLD 更好理解)
                // (上一行新增了一个结点没有算到 binCount 中)
                // 将链表扩容或者转换为红黑树
                if (binCount >= TREEIFY_THRESHOLD - 1)
                    treeifyBin(tab, hash);
                break;
            }
            // 如果 e 非空并且 e 的 hash 值等于传入的 hash 值
            // 并且 e 的 key 与传入的 key 相等(同一个对象或者 equals()方法相等)
            if (e.hash == hash &&
                ((k = e.key) == key || (key != null && key.equals(k))))
                // 说明在链表中已经存在键相同的键值对,跳出循环
                break;
            // 如果上面两个 if 条件都不能满足
            // 修改 p 的引用,进入下一次循环
            // 相当于遍历链表的下一个结点
            p = e;
        }
    }
```

```
            }
            // 如果结点 e 非空，就说明在映射中找到了与键对应的键值对
            if (e != null) {
                // 获取结点 e 的旧的 value 值
                V oldValue = e.value;
                // 如果允许修改旧的 value 或者旧的 value 为空
                if (!onlyIfAbsent || oldValue == null)
                    // 更新结点 e 的 value 为新的值
                    e.value = value;
                // 预留方法，可以设置回调
                afterNodeAccess(e);
                // 返回旧的 value 值
                return oldValue;
            }
        }
        // 到这里说明原映射中不存在对应的键值对，添加键值对成功
        //（如果存在对应的键值对，将会从上一个 return 返回）
        // 因为添加新的 key-value 键值对
        // HashMap 的结构都发生了变化，所以 modCount 加 1
        ++modCount;
        // 如果新增键值对后的 HashMap 保存的键值对数量大于 threshold
        if (++size > threshold)
            // 调用 resize() 方法进行扩容
            resize();
        // 预留方法，可以设置回调
        afterNodeInsertion(evict);
        // 由于原映射中不存在对应的键值对而新增键值对，因此返回 null
        return null;
    }
```

putVal() 方法通过 hash() 方法的返回值计算对应的键值对在哈希桶数组中的存储位置。hash() 方法的返回值需要与哈希桶数组 table 的长度进行取模运算，决定键值对在哈希桶数组 table 中的存储位置。因为哈希桶数组 table 的长度总是 2 的整数次幂，所以计算位置的算法(n-1) & hash 就是对 hash() 方法的结果进行取模运算，但是&运算比%运算具有更高的效率。下面结合 hash() 方法和 putVal() 方法分析确定键值对在哈希桶数组 table 中存储位置的过程。存储位置计算过程如图 4-10 所示。

在图 4-10 所示的示意图中，计算出的结果在 putVal() 方法中用变量 i 存储。如果哈希桶数组 table 的位置 i 处没有任何元素，就通过 newNode() 方法创建一个新的 Node 对象并存储在哈希桶数组 table 的位置 i 处。newNode() 方法代码如下：

图 4-10　HashMap 确定键值对在哈希桶数组中的存储位置示意图

```
Node<K,V> newNode(int hash, K key, V value, Node<K,V> next) {
    return new Node<>(hash, key, value, next);
}
```

如果哈希桶数组 table 的位置 i 处已经存储了 Node 对象，即出现了哈希碰撞。此处分为 3 种情况处理：

（1）如果位置 i 处存储的 Node 对象的 hash 属性等于当前 putVal()方法参数中的 hash 值，并且位置 i 处存储的 Node 对象的 key 属性等于 putVal()方法参数的 key 值，就说明 putVal()方法当前操作的键值对在映射中已经存在，其存储位置就是哈希桶数组 table 的第 i 个位置。

（2）如果不满足（1）中的条件，就会判断哈希桶数组 table 位置 i 处存储的 Node 对象是不是 TreeNode 类型的对象。如果是，就说明哈希桶数组 table 的第 i 个位置存储的是一棵红黑树，调用 putTreeVal()方法对红黑树进行插入操作。

（3）若（1）和（2）都不满足，则哈希桶数组 table 的第 i 个位置存储的是链表。创建新的 Node 结点并插入链表中。若链表的长度大于或等于 TREEIFY_THRESHOLD，则通过 treeifyBin()方法将链表转化为红黑树。

在映射中加入新的键值对后，需要判断键值对的数量是否已经达到 threshold 阈值，如果超过阈值，就要通过 resize()方法进行扩容。除此之外，putVal()方法还有一处会调用 resize()方法进行扩容，即 putVal()方法入口处发现哈希桶数组 table 为空时，会调用 resize()方法进行扩容。

HashMap 添加键值对的 put()方法执行流程如图 4-11 所示。

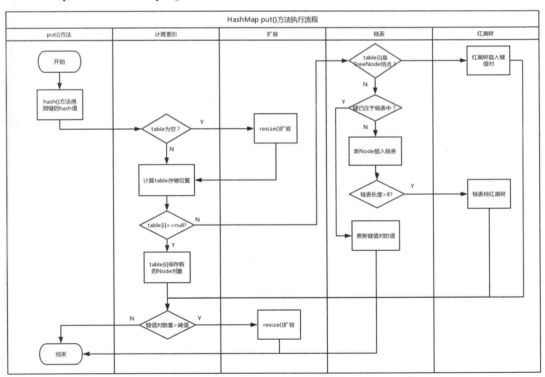

图 4-11　HashMap put()方法执行示意图

4.6.13　HashMap 类的 resize()方法

resize()方法用于对哈希桶数据扩容。JDK1.8 较之前的 JDK 版本对扩容逻辑做了优化。resize()方法代码如下：

```java
/**
 * 初始化或者对哈希桶数组进行扩容
 * 如果哈希桶数组为空，就进行初始化
 * 如果哈希桶数组非空，就将哈希桶数组容量扩容至 2 倍
 */
final Node<K,V>[] resize() {
    // 旧的哈希桶数组
    Node<K,V>[] oldTab = table;
    // 旧的哈希桶数组的长度
    int oldCap = (oldTab == null) ? 0 : oldTab.length;
    // 旧的哈希桶数组的扩容阈值
    int oldThr = threshold;
    // 新的哈希桶数组的容量和新的哈希桶数组扩容阈值
    int newCap, newThr = 0;
    // 如果旧的哈希桶数组的长度大于 0
    if (oldCap > 0) {
        // 如果扩容前的哈希桶数组长度已经达到最大容量(2^30)
        // 此时已经不能再扩容了，只能通过修改扩容阈值避免扩容
        if (oldCap >= MAXIMUM_CAPACITY) {
            // 修改扩容阈值为 int 的最大值(2^31-1)
            // 这样可以避免扩容
            threshold = Integer.MAX_VALUE;
            return oldTab;
        }
        // 扩容后的容量 = 当前旧的哈希桶数组的长度*2
        // 如果 (扩容后的容量小于最大容量) 并且 (扩容前的容量≥默认初始化容量 16)
        // 就说明当前执行的是扩容操作，而不是初始化操作，并且扩容是成功的
        else if ((newCap = oldCap << 1) < MAXIMUM_CAPACITY &&
                 oldCap >= DEFAULT_INITIAL_CAPACITY)
            // 新的扩容阈值等于原扩容阈值<<1(相当于*2)
            newThr = oldThr << 1; // double threshold
    }
    else if (oldThr > 0) // initial capacity was placed in threshold
        // 进入此条件分支，证明创建 HashMap 时用的有参构造器
        // public HashMap(int initialCapacity)或者
        // public HashMap(int initialCapacity, float loadFactor)
        // 有参的构造器中，initialCapacity（初始容量值）会通过
        // this.threshold = tableSizeFor(initialCapacity)计算 threshold
        // 此方法计算出最接近 initialCapacity 参数的 2^n 来作为初始化容量
        // 这种情况下初始化容量==oldThr
        newCap = oldThr;
    else {               // zero initial threshold signifies using defaults
        // 进入此分支条件，证明创建 HashMap 时用的无参构造器
        // 此时将 newCap 设置为默认初始化容量 16
```

```java
        newCap = DEFAULT_INITIAL_CAPACITY;
        // 设置 newThr(新的扩容阈值)=默认初始化容量 16 * 默认负载因子 0.75
        newThr = (int)(DEFAULT_LOAD_FACTOR * DEFAULT_INITIAL_CAPACITY);
    }
    // 进入此分支条件有两种情况
    // 1.进入上面 if(oldCap > 0)分支,但是不满足该分支中的两个分支条件
    // 2.进入了 else if(oldThr > 0)分支
    if (newThr == 0) {
        // 如果是第 1 种情况,就说明是进行扩容且旧的 hash 桶数组小于 16
        // 如果是第 2 种情况,就说明是第一次执行 put()方法
        // 计算扩容阈值
        float ft = (float)newCap * loadFactor;
        newThr = (newCap < MAXIMUM_CAPACITY && ft < (float)MAXIMUM_CAPACITY ?
                (int)ft : Integer.MAX_VALUE);
    }
    // 经过上面的步骤保证扩容阈值非 0,对 threshold 赋值
    threshold = newThr;
    // 创建新的哈希桶数组,容量为 newCap
    Node<K,V>[] newTab = (Node<K,V>[])new Node[newCap];
    // 修改哈希桶数组,指向新的哈希桶数组
    table = newTab;
    // oldTab 非空说明是扩容场景
    if (oldTab != null) {
        // 遍历旧的哈希桶数组的每个元素
        for (int j = 0; j < oldCap; ++j) {
            Node<K,V> e;
            // 旧的哈希桶数组的第 j 个元素 e 非空
            if ((e = oldTab[j]) != null) {
                // 释放旧的哈希桶数组的第 j 个存储位置的空间
                oldTab[j] = null;
                // 如果 e 的下一个结点为空
                if (e.next == null)
                    // 说明不存在哈希碰撞的情况
                    // 使用 newCap 计算出元素 e 在新的哈希桶数组的存储位置
                    newTab[e.hash & (newCap - 1)] = e;
                // 如果 e 是 TreeNode 类型的结点
                else if (e instanceof TreeNode)
                    // 按照红黑树的方式调整
                    ((TreeNode<K,V>)e).split(this, newTab, j, oldCap);
                // 如果上面两个条件分支都不满足
                // 就证明 j 位置存储了一个链表,e 是链表的表头结点
                else { // preserve order
                    // 把 lo 当作一个链表,其中的元素是扩容后位置不变的元素
                    // loHead 是 lo 的表头结点,loTail 是 lo 的表尾结点
                    Node<K,V> loHead = null, loTail = null;
                    // 把 hi 当作一个链表,其中存放的元素是
                    // 扩容后位置即原位置+原容量的这部分元素
                    // hiHead 是 hi 的表头结点,hiTail 是 hi 的表尾结点
                    Node<K,V> hiHead = null, hiTail = null;
                    Node<K,V> next;
```

```java
        // 【注意：JDK1.8 优化，原链表中的元素批量迁移】
        // while 循环遍历原链表
        do {
            // e 的下一个结点
            next = e.next;
            // 如果 e.hash & oldCap 等于 0
            // 那么 e 在新的哈希桶数组的存储位置与在旧的哈希桶数组的存储位置相同
            if ((e.hash & oldCap) == 0) {
                // 如果 loTail 为空
                if (loTail == null)
                    // 设置 lo 链表的头结点
                    loHead = e;
                else
                    // 如果 loTail 非空
                    // loTail 的 next 指向 e
                    loTail.next = e;
                // 设置 lo 链表的尾结点
                loTail = e;
            }
            // 如果 e.hash & oldCap 不等于 0
            // 在新的哈希桶数组的存储位置
            // 等于旧的哈希桶数组的存储位置+旧的哈希桶数组容量
            else {
                // 如果 hiTail 为空
                if (hiTail == null)
                    // 设置 hi 链表的头结点
                    hiHead = e;
                else
                    // 如果 hiTail 非空
                    // hiTail 的 next 指向 e
                    hiTail.next = e;
                // 设置 hi 链表的尾结点
                hiTail = e;
            }
        } while ((e = next) != null);
        // 如果 loTail 非空
        if (loTail != null) {
            // 设置 loTail 的 next 引用为空
            loTail.next = null;
            // 设置新的哈希桶数组位置 j 存储 loHead
            newTab[j] = loHead;
        }
        // 如果 hiTail 非空
        if (hiTail != null) {
            // 设置 hiTail 的 next 引用为空
            hiTail.next = null;
            // 设置新的 hash 桶数组位置 j+oldCap 存储 hiHead
            newTab[j + oldCap] = hiHead;
        }
    }
```

```
        }
    }
}
// 返回新的扩容后的hash桶数组
return newTab;
}
```

重点分析【注意：JDK1.8 优化，原链表中的元素批量迁移】这部分的代码。这部分是 JDK1.8 对扩容优化的部分。与 JDK1.7 不同的是，JDK1.7 中扩容的时候，旧链表迁移到新链表的时候会造成链表元素倒置的问题，JDK1.8 中有效地优化了这个问题。感兴趣的读者可以参考 JDK1.7 相应的代码部分做对比。本书仅仅介绍 JDK1.8 对扩容做出的优化。

【注意：JDK1.8 优化，原链表中的元素批量迁移】这部分的 do-while 循环不易理解，下面通过案例介绍这部分优化的逻辑。

假设现在哈希桶数组的容量是 16，有{5,1}、{21,5}、{37,9}、{53,6}四个键值对。用扩容前的哈希桶数组分别存储这 4 个键值对。

（1）{5,1}的存储位置是 00000101&(16-1)，即{5,1}存储在哈希桶数组的第 5 个位置。

（2）{21,5}的存储位置是 00010101&(16-1)，即{21,5}存储在哈希桶数组的第 5 个位置。

（3）{37,9}的存储位置是 00100101&(16-1)，即{37,9}存储在哈希桶数组的第 5 个位置。

（4）{53,6}的存储位置是 00110101&(16-1)，即{53,6}存储在哈希桶数组的第 5 个位置。

这 4 个键值对的存储结构如图 4-12 所示。

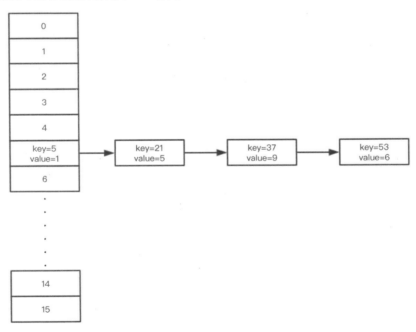

图 4-12　HashMap 扩容前存储结构示意图

假设发生扩容，哈希桶数组的容量从 16 变成 32。此时代码执行到 do-while 循环，对原链表判断链表中的元素是移动到新的链表还是留在原链表中。

lo 是扩容后仍然在原地的元素组成的链表。hi 就是扩容后下标为原位置加原容量的元素组成的链表。扩容后计算存储位置使用 hash&(32-1)，即取 hash 的后 5 位。

do-while 循环中使用(e.hash & oldCap) == 0 判断是否需要转移（原哈希桶数组的容量是 16，即二进制 10000，e.hash 和二进制 10000 做与运算即可得到第 5 位上的数字）。通过这样的优化，不需要再重新计算链表中每个元素的存储位置。

扩容后原链表中各个元素的分布情况如下：

（1）{5,1}通过 00000101&16 得到 0，即{5,1}留在原位置，存储在 lo 链表中。

（2）{21,5}通过 00010101&16 得到非 0，即{21,5}需要发生移动，存储在 hi 链表中。

（3）{37,9}通过 00100101&16 得到 0，即{37,9}留在原位置，存储在 lo 链表中。

（4）{53,6}通过 00110101&16 得到非 0，即{53,6}需要发生移动，存储在 hi 链表中。

扩容后 4 个键值对的存储结构如图 4-13 所示。

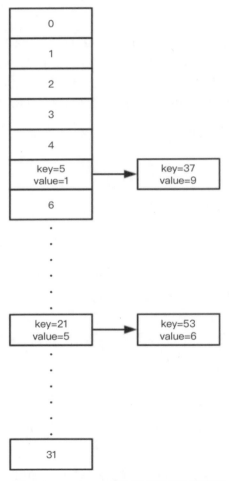

图 4-13　HashMap 扩容后存储结构示意图

4.6.14　HashMap 类的 putTreeVal()方法

putVal()方法通过(n-1) & hash 找到哈希桶数组指定位置已经存储的元素，如果这个元素是 TreeNode 类型的，就通过 putTreeVal()方法在红黑树上插入键值对。putTreeVal()代码如下：

```java
/**
 * 红黑树中插入键值对
 */
final TreeNode<K,V> putTreeVal(HashMap<K,V> map, Node<K,V>[] tab,
                               int h, K k, V v) {
    Class<?> kc = null;
    boolean searched = false;
    // 获取红黑树的根结点
    TreeNode<K,V> root = (parent != null) ? root() : this;
    // 搜索红黑树
    for (TreeNode<K,V> p = root;;) {
        int dir, ph; K pk;
        // 根据hash值比较大小
        // 如果p的hash值大于h
        if ((ph = p.hash) > h)
            // 设置dir为-1。
            dir = -1;
        // 如果p的hash值小于h
        else if (ph < h)
            // 设置dir为1
            dir = 1;
        // 如果p的hash值等于h
        // 如果p的key等于k(指向同一地址或equals()返回true)，查找结束
        else if ((pk = p.key) == k || (k != null && k.equals(pk)))
            // 返回找到的结点p
            return p;
        // 如果p的hash值等于h
        // 但是p的key不等于k
        // 通过comparableClassFor()方法获取k的类型
        // 通过compareComparables()方法比较两个键的大小
        else if ((kc == null &&
                  (kc = comparableClassFor(k)) == null) ||
                 (dir = compareComparables(kc, k, pk)) == 0) {
            // 键不可比较，或者比较结果为0时，在结点的左右子树查找该键，找到就结束
            if (!searched) {
                TreeNode<K,V> q, ch;
                searched = true;
                if (((ch = p.left) != null &&
                     (q = ch.find(h, k, kc)) != null) ||
                    ((ch = p.right) != null &&
                     (q = ch.find(h, k, kc)) != null))
                    return q;
            }
            // 用这个方法来比较两个对象，返回值要么大于0，要么小于0
```

```
                // 这一步一定能确定要插入的结点要么是树的左结点，要么是右结点
                // 先比较两个对象的类名，就按字符串序进行比较
                // 如果两个对象是同一个类型
                // 就通过对象的原生哈希码继续进行比较
                dir = tieBreakOrder(k, pk);
            }
        // 没有找到 k 对应的结点
        // xp 记录当前结点作为父结点
        TreeNode<K,V> xp = p;
        if ((p = (dir <= 0) ? p.left : p.right) == null) {
            Node<K,V> xpn = xp.next;
            // 创建一个新的 TreeNode 结点
            TreeNode<K,V> x = map.newTreeNode(h, k, v, xpn);
            // 新结点与父结点建立联系
            if (dir <= 0)
                xp.left = x;
            else
                xp.right = x;
            xp.next = x;
            x.parent = x.prev = xp;
            if (xpn != null)
                ((TreeNode<K,V>)xpn).prev = x;
            // 对红黑树进行调整
            // 确保红黑树的根结点是哈希桶数组指定桶位上第 1 个结点
            moveRootToFront(tab, balanceInsertion(root, x));
            return null;
        }
    }
}
```

4.6.15　HashMap 类的 treeifyBin() 方法

如果哈希桶数组中"哈希碰撞"形成的链表的长度大于或等于 TREEIFY_THRESHOLD，就通过 treeifyBin() 将链表转化为红黑树。treeifyBin() 方法代码如下：

```
/**
 * 链表转化为红黑树
 */
final void treeifyBin(Node<K,V>[] tab, int hash) {
    int n, index; Node<K,V> e;
    // 哈希桶数组为空，或者长度小于 MIN_TREEIFY_CAPACITY
    // 不符合树化条件，进行扩容
    if (tab == null || (n = tab.length) < MIN_TREEIFY_CAPACITY)
        // 对哈希桶数组进行扩容
        resize();
    // 如果符合树化条件，而且哈希桶位数组对应的位置非空
    else if ((e = tab[index = (n - 1) & hash]) != null) {
        // 红黑树的头结点和尾结点
        TreeNode<K,V> hd = null, tl = null;
```

```
            do {
                // 把普通链表结点转化为红黑树结点
                TreeNode<K,V> p = replacementTreeNode(e, null);
                if (tl == null)
                    // 初始化红黑树的头结点
                    hd = p;
                else {
                    // 红黑树结点同时也是双向链表结点
                    // 初始化红黑树结点的前驱和后继结点
                    p.prev = tl;
                    tl.next = p;
                }
                // 确定红黑树的尾结点
                tl = p;
            } while ((e = e.next) != null);
            // 将哈希桶数组中的链表转化成红黑树
            if ((tab[index] = hd) != null)
                hd.treeify(tab);
        }
    }
}
```

treeifyBin()方法通过 treeify()方法构建红黑树。treeify()方法代码如下：

```
/**
 * 将双向链表转换为红黑树
 */
final void treeify(Node<K,V>[] tab) {
    // 红黑树根结点
    TreeNode<K,V> root = null;
    // 遍历双向链表
    for (TreeNode<K,V> x = this, next; x != null; x = next) {
        // 结点 x 的下一个结点
        next = (TreeNode<K,V>)x.next;
        // 设置当前结点的左右孩子为空
        x.left = x.right = null;
        // 如果红黑树的根结点不存在
        // 初始化根结点，根结点为黑色的
        if (root == null) {
            x.parent = null;
            x.red = false;
            root = x;
        }
        // 如果根结点已经存在
        else {
            // 结点 x 的 key 属性值
            K k = x.key;
            // 结点 x 的 hash 属性值
            int h = x.hash;
            Class<?> kc = null;
            // 从根结点开始验证
            for (TreeNode<K,V> p = root;;) {
```

```
            int dir, ph;
            // 每个结点的 key 属性
            K pk = p.key;
            // 每个结点的 hash 与外层循环的 x.hash 进行比较
            if ((ph = p.hash) > h)
                // 沿左子树查找
                dir = -1;
            else if (ph < h)
                // 沿右子树查找
                dir = 1;
            // hash 值相等时，比较 key
            else if ((kc == null &&
                     (kc = comparableClassFor(k)) == null) ||
                     (dir = compareComparables(kc, k, pk)) == 0)
                // 用这个方法来比较两个对象，返回值要么大于 0，要么小于 0
                // 这一步一定能确定要插入的结点要么是树的左结点，要么是右结点
                dir = tieBreakOrder(k, pk);

            TreeNode<K,V> xp = p;
            // 根据比较的结果判断在左子树还是右子树
            // 当父结点的左结点或右结点为空时，才进行插入操作
            if ((p = (dir <= 0) ? p.left : p.right) == null) {
                // 子树为 null，查找结束，将结点作为树叶子结点
                // 将结点 xp 设置为结点 x 的父结点
                x.parent = xp;
                // 若 dir 小于 0，则成为父结点的左孩子
                if (dir <= 0)
                    xp.left = x;
                else
                    // 若 dir 大于 0，则成为父结点的右孩子
                    xp.right = x;
                // 新添加的元素往上调整红黑树结构，见红黑树操作
                root = balanceInsertion(root, x);
                break;
            }
        }
    }
    // 确保红黑树的根结点，同时也是桶位的第一个结点
    moveRootToFront(tab, root);
}
```

treeify()方法仅仅是根据键的 hash 属性值在红黑树上查找合适的位置并将 TreeNode 插入红黑树。插入结点后可能会破坏红黑树的平衡性。treeify()方法通过调用 balanceInsertion()方法使红黑树重新达到平衡。balanceInsertion()方法代码如下：

```
/**
 * 调整使红黑树达到平衡
 */
static <K,V> TreeNode<K,V> balanceInsertion(TreeNode<K,V> root,
```

```java
                                                TreeNode<K,V> x) {
// 默认 x 结点为红色结点
x.red = true;
// xp: x 的父结点
// xpp: x 父结点的父结点，即 x 的祖父结点
// xppl: 祖父结点的左子结点
// xppr: 祖父结点的右子结点
for (TreeNode<K,V> xp, xpp, xppl, xppr;;) {
    // xp = x.parent, 设置 xp 为 x 的父结点
    // 如果 x 的父结点不存在
    // 说明红黑树只有一个结点，即 root 根结点，涂黑即可
    if ((xp = x.parent) == null) {
        x.red = false;
        return x;
    }
    // xpp = xp.parent, 设置 xpp 为 xp 的父结点，即 x 的祖父结点
    // 如果 x 的父节 xp 点非空，且父结点为黑色的
    // 或者父结点的父结点，即祖父结点为空
    // 即当前结点的父结点是 root，返回 root
    else if (!xp.red || (xpp = xp.parent) == null)
        return root;
    // 如果父结点 xp 为红色结点（如父结点为黑色，则在上一个分支返回）
    // xpp = xp.parent 为 x 的祖父结点
    // 如果 x 的父结点是祖父结点的左孩子
    if (xp == (xppl = xpp.left)) {
        // 验证是否需要旋转
        // 祖父结点的右子结点，即叔叔结点存在且叔叔结点为红色的
        if ((xppr = xpp.right) != null && xppr.red) {
            // 叔叔结点涂黑
            xppr.red = false;
            // 父结点涂黑
            xp.red = false;
            // 祖父结点涂红色
            xpp.red = true;
            // x 指向祖父结点
            x = xpp;
        }
        // 祖父结点的右子结点，即叔叔结点不存在或者叔叔结点为黑色的
        else {
            // 如果 x 是父结点 xp 的右孩子
            if (x == xp.right) {
                // 左旋转
                root = rotateLeft(root, x = xp);
                xpp = (xp = x.parent) == null ? null : xp.parent;
            }
            // 如果 x 的父结点 xp 非空
            if (xp != null) {
                xp.red = false;
                if (xpp != null) {
                    xpp.red = true;
```

```
                    // 右旋转
                    root = rotateRight(root, xpp);
                }
            }
        }
        // 如果 x 的父结点是祖父结点的右孩子
        else {
            // 验证是否需要旋转
            // 祖父结点的左子结点，即叔叔结点存在且叔叔结点为红色的
            if (xppl != null && xppl.red) {
                // 叔叔结点涂黑
                xppl.red = false;
                // 父结点涂黑
                xp.red = false;
                // 祖父结点涂红
                xpp.red = true;
                // x 指向祖父结点
                x = xpp;
            }
            else {
                // 如果 x 是父结点 xp 的左孩子
                if (x == xp.left) {
                    // 右旋转
                    root = rotateRight(root, x = xp);
                    xpp = (xp = x.parent) == null ? null : xp.parent;
                }
                // 如果 x 的父结点 xp 非空
                if (xp != null) {
                    xp.red = false;
                    if (xpp != null) {
                        xpp.red= true;
                        // 左旋转
                        root = rotateLeft(root, xpp);
                    }
                }
            }
        }
    }
}
```

balanceInsertion()方法通过左旋转和右旋转等方式使红黑树重新达到平衡。左旋转方法rotateLeft()代码如下：

```
static <K,V> TreeNode<K,V> rotateLeft(TreeNode<K,V> root,
                                       TreeNode<K,V> p) {
    TreeNode<K,V> r, pp, rl;
    if (p != null && (r = p.right) != null) {
        if ((rl = p.right = r.left) != null)
            rl.parent = p;
        if ((pp = r.parent = p.parent) == null)
```

```
            (root = r).red = false;
        else if (pp.left == p)
            pp.left = r;
        else
            pp.right = r;
        r.left = p;
        p.parent = r;
    }
    return root;
}
```

右旋转方法 rotateRight() 代码如下：

```
static <K,V> TreeNode<K,V> rotateRight(TreeNode<K,V> root,
                                      TreeNode<K,V> p) {
    TreeNode<K,V> l, pp, lr;
    if (p != null && (l = p.left) != null) {
        if ((lr = p.left = l.right) != null)
            lr.parent = p;
        if ((pp = l.parent = p.parent) == null)
            (root = l).red = false;
        else if (pp.right == p)
            pp.right = l;
        else
            pp.left = l;
        l.right = p;
        p.parent = l;
    }
    return root;
}
```

更多有关红黑树调整细节可参考 2.7.11 小节，参考其中的图文讲解更容易理解红黑树的调整过程，本节不再赘述。

通过 treeifyBin() 方法将链表转化为红黑树后，并不能保证红黑树的根结点恰好存储在哈希桶中，有可能是平衡后的红黑树的某个叶子结点存放在哈希桶中。因为访问红黑树需要从根结点递归访问，如果哈希桶中存放的不是根结点，就无法访问这棵红黑树。因此，需要通过 moveRootToFront() 方法确保红黑树的根结点存放在哈希桶中。moveRootToFront() 代码如下：

```
static <K,V> void moveRootToFront(Node<K,V>[] tab, TreeNode<K,V> root) {
    // 哈希桶数组的长度
    int n;
    if (root != null && tab != null && (n = tab.length) > 0) {
        // 计算根结点 root 的存储位置
        int index = (n - 1) & root.hash;
        // 获取哈希桶数组 index 位置存储的元素
        TreeNode<K,V> first = (TreeNode<K,V>)tab[index];
        // 如果哈希桶数组 index 位置存储的元素不是根结点 root
        if (root != first) {
            // root 的后继结点
            Node<K,V> rn;
```

```
            // 在哈希桶数组 index 的位置存储根结点 root
            tab[index] = root;
            // 根结点 root 的前驱结点
            TreeNode<K,V> rp = root.prev;
            // 如果根结点 root 的后继结点非空
            if ((rn = root.next) != null)
                // root 后继结点的前驱结点为 root 的前驱结点
                ((TreeNode<K,V>)rn).prev = rp;
            // 如果根结点 root 的前驱结点非空
            if (rp != null)
                // root 前驱结点的后继结点等于 root 后继结点
                rp.next = rn;
            // 如果哈希桶数组 index 位置存储的元素非空
            if (first != null)
                // first 的前驱结点为 root
                first.prev = root;
            // root 的后继结点为 first
            root.next = first;
            // root 的前驱结点为 null
            root.prev = null;
        }
        assert checkInvariants(root);
    }
}
```

4.6.16　HashMap 类的 remove()方法

remove()方法用于从此映射中删除指定键值对。remove()方法代码如下：

```
public V remove(Object key) {
    Node<K,V> e;
    return (e = removeNode(hash(key), key, null, false, true)) == null ?
        null : e.value;
}
```

remove()方法通过 removeNode()完成删除操作。removeNode()方法代码如下：

```
/**
 * 删除 Node 对象
 *
 * @param hash 键的 hash 值
 * @param key 键值对的键
 * @param value 键值对的值。仅当 matchValue 为 true 时有用
 * @param matchValue 如果为 true，当待删除的键值对的值等于 value 执行删除
 * @param movable 如果为 false，那么在删除时不要移动其他结点
 * @return 删除的结点，如果不存在，就返回 null
 */
final Node<K,V> removeNode(int hash, Object key, Object value,
                    boolean matchValue, boolean movable) {
    Node<K,V>[] tab; Node<K,V> p; int n, index;
```

```java
// 如果哈希桶数组 table 非空
// 并且哈希桶数组 table 长度大于 0
// 并且根据键的 hash 值计算出的哈希桶数组对应位置存储的元素非空
if ((tab = table) != null && (n = tab.length) > 0 &&
    (p = tab[index = (n - 1) & hash]) != null) {
    Node<K,V> node = null, e; K k; V v;
    // 如果找到与键、键的 hash 值都相等的 Node 对象
    if (p.hash == hash &&
        ((k = p.key) == key || (key != null && key.equals(k))))
        // 将找到的 Node 对象赋值给 node
        node = p;
    // 如果哈希桶里的元素不是要删除的元素
    // 就判断是否有哈希碰撞
    // 如果有哈希碰撞，那么分为链表和红黑树两种情况
    // 设置 e 的 p 的后继结点，如果 e 非空
    else if ((e = p.next) != null) {
        // 如果结点 p 是 TreeNode 类型的
        if (p instanceof TreeNode)
            // 从红黑树检索要删除的结点
            node = ((TreeNode<K,V>)p).getTreeNode(hash, key);
        else {
            // 如果结点 p 不是 TreeNode 类型的
            // 那么一定是链表结点
            // 下面是搜索链表中要删除的结点
            do {
                if (e.hash == hash &&
                    ((k = e.key) == key ||
                     (key != null && key.equals(k)))) {
                    node = e;
                    break;
                }
                p = e;
            } while ((e = e.next) != null);
        }
    }
    // 如果 node 非空，说明找到要删除的 Node 结点
    // 并且 matchValue 为 false
    // 或者 matchValue 为 true，并且 node 的 value 等于参数中的 value
    // 或者 matchValue 为 true，并且 value 的 equals() 方法返回 true
    // 则可以执行删除操作
    if (node != null && (!matchValue || (v = node.value) == value ||
                         (value != null && value.equals(v)))) {
        // 如果 node 是 TreeNode 类型的
        if (node instanceof TreeNode)
            // 删除红黑树对应的结点
            ((TreeNode<K,V>)node).removeTreeNode(this, tab, movable);
        // 如果 node 等于 p
        else if (node == p)
            // 在 index 位置存储 node 的后继结点
            tab[index] = node.next;
```

```
                    // 如果既不是 TreeNode 类型，又等于结点 p
                    else
                        // 就修改链表使 p 的后继结点等于 node 的后继结点
                        p.next = node.next;
                    // 修改结构性变化的次数
                    ++modCount;
                    // 修改映射中键值对数量减 1
                    --size;
                    // 预留方法，由子类实现
                    afterNodeRemoval(node);
                    // 返回 node 结点
                    return node;
                }
            }
            return null;
        }
```

如果哈希桶中使用链表处理"哈希碰撞"，那么删除过程较为简单，只需修改待删除结点的前驱结点和后继结点的关系即可。如果哈希桶中使用红黑树处理"哈希碰撞"，就稍微复杂一些。删除后需要对红黑树进行相应的调整。红黑树的删除方法 removeTreeNode() 方法代码如下：

```
final void removeTreeNode(HashMap<K,V> map, Node<K,V>[] tab,
                          boolean movable) {
    int n;
    if (tab == null || (n = tab.length) == 0)
        return;
    int index = (n - 1) & hash;
    TreeNode<K,V> first = (TreeNode<K,V>)tab[index], root = first, rl;
    TreeNode<K,V> succ = (TreeNode<K,V>)next, pred = prev;
    if (pred == null)
        tab[index] = first = succ;
    else
        pred.next = succ;
    if (succ != null)
        succ.prev = pred;
    if (first == null)
        return;
    if (root.parent != null)
        root = root.root();
    if (root == null
        || (movable
            && (root.right == null
                || (rl = root.left) == null
                || rl.left == null))) {
        tab[index] = first.untreeify(map);  // too small
        return;
    }
    TreeNode<K,V> p = this, pl = left, pr = right, replacement;
    if (pl != null && pr != null) {
        TreeNode<K,V> s = pr, sl;
```

```java
            while ((sl = s.left) != null) // find successor
                s = sl;
            boolean c = s.red; s.red = p.red; p.red = c; // swap colors
            TreeNode<K,V> sr = s.right;
            TreeNode<K,V> pp = p.parent;
            if (s == pr) { // p was s's direct parent
                p.parent = s;
                s.right = p;
            }
            else {
                TreeNode<K,V> sp = s.parent;
                if ((p.parent = sp) != null) {
                    if (s == sp.left)
                        sp.left = p;
                    else
                        sp.right = p;
                }
                if ((s.right = pr) != null)
                    pr.parent = s;
            }
            p.left = null;
            if ((p.right = sr) != null)
                sr.parent = p;
            if ((s.left = pl) != null)
                pl.parent = s;
            if ((s.parent = pp) == null)
                root = s;
            else if (p == pp.left)
                pp.left = s;
            else
                pp.right = s;
            if (sr != null)
                replacement = sr;
            else
                replacement = p;
        }
        else if (pl != null)
            replacement = pl;
        else if (pr != null)
            replacement = pr;
        else
            replacement = p;
        if (replacement != p) {
            TreeNode<K,V> pp = replacement.parent = p.parent;
            if (pp == null)
                root = replacement;
            else if (p == pp.left)
                pp.left = replacement;
            else
                pp.right = replacement;
```

```
        p.left = p.right = p.parent = null;
    }

    TreeNode<K,V> r = p.red ? root : balanceDeletion(root, replacement);

    if (replacement == p) {  // detach
        TreeNode<K,V> pp = p.parent;
        p.parent = null;
        if (pp != null) {
            if (p == pp.left)
                pp.left = null;
            else if (p == pp.right)
                pp.right = null;
        }
    }
    if (movable)
        moveRootToFront(tab, r);
}
```

有关红黑树的调整细节可参考 2.7.11 小节，本节不再赘述。值得注意的是，removeTreeNode() 方法可能会调用 untreeify() 方法将红黑树退化为链表。untreeify() 方法代码如下：

```
final Node<K,V> untreeify(HashMap<K,V> map) {
    Node<K,V> hd = null, tl = null;
    for (Node<K,V> q = this; q != null; q = q.next) {
        Node<K,V> p = map.replacementNode(q, null);
        if (tl == null)
            hd = p;
        else
            tl.next = p;
        tl = p;
    }
    return hd;
}
```

4.6.17　HashMap 类的 get() 方法

get() 方法用于根据键查找对应的值，get() 方法代码如下：

```
public V get(Object key) {
    Node<K,V> e;
    return (e = getNode(hash(key), key)) == null ? null : e.value;
}
```

get() 方法通过 getNode() 方法查找对应的结点，如果找到对应的结点就返回结点存储的 value 值，否则返回 null。getNode() 方法代码如下：

```
final Node<K,V> getNode(int hash, Object key) {
    Node<K,V>[] tab; Node<K,V> first, e; int n; K k;
    if ((tab = table) != null && (n = tab.length) > 0 &&
```

```
                (first = tab[(n - 1) & hash]) != null) {
            // 找到对应的结点
            if (first.hash == hash && // always check first node
                ((k = first.key) == key || (key != null && key.equals(k))))
                return first;
            if ((e = first.next) != null) {
                if (first instanceof TreeNode)
                    // 在红黑树上查找对应的结点
                    return ((TreeNode<K,V>)first).getTreeNode(hash, key);
                // 在链表中查找对应的结点
                do {
                    if (e.hash == hash &&
                        ((k = e.key) == key || (key != null && key.equals(k))))
                        return e;
                } while ((e = e.next) != null);
            }
        }
        return null;
    }
```

4.6.18 HashMap 常见面试考点

（1）HashMap 的容量和负载因子的设置。
（2）HashMap 的扩容过程以及尽可能避免扩容的处理方式。
（3）HashMap "哈希碰撞"的概念。
（4）HashMap 解决"哈希碰撞"的处理方式。
（5）不同 JDK 版本 HashMap 对哈希碰撞的处理方式对比。
（6）哈希碰撞时链表与红黑树互相转换。
（7）红黑树相关操作。
（8）HashMap、LinkedHashMap 和 TreeMap 的原理和性能对比。
（9）什么时候应该重写对象的 equals()和 hashCode()方法及重写的原因。
（10）在不使用 HashMap 已有的"哈希碰撞"的处理方案的前提下，提供多种可以处理"哈希碰撞"的解决方案。
（11）HashMap 与 HashSet 的关系对比。
（12）HashMap、Hashtable 和 ConcurrentHashMap 的对比。
（13）自己实现一个简单的 HashMap 并提供核心代码。

HashMap 是面试中常见的考点之一，读者应该予以重视。

4.7 LinkedHashMap

LinkedHashMap 是 HashMap 的子类，LinkedHashMap 内部使用一个双向链表维护键值对的顺序，每个键值对既位于哈希表中，又位于双向链表中。LinkedHashMap 支持两种顺序：插入顺序和访问顺序。

插入顺序指先添加的在前面，后添加的在后面。修改操作不影响顺序。

访问顺序指对一个键执行 get/put 操作后，其对应的键值对会移动到链表末尾，所以靠近链表末尾的元素是最近访问的元素，靠近链表头部的是最久没有被访问的元素。

4.7.1 LinkedHashMap 类的使用方式

```java
/**
 * @Author : zhouguanya
 * @Project : java-interview-guide
 * @Date : 2019-10-04 10:08
 * @Version : V1.0
 * @Description : LinkedHashMap 的使用
 */
public class LinkedHashMapDemo {
    public static void main(String[] args) {
        // 测试 LinkedHashMap 按照插入顺序访问元素
        Map<String, Integer> linkedHashMap
                = new LinkedHashMap<> ();
        linkedHashMap.put("Michael", 90);
        linkedHashMap.put("Jack", 85);
        linkedHashMap.put("John", 88);
        linkedHashMap.put("Allen", 92);
        print(linkedHashMap, "LinkedHashMap 按插入顺序打印成绩，打印结果：");

        // 测试 HashMap 按照插入顺序访问元素
        Map<String, Integer> hashMap
                = new HashMap<>(8);
        hashMap.put("Michael", 90);
        hashMap.put("Jack", 85);
        hashMap.put("John", 88);
        hashMap.put("Allen", 92);
        print(hashMap, "使用 HashMap 按插入顺序打印成绩，打印结果：");

        // 测试 LinkedHashMap 按照访问顺序访问元素
        Map<String, Integer> linkedHashMapAccessOrder
                = new LinkedHashMap<>(8, 0.75f, true);
        linkedHashMapAccessOrder.put("Michael", 90);
        linkedHashMapAccessOrder.put("Jack", 85);
        linkedHashMapAccessOrder.put("John", 88);
        linkedHashMapAccessOrder.put("Allen", 92);
        linkedHashMapAccessOrder.get("Michael");
        print(linkedHashMapAccessOrder,
                "LinkedHashMap 按访问顺序打印成绩，打印结果：");
    }

    private static void print(Map<String, Integer> hashMap, String msg) {
        Set<Map.Entry<String, Integer>> entries
```

```
            = hashMap.entrySet();
        System.out.println(msg);
        for (Map.Entry<String, Integer> entry : entries) {
            System.out.print(entry.getKey() + "=");
            System.out.print(entry.getValue());
            System.out.println();
        }
    }
}
```

执行以上代码，执行结果如下：

```
LinkedHashMap 按插入顺序打印成绩，打印结果：
Michael=90
Jack=85
John=88
Allen=92
使用 HashMap 按插入顺序打印成绩，打印结果：
John=88
Jack=85
Allen=92
Michael=90
LinkedHashMap 按访问顺序打印成绩，打印结果：
Jack=85
John=88
Allen=92
Michael=90
```

从执行结果可知，LinkedHashMap 可以按照插入顺序、访问顺序控制元素的输出顺序，比 HashMap 具有更好的灵活性。

通过 LinkedHashMap 访问顺序的特性可以实现 LRU（Least Recently Used，最近最少使用）算法。LRU 算法是很多缓存框架都提供的算法，如 Redis 提供了 volatile-lru 配置项淘汰最近最少使用的键值对。下面通过一个案例实现 LRU 算法。

创建 LRUCache 类，继承 LinkedHashMap 类。

```
/**
 * @Author : zhouguanya
 * @Project : java-interview-guide
 * @Date : 2019-10-04 11:00
 * @Version : V1.0
 * @Description : LRU 算法
 */
public class LRUCache<K, V> extends LinkedHashMap<K, V> {

    /**
     * 缓存的最大 Entry 数量
     */
    private int maxEntries;

    public LRUCache(int maxEntries) {
```

```java
        super(16, 0.75f, true);
        this.maxEntries = maxEntries;
    }

    @Override
    protected boolean removeEldestEntry(Map.Entry<K, V> eldest) {
        return size() > maxEntries;
    }
}
```

创建 LRUCache 测试代码，用于验证 LRUCache 的功能。LRUCache 代码如下：

```java
/**
 * @Author : zhouguanya
 * @Project : java-interview-guide
 * @Date : 2019-10-04 11:01
 * @Version : V1.0
 * @Description : 测试 LRU 算法
 */
public class LRUCacheDemo {
    public static void main(String[] args) {
        LRUCache<String, Integer> lruCache = new LRUCache<>(3);
        lruCache.put("Michael", 90);
        lruCache.put("Jack", 85);
        lruCache.put("John", 88);
        // 再次访问 Michael
        lruCache.get("Michael");
        lruCache.put("Allen", 92);
        // 通过 LRUCache 控制缓存 3 个 Entry
        // Michael 再次被访问，因此不会被删除
        // 所以 Jack 应该会被删除
        Set<Map.Entry<String, Integer>> entries
                = lruCache.entrySet();
        System.out.println("LRU 算法运行结果：");
        for (Map.Entry<String, Integer> entry : entries) {
            System.out.print(entry.getKey() + "=");
            System.out.print(entry.getValue());
            System.out.println();
        }
    }
}
```

执行以上代码，执行结果如下：

```
LRU 算法运行结果：
John=88
Michael=90
Allen=92
```

4.7.2 LinkedHashMap 类的声明

```
public class LinkedHashMap<K,V>
    extends HashMap<K,V>
    implements Map<K,V>
```

LinkedHashMap 继承了 HashMap 类，实现了 Map 接口。LinkedHashMap 类图如图 4-14 所示。

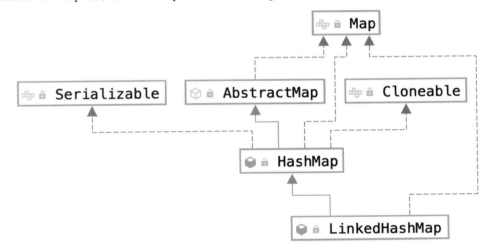

图 4-14　LinkedHashMap 类图

4.7.3 LinkedHashMap 静态内部类 Entry

LinkedHashMap 的内部类 Entry 是 HashMap.Node 类的子类。LinkedHashMap 类的内部类 Entry 在 HashMap.Node 类的基础上增加了 before 和 after 两个属性用于实现双向链表。因此，LinkedHashMap 可以实现按照插入顺序访问元素。LinkedHashMap 的内部类 Entry 的代码如下：

```
static class Entry<K,V> extends HashMap.Node<K,V> {
    Entry<K,V> before, after;
    Entry(int hash, K key, V value, Node<K,V> next) {
        super(hash, key, value, next);
    }
}
```

4.7.4 LinkedHashMap 类的属性

LinkedHashMap 的 3 个重要属性如下：

```
/**
 * 双向队列的头结点
 */
transient LinkedHashMap.Entry<K,V> head;
```

```java
/**
 * 双向队列的尾结点
 */
transient LinkedHashMap.Entry<K,V> tail;

/**
 * 访问 LinkedHashMap 元素的方式
 * true：按照访问顺序访问
 * false：按照插入顺序访问
 */
final boolean accessOrder;
```

4.7.5　LinkedHashMap 类的构造器

无参构造器将 accessOrder 初始化为 false，即 LinkedHashMap 默认是按照插入顺序访问其中的元素的。无参构造器代码如下：

```java
/**
 * 无参构造器
 * 初始容量 16，负载因子 0.75
 */
public LinkedHashMap() {
    super();
    // accessOrder 为 false
    // 按照插入顺序访问其中的元素
    accessOrder = false;
}
```

与 LinkedHashMap 的父类 HashMap 类似，LinkedHashMap 也有指定初始容量和负载因子的构造器。

```java
/**
 * 指定初始容量的构造器
 * 负载因子 0.75
 * 按照插入顺序访问其中的元素
 */
public LinkedHashMap(int initialCapacity) {
    super(initialCapacity);
    accessOrder = false;
}

/**
 * 指定初始容量和负载因子的构造器
 * 按照插入顺序访问其中的元素
 */
public LinkedHashMap(int initialCapacity, float loadFactor) {
    super(initialCapacity, loadFactor);
    accessOrder = false;
}
```

通过给定的 Map 对象创建 LinkedHashMap 对象的构造器如下：

```java
/**
 * 创建与指定映射含有相同键值对的 LinkedHashMap 对象的构造器
 * 按照插入顺序访问其中的元素
 */
public LinkedHashMap(Map<? extends K, ? extends V> m) {
    super();
    accessOrder = false;
    putMapEntries(m, false);
}
```

指定初始容量、负载因子和元素访问方式的构造器如下：

```java
/**
 * 指定初始容量，负载因子和元素访问方式
 *
 * @param  initialCapacity    初始容量
 * @param  loadFactor         负载因子
 * @param  accessOrder        true：按照访问顺序访问
 *                            false：按照插入顺序访问
 */
public LinkedHashMap(int initialCapacity,
                     float loadFactor,
                     boolean accessOrder) {
    super(initialCapacity, loadFactor);
    this.accessOrder = accessOrder;
}
```

4.7.6 LinkedHashMap 类的 put()方法

因为 LinkedHashMap 继承了 HashMap，所以 LinkedHashMap 使用父类 HashMap 的 put()方法添加元素，put()方法的细节可参考 4.6.10 小节。

put()调用 putVal()方法，putVal()方法调用 newNode()方法创建单链表 Node 结点。此方法在 LinkedHashMap 被重写，LinkedHashMap 的 newNode()方法代码如下：

```java
Node<K,V> newNode(int hash, K key, V value, Node<K,V> e) {
    LinkedHashMap.Entry<K,V> p =
        new LinkedHashMap.Entry<K,V>(hash, key, value, e);
    linkNodeLast(p);
    return p;
}
```

LinkedHashMap 的 newNode()方法调用 linkNodeLast()方法将新结点链接到双向链表的尾部。linkNodeLast()方法代码如下：

```java
private void linkNodeLast(LinkedHashMap.Entry<K,V> p) {
    LinkedHashMap.Entry<K,V> last = tail;
    tail = p;
    if (last == null)
```

```
            head = p;
        else {
            p.before = last;
            last.after = p;
        }
}
```

put()方法调用 putVal()方法实现添加元素。如果原映射中键值对已存在,那么此次调用 put()方法只会更新键对应的值,并返回旧的值。相关代码如下:

```
// 如果结点 e 非空,就说明在映射中找到了与键对应的键值对
if (e != null) {
    // 获取结点 e 的旧的 value 值
    V oldValue = e.value;
    // 如果允许修改旧的 value 或者旧的 value 为空
    if (!onlyIfAbsent || oldValue == null)
        // 更新结点 e 的 value 为新的值
        e.value = value;
    // 预留方法,可以设置回调
    afterNodeAccess(e);
    // 返回旧的 value 值
    return oldValue;
}
```

这段代码中的 afterNodeAccess()方法是预留方法,在 HashMap 中并没有具体的方法实现。HashMap 中的 afterNodeAccess()方法代码如下:

```
void afterNodeAccess(Node<K,V> p) {
}
```

此处使用模板方法设计模式,使 HashMap 的子类可以重写 afterNodeAccess()方法,增加子类的逻辑。在 HashMap 的子类 LinkedHashMap 中,afterNodeAccess()代码如下:

```
/**
 * 重写父类 HashMap 中的 afterNodeAccess()方法
 * 修改当前结点 e 使之成为新的双向链表的尾结点
 */
void afterNodeAccess(Node<K,V> e) {
    // 双向链表的尾结点
    LinkedHashMap.Entry<K,V> last;
    // 如果 accessOrder 为 true,即按照访问顺序访问 LinkedHashMap 元素
    // 并且双向链表的尾结点 tail 不等于 e
    // 说明当前更新的键值对并非是双向链表的尾结点
    // 则将调整双向链表使当前操作的结点成为新的队尾结点
    // 下面是双向链表的调整操作
    if (accessOrder && (last = tail) != e) {
        // 设置 p 等于 e
        // 设置 b 等于 p 的前驱结点
        // 设置 a 等于 p 的后继结点
        LinkedHashMap.Entry<K,V> p =
            (LinkedHashMap.Entry<K,V>)e, b = p.before, a = p.after;
```

```
        // 设置p的后继结点为null
        p.after = null;
        // 如果结点p的前驱结点等于null
        // 说明结点p是头结点,因为只有头结点不存在前驱结点
        if (b == null)
            // 既然要将结点p变为双向链表尾结点
            // 则将结点p的后继结点设置为新的头结点
            head = a;
        else
            // 如果结点p的前驱结点不等于null
            // 修改结点p的前驱结点的后继结点等于结点p的后继结点
            b.after = a;
        // 如果结点p的后继结点不等于null
        if (a != null)
            // 修改结点p的后继结点的前驱结点等于结点p的前驱结点
            a.before = b;
        else
            // 如果结点p的后继结点为null
            // 将结点p的前驱结点设置为新的尾结点
            last = b;
        // 如果尾结点为null
        if (last == null)
            // 将头结点设置为p
            head = p;
        else {
            // 如果尾结点不为null
            // 设置p的前驱结点等于last
            p.before = last;
            // 设置last的后继结点为p
            last.after = p;
        }
        // 设置新的尾结点为p
        tail = p;
        // 修改结构性变化次数
        ++modCount;
    }
}
```

afterNodeAccess()方法的作用是将当前更新的键值对对应的结点对象调整到双向链表的尾部,其大体思路是首先将结点e从双向链表中摘除,然后维护双向链表,使摘除结点e后的其余结点连接成新的双向链表,最后将摘除的结点e连接到新的双向链表的尾部。更多有关双向链表的操作细节可参考2.4节,本节不再赘述。

回到put()方法,如果put()方法操作的键值对在映射中不存在,那么在映射中添加新的键值对成功后,将会执行afterNodeInsertion()方法。afterNodeInsertion()方法是预留方法,在HashMap中并没有具体的方法实现。在HashMap中,afterNodeInsertion()方法代码如下:

```
void afterNodeInsertion(boolean evict) {
}
```

此处使用模板方法设计模式,使 HashMap 的子类可以重写 afterNodeInsertion()方法,增加子类的逻辑。在 HashMap 的子类 LinkedHashMap 中,afterNodeInsertion()方法代码如下:

```java
/**
 * 重写父类 HashMap 中的 afterNodeAccess()方法
 * 修改当前结点 e 使之成为新的双向链表的尾结点
 */
void afterNodeInsertion(boolean evict) {
    // 双向链表的头结点
    LinkedHashMap.Entry<K,V> first;
    // 如果 evict 为 true
    // 并且双向链表的头结点非空
    // 并且 removeEldestEntry()方法返回 true
    if (evict && (first = head) != null && removeEldestEntry(first)) {
        // 获取头结点的键
        K key = first.key;
        // 调用 removeNode()方法删除结点
        removeNode(hash(key), key, null, false, true);
    }
}
```

afterNodeInsertion()方法调用的 removeEldestEntry()方法的作用是判断是否删除映射中比较旧的键值对。如果 removeEldestEntry()返回 true,那么删除比较旧的键值对,否则不删除,代码如下:

```java
protected boolean removeEldestEntry(Map.Entry<K,V> eldest) {
    return false;
}
```

LinkedHashMap 类的 removeEldestEntry()方法返回固定值 false,不会删除其中比较旧的键值对。因此,afterNodeInsertion()方法将不会执行 removeNode()方法。

回顾 4.7.1 小节,LRUCache 类重写了 removeEldestEntry()方法,其实现如下:

```java
@Override
protected boolean removeEldestEntry(Map.Entry<K, V> eldest) {
    return size() > maxEntries;
}
```

LRUCache 类的 removeEldestEntry()方法在判断当前保存的键值对大于 maxEntries(大于 3)时将会返回 true。此时,afterNodeInsertion()方法因 removeEldestEntry()方法返回 true 而执行 removeNode()方法。因为 removeEldestEntry()方法中调用 removeNode()方法传入的参数是 first(双向链表的头结点),即删除了"最近最少使用"的结点,从而实现了 LRU 算法。removeNode()方法的具体细节可参考 4.6.16 小节。

值得注意的是,在 4.6.16 小节讲解的 removeNode()方法中也有一个与 afterNodeAccess()和 afterNodeInsertion()类似的方法 afterNodeRemoval(),此方法也是由 HashMap 的子类实现的,在 LinkedHashMap 中的实现方式如下:

```java
void afterNodeRemoval(Node<K,V> e) { // unlink
    LinkedHashMap.Entry<K,V> p =
        (LinkedHashMap.Entry<K,V>)e, b = p.before, a = p.after;
```

```
      p.before = p.after = null;
      if (b == null)
         head = a;
      else
         b.after = a;
      if (a == null)
         tail = b;
      else
         a.before = b;
}
```

afterNodeRemoval()方法的作用是删除结点 e 后对双向链表做一些维护工作。更多有关双向链表的操作细节可参考 2.4 节，本节不再赘述。

4.7.7　LinkedHashMap 类的 get()方法

LinkedHashMap 类的 get()方法用于获取键对应的值。get()方法代码如下：

```
public V get(Object key) {
   Node<K,V> e;
   if ((e = getNode(hash(key), key)) == null)
      return null;
   if (accessOrder)
      afterNodeAccess(e);
   return e.value;
}
```

get()方法通过调用父类的 getNode()查找结点，getNode()方法可参考 4.6.17 小节。如果未找到对应的结点就返回 null；否则判断 accessOrder，如果 accessOrder 为 true，将会执行 afterNodeAccess()方法更新双向链表。afterNodeAccess()方法可参考 4.7.6 小节。

4.7.8　LinkedHashMap 类的 getOrDefault()方法

getOrDefault()方法用于获取键对应的值，如果不存在就返回默认值。getOrDefault()方法代码如下：

```
public V getOrDefault(Object key, V defaultValue) {
   Node<K,V> e;
   if ((e = getNode(hash(key), key)) == null)
      return defaultValue;
   if (accessOrder)
      afterNodeAccess(e);
   return e.value;
}
```

4.7.9　LinkedHashMap 类的 containsValue()方法

containsValue()方法用于判断 LinkedHashMap 中是否存在一个或者多个键映射指定的 value，如果存在就返回 true，否则返回 false。containsValue()方法代码如下：

```java
public boolean containsValue(Object value) {
    for (LinkedHashMap.Entry<K,V> e = head; e != null; e = e.after) {
        V v = e.value;
        if (v == value || (value != null && value.equals(v)))
            return true;
    }
    return false;
}
```

从 containsValue()方法代码可知，containsValue()方法遍历双向链表，搜索每个结点的 value 值，如果存在 value 等于指定的 value 就返回 true，否则返回 false。

4.7.10　LinkedHashMap 类的 removeEldestEntry()方法

removeEldestEntry()方法用于控制 LinkedHashMap 是否删除较陈旧的键值对。如果想实现删除较陈旧的键值对的功能，那么使 removeEldestEntry()返回 true 即可，可以参考 4.7.1 小节和 4.7.6 小节。删除较陈旧的键值对在 LinkedHashMap 作为缓存使用时非常有用，可以有效减少控制 LinkedHashMap 的内存消耗。removeEldestEntry()代码如下：

```java
protected boolean removeEldestEntry(Map.Entry<K,V> eldest) {
    return false;
}
```

4.7.11　LinkedHashMap 类常见面试考点

（1）LinkedHashMap 与 HashMap 的比较。
（2）LinkedHashMap 的两种元素访问方式。
（3）基于 LinkedHashMap 实现 LRU 算法。

4.8　TreeMap

　　HashMap 和 LinkedHashMap 都不具备按键排序的功能，因此要想从 HashMap 和 LinkedHashMap 中搜索最大或最小键，需要遍历所有的键值对，这会造成从 HashMap 和 LinkedHashMap 搜索最大或最小键的时间复杂度比较高，此时需要使用 TreeMap。TreeMap 是基于红黑树的 NavigableMap 实现的，该映射根据其键的自然顺序进行排序或者根据创建映射时提供的比较器进行排序。

TreeMap 的键按照自然顺序或根据创建时提供的比较器进行排序，TreeMap 新增、修改、删除和查找操作的时间复杂度是 $O(\log_2 n)$。从存取角度而言，TreeMap 比 HashMap 与 LinkedHashMap 的 $O(1)$ 时间复杂度要差些。但如果需要保证统计功能或者对键按照一定的规则进行排序，那么使用 TreeMap 是一种更好的选择。

4.8.1　TreeMap 类的使用方式

```java
/**
 * @Author : zhouguanya
 * @Project : java-interview-guide
 * @Date : 2019-10-07 22:59
 * @Version : V1.0
 * @Description : TreeMap 使用方式
 */
public class TreeMapDemo {
    public static void main(String[] args) {
        TreeMap<Integer, String> treeMap = new TreeMap<>();
        treeMap.put(90, "Michael");
        treeMap.put(85, "Jack");
        treeMap.put(88, "John");
        treeMap.put(92, "Allen");
        Set<Map.Entry<Integer, String>> entries = treeMap.entrySet();
        for (Map.Entry<Integer, String> entry : entries) {
            System.out.println(entry.getKey() + ":" + entry.getValue());
        }

        System.out.printf("treeMap 中最小的键是：%s%n",
                treeMap.firstKey());
        System.out.printf("treeMap 中最大的键是：%s%n",
                treeMap.lastKey());
        System.out.printf("treeMap 中严格小于 90 的最大的键是：%s%n",
                treeMap.lowerKey(90));
        System.out.printf("treeMap 中严格大于 88 的最小的键是：%s%n",
                treeMap.higherKey(88));
        System.out.printf("treeMap 中小于或等于 95 的最大的键是：%s%n",
                treeMap.floorKey(95));
        System.out.printf("treeMap 中包含的大于或等于 89 的最小键：%s%n",
                treeMap.ceilingKey(89));
        System.out.println("treeMap 中包含的键值对的逆序视图：");
        System.out.println(treeMap.descendingMap());
    }
}
```

执行以上代码，执行结果如下：

```
85:Jack
88:John
```

```
90:Michael
92:Allen
treeMap 中最小的键是：85
treeMap 中最大的键是：92
treeMap 中严格小于 90 的最大的键是：88
treeMap 中严格大于 88 的最小的键是：90
treeMap 中小于或等于 95 的最大的键是：92
treeMap 中包含的大于或等于 89 的最小键：90
treeMap 中包含的键值对的逆序视图：
{92=Allen, 90=Michael, 88=John, 85=Jack}
```

4.8.2 TreeMap 类的声明

```
public class TreeMap<K,V>
    extends AbstractMap<K,V>
    implements NavigableMap<K,V>, Cloneable, java.io.Serializable
```

与 HashMap 不同的是，TreeMap 实现了 NavigableMap 接口。NavigableMap 接口继承 SortedMap 接口，SortedMap 接口继承 Map 接口。

SortedMap 是在 Map 基础之上对键实现排序的高级 Map 接口，SortedMap 代码如下：

```
public interface SortedMap<K,V> extends Map<K,V> {
    /**
     * 返回 Map 中对键进行排序的比较器
     * 如果使用 Key 的自然序排序，就返回 null
     */
    Comparator<? super K> comparator();

    /**
     * 返回此 Map 的部分映射
     * 其键的范围是[fromKey,toKey)左闭右开区间
     */
    SortedMap<K,V> subMap(K fromKey, K toKey);

    /**
     * 返回此 Map 的部分映射，其键严格小于 toKey
     */
    SortedMap<K,V> headMap(K toKey);

    /**
     * 返回此 Map 的部分映射，其 Key 大于或等于 fromKey
     */
    SortedMap<K,V> tailMap(K fromKey);

    /**
     * 返回此 Map 中当前的第一个键
     */
    K firstKey();
```

```java
/**
 * 返回此 Map 中当前的最后一个键
 */
K lastKey();

/**
 * 返回此 Map 中包含的键的 Set 集合
 * Set 的迭代器按升序返回 Key
 */
Set<K> keySet();

/**
 * 返回此 Map 中包含的值的集合
 * 集合的迭代器以相应键的升序返回 Value
 */
Collection<V> values();

/**
 * 返回此 Map 中包含的 Entry 集合
 * Set 的迭代器以键的升序顺序返回 Entry
 */
Set<Map.Entry<K, V>> entrySet();
}
```

NavigableMap 继承 SortedMap，使用导航的方法扩展 SortedMap，返回与给定搜索目标最接近的匹配元素。NavigableMap 代码如下：

```java
public interface NavigableMap<K,V> extends SortedMap<K,V> {
    /**
     * 返回严格小于给定键的最大键关联的键值对。如果不存在就返回 null
     */
    Map.Entry<K,V> lowerEntry(K key);

    /**
     * 返回严格小于给定键的最大键。如果不存在就返回 null
     */
    K lowerKey(K key);

    /**
     * 返回小于或等于给定键的最大键关联的键值对。如果不存在就返回 null
     */
    Map.Entry<K,V> floorEntry(K key);

    /**
     * 返回小于或等于给定键的最大键。如果不存在就返回 null
     */
    K floorKey(K key);

    /**
     * 返回大于或等于给定键的最小键关联的键值对。如果不存在就返回 null
     */
```

```java
Map.Entry<K,V> ceilingEntry(K key);

/**
 * 返回大于或等于给定键的最小键,如果不存在就返回 null
 */
K ceilingKey(K key);

/**
 * 返回严格大于给定键的最小键关联的键值对,如果不存在就返回 null
 */
Map.Entry<K,V> higherEntry(K key);

/**
 * 返回严格大于给定键的最小键,如果不存在就返回 null
 */
K higherKey(K key);

/**
 * 返回此 Map 中最小键对应的键值对,如果不存在就返回 null
 */
Map.Entry<K,V> firstEntry();

/**
 * 返回此 Map 中最大键对应的键值对,如果不存在就返回 null
 */
Map.Entry<K,V> lastEntry();

/**
 * 删除并返回与此 Map 中的最小键关联的键值对,如果不存在就返回 null
 */
Map.Entry<K,V> pollFirstEntry();

/**
 * 删除并返回与此 Map 中的最大键关联的键值对,如果不存在就返回 null
 */
Map.Entry<K,V> pollLastEntry();

/**
 * 将此 Map 中包含的键值对做逆序排序
 */
NavigableMap<K,V> descendingMap();

/**
 * 返回此 Map 中包含的键的 NavigableSet 集合
 */
NavigableSet<K> navigableKeySet();

/**
 * 返回此 Map 中包含的键的逆序的 NavigableSet 对象
 */
```

```java
NavigableSet<K> descendingKeySet();

/**
 * 返回此 Map 部分的视图，其键的范围从 fromKey 到 toKey
 */
NavigableMap<K,V> subMap(K fromKey, boolean fromInclusive,
                K toKey,   boolean toInclusive);

/**
 * 返回此 Map 的部分视图，其键小于（或等于，如果 inclusive 为 true）toKey
 */
NavigableMap<K,V> headMap(K toKey, boolean inclusive);

/**
 * 返回此 Map 部分的视图，其键大于（或等于，如果 inclusive 为 true）fromKey
 */
NavigableMap<K,V> tailMap(K fromKey, boolean inclusive) ;

/**
 * 等价于 subMap(fromKey, true, toKey, false)
 */
SortedMap<K,V> subMap(K fromKey, K toKey);

/**
 * 等价于 headMap(toKey, false)
 */
SortedMap<K,V> headMap(K toKey);

/**
 * 等价于 tailMap(fromKey, true)
 */
SortedMap<K,V> tailMap(K fromKey);
}
```

TreeMap 类图如图 4-15 所示。

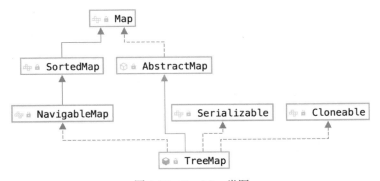

图 4-15　TreeMap 类图

4.8.3　TreeMap 静态内部类 Entry

```java
static final class Entry<K,V> implements Map.Entry<K,V> {
    /**
     * 键
     */
    K key;
    /**
     * 值
     */
    V value;
    /**
     * 左子结点
     */
    Entry<K,V> left;
    /**
     * 右子结点
     */
    Entry<K,V> right;
    /**
     * 父结点
     */
    Entry<K,V> parent;
    /**
     * 结点的颜色
     */
    boolean color = BLACK;

    /**
     * 构造器
     */
    Entry(K key, V value, Entry<K,V> parent) {
        this.key = key;
        this.value = value;
        this.parent = parent;
    }

    /**
     * 返回键
     */
    public K getKey() {
        return key;
    }

    /**
     * 返回值
     */
    public V getValue() {
        return value;
```

```java
    }
    /**
     * 设置值
     */
    public V setValue(V value) {
        V oldValue = this.value;
        this.value = value;
        return oldValue;
    }
    /**
     * 重写equals()方法
     */
    public boolean equals(Object o) {
        if (!(o instanceof Map.Entry))
            return false;
        Map.Entry<?,?> e = (Map.Entry<?,?>)o;

        return valEquals(key,e.getKey()) && valEquals(value,e.getValue());
    }
    /**
     * 重写hashCode()方法
     */
    public int hashCode() {
        int keyHash = (key==null ? 0 : key.hashCode());
        int valueHash = (value==null ? 0 : value.hashCode());
        return keyHash ^ valueHash;
    }
    /**
     * 重写toString()方法
     */
    public String toString() {
        return key + "=" + value;
    }
}
```

4.8.4　TreeMap 类的属性

```java
// 键的比较器,用于对键排序
private final Comparator<? super K> comparator;
// 红黑树的根结点
private transient Entry<K,V> root;
// 红黑树的大小
private transient int size = 0;
// 结构性变化的次数
private transient int modCount = 0;
// Map 的 Entry 视图
private transient EntrySet entrySet;
// Map 中可导航的键的集合
```

```java
private transient KeySet<K> navigableKeySet;
// 按照键的降序排序的 Map
private transient NavigableMap<K,V> descendingMap;
// 定义红黑树的颜色
// 红色
private static final boolean RED   = false;
// 黑色
private static final boolean BLACK = true;
```

4.8.5　TreeMap 类的构造器

```java
/**
 * 无参构造器
 * 使用键的自然顺序构造一个新的、空的 Map
 * 插入该 Map 的所有键都必须实现 Comparable 接口
 * 所有这些 Key 都必须是可比较大小的
 */
public TreeMap() {
    comparator = null;
}

/**
 * 指定比较器的构造器
 */
public TreeMap(Comparator<? super K> comparator) {
    this.comparator = comparator;
}

/**
 * 指定 Map 对象作为参数的构造器
 * 构造一个与给定 Map 具有相同映射关系的新 Map
 * 该 Map 根据其键的自然顺序进行排序
 */
public TreeMap(Map<? extends K, ? extends V> m) {
    comparator = null;
    putAll(m);
}

/**
 * 指定 SortedMap 对象作为参数的构造器
 * 构造一个与指定 SortedMap 具有相同映射关系和相同排序顺序的新 Map
 */
public TreeMap(SortedMap<K, ? extends V> m) {
    comparator = m.comparator();
    try {
        buildFromSorted(m.size(), m.entrySet().iterator(), null, null);
    } catch (java.io.IOException cannotHappen) {
    } catch (ClassNotFoundException cannotHappen) {
    }
}
```

}
```

### 4.8.6 TreeMap 类的 putAll()方法

TreeMap(Map<? extends K, ? extends V> m)构造器的 putAll()方法将给定的 Map 对象中的键值对复制到 TreeMap 中。putAll()方法代码如下：

```java
public void putAll(Map<? extends K, ? extends V> map) {
    // map 包含的键值对数量
    int mapSize = map.size();
    // 判断 map 是否 SortedMap
    // 如果不是就用 AbstractMap 的 putAll()方法
    if (size==0 && mapSize!=0 && map instanceof SortedMap) {
        // 参数 map 的构造器
        Comparator<?> c = ((SortedMap<?,?>)map).comparator();
        // 如果 c 等于比较器 comparator
        // 或者 c 与 comparator 类型相同
        // 就进入有序 map 的构造
        if (c == comparator || (c != null && c.equals(comparator))) {
            ++modCount;
            try {
                // 调用 buildFromSorted()方法构造 Map
                buildFromSorted(mapSize, map.entrySet().iterator(),
                                null, null);
            } catch (java.io.IOException cannotHappen) {
            } catch (ClassNotFoundException cannotHappen) {
            }
            return;
        }
    }
    // 调用 AbstractMap 类的 putAll()方法
    super.putAll(map);
}
```

如果给定的 Map 对象是 SortedMap 类型的对象，就通过 buildFromSorted()方法构建 TreeMap 对象。

4.8.7 TreeMap 类的 buildFromSorted()方法

```java
/**
 * size: map 存储键值对的数量
 * it: 传入的 map 的 entries 迭代器
 * str: 如果不为空，就从流里读取 key-value
 * defaultVal: 默认值
 */
private void buildFromSorted(int size, Iterator<?> it,
                             java.io.ObjectInputStream str,
                             V defaultVal)
```
```

```
        throws java.io.IOException, ClassNotFoundException {
    this.size = size;
    root = buildFromSorted(0, 0, size-1, computeRedLevel(size),
                    it, str, defaultVal);
}
```

buildFromSorted()方法调用 computeRedLevel()方法计算一棵完全二叉树的高度。

```
private static int computeRedLevel(int sz) {
    int level = 0;
    for (int m = sz - 1; m >= 0; m = m / 2 - 1)
        level++;
    return level;
}
```

把根结点索引看为 0，那么高度为 2 的树的最后一个结点的索引 index 为 2，类推高度为 3 的最后一个结点的索引为 6，满足 index = (level + 1) * 2 。那么计算这个高度有什么用呢？如图 4-16 所示，如果一棵树有 8 个结点，那么构造红黑树的时候，只要把前面 3 层的结点都设置为黑色，第 4 层的结点设置为红色，则构造出来的就是红黑树。实现的关键就是找到要构造树的完全二叉树的层数。

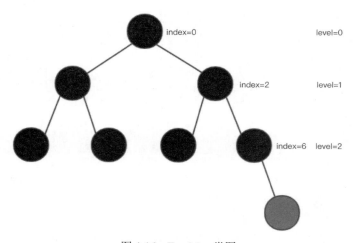

图 4-16 TreeMap 类图

通过 computeRedLevel()方法计算出树的高度后，buildFromSorted()方法调用其重载的方法构建红黑树。重载的 buildFromSorted()方法代码如下：

```
/**
 * level: 当前树的层数，初始值从 0 层开始
 * lo: 子树第一个元素的索引
 * hi: 子树最后一个元素的索引
 * redLevel: 红结点所在层数
 */
private final Entry<K,V> buildFromSorted(int level, int lo, int hi,
                        int redLevel,
                        Iterator<?> it,
                        java.io.ObjectInputStream str,
```

```java
                              V defaultVal)
    throws java.io.IOException, ClassNotFoundException {
    // 如果 hi 小于 lo，就返回 null
    if (hi < lo) return null;
    // 取中间位置，无符号右移，相当于除以 2
    int mid = (lo + hi) >>> 1;

    Entry<K,V> left = null;
    // 递归构造左子树
    if (lo < mid)
        left = buildFromSorted(level+1, lo, mid - 1, redLevel,
                               it, str, defaultVal);

    // extract key and/or value from iterator or stream
    K key;
    V value;
    // 通过迭代器获取键和值
    if (it != null) {
        // 如果默认值为 null
        if (defaultVal==null) {
            Map.Entry<?,?> entry = (Map.Entry<?,?>)it.next();
            key = (K)entry.getKey();
            value = (V)entry.getValue();
        } else {
            // 默认值非空
            key = (K)it.next();
            value = defaultVal;
        }
    } else { // use stream
        key = (K) str.readObject();
        value = (defaultVal != null ? defaultVal : (V) str.readObject());
    }
    // 创建 Entry 对象
    Entry<K,V> middle =  new Entry<>(key, value, null);

    // level 从 0 开始，所以上述 8 个结点计算出来的是 3，实际上就是代表第 4 层
    if (level == redLevel)
        middle.color = RED;
    // 左结点非空，中间结点的左子结点为 left
    if (left != null) {
        middle.left = left;
        left.parent = middle;
    }
    // 递归构造右子树
    if (mid < hi) {
        Entry<K,V> right = buildFromSorted(level+1, mid+1, hi, redLevel,
                                           it, str, defaultVal);
        middle.right = right;
        right.parent = middle;
    }
```

```
        // 返回中间结点
        return middle;
}
```

4.8.8　TreeMap 类的 put()方法

put()方法代码如下：

```
public V put(K key, V value) {
    // 红黑树的根结点
    Entry<K,V> t = root;
    // 如果根结点为null
    if (t == null) {
        compare(key, key); // type (and possibly null) check
        // 设置根结点
        root = new Entry<>(key, value, null);
        // 修改键值对数量加1
        size = 1;
        // 修改结构性变化次数加1
        modCount++;
        // 返回null
        return null;
    }
    int cmp;
    Entry<K,V> parent;
    // 比较器
    Comparator<? super K> cpr = comparator;
    // 如果比较器非空，就使用比较器对键进行比较
    if (cpr != null) {
        do {
            parent = t;
            // 比较插入的键和结点t的键的大小
            cmp = cpr.compare(key, t.key);
            if (cmp < 0)
                // 如果插入的键小于结点t的键
                // 就修改t指向t的左子结点
                t = t.left;
            else if (cmp > 0)
                // 如果插入的键大于结点t的键
                // 就修改t指向t的右子结点
                t = t.right;
            else
                // 若相等说明找到已存在的键
                // 则更新键值对的值
                return t.setValue(value);
        // 循环条件是结点t非空
        } while (t != null);
    }
    // 如果比较器为空，就使用键的自然序进行比较
```

```
        else {
            if (key == null)
                throw new NullPointerException();
            @SuppressWarnings("unchecked")
                Comparable<? super K> k = (Comparable<? super K>) key;
            do {
                parent = t;
                cmp = k.compareTo(t.key);
                if (cmp < 0)
                    t = t.left;
                else if (cmp > 0)
                    t = t.right;
                else
                    return t.setValue(value);
            } while (t != null);
        }
        // 到这里,说明不存在对应的键值对,需要执行插入操作
        // 创建一个新的 Entry 对象
        Entry<K,V> e = new Entry<>(key, value, parent);
        // 若 cmp 小于 0,则设置新的 Entry 对象成为 parent 的左子结点
        if (cmp < 0)
            parent.left = e;
        else
            // 否则设置新的 Entry 对象为 parent 的右子结点
            parent.right = e;
        // 调整红黑树使之达到平衡
        fixAfterInsertion(e);
        // 修改键值对数量加 1
        size++;
        // 修改结构性变化次数加 1
        modCount++;
        // 返回 null
        return null;
    }
```

put()方法会从根结点开始查找,如果插入的键小于根结点,就在左子树中搜索,否则在右子树中搜索。如果找到已经存在的键值对,就覆盖旧值,否则插入新的键值对。插入成功后,将通过 fixAfterInsertion()方法调整红黑树,使之重新达到平衡。

```
private void fixAfterInsertion(Entry<K,V> x) {
    // 默认插入新结点后涂红色
    x.color = RED;
    // 如果 x 不等于 null,并且 x 不是根结点,并且 x 的父结点是红色的
    // 就需要对红黑树进行调整
    while (x != null && x != root && x.parent.color == RED) {
        // parentOf(x)获取 x 的父结点。
        // leftOf(parentOf(parentOf(x))获取 x 的祖父结点的左孩子
        // 如果 x 的父结点是 x 的祖父结点的左孩子
        if (parentOf(x) == leftOf(parentOf(parentOf(x)))) {
            // 获取 x 的祖父结点的右孩子,即 x 的叔叔结点
```

```java
        Entry<K,V> y = rightOf(parentOf(parentOf(x)));
        // 如果叔叔结点是红色的
        if (colorOf(y) == RED) {
            // 设置 x 的父结点为黑色的
            setColor(parentOf(x), BLACK);
            // 设置 x 的叔叔结点为黑色的
            setColor(y, BLACK);
            // 设置 x 的祖父结点为红色的
            setColor(parentOf(parentOf(x)), RED);
            // 修改 x 指向祖父结点
            x = parentOf(parentOf(x));
        } else {
            // 如果叔叔结点是黑色的
            // 如果 x 是父结点的右孩子
            if (x == rightOf(parentOf(x))) {
                // 修改 x 指向父结点
                x = parentOf(x);
                // 左旋转
                rotateLeft(x);
            }
            // 如果 x 是父结点的左孩子
            setColor(parentOf(x), BLACK);
            setColor(parentOf(parentOf(x)), RED);
            // 右旋转
            rotateRight(parentOf(parentOf(x)));
        }
    } else {
        // 如果 x 的父结点是 x 的祖父结点的右孩子
        // 获取 x 的祖父结点的左孩子, 即 x 的叔叔结点
        Entry<K,V> y = leftOf(parentOf(parentOf(x)));
        // 如果叔叔结点是红色的
        if (colorOf(y) == RED) {
            // 设置父结点为黑色的
            setColor(parentOf(x), BLACK);
            // 设置叔叔结点为黑色的
            setColor(y, BLACK);
            // 设置祖父结点为红色的
            setColor(parentOf(parentOf(x)), RED);
            // 修改 x 执行祖父结点
            x = parentOf(parentOf(x));
        } else {
            // 如果 x 是父结点的左孩子
            if (x == leftOf(parentOf(x))) {
                x = parentOf(x);
                // 右旋转
                rotateRight(x);
            }
            // 如果 x 是父结点的右孩子
            setColor(parentOf(x), BLACK);
            setColor(parentOf(parentOf(x)), RED);
```

```
                // 左旋转
                rotateLeft(parentOf(parentOf(x)));
            }
        }
    }
    // 设置根结点为黑色的
    root.color = BLACK;
}
```

更多有关红黑树的操作细节可参考 2.7.11 小节，本节不再赘述。

4.8.9　TreeMap 类的 get()方法

get()方法代码如下：

```
public V get(Object key) {
    Entry<K,V> p = getEntry(key);
    return (p==null ? null : p.value);
}
```

get()方法通过 getEntry()方法查找对应的 Entry 对象。getEntry()方法代码如下：

```
final Entry<K,V> getEntry(Object key) {
    // 如果有比较器，就通过指定的比较器查找 Entry 对象
    if (comparator != null)
        return getEntryUsingComparator(key);
    if (key == null)
        throw new NullPointerException();
    @SuppressWarnings("unchecked")
        Comparable<? super K> k = (Comparable<? super K>) key;
    Entry<K,V> p = root;
    // 从根结点查找
    while (p != null) {
        int cmp = k.compareTo(p.key);
        // cmp 小于 0 从左子树查找
        if (cmp < 0)
            p = p.left;
        // cmp 大于 0 从右子树查找
        else if (cmp > 0)
            p = p.right;
        else
            // 查找到 Entry 对象
            return p;
    }
    return null;
}
```

getEntry()方法调用的 getEntryUsingComparator()方法代码如下：

```
final Entry<K,V> getEntryUsingComparator(Object key) {
    @SuppressWarnings("unchecked")
```

```
            K k = (K) key;
        Comparator<? super K> cpr = comparator;
        if (cpr != null) {
            Entry<K,V> p = root;
            while (p != null) {
                int cmp = cpr.compare(k, p.key);
                if (cmp < 0)
                    p = p.left;
                else if (cmp > 0)
                    p = p.right;
                else
                    return p;
            }
        }
        return null;
}
```

4.8.10　TreeMap 类的 remove() 方法

remove() 方法代码如下：

```
public V remove(Object key) {
    // 查找 Entry 对象
    Entry<K,V> p = getEntry(key);
    if (p == null)
        return null;

    V oldValue = p.value;
    // 删除 Entry 对象
    deleteEntry(p);
    return oldValue;
}
```

remove() 方法调用 deleteEntry() 方法删除 Entry 对象后对红黑树进行调整。deleteEntry() 方法代码如下：

```
private void deleteEntry(Entry<K,V> p) {
    modCount++;
    size--;

    // 如果结点 p 的左右孩子都非空
    if (p.left != null && p.right != null) {
        // 寻找后继结点
        Entry<K,V> s = successor(p);
        p.key = s.key;
        p.value = s.value;
        p = s;
    } // p has 2 children

    // 如果 p 的左孩子非空，那么 replacement 为 p 的左孩子
```

```java
        // 如果p的左孩子为空,那么replacement为p的右孩子
        Entry<K,V> replacement = (p.left != null ? p.left : p.right);
        // 调整替换的结点与父结点的关系
        if (replacement != null) {
            // Link replacement to parent
            replacement.parent = p.parent;
            if (p.parent == null)
                root = replacement;
            else if (p == p.parent.left)
                p.parent.left  = replacement;
            else
                p.parent.right = replacement;

            // Null out links so they are OK to use by fixAfterDeletion.
            p.left = p.right = p.parent = null;

            // Fix replacement
            if (p.color == BLACK)
                // 调整红黑树使之平衡
                fixAfterDeletion(replacement);
        } else if (p.parent == null) {
            // 如果删除的结点没有父结点,即删除的结点是根结点
            root = null;
        } else {
            //  如果删除的结点没有子结点
            if (p.color == BLACK)
                fixAfterDeletion(p);

            if (p.parent != null) {
                if (p == p.parent.left)
                    p.parent.left = null;
                else if (p == p.parent.right)
                    p.parent.right = null;
                p.parent = null;
            }
        }
}
```

deleteEntry()方法删除Entry对象后,通过fixAfterDeletion()方法调整红黑树使之平衡。

```java
private void fixAfterDeletion(Entry<K,V> x) {
    while (x != root && colorOf(x) == BLACK) {
        if (x == leftOf(parentOf(x))) {
            Entry<K,V> sib = rightOf(parentOf(x));

            if (colorOf(sib) == RED) {
                setColor(sib, BLACK);
                setColor(parentOf(x), RED);
                rotateLeft(parentOf(x));
                sib = rightOf(parentOf(x));
            }
```

```java
                if (colorOf(leftOf(sib))  == BLACK &&
                    colorOf(rightOf(sib)) == BLACK) {
                    setColor(sib, RED);
                    x = parentOf(x);
                } else {
                    if (colorOf(rightOf(sib)) == BLACK) {
                        setColor(leftOf(sib), BLACK);
                        setColor(sib, RED);
                        rotateRight(sib);
                        sib = rightOf(parentOf(x));
                    }
                    setColor(sib, colorOf(parentOf(x)));
                    setColor(parentOf(x), BLACK);
                    setColor(rightOf(sib), BLACK);
                    rotateLeft(parentOf(x));
                    x = root;
                }
            } else { // symmetric
                Entry<K,V> sib = leftOf(parentOf(x));

                if (colorOf(sib) == RED) {
                    setColor(sib, BLACK);
                    setColor(parentOf(x), RED);
                    rotateRight(parentOf(x));
                    sib = leftOf(parentOf(x));
                }

                if (colorOf(rightOf(sib)) == BLACK &&
                    colorOf(leftOf(sib)) == BLACK) {
                    setColor(sib, RED);
                    x = parentOf(x);
                } else {
                    if (colorOf(leftOf(sib)) == BLACK) {
                        setColor(rightOf(sib), BLACK);
                        setColor(sib, RED);
                        rotateLeft(sib);
                        sib = leftOf(parentOf(x));
                    }
                    setColor(sib, colorOf(parentOf(x)));
                    setColor(parentOf(x), BLACK);
                    setColor(leftOf(sib), BLACK);
                    rotateRight(parentOf(x));
                    x = root;
                }
            }
        }

        setColor(x, BLACK);
    }
```

更多有关红黑树的操作细节可参考 2.7.11 小节，本节不再赘述。

4.8.11　TreeMap 类的 firstKey()方法

firstKey()方法用于返回 TreeMap 中最小的键。firstKey()方法代码如下：

```
public K firstKey() {
    return key(getFirstEntry());
}
```

firstKey()方法通过 getFirstEntry()方法获取第一个 Entry 对象。找到 Entry 对象后，通过 key()方法获取 Entry 对象的键。getFirstEntry()方法代码如下：

```
final Entry<K,V> getFirstEntry() {
    Entry<K,V> p = root;
    if (p != null)
        while (p.left != null)
            p = p.left;
    return p;
}
```

getFirstEntry()方法从根结点开始向左子树搜索最左边的 Entry 对象。

firstKey()方法调用的 key()方法代码如下：

```
static <K> K key(Entry<K,?> e) {
    if (e==null)
        throw new NoSuchElementException();
    return e.key;
}
```

4.8.12　TreeMap 类的 lastKey()方法

lastKey()方法用于返回 TreeMap 中最大的键。lastKey()方法代码如下：

```
public K lastKey() {
    return key(getLastEntry());
}
```

lastKey()方法通过 getLastEntry()方法获取最后一个 Entry 对象。找到 Entry 对象后，通过 key()方法获取 Entry 对象的键。getLastEntry()方法代码如下：

```
final Entry<K,V> getLastEntry() {
    Entry<K,V> p = root;
    if (p != null)
        while (p.right != null)
            p = p.right;
    return p;
}
```

getLastEntry()方法从根结点开始向右子树搜索最右边的 Entry 对象。

4.8.13　TreeMap 类常见面试考点

（1）TreeMap 的实现原理。
（2）TreeMap 操作的时间复杂度。
（3）红黑树的相关操作。
（4）HashMap、LinkedHashMap 和 TreeMap 三者对比。

4.9　HashSet

HashSet 是不能包含相同元素的无序集合。HashSet 元素并不是按照写入的顺序存储元素的。HashSet 主要借助 HashMap 实现功能。

4.9.1　HashSet 类的使用方式

```java
/**
 * @Author : zhouguanya
 * @Project : java-interview-guide
 * @Date : 2019/10/9 9:51
 * @Version : V1.0
 * @Description : HashSet 的使用方式
 */
public class HashSetDemo {
    public static void main(String[] args) {
        HashSet<String> hashSet = new HashSet<> ();
        hashSet.add("Michael");
        hashSet.add("Jack");
        hashSet.add("John");
        hashSet.add("Allen");
        Iterator<String> iterator = hashSet.iterator();
        System.out.println("hashSet 中包含的元素是: ");
        while (iterator.hasNext()) {
            System.out.println(iterator.next());
        }
        System.out.printf("hashSet 中是否包含 Allen: %b%n", hashSet.contains("Allen"));
        System.out.printf("hashSet 中删除 Allen: %b%n", hashSet.remove("Allen"));
        System.out.println("forEach 输出 hashSet 的元素: ");
        hashSet.forEach(System.out::println);
    }
}
```

执行以上代码，执行结果如下：

```
hashSet 中包含的元素是：
Michael
John
Jack
Allen
hashSet 中是否包含 Allen: true
hashSet 中删除 Allen: true
forEach 输出 hashSet 的元素：
Michael
John
Jack
```

4.9.2　HashSet 类的声明

```
public class HashSet<E>
    extends AbstractSet<E>
    implements Set<E>, Cloneable, java.io.Serializable
```

HashSet 继承自 AbstractSet 并实现 Set 接口。HashSet 类图如图 4-17 所示。

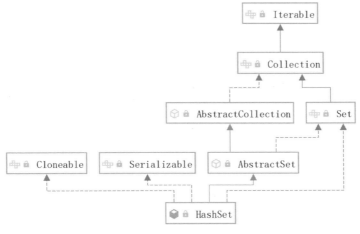

图 4-17　HashSet 类图

4.9.3　HashSet 类的属性

```
/**
 * HashSet 借助 HashMap 存储元素
 */
private transient HashMap<E,Object> map;

/**
 * HashMap 中与每个键相对应的虚拟值
 */
private static final Object PRESENT = new Object();
```

4.9.4 HashSet 类的构造器

HashSet 的 5 种构造器如下：

```java
/**
 * 无参构造器
 * 初始化的 HashMap 的初始容量和负载因子都是默认值
 */
public HashSet() {
    map = new HashMap<>();
}

/**
 * 指定初始容量的构造器
 * 指定 HashMap 的初始容量
 */
public HashSet(int initialCapacity) {
    map = new HashMap<>(initialCapacity);
}

/**
 * 指定初始容量和负载因子的构造器
 * 指定 HashMap 的初始容量和负载因子
 */
public HashSet(int initialCapacity, float loadFactor) {
    map = new HashMap<>(initialCapacity, loadFactor);
}

/**
 * 指定集合的构造器
 * 初始化与指定集合含有相同元素的 HashSet 对象
 */
public HashSet(Collection<? extends E> c) {
    map = new HashMap<>(Math.max((int) (c.size()/.75f) + 1, 16));
    addAll(c);
}

/**
 * 创建一个新的空的 LinkedHashSet
 * 此构造器仅用于构造 LinkedHashSet
 * @param       initialCapacity 初始容量
 * @param       loadFactor      负载因子
 * @param       dummy 用于跟其他构造器区分开
 */
HashSet(int initialCapacity, float loadFactor, boolean dummy) {
    map = new LinkedHashMap<>(initialCapacity, loadFactor);
}
```

4.9.5　HashSet 类的 add()方法

add()方法用于当指定的元素尚不存在时，将其添加到该集合中。add()方法代码如下：

```
public boolean add(E e) {
    return map.put(e, PRESENT)==null;
}
```

　　add()方法调用 HashMap 的 put()方法保存元素，如果 HashMap 的 put()方法返回 null，那么添加成功，否则添加失败。add()方法调用 HashMap 的 put()方法传入的参数是 e 和 PRESENT。当 HashMap 的 put()方法添加新的键值对时，将返回 null。当 HashMap 的 put()方法更新键值对时，将返回旧的值。因此，当 HashMap 的 put()方法更新键值对时，说明 HashMap 已经存在相同的键值对，此时 HashSet 添加新元素失败。HashMap 的 put()方法细节可参考 4.6.10 小节。

4.9.6　HashSet 类的 remove()方法

　　remove()方法从该集合中删除指定的元素。remove()方法代码如下：

```
public boolean remove(Object o) {
    return map.remove(o)==PRESENT;
}
```

　　HashSet 的 remove()方法通过调用 HashMap 的 remove()方法删除元素。如果 HashMap 的 remove() 方法返回的键值对的值等于 PRESENT，那么删除成功。HashMap 的 remove()方法的细节可参考 4.6.16 小节。

4.9.7　HashSet 类的 contains()方法

　　contains()方法用于集合中是否包含指定的元素。contains()方法代码如下：

```
public boolean contains(Object o) {
    return map.containsKey(o);
}
```

　　HashSet 的 contains()方法通过调用 HashMap 的 containsKey()方法实现。HashMap 的 containsKey()方法代码如下：

```
public boolean containsKey(Object key) {
    return getNode(hash(key), key) != null;
}
```

　　HashMap 的 containsKey()方法代码通过 getNode()方法查找对应的键值对。HashMap 的 getNode() 方法可参考 4.6.17 小节。

4.9.8　HashSet 类的 iterator()方法

iterator()方法返回此集合中元素的迭代器。iterator()方法代码如下：

```java
public Iterator<E> iterator() {
    return map.keySet().iterator();
}
```

HashSet 的 iterator()方法调用 HashMap 的 keySet()方法获取一个 KeySet 对象，并调用这个 KeySet 对象的 iterator()方法，得到一个迭代器对象。HashMap 的 keySet()方法代码如下：

```java
public Set<K> keySet() {
    Set<K> ks = keySet;
    if (ks == null) {
        ks = new KeySet();
        keySet = ks;
    }
    return ks;
}
```

HashMap 的 keySet()方法返回一个 KeySet 类的对象。KeySet 类的代码如下：

```java
final class KeySet extends AbstractSet<K> {
    public final int size()                 { return size; }
    public final void clear()               { HashMap.this.clear(); }
    // 返回一个 KeyIterator 对象
    public final Iterator<K> iterator()     { return new KeyIterator(); }
    public final boolean contains(Object o) { return containsKey(o); }
    public final boolean remove(Object key) {
        return removeNode(hash(key), key, null, false, true) != null;
    }
    public final Spliterator<K> spliterator() {
        return new KeySpliterator<>(HashMap.this, 0, -1, 0, 0);
    }
    public final void forEach(Consumer<? super K> action) {
        Node<K,V>[] tab;
        if (action == null)
            throw new NullPointerException();
        if (size > 0 && (tab = table) != null) {
            int mc = modCount;
            for (int i = 0; i < tab.length; ++i) {
                for (Node<K,V> e = tab[i]; e != null; e = e.next)
                    action.accept(e.key);
            }
            if (modCount != mc)
                throw new ConcurrentModificationException();
        }
    }
}
```

KeySet 对象的 iterator()方法返回一个 KeyIterator 类的对象。KeyIterator 类的代码如下：

```java
final class KeyIterator extends HashIterator
    implements Iterator<K> {
    public final K next() { return nextNode().key; }
}
```

KeyIterator 类继承自 HashIterator 类。HashIterator 类的代码如下：

```java
abstract class HashIterator {
    Node<K,V> next;        // next entry to return
    Node<K,V> current;     // current entry
    int expectedModCount;  // for fast-fail
    int index;             // current slot

    HashIterator() {
        expectedModCount = modCount;
        Node<K,V>[] t = table;
        current = next = null;
        index = 0;
        if (t != null && size > 0) { // advance to first entry
            do {} while (index < t.length && (next = t[index++]) == null);
        }
    }

    public final boolean hasNext() {
        return next != null;
    }

    final Node<K,V> nextNode() {
        Node<K,V>[] t;
        Node<K,V> e = next;
        if (modCount != expectedModCount)
            throw new ConcurrentModificationException();
        if (e == null)
            throw new NoSuchElementException();
        if ((next = (current = e).next) == null && (t = table) != null) {
            do {} while (index < t.length && (next = t[index++]) == null);
        }
        return e;
    }

    public final void remove() {
        Node<K,V> p = current;
        if (p == null)
            throw new IllegalStateException();
        if (modCount != expectedModCount)
            throw new ConcurrentModificationException();
        current = null;
        K key = p.key;
        removeNode(hash(key), key, null, false, false);
```

```
            expectedModCount = modCount;
        }
    }
```

4.9.9　HashSet 类常见面试考点

（1）HashSet 存储的元素是无序的。
（2）HashSet 是通过 HashMap 实现功能的。
（3）HashSet 在其内部的 HashMap 对象中存储的键值对的值是固定的值。

4.10　LinkedHashSet

LinkedHashSet 是 HashSet 的子类，基于链表实现。LinkedHashSet 可以保证存储在其中的元素的有序性。

4.10.1　LinkedHashSet 类的使用方式

```
/**
 * @Author : zhouguanya
 * @Project : java-interview-guide
 * @Date : 2019/10/10 10:07
 * @Version : V1.0
 * @Description : LinkedHashSet 的使用方式
 */
public class LinkedHashSetDemo {
    public static void main(String[] args) {
        LinkedHashSet<String> linkedHashSet = new LinkedHashSet<> ();
        linkedHashSet.add("Michael");
        linkedHashSet.add("Jack");
        linkedHashSet.add("John");
        linkedHashSet.add("Allen");
        Iterator<String> iterator = linkedHashSet.iterator();
        System.out.println("linkedHashSet 中包含的元素是：");
        while (iterator.hasNext()) {
            System.out.println(iterator.next());
        }
        System.out.printf("hashSet 中是否包含 Allen：%b%n",
                linkedHashSet.contains("Allen"));
        System.out.printf("hashSet 中删除 Allen：%b%n",
                linkedHashSet.remove("Allen"));
        System.out.println("linkedHashSet 中包含的元素是：");
        linkedHashSet.forEach(System.out::println);
    }
}
```

执行以上代码,执行结果如下:

```
linkedHashSet 中包含的元素是:
Michael
Jack
John
Allen
hashSet 中是否包含 Allen: true
hashSet 中删除 Allen: true
linkedHashSet 中包含的元素是:
Michael
Jack
John
```

4.10.2 LinkedHashSet 类的声明

```
public class LinkedHashSet<E>
    extends HashSet<E>
    implements Set<E>, Cloneable, java.io.Serializable
```

LinkedHashSet 继承自 HashSet 类并实现 Set 接口。LinkedHashSet 类图如图 4-18 所示。

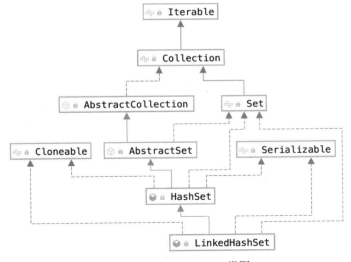

图 4-18　LinkedHashSet 类图

4.10.3 LinkedHashSet 类构造器

LinkedHashSet 类的 4 种构造器如下:

```
/**
 * 创建初始容量为 16 和负载因子为 0.75 的 LinkedHashSet
 */
public LinkedHashSet() {
    super(16, .75f, true);
```

```java
}
/**
 * 创建指定初始容量和负载因子为 0.75 的 LinkedHashSet
 */
public LinkedHashSet(int initialCapacity) {
    super(initialCapacity, .75f, true);
}

/**
 * 创建指定初始容量和负载因子的 LinkedHashSet
 */
public LinkedHashSet(int initialCapacity, float loadFactor) {
    super(initialCapacity, loadFactor, true);
}

/**
 * 创建一个与指定集合包含相同元素的 LinkedHashSet
 */
public LinkedHashSet(Collection<? extends E> c) {
    super(Math.max(2*c.size(), 11), .75f, true);
    addAll(c);
}
```

以上 4 种构造器都调用父类 HashSet 中的以下构造器：

```java
HashSet(int initialCapacity, float loadFactor, boolean dummy) {
    map = new LinkedHashMap<>(initialCapacity, loadFactor);
}
```

HashSet 中的这个构造器使用 LinkedHashMap 类初始化 HashMap 对象。由此可知，LinkedHashSet 是借助 LinkedHashMap 类实现功能的。

4.10.4　LinkedHashSet 类常见面试考点

（1）LinkedHashSet 是按照插入顺序存储元素的。
（2）LinkedHashSet 是借助 LinkedHashMap 实现功能的。
（3）LinkedHashSet 与 HashSet 和 TreeSet 的对比。

4.11　TreeSet

TreeSet 是基于 TreeMap 实现的有序集合。TreeSet 分别支持自然顺序和指定的比较器两种方式进行排序。

4.11.1 TreeSet 类的使用方式

```java
/**
 * @Author : zhouguanya
 * @Project : java-interview-guide
 * @Date : 2019/10/10 10:47
 * @Version : V1.0
 * @Description : TreeSet 的使用方式
 */
public class TreeSetDemo {
    public static void main(String[] args) {
        TreeSet<Integer> treeSet = new TreeSet<> ();
        treeSet.add(80);
        treeSet.add(100);
        treeSet.add(60);
        treeSet.add(90);
        treeSet.add(70);
        Iterator<Integer> iterator = treeSet.iterator();
        System.out.println("从小到大输出 treeSet 中的元素：");
        while (iterator.hasNext()) {
            System.out.print(iterator.next() + " ");
        }
        System.out.println();
        System.out.println("生成从大到小的迭代器," +
                "从大到小输出 treeSet 中的元素: ");
        Iterator<Integer> descendingIterator =
                treeSet.descendingIterator();
        while (descendingIterator.hasNext()) {
            System.out.print(descendingIterator.next() + " ");
        }
        System.out.println();
        System.out.println("生成从大到小的集合," +
                "从大到小输出 treeSet 中的元素: ");
        NavigableSet<Integer> navigableSet =
                treeSet.descendingSet();
        Iterator<Integer> descendingSetIterator =
                navigableSet.iterator();
        while (descendingSetIterator.hasNext()) {
            System.out.print(descendingSetIterator.next() + " ");
        }
        System.out.println();
        System.out.printf("treeSet 中的第 1 个元素：%s%n",
                treeSet.first());
        System.out.printf("treeSet 中的最后 1 个元素：%s%n",
                treeSet.last());
        System.out.println("treeSet 中大于或等于 80 的子集：");
        SortedSet<Integer> greaterSetInclusive =
                treeSet.tailSet(80);
```

```java
        System.out.println(greaterSetInclusive);
        System.out.println("treeSet 中大于 80 的子集: ");
        SortedSet<Integer> greaterSetExclusive =
                treeSet.tailSet(80, false);
        System.out.println(greaterSetExclusive);
        System.out.println("treeSet 中小于或等于 90 的子集: ");
        SortedSet<Integer> lessSetInclusive =
                treeSet.headSet(90, true);
        System.out.println(lessSetInclusive);
        System.out.println("treeSet 中小于 90 的子集: ");
        SortedSet<Integer> lessSetExclusive =
                treeSet.headSet(90);
        System.out.println(lessSetExclusive);
        System.out.printf("treeSet 中大于或等于 100 的最小元素是: %s%n",
                treeSet.ceiling(100));
        System.out.printf("treeSet 中小于或等于 95 的最大元素是: %s%n",
                treeSet.floor(95));
        System.out.printf("treeSet 中小于 90 的最大元素: %s%n",
                treeSet.lower(90));
        System.out.printf("treeSet 中大于 100 的最小元素: %s%n",
                treeSet.higher(100));
        System.out.printf("删除 treeSet 中的第 1 个元素: %s%n",
                treeSet.pollFirst());
        System.out.printf("删除 treeSet 中的第 1 个元素: %s%n",
                treeSet.pollLast());
        System.out.printf("treeSet 中的剩余元素: %s%n", treeSet);
    }
}
```

执行以上代码，执行结果如下：

从小到大输出 treeSet 中的元素:
60 70 80 90 100
生成从大到小的迭代器,从大到小输出 treeSet 中的元素:
100 90 80 70 60
生成从大到小的集合,从大到小输出 treeSet 中的元素:
100 90 80 70 60
treeSet 中的第 1 个元素: 60
treeSet 中的最后 1 个元素: 100
treeSet 中大于或等于 80 的子集:
[80, 90, 100]
treeSet 中大于 80 的子集:
[90, 100]
treeSet 中小于或等于 90 的子集:
[60, 70, 80, 90]
treeSet 中小于 90 的子集:
[60, 70, 80]
treeSet 中大于或等于 100 的最小元素是: 100
treeSet 中小于或等于 95 的最大元素是: 90
treeSet 中小于 90 的最大元素: 80
treeSet 中大于 100 的最小元素: null

```
删除 treeSet 中的第 1 个元素：60
删除 treeSet 中的第 1 个元素：100
treeSet 中的剩余元素：[70, 80, 90]
```

4.11.2　TreeSet 类的声明

```
public class TreeSet<E> extends AbstractSet<E>
    implements NavigableSet<E>, Cloneable, java.io.Serializable
```

TreeSet 继承自 AbstractSet 类，实现 NavigableSet 接口。NavigableSet 接口代码如下：

```java
public interface NavigableSet<E> extends SortedSet<E> {
    /**
     * 返回此集合中严格小于给定元素的最大元素
     * 如果没有这样的元素，就返回 null
     */
    E lower(E e);

    /**
     * 返回此集合中小于或等于给定元素的最大元素
     * 如果没有这样的元素，就返回 null
     */
    E floor(E e);

    /**
     * 返回此集合中大于或等于给定元素的最小元素
     * 如果没有这样的元素，就返回 null
     */
    E ceiling(E e);

    /**
     * 返回此集合中严格大于给定元素的最小元素
     * 如果没有这样的元素，就返回 null
     */
    E higher(E e);

    /**
     * 检索并删除第一个元素
     * 如果此集合为空，就返回 null
     */
    E pollFirst();

    /**
     * 检索并删除最后一个元素
     * 如果此集合为空，就返回 null
     */
    E pollLast();

    /**
     * 以升序返回此集合中元素的迭代器
```

```java
     */
    Iterator<E> iterator();

    /**
     * 返回此集合中包含的元素的逆序视图
     */
    NavigableSet<E> descendingSet();

    /**
     * 以降序返回此集合中元素的迭代器
     */
    Iterator<E> descendingIterator();

    /**
     * 返回此集合的部分视图
     * 其元素范围从 fromElement 到 toElement
     */
    NavigableSet<E> subSet(E fromElement, boolean fromInclusive,
                      E toElement,   boolean toInclusive);

    /**
     * 返回此集合中小于（或等于，如果 inclusive 为 true）toElement 元素的部分视图
     */
    NavigableSet<E> headSet(E toElement, boolean inclusive);

    /**
     * 返回此集合中大于（或等于，如果 inclusive 为 true）fromElement 元素的部分视图
     */
    NavigableSet<E> tailSet(E fromElement, boolean inclusive);

    /**
     * 等价于 subSet(fromElement, true, toElement, false)
     */
    SortedSet<E> subSet(E fromElement, E toElement);

    /**
     * 等价于 headSet(toElement, false)
     */
    SortedSet<E> headSet(E toElement);

    /**
     * 等价于 tailSet(fromElement, true)
     */
    SortedSet<E> tailSet(E fromElement);
}
```

TreeSet 类图如图 4-19 所示。

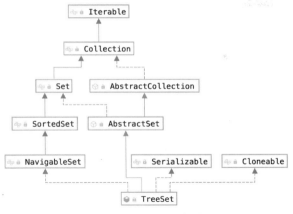

图 4-19　TreeSet 类图

4.11.3　TreeSet 类的属性

```
/**
 * TreeSet 基于 NavigableMap 实现功能
 */
private transient NavigableMap<E,Object> m;

/**
 * NavigableMap 中的键对应的虚拟值
 */
private static final Object PRESENT = new Object();
```

TreeSet 是借助 NavigableMap 存储元素的。TreeSet 中的元素即 NavigableMap 中存储的键值对的键，NavigableMap 键值对的值为 PRESENT。

4.11.4　TreeSet 类的构造器

TreeSet 的构造器如下：

```
/**
 * 无参构造器
 */
public TreeSet() {
    this(new TreeMap<E,Object>());
}

/**
 * 通过指定的 NavigableMap 对象新建一个空的 TreeSet 对象
 */
TreeSet(NavigableMap<E,Object> m) {
    this.m = m;
}
```

```java
/**
 * 通过指定的比较器新建一个空的 TreeSet 对象
 */
public TreeSet(Comparator<? super E> comparator) {
    this(new TreeMap<>(comparator));
}

/**
 * 通过指定的集合新建一个 TreeSet 对象
 */
public TreeSet(Collection<? extends E> c) {
    this();
    addAll(c);
}

/**
 * 通过指定的 SortedSet 对象新建一个 TreeSet 对象
 */
public TreeSet(SortedSet<E> s) {
    this(s.comparator());
    addAll(s);
}
```

4.11.5 TreeSet 类的 add() 方法

add() 方法用于向 TreeSet 中添加元素。add() 方法代码如下：

```java
public boolean add(E e) {
    return m.put(e, PRESENT)==null;
}
```

add() 方法用于向集合中添加一个元素。以 TreeSet 的无参构造器为例，add() 方法将调用 TreeMap 类的 put() 方法实现添加功能。添加的键值对的值是 PRESENT。TreeMap 类的 put() 方法代码如下：

```java
public V put(K key, V value) {
    Entry<K,V> t = root;
    if (t == null) {
        compare(key, key); // type (and possibly null) check

        root = new Entry<>(key, value, null);
        size = 1;
        modCount++;
        return null;
    }
    int cmp;
    Entry<K,V> parent;
    // split comparator and comparable paths
    Comparator<? super K> cpr = comparator;
    if (cpr != null) {
        do {
```

```
            parent = t;
            cmp = cpr.compare(key, t.key);
            if (cmp < 0)
                t = t.left;
            else if (cmp > 0)
                t = t.right;
            else
                return t.setValue(value);
        } while (t != null);
    }
    else {
        if (key == null)
            throw new NullPointerException();
        @SuppressWarnings("unchecked")
            Comparable<? super K> k = (Comparable<? super K>) key;
        do {
            parent = t;
            cmp = k.compareTo(t.key);
            if (cmp < 0)
                t = t.left;
            else if (cmp > 0)
                t = t.right;
            else
                return t.setValue(value);
        } while (t != null);
    }
    Entry<K,V> e = new Entry<>(key, value, parent);
    if (cmp < 0)
        parent.left = e;
    else
        parent.right = e;
    fixAfterInsertion(e);
    size++;
    modCount++;
    return null;
}
```

TreeMap 的 put() 方法将会查找红黑树，如果键值对已经存在，就更新键值对并返回旧值。如果键值对不存在，那么将在红黑树上保存新的键值对并返回 null。如果 TreeMap 的 put() 方法返回 null，TreeSet 类的 add() 方法就返回添加成功，否则 TreeSet 类的 add() 方法添加失败。TreeMap 的 put() 方法的具体细节可参考 4.8.8 小节。

4.11.6　TreeSet 类的 first() 方法

first() 方法用于从 TreeSet 中查找第一个键。first() 方法代码如下：

```
public E first() {
    return m.firstKey();
}
```

以 TreeSet 的无参构造器为例，first()方法通过 TreeMap 的 firstKey()方法查找第一个键。TreeMap 的 firstKey()方法如下：

```java
public K firstKey() {
    return key(getFirstEntry());
}
```

firstKey()方法调用 getFirstEntry()方法查找第一个 Entry 对象，即查找红黑树最左边的结点。getFirstEntry()方法如下（具体细节可参考 4.8.11 小节）：

```java
final Entry<K,V> getFirstEntry() {
    Entry<K,V> p = root;
    if (p != null)
        while (p.left != null)
            p = p.left;
    return p;
}
```

4.11.7　TreeSet 类的 last()方法

last()方法用于从 TreeSet 中查找最后一个键。last()方法代码如下：

```java
public E last() {
    return m.lastKey();
}
```

以 TreeSet 的无参构造器为例，last()方法通过 TreeMap 的 lastKey()方法查找最后一个键。TreeMap 的 lastKey()方法如下：

```java
public K lastKey() {
    return key(getLastEntry());
}
```

TreeMap 的 lastKey()方法通过 getLastEntry()方法查找最后一个 Entry 对象，即红黑树最右边的结点。getLastEntry()方法如下（具体细节可参考 4.8.12 小节）。

```java
final Entry<K,V> getLastEntry() {
    Entry<K,V> p = root;
    if (p != null)
        while (p.right != null)
            p = p.right;
    return p;
}
```

4.11.8　TreeSet 类的 descendingIterator()方法

descendingIterator()方法以降序方式返回此集合中元素的迭代器。descendingIterator()方法代码如下：

```java
public Iterator<E> descendingIterator() {
    return m.descendingKeySet().iterator();
}
```

以 TreeSet 的无参构造器为例，descendingIterator()方法首先调用 TreeMap 类的 descendingKeySet() 方法获取一个 NavigableSet 对象，然后调用 NavigableSet 的 iterator()方法得到迭代器。

```java
public NavigableSet<K> descendingKeySet() {
    return descendingMap().navigableKeySet();
}
```

descendingKeySet()方法首先调用 descendingMap()方法，descendingMap()方法代码如下：

```java
public NavigableMap<K, V> descendingMap() {
    NavigableMap<K, V> km = descendingMap;
    return (km != null) ? km :
        (descendingMap = new DescendingSubMap<>(this,
                                    true, null, true,
                                    true, null, true));
}
```

descendingMap() 方法返回一个 DescendingSubMap 对象。DescendingSubMap 类是 NavigableSubMap 类的子类，DescendingSubMap 构造器如下：

```java
DescendingSubMap(TreeMap<K,V> m,
            boolean fromStart, K lo, boolean loInclusive,
            boolean toEnd,     K hi, boolean hiInclusive) {
    super(m, fromStart, lo, loInclusive, toEnd, hi, hiInclusive);
}
```

DescendingSubMap 通过父类构造器创建对象。NavigableSubMap 构造器如下：

```java
NavigableSubMap(TreeMap<K,V> m,
            boolean fromStart, K lo, boolean loInclusive,
            boolean toEnd,     K hi, boolean hiInclusive) {
    if (!fromStart && !toEnd) {
        if (m.compare(lo, hi) > 0)
            throw new IllegalArgumentException("fromKey > toKey");
    } else {
        if (!fromStart) // type check
            m.compare(lo, lo);
        if (!toEnd)
            m.compare(hi, hi);
    }

    this.m = m;
    this.fromStart = fromStart;
    this.lo = lo;
    this.loInclusive = loInclusive;
    this.toEnd = toEnd;
    this.hi = hi;
    this.hiInclusive = hiInclusive;
```

}
```

回到 descendingKeySet() 方法，接下来将调用 navigableKeySet() 方法。

```java
public NavigableSet<K> navigableKeySet() {
    KeySet<K> nks = navigableKeySet;
    return (nks != null) ? nks : (navigableKeySet = new KeySet<>(this));
}
```

navigableKeySet() 方法将返回一个 KeySet() 对象。

回到 descendingIterator() 方法，将调用 iterator() 方法，即调用 KeySet 的 iterator() 方法。

```java
public Iterator<E> iterator() {
    if (m instanceof TreeMap)
        return ((TreeMap<E,?>)m).keyIterator();
    else
        return ((TreeMap.NavigableSubMap<E,?>)m).keyIterator();
}
```

iterator() 方法将会调用 DescendingSubMap 的 keyIterator() 方法。

```java
Iterator<K> keyIterator() {
    return new DescendingSubMapKeyIterator(absHighest(), absLowFence());
}
```

keyIterator() 方法返回一个 DescendingSubMapKeyIterator 对象。

```java
final class DescendingSubMapKeyIterator extends SubMapIterator<K>
    implements Spliterator<K> {
    DescendingSubMapKeyIterator(TreeMap.Entry<K,V> last,
                                TreeMap.Entry<K,V> fence) {
        super(last, fence);
    }
    public K next() {
        return prevEntry().key;
    }
    public void remove() {
        removeDescending();
    }
    public Spliterator<K> trySplit() {
        return null;
    }
    public void forEachRemaining(Consumer<? super K> action) {
        while (hasNext())
            action.accept(next());
    }
    public boolean tryAdvance(Consumer<? super K> action) {
        if (hasNext()) {
            action.accept(next());
            return true;
        }
        return false;
    }
```
```

```
    public long estimateSize() {
        return Long.MAX_VALUE;
    }
    public int characteristics() {
        return Spliterator.DISTINCT | Spliterator.ORDERED;
    }
}
```

注意，DescendingSubMapKeyIterator 类的 next()方法通过 prevEntry()方法查找前一个 Entry。

```
final TreeMap.Entry<K,V> prevEntry() {
    TreeMap.Entry<K,V> e = next;
    if (e == null || e.key == fenceKey)
        throw new NoSuchElementException();
    if (m.modCount != expectedModCount)
        throw new ConcurrentModificationException();
    next = predecessor(e);
    lastReturned = e;
    return e;
}
```

prevEntry()调用 predecessor()方法在红黑树中查找前驱结点。

```
static <K,V> Entry<K,V> predecessor(Entry<K,V> t) {
    if (t == null)
        return null;
    else if (t.left != null) {
        Entry<K,V> p = t.left;
        while (p.right != null)
            p = p.right;
        return p;
    } else {
        Entry<K,V> p = t.parent;
        Entry<K,V> ch = t;
        while (p != null && ch == p.left) {
            ch = p;
            p = p.parent;
        }
        return p;
    }
}
```

因此，再使用降序的迭代器就可以实现从大到小输出 TreeSet 中的元素。

4.11.9　TreeSet 类常见面试考点

（1）TreeSet 的有序性。
（2）TreeSet 默认使用 TreeMap 实现其功能。
（3）TreeSet、HashSet 和 LinkedHashSet 对比。

第四篇

Java并发编程

第 5 章

线程基础

5.1 线程的概念

5.1.1 进程与线程的关系

在计算机刚出现的时候，其主要用途是为了解决数学计算的问题，因为大量的计算通过人力完成是很耗时间和人力成本的。

在最初的时候，计算机只能接受一些特定的指令，用户输入一个指令，计算机就做一个操作。当用户在思考或者输入数据时，计算机就在等待。显然这样效率很低下，因为很多时候，计算机处于等待用户输入的状态。

为了充分利用计算机的性能，诞生了批处理操作系统。批处理操作系统把一系列需要操作的指令预先存储下来，形成一个清单，然后一次性交给计算机，计算机不断地读取指令来进行相应的操作。用户可以将需要执行的多个程序写在磁带上，然后交由计算机去读取并逐个执行这些程序，并将输出结果写到另一个磁带上。

在批处理操作系统中，假设有两个任务 A 和 B，任务 A 在执行到一半的过程中，需要读取大量的数据输入（I/O 操作很耗时），而此时 CPU 只能静静地等待任务 A 读取完数据才能继续执行，这样就白白浪费了 CPU 资源。这是批处理操作系统较为突出的缺点。

当发现批处理操作系统的缺点后，人们想能否在任务 A 读取数据的过程中，让任务 B 去执行，当任务 A 读取完数据之后，让任务 B 暂停，然后让任务 A 继续执行？

原来每次都是一个程序在计算机里面运行，即内存中始终只有一个程序的运行数据。如果想要任务 A 在执行 I/O 操作的时候，让任务 B 去执行，内存中必然要装入多个程序，那么如何处理呢？多个程序使用的数据如何进行辨别呢？当一个程序运行暂停后，后面如何恢复到它之前执行的状态呢？

为了解决以上问题，人们发明了进程，用进程来对应一个程序，每个进程对应一定的内存地址空间，并且约定每个进程只能使用自己的内存空间，各个进程间互不干扰。进程保存了程序每个时刻的运行状态，这样就为进程切换提供了可能。当进程暂停运行时，进程会保存当前运行的状态（比如进程标识、进程的使用资源等），在下一次进程重新切换回来时，便可以根据之前保存的状态进行恢复，然后继续执行。

进程的缺点是一个进程在一个时间段内只能处理一个任务，如果一个进程有多个子任务，只能逐个去执行这些子任务。可不可以将进程中这些子任务分开执行呢？

为了满足多个子任务同时执行，人们发明了线程。让一个进程包含多个线程，让每一个线程执行一个子任务，每个线程负责一个独立的子任务。线程实现了进程内部并发执行。

一个进程虽然包含多个线程，但是这些线程是共同享有进程占有的资源和地址空间的，进程是操作系统进行资源分配的基本单位，线程是操作系统调度的基本单位。

5.1.2 线程的概念常见面试考点

进程与线程的关系。

5.2 线程的创建

5.2.1 继承 Thread 类

继承 Java 中的 Thread 即可创建一个线程。创建方式如下：

```
/**
 * @Author : zhouguanya
 * @Project : java-interview-guide
 * @Date : 2019-10-19 16:36
 * @Version : V1.0
 * @Description : 继承 Thread 类创建线程
```

```java
*/
public class HelloWorldThread extends Thread {

    /**
     * 重写run()方法，run()方法的方法体就是线程的执行体
     */
    @Override
    public void run(){
        System.out.println(printDate() +
                " HelloWorldThread 线程输出：Hello World");
    }

    public static void main(String[] args) throws InterruptedException {
        System.out.println(printDate()
                + " --------主线程创建子线程--------");
        HelloWorldThread helloWorldThread = new HelloWorldThread();
        System.out.println(printDate()
                + " --------主线程启动子线程--------");
        helloWorldThread.start();
        System.out.println(printDate()
                + " --------主线程休眠 3 秒---------");
        Thread.sleep(3000);
        System.out.println(printDate()
                + " --------主线程执行结束--------");
    }

    private static String printDate() {
        SimpleDateFormat sdf =
                new SimpleDateFormat("yyyy-MM-dd HH:mm:ss");
        return sdf.format(new Date());
    }
}
```

执行以上代码，执行结果如下：

```
2019-10-19 17:32:31 --------主线程创建子线程--------
2019-10-19 17:32:31 --------主线程启动子线程--------
2019-10-19 17:32:31 --------主线程休眠 3 秒---------
2019-10-19 17:32:31 HelloWorldThread 线程输出：Hello World
2019-10-19 17:32:34 --------主线程执行结束--------
```

5.2.2 实现 Runnable 接口

实现 Runnable 接口可以创建一个线程。实现 Runnable 接口创建线程如下：

```java
/**
 * @Author : zhouguanya
 * @Project : java-interview-guide
 * @Date : 2019-10-19 16:51
 * @Version : V1.0
```

```java
 * @Description：实现 Runnable 接口创建线程
 */
public class HelloWorldRunnable implements Runnable {
    @Override
    public void run() {
        System.out.println(printDate()
                + " HelloWorldThread 线程输出：Hello World");
    }

    public static void main(String[] args) throws InterruptedException {

        HelloWorldRunnable helloWorldRunnable = new HelloWorldRunnable();
        System.out.println(printDate()
                + " --------主线程创建子线程--------");
        Thread thread = new Thread(helloWorldRunnable);
        System.out.println(printDate()
                + " --------主线程启动子线程--------");
        thread.start();
        System.out.println(printDate()
                + " --------主线程休眠 3 秒---------");
        Thread.sleep(3000);
        System.out.println(printDate()
                + " --------主线程执行结束--------");

    }

    private static String printDate() {
        SimpleDateFormat sdf =
                new SimpleDateFormat("yyyy-MM-dd HH:mm:ss");
        return sdf.format(new Date());
    }
}
```

执行以上代码，执行结果如下：

```
2019-10-19 17:35:09 --------主线程创建子线程--------
2019-10-19 17:35:09 --------主线程启动子线程--------
2019-10-19 17:35:09 ---------主线程休眠 3 秒---------
2019-10-19 17:35:09 HelloWorldThread 线程输出：Hello World
2019-10-19 17:35:12 --------主线程执行结束--------
```

5.2.3　实现 Callable 接口

Callable 接口与 Runnable 接口相比最大的特点是带有返回值。当线程执行后，不需要携带返回值时，可以使用 Runnable 或 Callable 接口。当线程执行后，需要携带返回值时，可以使用 Callable 接口。实现 Callable 接口创建线程的代码如下：

```java
/**
 * @Author : zhouguanya
 * @Project : java-interview-guide
```

```java
 * @Date : 2019-10-19 17:47
 * @Version : V1.0
 * @Description : 实现 Callable 接口创建线程
 */
public class CalculateCallable {
    public static void main(String[] args) {
        // FutureTask 对象
        // Lambda 表达式
        FutureTask<Integer> task = new FutureTask<>(() -> {
            int count = 0;
            for (int i = 0; i <= 100; i++) {
                count += i;
            }
            return count;
        });
        // 创建线程
        Thread thread = new Thread(task);
        // 启动线程
        thread.start();
        try {
            // 获取线程返回值
            System.out.println("1 + 2 + 3 + ... + 100 = " + task.get());
        } catch (InterruptedException e) {
            e.printStackTrace();
        } catch (ExecutionException e) {
            e.printStackTrace();
        }
    }
}
```

执行以上代码，执行结果如下：

```
1 + 2 + 3 + ... + 100 = 5050
```

5.2.4　线程池

继承 Thread 类、实现 Runnable 接口和实现 Callable 接口虽然都可以创建线程，但都不是推荐的创建线程的方式。如果安装了 1.5 节所述的阿里巴巴编码规范插件，那么使用以上 3 种方式创建线程将会得到如图 5-1 所示的提示信息。

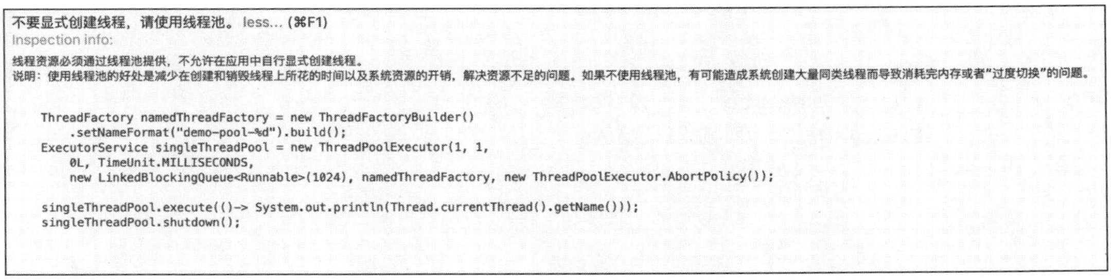

```
不要显式创建线程，请使用线程池。less... (⌘F1)
Inspection info:
线程资源必须通过线程池提供，不允许在应用中自行显式创建线程。
说明：使用线程池的好处是减少在创建和销毁线程上所花的时间以及系统资源的开销，解决资源不足的问题。如果不使用线程池，有可能造成系统创建大量同类线程而导致消耗完内存或者"过度切换"的问题。

ThreadFactory namedThreadFactory = new ThreadFactoryBuilder()
        .setNameFormat("demo-pool-%d").build();
ExecutorService singleThreadPool = new ThreadPoolExecutor(1, 1,
        0L, TimeUnit.MILLISECONDS,
        new LinkedBlockingQueue<Runnable>(1024), namedThreadFactory, new ThreadPoolExecutor.AbortPolicy());

singleThreadPool.execute(()-> System.out.println(Thread.currentThread().getName()));
singleThreadPool.shutdown();
```

图 5-1　阿里巴巴编码规范插件推荐使用线程池创建线程示意图

在企业开发中，一般使用线程池管理线程，而不是直接创建线程。因为频繁地创建和销毁线程以及创建过多的线程都会对系统性能造成影响。线程池使用方式如下：

```java
/**
 * @Author : zhouguanya
 * @Project : java-interview-guide
 * @Date : 2019-10-19 18:13
 * @Version : V1.0
 * @Description : 使用线程池管理线程
 */
public class ThreadPoolDemo {

    public static void main(String[] args) {
        /* 核心线程池的大小 */
        int corePoolSize = 2;
        /* 核心线程池的最大线程数 */
        int maxPoolSize = 4;
        /* 线程最大空闲时间 */
        long keepAliveTime = 10;
        /* 时间单位 */
        TimeUnit unit = TimeUnit.SECONDS;
        /* 阻塞队列容量为 2 */
        BlockingQueue<Runnable> workQueue = new ArrayBlockingQueue<>(2);
        /* 线程创建工厂 */
        ThreadFactory threadFactory = new NameTreadFactory();
        /* 线程池拒绝策略 */
        RejectedExecutionHandler handler = new MyIgnorePolicy();
        ThreadPoolExecutor executor = null;
        try {
            /* 推荐的创建线程池的方式 */
            /* 不推荐使用 Executors 的 API 创建线程池 */
            executor = new ThreadPoolExecutor(corePoolSize,
                    maxPoolSize, keepAliveTime, unit,
                    workQueue, threadFactory, handler);
            /* 预启动所有核心线程，提升效率 */
            executor.prestartAllCoreThreads();
            /* 任务数量 */
            int count = 10;
            for (int i = 1; i <= count; i++) {
                RunnableTask task = new RunnableTask(String.valueOf(i));
                executor.submit(task);
            }
        } finally {
            assert executor != null;
            executor.shutdown();
        }

    }

    /**
```

```java
 * 线程工厂
 */
static class NameTreadFactory implements ThreadFactory {
    /* 线程id */
    private final AtomicInteger threadId = new AtomicInteger(1);

    @Override
    public Thread newThread(Runnable runnable) {
        Thread t = new Thread(runnable, "线程-"
                + threadId.getAndIncrement());
        System.out.println(t.getName() + " 已经被创建");
        return t;
    }
}

/**
 * 线程池拒绝策略
 */
public static class MyIgnorePolicy implements RejectedExecutionHandler {

    @Override
    public void rejectedExecution(Runnable runnable, ThreadPoolExecutor e) {
        doLog(runnable, e);
    }

    private void doLog(Runnable runnable, ThreadPoolExecutor e) {
        // 可做日志记录等
        System.err.println(e.toString() +
                runnable.toString() + " rejected");
    }
}

/**
 * 线程
 */
static class RunnableTask implements Runnable {
    private String name;

    public RunnableTask(String name) {
        this.name = name;
    }

    @Override
    public void run() {
        try {
            System.out.println(this.toString() + " is running!");
            //让任务执行慢点
            Thread.sleep(3000);
        } catch (InterruptedException e) {
            e.printStackTrace();
```

```
            }
        }

        @Override
        public String toString() {
            return "RunnableTask [name=" + name + "]";
        }
    }
}
```

执行以上代码，执行结果如下：

```
线程-1 已经被创建
线程-2 已经被创建
线程-3 已经被创建
RunnableTask [name=2] is running!
RunnableTask [name=1] is running!
线程-4 已经被创建
RunnableTask [name=3] is running!
RunnableTask [name=6] is running!
    java.util.concurrent.ThreadPoolExecutor@1f32e575[Running, pool size = 4,
active threads = 4, queued tasks = 2, completed tasks =
0]java.util.concurrent.FutureTask@279f2327 rejected
    java.util.concurrent.ThreadPoolExecutor@1f32e575[Running, pool size = 4,
active threads = 4, queued tasks = 2, completed tasks =
0]java.util.concurrent.FutureTask@2ff4acd0 rejected
    java.util.concurrent.ThreadPoolExecutor@1f32e575[Running, pool size = 4,
active threads = 4, queued tasks = 2, completed tasks =
0]java.util.concurrent.FutureTask@54bedef2 rejected
    java.util.concurrent.ThreadPoolExecutor@1f32e575[Running, pool size = 4,
active threads = 4, queued tasks = 2, completed tasks =
0]java.util.concurrent.FutureTask@5caf905d rejected
    RunnableTask [name=4] is running!
    RunnableTask [name=5] is running!
```

5.2.5 线程创建的常见面试考点

（1）线程创建的若干种方式。
（2）企业级开发中推荐的创建线程池的方式。

5.3 线程的生命周期

线程从开始被创建到运行完成主要经历以下几个状态：

- 初始（NEW）：线程被创建时的状态，即通过 new 关键词创建一个新的线程对象。

- 运行（RUNNABLE）：Java 线程将线程的就绪（READY）和运行中（RUNNING）这两种状态统称为运行态。线程对象被创建，并且线程的 start() 被调用后，线程处于就绪状态。就绪态的线程并不能直接运行，需要等待调度。当就绪状态的线程获得 CPU 的时间片后，线程处于运行中状态。
- 阻塞（BLOCKED）：线程等待锁而阻塞。
- 等待（WAITING）：进入该状态的线程需要等待其他线程做出一些特定动作，如线程通知或线程中断。
- 超时等待（TIMED_WAITING）：超时等待状态不同于等待状态，处于超时等待的线程可以在指定的时间后自行返回。
- 终止（TERMINATED）：线程执行完需要执行的任务后，线程处于终止状态。

线程状态转换如图 5-2 所示。

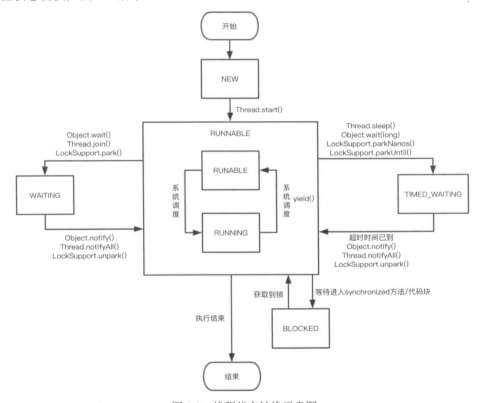

图 5-2　线程状态转换示意图

5.3.1　初始状态

创建线程类后，通过 new 关键字创建一个线程对象后，此时线程进入初始状态。

5.3.2 就绪状态

处于就绪状态的线程，表示当前线程已经准备好，等待调度。以下几种情况将使线程进入就绪状态：

（1）调用线程的 start()方法。
（2）线程 sleep()方法运行结束。
（3）其他线程 join()方法结束。
（4）当前线程调用 join()方法。
（5）阻塞的线程获取到锁。

5.3.3 运行中状态

线程调度程序从就绪态的线程中选择一个线程执行，此时这个线程处于运行中的状态。

5.3.4 阻塞状态

阻塞状态是线程进入同步的方法或者代码块，竞争锁失败时的状态。

5.3.5 等待状态

处于等待状态的线程不会被分配 CPU 执行时间，必须被唤醒才能有机会执行，否则处于等待状态的线程将无限期等待。

5.3.6 超时等待状态

处于超时等待状态的线程不会被分配 CPU 执行时间，不过与处于等待状态的线程不同的是，处于超时等待状态的线程不需要被其他线程显式地唤醒，在达到一定时间后，处于超时等待状态的线程会自动唤醒。

5.3.7 终止状态

当线程的任务执行结束后，线程进入终止状态。进入终止状态的线程也许并未被 JVM 垃圾收集器回收，但此时线程已经不再是一个可执行的线程。如果再次对处于终止状态的线程调用 start()方法，就会抛出 IllegalThreadStateException 异常。

5.3.8 线程的生命周期常见面试考点

（1）线程的若干种生命周期。
（2）线程各个生命周期间的转换方式及相关 API 方法。

5.4 线程中断

线程中断是一种线程间的协作机制。中断线程并不会立刻使线程退出运行，中断的线程要根据中断的状态选择合理的处理方式。

5.4.1 线程中断的概念

中断是线程的一个标识位属性，表示一个运行中的线程是否被其他线程进行了中断。中断只是通知而不是强制线程退出。如果检测到线程中断时不做任何处理，该线程还是可以继续执行的。线程中断后的处理视具体情况而定。

5.4.2 线程中断的响应

常见的响应线程中断的方式有如下几种：

（1）抛出 InterrruptedException 异常。
（2）捕获 InterruptedException 异常后重新抛出异常。
（3）检测到中断后，重新设置线程中断。

5.4.3 线程中断的操作

线程通过调用 interrupt()方法实现中断。该被中断的线程可以通过 isInterrupted()方法检测是否被中断，如果 isInterrupted()方法返回 true，就说明线程发生中断，否则线程未中断。isInterrupted()方法不会清除线程中断状态。interrupted()也可以用于检测线程是否被中断，但与 isInterrupted()方法不同的是，interrupted()方法会清除线程中断状态。
以下代码通过 interrupt()方法设置线程中断，并通过 interrupted()方法检测线程中断。

```
/**
 * @Author : zhouguanya
 * @Project : java-interview-guide
 * @Date : 2019-10-20 14:47
 * @Version : V1.0
 * @Description : 中断线程及检测线程中断
```

```java
 */
public class InterruptDemo {
    public static void main(String[] args) {
        // 通过 interrupted()方法检测线程是否被中断
        System.out.println(Thread.currentThread().getName()
                + "线程是否中断: " + Thread.interrupted());
        // 设置线程中断
        Thread.currentThread().interrupt();
        // 通过 interrupted()方法检测线程是否被中断
        System.out.println(Thread.currentThread().getName()
                + "线程是否中断: " + Thread.interrupted());
        // 检测 interrupted()是否会清除线程状态
        System.out.println(Thread.currentThread().getName()
                + "线程是否中断: " + Thread.interrupted());
    }
}
```

执行以上代码，执行结果如下：

```
main 线程是否中断: false
main 线程是否中断: true
main 线程是否中断: false
```

以下代码通过 interrupt()方法设置线程中断，并通过 isInterrupted()检测线程中断。

```java
/**
 * @Author : zhouguanya
 * @Project : java-interview-guide
 * @Date : 2019-10-20 14:56
 * @Version : V1.0
 * @Description : 中断线程并检测线程中断
 */
public class IsInterruptedDemo {
    public static void main(String[] args) {
        // 当前线程
        Thread thread = Thread.currentThread();
        // 检测当前线程是否被中断
        System.out.println(thread.getName() + "线程是否中断: "
                + thread.isInterrupted());
        // 设置线程中断标识
        thread.interrupt();
        // 检测当前线程是否被中断
        System.out.println(thread.getName() + "线程是否中断: "
                + thread.isInterrupted());
        // 检测线程中断状态是否被清除
        System.out.println(thread.getName() + "线程是否中断: "
                + thread.isInterrupted());
        try {
            // 线程休眠 2 秒
            Thread.sleep(2000);
            System.out.println(thread.getName() + "线程休眠未被中断...");
        } catch (Exception e) {
```

```
            System.out.println(thread.getName() + "线程休眠被中断...");
            // 判断线程是否被中断
            System.out.println(thread.getName() + "线程是否中断:"
                    + thread.isInterrupted());
        }
        System.out.println(thread.getName() + "线程是否中断:"
                + thread.isInterrupted());
    }
}
```

执行以上代码，执行结果如下：

```
main 线程是否中断: false
main 线程是否中断: true
main 线程是否中断: true
main 线程休眠被中断...
main 线程是否中断: false
main 线程是否中断: false
```

以下代码通过 interrupt()方法中断线程，并在捕获中断异常后重新抛出异常。

```
/**
 * @Author : zhouguanya
 * @Project : java-interview-guide
 * @Date : 2019-10-20 15:08
 * @Version : V1.0
 * @Description : 中断线程并在捕获异常后重新抛出异常
 */
public class RethrowInterruptExceptionDemo {
    public static void main(String[] args) throws InterruptedException {
        // 当前线程
        Thread thread = Thread.currentThread();
        try {
            // 检测当前线程是否被中断
            thread.interrupt();
            // 线程休眠 3 秒
            Thread.sleep(3000);
        } catch (InterruptedException e) {
            System.out.println(thread.getName()
                    + "抛出 InterruptedException 中断异常");
            System.out.println(thread.getName()
                    + "做一些清理工作");
            throw e;
        }
    }
}
```

执行以上代码，执行结果如下：

```
main 抛出 InterruptedException 中断异常
main 做一些清理工作
Exception in thread "main" java.lang.InterruptedException: sleep interrupted
```

```
        at java.lang.Thread.sleep(Native Method)
        at
com.example.interview.guide.chapter5.thread.interrupt.RethrowInterruptExceptio
nDemo.main(RethrowInterruptExceptionDemo.java:18)
```

以下代码捕获中断异常后，通过 interrupt()方法重新设置线程中断。

```java
/**
 * @Author : zhouguanya
 * @Project : java-interview-guide
 * @Date : 2019-10-20 15:15
 * @Version : V1.0
 * @Description : 清除线程中断状态并重新中断线程
 */
public class ReInterruptDemo extends Thread {
    public static void main(String[] args) throws Exception {
        // 当前线程
        String threadName = Thread.currentThread().getName();
        ReInterruptDemo reInterrupt = new ReInterruptDemo();
        System.out.println(printDate() + threadName + "线程启动");
        // 启动新线程
        reInterrupt.start();
        // 主线程休眠 3 秒
        Thread.sleep(3000);
        System.out.println(printDate() + threadName + "设置子线程中断");
        // 设置线程中断
        reInterrupt.interrupt();
        // 主线程休眠 3 秒
        Thread.sleep(3000);
        System.out.println(printDate() + threadName + "运行结束");
    }

    @Override
    public void run() {
        // 当前线程
        String threadName = Thread.currentThread().getName();
        // for 循环等待线程中断
        while (!Thread.currentThread().isInterrupted()) {

            System.out.println(printDate() + threadName + "线程正在执行");
            try {
                // 应该会执行 3 次
                // 线程阻塞，如果线程收到中断操作信号将抛出异常
                Thread.sleep(1000);
            } catch (InterruptedException e) {
                System.out.println(printDate() + threadName + "线程正在执行");
                // 检测线程是否中断
                System.out.println(printDate() +
                        threadName + this.isInterrupted());
                // 如果需要维护中断状态，就需要重新设置中断状态
                // 如果不需要，就不用调用
```

```
            Thread.currentThread().interrupt();
        }
    }
    System.out.println(printDate() + threadName + "线程是否被中断: "
            + this.isInterrupted());
    System.out.println(printDate() + threadName + "线程退出");
}

private static String printDate() {
    SimpleDateFormat sdf =
            new SimpleDateFormat("yyyy-MM-dd HH:mm:ss");
    return sdf.format(new Date()) + " ";
}
}
```

执行以上代码，执行结果如下：

```
2019-10-20 15:31:49 main 线程启动
2019-10-20 15:31:49 Thread-0 线程正在执行
2019-10-20 15:31:50 Thread-0 线程正在执行
2019-10-20 15:31:51 Thread-0 线程正在执行
2019-10-20 15:31:52 main 设置子线程中断
2019-10-20 15:31:52 Thread-0 线程正在执行
2019-10-20 15:31:52 Thread-0 false
2019-10-20 15:31:52 Thread-0 线程是否被中断: true
2019-10-20 15:31:52 Thread-0 线程退出
2019-10-20 15:31:55 main 运行结束
```

5.4.4　线程中断常见面试考点

（1）线程中断的概念。
（2）线程中断的处理方式。
（3）执行检测线程中断的方法后，线程中断状态的变化。

5.5　线程的优先级和守护线程

Java 中的线程优先级范围是 1~10，默认的线程优先级是 5。1 是最低优先级，10 是最高优先级。

```
/**
 * The minimum priority that a thread can have
 */
public final static int MIN_PRIORITY = 1;

/**
 * The default priority that is assigned to a thread
```

```
 */
public final static int NORM_PRIORITY = 5;

/**
 * The maximum priority that a thread can have
 */
public final static int MAX_PRIORITY = 10;
```

高优先级线程获取 CPU 执行权的概率高于低优先级线程。线程调度不会绝对按照优先级执行，每次执行结果都不一样，调度算法无规律可循。

5.5.1 线程优先级的特性

（1）线程优先级具有继承性

如果线程 1 启动线程 2，线程 1 和线程 2 就具有相同的优先级。

（2）线程优先级具有规则性

优先级较高的线程获取 CPU 执行权的概率较高，但不保证优先级高的线程一定能获取 CPU 执行权。

（3）线程优先级具有随机性

即使设置了线程的优先级，也不能保证线程执行的先后顺序。

线程优先级的继承特性验证方式如下：

创建线程 1 的代码如下：

```
/**
 * @Author : zhouguanya
 * @Project : java-interview-guide
 * @Date : 2019-11-02 14:55
 * @Version : V1.0
 * @Description : 线程1
 */
public class MyThread1 extends Thread {
    @Override
    public void run() {
        super.run();
        //输出线程级别
        System.out.println("线程1的优先级是：" + this.getPriority());
        //启动线程 MyThread2
        MyThread2 myThread2 = new MyThread2();
        myThread2.start();
    }
}
```

创建线程 2 的代码如下：

```
/**
 * @Author : zhouguanya
 * @Project : java-interview-guide
```

```java
 * @Date : 2019-11-02 14:56
 * @Version : V1.0
 * @Description : 线程2
 */
public class MyThread2 extends Thread {
    @Override
    public void run() {
        super.run();
        System.out.println("线程2的优先级是: " + this.getPriority());
    }
}
```

创建测试代码如下:

```java
/**
 * @Author : zhouguanya
 * @Project : java-interview-guide
 * @Date : 2019-11-02 14:57
 * @Version : V1.0
 * @Description : 线程优先级继承特性验证
 */
public class ThreadPriority {
    public static void main(String[] args) {
        System.out.println("主线程的优先级是: "
                + Thread.currentThread().getPriority());
        System.out.println("设置主线程的优先级为10");
        Thread.currentThread().setPriority(10);
        System.out.println("修改主线程优先级后，主线程的优先级是: "
                + Thread.currentThread().getPriority());
        // 不推荐直接创建新线程，而是应该使用线程池的方式管理线程
        MyThread1 myThread1 = new MyThread1();
        myThread1.start();
    }
}
```

执行以上代码，执行结果如下:

```
主线程的优先级是: 5
设置主线程的优先级为10
修改主线程优先级后，主线程的优先级是: 10
线程1的优先级是: 10
线程2的优先级是: 10
```

线程规则性和随机性验证方式如下:

创建线程1代码如下:

```java
/**
 * @Author : zhouguanya
 * @Project : java-interview-guide
 * @Date : 2019-11-02 15:08
 * @Version : V1.0
 * @Description : 线程1
```

```java
 */
public class MyThread1 extends Thread {
    @Override
    public void run() {
        long start = System.currentTimeMillis();
        System.out.println("------1------ thread 1 start running");
        long count = 0;
        for (int i = 0; i < 10; i++) {
            for (int j = 0; j < 50000; j++) {
                Random random = new Random();
                random.nextInt();
                count = count + i;
            }
        }
        long end = System.currentTimeMillis();
        System.out.println("------1------ thread 1 use time = " + (end - start));
    }
}
```

创建线程2代码如下：

```java
/**
 * @Author : zhouguanya
 * @Project : java-interview-guide
 * @Date : 2019-11-02 15:09
 * @Version : V1.0
 * @Description : 线程2
 */
public class MyThread2 extends Thread {
    @Override
    public void run() {
        long start = System.currentTimeMillis();
        System.out.println("------2------ thread 2 start running");
        long count = 0;
        for (int i = 0; i < 10; i++) {
            for (int j = 0; j < 50000; j++) {
                Random random = new Random();
                random.nextInt();
                count = count + i;
            }
        }
        long end = System.currentTimeMillis();
        System.out.println("------2------ thread 2 use time = " + (end - start));
    }
}
```

创建测试代码如下：

```java
/**
 * @Author : zhouguanya
 * @Project : java-interview-guide
 * @Date : 2019-11-02 15:10
```

```
 * @Version : V1.0
 * @Description : 线程规则性和随机性验证
 */
public class ThreadPriority {
    public static void main(String[] args) {
        for (int i = 0; i < 10; i++) {
            MyThread1 myThread1 = new MyThread1();
            myThread1.setPriority(1);
            MyThread2 myThread2 = new MyThread2();
            myThread2.setPriority(10);
            myThread1.start();
            myThread2.start();
        }
    }
}
```

执行以上代码，执行结果如下：

```
------2------ thread 2 start running
------1------ thread 1 start running
------2------ thread 2 start running
------2------ thread 2 start running
------1------ thread 1 start running
------1------ thread 1 start running
------1------ thread 1 start running
------2------ thread 2 start running
------1------ thread 1 start running
------2------ thread 2 start running
------1------ thread 1 start running
------2------ thread 2 start running
------1------ thread 1 start running
------2------ thread 2 start running
------1------ thread 1 start running
------2------ thread 2 start running
------1------ thread 1 start running
------2------ thread 2 start running
------1------ thread 1 start running
------2------ thread 2 start running
------1------ thread 1 use time = 999
------1------ thread 1 use time = 1024
------1------ thread 1 use time = 1096
------1------ thread 1 use time = 1114
------2------ thread 2 use time = 1121
------2------ thread 2 use time = 1132
------1------ thread 1 use time = 1139
------1------ thread 1 use time = 1144
------2------ thread 2 use time = 1142
------2------ thread 2 use time = 1148
------2------ thread 2 use time = 1154
------2------ thread 2 use time = 1158
------1------ thread 1 use time = 1158
```

```
------1------ thread 1 use time = 1163
------2------ thread 2 use time = 1165
------2------ thread 2 use time = 1162
------1------ thread 1 use time = 1167
------2------ thread 2 use time = 1170
------1------ thread 1 use time = 1170
------2------ thread 2 use time = 1171
```

5.5.2 守护线程

Java 中的线程分为用户线程和守护线程。用户线程用于执行用户级的任务，守护线程一般用于执行后台任务。我们可以通过 isDaemon() 方法验证线程是不是守护线程。

守护线程是指在程序运行的时候在后台提供一种通用服务的线程，守护线程并不是程序中不可或缺的部分，如垃圾回收线程。当所有的用户线程结束时，程序也就终止了，同时会杀死进程中的所有守护线程。当用户线程全部退出时，守护线程也会退出。

创建用户线程代码如下：

```java
/**
 * @Author : zhouguanya
 * @Project : java-interview-guide
 * @Date : 2019-11-02 15:24
 * @Version : V1.0
 * @Description : 用户线程
 */
public class CommonThread extends Thread {
    @Override
    public void run() {
        for (int i = 0; i < 5; i++) {
            System.out.println("用户线程第" + i + "次执行！");
            try {
                Thread.sleep(10);
            } catch (Exception e) {
                e.printStackTrace();
            }
        }
    }
}
```

创建守护线程代码如下：

```java
/**
 * @Author : zhouguanya
 * @Project : java-interview-guide
 * @Date : 2019-11-02 15:24
 * @Version : V1.0
 * @Description : 守护线程
 */
public class MyDaemon implements Runnable {
    @Override
```

```java
    public void run() {
        for (long i = 0; i < 20; i++) {
            System.out.println("守护线程第" + i + "次执行!");
            try {
                Thread.sleep(10);
            } catch (Exception e) {
                e.printStackTrace();
            }
        }
    }
}
```

创建测试代码如下:

```java
/**
 * @Author : zhouguanya
 * @Project : java-interview-guide
 * @Date : 2019-11-02 15:24
 * @Version : V1.0
 * @Description : 验证用户线程执行完后,守护线程未执行完即退出
 */
public class DaemonThreadDemo {
    public static void main(String[] args) {
        Thread t1 = new CommonThread();
        Thread t2 = new Thread(new MyDaemon());
        // 抛异常：IllegalThreadStateException
//t2.start();
        //设置为守护线程
        t2.setDaemon(true);
        // 正确做法：线程运行前设置守护线程
        t2.start();
        t1.start();
    }
}
```

执行测试代码,执行结果如下:

```
守护线程第 0 次执行!
用户线程第 0 次执行!
守护线程第 1 次执行!
用户线程第 1 次执行!
用户线程第 2 次执行!
守护线程第 2 次执行!
用户线程第 3 次执行!
守护线程第 3 次执行!
用户线程第 4 次执行!
守护线程第 4 次执行!
守护线程第 5 次执行!
```

5.5.3 线程优先级和守护线程常见面试考点

（1）线程优先级的范围。
（2）线程优先级的特性。
（3）守护线程与用户线程的区别。

5.6 线程常用方法

5.6.1 sleep()方法

sleep()方法的特性如下：

（1）sleep()方法的作用是让当前线程休眠指定的时间（毫秒）。
（2）sleep()方法仅暂时让出执行权，并不释放对象监视器（synchronized 方法/代码块）。
（3）由于对象监视器没有被释放，因此其他线程仍然无法获取对象监视器。
（4）sleep()方法并不一定要在同步的代码块中执行，wait()方法必须要在同步的代码块中执行。
（5）sleep()可以通过 interrupt()方法打断线程的休眠状态。
（6）sleep()只是线程的操作，用于短时间暂停线程，不涉及线程间通信。
（7）sleep()是 Thread 类的方法。

sleep()方法的使用方式如下：

```java
/**
 * @Author : zhouguanya
 * @Project : java-interview-guide
 * @Date : 2019-10-20 16:10
 * @Version : V1.0
 * @Description : 线程 sleep 方法的使用
 */
public class ThreadSleepDemo {
    /**
     * sleep()方法不会释放锁，因此线程是按照先后顺序执行的
     */
    public synchronized void sleepMethod() {
        System.out.println(printDate() +
                Thread.currentThread().getName() + "休眠1s");
        try {
            Thread.sleep(1000);
        } catch (InterruptedException e) {
            e.printStackTrace();
        }
        System.out.println(printDate() +
                Thread.currentThread().getName() + "休眠结束");
```

```java
    }

    /**
     * wait()方法会释放锁,因此一旦调用wait()方法,就会造成其他线程运行
     */
    public synchronized void waitMethod() {
        System.out.println(printDate() +
                Thread.currentThread().getName() + "等待1s");
        synchronized (this) {
            try {
                wait(1000);
            } catch (InterruptedException e) {
                e.printStackTrace();
            }
        }
        System.out.println(printDate() +
                Thread.currentThread().getName() + "等待结束");
    }

    public static void main(String[] args) {

        final ThreadSleepDemo test1 = new ThreadSleepDemo();

        for (int i = 0; i < 5; i++) {
            // 不推荐直接创建线程。
            // 推荐使用5.2.4小节介绍的线程池管理线程
            new Thread(test1::sleepMethod).start();
        }


        try {
            //暂停10秒,等上面的程序执行完成
            Thread.sleep(10000);
        } catch (InterruptedException e) {
            e.printStackTrace();
        }

        System.out.println("--------------分割线--------------");

        final ThreadSleepDemo test2 = new ThreadSleepDemo();

        for (int i = 0; i < 5; i++) {
            // 不推荐直接创建线程
            // 推荐使用5.2.4小节介绍的线程池管理线程
            new Thread(test2::waitMethod).start();
        }

    }

    private static String printDate() {
```

```
            SimpleDateFormat sdf =
                new SimpleDateFormat("yyyy-MM-dd HH:mm:ss");
            return sdf.format(new Date()) + " ";
    }
}
```

执行以上代码，执行结果如下：

```
2019-10-20 16:21:36 Thread-0 休眠 1 秒
2019-10-20 16:21:37 Thread-0 休眠结束
2019-10-20 16:21:37 Thread-4 休眠 1 秒
2019-10-20 16:21:38 Thread-4 休眠结束
2019-10-20 16:21:38 Thread-3 休眠 1 秒
2019-10-20 16:21:39 Thread-3 休眠结束
2019-10-20 16:21:39 Thread-2 休眠 1 秒
2019-10-20 16:21:40 Thread-2 休眠结束
2019-10-20 16:21:40 Thread-1 休眠 1 秒
2019-10-20 16:21:41 Thread-1 休眠结束
---------------分割线---------------
2019-10-20 16:21:46 Thread-5 等待 1 秒
2019-10-20 16:21:46 Thread-9 等待 1 秒
2019-10-20 16:21:46 Thread-8 等待 1 秒
2019-10-20 16:21:46 Thread-6 等待 1 秒
2019-10-20 16:21:46 Thread-7 等待 1 秒
2019-10-20 16:21:47 Thread-5 等待结束
2019-10-20 16:21:47 Thread-7 等待结束
2019-10-20 16:21:47 Thread-6 等待结束
2019-10-20 16:21:47 Thread-9 等待结束
2019-10-20 16:21:47 Thread-8 等待结束
```

从以上运行结果可知，sleep()方法不会释放对象监视器，wait()方法会释放对象监视器。

5.6.2　wait()方法

wait()方法的特性如下：

（1）wait()方法通常伴随 notify()方法成对出现。

（2）wait()和 notify()方法需要获取对象监视器才可以调用。

（3）wait()和 notify()方法要写在同步代码块或者同步方法内。

（4）一旦调用 wait()方法，其他线程将可以访问、获取对象监视器。

（5）当一个线程执行到 wait()方法时，此线程就进入一个和该对象相关的等待池中，同时失去了对象监视器，可以允许其他的线程执行一些同步操作。

（6）wait()方法可以通过 interrupt()方法打断线程的等待状态，线程立刻抛出中断异常。

（7）重获对象监视器的方式有如下两种：

①设置 wait()方法的参数，如 wait(1000)表明线程等待 1 秒之后，自动收回锁。

②让其他的线程通过 notify/notifyAll()方法唤醒等待的线程。

（8）wait()方法和 notify()方法是 Object 类的方法。

5.6.3　notify()/notifyAll()方法

notify()和notifyAll()方法用于唤醒等待的线程，这两个方法的特性如下：

（1）notify()方法用于唤醒在此对象监视器（也称对象锁）上等待的单个线程。

（2）当线程被notify()方法唤醒时，与对象监视器关联的等待池中的线程将进入与对象监视器关联的锁池中。

（3）当线程被notify()方法唤醒后，线程将在锁池中等待获取锁，当获得锁后，线程将回到wait()方法结束的地方继续执行。

（4）notifyAll()方法用于唤醒在此对象监视器（也称对象锁）上等待的所有线程。

wait()和notify()/notifyAll()方法使用方式如下：

```java
/**
 * @Author : zhouguanya
 * @Project : java-interview-guide
 * @Date : 2019-10-20 16:42
 * @Version : V1.0
 * @Description : wait/notify 方法使用方式
 */
public class WaitNotifyDemo {

    public static void main(String[] args) throws InterruptedException {
        // 创建一个对象作为锁
        Object lock = new Object();
        for (int i = 0; i < 5; i++) {
            // 不推荐直接创建线程。限于篇幅，这里直接创建线程
            // 推荐使用 5.2.4 小节介绍的线程池管理线程
            new WaitThread(i + "", lock).start();
        }
        // 主线程休眠 2 秒
        Thread.sleep(2000);
        System.out.println(printDate() + "主线程休眠 2 秒");
        // 不推荐直接创建线程。限于篇幅，这里直接创建线程
        // 推荐使用 5.2.4 小节介绍的线程池管理线程
        new NotifyThread(lock).start();
    }

    /**
     * 调用 wait()方法的线程
     */
    static class WaitThread extends Thread {
        /**
         * 锁对象
         */
        final Object lock;

        public WaitThread(String name, Object lock) {
```

```java
        // 设置线程名
        setName("WaitThread" + name);
        this.lock = lock;
    }

    @Override
    public void run() {
        synchronized (lock) {
            System.out.println(printDate() + getName() + " before wait()");
            try {
                // 线程等待
                lock.wait();
            } catch (InterruptedException e) {
                e.printStackTrace();
            }
            System.out.println(printDate() + getName() + " after wait()");
        }
    }
}

/**
 * 调用notify()/notifyAll()
 */
static class NotifyThread extends Thread {

    final Object lock;

    public NotifyThread(Object lock) {
        setName("NotifyThread");
        this.lock = lock;
    }

    @Override
    public void run() {
        synchronized (lock) {
            try {
                Thread.sleep(5000);
            } catch (InterruptedException e) {
                e.printStackTrace();
            }
            System.out.println(printDate() + getName()
                    + " NotifyThread before notify()");
            // 唤醒所有线程，用notifyAll()会按照后进先出（LIFO）的原则恢复线程
            lock.notifyAll();
            try {
                Thread.sleep(5000);
            } catch (InterruptedException e) {
                e.printStackTrace();
            }
            System.out.println(printDate() + getName()
```

```
                        + " NotifyThread after notify()");
            }
        }
    }

    /**
     * 返回当前时间
     */
    private static String printDate() {
        SimpleDateFormat sdf =
                new SimpleDateFormat("yyyy-MM-dd HH:mm:ss");
        return sdf.format(new Date()) + " ";
    }
}
```

执行以上代码，执行结果如下：

```
2019-10-30 23:26:49 WaitThread0 before wait()
2019-10-30 23:26:49 WaitThread4 before wait()
2019-10-30 23:26:49 WaitThread3 before wait()
2019-10-30 23:26:49 WaitThread2 before wait()
2019-10-30 23:26:49 WaitThread1 before wait()
2019-10-30 23:26:51 主线程休眠 2 秒
2019-10-30 23:26:56 NotifyThread NotifyThread before notify()
2019-10-30 23:27:01 NotifyThread NotifyThread after notify()
2019-10-30 23:27:01 WaitThread1 after wait()
2019-10-30 23:27:01 WaitThread2 after wait()
2019-10-30 23:27:01 WaitThread3 after wait()
2019-10-30 23:27:01 WaitThread4 after wait()
2019-10-30 23:27:01 WaitThread0 after wait()
```

5.6.4 yield()方法

yield()方法用于使当前的线程让出 CPU 的使用权，使当前线程从运行中的状态切换到可运行状态，但不保证其他线程一定可以获得 CPU 执行权，因为当前线程执行了 yield()方法后变为可运行状态，此时当前线程依然有机会获取 CPU 执行权。yield()方法使用方式如下：

分别创建生产者和消费者线程，模拟 yield()方法的作用。生产者线程代码如下：

```
/**
 * @Author : zhouguanya
 * @Project : java-interview-guide
 * @Date : 2019-11-02 11:07
 * @Version : V1.0
 * @Description : 消费者
 */
public class Consumer extends Thread {

    @Override
```

```java
    public void run() {
        for (int i = 0; i < 10; i++) {
            System.out.println("我是消费者,我消费的数据是:" + i);
            Thread.yield();
        }
    }
}
```

消费者线程代码如下:

```java
/**
 * @Author : zhouguanya
 * @Project : java-interview-guide
 * @Date : 2019-11-02 11:13
 * @Version : V1.0
 * @Description : 生产者
 */
public class Producer extends Thread {
    @Override
    public void run() {
        for (int i = 0; i < 10; i++) {
            System.out.println("我是生产者,我生产的数据是:" + i);
        }
    }
}
```

测试代码如下:

```java
/**
 * @Author : zhouguanya
 * @Project : java-interview-guide
 * @Date : 2019-11-02 11:18
 * @Version : V1.0
 * @Description : yield方法使用方式
 */
public class YieldDemo {
    public static void main(String[] args) {
        // 不推荐直接创建线程,推荐使用线程池管理线程
        Thread producer = new Producer();
        Thread consumer = new Consumer();
        // 最低优先级
        producer.setPriority(Thread.MIN_PRIORITY);
        // 最高优先级
        consumer.setPriority(Thread.MAX_PRIORITY);
        consumer.start();
        producer.start();
    }
}
```

执行以上测试代码,测试结果如下:

```
我是消费者,我消费的数据是:0
```

```
我是生产者，我生产的数据是：0
我是消费者，我消费的数据是：1
我是生产者，我生产的数据是：1
我是生产者，我生产的数据是：2
我是生产者，我生产的数据是：3
我是消费者，我消费的数据是：2
我是生产者，我生产的数据是：4
我是消费者，我消费的数据是：3
我是生产者，我生产的数据是：5
我是消费者，我消费的数据是：4
我是消费者，我消费的数据是：5
我是生产者，我生产的数据是：6
我是消费者，我消费的数据是：6
我是生产者，我生产的数据是：7
我是消费者，我消费的数据是：7
我是生产者，我生产的数据是：8
我是消费者，我消费的数据是：8
我是生产者，我生产的数据是：9
我是消费者，我消费的数据是：9
```

5.6.5　join()方法

join()方法使一个线程在另一个线程结束后执行。如果调用了一个线程的join()方法，那么当前线程将阻塞直到那个线程执行结束。join()方法有多种重载的方法，如 join(long millis)、join(long millis, int nanos)。join()方法使用方式如下：

```java
/**
 * @Author : zhouguanya
 * @Project : java-interview-guide
 * @Date : 2019-11-02 12:33
 * @Version : V1.0
 * @Description : join方法的使用
 */
public class JoinDemo {
    public static void main(String[] args) throws InterruptedException {
        // 创建两个线程
        Thread thread2 = new Thread(() -> {
            System.out.println("线程2启动");
            System.out.println("线程2休眠2秒");
            try {
                Thread.sleep(2000);
            } catch (InterruptedException e) {
                e.printStackTrace();
            }
            System.out.println("线程2执行结束");
        });

        Thread thread1 = new Thread(() -> {
            try {
```

```java
        // 调用线程2的join()方法
        thread2.join();
    } catch (InterruptedException e) {
        e.printStackTrace();
    }

    System.out.println("线程1启动");
    System.out.println("线程1休眠2秒");
    try {
        Thread.sleep(2000);
    } catch (InterruptedException e) {
        e.printStackTrace();
    }
    System.out.println("线程1执行结束");
});

// 线程1启动
thread1.start();
thread2.start();
    }
}
```

执行以上代码，执行结果如下：

```
线程2启动
线程2休眠2秒
线程2执行结束
线程1启动
线程1休眠2秒
线程1执行结束
```

5.6.6 线程常用方法常见面试考点

（1）sleep()方法和 yield()方法都是 Thread 类的静态方法，而 join()方法不是静态方法。
（2）sleep()方法使线程进入超时等待状态，当超时后，线程将进入就绪状态。
（3）sleep()方法和 yield()方法不会释放对象监视器，wait()方法会释放对象监视器。
（4）join()方法使一个线程在另一个线程执行结束后再继续执行。
（5）yield()方法使线程由运行中状态进入就绪状态。
（6）wait()和 notify()、notifyAll()方法必须在 synchronized 语句块中执行。

5.7 线程组

5.7.1 线程组的概念

线程组表示一些线程的集合。线程组中可以包含线程和线程组。线程组是树形结构的，如图

5-3 所示。

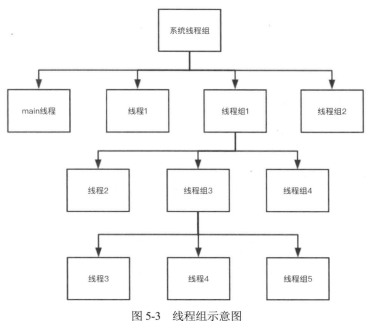

图 5-3　线程组示意图

线程组可以批量管理线程或线程组对象，有效地对线程或线程组对象进行组织和管理。

5.7.2　一级关联

一级关联即父对象中含有子对象，但子对象不再创建孙子对象。一级关联示意代码如下：
创建测试线程代码如下：

```
/**
 * @Author : zhouguanya
 * @Project : java-interview-guide
 * @Date : 2019-11-02 16:28
 * @Version : V1.0
 * @Description : 测试线程
 */
public class TestThread implements Runnable {
    @Override
    public void run() {
        try {
            while (!Thread.currentThread().isInterrupted()) {
                System.out.println("线程名: "
                        + Thread.currentThread().getName());
                Thread.sleep(3000);
            }
        } catch (InterruptedException e) {
            e.printStackTrace();
        }
    }
```

```
        }
    }
```

创建线程组一级关联测试代码如下：

```java
/**
 * @Author : zhouguanya
 * @Project : java-interview-guide
 * @Date : 2019-11-02 16:28
 * @Version : V1.0
 * @Description : 线程组一级关联测试代码
 */
public class OneLevelDemo {
    public static void main(String[] args) {
        TestThread testThread1 = new TestThread();
        TestThread testThread2 = new TestThread();
        ThreadGroup threadGroup = new ThreadGroup("新建线程组1");
        // 不推荐创建线程对象，而应该使用线程池管理线程
        Thread t0 = new Thread(threadGroup, testThread1);
        Thread t1 = new Thread(threadGroup, testThread2);
        t0.start();
        t1.start();
        System.out.println("活动的线程数为：" + threadGroup.activeCount());
        System.out.println("线程组的名称为：" + threadGroup.getName());
        // 线程组中断
        threadGroup.interrupt();
    }
}
```

执行以上代码，执行结果如下：

```
活动的线程数为：2
线程名：Thread-1
线程名：Thread-0
线程组的名称为：新建线程组1
java.lang.InterruptedException: sleep interrupted
    at java.lang.Thread.sleep(Native Method)
    at com.example.interview.guide.chapter5.thread.group.onelevel.TestThread.run(TestThread.java:17)
    at java.lang.Thread.run(Thread.java:748)
java.lang.InterruptedException: sleep interrupted
    at java.lang.Thread.sleep(Native Method)
    at com.example.interview.guide.chapter5.thread.group.onelevel.TestThread.run(TestThread.java:17)
    at java.lang.Thread.run(Thread.java:748)
```

5.7.3 多级关联

多级关联即父对象中有子对象，子对象中再创建孙子对象。这种用法在开发中不太常见，因为线程树设计复杂反而不利于线程对象的管理，不过 Java 确实提供了多级关联的线程树结构。

```java
/**
 * @Author : zhouguanya
 * @Project : java-interview-guide
 * @Date : 2019-11-02 16:45
 * @Version : V1.0
 * @Description : 线程组多级关联测试代码
 */
public class LevelsDemo {
    public static void main(String[] args) {
        // 创建线程组 1
        ThreadGroup threadGroup1 = new ThreadGroup("线程组 1");
        // 创建线程组 2，创建线程组 2 的父线程为线程组 1
        ThreadGroup threadGroup2
                = new ThreadGroup(threadGroup1, "线程组 2");
        // 创建线程组 3，创建线程组 3 的父线程为线程组 1
        ThreadGroup threadGroup3
                = new ThreadGroup(threadGroup1, "线程组 3");
        TestThread testThread1 = new TestThread();
        TestThread testThread2 = new TestThread();
        TestThread testThread3 = new TestThread();
        // 不推荐直接创建线程，而应该使用线程池管理线程
        Thread t0 = new Thread(threadGroup1, testThread1);
        Thread t1 = new Thread(threadGroup2, testThread2);
        Thread t2 = new Thread(threadGroup3, testThread3);
        t0.start();
        t1.start();
        t2.start();
        System.out.println("threadGroup1 线程组的名称为："
                + threadGroup1.getName());
        System.out.println("threadGroup1 活动的线程数为："
                + threadGroup1.activeCount());
        System.out.println("threadGroup1 活动的线程组数为："
                + threadGroup1.activeGroupCount());
        System.out.println("threadGroup2 线程组的名称为："
                + threadGroup2.getName());
        System.out.println("threadGroup2 活动的线程数为："
                + threadGroup2.activeCount());
        System.out.println("threadGroup3 线程组的名称为："
                + threadGroup3.getName());
        System.out.println("threadGroup3 活动的线程数为："
                + threadGroup3.activeCount());
        // 中断线程组 1
        threadGroup1.interrupt();
```

        }
    }

执行以上代码，执行结果如下：

```
线程名：Thread-0
线程名：Thread-2
线程名：Thread-1
threadGroup1 线程组的名称为：线程组 1
threadGroup1 活动的线程数为：3
threadGroup1 活动的线程组数为：2
threadGroup2 线程组的名称为：线程组 2
threadGroup2 活动的线程数为：1
threadGroup3 线程组的名称为：线程组 3
threadGroup3 活动的线程数为：1
java.lang.InterruptedException: sleep interrupted
    at java.lang.Thread.sleep(Native Method)
    at com.example.interview.guide.chapter5.thread.group.onelevel.TestThread.run(TestThread.java:17)
    at java.lang.Thread.run(Thread.java:748)
java.lang.InterruptedException: sleep interrupted
    at java.lang.Thread.sleep(Native Method)
    at com.example.interview.guide.chapter5.thread.group.onelevel.TestThread.run(TestThread.java:17)
    at java.lang.Thread.run(Thread.java:748)
java.lang.InterruptedException: sleep interrupted
    at java.lang.Thread.sleep(Native Method)
    at com.example.interview.guide.chapter5.thread.group.onelevel.TestThread.run(TestThread.java:17)
    at java.lang.Thread.run(Thread.java:748)
```

5.7.4 线程组自动归属

线程组自动归属即自动将线程归属到当前线程组中。线程组自动归属验证代码如下：

```java
/**
 * @Author : zhouguanya
 * @Project : java-interview-guide
 * @Date : 2019-11-02 18:45
 * @Version : V1.0
 * @Description : 线程组自动归属测试代码
 */
public class ThreadGroupAuto {
    public static void main(String[] args) {
        print();
        // 没有指定线程组，那么自动归到当前线程所属的线程组中
        ThreadGroup group = new ThreadGroup("新的组");
```

```java
        print();
    }

    private static void print() {
        Thread currentThread = Thread.currentThread();
        System.out.println("当前线程：" + currentThread.getName()
                + ", 所属线程组：" + currentThread.getThreadGroup().getName()
                + ", 线程组中有线程组数量：" + currentThread.getThreadGroup()
                .activeGroupCount()
                + ", 线程组名为：" + currentThread.getThreadGroup()
                .getName());
    }
}
```

执行以上代码，执行结果如下：

```
当前线程：main, 所属线程组：main, 线程组中有线程组数量：0, 线程组名为：main
当前线程：main, 所属线程组：main, 线程组中有线程组数量：1, 线程组名为：main
```

5.7.5 批量管理线程

使用线程组可以批量管理其中的线程。线程组批量管理线程代码如下：

```java
/**
 * @Author : zhouguanya
 * @Project : java-interview-guide
 * @Date : 2019-11-02 19:02
 * @Version : V1.0
 * @Description : 批量线程
 */
public class BatchThread extends Thread {

    public BatchThread(ThreadGroup tg, String name) {
        super(tg, name);
    }

    @Override
    public void run() {
        System.out.println(printDate() + "线程：" +
                Thread.currentThread().getName() + "开始死循环了");
        while (!this.isInterrupted()) {

        }
        System.out.println(printDate() + "线程：" +
                Thread.currentThread().getName() + "结束了");
    }

    /**
     * 返回时间
     */
```

```java
    static String printDate(){
        SimpleDateFormat sdf = new SimpleDateFormat("yyyy-MM-dd HH:mm:ss");
        return sdf.format(new Date());
    }
}
```

创建测试代码，验证批量管理线程功能。

```java
/**
 * @Author : zhouguanya
 * @Project : java-interview-guide
 * @Date : 2019-11-02 19:03
 * @Version : V1.0
 * @Description : 线程组批量管理线程
 */
public class ThreadGroupBatchDemo {
    public static void main(String[] args) throws InterruptedException {
        int batch = 5;
        ThreadGroup threadGroup = new ThreadGroup("我的线程组");
        for (int i = 0; i < batch; i++) {
            BatchThread batchThread
                    = new BatchThread(threadGroup, "线程" + i);
            batchThread.start();
        }
        // 主线程休眠10 秒
        Thread.sleep(10000);
        // 线程组中断
        threadGroup.interrupt();
        System.out.println(BatchThread.printDate()
                + "调用了 ThreadGroup.interrupt()方法");
    }
}
```

执行以上代码，执行结果如下：

```
2019-11-02 19:05:50 线程：线程4 开始死循环了
2019-11-02 19:05:50 线程：线程0 开始死循环了
2019-11-02 19:05:50 线程：线程2 开始死循环了
2019-11-02 19:05:50 线程：线程3 开始死循环了
2019-11-02 19:05:50 线程：线程1 开始死循环了
2019-11-02 19:05:59 线程：线程3 结束了
2019-11-02 19:05:59 调用了 ThreadGroup.interrupt()方法
2019-11-02 19:05:59 线程：线程0 结束了
2019-11-02 19:05:59 线程：线程2 结束了
2019-11-02 19:05:59 线程：线程4 结束了
2019-11-02 19:05:59 线程：线程1 结束了
```

5.7.6 线程组常见面试考点

（1）线程组的概念。

（2）线程组的特性。
（3）线程组对线程的批量管理。

5.8　Thread 类代码解析

Thread 类是 Java 并发编程中重要的一个类，分析其代码将有助于更好地理解并发编程的原理。

5.8.1　Thread 类常用属性

Thread 类常用属性及其含义如下：

```java
// 线程名字
private volatile String name;
// 优先级
private int       priority;
// 标识线程是否为守护线程
private boolean   daemon = false;
// 将会被线程执行的 Runnable 对象
private Runnable target;
// 所属的线程组
private ThreadGroup group;
// 当前线程栈大小，如果线程的创建者不指定大小，默认值就是 0
// 对这个数如何进行操作取决于 JVM，有些 JVM 会忽略掉这个参数
private long stackSize;
// 线程编号
private long tid;
// 用来生成线程编号
private static long threadSeqNumber;
// 标识线程状态，默认线程未启动
private int threadStatus = 0;
// 返回下一个线程的编号
private static synchronized long nextThreadID() {
    return ++threadSeqNumber;
}
// 当前线程附属的 ThreadLocal
ThreadLocal.ThreadLocalMap threadLocals = null;
// 主要作用：继承父线程的值
// 在创建子线程时，子线程会接收所有可继承的线程局部变量的初始值
// 以获得父线程所具有的值
// 如果一个子线程调用 InheritableThreadLocal 的 get()方法
// 那么子线程将得到父线程中的同一个对象
ThreadLocal.ThreadLocalMap inheritableThreadLocals = null;
// 为 java.util.concurrent.locks.LockSupport.park()提供的变量
volatile Object parkBlocker;
// 阻塞器锁，主要用于处理阻塞情况
```

```java
// 设置此线程的中断状态后，将调用阻塞程序的中断方法
private volatile Interruptible blocker;
// 阻断锁
private Object blockerLock = new Object();
// 线程的最低优先级
public final static int MIN_PRIORITY = 1;
// 线程的默认优先级
public final static int NORM_PRIORITY = 5;
// 线程的最高优先级
public final static int MAX_PRIORITY = 10;
```

5.8.2　Thread 类的构造器

Thread 含有多种构造器，各种构造器分别如下：

```java
/**
 * 无参构造器。 */
public Thread() {
    init(null, null, "Thread-" + nextThreadNum(), 0);
}

/**
 * 带有 Runnable 对象参数的构造器
 */
public Thread(Runnable target) {
    init(null, target, "Thread-" + nextThreadNum(), 0);
}

/**
 * 带有 Runnable 对象和 AccessControlContext 对象参数的构造器
 */
Thread(Runnable target, AccessControlContext acc) {
    init(null, target, "Thread-" + nextThreadNum(), 0, acc, false);
}

/**
 * 带有 ThreadGroup 对象和 Runnable 对象参数的构造器
 */
public Thread(ThreadGroup group, Runnable target) {
    init(group, target, "Thread-" + nextThreadNum(), 0);
}

/**
 * 指定线程名的构造器
 */
public Thread(String name) {
    init(null, null, name, 0);
}
```

```java
/**
 * 指定线程组和线程名的构造器
 */
public Thread(ThreadGroup group, String name) {
    init(group, null, name, 0);
}

/**
 * 指定线程组和线程名的构造器
 */
public Thread(Runnable target, String name) {
    init(null, target, name, 0);
}

/**
 * 指定线程组、Runnable 对象和线程名的构造器
 */
public Thread(ThreadGroup group, Runnable target, String name) {
    init(group, target, name, 0);
}

/**
 * 指定线程组、Runnable 对象、线程名和 stackSize 的构造器
 */
public Thread(ThreadGroup group, Runnable target, String name,
        long stackSize) {
    init(group, target, name, stackSize);
}
```

Thread 类的多个构造器都会调用 init() 方法实现线程的初始化。init() 方法代码如下：

```java
private void init(ThreadGroup g, Runnable target, String name,
        long stackSize) {
    init(g, target, name, stackSize, null, true);
}
```

init() 方法会调用重载的 init() 方法，重载的 init() 方法代码如下：

```java
private void init(ThreadGroup g, Runnable target, String name,
        long stackSize, AccessControlContext acc,
        boolean inheritThreadLocals) {
    // 线程名不能为空，抛出 NullPointerException 异常
    if (name == null) {
        throw new NullPointerException("name cannot be null");
    }
    // 设置线程名
    this.name = name;
    // 获取当前线程对象
    Thread parent = currentThread();
    // 获得系统的安全管理器
    SecurityManager security = System.getSecurityManager();
    if (g == null) {
```

```java
        //安全检查
        if (security != null) {
            g = security.getThreadGroup();
        }

        /* 设置线程组 */
        if (g == null) {
            g = parent.getThreadGroup();
        }
    }

    /* checkAccess regardless of whether or not threadgroup is
       explicitly passed in. */
    g.checkAccess();

    /*
     * Do we have the required permissions?
     */
    if (security != null) {
        if (isCCLOverridden(getClass())) {
            security.checkPermission(SUBCLASS_IMPLEMENTATION_PERMISSION);
        }
    }
    // 记录线程组未启动线程个数
    g.addUnstarted();
    // 设置线程组
    this.group = g;
    // 设置线程是否守护线程
    this.daemon = parent.isDaemon();
    // 获取父线程的优先级并设置为当前线程的优先级
    this.priority = parent.getPriority();
    if (security == null || isCCLOverridden(parent.getClass()))
        this.contextClassLoader = parent.getContextClassLoader();
    else
        this.contextClassLoader = parent.contextClassLoader;
    this.inheritedAccessControlContext =
            acc != null ? acc : AccessController.getContext();
    // 设置线程要执行的任务
    this.target = target;
    // 设置线程的优先级
    setPriority(priority);
    if (inheritThreadLocals && parent.inheritableThreadLocals != null)
        // 为子线程提供从父线程那里继承的值
        this.inheritableThreadLocals =
            ThreadLocal
            .createInheritedMap(parent.inheritableThreadLocals);
    /* 设置stackSize */
    this.stackSize = stackSize;

    /* 设置线程id */
```

```
        tid = nextThreadID();
}
```

5.8.3　Thread 类的 start()方法

start()方法将使线程从初始状态进入就绪状态。start()方法被执行后，线程将等待 CPU 执行权，如果线程获取到 CPU 的执行权，那么线程将进入运行中状态。start()方法代码如下：

```
/**
 * 调用 start()方法启动线程，如果线程获取 CPU 执行权，那么将执行线程的 run()方法
 * 此方法会导致当前调用 start()方法的线程和新线程并发执行
 */
public synchronized void start() {
    /**
     * 线程状态校验，线程必须是 0（初始状态）才能启动
     */
    if (threadStatus != 0)
        // 如果线程的状态不是初始状态
        // 就抛出 IllegalThreadStateException 异常
        throw new IllegalThreadStateException();

    // 通知线程组当前线程即将执行，并将其加入线程组中
    // 同时线程组中未启动线程数减 1
    group.add(this);
    // 标识线程是否已经启动
    boolean started = false;
    try {
        // 使线程进入可执行（Runnable）状态
        start0();
        // 设置 started 状态为 true
        started = true;
    } finally {
        try {
            // 如果线程启动失败了
            if (!started) {
                // 修改线程组未启动线程数加 1
                group.threadStartFailed(this);
            }
        } catch (Throwable ignore) {
            /* do nothing. If start0 threw a Throwable then
               it will be passed up the call stack */
        }
    }
}
```

start()方法调用 start0()方法启动线程。start0()方法是一个本地方法，其代码如下：

```
// start()实际上是通过本地方法 start0()启动线程的
// start0()会新运行一个线程，新线程会调用 run()方法
private native void start0();
```

在 JDK 源码中是不能查看 native 方法的代码的,可以打开 openjdk 的代码查看 start0()方法的实现。

```
https://hg.openjdk.java.net/jdk8u/jdk8u/jdk/file/f0b93fbd8cf8/src/share/native/java/lang/Thread.c
```

Openjdk 的代码如下:

```
static JNINativeMethod methods[] = {
    {"start0",           "()V",        (void *)&JVM_StartThread},
    {"stop0",            "(" OBJ ")V", (void *)&JVM_StopThread},
    {"isAlive",          "()Z",        (void *)&JVM_IsThreadAlive},
    {"suspend0",         "()V",        (void *)&JVM_SuspendThread},
    {"resume0",          "()V",        (void *)&JVM_ResumeThread},
    {"setPriority0",     "(I)V",       (void *)&JVM_SetThreadPriority},
    {"yield",            "()V",        (void *)&JVM_Yield},
    {"sleep",            "(J)V",       (void *)&JVM_Sleep},
    {"currentThread",    "()" THD,     (void *)&JVM_CurrentThread},
    {"countStackFrames", "()I",        (void *)&JVM_CountStackFrames},
    {"interrupt0",       "()V",        (void *)&JVM_Interrupt},
    {"isInterrupted",    "(Z)Z",       (void *)&JVM_IsInterrupted},
    {"holdsLock",        "(" OBJ ")Z", (void *)&JVM_HoldsLock},
    {"getThreads",       "()[" THD,    (void *)&JVM_GetAllThreads},
    {"dumpThreads",      "([" THD ")[[" STE, (void *)&JVM_DumpThreads},
    {"setNativeName",    "(" STR ")V", (void *)&JVM_SetNativeThreadName},
};
```

可以看到 stop0()方法其实调用的是 JVM_StartThread()方法。JVM_StartThread()方法的代码可以通过以下链接查看:

```
https://hg.openjdk.java.net/jdk8u/jdk8u/hotspot/file/76a9c9cf14f1/src/share/vm/prims/jvm.cpp
```

openjdk 的部分代码如下:

```
JVM_ENTRY(void, JVM_StartThread(JNIEnv* env, jobject jthread))
  JVMWrapper("JVM_StartThread");
  JavaThread *native_thread = NULL;

  // We cannot hold the Threads_lock when we throw an exception
  // due to rank ordering issues. Example: we might need to grab the
  // Heap_lock while we construct the exception
  bool throw_illegal_thread_state = false;

  // We must release the Threads_lock before we can post a jvmti event
  // in Thread::start
  {
    // Ensure that the C++ Thread and OSThread structures aren't freed before
    // we operate
    MutexLocker mu(Threads_lock);

    // Since JDK 5 the java.lang.Thread threadStatus is used to prevent
```

```cpp
        // re-starting an already started thread, so we should usually find
        // that the JavaThread is null. However for a JNI attached thread
        // there is a small window between the Thread object being created
        // (with its JavaThread set) and the update to its threadStatus, so we
        // have to check for this
        if (java_lang_Thread::thread(JNIHandles::resolve_non_null(jthread)) != NULL) {
          throw_illegal_thread_state = true;
        } else {
          // We could also check the stillborn flag to see if this thread was already stopped, but
          // for historical reasons we let the thread detect that itself when it starts running

          jlong size =
     java_lang_Thread::stackSize(JNIHandles::resolve_non_null(jthread));
          // Allocate the C++ Thread structure and create the native thread. The
          // stack size retrieved from java is signed, but the constructor takes
          // size_t (an unsigned type), so avoid passing negative values which would
          // result in really large stacks
          size_t sz = size > 0 ? (size_t) size : 0;
          native_thread = new JavaThread(&thread_entry, sz);

          // At this point it may be possible that no osthread was created for the
          // JavaThread due to lack of memory. Check for this situation and throw
          // an exception if necessary. Eventually we may want to change this so
          // that we only grab the lock if the thread was created successfully -
          // then we can also do this check and throw the exception in the
          // JavaThread constructor
          if (native_thread->osthread() != NULL) {
            // Note: the current thread is not being used within "prepare".
            native_thread->prepare(jthread);
          }
        }
      }

      if (throw_illegal_thread_state) {
        THROW(vmSymbols::java_lang_IllegalThreadStateException());
      }

      assert(native_thread != NULL, "Starting null thread?");

      if (native_thread->osthread() == NULL) {
        // No one should hold a reference to the 'native_thread'
        delete native_thread;
        if (JvmtiExport::should_post_resource_exhausted()) {
          JvmtiExport::post_resource_exhausted(
            JVMTI_RESOURCE_EXHAUSTED_OOM_ERROR |
     JVMTI_RESOURCE_EXHAUSTED_THREADS,
```

```
            "unable to create new native thread");
    }
    THROW_MSG(vmSymbols::java_lang_OutOfMemoryError(),
              "unable to create new native thread");
  }

  Thread::start(native_thread);

JVM_END
```

这里 JVM_ENTRY 是一个宏，用来定义 JVM_StartThread 函数，可以看到函数内创建了真正的平台相关的本地线程，其线程函数是 thread_entry()，代码如下：

```
native_thread = new JavaThread(&thread_entry, sz);
```

thread_entry()代码如下：

```
static void thread_entry(JavaThread* thread, TRAPS) {
  HandleMark hm(THREAD);
  Handle obj(THREAD, thread->threadObj());
  JavaValue result(T_VOID);
  JavaCalls::call_virtual(&result,
                          obj,
                          KlassHandle(THREAD,
SystemDictionary::Thread_klass()),
                          vmSymbols::run_method_name(),
                          vmSymbols::void_method_signature(),
                          THREAD);
}
```

thread_entry()看到调用了 vmSymbols::run_method_name()方法，而 run_method_name()是在 vmSymbols.hpp 中用宏定义的。

```
http://hg.openjdk.java.net/jdk8u/jdk8u/hotspot/file/76a9c9cf14f1/src/share
/vm/classfile/vmSymbols.hpp
```

vmSymbols.hpp 部分代码如下：

```
template(stillborn_name,           "stillborn")              \
template(group_name,               "group")                  \
template(daemon_name,              "daemon")                 \
template(eetop_name,               "eetop")                  \
template(thread_status_name,       "threadStatus")           \
template(run_method_name,          "run")                    \
template(exit_method_name,         "exit")                   \
template(add_method_name,          "add")                    \
```

从以上代码可知，这里将会调用线程的 run()方法。

5.8.4 Thread 类的 run()方法

run()方法用于执行线程将要执行的任务。run()方法代码如下:

```
@Override
public void run() {
    if (target != null) {
        target.run();
    }
}
```

run()方法调用的 target 对象是一个 Runnable 类型的对象。

```
/* What will be run. */
private Runnable target;
```

通过 run()方法的代码可知,Thread 类的 run()方法通过调用 target 对象的 run()方法执行任务。

5.8.5 Thread 类的 exit()方法

线程实际退出之前,系统将会调用线程的 exit()方法对线程进行清理。exit()方法代码如下:

```
private void exit() {
    if (group != null) {
        group.threadTerminated(this);
        group = null;
    }
    /* Aggressively null out all reference fields: see bug 4006245 */
    target = null;
    /* Speed the release of some of these resources */
    threadLocals = null;
    inheritableThreadLocals = null;
    inheritedAccessControlContext = null;
    blocker = null;
    uncaughtExceptionHandler = null;
}
```

5.8.6 Thread 类的 interrupt()方法

interrupt()方法使线程中断。interrupt()方法的更多使用方式可参考 5.4 节。interrupt()方法的代码如下:

```
public void interrupt() {
    if (this != Thread.currentThread())
        checkAccess();

    synchronized (blockerLock) {
```

```
            Interruptible b = blocker;
            if (b != null) {
                interrupt0();           // Just to set the interrupt flag
                b.interrupt(this);
                return;
            }
        }
        interrupt0();
    }
```

interrupt()方法是通过interrupt0()方法实现中断功能的。interrupt0()方法的代码如下：

```
private native void interrupt0();
```

interrupt0()方法是一个本地方法，在JDK代码中无法查看interrupt0()方法的代码。
interrupt方法的JVM代码可以在jvm.cpp文件查看，文件地址如下：

http://hg.openjdk.java.net/jdk8u/jdk8u/hotspot/file/79920693f915/src/share/vm/prims/jvm.cpp

jvm.cpp 文件部分代码如下：

```
JVM_ENTRY(void, JVM_Interrupt(JNIEnv* env, jobject jthread))
  JVMWrapper("JVM_Interrupt");

  // Ensure that the C++ Thread and OSThread structures aren't freed before we operate
  oop java_thread = JNIHandles::resolve_non_null(jthread);
  MutexLockerEx ml(thread->threadObj() == java_thread ? NULL : Threads_lock);
  // We need to re-resolve the java_thread, since a GC might have happened during the
  // acquire of the lock
  JavaThread* thr = java_lang_Thread::thread(JNIHandles::resolve_non_null(jthread));
  if (thr != NULL) {
    Thread::interrupt(thr);
  }
JVM_END
```

JVM_Interrupt()方法对参数进行校验，然后调用 Thread::interrupt()方法，Thread::interrupt()方法的代码在thread.hpp中实现。文件地址如下：

http://hg.openjdk.java.net/jdk8u/jdk8u/hotspot/file/5aa3d728164a/src/share/vm/runtime/thread.cpp

Thread::interrupt()方法代码如下：

```
void Thread::interrupt(Thread* thread) {
  trace("interrupt", thread);
  debug_only(check_for_dangling_thread_pointer(thread);)
  os::interrupt(thread);
}
```

Thread::interrupt()通过调用 os::interrupt()方法实现线程中断。不同的操作系统版本的 JDK 对 os::interrupt()方法的实现方式可能不同，本书以 Linux 操作系统对应的 JDK 为例，讲解 Linux 操作系统对 os::interrupt()方法的实现。相关代码可以通过以下链接查看：

```
http://hg.openjdk.java.net/jdk8u/jdk8u/hotspot/file/677234770800/src/os/linux/vm/os_linux.cpp
```

os::interrupt()方法代码如下：

```
void os::interrupt(Thread* thread) {
  assert(Thread::current() == thread || Threads_lock->owned_by_self(),
    "possibility of dangling Thread pointer");
  //获取系统native 线程对象
  OSThread* osthread = thread->osthread();

  if (!osthread->interrupted()) {
    //设置中断状态为 true
    osthread->set_interrupted(true);
    // More than one thread can get here with the same value of osthread,
    // resulting in multiple notifications.  We do, however, want the store
    // to interrupted() to be visible to other threads before we execute unpark().
    //内存屏障，使osthread 的interrupted 状态对其他线程立即可见
    OrderAccess::fence();
    //_SleepEvent 用于 Thread.sleep，若线程调用了 sleep 方法，则通过 unpark 唤醒
    ParkEvent * const slp = thread->_SleepEvent ;
    if (slp != NULL) slp->unpark() ;
  }

//_parker 用于 concurrent 相关的锁，此处同样通过 unpark 唤醒
if (thread->is_Java_thread())
    ((JavaThread*)thread)->parker()->unpark();
  //Object.wait()唤醒
  ParkEvent * ev = thread->_ParkEvent ;
  if (ev != NULL) ev->unpark() ;

}
```

通过 os::interrupt()方法代码可知，interrupt()方法设置线程中断状态为 true，除了设置中断状态之外，interrupt()方法还可以通过 ParkEvent 的 unpark()方法唤醒阻塞的线程。

当线程被中断后，有如下特性：

（1）如果线程调用了 Object.wait()方法、Thread.sleep()方法和 Thread.join()方法，当线程被中断时，线程将会抛出 InterruptedException 并清除中断状态。

（2）如果线程调用了 Lock.lock()方法，当线程发生中断时，线程将不会对中断做出响应；如果线程调用了 Lock.lockInterruptibly()方法，当线程发生中断时，线程会响应中断并抛出异常。

（3）JVM 内置锁（Synchronized，对象监视器）阻塞的线程，当线程被中断后，线程不会对中断做出响应。

（4）一般情况下，线程抛出中断异常后都会清除线程中断状态，如果想要维护线程的中断状

态，就需要开发人员重新设置线程中断状态。

5.8.7　Thread 类的 interrupted()方法

interrupted()方法用于判断当前线程是否被中断。interrupted()方法代码如下：

```
/**
 * 判断线程是否已经中断，同时清除中断标识
 */
public static boolean interrupted() {
    return currentThread().isInterrupted(true);
}
```

interrupted()方法通过 isInterrupted()方法判断线程是否中断。isInterrupted()方法代码如下：

```
private native boolean isInterrupted(boolean ClearInterrupted);
```

isInterrupted()方法是一个本地方法，可以在 thread.cpp 文件中查看相关代码。thread.cpp 文件地址如下：

```
http://hg.openjdk.java.net/jdk8u/jdk8u/hotspot/file/5aa3d728164a/src/share/vm/runtime/thread.cpp
```

isInterrupted()方法代码如下：

```
bool Thread::is_interrupted(Thread* thread, bool clear_interrupted) {
  trace("is_interrupted", thread);
  debug_only(check_for_dangling_thread_pointer(thread);)
  // Note: If clear_interrupted==false, this simply fetches and
  // returns the value of the field osthread()->interrupted()
  return os::is_interrupted(thread, clear_interrupted);
}
```

Thread::is_interrupted()方法通过 os::is_interrupted()方法判断线程中断。不同操作系统版本的 JDK 对 os::is_interrupted()的实现方式可能不同，本书以 Linux 操作系统对应的 JDK 为例进行介绍。相关代码可以通过以下链接查看：

```
http://hg.openjdk.java.net/jdk8u/jdk8u/hotspot/file/677234770800/src/os/linux/vm/os_linux.cpp
```

os::is_interrupted()代码如下：

```
bool os::is_interrupted(Thread* thread, bool clear_interrupted) {
  assert(Thread::current() == thread || Threads_lock->owned_by_self(),
    "possibility of dangling Thread pointer");

  OSThread* osthread = thread->osthread();

  bool interrupted = osthread->interrupted();

  if (interrupted && clear_interrupted) {
    osthread->set_interrupted(false);
```

```
    // consider thread->_SleepEvent->reset() ... optional optimization
  }
  return interrupted;
}
```

5.8.8　Thread 类的 isInterrupted()方法

isInterrupted()方法用于判断线程是否中断，但不清楚中断状态。

```
/**
 * 判断线程是否已经中断，不清除中断标识
 */
public boolean isInterrupted() {
    return isInterrupted(false);
}
```

isInterrupted()方法相关代码可参考 5.8.7 小节。

5.8.9　Thread 类的 join()方法

join()方法有多种重载的方法。不带任何参数的 join()方法代码如下：

```
public final void join() throws InterruptedException {
    join(0);
}
```

带有一个时间参数的 join()方法代码如下：

```
public final synchronized void join(long millis)
throws InterruptedException {
    long base = System.currentTimeMillis();
    long now = 0;

    if (millis < 0) {
        throw new IllegalArgumentException("timeout value is negative");
    }

    if (millis == 0) {
        while (isAlive()) {
          // 无限等待
            wait(0);
        }
    } else {
        while (isAlive()) {
            long delay = millis - now;
            if (delay <= 0) {
                break;
            }
            // 等待剩余时间
```

```
            wait(delay);
            now = System.currentTimeMillis() - base;
        }
    }
}
```

带有两个时间参数的 join() 方法代码如下：

```
public final synchronized void join(long millis, int nanos)
throws InterruptedException {

    if (millis < 0) {
        throw new IllegalArgumentException("timeout value is negative");
    }

    if (nanos < 0 || nanos > 999999) {
        throw new IllegalArgumentException(
                            "nanosecond timeout value out of range");
    }

    if (nanos >= 500000 || (nanos != 0 && millis == 0)) {
        millis++;
    }

    join(millis);
}
```

join() 方法主要通过 wait() 方法实现功能。wait() 方法是 Object 类中的方法，Object 类有多个重载的 wait() 方法。不带有参数的 wait() 方法代码如下：

```
public final void wait() throws InterruptedException {
    wait(0);
}
```

带有一个参数的 wait() 方法代码如下：

```
public final native void wait(long timeout) throws InterruptedException;
```

带有两个参数的 wait() 方法代码如下：

```
public final void wait(long timeout, int nanos) throws InterruptedException
{
    if (timeout < 0) {
        throw new IllegalArgumentException("timeout value is negative");
    }

    if (nanos < 0 || nanos > 999999) {
        throw new IllegalArgumentException(
                            "nanosecond timeout value out of range");
    }

    if (nanos > 0) {
        timeout++;
```

```
        }
        wait(timeout);
    }
```

通过以上 Object 类 3 种重载的 wait()方法可知,wait()方法是通过本地方法实现功能的。wait() 方法代码可以通过以下链接查看:

http://hg.openjdk.java.net/jdk8u/jdk8u/hotspot/file/677234770800/src/share/vm/runtime/objectMonitor.cpp

wait()方法的部分代码如下:

```cpp
void ObjectMonitor::wait(jlong millis, bool interruptible, TRAPS) {
    ···省略部分代码···

    // 1. thread::is_interrupted(Thread* thread, true)判断并清除线程中断状态
    // 如果中断状态为true,就抛出中断异常并结束
    if (interruptible && Thread::is_interrupted(Self, true)
        && !HAS_PENDING_EXCEPTION) {
        // post monitor waited event. Note that this is past-tense, we are done waiting.
        if (JvmtiExport::should_post_monitor_waited()) {
            // Note: 'false' parameter is passed here because the
            // wait was not timed out due to thread interrupt
            JvmtiExport::post_monitor_waited(jt, this, false);
        }
        TEVENT (Wait - Throw IEX) ;
        THROW(vmSymbols::java_lang_InterruptedException());
        return ;
    }
    TEVENT (Wait) ;

    ···省略部分代码···

    int ret = OS_OK ;
    int WasNotified = 0 ;
    { // State transition wrappers
        OSThread* osthread = Self->osthread();
        OSThreadWaitState osts(osthread, true);
        {
            ThreadBlockInVM tbivm(jt);
            // Thread is in thread_blocked state and oop access is unsafe
            jt->set_suspend_equivalent();

            if (interruptible && (Thread::is_interrupted(THREAD, false) ||
                HAS_PENDING_EXCEPTION)) {
                // Intentionally empty
            } else
            if (node._notified == 0) {
                if (millis <= 0) {
```

```cpp
            // 2. 调用park()方法阻塞线程
            Self->_ParkEvent->park () ;
        } else {
            // 3. 调用park()方法在超时时间内阻塞线程
            ret = Self->_ParkEvent->park (millis) ;
        }
    }

    ...省略部分代码...

    if (SyncFlags & 32) {
       OrderAccess::fence () ;
    }

    // 4. 检查是否有通知发生
    // 从park()方法返回后，判断是不是因为中断返回，再次调用
    // thread::is_interrupted(Thread* thread, true)判断并清除线程中断状态
    // 如果中断状态为true，就抛出中断异常并结束
    if (!WasNotified) {
       // no, it could be timeout or Thread.interrupt() or both
       // check for interrupt event, otherwise it is timeout
       if (interruptible && Thread::is_interrupted(Self, true) && !HAS_PENDING_EXCEPTION) {
          TEVENT (Wait - throw IEX from epilog) ;
          THROW(vmSymbols::java_lang_InterruptedException());
       }
    }

}
```

wait()方法的3个核心步骤如下：

（1）调用thread::is_interrupted(Thread* thread, true)判断并清除线程中断状态，如果中断状态为true，就抛出中断异常退出方法。

（2）通过park()方法使线程进入阻塞状态。

（3）当线程从 park()方法返回后，判断线程是否因为中断而被唤醒，再次调用 thread::is_interrupted(Thread* thread, true)方法，判断并清除线程中断状态，如果中断状态为true，就抛出中断异常并退出 wait()方法。

5.8.10　Thread 类的 sleep()方法

带有一个参数的sleep()方法代码如下：

```java
public static native void sleep(long millis) throws InterruptedException;
```

带有两个参数的sleep()方法代码如下：

```java
public static void sleep(long millis, int nanos)
throws InterruptedException {
    if (millis < 0) {
        throw new IllegalArgumentException("timeout value is negative");
    }

    if (nanos < 0 || nanos > 999999) {
        throw new IllegalArgumentException(
                        "nanosecond timeout value out of range");
    }

    if (nanos >= 500000 || (nanos != 0 && millis == 0)) {
        millis++;
    }

    sleep(millis);
}
```

通过以上两个 sleep() 方法可知，sleep() 方法是通过本地方法实现的。

```cpp
JVM_ENTRY(void, JVM_Sleep(JNIEnv* env, jclass threadClass, jlong millis))
  JVMWrapper("JVM_Sleep");

  if (millis < 0) {
    THROW_MSG(vmSymbols::java_lang_IllegalArgumentException(), "timeout value is negative");
  }
  //1. 判断并清除线程中断状态，如果中断状态为true，就抛出中断异常
  if (Thread::is_interrupted (THREAD, true) && !HAS_PENDING_EXCEPTION) {
    THROW_MSG(vmSymbols::java_lang_InterruptedException(), "sleep interrupted");
  }

  ···省略部分代码···
  if (millis == 0) {
    // When ConvertSleepToYield is on, this matches the classic VM implementation of
    // JVM_Sleep. Critical for similar threading behaviour (Win32)
    // It appears that in certain GUI contexts, it may be beneficial to do a short sleep
    // for SOLARIS
    if (ConvertSleepToYield) {
      os::yield();
    } else {
      ThreadState old_state = thread->osthread()->get_state();
      thread->osthread()->set_state(SLEEPING);
      // 2. 调用os::sleep方法休眠线程
      os::sleep(thread, MinSleepInterval, false);
      thread->osthread()->set_state(old_state);
    }
  } else {
```

```cpp
    ThreadState old_state = thread->osthread()->get_state();
    thread->osthread()->set_state(SLEEPING);
    // 3. 调用 os::sleep 方法休眠线程
    if (os::sleep(thread, millis, true) == OS_INTRPT) {

      if (!HAS_PENDING_EXCEPTION) {
        if (event.should_commit()) {
          event.set_time(millis);
          event.commit();
        }
      ···省略部分代码···
      }
    }
    thread->osthread()->set_state(old_state);
  }
  if (event.should_commit()) {
    event.set_time(millis);
    event.commit();
  }
···省略部分代码···
JVM_ENTRY(jobject, JVM_CurrentThread(JNIEnv* env, jclass threadClass))
  JVMWrapper("JVM_CurrentThread");
  oop jthread = thread->threadObj();
  assert (thread != NULL, "no current thread!");
  return JNIHandles::make_local(env, jthread);
JVM_END
```

从以上 sleep()方法代码可知，sleep()方法会首先通过 thread::is_interrupted(Thread* thread, true) 判断并清除线程中断状态，如果检测线程中断，就抛出异常，退出 sleep()方法；否则 sleep()方法将通过 os::sleep()方法使线程休眠。os::sleep()方法在不同操作系统版本的 JDK 上的实现方式不同，本书以 Linux 操作系统版本的 JDK 为例，分析 os::sleep()方法的代码。相关代码可以通过以下链接查看：

```
http://hg.openjdk.java.net/jdk8u/jdk8u/hotspot/file/677234770800/src/os/linux/vm/os_linux.cpp
```

os::sleep()方法代码如下：

```cpp
int os::sleep(Thread* thread, jlong millis, bool interruptible) {
  assert(thread == Thread::current(), "thread consistency check");

  ParkEvent * const slp = thread->_SleepEvent ;
  slp->reset() ;
  OrderAccess::fence() ;

  if (interruptible) {
    jlong prevtime = javaTimeNanos();

    for (;;) {
      //判断并清除线程中断状态
```

```
    if (os::is_interrupted(thread, true)) {
    //发生中断状态为true,返回 OS_INTRP
      return OS_INTRPT;
    }

    …省略部分代码…

    {
      …省略部分代码…
      //调用 park 方法
      slp->park(millis);

      // were we externally suspended while we were waiting?
      jt->check_and_wait_while_suspended();
    }
  }
} else {
  OSThreadWaitState osts(thread->osthread(), false /* not Object.wait() */);
  jlong prevtime = javaTimeNanos();

  for (;;) {
    …省略部分代码…

    if(millis <= 0) break ;

    prevtime = newtime;
    //调用 park 方法
    slp->park(millis);
  }
  return OS_OK ;
}
}
```

os::sleep()方法在无限循环内调用 park()方法,只在满足以下两种情形之一时从 park()方法返回并退出无限循环。

(1)调用线程的 interrupt()方法解除线程阻塞,让 park()方法返回。从 park()方法返回后,判断线程是否因为中断而唤醒,调用 thread::is_interrupted(Thread* thread, true)判断并清除线程中断状态,如果中断状态为 true,就返回 OS_INTRPT,退出无限循环。

(2)当线程到达指定休眠时间,park()方法自动返回。从 park()方法返回后,判断剩余时间是否小于等于 0,如果是,就认为到达指定睡眠时间,返回 OS_OK,退出无限循环。

5.8.11　Thread 类常见面试考点

(1)线程执行 start()方法后的状态。
(2)线程 start()方法与 run()方法的区别。
(3)线程中断相关方法辨析。

（4）线程休眠方法及中断处理。
（5）线程等待方法及中断处理。

5.9 volatile

volatile 关键字的作用是保证共享变量在多线程之间的可见性，但 volatile 关键字不能保证共享变量的原子性，也不能保证线程安全。volatile 关键字的作用是确保所有线程在同一时刻读取到的共享变量的值是一致的。如果某个线程对 volatile 修饰的共享变量进行更新操作，那么其他线程可以立刻看到这个线程更新后的共享变量的值。

5.9.1 硬件系统架构

计算机在运行程序时，每条指令都是在 CPU 中执行的，在程序执行过程中必然会涉及数据的读写操作。程序运行的数据是存储在主内存（通常说的内存）中的，这时就可能存在以下问题：

（1）读写主内存中数据的速度比 CPU 中执行指令的速度慢很多。

（2）如果 CPU 用到的所有数据都需要与主内存打交道，CPU 就会因主内存的低效率而不能发挥其高效的执行效率。

为了解决以上问题，工程师们研发出了 CPU 高速缓存。每个高速缓存为某个 CPU 独有，其中存储了 CPU 执行所需的数据和指令。

现代 CPU 为了提高访问数据的效率，在每个 CPU 核心上都会有多级容量小但速度极快的缓存，如 L1 缓存、L2 缓存、多核心共享 L3 缓存等。通过高速缓存保存 CPU 常用的数据，从而达到充分发挥 CPU 执行效率的目的。

缓存系统中是以缓存行（Cache Line）为单位存储的。缓存行的存储空间是 2 的整数幂连续字节，一般为 32~256 个字节。常见的缓存行大小是 64 字节。

因此，当 CPU 在执行一条读内存指令时，内存地址所在的缓存行中的内容都加载到 CPU 缓存中，即一次加载整个缓存行中的数据。缓存架构如图 5-4 所示。

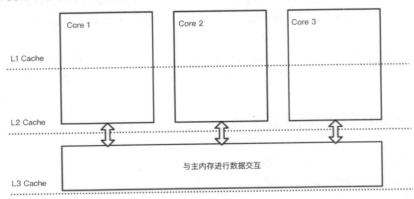

图 5-4　缓存架构

CPU 避免了直接与主内存打交道，取而代之，与速度比主内存高出很多的 CPU 高速缓冲区打交道，可以充分发挥 CPU 的高性能。

CPU 高速缓存使 CPU 读取速度得到了极大的提升。由于高速缓存分布在每个 CPU 中，因此必须保障某个 CPU 写入后的数据与各个 CPU 之间的缓存数据保持一致。通常有以下两种方式可以保障写入数据后的数据一致性：

（1）直写

直写指的是透过本级缓存直接把数据写到下一级缓存（或直接写到内存）中，如果对应的数据被缓存了，就直接更新缓存中的内容，或者直接丢弃缓存中的内容。

（2）回写

回写指的是缓存不会立即把写操作传递到下一级，而是仅修改本级缓存中的数据，并且把对应的缓存数据标记为"脏"数据。脏数据会触发回写，即把里面的内容写到对应的内存或下一级缓存中。回写后，脏数据又变"干净"了。当一个脏数据被丢弃的时候，总是要先进行一次回写。

5.9.2 缓存一致性问题

假设有如下代码：

```
int i=1;
i++;
```

上述代码的执行过程如下：

（1）线程首先从主内存中获取变量 i 的初始值为 1。
（2）复制变量 i 到 CPU 的高速缓存中。
（3）CPU 执行加 1 操作。
（4）执行结果写入高速缓存。
（5）将执行后的结果刷新至主内存中。

以上代码在单线程中执行没有任何问题，但是在多线程中执行将会产生问题。

假设有 A 和 B 两个线程分别执行以上代码段。i 的初始值为 1，A 和 B 两个线程分别执行结束后，期望得到 i 的结果为 3。但事实可能并非如此。A 和 B 两个线程的执行过程可能如下：

（1）CPU1 和 CPU2 分别读取变量 i 的初始值为 1，并且将变量 i 的值分别存储至各自的高速缓存。
（2）CPU1 执行 A 线程，将执行结果写入高速缓存，将执行结果写入主内存中。
（3）CPU2 执行 B 线程，将执行结果写入高速缓存，将执行结果写入主内存中。
（4）A 和 B 两个线程执行结束后，变量 i 的最终结果是 2，并不是 3，与预期值不符。

以上现象是缓存一致性问题导致的。

5.9.3 缓存一致性协议

解决缓存一致性问题的常见方式有以下两种：

（1）通过在总线上加锁的方式解决。

（2）通过缓存一致性协议解决。

总线加锁的方式是通过独占的方式实现的，同一时刻只有一个 CPU 能够运行，其余 CPU 都必须阻塞，这种方式效率非常低下。

在多核 CPU 系统中，每个 CPU 核心都有自己的一级缓存、二级缓存等。当多个 CPU 核心在对共享的数据进行写操作时，就需要保证该共享数据在所有 CPU 核心中的可见性和一致性。窥探技术和 MESI 技术的出现就是为了解决当代多核 CPU 的缓存一致性问题。

窥探技术的核心思想是所有数据传输都发生在一条共享的总线上，所有的 CPU 都能看到这条总线。高速缓存本身是独立的，但是内存是共享资源，所有的内存访问都要经过仲裁（Arbitrate），同一个指令周期中，只有一个高速缓存可以读写内存。高速缓存不只是在做内存传输的时候和总线打交道，而是不停地在窥探总线上发生数据交换，监听其他高速缓存做了什么操作。所以，当一个高速缓存代表它所属的 CPU 去读写内存时，其他 CPU 都会得到通知，它们以此来使自己的高速缓存保持同步。只要某个 CPU 写入内存，其他 CPU 马上就知道这块内存在它们自己的高速缓存中对应的缓存行已经失效。

缓存一致性协议（MESI 协议）是一种常见的高速缓存一致性协议，并且是支持回写高速缓存的常用协议之一。缓存系统操作的最小单位是缓存行，而 MESI 是缓存行 4 种状态的首字母缩写，任何多核系统中的缓存行都处于这 4 种状态之一，如表 5-1 所示。

表 5-1 MESI 协议缓存状态

名 称	描 述	监听任务
M（已修改状态）	该缓存行有效，数据已被修改，当前数据与主内存中的数据不一致，数据只存在于该 CPU 的缓存中，其他 CPU 缓存中的对应数据变为失效状态	处于 M 状态的缓存行必须时刻监听所有试图读该缓存行的操作，这种操作必须在缓存将该缓存行更新后的数据写回主内存并将状态变成 S 状态之前被延迟执行
E（独占状态）	该缓存行有效，当前数据与主内存中的数据一致，数据只能存在于当前 CPU 的缓存中，其他 CPU 不能缓存对应的数据	处于 M 状态的缓存行必须监听其他缓存读主内存中该缓存行的操作，一旦有这种操作，该缓存行需要变成 S 状态
S（共享状态）	该缓存行有效，当前数据与主内存中的数据一致，此时数据可以在多个 CPU 中共享	处于 S 状态的缓存行必须监听其他缓存使该缓存行无效或者独享该缓存行的请求，并将该缓存行变成无效（Invalid）
I（无效状态）	缓存行无效	无

（1）已修改（Modified）缓存行：表示该缓存行已经被所属的 CPU 修改了。如果一个缓存行处于已修改状态，那么它在其他 CPU 缓存中的副本马上会变成失效状态。

（2）独占（Exclusive）缓存行：如果一个 CPU 持有了某个 E 状态的缓存行，那其他 CPU 就不能同时持有该内容的缓存行，所以叫"独占"。这意味着，如果其他 CPU 原本也持有同一缓存行，那么它会马上变成"失效"状态（I 状态）。

（3）共享（Shared）缓存行：缓存行的内容是与主内存内容保持一致的一份拷贝，在这种状态下的缓存行只能被读取，不能被写入。多组缓存可以同时拥有针对同一内存地址的共享缓存行。

（4）无效（Invalid）缓存行：该 CPU 缓存中无该缓存行，或缓存中的缓存行已经失效了。

此外，如果已修改缓存行被丢弃或标记为失效（即从 M 状态变成 I 状态），那么先要把它的内容回写到内存中。

只有当缓存行处于 E 或 M 状态时，CPU 才能进行写入，即只有这两种状态下，CPU 是独占这个缓存行的。

当 CPU 想写某个缓存时，如果 CPU 没有独占权，那么它必须先发送一条"我要独占权"的请求给总线，这会通知其他 CPU，把它们拥有的同一缓存行的拷贝置为无效状态（I 状态）。

只有在获得独占权后，CPU 才能开始修改数据，并且此时这个 CPU 知道，这个缓存行只有一份拷贝，在其自己的缓存里，所以不会有任何冲突。反之，如果有其他 CPU 想读取这个缓存行，必须等待独占或已修改的缓存行先回到"共享"状态。

5.9.4　as-if-serial

当两个操作访问同一个变量并且这两个操作中有一个为写操作时，这两个操作之间就存在数据依赖性。数据依赖性可以分为表 5-2 所示的 3 种类型。

表 5-2　数据依赖性的类型

名　称	代码示例	说　明
先写后读	int a = 1; int b = a;	写入一个变量之后，再读取这个变量
写后再写	int a = 1; a = 2;	写入一个变量之后，再写入这个变量
先读后写	b = a; a = 1;	读一个变量之后，再写这个变量

表 5-2 所示的数据依赖性仅针对单个处理器中执行的指令序列和单个线程中执行的操作，不同处理器之间和不同线程之间的数据依赖性不被编译器和处理器考虑。

表 5-2 所示的 3 种情况，只要重排序两个操作的执行顺序，程序的执行结果将会被改变。编译器和处理器都可能会对操作进行重排序。编译器和处理器在重排序时，会遵守数据依赖性，即编译器和处理器不会改变存在数据依赖关系的两个操作的执行顺序。

as-if-serial 语义的含义是无论怎么重排序（编译器和处理器为了提高并行度），单线程程序的执行结果不能被改变。编译器、运行时和处理器都必须遵守 as-if-serial 语义。

为了遵守 as-if-serial 语义，编译器和处理器不会对存在数据依赖关系的操作进行重排序，因为对存在数据依赖关系的操作进行重排序会改变执行结果。但如果操作之间不存在数据依赖关系，这些操作可能被编译器和处理器重排序。

```
// A 语句
double pi = 3.14;
```

```
// B 语句
double r = 1.0;
// C 语句
double area = pi * r * r;
```

以上代码中，A 语句和 C 语句之间存在数据依赖关系，同时 B 语句和 C 语句之间也存在数据依赖关系。因此，在最终执行的指令序列中，C 语句不能被重排序到 A 语句和 B 语句的前面（C 语句排到 A 语句和 B 语句的前面，程序的结果将会被改变）。但 A 语句和 B 语句之间没有数据依赖关系，编译器和处理器可以重排序 A 语句和 B 语句之间的执行顺序。

该程序的两种执行顺序分别如下：

（1）A——>B——>C：正常顺序的执行结果，area = 3.14。

（2）B——>A——>C：重排序后的执行结果，area = 3.14。

as-if-serial 语义把单线程程序保护了起来，遵守 as-if-serial 语义的编译器，运行时和处理器共同为编写单线程程序的开发者创建了一个"幻觉"：单线程程序是按程序的顺序来执行的。as-if-serial 语义使单线程程序的开发者无须担心重排序会干扰程序的运行结果，也无须担心内存可见性问题。

5.9.5 程序顺序规则

JSR 133 定义的 happens-before 规则如下。JSR 133 规范地址如下：

http://www.cs.umd.edu/~pugh/java/memoryModel/jsr133.pdf

（1）程序顺序规则：一个线程中的每个操作，happens-before 于该线程中的任意后续操作。

（2）监视器锁规则：对一个监视器的解锁，happens-before 于随后对这个监视器的加锁。

（3）volatile 变量规则：对一个 volatile 域的写，happens-before 于任意后续对这个 volatile 域的读。

（4）传递性：如果 A happens-before B，且 B happens-before C，那么 A happens-before C。

（5）线程的 start() 方法 happen-before 该线程所有的后续操作。

（6）线程所有的操作 happen-before 其他线程在该线程上调用 join() 返回成功后的操作。

根据 happens-before 规定的程序顺序规则，5.9.4 小节计算圆形的面积的示例代码存在 3 个 happens- before 关系。

（1）A 语句 happens-before 于 B 语句。

（2）B 语句 happens-before 于 C 语句。

（3）A 语句 happens-before 于 C 语句。

以上第（3）点的 happens-before 关系，是根据 happens-before 的传递性推导出来的。虽然 A 语句 happens- before 于 B 语句，Java 内存模型（Java Memory Model，JMM）并不要求 A 语句一定要在 B 语句之前执行，满足 as-if-serial 即可。Java 内存模型仅仅要求前一个操作（执行的结果）对后一个操作可见，且前一个操作按顺序排在第二个操作之前。这里操作 A 语句的执行结果不需要对操作 B 语句可见，并且重排序 A 语句和 B 语句后的执行结果，与 A 语句和 B 语句按

happens-before 顺序执行的结果一致。在这种情况下，Java 内存模型会认为这种重排序并不是非法的（Not Illegal），Java 内存模型允许这种重排序。

在计算机中，软件技术和硬件技术有一个共同的目标：在不改变程序执行结果的前提下，尽可能地开发并行度。编译器和处理器遵从这一目标，从 happens-before 的定义可以看出，Java 内存模型同样遵从这一目标。

5.9.6　指令重排序

现代 CPU 的主频越来越高，CPU 与其高速缓存的交互次数也越来越多。当 CPU 的计算速度远远超过访问高速缓存时，将会造成 CPU 等待高速缓存的情况，过多的等待会造成 CPU 性能瓶颈。

针对这种情况，多数 CPU 架构采用一种将高速缓存分片的解决方案，即将一块高速缓存划分成互不关联的多个 slots（逻辑存储单元，又名 Memory Bank 或 Cache Bank），CPU 可以自行选择在多个互不相关的 slots 中进行存取。这种设计显著提高了 CPU 的并行处理能力，有效避免 CPU 频繁等待高速缓存造成的性能瓶颈。

为了提升程序的执行性能，编译器和处理器通常会对指令进行重排序，以满足现代 CPU 的架构设计。指令重排序主要分为以下 3 种形式：

（1）编译器优化的重排序
编译器在不改变单线程程序语义的前提下，可以重新安排语句的执行顺序。

（2）指令级并行的重排序
现代处理器采用指令级并行技术（Instruction-Level Parallelism，ILP）将多条指令重叠执行。如果不存在数据依赖性，那么处理器可以改变语句对应机器指令的执行顺序。

（3）内存系统的重排序
处理器使用缓存和读/写缓冲区，使加载和存储操作看上去可能是在乱序执行。

从 Java 源代码到最终实际执行的指令序列，可能会分别经历 3 种重排序。指令级并行的重排序和内存系统的重排序都属于处理器重排序。这些重排序都可能会导致多线程程序出现内存可见性问题。

对于编译器而言，Java 内存模型（Java Memory Model，JMM）的编译器重排序规则会禁止特定类型的编译器重排序，但不是所有的编译器重排序都要禁止。

对于处理器重排序，Java 内存模型（Java Memory Model，JMM）的处理器重排序规则会要求 Java 编译器在生成指令序列时插入特定类型的内存屏障（Memory Barriers，Intel 称之为 Memory Fence）指令，通过内存屏障指令来禁止特定类型的处理器重排序，但不是所有的处理器重排序都要禁止。

Java 内存模型属于语言级的内存模型，它确保在不同的编译器和不同的处理器平台之上，通过禁止特定类型的编译器重排序和处理器重排序，为开发人员提供一致的内存可见性保证。

指令重排序演示代码如下：

```
/**
 * @Author : zhouguanya
 * @Project : java-interview-guide
```

```
 * @Date : 2019-12-10 23:37
 * @Version : V1.0
 * @Description : volatile 重排序演示
 */
public class VolatileDemo {
    /**
     * 变量
     */
    int a = 0;
    /**
     * 标记
     */
    boolean flag = false;

    /**
     * 写入数据
     */
    public void write() {
        // 语句 1
        a = 1;
        // 语句 2
        flag = true;
    }

    /**
     * 读取数据
     */
    public void read() {
        // 语句 3
        if (flag) {
            // 语句 4
            int i = a * a;
        }
    }
}
```

以上代码模拟一个生产者-消费者系统。生产者线程调用 write() 方法写入数据。消费者线程调用 read() 方法读取数据。

线程 A 和线程 B 分别执行以上代码。假设语句 1 和语句 2 做了重排序。程序执行时，线程 A 优先执行语句 2，设置变量 flag 为 true。随后线程 B 读这个变量。由于语句 3 条件判断为 true，线程 B 将读取变量 a 并执行语句 4。此时变量 a 还没有被线程 A 写入，那么将会造成程序的语义被重排序破坏，整个生产者-消费者系统紊乱了。

如图 5-5 的重排序示意图（1）所示，生产者-消费者系统期望生产者通过 write() 方法将数据写入，期望消费者通过 read() 方法读取生产者生产的消息，但因重排序问题的存在可能会导致生产者-消费者系统不能实现预期功能。

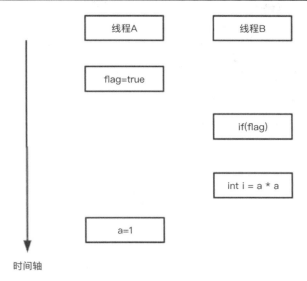

图 5-5 重排序示意图（1）

上述生产者-消费者系统代码中的语句 3 和语句 4 之间存在控制依赖关系，当程序中存在控制依赖关系时，可能会影响指令序列执行的并行度。为此编译器和处理器会采用猜测（Speculation）执行以克服控制依赖对并行度的影响。

以处理器的猜测执行为例，执行线程 B 的处理器可能提前读取并计算 a*a 的值，然后把计算结果临时保存到一个称为重排序缓冲（Re-Order Buffer，ROB）的硬件缓存中。接下来语句 3 的条件判断为真时，就把该计算结果写入变量 i 中。

在如图 5-6 所示的执行流程中，猜测执行实质上对操作语句 3 和语句 4 做了重排序。重排序在这里破坏了多线程程序的语义。在单线程程序中，对存在控制依赖的操作重排序，不会改变执行结果（这是通过 as-if-serial 语义做到的约束）。但在多线程程序中，对存在控制依赖的操作重排序，可能会改变程序的执行结果。

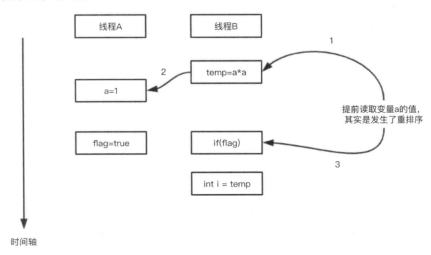

图 5-6 重排序示意图（2）

5.9.7　volatile 内存语义

volatile 可以保证线程可见性且提供了一定的有序性，但是无法保证原子性。在 JVM 底层采用内存屏障实现 volatile。volatile 的作用如下：

（1）volatile 可以保证可见性，但不可以保证原子性。

（2）volatile 可以禁止指令重排序。

JVM 通过内存屏障实现可见性和禁止指令重排序。内存屏障也叫作内存栅栏，是一组处理器指令，用于实现对内存操作的顺序限制。表 5-3 是实现禁止指令重排序所需的一些规则，在 N 的地方就是需要用内存屏障来控制的。

表 5-3　禁止指令重排序所需的规则

是否可以重排序	第二个操作			
第一个操作	普通读	普通写	volatile 读	volatile 写
普通读	Y	Y	Y	N
普通写	Y	Y	Y	N
volatile 读	N	N	N	N
volatile 写	Y	Y	N	N

为了实现表 5-3 所示的禁止指令重排序的规则，JVM 通过表 5-4 所示的一些内存屏障实现禁止指令重排序的规则。

表 5-4　禁止指令重排序所需的内存屏障

是否可以重排序	第二个操作			
第一个操作	普通读	普通写	volatile 读	volatile 写
普通读	Y	Y	Y	LoadStore
普通写	Y	Y	Y	StoreStore
volatile 读	LoadLoad	LoadStore	LoadLoad	LoadStore
volatile 写	Y	Y	StoreLoad	StoreStore

各种内存屏障的含义如表 5-5 所示。

表 5-5　各种内存屏障的含义

内存屏障	指令示例	说　明
LoadLoad Barriers	Load1; LoadLoad; Load2;	确保 Load1 数据的装载在 Load2 及其所有后续的装载指令之前
StoreStore Barriers	Store1; StoreStore; Store2;	确保 Store1 保存的数据之前于 Store2 及其后续的存储指令，确保 Store1 保存的数据立刻对其他处理器可见
LoadStore Barriers	Load1; LoadStore; Store2;	确保 Load1 数据装载之前于 Store2 及其后续的存储指令
StoreLoad Barriers	Store1; StoreLoad; Load2;	确保 Store1 保存的数据对其他处理器可见，之前于 Load2 及其后续的装载指令

5.9.8　volatile 常见面试考点

（1）缓存一致性问题产生的原因。
（2）缓存一致性协议解决缓存一致性问题的原理。
（3）指令重排序对程序带来的影响。
（4）volatile 的内存语义。
（5）volatile 如何保障多线程程序的内存可见性和禁止指令重排序。

5.10　synchronized

5.10.1　synchronized 的作用

在并发程序中，线程间共享的资源存在线程安全问题，产生线程安全的主要原因如下：

（1）多个线程之间存在共享数据。
（2）多个线程共同操作共享数据。

Java 语言中的关键字 synchronized 可以保证在同一时刻只有一个线程可以执行某个方法或某个代码块，使方法或者代码块实现线程安全。synchronized 可以作用于方法和代码块，根据 synchronized 使用位置的不同，synchronized 的使用场景如表 5-6 所示。

表 5-6　使用场景

使用位置	具体分类	锁对象	示例代码
方法	实例方法	类的实例对象	public synchronized void method() {}
	静态方法	类的 class 对象	public static synchronized void method() {}
代码块	实例对象	类的实例对象	synchronized (this) {}
	class 对象	类的 class 对象	synchronized(SynchronizedTest.class){}
	任意 Object 对象	实例对象	Object lock= new Object(); synchronized(lock){}

synchronized 可以用在方法上，也可以使用在代码块中，当 synchronized 使用在实例方法上时，锁的对象是类的实例对象。当 synchronized 使用在静态方法上时，锁的对象是类对象。值得注意的是，如果锁的对象是类的 class 对象，尽管通过 new 关键字可以创建多个实例对象，但这些对象仍然属于同一个类，因此这些对象依然会被锁住，即多个对象之间存在线程同步关系。

5.10.2　synchronized 的使用方式

通过以下代码测试多个线程访问一个对象的同一个方法，测试代码如下：

```java
/**
 * @Author : zhouguanya
 * @Project : java-interview-guide
 * @Date : 2019-12-20 22:56
 * @Version : V1.0
 * @Description : 多个线程访问一个对象的一个同步方法
 */
public class SynchronizedDemo01 implements Runnable {
    /**
     * 模拟一个共享资源
     */
    private static int TOTAL_COUNT = 0;

    /**
     * synchronized 修饰实例方法
     */
    public synchronized void increase() {
        for (int j = 0; j < 10; j++) {
            System.out.println(Thread.currentThread().getName()
                    + "执行累加操作...");
            try {
                Thread.sleep(1000);
            } catch (InterruptedException e) {
                e.printStackTrace();
            }
```

```
            TOTAL_COUNT++;
        }
    }

    @Override
    public void run() {
        increase();
    }

    public static void main(String[] args) throws InterruptedException {
        SynchronizedDemo01 test = new SynchronizedDemo01();
        // 一般企业开发中不建议手动创建线程
        // 此处为了简单起见，手动创建线程
        // 企业开发中应当使用线程池管理线程
        Thread t1 = new Thread(test, "线程1");
        Thread t2 = new Thread(test, "线程2");
        t1.start();
        t2.start();
        t1.join();
        t2.join();
        System.out.println("线程1和线程2分别进行累加后的结果为："
                + TOTAL_COUNT);
    }
}
```

执行以上代码，执行结果如下：

```
线程1执行累加操作...
线程1执行累加操作...
线程1执行累加操作...
线程1执行累加操作...
线程1执行累加操作...
线程1执行累加操作...
线程1执行累加操作...
线程1执行累加操作...
线程1执行累加操作...
线程1执行累加操作...
线程2执行累加操作...
线程2执行累加操作...
线程2执行累加操作...
线程2执行累加操作...
线程2执行累加操作...
线程2执行累加操作...
线程2执行累加操作...
线程2执行累加操作...
线程2执行累加操作...
线程2执行累加操作...
线程1和线程2分别进行累加后的结果为：20
```

两个线程同时对一个对象的一个同步方法进行操作，只有一个线程能够抢到锁。因为一个对象只有一把锁，一个线程获取了该对象的锁之后，其他线程无法获取该对象的锁，即其他线程不能访问该对象的其他 synchronized 实例方法，但是可以访问该对象的非 synchronized 修饰的方法。

通过以下代码测试一个线程获取对象的锁之后，其他线程访问其他 synchronized 实例方法，测试代码如下：

```java
/**
 * @Author : zhouguanya
 * @Project : java-interview-guide
 * @Date : 2019-12-21 07:23
 * @Version : V1.0
 * @Description : 一个线程获取对象的锁之后，其他线程访问其他 synchronized 实例方法
 */
public class SynchronizedDemo02 {
    /**
     * 同步方法1
     */
    public synchronized void method1() {
        System.out.println("同步方法1开始执行：\t" + TimeUtils.currentTime());
        try {
            System.out.println("同步方法1开始休眠：\t" + TimeUtils.currentTime());
            // sleep 方法不会释放监视锁
            Thread.sleep(10000);
        } catch (InterruptedException e) {
            e.printStackTrace();
        }
        System.out.println("同步方法1执行结束：\t" + TimeUtils.currentTime());
    }

    /**
     * 同步方法2
     */
    public synchronized void method2() {
        System.out.println("同步方法2开始执行：\t" + TimeUtils.currentTime());
        try {
            System.out.println("同步方法2开始休眠：\t" + TimeUtils.currentTime());
            Thread.sleep(1000);
        } catch (InterruptedException e) {
            e.printStackTrace();
        }
        System.out.println("同步方法2执行结束：\t" + TimeUtils.currentTime());
    }

    public static void main(String[] args) {
        final SynchronizedDemo02 test = new SynchronizedDemo02();
        // 一般企业开发中不建议手动创建线程
        // 此处为了简单起见，手动创建线程
        // 企业开发中应当使用线程池管理线程
        new Thread(() -> test.method1()).start();
```

```
        new Thread(() -> test.method2()).start();
    }
}
```

执行以上代码，执行结果如下：

```
同步方法 1 开始执行：    2019-12-21 07:34:59
同步方法 1 开始休眠：    2019-12-21 07:34:59
同步方法 1 执行结束：    2019-12-21 07:35:09
同步方法 2 开始执行：    2019-12-21 07:35:09
同步方法 2 开始休眠：    2019-12-21 07:35:09
同步方法 2 执行结束：    2019-12-21 07:35:10
```

从以上代码的执行结果可以看出，线程 2 访问 synchronized 修饰的其他方法时需要等待线程 1 先把锁释放。因为一个对象只有一把锁，一个线程获取了该对象的锁之后，其他线程无法获取该对象的锁，因此其他线程不能访问该对象的其他 synchronized 实例方法。

通过以下代码验证一个线程获取对象的锁之后，其他线程访问非 synchronized 实例方法，测试代码如下：

```java
/**
 * @Author : zhouguanya
 * @Project : java-interview-guide
 * @Date : 2019-12-21 10:24
 * @Version : V1.0
 * @Description : 一个线程获取对象的锁之后，其他线程访问非 synchronized 实例方法
 */
public class SynchronizedDemo03 {
    /**
     * 同步方法 1
     */
    public synchronized void method1() {
        System.out.println("同步方法 1 开始执行：\t"
                + TimeUtils.currentTime());
        try {
            System.out.println("同步方法 1 开始休眠：\t"
                    + TimeUtils.currentTime());
            Thread.sleep(10000);
        } catch (InterruptedException e) {
            e.printStackTrace();
        }
        System.out.println("同步方法 1 执行结束：\t" + TimeUtils.currentTime());
    }

    /**
     * 同步方法 2
     */
    public void method2() {
        System.out.println("非同步方法 2 开始执行：\t"
                + TimeUtils.currentTime());
```

```java
        try {
            System.out.println("非同步方法2开始执行：\t"
                    + TimeUtils.currentTime());
            Thread.sleep(1000);
        } catch (InterruptedException e) {
            e.printStackTrace();
        }
        System.out.println("非同步方法2开始执行：\t" + TimeUtils.currentTime());
    }

    public static void main(String[] args) {
        final SynchronizedDemo03 test = new SynchronizedDemo03();
        // 一般企业开发中不建议手动创建线程
        // 此处为了简单起见，手动创建线程
        // 企业开发中应当使用线程池管理线程
        new Thread(() -> test.method1()).start();

        new Thread(() -> test.method2()).start();
    }
}
```

执行以上代码，执行结果如下：

```
非同步方法2开始执行：    2019-12-21 10:31:36
同步方法1开始执行：      2019-12-21 10:31:36
非同步方法2开始执行：    2019-12-21 10:31:36
同步方法1开始休眠：      2019-12-21 10:31:36
非同步方法2开始执行：    2019-12-21 10:31:37
同步方法1执行结束：      2019-12-21 10:31:46
```

从以上代码的执行结果可知，当线程1还在执行时，线程2也执行了，所以当一个线程访问 synchronized 时，其他线程访问非 synchronized 修饰的方法是可以执行的。

通过以下代码验证不同的线程获取不同的锁之后，分别访问 synchronized 实例方法，测试代码如下：

```java
/**
 * @Author : zhouguanya
 * @Project : java-interview-guide
 * @Date : 2019-12-21 11:07
 * @Version : V1.0
 * @Description : 当多个线程作用于不同的实例化对象
 */
public class SynchronizedDemo04 {
    /**
     * 同步方法1
     */
    public synchronized void method1() {
        System.out.println("同步方法1开始执行：\t" + TimeUtils.currentTime());
        try {
            System.out.println("同步方法1开始休眠：\t" +
```

```java
TimeUtils.currentTime());
            Thread.sleep(10000);
        } catch (InterruptedException e) {
            e.printStackTrace();
        }
        System.out.println("同步方法 1 执行结束：\t" + TimeUtils.currentTime());
    }
    /**
     * 同步方法 2
     */
    public synchronized void method2() {
        System.out.println("同步方法 2 开始执行：\t" + TimeUtils.currentTime());
        try {
            System.out.println("同步方法 2 开始休眠：\t" +
TimeUtils.currentTime());
            Thread.sleep(1000);
        } catch (InterruptedException e) {
            e.printStackTrace();
        }
        System.out.println("同步方法 2 执行结束：\t" + TimeUtils.currentTime());
    }

    public static void main(String[] args) {
        // 一般企业开发中不建议手动创建线程
        // 此处为了简单起见，手动创建线程
        // 企业开发中应当使用线程池管理线程
        new Thread(() -> new SynchronizedDemo04().method1()).start();

        new Thread(() -> new SynchronizedDemo04().method2()).start();
    }
}
```

执行以上代码，执行结果如下：

```
同步方法 1 开始执行：    2019-12-21 11:17:53
同步方法 2 开始执行：    2019-12-21 11:17:53
同步方法 2 开始休眠：    2019-12-21 11:17:53
同步方法 1 开始休眠：    2019-12-21 11:17:53
同步方法 2 执行结束：    2019-12-21 11:17:54
同步方法 1 执行结束：    2019-12-21 11:18:03
```

通过以上代码的执行结果可知，当多个线程作用于不同的实例化对象时，不会因为不同对象的 synchronized 方法而造成线程间的阻塞。

通过以下代码验证不同的线程分别访问 synchronized 修饰的静态方法，测试代码如下：

```java
/**
 * @Author : zhouguanya
 * @Project : java-interview-guide
 * @Date : 2019-12-22 13:23
 * @Version : V1.0
```

```java
 * @Description：synchronized作用于静态方法
 */
public class SynchronizedDemo05 implements Runnable {
    /**
     * 共享资源
     */
    private static int TOTAL_COUNT = 0;

    /**
     * synchronized 修饰静态方法
     */
    public static synchronized void increase() {
        for (int j = 0; j < 10; j++) {
            System.out.println(TimeUtils.currentTime()
                    + " " + Thread.currentThread().getName()
                    + "执行累加操作...");
            try {
                Thread.sleep(1000);
            } catch (InterruptedException e) {
                e.printStackTrace();
            }
            TOTAL_COUNT++;
        }
    }

    @Override
    public void run() {
        increase();
    }

    public static void main(String[] args) throws InterruptedException {
        // 一般企业开发中不建议手动创建线程
        // 此处为了简单起见，手动创建线程
        // 企业开发中应当使用线程池管理线程
        Thread t1 = new Thread(new SynchronizedDemo05(), "线程1");
        Thread t2 = new Thread(new SynchronizedDemo05(), "线程2");
        t1.start();
        t2.start();
        t1.join();
        t2.join();
        System.out.println("TOTAL_COUNT=" + TOTAL_COUNT);
    }
}
```

执行以上代码，执行结果如下：

```
2019-12-22 13:28:00 线程1执行累加操作...
2019-12-22 13:28:01 线程1执行累加操作...
2019-12-22 13:28:02 线程1执行累加操作...
2019-12-22 13:28:03 线程1执行累加操作...
2019-12-22 13:28:04 线程1执行累加操作...
```

```
2019-12-22 13:28:05 线程 1 执行累加操作...
2019-12-22 13:28:06 线程 1 执行累加操作...
2019-12-22 13:28:07 线程 1 执行累加操作...
2019-12-22 13:28:08 线程 1 执行累加操作...
2019-12-22 13:28:09 线程 1 执行累加操作...
2019-12-22 13:28:10 线程 2 执行累加操作...
2019-12-22 13:28:11 线程 2 执行累加操作...
2019-12-22 13:28:12 线程 2 执行累加操作...
2019-12-22 13:28:13 线程 2 执行累加操作...
2019-12-22 13:28:14 线程 2 执行累加操作...
2019-12-22 13:28:15 线程 2 执行累加操作...
2019-12-22 13:28:16 线程 2 执行累加操作...
2019-12-22 13:28:17 线程 2 执行累加操作...
2019-12-22 13:28:18 线程 2 执行累加操作...
2019-12-22 13:28:19 线程 2 执行累加操作...
TOTAL_COUNT=20
```

通过以上代码的执行结果可知，两个线程分别访问两个不同的实例化对象，但访问的方法是静态的，两个线程发生了互斥（一个线程访问，另一个线程只能等着），因为静态方法是依附于类而不是实例化对象的，当 synchronized 修饰静态方法时，class 对象充当锁。

通过以下代码验证不同的线程分别访问 synchronized 修饰的同步代码块，测试代码如下：

```java
/**
 * @Author : zhouguanya
 * @Project : java-interview-guide
 * @Date : 2019-12-22 13:34
 * @Version : V1.0
 * @Description : synchronized 作用于同步代码块
 */
public class SynchronizedDemo06 implements Runnable {

    static SynchronizedDemo06 instance = new SynchronizedDemo06();

    /**
     * 共享资源
     */
    private static int TOTAL_COUNT = 0;

    @Override
    public void run() {

        //使用同步代码块对变量进行同步操作，锁对象为 instance
        synchronized (instance) {
            for (int j = 0; j < 10; j++) {
                System.out.println(TimeUtils.currentTime()
                        + " " + Thread.currentThread().getName()
                        + "执行累加操作...");
                try {
                    Thread.sleep(1000);
                } catch (InterruptedException e) {
```

```
                    e.printStackTrace();
                }
                TOTAL_COUNT++;
            }
        }
    }

    public static void main(String[] args) throws InterruptedException {
        // 一般企业开发中不建议手动创建线程
        // 此处为了简单起见，手动创建线程
        // 企业开发中应当使用线程池管理线程
        Thread t1 = new Thread(instance, "线程1");
        Thread t2 = new Thread(instance, "线程2");
        t1.start();
        t2.start();
        t1.join();
        t2.join();
        System.out.println("TOTAL_COUNT=" + TOTAL_COUNT);
    }
}
```

执行以上代码，执行结果如下：

```
2019-12-22 13:53:04 线程1 执行累加操作...
2019-12-22 13:53:05 线程1 执行累加操作...
2019-12-22 13:53:06 线程1 执行累加操作...
2019-12-22 13:53:07 线程1 执行累加操作...
2019-12-22 13:53:08 线程1 执行累加操作...
2019-12-22 13:53:09 线程1 执行累加操作...
2019-12-22 13:53:10 线程1 执行累加操作...
2019-12-22 13:53:11 线程1 执行累加操作...
2019-12-22 13:53:12 线程1 执行累加操作...
2019-12-22 13:53:13 线程1 执行累加操作...
2019-12-22 13:53:14 线程2 执行累加操作...
2019-12-22 13:53:15 线程2 执行累加操作...
2019-12-22 13:53:16 线程2 执行累加操作...
2019-12-22 13:53:17 线程2 执行累加操作...
2019-12-22 13:53:18 线程2 执行累加操作...
2019-12-22 13:53:19 线程2 执行累加操作...
2019-12-22 13:53:20 线程2 执行累加操作...
2019-12-22 13:53:21 线程2 执行累加操作...
2019-12-22 13:53:22 线程2 执行累加操作...
2019-12-22 13:53:23 线程2 执行累加操作...
TOTAL_COUNT=20
```

每次当线程进入 synchronized 包裹的代码块时就会要求当前线程持有实例对象锁，如果当前有其他线程正持有该对象锁，那么新到的线程就必须等待。除了实例化对象可以作为锁以外，还可以使用 this 对象（代表当前实例）或者当前类的 class 对象作为锁。

通过以下代码验证不同的线程分别访问 synchronized 修饰的同步代码块，此时充当锁的是 class 对象，测试代码如下：

```java
/**
 * @Author : zhouguanya
 * @Project : java-interview-guide
 * @Date : 2019-12-22 13:57
 * @Version : V1.0
 * @Description : class 对象充当锁
 */
public class SynchronizedDemo07 implements Runnable {
    /**
     * 共享资源
     */
    private static int TOTAL_COUNT = 0;

    @Override
    public void run() {
        //省略其他耗时操作
        //使用同步代码块对变量i进行同步操作,锁对象为instance
        synchronized (SynchronizedDemo07.class) {
            for (int j = 0; j < 10; j++) {
                System.out.println(TimeUtils.currentTime()
                        + " " + Thread.currentThread().getName()
                        + "执行累加操作...");
                try {
                    Thread.sleep(1000);
                } catch (InterruptedException e) {
                    e.printStackTrace();
                }
                TOTAL_COUNT++;
            }
        }
    }

    public static void main(String[] args) throws InterruptedException {
        final SynchronizedDemo07 test = new SynchronizedDemo07();
        // 一般企业开发中不建议手动创建线程
        // 此处为了简单起见,手动创建线程
        // 企业开发中应当使用线程池管理线程
        Thread t1 = new Thread(test, "线程 1");
        Thread t2 = new Thread(test,"线程 2");
        t1.start();
        t2.start();
        t1.join();
        t2.join();
        System.out.println("TOTAL_COUNT=" + TOTAL_COUNT);
    }
}
```

执行以上代码,执行结果如下:

```
2019-12-22 14:07:32 线程 1 执行累加操作...
2019-12-22 14:07:33 线程 1 执行累加操作...
```

```
2019-12-22 14:07:34 线程1 执行累加操作...
2019-12-22 14:07:35 线程1 执行累加操作...
2019-12-22 14:07:36 线程1 执行累加操作...
2019-12-22 14:07:37 线程1 执行累加操作...
2019-12-22 14:07:38 线程1 执行累加操作...
2019-12-22 14:07:39 线程1 执行累加操作...
2019-12-22 14:07:40 线程1 执行累加操作...
2019-12-22 14:07:41 线程1 执行累加操作...
2019-12-22 14:07:42 线程2 执行累加操作...
2019-12-22 14:07:43 线程2 执行累加操作...
2019-12-22 14:07:44 线程2 执行累加操作...
2019-12-22 14:07:45 线程2 执行累加操作...
2019-12-22 14:07:46 线程2 执行累加操作...
2019-12-22 14:07:47 线程2 执行累加操作...
2019-12-22 14:07:48 线程2 执行累加操作...
2019-12-22 14:07:49 线程2 执行累加操作...
2019-12-22 14:07:50 线程2 执行累加操作...
2019-12-22 14:07:51 线程2 执行累加操作...
TOTAL_COUNT=20
```

5.10.3　synchronized 死锁问题

死锁是指两个或更多线程阻塞着等待其他处于死锁状态的线程所持有的锁。死锁通常发生在多个线程同时但以不同的顺序请求同一组锁的时候。

如果线程 1 锁住了 A，然后尝试对 B 进行加锁，同时线程 2 已经锁住了 B，接着尝试对 A 进行加锁，这时死锁就发生了。线程 1 永远得不到 B，线程 2 也永远得不到 A，并且线程 1 和线程 2 永远也不会知道发生了这样的事情。为了得到彼此的对象（A 和 B），线程 1 和线程 2 将永远阻塞下去。这种现象就是死锁现象。

```java
/**
 * @Author : zhouguanya
 * @Project : java-interview-guide
 * @Date : 2019-12-22 14:20
 * @Version : V1.0
 * @Description : synchronized 死锁现象
 */
public class SynchronizedDeadLockDemo {
    /** A锁 */
    private static final String A = "A";

    /** B锁 */
    private static String B = "B";

    public static void main(String[] args) {
        new SynchronizedDeadLockDemo().deadLock();
    }

    /**
```

```
 * 模拟死锁
 *
 * 一般企业开发中不建议手动创建线程
 * 此处为了简单起见，手动创建线程
 * 企业开发中应当使用线程池管理线程
 */
public void deadLock() {

    // 线程 t1 先获取 A 锁，再获取 B 锁
    Thread t1 = new Thread(() -> {
        synchronized (A) {
            try {
                // 获取 A 锁后休眠 2 秒
                Thread.sleep(2000);
            } catch (InterruptedException e) {
                e.printStackTrace();
            }
            synchronized (B) {
                // 获取 B 锁
                System.out.println("线程 t1 尝试获取 B 锁...");
            }
        }
    });

    // 先获取 B 锁，再获取 A 锁
    Thread t2 = new Thread(() -> {
        synchronized (B) {
            try {
                // 获取 B 锁后休眠 2 秒
                Thread.sleep(2000);
            } catch (InterruptedException e) {
                e.printStackTrace();
            }
            synchronized (A) {
                System.out.println("线程 t2 尝试获取 A 锁...");
            }
        }
    });

    t1.start();
    t2.start();

}
```

执行以上代码，将会发现以上程序段将无法正常退出，因为线程 t1 和线程 t2 都未执行完，互相等待对方释放锁而造成死锁。

5.10.4 synchronized 的特性

synchronized 的作用是保障多线程程序的线程安全。synchronized 的特性如下：

（1）原子性：synchronized 确保线程互斥地访问同步代码，被 synchronized 保护的代码可以实现原子性。

（2）可见性：synchronized 保证对共享变量的修改能够及时可见。在 Java 内存模型中对一个变量 unlock 操作之前，必须要同步到主内存中；如果对一个变量进行 lock 操作，就必须将工作内存中此变量的值清空，在执行引擎使用此变量前，需要重新从主内存中加载此变量的值。

（3）有序性：synchronized 有效解决重排序问题，即一个 unlock 操作先行发生（happen-before）于后面对同一个锁的 lock 操作。从语法上讲，synchronized 可以把任何一个非 null 对象作为"锁"，在 HotSpot JVM 实现中，"锁"有一个专业的名字——对象监视器（Object Monitor）。

synchronized 内置锁是一种对象锁（锁的是对象而非引用变量），作用粒度是对象，可以用来实现对临界资源的同步互斥访问。synchronized 是可重入的，即已经获取到锁的线程可以再次进入"被锁住"的代码中，可重入的作用是极可能避免发生死锁，如子类同步方法调用了父类同步方法，若没有可重入的特性，则会发生死锁。

5.10.5 synchronized 的实现原理

synchronized 同步是通过 monitorenter 和 monitorexit 等指令实现的。

Java 中每个对象都是一个对象监视器（Object Monitor）。当对象监视器被占用时就会处于锁定状态，线程执行 monitorenter 指令时尝试获取对象监视器的所有权，monitorenter 命令执行过程如下：

（1）若对象监视器的进入数为 0，则该线程进入对象监视器，然后将进入数设置为 1，此时该线程即为对象监视器的所有者。

（2）若当前线程已经拥有该对象监视器，当前线程发生重新进入，则对象监视器的进入数加 1。

（3）若其他线程已经持有了对象监视器，则当前线程进入阻塞状态，直到对象监视器的进入数为 0，重新尝试获取 monitor 的所有权。

线程执行 monitorexit 指令尝试释放对象监视器的所有权。执行 monitorexit 的线程必须是对应的对象监视器的所有者。monitorexit 指令执行时，对象监视器的进入数减 1，若减 1 后进入数为 0，则线程彻底释放对象监视器，不再是这个对象监视器的所有者，其他被这个对象监视器阻塞的线程可以尝试获取这个对象监视器的所有权。

可以通过 JDK 自带的反汇编工具 javap 反解析出当前类对应的 code 区（汇编指令）、本地变量表、异常表和代码行偏移量映射表、常量池等信息。IDEA 集成 javap 如图 5-7 所示。

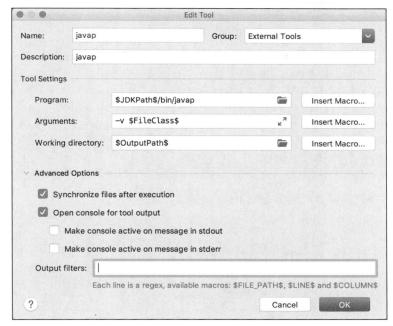

图 5-7　IDEA 集成 javap 示意图

除了使用 JDK 自带的反汇编工具 javap 以外，还可以安装 jclasslib 插件反解析出当前类汇编指令等信息。IDEA 安装 jclasslib 示意图如图 5-8 所示。

图 5-8　IDEA 安装 jclasslib 示意图

通过以下代码观察 synchronized 同步代码块的汇编指令：

```
/**
 * @Author : zhouguanya
 * @Project : java-interview-guide
 * @Date : 2019-12-22 16:12
 * @Version : V1.0
 * @Description : synchronized 同步块字节码
 */
```

```java
public class SynchronizedBlockByteCodeDemo {

    /**
     * synchronized 同步块
     */
    public void method() {
        synchronized (this) {
            System.out.println("Method 1 start");
        }
    }
}
```

执行 javap 后得到的部分汇编指令如下：

```
{
  public com.example.interview.guide.chapter5.sync.principles.SynchronizedBlockByteCodeDemo();
    descriptor: ()V
    flags: ACC_PUBLIC
    Code:
      stack=1, locals=1, args_size=1
         0: aload_0
         1: invokespecial #1                  // Method java/lang/Object."<init>":()V
         4: return
      LineNumberTable:
        line 10: 0
      LocalVariableTable:
        Start  Length  Slot  Name   Signature
            0       5     0  this   Lcom/example/interview/guide/chapter5/sync/principles/SynchronizedBlockByteCodeDemo;

  public void method();
    descriptor: ()V
    flags: ACC_PUBLIC
    Code:
      stack=2, locals=3, args_size=1
         0: aload_0
         1: dup
         2: astore_1
         3: monitorenter
         4: getstatic     #2                  // Field java/lang/System.out:Ljava/io/PrintStream;
         7: ldc           #3                  // String Method 1 start
         9: invokevirtual #4                  // Method java/io/PrintStream.println:(Ljava/lang/String;)V
        12: aload_1
        13: monitorexit
        14: goto          22
```

```
      17: astore_2
      18: aload_1
      19: monitorexit
      20: aload_2
      21: athrow
      22: return
    Exception table:
       from    to  target type
          4    14      17   any
         17    20      17   any
    LineNumberTable:
      line 16: 0
      line 17: 4
      line 18: 12
      line 19: 22
    LocalVariableTable:
      Start  Length  Slot  Name   Signature
          0      23     0  this
Lcom/example/interview/guide/chapter5/sync/principles/SynchronizedBlockByteCod
eDemo;
    StackMapTable: number_of_entries = 2
      frame_type = 255 /* full_frame */
        offset_delta = 17
        locals = [ class
com/example/interview/guide/chapter5/sync/principles/SynchronizedBlockByteCode
Demo, class java/lang/Object ]
        stack = [ class java/lang/Throwable ]
      frame_type = 250 /* chop */
        offset_delta = 4
}
SourceFile: "SynchronizedBlockByteCodeDemo.java"
```

从上述汇编代码中可以看到，monitorenter 指令出现了 1 次，monitorexit 指令出现了两次。第 1 次出现 monitorexit 指令是因为同步正常退出释放锁；第 2 次出现 monitorexit 指令是因为程序发生异常退出而释放锁。

通过以上分析可知，synchronized 的实现原理是通过一个对象监视器完成的，其实 wait/notify 等方法的运行也依赖于对象监视器，这也是为什么只有在同步的块或者方法中才能调用 wait/notify 等方法，否则会抛出 java.lang.IllegalMonitorStateException 异常。

通过以下代码观察 synchronized 同步方法的汇编指令：

```
/**
 * @Author : zhouguanya
 * @Project : java-interview-guide
 * @Date : 2019-12-22 18:13
 * @Version : V1.0
 * @Description : synchronized 同步方法字节码
 */
public class SynchronizedMethodByteCodeDemo {
    /**
```

```
     * synchronized 同步方法
     */
    public synchronized void method() {
        System.out.println("Hello World!");
    }
}
```

执行 javap 后得到的部分汇编指令如下:

```
{
  public com.example.interview.guide.chapter5.sync.principles.SynchronizedMethodByteCodeDemo();
    descriptor: ()V
    flags: ACC_PUBLIC
    Code:
      stack=1, locals=1, args_size=1
         0: aload_0
         1: invokespecial #1                  // Method java/lang/Object."<init>":()V
         4: return
      LineNumberTable:
        line 10: 0
      LocalVariableTable:
        Start  Length  Slot  Name   Signature
            0       5     0  this   Lcom/example/interview/guide/chapter5/sync/principles/SynchronizedMethodByteCodeDemo;

  public synchronized void method();
    descriptor: ()V
    flags: ACC_PUBLIC, ACC_SYNCHRONIZED
    Code:
      stack=2, locals=1, args_size=1
         0: getstatic     #2                  // Field java/lang/System.out:Ljava/io/PrintStream;
         3: ldc           #3                  // String Hello World!
         5: invokevirtual #4                  // Method java/io/PrintStream.println:(Ljava/lang/String;)V
         8: return
      LineNumberTable:
        line 15: 0
        line 16: 8
      LocalVariableTable:
        Start  Length  Slot  Name   Signature
            0       9     0  this   Lcom/example/interview/guide/chapter5/sync/principles/SynchronizedMethodByteCodeDemo;
}
SourceFile: "SynchronizedMethodByteCodeDemo.java"
```

从编译的结果可以看出,方法的同步并没有通过指令 monitorenter 和 monitorexit 来完成(理论上其实也可以通过这两条指令来实现),不过相对于普通方法,同步方法其常量池中多了

ACC_SYNCHRONIZED 标识符，JVM 就是根据该标识符来实现方法的同步的。

当方法调用时，调用指令将会检查方法的 ACC_SYNCHRONIZED 访问标志是否被设置，如果设置了，那么执行线程将先获取对象监视器，获取成功之后才能执行方法体，方法执行完后再释放对象监视器。在方法执行期间，其他任何线程都无法再获得同一个对象监视器。

monitorenter/monitorexit 指令和 ACC_SYNCHRONIZED 标识符两种同步方式本质上没有区别，只是方法的同步是一种隐式的方式来实现的，无须通过汇编指令来完成，而代码块的同步是通过汇编指令实现的。monitorenter 和 monitorexit 指令的具体实现细节将在 5.10.6 小节进行讲解。

5.10.6　synchronized 的存储结构

JVM 中的对象内存布局可以分为以下 3 块区域：

（1）对象头（Header）。
（2）示例数据（Instance Data）。
（3）对齐填充（Padding）。

普通对象和数组对象的内存布局如图 5-9 所示。

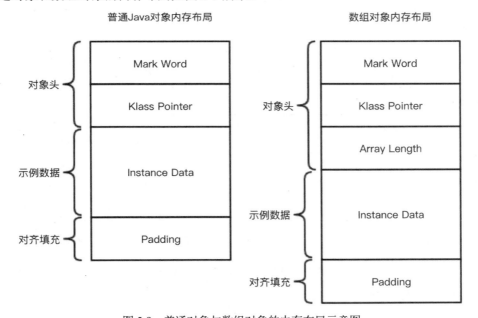

图 5-9　普通对象与数组对象的内存布局示意图

一般情况下，对象头的组成包含两部分，分别是 Mark Word 和 Klass Pointer。如果对象是数组类型，就需要增加 Array Length 部分，因为 JVM 虚拟机可以通过 Java 对象的元数据信息确定 Java 对象的大小，但是无法从数组的元数据来确认数组的大小，所以用一块空间记录数组长度。

不同类型的虚拟机环境中，对象头各部分占用的内存大小如表 5-7 所示。

表 5-7　对象头各部分占用的内存大小

对象头各组成部分	32 位虚拟机	64 位虚拟机	开启指针压缩的 64 位虚拟机
Mark Word	32 位	64 位	64 位
Klass Pointer	32 位	64 位	32 位
Array Length	32 位	32 位	32 位

在 64 位虚拟机中开启指针压缩（-XX:UseCompressedOops）后，JVM 会针对类型指针（Klass Pointer）进行压缩，而数组长度无论在什么类型的虚拟机中都是 32 位。

Mark Word 主要用来存储对象的运行时数据，如 hashcode、GC（Garbage Collection，垃圾收集）分代年龄等信息。一个 Mark Word 的长度为一个机器码的长度，即在 32 位的 JVM 虚拟机中，一个 Mark Word 的长度为 32 位，在 64 位的 JVM 虚拟机中，一个 Mark Word 的长度为 64 位。Mark Word 的最低两位为标记位，32 位的 JVM 虚拟机中不同标记位状态对应的 Mark Word 状态如表 5-8 所示。

表 5-8　32 位虚拟机 Mark Word 组成

32 位虚拟机 Mark Word					状态
25bit		4bit	1bit	2bit	
23bit	2bit		是否偏向锁	锁标志位	
对象哈希码		分代年龄	0	01	无锁
线程 ID	偏向时间戳	分代年龄	1	01	偏向锁
指向栈中锁记录的指针				00	轻量锁
指向重量锁的指针				10	重量锁
空				11	GC 标记

64 位的 JVM 虚拟机中不同标记位状态对应的 Mark Word 状态如表 5-9 所示。

表 5-9　64 位虚拟机 Mark Word 组成

64 位虚拟机 Mark Word						状态
56bit			1bit	4bit	1bit	2bit	
					是否偏向锁	锁标志位	
25bit 未使用	31bit 对象哈希码		未使用	分代年龄	0	01	无锁
54bit 线程 ID	2bit 偏向时间戳		未使用	分代年龄	1	01	偏向锁
指向栈中锁记录的指针					00	轻量锁
指向重量锁的指针					10	重量锁
空					11	GC 标记

在线程进入同步代码块的时候，如果此同步对象（锁对象）没有被锁定，那么虚拟机首先在当前线程的栈中创建 Lock Record（锁记录）的空间，用于存储锁对象的 Mark Word 的拷贝，这个过程称为 Displaced Mark Word。整个 Mark Word 及其拷贝是很重要的。

Lock Record 是线程私有的数据结构，每一个线程都有一个可用的 Lock Record 列表，同时还有一个全局的可用列表。每一个被锁住的对象 Mark Word 都会和一个 Lock Record 关联，同时 Lock Record 中有一个 Owner 字段存放拥有该锁的线程的唯一标识，表示该锁被这个线程占用。

Lock Record 内部结构如表 5-10 所示。

表 5-10　Lock Record 内部结构

Lock Record 各组成部分	第二个操作
Owner	初始时为 NULL 表示当前没有任何线程拥有该锁，当线程成功拥有该锁后，保存线程唯一标识，当锁被释放时，再次设置为 NULL
EntryQ	关联一个系统互斥锁，阻塞所有试图加锁失败的线程
RcThis	表示阻塞或等待在该锁上的线程个数
Nest	用来实现可重入锁的计数
HashCode	保存从对象头拷贝的 HashCode 值（可能还包含 GC age）
Candidate	用来避免不必要的阻塞或等待线程唤醒。因为每一次只有一个线程能够成功拥有锁，如果每次前一个释放锁的线程唤醒所有正在阻塞或等待的线程，就会引起不必要的上下文切换（从阻塞态到就绪态，然后因为竞争锁失败又再次进入阻塞态），从而导致性能严重下降。Candidate 只有两种可能的值：0 表示没有需要唤醒的线程；1 表示要唤醒一个线程来竞争锁

Java 中任何一个对象都有一个与之关联的 Monitor（监视器）对象。当一个 Monitor 被持有后，对象就处于锁定状态。synchronized 就是基于进入和退出 Monitor 对象来实现方法同步/代码块同步和释放的。Monitor 可以理解为一个同步工具或一种同步机制。

monitorEnter 指令插入在同步代码块的开始位置，当代码执行到该指令时，将会尝试获取该对象 Monitor 的所有权，即尝试获得该对象的锁。

monitorExit 指令插入在方法结束处和异常处，JVM 保证每个 monitorEnter 指令必须有对应的 monitorExit 指令。

与一切皆对象一样，所有的 Java 对象都是一个 Monitor，每一个 Java 对象都有成为 Monitor 的潜质，因为在 Java 的设计中，每一个 Java 对象自创建出来就带了一把看不见的锁，这个锁叫作内部锁或者 Monitor 锁。

通常说 Synchronized 的对象锁，MarkWord 锁标识位为 10 时，其中指针指向的是 Monitor 对象的起始地址。在 JVM 中，Monitor 是由 ObjectMonitor 实现的，源代码链接如下（位于 HotSpot 虚拟机源码 ObjectMonitor.hpp 文件中，使用 C++实现）：

http://hg.openjdk.java.net/jdk8/jdk8/hotspot/file/f2110083203d/src/share/vm/runtime/objectMonitor.hpp

ObjectMonitor 主要数据结构如下：

```
ObjectMonitor() {
    _header            = NULL;
    _count             = 0;   // 记录个数
    _waiters           = 0,
    _recursions        = 0;
    _object            = NULL;
    _owner             = NULL;
    _WaitSet           = NULL;  // 处于 wait 状态的线程，会被加入_WaitSet
    _WaitSetLock       = 0 ;
    _Responsible       = NULL ;
    _succ              = NULL ;
    _cxq               = NULL ;
    FreeNext           = NULL ;
    _EntryList         = NULL ;  // 处于等待锁 block 状态的线程，会被加入该列表
    _SpinFreq          = 0 ;
    _SpinClock         = 0 ;
    OwnerIsThread      = 0 ;
}
```

ObjectMonitor 中维护了两个队列，分别是_WaitSet 和_EntryList，用来保存 ObjectWaiter 对象列表（每个等待锁的线程都会被封装成 ObjectWaiter 对象），_owner 指向持有 ObjectMonitor 对象的线程。

当多个线程同时访问一段同步代码时，首先会进入_EntryList 集合，当线程获取到对象的 Monitor 后，进入_owner 区域并把 Monitor 对象的拥有者设置为当前线程，同时 Monitor 中的计数器_count 加 1。

若线程调用 wait() 方法，则线程将释放当前持有的 Monitor 对象，_owner 变量恢复为 null，_count 减 1，同时该线程进入_WaitSet 集合中等待被唤醒。

若当前线程执行完毕，则将释放 Monitor 并复位_count 的值，以便其他线程进入获取 Monitor 对象。

监视器 Monitor 有两种同步方式：互斥与协作。多线程环境下，线程之间如果需要共享数据，就需要解决互斥访问数据的问题以保证线程安全，Monitor 可以确保数据在同一时刻只会有一个线程在访问。

一个线程向缓冲区写数据，另一个线程从缓冲区读数据，如果读线程发现缓冲区为空就会等待，当写线程向缓冲区写入数据，就会唤醒读线程，在这样一个场景中，读线程和写线程就是一个协作关系。

JVM 通过 Object 类的 wait()方法来使自己等待，在调用 wait()方法后，该线程会释放它持有的 Monitor，直到其他线程通知该线程才有再次执行的机会。

一个线程调用 notify()方法通知在等待的线程，这个等待的线程并不会马上执行，而是要等待通知线程释放 Monitor 后，被通知的线程重新获取 Monitor 才有执行的机会。

如果刚好唤醒的这个线程需要的 Monitor 被其他线程抢占，那么这个线程会继续等待。

Object 类中的 notifyAll()方法可以唤醒所有等待的线程，使等待的线程中总有一个线程可以执行。

线程进入 synchronized 同步代码的状态转化过程如图 5-10 所示。

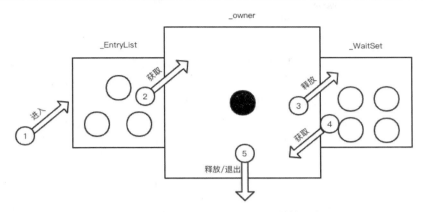

图 5-10　线程进入 synchronized 状态转换示意图

当线程尝试获取锁执行同步代码时，线程会进入_EntryList 区，如果_EntryList 区没有线程在等待 Monitor，当前线程就会成为监视器的拥有者，即_owner，然后开始执行同步代码。

如果线程进入_EntryList 区发现已有线程在等待 Monitor，当前线程就会和_EntryList 区的其他线程一起等待 Monitor。

在线程持有 Monitor 的过程中，可以通过两种方式释放 Monitor：一种是通过正常的执行同步代码后释放 Monitor；另一种是通过 wait() 等方法进入_WaitSet 区，进入_WaitSet 区后，线程将等待相应的条件达到后，从_WaitSet 区退出并重新获取 Monitor 后才可以继续执行。

当线程释放了 Monitor 后，在_Entry List 区和_WaitSet 区的等待线程都会尝试竞争 Monitor。只有 Monitor 的拥有者才可以进入_WaitSet 区，在_WaitSet 区的线程只有再次获取 Monitor 后才可以从_WaitSet 区退出，即一个线程只有获取 Monitor 后才可以执行 wait() 等操作，处于等待的线程只有再次获取 Monitor 后才可以退出等待状态。

5.10.7　自旋锁

从 JDK1.5 引入了现代操作系统新增加的 CAS 原子操作（JDK1.5 中并没有对 synchronized 关键字进行优化，而是体现在 J.U.C 中，所以在该版本中 concurrent 包有更好的性能）。从 JDK1.6 开始，就对 synchronized 的实现机制进行了较大调整，除了使用 JDK1.5 引进的 CAS 自旋之外，还增加了自适应的 CAS 自旋、锁消除、锁粗化、偏向锁、轻量级锁这些优化策略，因此关键字 synchronized 的性能得到了极大提高。

线程的阻塞和唤醒需要 CPU 从用户态转为核心态，频繁地阻塞和唤醒对 CPU 来说是一件负担很重的工作，会给系统的并发性能带来很大的压力。在许多应用中，锁状态只会持续很短一段时间，为了这一段很短的时间，频繁地阻塞和唤醒线程是非常不值得的。因此，引入了自旋锁优化 synchronized。

自旋锁是指当一个线程尝试获取某个锁时，如果该锁已被其他线程占用，那么未获取到锁的线程一直循环检测锁是否被释放，而不是立刻进入线程挂起或睡眠状态。自旋锁适用于锁保护的临界区很小的情况，如果临界区很小，锁占用的时间就很短，因此自旋锁的效果越好。

自旋等待不能替代阻塞，虽然自旋锁可以避免线程状态切换带来的开销，但是自旋锁占用了

CPU 处理器的时间。如果持有锁的线程很快就释放了锁，那么自旋的效率就非常好，反之，自旋的线程就会白白消耗 CPU 的资源，这样反而会带来性能上的浪费。所以说自旋等待的时间（自旋的次数）必须要有一个限度，如果线程自旋超过了定义的时间仍然没有获取到锁，线程就应该被阻塞。

自旋锁在 JDK1.4.2 中引入，默认关闭，但是可以使用-XX:+UseSpinning 开启。自旋锁在 JDK1.6 中默认开启。同时自旋的默认次数为 10 次，可以通过参数-XX:PreBlockSpin 来调整。通过参数 -XX:PreBlockSpin 来调整自旋锁的自旋次数会带来诸多不便，如将参数调整为 10，但是系统很多线程自旋 10 次后，无法获取到锁，再多自旋一两次就可以获取锁，此时自旋次数很难选取。于是 JDK1.6 引入了自适应的自旋锁，让虚拟机自主选择最佳的自旋次数。

所谓自适应，意味着自旋的次数不再是固定的，而是由前一次在同一个锁上的自旋时间及锁的拥有者的状态来决定的。如何进行适应性自旋呢？

（1）如果线程上次自旋成功了，那么这次自旋的次数会多加几次，因为虚拟机认为既然上次自旋成功了，那么此次自旋也很有可能会再次成功，那么虚拟机就会允许自旋等待持续的次数更多。

（2）反之，如果对于某个锁，很少有线程能够通过自旋获取锁成功，那么在以后要获取这个锁的时候，自旋的次数会减少，甚至省略掉自旋过程，以免浪费处理器资源。

有了自适应自旋锁，随着程序运行和性能监控信息的不断完善，虚拟机对程序锁的状况预测会越来越准确，虚拟机会变得越来越"聪明"。

5.10.8 锁消除

在多线程程序中，为了保证数据的完整性，在进行操作时需要对部分共享数据进行同步控制。但是在某些情况下，JVM 检测到多线程不可能存在共享数据竞争，这时 JVM 会对这些同步锁进行锁消除处理。锁消除的依据是逃逸分析的数据支持。

如果多线程间不存在竞争，就不需要对资源进行加锁处理，因此锁消除可以节省毫无意义的请求锁的时间。变量是否逃逸，对于虚拟机来说需要使用数据流分析来确定。有时开发者虽然没有显式地使用锁，但是在使用一些 JDK 的内置 API 时，如 StringBuffer、Vector、HashTable 等，这些 API 会存在隐形的加锁操作。例如 StringBuffer 的 append()方法，Vector 的 add()方法等都是 synchronized 修饰的同步方法。

如以下代码中的 vectorTest()方法所示，整个方法内部不存在共享的变量，vectorTest()方法是不存在并发性问题的。因此，对 vectorTest()进行加锁处理是不必要的。

```java
public void vectorTest() {
    // Vector 是线程安全的并发容器
    Vector<String> vector = new Vector<String>();
    for(int i = 0 ; i < 10 ; i++){
        vector.add(String.valueOf(i));
    }
    System.out.println(vector);
}
```

在运行这段代码时，JVM 可以明显检测到变量 vector 没有逃逸出方法 vectorTest()之外，所以

JVM 可以大胆地将 vector 内部的加锁操作消除。

5.10.9 锁粗化

在使用锁时，需要让同步块的作用范围尽可能小，仅在共享数据的实际作用域中进行同步即可，这样做的目的是为了使需要同步的操作数量尽可能缩小，如果存在锁竞争，那么等待锁的线程无须等待太久就可以快速获取到锁。

在大多数情况下，上述观点是正确的，但是如果有一系列的连续加锁解锁操作，就可能会导致不必要的性能损耗，所以引入了锁粗化的概念。

锁粗化就是将多个连续的小范围的加锁和解锁操作连接在一起，扩展成一个范围更大的锁。这样就可以避免多个小范围的锁竞争消耗性能。如 5.10.8 小节的代码所示，假设 vector 每次调用 add() 方法都需要加锁操作，JVM 检测到对同一个对象（vector）连续进行加锁、解锁操作，JVM 将会对 vector 的操作合并一个更大范围的加锁、解锁操作，即加锁、解锁操作会移到 for 循环之外。

5.10.10 偏向锁

synchronized 是一种独占式的重量级锁，在运行到同步方法或者同步代码块的时候，让程序的运行级别由用户态切换到内核态，把所有的线程挂起，通过操作系统的指令调度线程。这样会频繁出现程序运行状态的切换，线程的挂起和唤醒会消耗系统资源。

为了提高效率，随着 JDK 版本的升级，synchronized 的实现得到了不断的优化。尽量让多线程访问公共资源时不进行用户态到内核态的切换。synchronized 的锁定状态可以分为偏向锁、轻量级锁和重量级锁 3 种状态。锁可以从偏向锁升级到轻量级锁，再升级到重量级锁。但是锁的升级是单向的，也就是说只能从低到高升级，不会出现锁的降级。

在 JDK1.6 中，默认是开启偏向锁和轻量级锁的，可以通过-XX:-UseBiasedLocking 来禁用偏向锁。HotSpot 作者经过研究实践发现，在大多数情况下，开发者使用的锁不仅不存在多线程竞争，而且很多情况下总是由同一线程多次获得锁。为了让线程获得锁的代价更低，引入了偏向锁。偏向锁是在单线程执行代码块时使用的机制，如果在多线程并发竞争锁的环境下（线程 A 尚未执行完同步代码块，线程 B 发起了申请锁的申请），偏向锁就会转化为轻量级锁或者重量级锁。

在 JDK1.5 中，偏向锁默认是关闭的，到了 JDK1.6 中，偏向锁已经默认开启。如果程序中的并发数较大并且同步代码执行时间较长，同步代码被多个线程同时访问的概率就很大，可以使用参数-XX:-UseBiasedLocking 来禁止偏向锁（这个 JVM 参数不能针对某个对象锁来单独设置）。引入偏向锁的主要目的是为了在没有多线程竞争的情况下尽量减少不必要的轻量级锁执行路径。

因为轻量级锁的加锁、解锁操作是需要依赖多次 CAS（Compare And Swap）原子指令的，而偏向锁只需要在置换 ThreadID 的时候依赖一次 CAS 原子指令。偏向锁是为了在只有一个线程执行同步块时进一步提高性能。轻量级锁是为了在线程交替执行同步块时提高性能。

锁是可重入的，即已经获得锁的线程可以多次锁住/解锁监视对象，按照之前的 HotSpot 设计，每次加锁/解锁都会涉及一些 CAS 操作（比如对等待队列的 CAS 操作），CAS 操作会延迟本地调用，因此偏向锁的想法是，一旦线程第一次获得 Monitor，以后让 Monitor "偏向"这个线程，之后的多次调用就可以避免 CAS 操作，从而可以提升后续加锁的性能。

CAS 是一条 CPU 的原子指令，其作用是让 CPU 对变量的值比较后原子地更新这个值。CAS 的实现方式是基于硬件平台的汇编指令，JVM 只是封装了汇编调用，JDK 提供的 AtomicInteger 等原子类是使用了这些封装后实现的。

SMP（对称多处理器）架构如图 5-11 所示。所有的 CPU 会共享一条系统总线（BUS），通过总线连接主存。每个核都有自己的一级缓存，各核相对于 BUS 对称分布，因此这种结构称为"对称多处理器"。

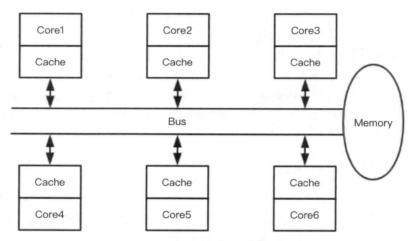

图 5-11　SMP 架构示意图

Core1 和 Core2 可能会同时把主存中某个位置的值加载到各自的 Cache（缓存，可能有多级缓存）中，当 Core1 在自己的 Cache 中修改这个位置的值时，会通过总线使 Core2 中 Cache 对应的值失效，而 Core2 一旦发现自己 Cache 中的值失效（称为 Cache 命中缺失），就会通过总线从内存中加载该地址最新的值，所有 CPU 核心通过总线的来回通信称为 Cache 一致性流量。因为总线被设计了固定的通信能力，如果 Cache 一致性流量过大，总线就会成为瓶颈。当 Core1 和 Core2 中的值再次一致时，称为 Cache 一致性。更多有关缓存一致性协议的讲解可参考 5.9.3 小节。

CAS 会导致 Cache 一致性流量，如果有很多线程都共享同一个对象，当某个 Core 执行的 CAS 成功时必然会引起总线风暴，这就是所谓的本地延迟。偏向锁本质上就是为了消除 CAS，降低 Cache 一致性流量。

Cache 一致性流量的例外情况，并不是所有的 CAS 都会导致总线风暴，这跟 Cache 一致性协议有关，具体参考以下文档：

http://blogs.oracle.com/dave/entry/biased_locking_in_hotspot

当一个线程访问同步块并获取锁时，会在对象头和栈帧的锁记录里存储锁偏向的线程 ID，在之后的执行过程中，该线程进入和退出同步块时不需要花费 CAS 操作来争夺锁资源，只需要检查是否为偏向锁标识和偏向线程的线程 ID 即可。偏向锁处理流程如下：

（1）检测 Mark Word 是否为可偏向状态，即是否为偏向锁 1，锁标识位为 01。

（2）如果 Mark Word 为可偏向状态，就校验偏向的线程 ID 是否为当前线程 ID，如果是，就说明偏向锁偏向于当前线程，执行步骤（5），否则执行步骤（3）。

（3）如果线程 ID 不是偏向锁偏向的 ID，就通过 CAS 操作竞争锁，如果竞争成功，就将 Mark Word 的线程 ID 替换为当前线程 ID，否则执行线程步骤（4）。

（4）通过 CAS 竞争锁失败，证明当前存在多线程竞争锁的情况，当程序到达全局安全点时，当前获得偏向锁的线程被挂起，偏向锁升级为轻量级锁，然后被阻塞在安全点的线程继续执行同步代码块。

（5）执行同步代码块。

偏向锁的释放采用了一种只有竞争才会释放锁的机制，线程是不会主动释放偏向锁的，需要等待其他线程来竞争。偏向锁的撤销需要等待全局安全点（这个时间点是上没有正在执行的代码）。偏向锁的撤销步骤如下：

①暂停拥有偏向锁的线程。

②判断锁对象是否仍处于被锁定状态。如果不是，就将锁恢复到无锁状态（01），以允许其余线程竞争。如果偏向锁处于锁定状态，就挂起持有锁的线程，并将指向这个线程的锁记录地址的指针放入对象头 Mark Word，偏向锁升级为轻量级锁状态（00），然后恢复持有锁的线程继续执行，接下来进入轻量级锁的竞争模式。

值得注意的是，此处将当前线程挂起再恢复的过程中并没有发生锁的转移，锁仍然被原来持有锁线程的线程所持有，只是将对象头中的线程 ID 变更为指向锁记录地址的指针。

偏向锁执行流程如图 5-12 所示。

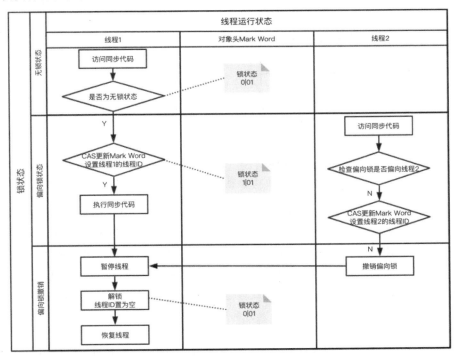

图 5-12　偏向锁执行流程示意图

5.10.11 轻量级锁

轻量级锁的主要目的是减少重量级锁使用操作系统互斥量产生的性能消耗。当关闭偏向锁功能或者多个线程竞争偏向锁时将导致偏向锁升级为轻量级锁，升级步骤如下：

（1）在线程进入同步块时，如果同步对象锁状态为无锁状态（是否为偏向锁标志位为 0 状态，锁标志位为 01 状态），虚拟机首先将在当前线程的栈帧中建立一个名为锁记录（Lock Record）的空间，用于存储锁对象目前的 Mark Word 的拷贝，称之为 Displaced Mark Word。

（2）将对象头中的 Mark Word 复制到步骤（1）中创建的锁记录中。

（3）Mark Word 复制成功后，虚拟机将使用 CAS 操作尝试将对象的 Mark Word 更新为指向锁记录的指针，并将锁记录里的_owner 指针指向 Mark Word。如果更新成功，就执行步骤（4），否则执行步骤（5）。

（4）步骤（3）更新成功后，当前线程就成为锁的持有者。更新对象 Mark Word 锁标志位为 00，表示当前锁处于轻量锁状态。此时线程状态如图 5-13 所示。

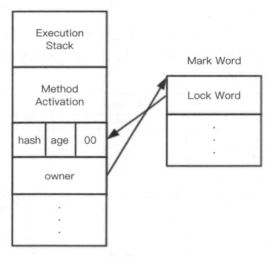

图 5-13　轻量级锁升级成功示意图

（5）如果步骤（3）更新操作失败了，虚拟机首先会检查对象 Mark Word 是否指向当前线程的栈帧。如果是，就说明当前线程已经持有了锁，可以直接进入同步块继续执行，否则说明存在多个线程竞争锁，以自旋的方式进入再次执行步骤（3）。如果自旋结束时仍未获得锁，轻量级锁就要膨胀为重量级锁，锁标志的状态值变为 10，Mark Word 中存储的就是指向重量级锁（操作系统互斥量）的指针，当前线程及其他等待锁的线程进入阻塞状态。

轻量级锁的释放是通过 CAS 操作来进行的，主要步骤如下：

（1）通过 CAS 操作尝试用线程中复制的 Displaced Mark Word 对象替换当前对象的 Mark Word。

（2）如果 CAS 执行成功，整个同步过程就会执行结束，将对象的 Mark Word 恢复到无锁状态（01）。

（3）如果 CAS 执行失败，就说明有其他线程尝试过获取该锁，此时锁已膨胀为重量级锁，在释放锁的同时，唤醒被阻塞的线程。

对于轻量级锁，其性能提升的依据是绝大部分锁在整个生命周期内都是不会存在竞争的。如果打破这个依据，那么除了操作系统互斥量的开销外，还有额外的 CAS 操作，因此在有较多线程竞争的情况下，轻量级锁可能比重量级锁性能更差。

轻量级锁执行流程如图 5-14 所示。

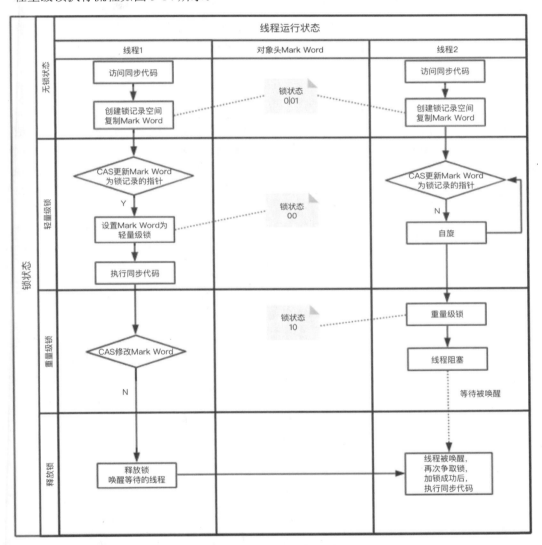

图 5-14　轻量级锁执行示意图

CAS 本身是不带锁机制的，其工作原理是通过比较来更新元素的值。假设如下场景：线程 A 和线程 B 在对象头的 Mark Word 为无锁状态时同时进入同步代码。例如线程 A 更新对象头为其锁记录指针成功之后，线程 B 再用 CAS 去更新，就会发现此时的对象头已经不是其操作前的值了，所以线程 B 的 CAS 会失败，即有两个线程并发申请锁的时候会发生 CAS 失败。

线程 B 进行自旋执行 CAS，等待对象头的锁标识重新变回无锁状态或对象头内容等于线程 B 做 CAS 操作前的值。如果线程 A 执行结束，此时线程 B 的 CAS 操作终于成功了，于是线程 B 获得了锁以及执行同步代码。如果线程 A 的执行时间较长，导致线程 B 经过若干次自旋 CAS 后仍没有成功，那么轻量级锁膨胀为重量级锁，即线程 B 被阻塞等待重新调度。

如何理解轻量级锁？轻量级是相对于使用操作系统互斥量而实现的传统锁而言的。但是，首先需要强调一点的是，轻量级锁并不是用来代替重量级锁的，轻量级锁的本意是在没有较多线程竞争的前提下，尽可能减少传统的重量级锁使用产生的性能消耗。

轻量级锁所适用的场景是线程交替执行同步块的情况。如果存在大量线程同一时间竞争同一个轻量锁的情况，那么必然会导致轻量级锁膨胀为重量级锁。

5.10.12 重量级锁

synchronized 重量级是通过对象内部的一个 Monitor（监视器）来实现的。Monitor 本质是依赖于底层的操作系统的 Mutex Lock 来实现的。通过操作系统实现线程之间的切换和调用需要从用户态转换到内核态，这个成本非常高，状态之间的转换需要相对比较长的时间，这就是 synchronized 在低版本 JDK 中效率低的原因。因此，这种依赖于操作系统 Mutex Lock 所实现的锁通常称为重量级锁。

UNIX 和 Linux 操作系统的体系架构分为内核态和用户态。内核态控制计算机的硬件资源，为上层应用程序提供执行环境。用户态是上层应用的活动空间，应用程序的执行必须由内核提供资源。UNIX 和 Linux 操作系统的体系架构如图 5-15 所示。

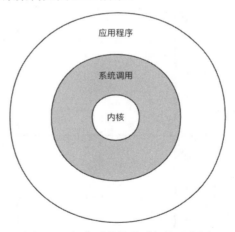

图 5-15　操作系统的体系架构示意图

由于操作系统需要限制不同的应用程序之间的访问能力，防止某个应用程序获取别的应用程序的内存数据，或者获取外围设备的数据，并发送到网络，因此 CPU 划分出两个权限等级，分别是用户态和内核态。内核态是控制计算机的硬件资源，并提供上层应用程序运行的环境。用户态是上层应用程序的活动空间，应用程序的执行必须依托于内核提供的资源。系统调用是为了使上层应用能够访问到硬件资源，内核为上层应用提供访问的接口。

当 synchronized 通过操作系统 Mutex Lock 实现线程之间的调度时，需要 JVM 进程在用户态与内核态之间进行切换，此时 synchronized 的性能较低，开发中应当尽可能地避免重量锁的使用。

偏向锁、轻量级锁和重量级锁并不是相互代替的，而是在不同场景下的不同选择。锁是只能升级，不能降级，即由偏向锁可以升级到轻量级锁，由轻量级锁可以升级到重量级锁。随着锁升级的不断进行，开销逐渐加大。如果在单线程环境中，那么偏向锁毫无疑问是代价最小的；如果出现了其他线程竞争，偏向锁就会升级为轻量级锁；如果其他线程通过一定次数的自旋操作尝试反复 CAS 都没有成功，就进入重量级锁。当进入重量级锁时，程序进入同步代码块就要做偏向锁建立、偏向锁撤销、轻量级锁建立、升级到重量级锁，最终还是得靠重量级锁来解决问题，这样的代价比直接使用重量级锁开销更大。所以使用哪种技术，一定要看其所处的场景。

偏向锁、轻量级锁和重量级锁的比较如表 5-11 所示。

表 5-11 偏向锁、轻量级锁和重量级锁的比较

锁类型	优 点	缺 点	使用场景
偏向锁	加锁和解锁无须额外的性能消耗	如果线程间存在锁竞争，就会带来额外的锁撤销性能损耗	适用于单线程访问同步块的场景
轻量级锁	线程间的锁竞争不会立即造成线程阻塞，提升程序响应速度	得不到锁的线程自旋消耗性能	同步代码执行速度非常快的场景
重量级锁	线程间的锁竞争不损耗性能	线程阻塞，响应速度较慢	同步代码执行速度比较慢的场景

5.10.13 synchronized 实现线程通信

Java 中的管道流就是基于 synchronized 实现的线程间通信和数据交互工具。管道流分为字节管道流和字符管道流。字节管道流分为 PipedOutputStream 和 PipedInputStream。字符管道流分为 PipedWriter 和 PipedReader。PipedOutputStream 和 PipedWriter 是生产者（或发送者），PipedInputStream 和 PipedReader 是消费者（或接收者）。

字节管道流是通过一个是字节数组存储数据的。管道输入与输出实际上是使用一个循环缓冲数组来实现的。输入流 PipedInputStream 从这个循环缓冲数组中读数据，输出流 PipedOutputStream 往这个循环缓冲数组中写入数据。当这个缓冲数组已满的时候，输出流 PipedOutputStream 所在的线程将阻塞。当这个缓冲数组为空的时候，输入流 PipedInputStream 所在的线程将阻塞。字符管道流是通过底层一个字符数组存储数据的，其原理与字节管道流的实现方式类似。

管道流仅用于在多个线程之间传递信息，若用在同一个线程中，则可能会造成死锁。管道流的输入输出是成对的，一个输出流只能对应一个输入流，使用构造函数或 connect() 进行连接。一对管道流包含一个缓冲区，其默认值为 1024 字节，若要改变缓冲区大小，则可以使用带有参数的构造器。管道的读写操作是互相阻塞的，当缓冲区为空时，读操作阻塞；当缓冲区满时，写操作阻塞。

管道流的使用方式如下：

```
/**
 * @Author : zhouguanya
 * @Project : java-interview-guide
 * @Date : 2020-01-01 16:53
```

```java
 * @Version : V1.0
 * @Description : Synchronized 实现线程间通信
 */
public class SynchronizedCommunicationDemo {
    /**
     * 写入数据的线程
     */
    private static class Writer implements Runnable {
        /**
         * 管道字符输出流
         */
        private PipedWriter pipedWriter;

        /**
         * 构造器
         *
         * @param writer 管道字符输出流
         */
        private Writer(PipedWriter writer) {
            pipedWriter = writer;
        }

        /**
         * 重写 run()方法
         */
        @Override
        public void run() {
            // 输入的字符
            int receive;
            try {
                // 读取控制台写入的字符
                while ((receive = System.in.read()) != -1) {
                    System.out.println(Thread.currentThread().getName() + "写入字符:" + (char) receive);
                    // 写入字符到管道字符输出流中
                    pipedWriter.write(receive);
                }
            } catch (Exception e) {
                e.printStackTrace();
            } finally {
                try {
                    // 关闭流
                    pipedWriter.close();
                } catch (IOException e) {
                    e.printStackTrace();
                }
            }
        }
    }
```

```java
/**
 * 打印数据的线程
 */
private static class Printer implements Runnable {
    /**
     * 管道字符输入流
     */
    private PipedReader pipedReader;

    /**
     * 构造器
     *
     * @param in 管道字符输入流
     */
    private Printer(PipedReader in) {
        this.pipedReader = in;
    }

    @Override
    public void run() {
        // 输入的字符
        int receive;
        try {
            // 管道字符输入流读取数据
            while ((receive = pipedReader.read()) != -1) {
                System.out.println(Thread.currentThread().getName() + "打印字符:" + (char) receive);
            }
        } catch (IOException e) {
            e.printStackTrace();
        }
    }
}

public static void main(String[] args) throws Exception {
    // 创建输出流对象
    PipedWriter out = new PipedWriter();
    // 创建输入流对象
    PipedReader in = new PipedReader();
    // 输出流与输入流相连接
    out.connect(in);
    // 创建打印线程,并启动线程
    Thread printThread = new Thread(new Printer(in), "打印线程");
    printThread.start();
    // 一般企业开发中不建议手动创建线程
    // 此处为了简单起见,手动创建线程
    // 企业开发中应当使用线程池管理线程
    // 创建写入线程,并启动线程
    Thread writeThread = new Thread(new Writer(out), "写入线程");
    writeThread.start();
```

    }
}
```

执行以上代码，在控制台输入"Hello World"后，观察程序输出结果如下：

```
Hello World
写入线程写入字符:H
写入线程写入字符:e
写入线程写入字符:l
写入线程写入字符:l
写入线程写入字符:o
写入线程写入字符:
写入线程写入字符:W
写入线程写入字符:o
写入线程写入字符:r
写入线程写入字符:l
写入线程写入字符:d
写入线程写入字符:

打印线程打印字符:H
打印线程打印字符:e
打印线程打印字符:l
打印线程打印字符:l
打印线程打印字符:o
打印线程打印字符:
打印线程打印字符:W
打印线程打印字符:o
打印线程打印字符:r
打印线程打印字符:l
打印线程打印字符:d
打印线程打印字符:
```

通过以下步骤分析管道流的执行原理。

（1）查看 PipedReader 类的构造器

PipedReader 类的无参构造器如下：

```
public PipedReader() {
    initPipe(DEFAULT_PIPE_SIZE);
}
```

在无参构造器中调用 initPipe()方法，initPipe()方法代码如下：

```
private void initPipe(int pipeSize) {
    if (pipeSize <= 0) {
        throw new IllegalArgumentException("Pipe size <= 0");
    }
    buffer = new char[pipeSize];
}
```

initPipe()方法初始化 buffer 字符数组，将 buffer 字符数组当作一个环形的缓冲区，写入和输出
```

字符就发生在这个环形字节数组上。buffer 字符数组代码如下：

```
/**
 * The circular buffer into which incoming data is placed.
 */
char buffer[];
```

当使用 PipedReader 无参构造器时，buffer 的默认容量为 DEFAULT_PIPE_SIZE，即 1024。

```
/**
 * The size of the pipe's circular input buffer.
 */
private static final int DEFAULT_PIPE_SIZE = 1024;
```

（2）查看 PipedWriter 类的构造器

PipedWriter 类的无参构造器如下：

```
public PipedWriter() {
}
```

（3）查看 PipedWriter 类的属性

PipedWriter 类中有一个 PipedReader 的引用，代码如下：

```
private PipedReader sink;
```

（4）查看 PipedWriter 类的 connect()方法

查看 PipedWriter 类的 connect()方法代码如下：

```
public synchronized void connect(PipedReader snk) throws IOException {
    if (snk == null) {
        throw new NullPointerException();
    } else if (sink != null || snk.connected) {
        throw new IOException("Already connected");
    } else if (snk.closedByReader || closed) {
        throw new IOException("Pipe closed");
    }

    sink = snk;
// 下一个写入的位置
    snk.in = -1;
// 下一个读取的位置
    snk.out = 0;
    snk.connected = true;
}
```

connect()方法是一个同步方法，其主要工作在于初始化缓存数组的写入和输出位置。刚创建 PipedWriter 时没有任何字符发生写入和输出，所以写入和输出位置都是默认值。

```
/**
 * The index of the position in the circular buffer at which the
 * next character of data will be stored when received from the connected
 * piped writer. <code>in&lt;0</code> implies the buffer is empty,
 * <code>in==out</code> implies the buffer is full
```

```
 */
int in = -1;

/**
 * The index of the position in the circular buffer at which the next
 * character of data will be read by this piped reader.
 */
int out = 0;
```

(5)分析 PipedWriter 类的 write()方法

PipedWriter 类的 write()方法代码如下：

```
public void write(int c)  throws IOException {
    if (sink == null) {
        throw new IOException("Pipe not connected");
    }
    sink.receive(c);
}
```

(6)分析 PipedReader 类 receive()方法

PipedWriter 类的 write()方法通过调用 PipedReader 类的 receive()方法写入数据，代码如下：

```
/**
 * Receives a char of data. This method will block if no input is
 * available.
 */
synchronized void receive(int c) throws IOException {
    if (!connected) {
        throw new IOException("Pipe not connected");
    } else if (closedByWriter || closedByReader) {
        throw new IOException("Pipe closed");
    } else if (readSide != null && !readSide.isAlive()) {
        throw new IOException("Read end dead");
    }

    writeSide = Thread.currentThread();
    while (in == out) {
        if ((readSide != null) && !readSide.isAlive()) {
            throw new IOException("Pipe broken");
        }
        /* full: kick any waiting readers */
        notifyAll();
        try {
            wait(1000);
        } catch (InterruptedException ex) {
            throw new java.io.InterruptedIOException();
        }
    }
    if (in < 0) {
        in = 0;
        out = 0;
```

```
        }
        buffer[in++] = (char) c;
        if (in >= buffer.length) {
            in = 0;
        }
    }
}
```

当 in 等于 out 时，说明缓冲数组已满，不能再写入数据了，所以在 while 循环中唤醒所有的读取数据的线程（当前读取数据的线程处于阻塞状态），接着当前写入的线程休眠 1 秒。当 in 不等于 out 的时候，说明有空间可以写入数据了，就是写入数据的过程。如果写入的位置超过缓存数组的长度，就重置为 0，从缓冲数组头开始写入。此时就把缓冲数组当作一个环形存储结构使用。

（7）分析 PipedReader 类的 read()方法

PipedReader 类的 read()方法代码如下：

```
public synchronized int read()  throws IOException {
    if (!connected) {
        throw new IOException("Pipe not connected");
    } else if (closedByReader) {
        throw new IOException("Pipe closed");
    } else if (writeSide != null && !writeSide.isAlive()
               && !closedByWriter && (in < 0)) {
        throw new IOException("Write end dead");
    }

    readSide = Thread.currentThread();
    int trials = 2;
    while (in < 0) {
        if (closedByWriter) {
            /* closed by writer, return EOF */
            return -1;
        }
        if ((writeSide != null) && (!writeSide.isAlive()) && (--trials < 0)) {
            throw new IOException("Pipe broken");
        }
        /* might be a writer waiting */
        notifyAll();
        try {
            wait(1000);
        } catch (InterruptedException ex) {
            throw new java.io.InterruptedIOException();
        }
    }
    int ret = buffer[out++];
    if (out >= buffer.length) {
        out = 0;
    }
    if (in == out) {
        /* now empty */
        in = -1;
```

```
        }
        return ret;
}
```

read()方法首先是对管道状态进行校验。在 while 循环中监听是否有写线程写入数据，如果没有就等待，并唤醒写线程（写线程可能处于阻塞状态）。当线程恢复后，尝试读取 buffer 中的数据。如果读到缓冲数组的最后一个元素，就把 out 置为 0，下次从下标 0 开始继续读取数据，此处依旧是把 buffer 数组当作一个环形存储结构使用。

5.10.14　synchronized 常见面试考点

（1）synchronized 的作用。
（2）编写 synchronized 使用不当造成的死锁程序。
（3）synchronized 的实现原理。
（4）高版本 JDK 对 synchronized 的优化。
（5）偏向锁、轻量级锁和重量级锁的优缺点对比。
（6）synchronized 与 Lock 接口的对比。
（7）synchronized 在 HashTable 和 Vector 等容器中的使用方式。

5.11　ThreadLocal

在并发编程中，ThreadLocal 为解决多线程程序并发问题提供了新的思路，通过使用 ThreadLocal 可以写出更加简洁优美的多线程代码。

5.11.1　ThreadLocal 的使用方式

当使用 ThreadLocal 维护变量时，ThreadLocal 为每个使用该变量的线程提供独立的变量副本，因此每一个线程都可以独立地改变自己的副本，而不会影响其他线程所对应的副本。ThreadLocal 使用方式如下：

```
/**
 * @Author : zhouguanya
 * @Project : java-interview-guide
 * @Date : 2020-01-02 22:59
 * @Version : V1.0
 * @Description : ThreadLocal 使用方式演示
 */
public class ThreadLocalDemo {
    /**
     * 定义了一个 ThreadLocal 对象
     * 并重写它的 initialValue 方法，初始值是 3
     * 这个对象会在 3 个线程间共享
```

```java
 */
private ThreadLocal<Integer> threadLocal = ThreadLocal
        .withInitial(() -> 3);
/**
 * 设置一个信号量，许可数为1，让3个线程顺序执行
 */
private Semaphore semaphore = new Semaphore(1);
/**
 * 一个随机数
 */
private Random random = new Random();

/**
 * 工作线程，操作 ThreadLocal
 */
public class Worker implements Runnable {
    @Override
    public void run() {

        try {
            // 随机延时1秒以内的时间
            Thread.sleep(random.nextInt(1000));
            // 获取许可
            semaphore.acquire();
        } catch (InterruptedException e) {
            e.printStackTrace();
        }
        // 从 threadLocal 中获取值
        int value = threadLocal.get();
        System.out.println(Thread.currentThread().getName() +
                " threadLocal old value : " + value);
        // 修改 value 值
        value = random.nextInt();
        // 新的 value 值放入 threadLocal 中
        threadLocal.set(value);
        System.out.println(Thread.currentThread().getName() +
                " threadLocal new value: " + value);
        System.out.println(Thread.currentThread().getName() +
                " threadLocal latest value : " + threadLocal.get());
        // 释放信号量
        semaphore.release();
        // 在线程池中，当线程退出之前，一定要记得调用 remove 方法
        // 因为在线程池中的线程对象是循环使用的
        // 如果不清除 ThreadLocal，就可能会造成下一个任务进入线程池后
        // 会得到上次保存的 ThreadLocal
        threadLocal.remove();
    }
}

/**
```

```java
     * 创建 3 个线程, 每个线程都会对 ThreadLocal 对象进行操作
     */
    public static void main(String[] args) {
        // 一般企业开发中不建议使用 Executors 创建线程池
        // 此处为了简单起见，通过 Executors 创建线程池
        // 企业开发中应当使用 ThreadPoolExecutor 创建线程池
        ExecutorService executorService = Executors
                .newFixedThreadPool(3);
        ThreadLocalDemo threadLocalDemo = new ThreadLocalDemo();
        executorService.execute(threadLocalDemo.new Worker());
        executorService.execute(threadLocalDemo.new Worker());
        executorService.execute(threadLocalDemo.new Worker());
        executorService.execute(threadLocalDemo.new Worker());
        executorService.execute(threadLocalDemo.new Worker());
        // 关闭线程池
        executorService.shutdown();
    }
}
```

执行以上代码，执行结果如下：

```
pool-1-thread-1 threadLocal old value : 3
pool-1-thread-1 threadLocal new value: 266945240
pool-1-thread-1 threadLocal latest value : 266945240
pool-1-thread-3 threadLocal old value : 3
pool-1-thread-3 threadLocal new value: 120321184
pool-1-thread-3 threadLocal latest value : 120321184
pool-1-thread-2 threadLocal old value : 3
pool-1-thread-2 threadLocal new value: 407798089
pool-1-thread-2 threadLocal latest value : 407798089
pool-1-thread-3 threadLocal old value : 3
pool-1-thread-3 threadLocal new value: 711828478
pool-1-thread-3 threadLocal latest value : 711828478
pool-1-thread-1 threadLocal old value : 3
pool-1-thread-1 threadLocal new value: -1243103507
pool-1-thread-1 threadLocal latest value : -1243103507
```

从以上执行结果可知，每个线程都可以操作同一个 ThreadLocal 对象，每一个线程对 ThreadLocal 对象的操作都不会影响其他线程。

5.11.2　ThreadLocal 原理分析

ThreadLocal 类常用方法如下：

（1）public void set(T value)设置当前线程的线程局部变量的值。

（2）public T get()方法返回当前线程所对应的线程局部变量。

（3）public void remove()删除当前线程局部变量的值。

（4）public static <S> ThreadLocal<S> withInitial()方法是 JDK1.8 新增的方法，其作用是创建一个线程本地变量副本，由 Supplier 的 get()方法控制默认值。

（5）protected T initialValue()方法的访问修饰符是 protected，该方法为第一次调用 get 方法提供一个初始值。默认情况下，第一次调用 get()方法返回值 null。在开发中一般会重写 ThreadLocal 的 initialValue()方法，使第一次调用 get()方法时返回一个设定的初始值。

Thread 类中有一个 ThreadLocalMap 属性，其默认值为 null。当第一次调用 ThreadLocal 的 get()方法时，会为当前线程创建一个 ThreadLocalMap 对象，即每个线程都有一个彼此独立的 ThreadLocalMap 对象。

```
/* Thread 类的属性 */
ThreadLocal.ThreadLocalMap threadLocals = null;
```

ThreadLocalMap 本质上是一个哈希表，以 ThreadLocal 对象作为键，以 set()方法的 Value 作为值。不同的 ThreadLocal 对象及其对应的值在 ThreadLocalMap 中以不同的 Entry 对象进行存储。因为不同的线程各自独立维护一个 ThreadLocalMap 对象，所以每一个线程对 ThreadLocal 对象的操作都不会影响其他线程。

ThreadLocal 存储结构如图 5-16 所示。

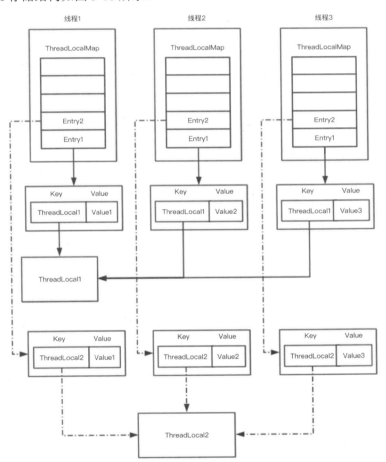

图 5-16　ThreadLocal 存储结构示意图

5.11.3 静态内部类 ThreadLocalMap

ThreadLocal 的功能是基于内部类 ThreadLocalMap 实现的。下面将分析 ThreadLocalMap 的代码。

ThreadLocalMap 的内部类 Entry 表示一个键值对的映射关系，Entry 类的代码如下：

```java
/**
 * Entry 类继承自 WeakReference
 */
static class Entry extends WeakReference<ThreadLocal<?>> {
    /** ThreadLocal 对应的值 */
    Object value;
    // Entry 构造器，key 是 ThreadLocal，value 是 ThreadLocal 对应的值
    Entry(ThreadLocal<?> k, Object v) {
        // 调用父类构造器，key 是 ThreadLocal，因此 key 是弱引用
        super(k);
        // 设置 value
        value = v;
    }
}
```

ThreadLocalMap 的属性如下：

```java
/**
 * 哈希表的初始容量，必须为 2 的整数次幂
 */
private static final int INITIAL_CAPACITY = 16;

/**
 * 哈希表底层的数组，长度必须为 2 的整数次幂
 */
private Entry[] table;

/**
 * 哈希表中元素的个数，即 Entry 的数量
 */
private int size = 0;

/**
 * 哈希表扩容的阈值
 */
private int threshold; // Default to 0

/**
 * 设置哈希表扩容的阈值
 */
private void setThreshold(int len) {
    threshold = len * 2 / 3;
}
```

```java
/**
 * i 加 1 并对 len 取模, 并控制 i 不超过 len
 */
private static int nextIndex(int i, int len) {
    return ((i + 1 < len) ? i + 1 : 0);
}

/**
 * i 减 1 并对 len 取模, 并控制 i 不小于 0
 */
private static int prevIndex(int i, int len) {
    return ((i - 1 >= 0) ? i - 1 : len - 1);
}
```

ThreadLocalMap 类的构造器代码如下:

```java
/**
 * 初始化 ThreadLocalMap
 */
ThreadLocalMap(ThreadLocal<?> firstKey, Object firstValue) {
    // 初始化哈希表, 默认的容量为 16
    table = new Entry[INITIAL_CAPACITY];
    // key 的 hashcode & 1111, 即 hashcode 对 INITIAL_CAPACITY 取模运算
    // 即保留 key 的 hashcode 的低 4 位
    int i = firstKey.threadLocalHashCode & (INITIAL_CAPACITY - 1);
    // 哈希表的第 i 个位置存放一个新的 Entry 对象
    table[i] = new Entry(firstKey, firstValue);
    // 哈希表大小为 1
    size = 1;
    // 设置扩容的阈值
    setThreshold(INITIAL_CAPACITY);
}
```

除了上述构造器以外, ThreadLocalMap 还有另一个构造器, 其代码如下:

```java
/**
 * 从可继承的父 ThreadLocalMap 对象创建一个 ThreadLocalMap 对象
 * 此构造器只会被 createInheritedMap() 方法调用
 */
private ThreadLocalMap(ThreadLocalMap parentMap) {
    // 父的 ThreadLocalMap 的哈希表
    Entry[] parentTable = parentMap.table;
    // 父的 ThreadLocalMap 的哈希表长度
    int len = parentTable.length;
    // 设置扩容的阈值
    setThreshold(len);
    // 创新一个新的哈希表
    table = new Entry[len];
    // 遍历哈希表
    for (int j = 0; j < len; j++) {
        // 父哈希表第 j 个位置上的 Entry
```

```
                    Entry e = parentTable[j];
                    // 如果 e 非空
                    if (e != null) {
                        // 获取 e 的键
                        ThreadLocal<Object> key = (ThreadLocal<Object>) e.get();
                        // 获取 e 的键非空
                        if (key != null) {
                            // 获取 e 的 key 对应的值
                            Object value = key.childValue(e.value);
                            // 创建一个新的 Entry
                            Entry c = new Entry(key, value);
                            // 保留 key 的 hashcode 的低 N 位
                            int h = key.threadLocalHashCode & (len - 1);
                            // 发生哈希碰撞
                            while (table[h] != null)
                                // 找下一个哈希表的位置存放这个 Entry
                                h = nextIndex(h, len);
                            // 找到一个没有发生哈希碰撞的位置存放 Entry
                            table[h] = c;
                            // 哈希表元素数量加 1
                            size++;
                        }
                    }
                }
            }
```

ThreadLocalMap 类的 getEntry()根据指定的键查找对应的 Entry 对象,getEntry()方法代码如下:

```
/**
 * 获取键对应的 Entry 对象
 */
private Entry getEntry(ThreadLocal<?> key) {
    // 保留 key 的 hashcode 的低 N 位
    int i = key.threadLocalHashCode & (table.length - 1);
    // 获取哈希表位置 i 处的 Entry 对象
    Entry e = table[i];
    // 如果 e 非空且 e 的 key 等于 key, 就说明这个 Entry 对象就是要查找的 Entry 对象
    if (e != null && e.get() == key)
        // 返回 Entry 对象 e
        return e;
    else
        // 没有找到对应的 Entry 对象,需要继续查找
        return getEntryAfterMiss(key, i, e);
}
```

当在哈希表指定位置上找到的 Entry 对象并非是待查找的对象时,就可能存在哈希冲突。通过 getEntryAfterMiss()方法继续搜索满足条件的 Entry 对象。getEntryAfterMiss()方法代码如下:

```
/**
 * 如果在哈希表对应的槽位上没有找到指定的 Entry 对象
 * 就采用线性探测法继续在哈希表上查找
```

```java
 */
private Entry getEntryAfterMiss(ThreadLocal<?> key, int i, Entry e) {
    // 哈希表的 Entry 数组
    Entry[] tab = table;
    // Entry 数组的长度
    int len = tab.length;
    // 如果 e 非空
    while (e != null) {
        // 获取 e 的 key
        ThreadLocal<?> k = e.get();
        // 如果 k 等于 key，找到对应的 Entry
        if (k == key)
            // 返回这个 Entry 对象
            return e;
        // 如果 k 为空
        if (k == null)
            // 移除这个失效的 Entry 对象
            expungeStaleEntry(i);
        else
            // 修改 i 为哈希表的下一个位置，继续搜索
            i = nextIndex(i, len);
        // 修改 e 为 tab[i]，进入下一次循环
        e = tab[i];
    }
    // 若没有找到对应的 Entry 对象，则返回 null
    return null;
}
```

与 HashMap 解决哈希冲突的实现方式不同的是，ThreadLocalMap 使用线性探测法解决哈希冲突。

```java
/**
 * 清理失效的 Entry 对象
 */
private int expungeStaleEntry(int staleSlot) {
    // Entry 数组
    Entry[] tab = table;
    // Entry 数组的长度
    int len = tab.length;

    // 清理 staleSlot 位置的 Entry 对象
    tab[staleSlot].value = null;
    tab[staleSlot] = null;
    size--;

    // 连续调整哈希表，直到出现第一个 tab[i] 为 null 的位置停止
    Entry e;
    int i;
    for (i = nextIndex(staleSlot, len);
         (e = tab[i]) != null;
         i = nextIndex(i, len)) {
```

```
            ThreadLocal<?> k = e.get();
            // 如果 key 为 null, 就将该 entry 置为 null
            if (k == null) {
                e.value = null;
                tab[i] = null;
                size--;
            } else {
                // 线性探测法调整元素存储的位置
                int h = k.threadLocalHashCode & (len - 1);
                if (h != i) {
                    tab[i] = null;

                    // Unlike Knuth 6.4 Algorithm R, we must scan until
                    // null because multiple entries could have been stale.
                    while (tab[h] != null)
                        h = nextIndex(h, len);
                    tab[h] = e;
                }
            }
        }
    return i;
}
```

ThreadLocal 的 set() 方法其实是通过 ThreadLocalMap 的 set() 方法实现键值对的赋值的。ThreadLocalMap 的 set() 方法代码如下：

```
/**
 * 向哈希表存储数据
 */
private void set(ThreadLocal<?> key, Object value) {
    // 哈希表 Entry 数组
    Entry[] tab = table;
    // 哈希表 Entry 数组的长度
    int len = tab.length;
    // 保留 key 的 hashcode 的低 N 位
    int i = key.threadLocalHashCode & (len-1);
    // 如果哈希表 Entry 数组第 i 个位置的 Entry 非空, 即哈希碰撞
    // 就向后查找适合的位置用于存储键值对
    for (Entry e = tab[i];
         e != null;
         e = tab[i = nextIndex(i, len)]) {
        // 获取 e 的 key
        ThreadLocal<?> k = e.get();
        // 如果 k 等于 key, 找到了对应的 Entry
        // 就更新 Entry 的值
        if (k == key) {
            e.value = value;
            // 跳出循环
            return;
        }
        // 如果 Entry 的 key 为空
```

```
        if (k == null) {
            // 就需要替换旧的 Entry
            replaceStaleEntry(key, value, i);
            return;
        }
    }
    // 如果 hash 表 i 位置没有 Entry, 就直接创建新的 Entry 并存入位置 i
    tab[i] = new Entry(key, value);
    // hash 表存储的元素数量加 1
    int sz = ++size;
    // 如果没有可以清除的 Entry 并且哈希表的长度大于等于扩容阈值
    if (!cleanSomeSlots(i, sz) && sz >= threshold)
        // 就重新调整哈希表的大小, 清理失效的对象或者扩容
        rehash();
}
```

cleanSomeSlots()方法用于清理哈希表中键为 null 但是 Entry 对象非空的那部分存储空间，cleanSomeSlots()方法代码如下：

```
/**
 * 清理非 null 但是 key 为 null 的 Entry
 * 参数 n 决定了 for 循环要执行的次数
 * 如果发现需要清理的结点, 就会调用 expungeStaleEntry()方法清理
 */
private boolean cleanSomeSlots(int i, int n) {
    boolean removed = false;
    Entry[] tab = table;
    int len = tab.length;
    do {
        i = nextIndex(i, len);
        Entry e = tab[i];
        if (e != null && e.get() == null) {
            n = len;
            removed = true;
            i = expungeStaleEntry(i);
        }
    } while ( (n >>>= 1) != 0);
    return removed;
}
```

当达到扩容阈值后，将通过 rehash()方法对哈希表进行扩容。rehash()方法代码如下：

```
/**
 * 重新调整哈希表
 */
private void rehash() {
    // 清理所有失效的 Entry
    expungeStaleEntries();

    // 如果 size 等于 threshold * 3/4
    if (size >= threshold - threshold / 4)
```

```
        // 就进行扩容
        resize();
}
```

rehash()方法调用 resize()方法进行扩容，resize()方法代码如下：

```
/**
 * 哈希表扩容
 */
private void resize() {
    // 老的哈希表
    Entry[] oldTab = table;
    // 老的哈希表的容量
    int oldLen = oldTab.length;
    // 新的哈希表的容量= oldLen * 2，即扩容后的容量是原容量的 2 倍
    int newLen = oldLen * 2;
    // 新的哈希表
    Entry[] newTab = new Entry[newLen];
    int count = 0;
    // 遍历老的哈希表
    for (int j = 0; j < oldLen; ++j) {
        // 老的哈希表的第 j 个位置的 Entry 对象
        Entry e = oldTab[j];
        // 如果 Entry 非空
        if (e != null) {
            // 获取 Entry 对象对应的 key 对象
            ThreadLocal<?> k = e.get();
            // 如果 Entry 的 key 失效
            if (k == null) {
                // 把 Entry 的 value 置为空
                e.value = null; // Help the GC
            } else {
                // 重新计算新的哈希值
                int h = k.threadLocalHashCode & (newLen - 1);
                // 用线性探测法计算 Entry 在新的哈希表中的存储位置
                while (newTab[h] != null)
                    h = nextIndex(h, newLen);
                newTab[h] = e;
                count++;
            }
        }
    }
    // 设置新的扩容阈值
    setThreshold(newLen);
    // 设置哈希表的大小
    size = count;
    // 修改 table 引用新的哈希表
    table = newTab;
}
```

5.11.4 ThreadLocal 类的 set()方法

set()方法用于设置 ThreadLocal 对象的值,其代码如下:

```
/**
 * 设置 ThreadLocal 变量的值
 */
public void set(T value) {
    // 获取当前线程对象
    Thread t = Thread.currentThread();
    // 获取当前线程的 ThreadLocalMap 对象
    ThreadLocalMap map = getMap(t);
    // 如果当前线程的 ThreadLocalMap 非空
    if (map != null)
        // 往 ThreadLocalMap 中添加 K-V 键值对
        map.set(this, value);
    else
        // 如果当前线程的 ThreadLocalMap 为空
        // 就创建 ThreadLocalMap 对象
        createMap(t, value);
}
```

如果当前线程的 ThreadLocalMap 对象为空,就通过 createMap()方法创建当前线程的 ThreadLocalMap 对象。createMap()方法代码如下:

```
/**
 * 创建 ThreadLocalMap 对象
 */
void createMap(Thread t, T firstValue) {
    // 调用 ThreadLocalMap 的构造器并给线程内的 ThreadLocalMap 赋值
    t.threadLocals = new ThreadLocalMap(this, firstValue);
}
```

如果当前线程的 ThreadLocalMap 对象非空,就调用 ThreadLocalMap 类的 set()方法向 ThreadLocalMap 添加新的值。ThreadLocalMap 的构造器和 set()方法代码可参考 5.11.3 小节。

5.11.5 ThreadLocal 类的 get()方法

get()方法用于返回 ThreadLocal 中保存的值。get()方法代码如下:

```
/**
 * TheadLocal 中的 get()源码分析
 */
public T get() {
    // 获取当前的线程
    Thread t = Thread.currentThread();
    // 调用 getMap()方法获取线程的 ThreadLocalMap 对象
    ThreadLocalMap map = getMap(t);
```

```java
    // 如果 ThreadLocalMap 对象非空，就进行查找操作
    if (map != null) {
        // 通过 ThreadLocalMap 的 getEntry()方法查找 Entry 对象
        // Entry 对象中的 key 是 ThreadLocal 对象，Value 是 ThreadLocal 对象的值
        ThreadLocalMap.Entry e = map.getEntry(this);
        // ThreadLocalMap.Entry 非空，即当前这个 ThreadLocal 对象的键值对存在
        if (e != null) {
            // ThreadLocalMap.Entry 中的 value 值
            T result = (T)e.value;
            // 返回 value
            return result;
        }
    }
    // 如果 ThreadLocalMap 对象为空，就进行初始化
    return setInitialValue();
}
```

如果当前线程的 ThreadLocalMap 对象为空，就通过 setInitialValue()方法为当前线程初始化 ThreadLocalMap 对象。setInitialValue()方法代码如下：

```java
/**
 * 设置初始值的方法
 */
private T setInitialValue() {
    // 获取初始值
    T value = initialValue();
    // 获取当前线程
    Thread t = Thread.currentThread();
    // 获取当前线程的 ThreadLocalMap 对象
    ThreadLocalMap map = getMap(t);
    // 如果 ThreadLocalMap 对象非空
    if (map != null)
        // 就在 ThreadLocalMap 中设置 K-V 键值对
        map.set(this, value);
    else
        // 如果 ThreadLocalMap 对象为空
        // 就创建 ThreadLocalMap 对象，并设置初始值
        createMap(t, value);
    // 返回 initialValue()方法的返回值，即初始值
    return value;
}
```

5.11.6 ThreadLocal 与内存泄漏

回顾 5.11.1 小节的代码进行分析，一般在使用线程池时，线程执行完后不被回收，线程会一直保留在线程池中（开发人员强制要求回收线程也是可以的）。因此，Thread 有一个强引用指向 ThreadLocalMap 对象，ThreadLocalMap 对象有强引用指向 Entry 对象，Entry 对象的键是一个弱引用，指向的是 ThreadLocal 对象。

如果 ThreadLocal 对象在使用一次后就不再有任何引用指向它，那么 JVM 垃圾收集器会将 ThreadLocal 对象回收掉，导致 Entry 对象变为{null : value}这样的键值对。当 key 为 null 时，这个 Entry 对象是无效的。因为键被垃圾收集器回收了，而值却无法被回收，一直保存在内存中。

通过以上分析可知，在执行 ThreadLocal.set()方法为 ThreadLocal 设置了一些值之后，一定要使用 ThreadLocal.remove()方法将不再需要的数据移除掉，避免内存泄漏。

5.11.7 ThreadLocal 常见面试考点

（1）ThreadLocal 的作用。

（2）ThreadLocal 对象的线程是否安全及其原因。

（3）对比 ThreadLocal 内部类 ThreadLocalMap 解决"哈希碰撞"的方式与 HashMap 解决"哈希碰撞"的方式。

（4）数据库连接池等池化技术是如何使用 ThreadLocal 技术的。

第 6 章

并发编程工具

6.1　AbstractQueuedSynchronizer

AbstractQueuedSynchronizer（简称 AQS）是在 Java 并发编程中与锁和同步器相关的重要成员，很多并发容器和组件都是基于 AbstractQueuedSynchronizer 开发和实现的。本节重点分析 AbstractQueuedSynchronizer 的代码。

6.1.1　AbstractOwnableSynchronizer 代码分析

AbstractQueuedSynchronizer 为创建可能需要所有权概念的锁和相关同步器提供了基础。AbstractQueuedSynchronizer 代码分析如下：

```
/**
 * AbstractOwnableSynchronizer 源码分析
 */
public abstract class AbstractOwnableSynchronizer
    implements java.io.Serializable {
    /** 序列化 ID */
    private static final long serialVersionUID = 3737899427754241961L;
    /**
     * 构造器
     */
    protected AbstractOwnableSynchronizer() { }
    /**
     * 在独占模式下，同步器的当前所有者（一个线程对象）
     */
    private transient Thread exclusiveOwnerThread;
    /**
     * 设置独占模式同步器的当前所有者
```

```java
     */
    protected final void setExclusiveOwnerThread(Thread thread) {
        exclusiveOwnerThread = thread;
    }
    /**
     * 返回独占模式同步器的当前所有者
     */
    protected final Thread getExclusiveOwnerThread() {
        return exclusiveOwnerThread;
    }
}
```

6.1.2 AbstractQueuedSynchronizer 内部类

AbstractQueuedSynchronizer 内部维护了队列数据结构，队列的最小组成单元是结点。在 AbstractQueuedSynchronizer 类中维护了一个静态内部类 Node，用于表示队列的结点信息。AbstractQueuedSynchronizer 静态内部类 Node 的代码如下：

```java
/**
 * AbstractQueuedSynchronizer 维护的队列的结点类型
 * 通过 Node 可以实现两种队列，分别是：
 * 1.通过 prev 和 next 属性实现 CLH 队列 (同步队列，双向队列)
 * 2.nextWaiter 属性实现的在 Condition 条件上的等待线程队列 (条件队列，单向队列)
 */
static final class Node {
    /** 标识结点当前在共享模式下 */
    static final Node SHARED = new Node();
    /** 标识结点当前在独占模式下 */
    static final Node EXCLUSIVE = null;
    /** 下面的几个 int 常量用于 waitStatus 变量 */
    /** CANCELLED 表示此线程已经取消获取同步资源 */
    static final int CANCELLED =  1;
    /** SIGNAL 表示当前结点的后继结点对应的线程需要被唤醒 */
    static final int SIGNAL    = -1;
    /** CONDITION 表示线程在等待某个 Condition 条件 */
    static final int CONDITION = -2;
    /** PROPAGATE 表示在共享模式同步状态可以进行传播 */
    static final int PROPAGATE = -3;
    /**
     * 取值范围只可能是：
     *    SIGNAL:表示当前结点的后继结点对应的线程需要被唤醒
     *    CANCELLED:此线程已经取消，可能是超时或者中断
     *    CONDITION:此结点当前处于条件队列中
     *    PROPAGATE:当前场景下后续的结点能够得以执行
     *    0:对于正常的同步结点,该字段初始化为 0
     */
    volatile int waitStatus;
    /**
     * 当前结点的前驱结点,用于检查 waitStatus
```

```java
     * 若当前结点取消获取资源，则需要前驱结点和后继结点来完成连接
     */
    volatile Node prev;
    /**
     * 指向当前结点在释放时唤醒的后继结点
     */
    volatile Node next;

    /**
     * 进入队列时的线程对象
     */
    volatile Thread thread;
    /**
     * 存储条件队列中的后继结点
     */
    Node nextWaiter;
    /**
     * 如果结点在共享模式下等待，就返回 true
     */
    final boolean isShared() {
        return nextWaiter == SHARED;
    }
    /**
     * 返回当前结点的前驱结点
     */
    final Node predecessor() throws NullPointerException {
        // 得到结点的前驱结点
        Node p = prev;
        // 如果结点的前驱结点为空
        if (p == null)
            // 就抛出 NullPointerException 异常
            throw new NullPointerException();
        else
            // 如果结点的前驱结点非空，就返回前驱结点
            return p;
    }
    /**
     * 无参构造器
     */
    Node() {
    }
    /**
     * 构造器，用于 addWaiter() 方法
     */
    Node(Thread thread, Node mode) {
        this.nextWaiter = mode;
        this.thread = thread;
    }
    /**
     * 构造器，用于 Condition 条件队列
```

```
    */
    Node(Thread thread, int waitStatus) {
        this.waitStatus = waitStatus;
        this.thread = thread;
    }
}
```

本节只做 Node 类核心属性和方法的代码解析，在后续章节会陆续分析有关 Node 类在不同并发容器中的作用和使用方式。更多有关队列的知识点可参考 2.6 节。

AbstractQueuedSynchronizer 类中除了包含一个 Node 内部类外，还包含另一个内部类 ConditionObject。ConditionObject 是 AbstractQueuedSynchronizer 类关于条件阻塞的实现方式。ConditionObject 类的声明如下：

```
public class ConditionObject implements Condition, java.io.Serializable
```

从 ConditionObject 类的声明可知，ConditionObject 类实现了 Condition 接口。Condition 接口定义了线程等待和唤醒等方法，可以使线程在某些特定的条件下进行等待，当条件满足后，由其他线程再次唤醒。Condition 代码如下：

```
/**
 * Condition 条件接口代码解析
 */
public interface Condition {
    /**
     * 使线程进入等待状态
     */
    void await() throws InterruptedException;
    /**
     * 使线程进入等待指定的时间，时间单位为纳秒
     */
    long awaitNanos(long nanosTimeout) throws InterruptedException;
    /**
     * 使线程进入等待指定的时间，时间单位由 TimeUnit 指定
     */
    boolean await(long time, TimeUnit unit) throws InterruptedException;
    /**
     * 使线程进入等待状态，可以响应线程中断
     */
    void awaitUninterruptibly();
    /**
     * 使线程进入等待状态，等待到指定的日期
     */
    boolean awaitUntil(Date deadline) throws InterruptedException;
    /**
     * 唤醒一个线程
     */
    void signal();
    /**
     * 唤醒所有线程
     */
```

```
        void signalAll();
}
```

ConditionObject 类维护了条件队列并提供了线程阻塞和唤醒等方法,因此其代码较为复杂。本节只进行简单介绍,后续章节将详细讲解 ConditionObject 类的属性和方法以及 ConditionObject 在并发编程中的作用。

6.1.3　AbstractQueuedSynchronizer 的属性

AbstractQueuedSynchronizer 类有几个重要的属性,分别是 head、tail 和 state,这几个属性的含义及相关方法的代码如下:

```
/**
 * 队列的头结点。头结点不代表任何线程,只是一个伪结点(Dummy Node)
 */
private transient volatile Node head;
/**
 * 队列的尾结点
 */
private transient volatile Node tail;
/**
 * 同步状态
 */
private volatile int state;
/**
 * 返回 state 状态
 */
protected final int getState() {
    return state;
}
/**
 * 设置 state 状态
 */
protected final void setState(int newState) {
    state = newState;
}
```

6.1.4　AbstractQueuedSynchronizer 独占模式

在并发编程中,同步资源的状态可以分为独占和共享两种。独占模式即一个线程占有同步资源后,其余线程均不可以使用此同步资源。共享模式即一个线程占有同步资源后,多个线程可以共享同步资源的状态。

独占模式至少有两个功能:

(1)获取同步资源的功能。当多个线程同时竞争同步资源的时候,只有一个线程能获取到同步资源,其他未获取到同步资源的线程必须在当前位置等待。

（2）释放同步资源的功能。获取同步资源的线程用完同步资源后，释放这个同步资源，并唤醒正在等待同步资源的一个或多个线程。

独占模式下，获取资源的使用权主要是通过 acquire()方法实现的，acquire()方法代码如下：

```
/**
 * 以独占的方式获取同步资源,此方法不响应中断
 */
public final void acquire(int arg) {
    // 1.调用 tryAcquire()方法尝试获取同步资源
    // 如果 tryAcquire()方法返回 true,那么 acquire()方法执行结束
    // tryAcquire()方法一般在 AQS 子类中实现
    // 2.如果 tryAcquire()方法返回 false
    // 就调用 addWaiter()方法将当前调用 acquire()方法的线程入队
    // 3.调用 acquireQueued()方法在等待队列中获取同步资源
    if (!tryAcquire(arg) &&
        acquireQueued(addWaiter(Node.EXCLUSIVE), arg))
        // 线程中断
        selfInterrupt();
}
```

acquire()方法虽然很简单，但其执行流程却是非常复杂的。其执行流程可以分为以下几步：

（1）执行 tryAcquire()方法。

调用 tryAcquire()方法尝试获取同步资源的使用权限。如果获取成功，tryAcquire()方法就会返回 true，整个 if 条件将会返回 false，因此 acquire()执行结束。如果 tryAcquire()方法返回 false，就说明当前环境中存在竞争同步资源的线程，因此造成当前的线程获取同步资源的使用权限失败。当 tryAcquire()方法返回 false 时，则执行步骤（2）。

（2）执行 addWaiter()方法。

将当前的线程封装为一个 Node 对象，Node 类的代码可参考 6.1.2 小节。如果当前环境中有多个线程竞争同步资源失败，那么每个线程都会被封装为一个 Node 对象，这些 Node 对象之间将形成一个队列，这个队列通常称为同步队列。

（3）执行 acquireQueued()方法。

当线程进入同步队列后，会在同步队列中等待同步资源的释放。当线程争取到同步资源的使用权后，线程将会从同步队列中出队。

（4）执行 selfInterrupt()方法。

如果线程在期间发生中断，就维护线程中断的状态，但并不响应中断。

首先分析 tryAcquire()方法代码。tryAcquire()方法代码如下：

```
/**
 * 尝试获取锁,方法直接抛出 UnsupportedOperationException 异常
 * 因此 tryAcquire()的具体逻辑需要由 AbstractQueuedSynchronizer 的子类实现
 */
protected boolean tryAcquire(int var1) {
    throw new UnsupportedOperationException();
}
```

tryAcquire()方法在 AbstractQueuedSynchronizer 中没有具体的实现，tryAcquire()方法没有任何逻辑，需要子类重写该方法。通常情况下，模板方法设计模式的使用方式是将父类中必须由子类重写的方法定义为抽象方法，但在 AbstractQueuedSynchronizer 中，tryAcquire()方法并没有被定义为抽象方法，原因在于，在 AbstractQueuedSynchronizer 的独占模式的子类中需要重写 tryAcquire()和 tryRelease()方法，共享模式的子类需要重写 tryAcquireShared()方法和 tryReleaseShared()方法。如果将这些方法都定义成抽象方法，那么每个子类要实现 4 个抽象方法。此处 AbstractQueuedSynchronizer 类对 tryAcquire()方法的设计方式可以尽量减少开发者不必要的工作量。

addWaiter()方法将未获取到同步资源使用权的线程放入同步队列中。addWaiter()方法代码如下：

```java
/**
 * 将未获取到共享资源的线程添加到队列的尾结点
 * 方法参数 Node.EXCLUSIVE 表示当前是独占模式
 */
private Node addWaiter(Node mode) {
    // 用当前线程创建一个 Node 结点
    Node node = new Node(Thread.currentThread(), mode);
    // 以下代码的执行逻辑是：
    // 首先获取原队列的尾结点
    // 将当前结点加入队列尾部，如果入队成功，就返回新结点 node
    // 如果入队失败，就采用自旋加入结点直至入队成功返回该结点
    Node pred = tail;
    // 如果当前队尾非空
    if (pred != null) {
        // 将 node 结点的 prev 引用指向队尾结点
        node.prev = pred;
        // 如果通过 CAS 入队尾成功
        // 即 node 结点成为新的对尾结点
        if (compareAndSetTail(pred, node)) {
            // 原队尾 pred 结点的 next 引用指向 node
            pred.next = node;
            // 返回 node
            return node;
        }
    }
    // 如果队尾为空
    // 或者通过 CAS 进入队尾失败，即当前环境存在多个线程竞争入队
    // 通过 enq()方法自旋
    enq(node);
    // 返回 node 结点
    return node;
}
```

addWaiter()方法通过 CAS（Compare And Swap，比较再交换）方式使线程进入队尾。CAS 有 3 个操作数，分别是内存值 V、旧的期望值 A 和将要修改的新值 B。当且仅当旧的期望值 A 和内存值 V 相等时，将内存值 V 修改为新值 B。在 addWaiter()方法中通过 CAS 方式入队，当且仅当队

尾结点没有被修改时，当前结点才可以入队成功，否则执行 enq() 方法。enq() 方法代码如下：

```java
/**
 * 自旋方式使 node 结点进入队尾
 */
private Node enq(final Node node) {
    // 自旋
    for (;;) {
        // 队尾结点
        Node t = tail;
        // 如果队尾结点为空，即队列为空
        if (t == null) {
            // 创建虚拟头结点
            // 通过 CAS 设置队列头结点
            if (compareAndSetHead(new Node()))
                // 此时队列只有一个结点
                // 即头结点等于尾结点
                tail = head;
        } else {
            // 如果队列尾结点非空
            // 设置 node 结点的 prev 引用指向 t
            node.prev = t;
            // 通过 CAS 设置新的队尾结点为 node 结点
            if (compareAndSetTail(t, node)) {
                // 原队尾结点的 next 引用指向 node
                // node 结点就是新的尾结点 tail
                t.next = node;
                // 自旋结束，返回原尾结点
                return t;
            }
        }
    }
}
```

当线程成功进入同步队列后，通过 acquireQueued() 方法在同步队列中等待同步资源的释放。acquireQueued() 方法代码如下：

```java
/**
 * 结点加入队列后，尝试在同步队列中自旋获取资源
 */
final boolean acquireQueued(final Node node, int arg) {
    // 标记是否成功获取到资源
    boolean failed = true;
    try {
        // 标记线程是否被中断
        boolean interrupted = false;
        // 自旋
        for (;;) {
            // node 的前驱结点，可能会抛出 NullPointerException 异常
            final Node p = node.predecessor();
            // 如果 node 的前驱结点是队列头结点 head
```

```java
            // head 结点释放资源后
            // 紧接着就应该是 node 尝试获取资源
            // 因此调用 tryAcquire() 尝试获取资源
            if (p == head && tryAcquire(arg)) {
                // tryAcquire()方法返回 true，即获取资源成功
                // 设置 node 为新的头结点
                setHead(node);
                // 设置原头结点的后继结点 next 为 null
                // 帮助 JVM 进行垃圾收集
                p.next = null;
                // 标记已经获取到资源
                failed = false;
                // 返回 interrupted 状态，此时 interrupted=false
                return interrupted;
            }
            // 如果 node 的前驱结点不是队列头结点 head
            // 或者调用 tryAcquire()方法尝试获取资源失败
            // 则将进入这个分支
            // 1.检查并更新无法获取资源的结点的状态
            // 如果线程应该阻塞，就返回 true
            // 2.阻塞线程，并检查中断状态
            if (shouldParkAfterFailedAcquire(p, node) &&
                parkAndCheckInterrupt())
                // 如果 1、2 条件都满足，就需要设置中断标识为 true
                interrupted = true;
        }
    } finally {
        // 如果 failed=true，就说明线程未能成功获取到资源
        // 如果 node 前驱结点 p 为空，代码就会抛出 NullPointerException 异常
        // 说明 node 为头结点，node 结点无前驱结点，此时 failed=true 且抛出异常
        if (failed)
            // 取消对资源的获取
            cancelAcquire(node);
    }
}
```

acquireQueued()方法调用 predecessor()方法获取结点的前驱结点。predecessor()方法代码如下，此方法会抛出 NullPointerException 异常。

```java
/**
 * 获取当前结点的前驱结点，会抛出 NullPointerException 异常
 */
final Node predecessor() throws NullPointerException {
    // 指向当前结点前驱结点的引用
    Node p = prev;
    // 如果前驱结点为空，就抛出 NullPointerException
    if (p == null)
        throw new NullPointerException();
    else
        // 返回前驱结点
        return p;
```

}
```

acquireQueued()调用 predecessor()方法获取当前结点的前驱结点后，如果当前结点的前驱结点为头结点，就调用 tryAcquire()方法尝试获取资源。如果 tryAcquire()方法返回 true，即获取资源成功，就通过 setHead()方法将当前结点设置为头结点。setHead()方法代码如下：

```
private void setHead(Node node) {
    head = node;
    node.thread = null;
    node.prev = null;
}
```

从 setHead()方法可知，头结点是一个虚结点（Dummy Node），头结点对应的 thread 属性为 null。acquireQueued()调用 shouldParkAfterFailedAcquire()方法代码如下：

```
/**
 * 线程获取资源失败后，判断是否阻塞线程
 */
private static boolean shouldParkAfterFailedAcquire(Node pred, Node node) {
    // 获得前驱结点的状态
    // 根据前驱结点的状态判断是否将线程阻塞
    int ws = pred.waitStatus;
    // 如果前驱结点已经被设置为 SIGNAL
    if (ws == Node.SIGNAL)
        /*
         * 当前驱结点释放资源后，唤醒后继结点
         * 返回 true，表示阻塞当前线程
         */
        return true;
    // 如果前驱结点状态大于 0，即 CANCELLED 状态
    if (ws > 0) {
        /*
         * 如果前驱结点的线程取消等待资源（可能线程超时或中断）
         * 跳过所有被撤销的前驱结点
         * 将最近一个状态小于 0 的结点设置为 node 结点的前驱结点
         */
        do {
            // 如果 waitStatus>0
            // 修改 node.prev 指向前驱结点的前驱结点
            node.prev = pred = pred.prev;
        // while 循环，waitStatus≤0 跳出循环
        } while (pred.waitStatus > 0);
        // 退出 while 循环后，当前 pred 结点就是 node 结点的前驱结点
        // 修改 pred 结点的后继结点为 node 结点
        pred.next = node;
    } else {
        /*
         * 如果上面的条件都不满足
         * 此时 waitStatus 一定是 0 或者 PROPAGATE
         * 通过 CAS 设置前驱结点的状态为 SIGNAL
         */
```
```

```
            compareAndSetWaitStatus(pred, ws, Node.SIGNAL);
    }
    // 返回 false，表示不阻塞线程
    // 回到 acquireQueued()方法，返回 false 会进入下一次自旋
    return false;
}
```

waitStatus 一共有以下 4 种状态：

```
static final int CANCELLED =  1;
static final int SIGNAL    = -1;
static final int CONDITION = -2;
static final int PROPAGATE = -3;
```

在 shouldParkAfterFailedAcquire()方法中只用到其中的两个状态，分别是 CANCELLED 和 SIGNAL。在创建结点时并没有给 waitStatus 赋值，因此每一个结点的 waitStatus 初始值都是 0，即不属于上面任何一种状态。

CANCELLED 状态表示 Node 所代表的当前线程已经取消了排队，即放弃获取同步资源。SIGNAL 并不表示当前结点的状态，而是当前结点的后继结点的状态。当一个结点的 waitStatus 被置为 SIGNAL 时，说明它的后继结点要被阻塞，因此在当前结点释放了同步资源后，如果当前结点的 waitStatus 属性为 SIGNAL，当前结点就还要完成一个额外的操作——唤醒后继结点。

如果 shouldParkAfterFailedAcquire()方法返回 false，就会造成线程进入 acquireQueued()方法自旋；如果 shouldParkAfterFailedAcquire()方法返回 true，就会执行 parkAndCheckInterrupt()方法。parkAndCheckInterrupt()方法代码如下：

```
/**
 * 阻塞线程，当线程恢复后判断线程是否中断
 */
private final boolean parkAndCheckInterrupt() {
    // park()会让当前线程进入 waiting 状态
    // 在此状态下，有两种途径可以唤醒该线程
    // 1.unpark()
    // 2.interrupt()
    LockSupport.park(this);
    // 返回线程是否被中断，此方法会清除中断标识
    return Thread.interrupted();
}
```

如果 parkAndCheckInterrupt()方法返回 true，acquireQueued()方法就需要设置 interrupted 为 true。acquireQueued()方法返回 interrupted 的状态。回到 acquire()方法，如果 acquireQueued()方法返回 true，就会执行 selfInterrupt()方法。selfInterrupt 方法代码如下：

```
/**
 * 设置线程中断，并不对中断做出响应
 */
static void selfInterrupt() {
    Thread.currentThread().interrupt();
}
```

acquire()方法执行流程总结如下：

（1）通过 tryAcquire()方法尝试获取资源，如果获取资源成功，acquire()方法就执行结束，否则进入步骤（2）。

（2）如果尝试获取资源失败，即 tryAcquire()方法返回 false，执行 addWaiter()方法将线程以结点的方法添加到队列的末尾。

（3）addWaiter()方法也许会存在竞争，造成线程进入队尾失败的情况，需要通过自旋的方式入队尾。

（4）入队尾成功后，通过 acquireQueued()方法尝试在队列中获取资源或者阻塞线程。

（5）通过 park()方法阻塞线程后，等待前驱结点调用 unpark()方法或者线程中断唤醒阻塞的线程。

（6）当线程恢复执行后，判断线程是否中断并维护线程中断标识。

acquire()方法执行流程如图 6-1 所示。

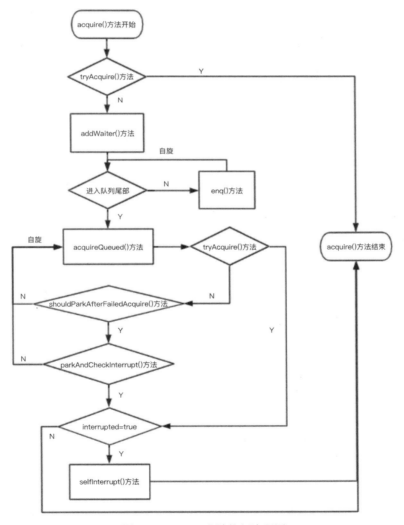

图 6-1　acquire()方法执行流程图

独占模式下,释放资源的使用权是通过release()方法实现的,release()方法代码如下:

```java
/**
 * 释放独占的资源
 * 唤醒同步队列中的其他线程
 */
public final boolean release(int arg) {
    // 如果tryRelease()释放资源成功
    if (tryRelease(arg)) {
        // 获取同步队列的头结点
        Node h = head;
        // 如果队列的头结点非空
        // 并且头结点的waitStatus不等于0
        // 那么队列中可能存在待唤醒的结点
        if (h != null && h.waitStatus != 0)
            // 唤醒后继结点,让后继结点竞争资源
            unparkSuccessor(h);
        // 释放独占的资源成功,返回true
        return true;
    }
    // 释放独占的资源失败,返回false
    return false;
}
```

release()方法执行流程可以分为以下几步:

(1)执行tryRelease()方法。

调用tryRelease()方法尝试释放同步资源的使用权限。若释放成功,则tryRelease()方法将会返回true,然后执行步骤(2)。若tryRelease()方法返回false,则释放资源失败。

(2)执行unparkSuccessor()方法。

unparkSuccessor()方法唤醒等待队列中的后继结点,使之可以再次竞争同步资源。

tryRelease()方法在 AbstractQueuedSynchronizer 中没有具体的实现,tryRelease()方法需要AbstractQueuedSynchronizer 的子类实现。tryRelease()方法代码如下:

```java
/**
 * 释放资源,由AbstractQueuedSynchronizer子类完成实现
 */
protected boolean tryRelease(int arg) {
    throw new UnsupportedOperationException();
}
```

若tryRelease()方法返回true,则将尝试执行unparkSuccessor()方法唤醒同步队列中的后继等待的线程。unparkSuccessor()方法代码如下:

```java
/**
 * 唤醒同步队列的后继结点
 */
private void unparkSuccessor(Node node) {
    /*
```

```
     * 结点的状态
     * 如果小于零，则肯定不是 CANCELLED 状态
     */
    int ws = node.waitStatus;
    if (ws < 0)
        // 通过 CAS 方式将结点状态修改为 0
        compareAndSetWaitStatus(node, ws, 0);
    /*
     * node 结点的后继结点
     */
    Node s = node.next;
    // 如果后继结点非空，且状态大于 0，即 CANCELLED 状态
    // 说明后继结点对应的线程取消对资源的等待
    if (s == null || s.waitStatus > 0) {
        // 将后继结点置为空
        s = null;
        // 从同步队列尾结点开始向前遍历，
        // 找到同步队列中 node 结点后第一个等待唤醒的结点
        // 如果遍历到的结点 t 非空且不等于当前结点 node，
        // 则校验结点 t 的状态
        for (Node t = tail; t != null && t != node; t = t.prev)
            // 如果结点的状态小于等于 0
            if (t.waitStatus <= 0)
                // 则将 s 指向 t
                s = t;
    }
    // 如果结点 s 非空
    if (s != null)
        // 唤醒结点 s 对应的线程
        LockSupport.unpark(s.thread);
}
```

unparkSuccessor()方法执行流程如下：

（1）将 node 结点的状态设置为 0。

（2）寻找到下一个非取消状态的结点 s。

（4）如果结点 s 不为 null，则调用 LockSupport.unpark(s.thread)方法唤醒结点 s 对应的线程。

（5）unparkSuccessor()方法唤醒线程的顺序即线程添加到同步队列的顺序。

在 AbstractQueuedSynchronizer 维护了一个同步队列（或者称为等待队列），此队列是通过一个双向链表实现的。同步队列的头结点是一个虚结点（dummy node），不代表任何线程（某些情况下可以看作是代表了当前持有锁的线程），因此头结点的 thread 属性永远是 null。只有头结点往后的所有结点才代表了所有等待资源的线程。即在当前线程没有抢到资源被包装成 Node 对象进入同步队列中时，即使同步队列是空的，此 Node 对象也会排在同步队列第二位，在同步队列的第一位上会创建一个虚结点。因此 AbstractQueuedSynchronizer 中维护的同步队列除去头结点以外部分才是真正等待资源的队列。同步队列存储结构如图 6-2 所示。

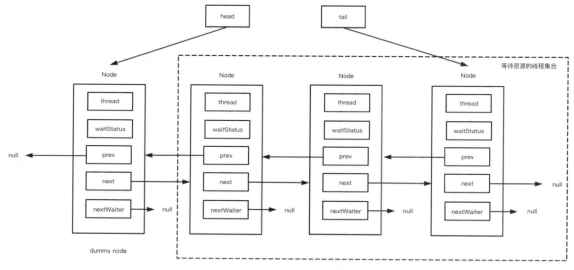

图 6-2　同步队列存储示意图

6.1.5　AbstractQueuedSynchronizer 共享模式

AbstractQueuedSynchronizer 独占模式和共享模式的不同之处在于同一时刻能否有多个线程获取同步资源的状态。在独占模式下,当某个线程获取资源后,只有这一个线程获取同步状态并执行。在共享模式下,在某一个线程获取资源后,多个线程可以共享资源的状态,多个线程共同执行。

在共享模式下,获取资源的使用权主要是通过 acquireShared() 方法实现的。acquireShared() 方法代码如下:

```java
/**
 * 以共享模式获取资源,忽略中断
 */
public final void acquireShared(int arg) {
    // 该方法只有一个分支,判断是否能获取到共享资源
    // 如果能够获取到共享资源就返回正数,否则返回负数
    if (tryAcquireShared(arg) < 0)
    // 没有获取到共享资源,将执行 doAcquireShared() 方法
    doAcquireShared(arg);
}
```

acquireShared() 方法通过 tryAcquireShared() 方法尝试获取共享资源。tryAcquireShared() 方法代码如下:

```java
/**
 * 以共享模式尝试获取资源,此方法交给子类实现
 * 返回小于 0,说明获取资源失败
 * 返回 0 说明当前线程获取同步状态成功
 * 不需要唤醒它的后继结点进行传播
 * 返回大于 0,说明当前线程获取同步状态后要唤醒它的后继结点
 * 让其他线程也尝试去获取同步状态
 */
```

```
protected int tryAcquireShared(int arg) {
    throw new UnsupportedOperationException();
}
```

AbstractQueuedSynchronizer 类并未实现 tryAcquireShared()方法，而是交由其子类实现。如果 tryAcquireShared()方法返回小于 0，即线程获取共享资源失败，就通过 doAcquireShared()方法使线程进入同步队列。doAcquireShared()方法代码如下：

```
/**
 * 线程加入同步队列
 * 以共享非中断获取同步状态
 */
private void doAcquireShared(int arg) {
    // 通过自旋加入队尾，与独占模式类似，只是传入的参数不同
    // 独占模式下传入参数 Node.EXCLUSIVE
    // 共享模式下传入参数 Node.SHARED
    final Node node = addWaiter(Node.SHARED);
    // 标记是否失败
    boolean failed = true;
    try {
        // 标记是否中断
        boolean interrupted = false;
        // 自旋
        for (;;) {
            // 获取 node 结点的前驱结点
            final Node p = node.predecessor();
            // 判断结点的前驱结点是否为头结点，如果是，就尝试获取共享资源
            if (p == head) {
                // 尝试获取共享资源
                int r = tryAcquireShared(arg);
                // 如果 r ≥ 0，就表示获取共享资源成功
                if (r >= 0) {
                    // 将当前结点设置为头结点，检查后继结点是否在共享模式下等待
                    setHeadAndPropagate(node, r);
                    // 原头结点的 next 引用置为 null，方便 JVM 对头结点进行 GC
                    p.next = null; // help GC

                    // 如果线程被中断
                    if (interrupted)
                        // 维护中断状态
                        selfInterrupt();
                    // 标记 failed 为 false
                    failed = false;
                    // 返回
                    return;
                }
            }
            // 与独占模式下的操作类似
            // 校验是否需要阻塞线程，判断中断状态
            if (shouldParkAfterFailedAcquire(p, node) &&
```

```
                    parkAndCheckInterrupt())
                interrupted = true;
        }
    } finally {
        // 与独占模式类似
        if (failed)
            cancelAcquire(node);
    }
}
```

从以上代码可知，独占模式与共享模式有以下两个不同点：

（1）独占模式调用的是 addWaiter(Node.EXCLUSIVE)方法将线程加入队列尾部，而共享模式调用的是 addWaiter(Node.SHARED)方法将线程加入队列的尾部，表明该结点处于共享模式。

（2）独占模式中的线程获取资源成功后，调用 setHead(node)方法，而共享模式中，获取资源的线程调用 setHeadAndPropagate(node, r)方法。setHeadAndPropagate(node, r)方法除了执行 setHead(node)方法外，还进行了其他一些操作。setHeadAndPropagate(node, r)方法代码如下：

```
/**
 * 成为头结点，唤醒后继结点
 */
private void setHeadAndPropagate(Node node, int propagate) {
    // 获取队列的头结点
    Node h = head;
    // 把当前结点设为头结点
    setHead(node);
    /*
     * 这里有 3 种情况执行唤醒操作：
     * 1. propagate > 0，代表后继结点需要被唤醒
     * 2. 原头结点 h 为空或者结点 h 的 waitStatus < 0
     * 3. 新的头结点为空或者新的头结点的 waitStatus < 0
     */
    if (propagate > 0 || h == null || h.waitStatus < 0 ||
        (h = head) == null || h.waitStatus < 0) {
        // 找到当前结点的后继结点 s
        Node s = node.next;
        // s=null 或者 s 是共享模式，调用 doReleaseShared()方法唤醒后继线程
        if (s == null || s.isShared())
            // 唤醒后继结点
            doReleaseShared();
    }
}
```

因为在共享模式下，资源可以被多个线程共同持有，如果当前线程已经拿到共享资源了，就可以直接通知后继结点，而不必等待当前线程释放资源后再通知后继结点。doReleaseShared()方法用于释放满足条件的后继结点。

以上是 AbstractQueuedSynchronizer 在共享模式下获取资源的主要代码分析。下面分析共享模式资源的释放操作。AbstractQueuedSynchronizer 主要通过 releaseShared()方法释放资源。releaseShared()方法代码如下：

```java
/**
 * 共享模式的释放资源
 */
public final boolean releaseShared(int arg) {
    // 尝试释放共享资源
    if (tryReleaseShared(arg)) {
        // 尝试释放资源成功后,执行 doReleaseShared()方法
        // 同 acquireShared()方法调用 doReleaseShared()方法类似
        // 唤醒后继结点
        doReleaseShared();
        return true;
    }
    return false;
}
```

releaseShared()方法通过 tryReleaseShared()方法释放共享资源。tryReleaseShared()方法代码如下:

```java
/**
 * 共享模式的释放资源,需要子类实现
 */
protected boolean tryReleaseShared(int arg) {
    throw new UnsupportedOperationException();
}
```

AbstractQueuedSynchronizer 类的 tryReleaseShared()方法并无实现逻辑,需要其子类实现。如果 tryReleaseShared()方法执行成功,就会执行 doReleaseShared()方法唤醒后继结点,doReleaseShared()方法代码如下:

```java
/**
 * 共享模式的释放操作
 */
private void doReleaseShared() {
    /*
     * 自旋释放后继结点
     */
    for (;;) {

        // 自旋,将动态地获取队列的头结点
        Node h = head;
        // 如果头结点非空并且头结点不等于尾结点(队列中至少有两个结点)
        if (h != null && h != tail) {
            // 获取头结点的 waitStatus
            int ws = h.waitStatus;
            // 如果 ws 状态等于 SIGNAL
            if (ws == Node.SIGNAL) {
                // 通过 CAS 设置 waitStatus 为 0
                if (!compareAndSetWaitStatus(h, Node.SIGNAL, 0))
                    // 如果 CAS 失败,那么执行 continue 进入下一次循环
                    continue;
                // 如果 CAS 成功
                // 唤醒后继结点
```

```
                    // 执行过程同独占模式下的唤醒流程
                    unparkSuccessor(h);
                }
                // 如果 h 的 ws=0，就把 h 的 ws 设为 PROPAGATE，表示可以向后传播唤醒
                else if (ws == 0 && !compareAndSetWaitStatus(h, 0, Node.PROPAGATE))
                    // 执行 continue 进入下一次循环。
                    continue;
            }
            // 自旋跳出条件，如果 head 不变就跳出自旋，如果 head 变化就一直自旋
            if (h == head)
                break;
        }
    }
```

从以下几个方面分析 doReleaseShared()方法的执行流程。

（1）doReleaseShared()方法在何处被调用

doReleaseShared()方法有两处调用：一处是在 acquireShared()方法的末尾，当线程成功获取到共享资源后，可能会调用该方法；另一处在 releaseShared()方法中，当线程释放共享锁的时候调用该方法。

在共享模式中，持有共享资源的线程可能有多个，这些线程都可以调用 releaseShared()方法释放共享资源。如果这些线程可以释放共享资源，那么这些线程曾经一定获得过共享资源，这些线程必然曾经是队列的头结点，或者现在正是队列的头结点（虽然在 setHead()方法中已经将头结点的 thread 属性设为了 null，但是这个头结点曾经代表的就是这个线程）。因此，如果是在 releaseShared()方法中调用的 doReleaseShared()，那么可能此时调用方法的线程已经不是头结点所代表的线程了，头结点可能已经被多次修改了。

（2）doReleaseShared()方法的作用

无论在 acquireShared()方法还是在 releaseShared()方法中调用 doReleaseShared()方法，其作用都是在当前线程获取到共享资源状态时唤醒后继结点。与独占模式不同的是，在共享模式中，当队列头结点发生变化时，会回到循环中再次唤醒头结点的后继结点，即在当前结点完成唤醒后继结点的操作之后将要退出时，如果发现被唤醒后继结点已经成为新的头结点，就会立即触发唤醒头结点的下一个结点的操作，如此周而复始。

（3）doReleaseShared()方法退出的条件

doReleaseShared()方法是一个 for (;;)自旋操作，退出方法的唯一途径是最后一个分支条件。

```
if (h == head)
    break;
```

即当同步队列的头结点未发生变化时，doReleaseShared()方法才会退出，否则一直执行循环体。假设存在图 6-3 所示的处于状态 1 的同步队列。

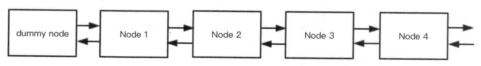

图 6-3　同步队列状态 1

假设 Node1 获取到共享资源成为新的头结点（Dummy Node），同步队列状态转变为状态 2，如图 6-4 所示。

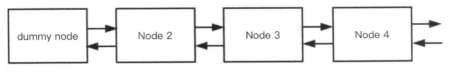

图 6-4 同步队列状态 2

此时 Node1 对应的线程会调用 doReleaseShared()方法，记作 doReleaseShared[Node1]，在该方法中将唤醒后继的 Node2 结点，Node2 获得了共享资源后成为新的头结点。此时同步队列的状态变为状态 3，如图 6-5 所示。

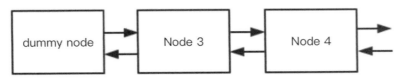

图 6-5 同步队列状态 3

此时 Node2 对应的线程会调用 doReleaseShared()方法，记作 doReleaseShared[Node2]，该方法将唤醒后继结点 Node3。此时 doReleaseShared[Node1]方法并未执行结束，当方法运行到 if (h == head) 时发现同步队列的头结点发生变化，将继续执行循环体。与此同时，doReleaseShared[Node2]方法也执行对应的循环体。

经过以上分析可知，大量的线程可能同时执行 doReleaseShared()方法，大大加速了后继结点的唤醒速度，提升了执行效率。

回到 doReleaseShared()方法进行分析，第一个条件分支代码如下：

```
if (ws == Node.SIGNAL) {
    if (!compareAndSetWaitStatus(h, Node.SIGNAL, 0))
        continue;            // loop to recheck cases
    unparkSuccessor(h);
}
```

如果当前结点的 waitStatus 为 Node.SIGNAL，就说明当前结点的后继结点需要被唤醒，doReleaseShared()方法中使用 CAS 操作首先将结点的状态修改为 0，这样做的原因是上文分析到可能有大量的线程同时执行 doReleaseShared()方法，而后继结点只需要一次成功唤醒即可，因此通过 CAS 保证 unparkSuccessor()方法只执行一次。

doReleaseShared()方法第二个条件分支代码如下：

```
else if (ws == 0 &&
        !compareAndSetWaitStatus(h, 0, Node.PROPAGATE))
    continue;
```

在这个分支中，通过 CAS 将 waitStatus 从 0 变成 Node.PROPAGATE。首先需要确认在什么情况下 waitStatus 为 0。

（1）在第一个条件分支中，compareAndSetWaitStatus()方法可能会将 waitStatus 状态变为 0。

但如果因为 compareAndSetWaitStatus()方法造成 waitStatus 为 0，程序就不可能执行到第二个条件分支中。

（2）同步队列的尾结点 waitStatus 为 0。在 6.1.4 小节中分析了每个结点进入队列后初始的 waitStatus 为 0。compareAndSetWaitStatus(h, 0, Node.PROPAGATE)这个操作可能会失败，即在执行这个操作的瞬间，waitStatus 不为 0 了，说明有新的结点入队了，waitStatus 的值被改为 Node.SIGNAL，此时将调用 continue 进入下一次循环。

6.1.6　AbstractQueuedSynchronizer 条件模式

在 Java 并发编程中提供了 Condition 接口，此接口的 await/signal 机制是设计用来代替监视器锁的 wait/notify 机制的。通过 Condition 接口可以实现更加复杂、更加细粒度的多线程间的协调。Condition 接口代码如下：

```java
public interface Condition {
    /**
     * 线程等待
     */
    void await() throws InterruptedException;
    /**
     * 线程等待指定纳秒数
     */
    long awaitNanos(long nanosTimeout) throws InterruptedException;
    /**
     * 线程等待指定时间
     */
    boolean await(long time, TimeUnit unit) throws InterruptedException;
    /**
     * 线程等待，不响应中断
     */
    void awaitUninterruptibly();
    /**
     * 线程等待至指定的日期
     */
    boolean awaitUntil(Date deadline) throws InterruptedException;
    /**
     * 线程唤醒
     */
    void signal();
    /**
     * 唤醒所有的阻塞线程
     */
    void signalAll();
}
```

与 Condition 接口类似的是，Object 类也提供了类似的线程等待和唤醒的方法，Object 类的部分代码如下：

```java
public class Object {
    /**
     * 线程等待
     */
    public final void wait() throws InterruptedException {
        wait(0);
    }

    /**
     * 线程等待指定毫秒
     */
    public final native void wait(long timeout) throws InterruptedException;

    /**
     * 线程等待指定时间
     */
    public final void wait(long timeout, int nanos) throws InterruptedException {
        if (timeout < 0) {
            throw new IllegalArgumentException("timeout value is negative");
        }

        if (nanos < 0 || nanos > 999999) {
            throw new IllegalArgumentException(
                            "nanosecond timeout value out of range");
        }

        if (nanos > 0) {
            timeout++;
        }

        wait(timeout);
    }

    /**
     * 唤醒线程
     */
    public final native void notify();

    /**
     * 唤醒所有阻塞的线程
     */
    public final native void notifyAll();
}
```

Condition 接口和 Object 类方法对比如表 6-1 所示。

表 6-1 Condition 接口与 Object 类等待/唤醒方法对比

Object 类的方法	Condition 接口的方法	备注
void wait()	void await()	都有类似的方法
void wait(long timeout)	long awaitNanos(long nanosTimeout)	时间单位和返回值不同
void wait(long timeout, int nanos)	boolean await(long time, TimeUnit unit)	时间单位、参数和返回值不同
void notify()	void signal()	都有类似的方法
void notifyAll()	void signalAll()	都有类似的方法
-	void awaitUninterruptibly()	Condition 接口独有
-	boolean awaitUntil(Date deadline)	Condition 接口独有

Condition 接口不同于 Object 类的是，Object 类的 wait/notify 机制针对的是所有在监视器上等待的线程，Condition 接口的 await/signal 机制针对的是所有等待在该 Condition 上的线程。

Condition 接口的 awaitNanos(long nanosTimeout)是有返回值的，返回了剩余等待的时间；await(long time, TimeUnit unit)也是有返回值的，如果该方法是因为超时（时间到了）而返回的，该方法就返回 false，否则返回 true。

当一个线程从带有超时时间的等待方法返回时，必然是发生了以下 4 种情况之一：

（1）其他线程调用了 notify/signal 方法，并且当前线程恰好是被唤醒的那一个。
（2）其他线程调用了 notifyAll/signalAll 方法。
（3）其他线程中断了当前线程。
（4）超时时间到了。

当 wait()方法返回后，开发者其实无法区分是因为超时时间到了而被唤醒，还是被 notify()方法唤醒的。但是对于 await()方法，开发者能够通过返回值来区分。

（1）如果 awaitNanos(long nanosTimeout)的返回值大于 0，就说明超时时间还没到，该返回是由 signal/signalAll 方法导致的。
（2）如果 await(long time, TimeUnit unit)返回 true，就说明超时时间还没到，该返回是由 signal/signalAll 方法导致的。

Condition 接口中以下两个方法在 Object 类中找不到对应的方法：

```
/**
 * 线程等待，不响应中断
 */
void awaitUninterruptibly();
/**
 * 线程等待至指定的日期
 */
boolean awaitUntil(Date deadline) throws InterruptedException;
```

awaitUninterruptibly()方法从名字中就可以看出，此方法在等待锁的过程中是不响应中断的，所以方法声明中没有 InterruptedException 抛出，即 awaitUninterruptibly()方法会一直阻塞，直到 signal/signalAll 方法被调用。如果在此期间线程被中断了，awaitUninterruptibly()方法并不响应这个中断，只是在该方法返回时，该线程的中断标志位将是 true，方法调用者可以检测这个中断标志位，判断在等待过程中是否发生了中断，并决定是否需要对中断做额外的处理。

boolean awaitUntil(Date deadline)方法的参数是 Date，表示了一个绝对的时间，即截止日期，在这个日期之前，该方法会一直等待，除非被 signal/signalAll 方法唤醒或者线程被中断。

在 6.1.4 小节和 6.1.5 小节中，等待获取同步资源的会被封装为 Node 对象进入同步队列中，同步队列是由一个双向链表实现的，使用 prev、next 属性来串联结点。但是在同步队列中，一直没有讲解 nextWaiter 属性，即使是在共享锁模式下，这一属性也只作为一个标记，指向了一个空结点，因此，在同步队列中并不会用 nextWaiter 来串联结点。

与 AbstractQueuedSynchronizer 独占模式和共享模式不同的是，在条件模式下，每创建一个 Condtion 对象就会对应一个条件队列，每一个调用了 Condtion 对象的 await()方法的线程都会被封装成 Node 对象放入一个条件队列中，条件队列是由一个单链表实现的，条件队列示意图如图 6-6 所示。

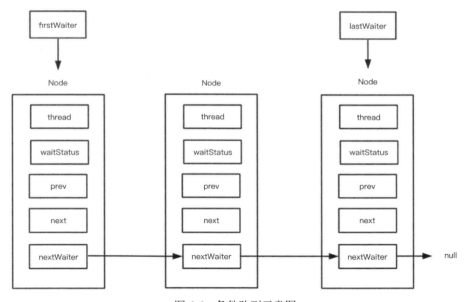

图 6-6　条件队列示意图

可见，每一个 Condition 对象对应一个条件队列，每个条件队列都是独立的，互相不影响。

值得注意的是，条件队列是一个单向链表，在该链表中只使用 nextWaiter 属性来串联链表。就像在同步队列中不会使用 nextWaiter 属性来串联链表一样，在条件队列中，也并不会用到 prev、next 属性，prev、next 属性的值都为 null，即在条件队列中，Node 结点真正用到的属性只有以下 3 个：

（1）thread：代表当前正在等待某个条件的线程。
（2）waitStatus：条件的等待状态。
（3）nextWaiter：指向条件队列中的下一个结点。

回顾 waitStatus 的状态如下：

```
volatile int waitStatus;
static final int CANCELLED =  1;
static final int SIGNAL    = -1;
static final int CONDITION = -2;
static final int PROPAGATE = -3;
```

在条件队列中，只需要关注一个值——CONDITION 即可。CONDITION 表示线程处于条件队列的等待状态，只要 waitStatus 不是 CONDITION，就认为线程不再等待了，此时就要从条件队列中出队。

一般情况下，同步队列和条件队列是相互独立的，彼此之间并没有任何关系。但是，当调用某个条件队列的 signal/signalAll 方法时，会将某个或所有等待在这个条件队列中的线程唤醒，被唤醒的线程和普通线程一样需要去争同步资源，如果线程没有竞争到同步资源，那么线程同样要被加到等待同步资源的同步队列中，此时结点就从条件队列中被转移到同步队列中。这个过程如图 6-7 所示。

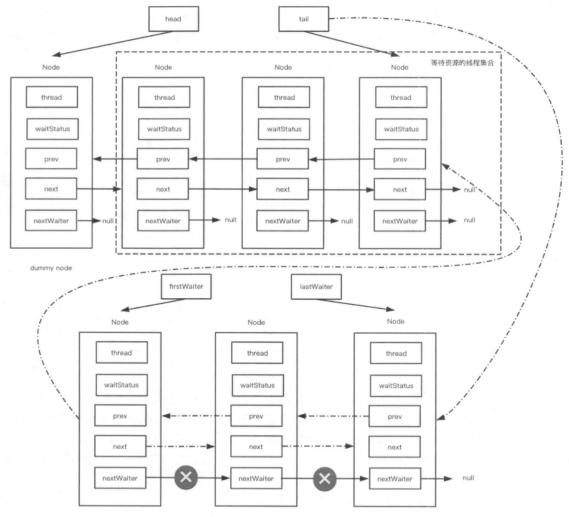

图 6-7　条件队列的结点转移到同步队列示意图

条件队列中的 node 结点是一个一个转移过去的，即使调用的是 signalAll()方法，条件队列中的 node 结点也是一个一个转移过去的，而不是将整个条件队列连接在同步队列的末尾。在同步队列中只使用 prev 和 next 属性来串联双向链表，而不使用 nextWaiter 属性；在条件队列中只使用 nextWaiter 属性来串联链表，而不使用 prev、next 属性。因此，将结点从条件队列中转移到同步队列中时，需要断开原条件队列的链接（nextWaiter 属性 null），建立新的链接（prev 和 next 属性分别指向前驱结点和后继结点）。

同步队列和条件队列的区别如下：

（1）同步队列是等待同步资源的队列，当一个获取同步资源失败的线程被包装成 Node 对象加到该队列中时，必然是没有获得同步资源的。当处于该队列中的结点获得同步资源时，结点将从该队列中移除（事实上，移除操作是将获取到锁的结点设为新的 dummy head，并将 thread 属性置为 null）。

（2）条件队列是等待特定条件的队列。因为调用 await()方法时，线程必然已经获得了同步资源，所以在进入条件队列前，线程必然已经获得了同步资源。当在被包装成 Node 底线进入条件队列中后，线程将释放同步资源，然后进入阻塞状态。当处于条件队列中的线程被 signal/signalAll 方法唤醒后，由于队列中的结点在之前已经释放了同步资源，因此通过队列中的结点被唤醒后必须再次竞争同步资源，条件队列中的结点会被添加到同步队列中，即条件队列中的结点出队时，对应的线程并不持有锁。

（3）同步队列的状态变化：入队前没有获取同步资源→在队列中竞争同步资源→ 离开队列时获得同步资源。

（4）条件队列的状态变化：进入条件队列前已经持有了同步资源→在条件队列中释放同步资源→离开条件队列时没有同步资源→转移到同步队列。

AbstractQueuedSynchronizer 的内部类 ConditionObject 实现了 Condition 接口。下面将重点分析 ConditionObject 类的代码。

ConditionObject 类的声明如下：

```
public class ConditionObject implements Condition, java.io.Serializable
```

ConditionObject 类维护了一个条件队列，其中有两个重要的属性，分别是表示条件队列头结点的 firstWaiter 和表示条件队列尾结点的 lastWaiter 属性。这两个属性的代码如下：

```
/** 条件队列队头结点 */
private transient Node firstWaiter;
/** 条件队列队尾结点 */
private transient Node lastWaiter;
```

ConditionObject 类的构造器代码如下：

```
/**
 * Creates a new {@code ConditionObject} instance.
 */
public ConditionObject() { }
```

构造器中没有任何实现逻辑，可见条件队列是延时初始化的，在真正用到条件队列时才会初始化条件队列。

ConditionObject 实现了 Condition 接口重写了 await()方法，await()方法代码如下：

```java
public final void await() throws InterruptedException {
    // 如果当前线程在调动 await()方法前已经被中断了
    // 就直接抛出 InterruptedException
    if (Thread.interrupted())
        throw new InterruptedException();
    // 将当前线程封装成 Node 对象添加到条件队列中
    Node node = addConditionWaiter();
    // 释放当前线程所占用的锁，保存当前的锁状态
    int savedState = fullyRelease(node);
    int interruptMode = 0;
    // 如果当前队列不在同步队列中
    // 说明刚刚执行 await()方法，还没被 signal/signalAll 方法唤醒
    // 就直接将当前线程阻塞
    while (!isOnSyncQueue(node)) {
        // 线程将在这里被阻塞，停止运行
        LockSupport.park(this);
        // 能执行到这里说明要么是 signal/signalAll 方法被调用了，要么是线程被中断了
        // 所以检查线程被唤醒的原因，如果是因为中断被唤醒，就跳出 while 循环
        if ((interruptMode = checkInterruptWhileWaiting(node)) != 0)
            break;
    }
    // 第 1 部分就分析到这里，下面的部分等待分析完唤醒方法后再继续分析
    /*if (acquireQueued(node, savedState) && interruptMode != THROW_IE)
        interruptMode = REINTERRUPT;
    if (node.nextWaiter != null) // clean up if cancelled
        unlinkCancelledWaiters();
    if (interruptMode != 0)
        reportInterruptAfterWait(interruptMode);*/
}
```

await()首先通过 addConditionWaiter()方法将当前线程封装成 Node 对象，使之进入条件队列中。addConditionWaiter()方法代码如下：

```java
private Node addConditionWaiter() {
    // 获取条件队列的队尾结点
    Node t = lastWaiter;
    // 如果队尾结点被 cancel 了，就先遍历条件队列
    // 清除所有被 cancel 的结点
    if (t != null && t.waitStatus != Node.CONDITION) {
        // 清除那些已经取消等待的线程
        unlinkCancelledWaiters();
        t = lastWaiter;
    }
    // 将当前线程包装成 Node 对象放入条件队列
    // 注意传入的参数是 Node.CONDITION
    Node node = new Node(Thread.currentThread(), Node.CONDITION);
    // 如果队尾结点为空，这时队列无结点，就设置 node 为头结点
    if (t == null)
        firstWaiter = node;
```

```
        else
            // 如果队尾结点非空，就设置对尾结点的 nextWaiter 指向 node 结点
            t.nextWaiter = node;
        // 设置队尾结点
        lastWaiter = node;
        // 返回 node 对象
        return node;
    }
```

同步队列的入队方法 addWaiter()和条件队列的入队方法 addConditionWaiter()对比如下：

（1）因为能调用 await()方法的线程必然已经获得同步资源，而获得同步资源的线程只有一个，所以 addConditionWaiter()不存在并发情况，不需要 CAS 操作。

（2）进入同步队列的结点 waitStatus 的初始值为 0，但进入条件队列的结点 waitStatus 的初始值为 Node.CONDTION。

（3）如果同步队列的队列为空，就会先创建一个虚结点（Dummy Node），再创建一个代表当前结点的 Node 添加在虚结点的后面。条件队列没有虚结点，初始化时，直接将 firstWaiter 和 lastWaiter 指向新建的结点。

（4）同步队列是由一个双向链表实现的，在结点进入同步队列后，要同时修改当前结点的前驱结点和前驱结点的后继结点。在条件队列中，只修改了前驱结点的 nextWaiter 属性，即条件队列是由单向队列实现的。

如果通过 addConditionWaiter()方法进入条件队列时发现尾结点已经取消等待了，那么新结点不应该连接在已取消结点的后面，此时需要调用 unlinkCancelledWaiters()剔除那些已经取消等待的线程。unlinkCancelledWaiters()方法代码如下：

```
private void unlinkCancelledWaiters() {
    Node t = firstWaiter;
    Node trail = null;
    while (t != null) {
        Node next = t.nextWaiter;
        if (t.waitStatus != Node.CONDITION) {
            t.nextWaiter = null;
            if (trail == null)
                firstWaiter = next;
            else
                trail.nextWaiter = next;
            if (next == null)
                lastWaiter = trail;
        }
        else
            trail = t;
        t = next;
    }
}
```

该方法将从头结点开始遍历整个队列，剔除其中 waitStatus 不为 Node.CONDTION 的结点。更多有关链表的操作可参考 2.4 节。

await()方法通过 fullyRelease()释放当前线程持有的同步资源。fullyRelease()方法代码如下：

```java
final int fullyRelease(Node node) {
    // 成功失败标识
    boolean failed = true;
    try {
        // 获取资源的状态
        int savedState = getState();
        // 释放资源
        if (release(savedState)) {
            failed = false;
            // 返回资源的状态
            return savedState;
        } else {
            throw new IllegalMonitorStateException();
        }
    } finally {
        // 如果失败
        if (failed)
            // 就将结点的状态置为取消
            node.waitStatus = Node.CANCELLED;
    }
}
```

首先，当调用这个方法时，说明当前线程已经被封装成 Node 对象进入条件队列了。在该方法中通过 release()方法释放资源。release()方法详细分析可参考 6.1.4 小节。

值得注意的是，这是一次性释放了所有资源的控制权。即对于可重入锁（ReentrantLock）而言，无论可重入锁重入了几次，这里是一次性释放完的，这也就是该方法的名字叫 fullRelease 的原因。

值得注意的是，release(savedState)方法是有可能抛出 IllegalMonitorStateException 异常的，这是因为当前线程可能并不是持有锁的线程。虽然本节开头部分讲过只有持有锁的线程才能调用 await() 方法，但是在调用 await() 方法时，其实并没有检测 Thread.currentThread() == getExclusiveOwnerThread()，即执行到 fullyRelease()这一步，我们才会检测这一点，而这一点检测是由 AbstractQueuedSynchronizer 子类实现 tryRelease()方法来保证的。例如，ReentrantLock 对 tryRelease()方法的实现如下：

```java
protected final boolean tryRelease(int releases) {
    int c = getState() - releases;
    if (Thread.currentThread() != getExclusiveOwnerThread())
        throw new IllegalMonitorStateException();
    boolean free = false;
    if (c == 0) {
        free = true;
        setExclusiveOwnerThread(null);
    }
    setState(c);
    return free;
}
```

当发现当前线程不是持有资源的线程时，程序就会进入 finally 块，将当前 Node 对象的状态设为 Node.CANCELLED，这也就是上面的 addConditionWaiter()方法添加新结点前每次都会检查尾结点是否已经被取消的原因。

在当前线程的资源被完全释放了之后，就可以调用 LockSupport.park(this)把当前线程挂起，等待被 signal/signalAll 方法唤醒。但是在挂起当前线程之前，先用 isOnSyncQueue()保证线程不在同步队列中。isOnSyncQueue()方法代码如下：

```
final boolean isOnSyncQueue(Node node) {
    // node 状态为 CONDITION 或者前驱结点为空（条件队列的结点 prev 和 next 都为空）
    if (node.waitStatus == Node.CONDITION || node.prev == null)
        return false;
    // 如果 node 的 next 引用非空，那么肯定是同步队列中的结点
    if (node.next != null) // If has successor, it must be on queue
        return true;
    // 从尾部向前搜索
    return findNodeFromTail(node);
}
```

isOnSyncQueue()方法调用的 findNodeFromTail()方法代码如下：

```
private boolean findNodeFromTail(Node node) {
    // 获取队尾结点 tail（只有在同步队列中 tail 才非空，条件队列队尾是 lastWaiter 结点）
    Node t = tail;
    for (;;) {
        // 若队尾结点 tail 等于 node，则是同步队列
        if (t == node)
            return true;
        // 若 tail 为空，则不是同步队列，而是条件队列
        if (t == null)
            return false;
        // 从尾部向前遍历队列
        t = t.prev;
    }
}
```

当线程被 LockSupport.park(this)方法挂起后，可以通过 signal/signalAll 方法唤醒被挂起的线程。下面分析 signalAll()方法的代码实现。在分析前需要区分调用 signalAll()方法的线程与 signalAll()方法需要唤醒的线程。

（1）调用 signalAll()方法的线程目前持有同步资源，调用 signalAll()方法后释放同步资源。
（2）在条件队列里的线程是已经在对应的条件上挂起了，等待着被唤醒，然后去竞争同步资源。

调用 signalAll()方法的线程必须是已经持有资源的线程。signalAll()方法代码如下：

```
public final void signalAll() {
    // 如果当前线程并未持有资源
    if (!isHeldExclusively())
        // 就抛出 IllegalMonitorStateException 异常
        throw new IllegalMonitorStateException();
```

```
    // 获取条件队列的头结点
    Node first = firstWaiter;
    // 如果条件队列的头结点非空
    if (first != null)
        // 就唤醒队列的头结点
        doSignalAll(first);
}
```

signalAll()方法首先检查当前调用 signalAll()方法的线程是否持有同步资源，这是通过 isHeldExclusively()方法来实现的，该方法由继承 AQS 的子类来实现，如 ReentrantLock 对该方法的实现如下：

```
protected final boolean isHeldExclusively() {
    return getExclusiveOwnerThread() == Thread.currentThread();
}
```

因为 exclusiveOwnerThread 保存了当前持有资源的线程，ReentrantLock 只要检测当前持有资源的线程是否等于当前线程即可。

如果当前线程是资源的持有者并且队列的头结点非空，就调用 doSignalAll()方法唤醒所有等待的结点。doSignalAll()方法代码如下：

```
private void doSignalAll(Node first) {
    // 将条件队列的头结点和尾结点置为空
    lastWaiter = firstWaiter = null;
    // 从条件队列的头结点开始依次将每个结点添加到同步队列中
    do {
        Node next = first.nextWaiter;
        first.nextWaiter = null;
        transferForSignal(first);
        first = next;
    } while (first != null);
}
```

doSignalAll()方法通过 lastWaiter = firstWaiter = null;将整个条件队列清空，然后通过一个 do-while 循环依次调用 transferForSignal()方法将原条件队列的结点一个一个添加到同步队列的末尾。transferForSignal()方法代码如下：

```
final boolean transferForSignal(Node node) {
    // 如果该结点不是 Node.CONDITION 状态，就直接跳过这个结点
    if (!compareAndSetWaitStatus(node, Node.CONDITION, 0))
        return false;
    // 如果该结点在条件队列中正常等待
    // 就利用 enq()方法将该结点添加至同步队列的尾部
    Node p = enq(node);
    int ws = p.waitStatus;
    if (ws > 0 || !compareAndSetWaitStatus(p, ws, Node.SIGNAL))
        LockSupport.unpark(node.thread);
    return true;
}
```

在 transferForSignal()方法中，先使用 CAS 操作尝试将当前结点的 waitStatus 状态由 CONDTION 设为 0，如果 CAS 操作不成功，就说明该结点已经取消等待了，直接返回，操作条件队列中的下一个结点；如果修改成功，就说明已经将该结点从等待的条件队列中成功"唤醒"了，但此时该结点对应的线程并没有真正被唤醒，此结点还要和其他普通线程一样去争同步资源，因此这个结点将被添加到同步队列的末尾等待获取同步资源。

这里通过 enq()方法将该结点添加进同步队列的末尾。关于 enq()方法的详细说明可参考 6.1.4 小节。不过这里尤其注意的是，enq()方法将结点添加到同步队列时，返回的是此结点的前驱结点。

在将结点成功添加进同步队列中后，得到了该结点在同步队列中的前驱结点。在同步队列中的结点需要其依靠前驱结点唤醒，因此这里要做的就是将前驱结点的 waitStatus 设为 Node.SIGNAL，这一点和 shouldParkAfterFailedAcquire()所做的操作类似。

signalAll()方法总结如下：

（1）将条件队列清空（只是设置 lastWaiter = firstWaiter = null，队列中的结点和连接关系仍然存在）。

（2）将条件队列中的头结点取出，使之成为孤立结点（nextWaiter、prev、next 属性都为 null）。

（3）如果该结点处于取消的状态，就直接跳过该结点（由于是孤立结点，因此会被 GC 回收）。

（4）如果该结点处于正常状态，就通过 enq()方法将该结点添加到同步队列的末尾。

（5）判断是否需要将该结点唤醒（包括设置该结点的前驱结点的状态为 SIGNAL），如有必要，直接唤醒该结点。

（6）重复（2）~（5），直到整个条件队列中的结点都被处理完。

与 signalAll()方法不同的是，signal()方法只会唤醒条件队列中的一个结点，即唤醒条件队列中第一个没有取消的结点。signal()方法代码如下：

```java
public final void signal() {
    if (!isHeldExclusively())
        throw new IllegalMonitorStateException();
    Node first = firstWaiter;
    if (first != null)
        doSignal(first);
}
```

signal()方法首先检查调用该方法的线程（当前线程）是否已经持有资源，这一点和上面的 signalAll()方法一样，不同的是，signal()方法接下来调用的是 doSignal()方法。doSignal()方法代码如下：

```java
private void doSignal(Node first) {
    do {
        if ( (firstWaiter = first.nextWaiter) == null)
            lastWaiter = null;
        first.nextWaiter = null;
    } while (!transferForSignal(first) &&
             (first = firstWaiter) != null);
}
```

这个方法也是一个 do-while 循环，目的是遍历整个条件队列，找到第一个没有取消等待的结点,并将此结点添加到等待队列的末尾。如果条件队列里面已经没有结点了,就将条件队列清空的头结点和尾结点都置为空。

doSignal()方法调用的依然是 transferForSignal()方法,但是用到了 transferForSignal()方法的返回值,只要结点被成功添加到同步队列中,transferForSignal()就返回 true,此时 while 循环的条件就不满足了,整个方法就结束了,即调用 signal()方法,只会唤醒一个条件队列中等待的线程。

回到 await()方法继续进行分析。上文已经分析了 signal()方法,它会将结点添加到同步队列中,并且要么立即唤醒线程,要么等待前驱结点将此结点唤醒,被唤醒的线程要从被挂起的地方恢复执行。await()方法后半部分代码分析如下:

```
public final void await() throws InterruptedException {
   /*
   if (Thread.interrupted())
      throw new InterruptedException();
   Node node = addConditionWaiter();
   int savedState = fullyRelease(node);
   int interruptMode = 0;
   while (!isOnSyncQueue(node)) {
      LockSupport.park(this); */
      // 线程被唤醒后,将从这里继续往下运行
      if ((interruptMode = checkInterruptWhileWaiting(node)) != 0)
         break;
   }
   if (acquireQueued(node, savedState) && interruptMode != THROW_IE)
      interruptMode = REINTERRUPT;
   if (node.nextWaiter != null)
      unlinkCancelledWaiters();
   if (interruptMode != 0)
      reportInterruptAfterWait(interruptMode);
}
```

当线程被唤醒后,其实并不知道是因为什么原因被唤醒的:

(1)有可能是因为其他线程调用了 signal/signalAll 方法唤醒当前线程。

(2)有可能是因为当前线程被中断后唤醒的。

无论线程是被中断唤醒还是被 signal/signalAll 方法唤醒,被唤醒的线程最后都将离开条件队列进入同步队列中。随后线程将在同步队列中调用 acquireQueued()方法进行同步资源的获取,如果线程获取不到资源就继续被挂起。因此,当 await()方法返回时,必然保证当前线程已经持有了资源。

如果从线程被唤醒到线程获取到资源这个过程中发生过中断,程序该怎么处理?

线程中断对于当前线程只是一个建议,由当前线程决定如何对中断做出处理。在 acquireQueued()方法中对中断是不响应的,只是简单地记录竞争资源过程中的中断状态,并在获取到资源后将这个中断状态返回,交给上层调用 acquireQueued()方法的程序处理,在这里就是 await()方法。await()方法是怎么对待这个中断取决于:中断发生时,线程是否已经被 signal/signalAll 方法唤醒过。

如果线程中断发生时当前线程并没有被 signal/signalAll 方法唤醒过,就说明当前线程还处于条件队列中,属于正常在等待中的状态,此时因为中断导致当前线程的正常等待行为被打断,从而使

线程从条件队列进入同步队列中竞争资源，因此，在程序从 await()方法返回后需要抛出 InterruptedException，表示当前线程因为中断而被唤醒。

如果线程中断发生时当前线程已经被 signal/signalAll 方法唤醒过了，就说明这个中断来得"太晚了"，既然当前线程已经被 signal/signalAll 方法唤醒过了，说明在中断发生前结点就已经正常地被从条件队列中唤醒了。之后即使发生了中断（注意这个中断可以发生在竞争资源之前，也可以发生在竞争资源的过程中），程序都将忽略这个中断，仅仅是在 await()方法返回后，重新维护线程中断的状态。

在 await()方法中使用变量 interruptMode 记录中断事件，变量 interruptMode 的取值范围有以下 3 种：

（1）0：代表整个过程中一直没有中断发生。

（2）THROW_IE：表示退出 await()方法时需要抛出 InterruptedException，这种模式对应中断发生在 signal/signalAll 方法被执行之前。

（3）REINTERRUPT：表示退出 await()方法时只需要再次中断线程，这种模式对应中断发生在 signal/signalAll 方法被调用之后。

```java
/** Mode meaning to reinterrupt on exit from wait */
private static final int REINTERRUPT =  1;
/** Mode meaning to throw InterruptedException on exit from wait */
private static final int THROW_IE    = -1;
```

线程被唤醒后，将首先使用 checkInterruptWhileWaiting()方法检测中断。

```java
/**
 * Checks for interrupt, returning THROW_IE if interrupted
 * before signalled, REINTERRUPT if after signalled, or
 * 0 if not interrupted.
 */
private int checkInterruptWhileWaiting(Node node) {
    return Thread.interrupted() ?
        (transferAfterCancelledWait(node) ? THROW_IE : REINTERRUPT) :
        0;
}
```

假设中断先于 signal/signalAll 方法执行，则 Thread.interrupted()方法返回 true，接下来就是调用 transferAfterCancelledWait()方法。

```java
final boolean transferAfterCancelledWait(Node node) {
    // CAS 修改结点的状态为 0
    if (compareAndSetWaitStatus(node, Node.CONDITION, 0)) {
        enq(node);
        return true;
    }
    while (!isOnSyncQueue(node))
        Thread.yield();
    return false;
}
```

判断一个结点是否被 signal/signalAll 方法唤醒过，一个简单有效的方法就是判断该结点是否离开了条件队列进入同步队列中，即只要一个结点的 waitStatus 还是 Node.CONDITION，就说明这个结点还没有被 signal/signalAll 方法唤醒过。

由于现在假设中断先于 signal/signalAll 方法执行，当前结点的 waitStatus 必然是 Node.CONDITION，因此会成功执行 compareAndSetWaitStatus(node, Node.CONDITION, 0)，将该结点的状态设置成 0，然后调用 enq(node) 方法将当前结点添加进同步队列中，然后返回 true。值得注意的是，此时结点并没有断开 nextWaiter 属性，所以最后一定要断开。

再回到 transferAfterCancelledWait() 方法调用处，可知，由于 transferAfterCancelledWait() 将返回 true，因此 checkInterruptWhileWaiting() 将返回 THROW_IE，这表示在离开 await() 方法时应当抛出中断异常。

再回到 await() 方法调用 checkInterruptWhileWaiting() 方法的地方，代码如下：

```java
public final void await() throws InterruptedException {
    /*
    if (Thread.interrupted())
        throw new InterruptedException();
    Node node = addConditionWaiter();
    int savedState = fullyRelease(node);
    int interruptMode = 0;
    */
    while (!isOnSyncQueue(node)) {
        LockSupport.park(this);
        // checkInterruptWhileWaiting()方法调用处
        if ((interruptMode = checkInterruptWhileWaiting(node)) != 0)
            break;
    }
    if (acquireQueued(node, savedState) && interruptMode != THROW_IE)
        interruptMode = REINTERRUPT;
    if (node.nextWaiter != null)
        unlinkCancelledWaiters();
    if (interruptMode != 0)
        reportInterruptAfterWait(interruptMode);
}
```

若 interruptMode 现在为 THROW_IE，则程序将执行 break，跳出 while 循环。接下来将执行 acquireQueued(node, savedState) 进行资源竞争，注意这里传入的需要获取资源的重入数量是 savedState，即之前释放了多少数量，这里就需要再次获取多少数量。

```java
final boolean acquireQueued(final Node node, int arg) {
    boolean failed = true;
    try {
        boolean interrupted = false;
        for (;;) {
            final Node p = node.predecessor();
            if (p == head && tryAcquire(arg)) {
                setHead(node);
                p.next = null; // help GC
                failed = false;
```

```
                return interrupted;
            }
            if (shouldParkAfterFailedAcquire(p, node) &&
                // 如果线程获取不到资源，就在这里被阻塞
                parkAndCheckInterrupt())
                interrupted = true;
        }
    } finally {
        if (failed)
            cancelAcquire(node);
    }
}
```

acquireQueued()方法是一个阻塞式的方法，如果线程获取到资源就退出，如果线程获取不到资源就会被阻塞。acquireQueued()方法只有在最终获取到了资源后才会退出，并且退出时会返回当前线程的中断状态，如果在获取资源的过程中被中断了，就会返回 true，否则会返回 false。但是其实这里返回 true 还是 false 已经不重要了，因为目前分析的场景是中断发生在 signal/signalAll 方法执行前。所以无论如何，在退出 await()方法时，必然会抛出 InterruptedException。

假设线程获取到资源，则此时的 interruptMode 等于 THROW_IE，将会执行以下代码：

```
if (node.nextWaiter != null)
    unlinkCancelledWaiters();
```

此时当前结点的 nextWaiter 是有值的，当前结点并没有和原来的条件队列断开，通过 setHead()方法已经将结点的 thread 属性置为 null，从而将当前线程从同步队列移除，接下来应当将结点从条件队列里移除。由于条件队列是一个单向队列，无法获取到当前结点的前驱结点，因此只能从条件队列的头结点开始遍历整个条件队列，然后找到这个结点并移除。移除方法 unlinkCancelledWaiters() 代码如下：

```
private void unlinkCancelledWaiters() {
    Node t = firstWaiter;
    Node trail = null;
    while (t != null) {
        Node next = t.nextWaiter;
        if (t.waitStatus != Node.CONDITION) {
            t.nextWaiter = null;
            if (trail == null)
                firstWaiter = next;
            else
                trail.nextWaiter = next;
            if (next == null)
                lastWaiter = trail;
        }
        else
            trail = t;
        t = next;
    }
}
```

当结点被移除后，接下来就是汇报线程的中断状态。

```
if (interruptMode != 0)
    reportInterruptAfterWait(interruptMode);
```

此时的 interruptMode 等于 THROW_IE，即发生了中断，则将调用 reportInterruptAfterWait()方法。reportInterruptAfterWait()方法代码如下：

```
/**
 * Throws InterruptedException, reinterrupts current thread, or
 * does nothing, depending on mode.
 */
private void reportInterruptAfterWait(int interruptMode) throws
InterruptedException {
    if (interruptMode == THROW_IE)
        throw new InterruptedException();
    else if (interruptMode == REINTERRUPT)
        selfInterrupt();
}
```

当 interruptMode 等于 THROW_IE 时，reportInterruptAfterWait()方法将抛出中断异常。

中断先于 signal/signalAll 方法发生的情况总结如下：

（1）线程因为中断从阻塞的地方被唤醒。

（2）通过 transferAfterCancelledWait()确认了线程的 waitStatus 值为 Node.CONDITION，说明并没有被 signal/signalAll 方法唤醒。

（3）修改线程的 waitStatus 为 0，并通过 enq()方法将其添加到同步队列中。

（4）线程将在同步中以阻塞的方式获取资源，如果获取不到资源，就会被再次阻塞。

（5）线程在同步队列中获取到资源后，将调用 unlinkCancelledWaiters()方法将自己从条件队列中移除，该方法还会移除其他取消等待的线程。

（6）通过 reportInterruptAfterWait()抛出了 InterruptedException 异常。

由此可以看出，一个调用了 await()方法被阻塞的线程在被中断后不会立即抛出 InterruptedException 异常，而是会被添加到同步中竞争资源，如果竞争不到资源，那么线程还是会被阻塞。只有获取到资源之后，该线程才得以从同步队列和条件队列中移除，最后抛出 InterruptedException。

一个调用了 await()方法的线程，即使被中断了，依旧还是会被阻塞，直到线程获取到资源之后才能返回，并在返回时抛出 InterruptedException。中断对线程的意义更多地体现在将线程从同步中移除，加入条件中去竞争资源。在 await()方法返回后，如果是因为中断被唤醒，await()方法就需要抛出 InterruptedException 异常，表示线程是被非正常唤醒的（正常唤醒是指被 signal/signalAll 方法唤醒）。

除了以上中断先于 signal/signalAll 方法执行外，还有可能会发生中断后于 signal/signalAll 方法执行。这种情况对应于 REINTERRUPT 模式，当线程获取到资源退出 await()方法后，只需要再次中断一次，不需要抛出 InterruptedException 异常。这种情况可以分为以下两种子情况：

（1）线程被唤醒时已经发生了中断，但此时线程已经被 signal/signalAll 方法唤醒过了。

（2）线程被唤醒时并没有发生中断，但是在竞争资源的过程中发生了中断。

首先分析子情况（1），此时 transferAfterCancelledWait()方法代码如下：

```
final boolean transferAfterCancelledWait(Node node) {
    // 线程A执行到这里，CAS操作将会失败
    if (compareAndSetWaitStatus(node, Node.CONDITION, 0)) {
        enq(node);
        return true;
    }
    // 由于中断发生前，线程已经被唤醒了
    // 因此这里只需要等待线程成功进入同步即可
    while (!isOnSyncQueue(node))
        // 线程从运行态变成就绪态
        Thread.yield();
    return false;
}
```

由于 signal/signalAll 方法已经执行了，由我们之前分析的 signal()方法可知，此时当前结点的 waitStatus 一定不为 Node.CONDITION，transferAfterCancelledWait()方法将跳过 if 语句。此时当前线程可能已经在同步队列中，或者正在转移到同步队列中。

假设当前线程为线程 A，线程 A 被唤醒后检测到中断并执行 transferAfterCancelledWait()方法。另一个线程 B 在这之前已经调用了 signal()方法，该方法会调用 transferForSignal()将当前线程添加到同步队列的末尾。

```
final boolean transferForSignal(Node node) {
    // 线程B执行到这里，CAS操作将会成功
    if (!compareAndSetWaitStatus(node, Node.CONDITION, 0))
        return false;
    Node p = enq(node);
    int ws = p.waitStatus;
    if (ws > 0 || !compareAndSetWaitStatus(p, ws, Node.SIGNAL))
        LockSupport.unpark(node.thread);
    return true;
}
```

因为线程 A 和线程 B 是并发执行的，而这里分析的是中断发生在 signal/signalAll 方法之后，所以此时线程 B 的 compareAndSetWaitStatus()方法先于线程 A 执行。这时可能出现线程 B 已经成功修改了结点的 waitStatus 状态，但是还没来得及调用 enq()方法，线程 A 就执行到了 transferAfterCancelledWait()方法，此时线程 A 发现自己的 waitStatus 已经不是 Node.CONDITION，但其实当前结点还没有被添加到同步队列中，因此接下来将通过自旋等待线程 B 执行完 transferForSignal()方法。线程 A 在自旋过程中会不断地判断结点有没有被成功添加进同步队列，判断的方法就是 isOnSyncQueue()，代码如下：

```
/**
 * Returns true if a node, always one that was initially placed on
 * a condition queue, is now waiting to reacquire on sync queue.
 * @param node the node
 * @return true if is reacquiring
```

```
 */
final boolean isOnSyncQueue(Node node) {
    if (node.waitStatus == Node.CONDITION || node.prev == null)
        return false;
    if (node.next != null) // If has successor, it must be on queue
        return true;
    return findNodeFromTail(node);
}
```

在 isOnSyncQueue()方法第 1 个 if 分支中,只要 waitStatus 的值还为 Node.CONDITION,就说明结点一定还在条件队列中,返回 false。而每一个调用了 enq()方法入队的结点,哪怕在设置 compareAndSetTail()这一步失败了,结点的 prev 必然也是有值的,因此这两个条件只要有一个满足,就说明结点必然不在同步队列中。

在 isOnSyncQueue()方法第 2 个 if 分支中,如果 node.next 有值,就说明结点不仅在同步队列中,并且在结点后面还有别的结点,该结点必然在同步队列中。如果以上都不满足,就从尾结点向前寻找这个结点。

```
/**
 * Returns true if node is on sync queue by searching backwards from tail
 * Called only when needed by isOnSyncQueue
 * @return true if present
 */
private boolean findNodeFromTail(Node node) {
    Node t = tail;
    for (;;) {
        if (t == node)
            return true;
        if (t == null)
            return false;
        t = t.prev;
    }
}
```

再回到 transferAfterCancelledWait()方法的调用处,代码如下:

```
private int checkInterruptWhileWaiting(Node node) {
    return Thread.interrupted() ?
        (transferAfterCancelledWait(node) ? THROW_IE : REINTERRUPT) :
        0;
}
```

由于 transferAfterCancelledWait()方法返回了 false,因此 checkInterruptWhileWaiting()方法将返回 REINTERRUPT,说明在退出 await()方法时只需要再次中断线程。

再回到 await()方法调用 checkInterruptWhileWaiting()方法的地方,代码如下:

```
public final void await() throws InterruptedException {
    /*if (Thread.interrupted())
        throw new InterruptedException();
    Node node = addConditionWaiter();
    int savedState = fullyRelease(node);
```

```
    int interruptMode = 0;
    while (!isOnSyncQueue(node)) {
      LockSupport.park(this);*/
      // 从这里开始分析
      if ((interruptMode = checkInterruptWhileWaiting(node)) != 0)
        break;
    }
    //当前 interruptMode=REINTERRUPT，无论这里是否进入 if 体，该值不变
    if (acquireQueued(node, savedState) && interruptMode != THROW_IE)
      interruptMode = REINTERRUPT;
    if (node.nextWaiter != null) // clean up if cancelled
      unlinkCancelledWaiters();
    if (interruptMode != 0)
      reportInterruptAfterWait(interruptMode);
}
```

此时 interruptMode 的值为 REINTERRUPT，程序将跳出 while 循环。接下来就和中断先于 signal/signalAll 方法发生的情况类似了，线程还是去竞争资源，这一步依然是阻塞式的，获取到资源则退出，获取不到资源则会被挂起。

由于现在 interruptMode 的值已经为 REINTERRUPT，因此无论在争锁的过程中是否发生过中断，interruptMode 的值都还是 REINTERRUPT。

接着就是将结点从条件中移除，与情况（1）不同的是，在 signal/signalAll 方法成功将结点加入同步队列时，该结点的 nextWaiter 已经是 null 了。

接下来调用 reportInterruptAfterWait()方法报告中断状态了，代码如下：

```
private void reportInterruptAfterWait(int interruptMode)
    throws InterruptedException {
  if (interruptMode == THROW_IE)
    throw new InterruptedException();
  else if (interruptMode == REINTERRUPT)
    selfInterrupt();
}
```

reportInterruptAfterWait()方法在这种情况下并没有抛出中断异常，只是将当前线程再中断一次，代码如下：

```
static void selfInterrupt() {
  Thread.currentThread().interrupt();
}
```

至此，中断后用 signal/signalAll 方法执行的第（1）种子情况就分析完了，总结如下：

（1）线程从阻塞的地方被唤醒，此时既发生过中断，又执行过 signal/signalAll 方法。

（2）通过 transferAfterCancelledWait()确认了线程的 waitStatus 值已经不为 Node.CONDITION，说明 signal/signalAll 方法发生于中断之前。

（3）通过自旋的方式等待 signal/signalAll 方法执行完成，确保当前结点已经被成功添加到同步队列中。

（4）接下来线程将在同步队列中以阻塞的方式获取资源，如果获取不到资源，就会被再次阻

塞。

（5）我们通过 reportInterruptAfterWait()方法将当前线程再次中断，但是不会抛出 InterruptedException 异常。

中断后用 signal/signalAll 方法执行的第（2）种子情况是线程被唤醒时并没有发生中断，但是在竞争资源的过程中发生了中断。既然被唤醒时没有发生中断，那么基本可以确定线程是被 signal/signalAll 方法唤醒的，但是可能会存在"假唤醒"这种情况，因此依然还是要检测被唤醒的原因。如果线程是因为 signal/signalAll 方法而被唤醒的，那么由前面分析的 signal()方法可知，线程最终会离开条件队列而进入同步队列中，所以只需要判断被唤醒时，线程是否已经在同步队列中即可。

```java
public final void await() throws InterruptedException {
    /*if (Thread.interrupted())
        throw new InterruptedException();
    Node node = addConditionWaiter();
    int savedState = fullyRelease(node);
    int interruptMode = 0;
    while (!isOnSyncQueue(node)) {
        LockSupport.park(this);  */
        // 线程将在这里被唤醒
        // 由于现在没有发生中断，因此interruptMode目前为0
        if ((interruptMode = checkInterruptWhileWaiting(node)) != 0)
            break;
    }
    if (acquireQueued(node, savedState) && interruptMode != THROW_IE)
        interruptMode = REINTERRUPT;
    if (node.nextWaiter != null) // clean up if cancelled
        unlinkCancelledWaiters();
    if (interruptMode != 0)
        reportInterruptAfterWait(interruptMode);
}
```

线程被唤醒时，暂时还没有发生中断，所以这里 interruptMode = 0，表示没有中断发生，程序将继续 while 循环，这时将通过 isOnSyncQueue()方法判断当前线程是否已经在同步队列中了。由于已经执行过 signal/signalAll 方法了，此时结点必然已经在同步队列中了，因此 isOnSyncQueue()将返回 true，此时程序将退出 while 循环。

如果 isOnSyncQueue()检测到当前结点不在同步队列中，就说明线程既没有发生中断，又没有被 signal/signalAll 方法唤醒，当前线程是被"假唤醒"的，程序将再次进入循环体，将线程挂起。

退出 while 循环后，接下来还是利用 acquireQueued()方法竞争资源，因为前面没有发生中断，所以 interruptMode=0，这时，如果在争锁的过程中发生了中断，那么 acquireQueued()方法将返回 true，此时 interruptMode 将变为 REINTERRUPT。

接下来判断 node.nextWaiter != null，由于在调用 signal/signalAll 方法时已经将将结点移出了条件队列，因此这个条件也不成立。

最后就是汇报中断状态了，此时 interruptMode 的值为 REINTERRUPT，说明线程在被 signal/signalAll 方法唤醒后又发生了中断，这个中断发生在抢锁的过程中，因此需要再次中断线程。

至此，中断后于 signal/signalAll 方法执行的第（2）种子情况就分析完了，总结如下：

（1）线程被 signal/signalAll 方法唤醒，此时并没有发生过中断。

（2）因为没有发生过中断，所以程序将从 checkInterruptWhileWaiting()方法处返回，此时 interruptMode=0。

（3）接下来回到 while 循环中，因为 signal/signalAll 方法保证了将结点添加到同步队列中，此时 while 循环条件不成立，循环退出。

（4）接下来，线程将在同步队列中以阻塞的方式获取资源，如果获取不到资源，就会被再次挂起。

（5）线程获取到资源返回后，检测到在获取锁的过程中发生过中断，并且此时 interruptMode=0，这时将 interruptMode 修改为 REINTERRUPT。

（6）最后通过 reportInterruptAfterWait() 方法将当前线程再次中断，但是不会抛出 InterruptedException 异常。

除了以上几种情况外，await()方法可能还有一种情况，即 await()方法在执行过程中一直没有发生中断。这种情况下 interruptMode 为 0，不需要汇报中断，线程就从 await()方法处正常返回。

本节前面部分主要围绕 await()方法进行分析，在 await()方法里，中断和 signal/signalAll 方法都可以唤醒阻塞的线程，但中断属于将一个等待中的线程非正常唤醒，可能即使线程被唤醒后竞争到了资源，但是却发现当前的等待条件并没有满足，还是得把线程挂起。因此，我们有时候并不希望 await()方法被中断，awaitUninterruptibly()方法就可以实现这个功能。

```
public final void awaitUninterruptibly() {
    Node node = addConditionWaiter();
    int savedState = fullyRelease(node);
    boolean interrupted = false;
    while (!isOnSyncQueue(node)) {
        LockSupport.park(this);
        if (Thread.interrupted())
            // 发生了中断后线程依旧留在了条件队列中，将会再次被挂起
            interrupted = true;
    }
    if (acquireQueued(node, savedState) || interrupted)
        selfInterrupt();
}
```

由此可见，awaitUninterruptibly()忽略中断，即使是当前线程因为中断被唤醒，该方法也只是简单地记录中断状态，然后再次被挂起。要使当前线程离开条件队列去竞争资源，就必须通过 signal/signalAll 方法唤醒线程。当线程在获取资源的过程中发生中断，该方法也是不响应的，只是在最终获取到锁返回时，再将线程设置为中断。

awaitUninterruptibly()方法的总结如下：

（1）中断虽然会唤醒线程，但是不会导致线程离开条件队列，如果线程只是因为中断而被唤醒，那么线程将再次被挂起。

（2）只有 signal/signalAll 方法唤醒线程才可以使线程离开条件队列。

（3）调用该方法时或者调用过程中如果发生了中断，那么仅仅会在该方法结束时自我中断，

不会抛出 InterruptedException 异常。

无论是 await() 方法还是 awaitUninterruptibly() 方法，在竞争资源的过程中都是阻塞式的，即一直到获取到资源后才能返回，否则线程还是会被挂起。这样会产生一个问题：如果线程长时间获取不到资源，就会一直被阻塞，因此有时候更需要带超时机制的竞争方法，awaitNanos() 方法可以满足要求。

```java
public final long awaitNanos(long nanosTimeout)
        throws InterruptedException {
    if (Thread.interrupted())
        throw new InterruptedException();
    Node node = addConditionWaiter();
    int savedState = fullyRelease(node);
    // 不同点
    final long deadline = System.nanoTime() + nanosTimeout;
    int interruptMode = 0;
    while (!isOnSyncQueue(node)) {
        // 不同点
        if (nanosTimeout <= 0L) {
            transferAfterCancelledWait(node);
            break;
        }
        // 不同点
        if (nanosTimeout >= spinForTimeoutThreshold)
            LockSupport.parkNanos(this, nanosTimeout);
        if ((interruptMode = checkInterruptWhileWaiting(node)) != 0)
            break;
        // 不同点
        nanosTimeout = deadline - System.nanoTime();
    }
    if (acquireQueued(node, savedState) && interruptMode != THROW_IE)
        interruptMode = REINTERRUPT;
    if (node.nextWaiter != null)
        unlinkCancelledWaiters();
    if (interruptMode != 0)
        reportInterruptAfterWait(interruptMode);
    return deadline - System.nanoTime();
}
```

awaitNanos() 方法几乎和 await() 方法一样，只是多了超时时间的处理。该方法的主要设计思想是，如果设定的超时时间还没到，就将线程挂起；如果超过等待的时间了，就将线程从条件队列转移到同步队列中。这里对于超时时间有一个小小的优化——当设定的超时时间很短时（小于 spinForTimeoutThreshold 的值 1000L），简单地自旋，而不是将线程挂起，以减少挂起线程和唤醒线程所带来的性能消耗。

还有一处值得注意，就是 awaitNanos(0) 的意义，本书前面的章节中讲解 wait() 方法时，wait(0) 的含义是无限期等待，而在 awaitNanos(long nanosTimeout) 方法中则有不同的含义。如果设置的等待时间本身就小于等于 0，当前线程是会直接从条件队列中转移到同步队列中的，并不会被挂起，也不需要等待 signal/signalAll 方法唤醒。

与 awaitNanos() 方法类似的还有 await(long time, TimeUnit unit) 方法，该方法内部实现上还是会把时间转成纳秒去执行，这里直接与前面的 awaitNanos(long nanosTimeout) 方法进行对比，给出代码不同的部分。

```
public final boolean await(long time, TimeUnit unit) throws
InterruptedException {
    long nanosTimeout = unit.toNanos(time);
    if (Thread.interrupted())
        throw new InterruptedException();
    Node node = addConditionWaiter();
    int savedState = fullyRelease(node);
    final long deadline = System.nanoTime() + nanosTimeout;
    boolean timedout = false;
    int interruptMode = 0;
    while (!isOnSyncQueue(node)) {
        if (nanosTimeout <= 0L) {
            // 不同点
            timedout = transferAfterCancelledWait(node);
            break;
        }
        if (nanosTimeout >= spinForTimeoutThreshold)
            LockSupport.parkNanos(this, nanosTimeout);
        if ((interruptMode = checkInterruptWhileWaiting(node)) != 0)
            break;
        nanosTimeout = deadline - System.nanoTime();
    }
    if (acquireQueued(node, savedState) && interruptMode != THROW_IE)
        interruptMode = REINTERRUPT;
    if (node.nextWaiter != null)
        unlinkCancelledWaiters();
    if (interruptMode != 0)
        reportInterruptAfterWait(interruptMode);
    // 不同点
    return !timedout;
}
```

这两个方法主要的差别就体现在返回值上，awaitNanos(long nanosTimeout) 的返回值是剩余的超时时间，如果该值大于 0，就说明超时时间还没到，该返回是由 signal/signalAll 方法唤醒的。而 await(long time, TimeUnit unit) 的返回值就是 transferAfterCancelledWait(node) 的值，调用该方法时，如果线程还没有被 signal/signalAll 方法唤醒，就返回 true；如果线程已经被 signal/signalAll 方法唤醒过了，就返回 false。因此，当 await(long time, TimeUnit unit) 方法返回 true 时，说明在超时时间到之前就已经执行了 signal/signalAll 方法，该方法的返回是由 signal/signalAll 方法决定的，而不是超时时间。调用 await(long time, TimeUnit unit) 其实就等价于调用 awaitNanos(unit.toNanos(time)) > 0 方法。

awaitUntil(Date deadline) 方法与前面几种带超时的方法基本类似，不同的是，此方法的超时时间是一个绝对的时间。用此方法与 await(long time, TimeUnit unit) 方法对比，代码如下：

```
public final boolean awaitUntil(Date deadline) throws InterruptedException {
```

```java
            long abstime = deadline.getTime();
            if (Thread.interrupted())
                throw new InterruptedException();
            Node node = addConditionWaiter();
            int savedState = fullyRelease(node);
            boolean timedout = false;
            int interruptMode = 0;
            while (!isOnSyncQueue(node)) {
                // 不同点
                if (System.currentTimeMillis() > abstime) {
                    timedout = transferAfterCancelledWait(node);
                    break;
                }
                // 不同点
                LockSupport.parkUntil(this, abstime);
                if ((interruptMode = checkInterruptWhileWaiting(node)) != 0)
                    break;
            }
            if (acquireQueued(node, savedState) && interruptMode != THROW_IE)
                interruptMode = REINTERRUPT;
            if (node.nextWaiter != null)
                unlinkCancelledWaiters();
            if (interruptMode != 0)
                reportInterruptAfterWait(interruptMode);
            return !timedout;
        }
```

awaitUntil()方法大段的代码与 await(long time, TimeUnit unit) 方法类似，区别就是在超时时间的判断上使用了绝对时间，其实这里的 deadline 和 awaitNanos(long nanosTimeout)以及 await(long time, TimeUnit unit) 内部的 deadline 变量是等价的。在 awaitUntil() 方法中，没有使用 spinForTimeoutThreshold()方法进行自旋优化，因为一般调用这个方法的目的就是设定一个较长的等待时间，否则使用带有相对时间的方法会更方便一点。

6.1.7 AbstractQueuedSynchronizer 常见面试考点

（1）AbstractQueuedSynchronizer 控制资源状态的属性。
（2）AbstractQueuedSynchronizer 独占模式。
（3）AbstractQueuedSynchronizer 共享模式。
（4）AbstractQueuedSynchronizer 条件模式。
（5）AbstractQueuedSynchronizer 在 ReentrantLock、Semaphore、CountDownLatch、CopyOnWriteArrayList 和 ConcurrentHashMap 等并发容器中的使用。

6.2 Lock

5.10 节讲解了 synchronized 的工作原理和 wait/notify 的工作机制。在大部分情况下，synchronized 可以很好地满足开发者的需求。但 synchronized 在功能上有一些局限性，如无法实现非阻塞的加锁。自 JDK1.5 开始，Java 提供了 Lock 接口可以在指定的时间范围内以可中断的方式获取锁。与 synchronized 不同的是，Lock 是一种显式地加锁/解锁的方式。在使用 Lock 对象时，通常在 finally 语句块中调用 unlock()方法解锁。

6.2.1 Lock 接口加锁方法

Lock 接口代码如下：

```java
/**
 * Lock 接口代码
 */
public interface Lock {
    /**
     * 加锁方法，不响应中断
     */
    void lock();

    /**
     * 加锁方法，响应中断
     */
    void lockInterruptibly() throws InterruptedException;

    /**
     * 尝试加锁方法，返回布尔值
     */
    boolean tryLock();

    /**
     * 加锁方法，在指定的超时时间内加锁成功返回 true，否则返回 false
     */
    boolean tryLock(long time, TimeUnit unit) throws InterruptedException;

    /**
     * 解锁方法
     */
    void unlock();

    /**
     * 获取 Condition 对象
     */
```

```
        Condition newCondition();
}
```

Lock 接口定义了以下 4 个有关加锁的方法：

（1）lock()方法

lock()方法是阻塞式的加锁方法。当线程不能获取到锁时，线程将会被阻塞，不能参与线程调度，直到线程获取到锁为止，整个获取锁的过程不响应线程中断。

（2）lockInterruptibly()方法

lockInterruptibly()方法是阻塞式获取锁的方法，该方法可以响应线程中断。当调用该方法时，线程已经被中断，或者在线程获取锁的过程中，线程被中断，该方法都会抛出 InterruptedException。在 InterruptedException 抛出后，当前线程的中断标志位将会被清除。

（3）tryLock()方法

tryLock()方法是以非阻塞式获取锁的，从方法名可以看出，try 是试一试的意思，无论成功与否，该方法都是立即返回的。tryLock()方法相比前面两种阻塞式获取锁的方法不同的是，tryLock()方法是有返回值的，若获取锁成功，则返回 true，否则返回 false。

（4）tryLock(long time, TimeUnit unit)方法

tryLock()方法是带有超时时间的可响应中断的加锁方法。如果线程加锁成功，方法就返回 true，如果线程加锁失败，就进入阻塞状态，直至以下 3 种情况之一发生：

- 当前线程获取到了锁。
- 当前线程被中断。
- 到达指定的超时时间。

如果调用 tryLock()方法时线程被中断或者线程在获取锁的过程中被中断，那么此方法都将会抛出 InterruptedException 异常。在抛出 InterruptedException 异常后，线程的中断状态将会被清除。如果线程获取锁的超时时间已经达到，tryLock()方法就会返回 false。

以上 4 种加锁的方法对比如表 6-2 所示。

表 6-2 Lock 接口 4 种加锁方法对比

方　　法	是否阻塞	是否响应中断
lock()	阻塞	不响应中断
lockInterruptibly()	阻塞	响应中断
tryLock()	非阻塞	不响应中断
tryLock(long time, TimeUnit unit)	超时机制	响应中断

6.2.2 Lock 接口解锁方法

Lock 接口只有一个解锁方法 unlock()，只有拥有锁的线程才能释放锁，并且当锁使用完后必须显式地释放锁，这一点和 synchronized 离开同步代码块就自动被释放的监视器是不同的。

6.2.3 Lock 接口的 newCondition()方法

Lock 接口定义了 newCondition()方法用于返回一个 Condition 对象。该方法将创建一个绑定在当前 Lock 对象上的 Condition 对象，即一个 Lock 对象可以创建多个 Condition 对象，它们是一对多的关系。

Condition 接口的出现是为了拓展同步代码块中的 wait/notify 机制。通常情况下，调用 wait()方法主要是因为一定的条件没有满足。所有调用了 wait()方法的线程都会在同一个监视器对象的_WaitSet 中等待，这看上去很合理，但却是该机制的短板所在——所有的线程都等待在同一个 notify/notifyAll 方法上。每一个调用 wait()方法的线程可能等待不同的条件，但有时候即使某个线程等待的条件并没有满足，线程也有可能被别的线程的 notify()方法唤醒，因为所有线程用的是同一个监视器对象。这样一来，即使某个线程被唤醒后竞争到了监视器锁，但发现其实条件还是不满足，因此该线程还是得调用 wait()方法挂起，就导致了很多无意义的时间和 CPU 资源的浪费。

这一切的根源就在于调用 wait()方法时没有办法来表明究竟是什么样的条件进行等待，因此唤醒时也不知道该具体唤醒某一个线程，只能把所有的线程都唤醒了。

因此，最好的方式是，在将线程挂起时就指明在什么样的条件上挂起，同时在等待的事件发生后，只唤醒等待在这个事件上的线程，而实现了这个思路的就是 Condition 接口。

更多有关 Condition 接口的分析可参考 6.1.6 小节。

6.3 ReentrantLock

6.3.1 ReentrantLock 的使用方式

ReentrantLock 也称作可重入锁，是在 Java 并发编程中常见的一种并发编程工具，通常用于保障代码段线程安全，ReentrantLock 的实现主要依靠 AbstractQueuedSynchronizer 类。ReentrantLock 类的主要用法如下：

```
/**
 * @Author : zhouguanya
 * @Project : java-interview-guide
 * @Date : 2020-01-20 16:29
 * @Version : V1.0
 * @Description : ReentrantLock 使用方式演示
 */
public class ReentrantLockDemo {
```

```java
/**
 * 锁对象
 */
private static Lock lock;

public static void main(String[] args)
        throws InterruptedException {
    System.out.println("ReentrantLock 公平锁使用方式演示：");
    // 公平锁模式
    lock = new ReentrantLock(true);
    for (int i = 0; i < 5; i++) {
        // 一般企业开发中不建议手动创建线程
        // 此处为了简单起见，手动创建线程
        // 企业开发中应当使用线程池管理线程
        new Thread(new ThreadDemo(i)).start();
    }
    Thread.sleep(1000);
    System.out.println("ReentrantLock 非公平锁使用方式演示：");
    // 非公平锁模式
    lock = new ReentrantLock(false);
    for (int i = 0; i < 5; i++) {
        // 一般企业开发中不建议手动创建线程
        // 此处为了简单起见，手动创建线程
        // 企业开发中应当使用线程池管理线程
        new Thread(new ThreadDemo(i)).start();
    }
}

/**
 * 实现 Runnable 接口
 */
static class ThreadDemo implements Runnable {
    Integer id;

    public ThreadDemo(Integer id) {
        this.id = id;
    }

    @Override
    public void run() {
        try {
            TimeUnit.MILLISECONDS.sleep(10);
        } catch (InterruptedException e) {
            e.printStackTrace();
        }
        for (int i = 0; i < 2; i++) {
            lock.lock();
            System.out.println("获得锁的线程: " + id);
            lock.unlock();
        }
```

```
        }
    }
}
```

执行以上代码，执行结果如下：

```
ReentrantLock 公平锁使用方式演示：
获得锁的线程：2
获得锁的线程：1
获得锁的线程：3
获得锁的线程：0
获得锁的线程：4
获得锁的线程：2
获得锁的线程：1
获得锁的线程：3
获得锁的线程：0
获得锁的线程：4
ReentrantLock 非公平锁使用方式演示：
获得锁的线程：3
获得锁的线程：3
获得锁的线程：2
获得锁的线程：2
获得锁的线程：1
获得锁的线程：1
获得锁的线程：0
获得锁的线程：0
获得锁的线程：4
获得锁的线程：4
```

6.3.2 ReentrantLock 类图

ReentrantLock 类内部共存在 Sync、NonfairSync、FairSync 三个内部类，NonfairSync 与 FairSync 类继承自 Sync 类，Sync 类继承自 AbstractQueuedSynchronizer 抽象类。下面将对这三个内部类逐个进行分析。Sync、NonfairSync 和 FairSync 类的类图如图 6-8 所示。

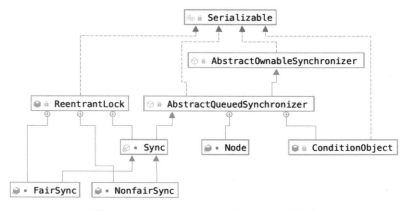

图 6-8　Sync、NonfairSync 和 FairSync 类图

6.3.3 ReentrantLock 内部类 Sync 代码解析

静态内部类 Sync 继承自 AbstractQueuedSynchronizer 类并且实现了部分抽象方法，Sync 类代码如下：

```java
/**
 * 可重入锁基础的同步控制器
 */
abstract static class Sync extends AbstractQueuedSynchronizer {
    private static final long serialVersionUID = -5179523762034025860L;

    /**
     * 加锁方法，由 Sync 的子类 FairSync、NonfairSync 实现
     */
    abstract void lock();

    /**
     * 非公平方式加锁
     */
    final boolean nonfairTryAcquire(int acquires) {
        // 当前线程
        final Thread current = Thread.currentThread();
        // 获取锁的状态，即 AQS 中的 state 状态
        int c = getState();
        // c 等于 0 表示没有线程持有该锁
        if (c == 0) {
            // CAS 修改 state 状态，如果 CAS 成功，即加锁成功
            if (compareAndSetState(0, acquires)) {
                // 设置当前线程以独占的方式持有锁
                setExclusiveOwnerThread(current);
                // 返回加锁成功
                return true;
            }
        }
        // 如果 c 不等于 0，就表示此时锁被某个线程占有
        // 如果当前的线程就是锁的持有者
        else if (current == getExclusiveOwnerThread()) {
            // 发生重进入，增加重进入的次数
            int nextc = c + acquires;
            // 如果 nextc 小于 0，即发生了 int 类型的溢出
            if (nextc < 0)
                // 抛出 Error
                throw new Error("Maximum lock count exceeded");
            // 设置 state 状态
            setState(nextc);
            // 返回重进入加锁成功
            return true;
        }
        // 返回加锁失败
```

```java
        return false;
}

/**
 * 对类 AQS 中的 tryRelease()进行重写
 */
protected final boolean tryRelease(int releases) {
    // 获取 state 状态，减去要释放的资源数 releases
    int c = getState() - releases;
    // 如果当前线程不是锁的拥有者
    if (Thread.currentThread() != getExclusiveOwnerThread())
        // 就抛出 IllegalMonitorStateException 异常
        throw new IllegalMonitorStateException();
    // 是否完全释放锁
    boolean free = false;
    // 如果 c 等于 0
    if (c == 0) {
        // 就表示锁已经完全释放，没有任何线程持有锁
        free = true;
        // 将锁的拥有者置为 null
        setExclusiveOwnerThread(null);
    }
    // 设置 state 状态
    setState(c);
    // 返回锁是否完全被释放的状态
    return free;
}

/**
 * 对类 AQS 中的 isHeldExclusively()进行重写
 */
protected final boolean isHeldExclusively() {
    // 校验当前的线程是否与持有锁的线程相等
    return getExclusiveOwnerThread() == Thread.currentThread();
}

/**
 * 返回一个 AQS 内部类 ConditionObject 对象
 */
final ConditionObject newCondition() {
    return new ConditionObject();
}

/**
 * 返回锁的持有者
 */
final Thread getOwner() {
    // 如果 state 为 0，那么未加锁，返回 null
    // 否则调用 getExclusiveOwnerThread()方法获取持有者
    return getState() == 0 ? null : getExclusiveOwnerThread();
```

```
    }
    
    /**
     * 返回重入锁重进入的次数
     */
    final int getHoldCount() {
        // 如果 isHeldExclusively()为 true
        // 就说明当前线程是锁的持有者,返回 state
        // 否则返回 0
        return isHeldExclusively() ? getState() : 0;
    }
    
    /**
     * 判断是否已经被加锁
     */
    final boolean isLocked() {
        return getState() != 0;
    }
    
    /**
     * 通过流反序列化对象
     */
    private void readObject(java.io.ObjectInputStream s)
        throws java.io.IOException, ClassNotFoundException {
        s.defaultReadObject();
        setState(0); // reset to unlocked state
    }
}
```

6.3.4 ReentrantLock 内部类 FairSync 代码解析

FairSync 是 ReentrantLock 公平锁的主要实现类,FairSync 类继承自 Sync 类,因此 AbstractQueuedSynchronizer 类是 FairSync 类的祖父类。FairSync 类的代码如下:

```
/**
 * FairSync 继承 Sync,实现公平锁
 */
static final class FairSync extends Sync {
    private static final long serialVersionUID = -3000897897090466540L;
    /**
     * 加锁
     */
    final void lock() {
        // 调用 AbstractQueuedSynchronizer 方法 acquire()实现加锁
        acquire(1);
    }
    
    /**
     * AbstractQueuedSynchronizer 类的 acquire()
```

```java
 * 需要调用子类的tryAcquire()实现
 */
protected final boolean tryAcquire(int acquires) {
    // 当前线程
    final Thread current = Thread.currentThread();
    // 锁状态
    int c = getState();
    // c等于0表示未被锁定
    if (c == 0) {
        // hasQueuedPredecessors()是父类AQS中的方法
        // 用于查询是否有比当前线程等待时间更长的线程
        // 如果没有比当前线程等待更久的线程
        // 就通过CAS设置state状态从0变成acquires
        // 如果CAS成功，就说明线程加锁成功
        // 设置锁的持有者为当前线程
        if (!hasQueuedPredecessors() &&
            compareAndSetState(0, acquires)) {
            setExclusiveOwnerThread(current);
            // 返回加锁成功
            return true;
        }
    }
    // 如果c不等于0
    // 判断当前现场是不是锁的持有者
    // 如果是，就发生重进入
    else if (current == getExclusiveOwnerThread()) {
        // nextc等于c加acquires。
        int nextc = c + acquires;
        // 如果c小于0，即发生溢出
        if (nextc < 0)
            // 抛出Error
            throw new Error("Maximum lock count exceeded");
        // 设置state
        setState(nextc);
        // 返回加锁成功
        return true;
    }
    // 返回加锁失败
    return false;
}
```

6.3.5　ReentrantLock 内部类 NonfairSync 代码解析

NonfairSync 是 ReentrantLock 公平锁的主要实现类，NonfairSync 类继承自 Sync 类，因此 AbstractQueuedSynchronizer 类是 NonfairSync 类的祖父类。NonfairSync 类的代码如下：

```java
/**
 * FairSync 继承自 Sync，实现非公平锁
```

```java
 */
static final class NonfairSync extends Sync {
    private static final long serialVersionUID = 7316153563782823691L;

    /**
     * 加锁
     */
    final void lock() {
        // CAS 使 state 从 0 变成 1
        // 如果 CAS 成功，就将当前线程设置为锁的持有者
        if (compareAndSetState(0, 1))
            setExclusiveOwnerThread(Thread.currentThread());
        else
            // 如果 CAS 失败，就调用父类 AQS 中的 acquire()方法进行加锁
            acquire(1);
    }

    /**
     * AbstractQueuedSynchronizer 类的 acquire()方法
     * 需要调用子类的 tryAcquire()实现
     */
    protected final boolean tryAcquire(int acquires) {
        // 调用父类 Sync 中的 nonfairTryAcquire()方法
        return nonfairTryAcquire(acquires);
    }
}
```

6.3.6　ReentrantLock 构造器代码解析

ReentrantLock 的无参构造器代码如下：

```java
/**
 * 无参构造器创建的可重入锁是非公平锁
 */
public ReentrantLock() {
    sync = new NonfairSync();
}
```

ReentrantLock 可以通过指定参数控制生成公平锁/非公平锁，指定参数的构造器代码如下：

```java
/**
 * 通过参数指定生成公平锁/非公平锁
 */
public ReentrantLock(boolean fair) {
    sync = fair ? new FairSync() : new NonfairSync();
}
```

由以上两个 ReentrantLock 的构造器可知，ReentrantLock 通过构造器将其 sync 属性实例化为公平锁/非公平锁等不同的实现类。ReentrantLock 的 sync 属性代码如下：

```java
/** Synchronizer providing all implementation mechanics */
```

```
private final Sync sync;
```

6.3.7 ReentrantLock 公平锁代码解析

ReentrantLock 的加锁是通过 lock() 方法实现的。lock 方法代码如下：

```
/**
 * ReentrantLock 加锁方法
 */
public void lock() {
    sync.lock();
}
```

当 ReentrantLock 的构造器传入参数为 true 时，ReentrantLock 就以公平锁方式进行工作。因此，当 ReentrantLock 以公平锁方式进行加锁时，调用的 FairSync 类的 lock() 方法，lock() 方法代码如下：

```
/**
 * FairSync 加锁方法
 */
final void lock() {
    // 调用 acquire() 方法
    acquire(1);
}
```

FairSync 类的 lock() 方法将调用 AbstractQueuedSynchronizer 类的 acquire() 方法实现对资源的加锁。参数 1 表示 ReentrantLock 加锁的重进入次数为 1。

```
/**
 * AbstractQueuedSynchronizer 类的 acquire() 方法
 */
public final void acquire(int arg) {
    if (!tryAcquire(arg) &&
        acquireQueued(addWaiter(Node.EXCLUSIVE), arg))
        selfInterrupt();
}
```

由 6.1.4 小节可知，AbstractQueuedSynchronizer 类的 tryAcquire() 方法是需要其子类实现的，在 FairSync 实现的 tryAcquire() 方法可参考 6.3.4 小节。

若 FairSync 的 tryAcquire() 方法返回 true，当前线程加锁成功，则 ReentrantLock 的公平锁模式加锁成功；否则 ReentrantLock 公平锁模式加锁失败。加锁失败后的处理流程可参考 6.1.4 小节。

ReentrantLock 公平锁执行流程图如图 6-9 所示。

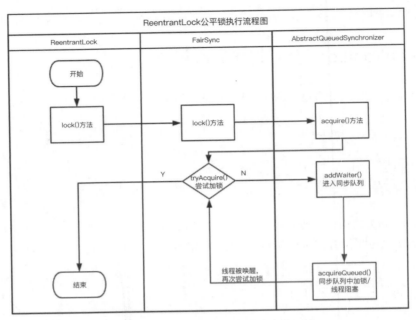

图 6-9　ReentrantLock 公平锁执行流程图

ReentrantLock 锁的释放是通过 unlock()方法实现的，unlock()方法代码如下：

```java
public void unlock() {
    sync.release(1);
}
```

ReentrantLock 的 unlock()方法通过调用 AbstractQueuedSynchronizer 类的 release()方法实现解锁，release()方法代码如下：

```java
public final boolean release(int arg) {
    if (tryRelease(arg)) {
        Node h = head;
        if (h != null && h.waitStatus != 0)
            unparkSuccessor(h);
        return true;
    }
    return false;
}
```

AbstractQueuedSynchronizer 类的 tryRelease()方法需要其子类实现。ReentrantLock 的内部类 Sync 实现了 tryRelease()方法，Sync 类的 tryRelease()方法代码如下：

```java
protected final boolean tryRelease(int releases) {
    int c = getState() - releases;
    if (Thread.currentThread() != getExclusiveOwnerThread())
        throw new IllegalMonitorStateException();
    boolean free = false;
    if (c == 0) {
        free = true;
        setExclusiveOwnerThread(null);
```

```
    }
    setState(c);
    return free;
}
```

Sync 类的 tryRelease()方法代码分析可参考 6.3.3 小节。AbstractQueuedSynchronizer 类的 release() 方法代码解析可参考 6.1.4 小节。

6.3.8 ReentrantLock 非公平锁代码解析

ReentrantLock 的非公平加锁是通过 lock()方法实现的。与公平锁不同的是，非公平的加锁是通过调用 NonfairSync 类的 lock()方法实现的。NonfairSync 类的 lock()方法代码如下：

```
final void lock() {
    if (compareAndSetState(0, 1))
        setExclusiveOwnerThread(Thread.currentThread());
    else
        acquire(1);
}
```

与公平锁 FairSync 中的 lock()方法不同的是，NonfairSync 中对 lock()方法直接进行 CAS 操作。如果 CAS 成功，就设置锁的持有者为当前线程，体现了非公平锁的非公平性。

如果 NonfairSync 中的 lock()方法执行 CAS 失败，就说明当前运行环境中有其他线程与当前线程竞争，并且当且线程未加锁成功。lock()方法将会进入 AbstractQueuedSynchronizer 中的 acquire()方法执行。acquire()方法代码如下：

```
/**
 * AbstractQueuedSynchronizer 类的 acquire()方法
 */
public final void acquire(int arg) {
    if (!tryAcquire(arg) &&
        acquireQueued(addWaiter(Node.EXCLUSIVE), arg))
        selfInterrupt();
}
```

AbstractQueuedSynchronizer 的 tryAcquire()依旧由其子类实现。NonfairSync 中对 tryAcquire() 方法的实现如下：

```
protected final boolean tryAcquire(int acquires) {
    return nonfairTryAcquire(acquires);
}
```

NonfairSync 中的 tryAcquire()方法调用其父类 Sync 的 nonfairTryAcquire()方法，有关此方法的代码解析可参考 6.3.3 小节。

nonfairTryAcquire()方法与 tryAcquire()方法不同的是，tryAcquire()方法多调用了一个 hasQueuedPredecessors()方法。hasQueuedPredecessors()方法用于判断同步队列中是否存在比当前线程先入队的线程。公平锁加锁需要对先入等待队列的线程做到"先来后到"，对先入队的线程做出让步。非公平锁无论"先来后到"，直接加锁。

如果 nonfairTryAcquire() 方法返回 false，即非公平锁加锁失败，程序就会执行到 AbstractQueuedSynchronizer 类的 addWaiter()方法，接下来将调用以下代码（后面的流程与公平锁加锁失败流程类似，此处不再赘述）：

ReentrantLock 非公平锁执行流程图如图 6-10 所示。

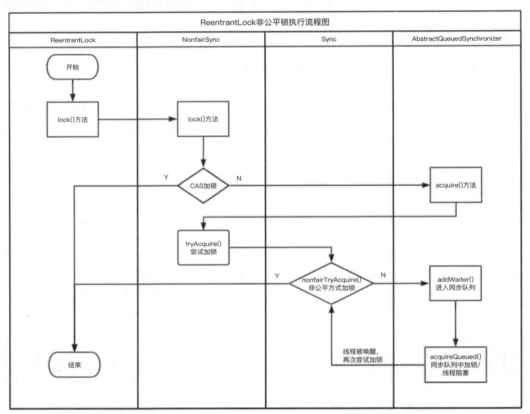

图 6-10　ReentrantLock 非公平锁执行流程图

非公平锁的解锁过程与公平锁的解锁过程类似，具体解锁细节可参考 6.3.7 小节，本小节不再赘述。

6.3.9　公平锁与非公平锁比较

公平锁与非公平锁两者没有具体的好坏之分，开发者需要根据具体的使用场景选择对应的锁技术。公平锁侧重的是公平性，非公平锁侧重的是并发性。

非公平锁对锁的竞争是抢占式的，线程在进入同步队列前可以尝试两次加锁，这大大增加了线程获取锁的机会。这种好处体现在以下两个方面：

（1）线程不必加入同步队列就可以尝试加锁，不仅免去了线程对象构造 Node 结点并加入队列的烦琐操作，还节省了线程阻塞/唤醒的开销，线程阻塞和唤醒涉及线程上下文的切换和操作系统的系统调用，是非常耗时的。在高并发情况下，如果线程持有锁的时间非常短，短到线程入队阻塞的过程超过线程持有并释放锁的时间开销，那么这种抢占式特性对并发性能的提升会更加明显。

（2）减少 CAS 竞争。如果线程必须要加入阻塞队列才能获取锁，那么入队时 CAS 竞争将变得异常激烈，CAS 操作虽然不会导致失败线程挂起，但不断失败重试导致的对 CPU 资源的浪费也是不能忽视的。

6.3.10　ReentrantLock 常见面试考点

（1）线程安全的语义。
（2）线程安全的保障手段。
（3）锁的含义。
（4）可重入的含义。
（5）ReentrantLock 工作原理。
（6）公平锁与非公平锁的原理对比。
（7）公平锁与非公平锁的优缺点对比。
（8）ReentrantLock 在其他并发容器中的使用。

6.4　Semaphore

Semaphore 通常称作信号量，是一种用来控制同时访问共享资源的线程数量的并发工具，Semaphore 通过协调各个线程，以保证合理地使用公共资源。可以把 Semaphore 比作公路上的红绿灯，如公路要限制流量，只允许同时有 1000 辆车在这条公路上行驶，其他的都必须在路口等待，因此前 1000 辆车会看到绿灯，可以进入这条公路，第 1001 辆车及其后面的车都会看到红灯，不能驶入这条公路。如果前 1000 辆中有 5 辆车已经离开了这条公路，后面就允许有 5 辆车驶入公路，这个例子里车就是线程，驶入马路就表示线程在执行，离开马路就表示线程执行完成，看见红灯就表示线程被阻塞不能执行。流量控制即控制线程的并发执行数量。

6.4.1　Semaphore 的使用方式

```
/**
 * @Author : zhouguanya
 * @Project : java-interview-guide
 * @Date : 2020-01-23 08:42
 * @Version : V1.0
 * @Description : Semaphore 使用方式演示
 */
public class SemaphoreDemo {
    /**
     * 限定线程数量
     */
    private static final Semaphore SEMAPHORE = new Semaphore(3);
```

```java
/**
 * 每次获取的许可数
 */
private static final int PERMITS = 1;

/**
 * 线程
 */
static class TestThread implements Runnable {
    @Override
    public void run() {
        try {
            // 获取许可
            SEMAPHORE.acquire(PERMITS);
            System.out.println(printCurrent() +
                    " : " + Thread.currentThread().getName()
                    + " 开始执行了");
            // 持有许可 3 秒，不会释放许可
            Thread.sleep(3000);
        } catch (InterruptedException e) {
            e.printStackTrace();
        } finally {
            // !!!! 非常重要!!!!
            SEMAPHORE.release(PERMITS);
        }
    }


    /**
     * 打印时间
     *
     * @return 当前时间字符串
     */
    private String printCurrent() {
        SimpleDateFormat sdf =
                new SimpleDateFormat("yyyy-MM-dd hh:mm:ss");
        return sdf.format(new Date());
    }
}

public static void main(String[] args) {
    // 一般企业开发中不建议手动创建线程
    // 此处为了简单起见，手动创建线程
    // 企业开发中应当使用线程池管理线程
    Thread t1 = new Thread(new TestThread(), "TestThread1");
    Thread t2 = new Thread(new TestThread(), "TestThread2");
    Thread t3 = new Thread(new TestThread(), "TestThread3");
    Thread t4 = new Thread(new TestThread(), "TestThread4");
    t1.start();
    t2.start();
    t3.start();
```

```
            t4.start();
        }
}
```

执行以上代码，执行结果如下：

```
2020-01-23 08:51:05 : TestThread2 开始执行了
2020-01-23 08:51:05 : TestThread1 开始执行了
2020-01-23 08:51:05 : TestThread3 开始执行了
2020-01-23 08:51:08 : TestThread4 开始执行了
```

6.4.2 Semaphore 类图

Semaphore 类内部共存在 Sync、NonfairSync、FairSync 三个内部类，NonfairSync 与 FairSync 类继承自 Sync 类，Sync 类继承自 AbstractQueuedSynchronizer 抽象类。下面将对这三个内部类逐个进行分析。Sync、NonfairSync 和 FairSync 类的类图如图 6-11 所示。

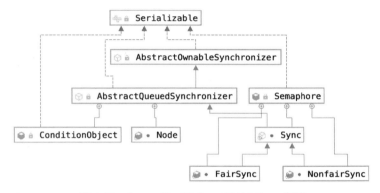

图 6-11　Sync、NonfairSync 和 FairSync 类图

6.4.3 Semaphore 内部类 Sync 代码解析

静态内部类 Sync 继承自 AbstractQueuedSynchronizer 类并且实现了部分抽象方法，Sync 类代码如下：

```
/**
 * 内部类 Sync 继承自 AbstractQueuedSynchronizer
 */
abstract static class Sync extends AbstractQueuedSynchronizer {
    private static final long serialVersionUID = 1192457210091910933L;

    /**
     * 构造器
     */
    Sync(int permits) {
        setState(permits);
    }
```

```java
/**
 * 查询许可。
 */
final int getPermits() {
    return getState();
}

/**
 * 共享模式下非公平方式获取资源
 */
final int nonfairTryAcquireShared(int acquires) {
    for (;;) {
        // 获取许可数
        int available = getState();
        // 剩余的许可
        int remaining = available - acquires;
        // 许可小于 0 或者 CAS 设置状态成功
        if (remaining < 0 ||
            compareAndSetState(available, remaining))
            // 返回 remaining。
            return remaining;
    }
}

/**
 * 共享模式下释放资源
 */
protected final boolean tryReleaseShared(int releases) {
    for (;;) {
        // 获取许可数
        int current = getState();
        // 增加可用的许可
        int next = current + releases;
        // 处理 int 溢出的情况
        if (next < current) // overflow
            throw new Error("Maximum permit count exceeded");
        // 如果 CAS 设置成功
        if (compareAndSetState(current, next))
            // 返回 true
            return true;
    }
}

/**
 * 减少指定的许可数
 */
final void reducePermits(int reductions) {
    for (;;) {
        // 获取许可
```

```
            int current = getState();
            // 剩余可用的许可
            int next = current - reductions;
            // 处理 int 溢出的情况
            if (next > current) // underflow
                throw new Error("Permit count underflow");
            // 如果 CAS 成功
            if (compareAndSetState(current, next))
                // 方法执行结束
                return;
        }
    }

    /**
     * 获取并返回所有许可
     */
    final int drainPermits() {
        for (;;) {
            // 获取许可数
            int current = getState();
            // 如果 current 等于 0 或者 CAS 成功
            if (current == 0 || compareAndSetState(current, 0))
                // 返回 current
                return current;
        }
    }
}
```

6.4.4　Semaphore 内部类 FairSync 代码解析

FairSync 类继承了 Sync 类，表示采用公平策略获取资源，其中只有一个 tryAcquireShared()方法，FairSync 重写了 AbstractQueuedSynchronizer 的 tryAcquireShared()方法，FairSync 类代码如下：

```
static final class FairSync extends Sync {
    private static final long serialVersionUID = 2014338818796000944L;

    /**
     * 构造器
     */
    FairSync(int permits) {
        super(permits);
    }

    /**
     * 共享模式下获取资源
     */
    protected int tryAcquireShared(int acquires) {
        for (;;) {
            // 如果同步队列存在比当前线程等待更久的结点
```

```
            // 就返回-1
            if (hasQueuedPredecessors())
                return -1;
            // 获取 state 状态
            int available = getState();
            // 剩余的许可
            int remaining = available - acquires;
            // 如果剩余许可小于 0 或者 CAS 成功
            if (remaining < 0 ||
                compareAndSetState(available, remaining))
                // 就返回 remaining
                return remaining;
        }
    }
}
```

6.4.5　Semaphore 内部类 NonfairSync 代码解析

NonfairSync 类继承自 Sync 类，表示采用非公平策略获取资源，NonfairSync 中只有一个 tryAcquireShared()方法，重写了 AbstractQueuedSynchronizer 的 tryAcquireShared()方法，NonfairSync 类代码如下：

```
static final class NonfairSync extends Sync {
    private static final long serialVersionUID = -2694183684443567898L;
    /**
     * 构造器
     */
    NonfairSync(int permits) {
        super(permits);
    }

    /**
     * 共享模式下获取资源
     */
    protected int tryAcquireShared(int acquires) {
        // 调用父类 Sync 中的 nonfairTryAcquireShared()方法
        return nonfairTryAcquireShared(acquires);
    }
}
```

6.4.6　Semaphore 构造器代码解析

Semaphore 指定许可数的构造器代码如下：

```
/**
 * 创建具有给定的许可数的非公平模式的 Semaphore
 */
public Semaphore(int permits) {
```

```
        sync = new NonfairSync(permits);
}
```

Semaphore 指定许可数和指定公平模式的构造器代码如下：

```
/**
 * 创建具有给定的许可数和给定的公平模式的 Semaphore
 */
public Semaphore(int permits, boolean fair) {
    sync = fair ? new FairSync(permits) : new NonfairSync(permits);
}
```

由以上两个 Semaphore 的构造器可知，Semaphore 通过构造器将其 sync 属性实例化为公平锁/非公平锁等不同的实现类。Semaphore 的 sync 属性代码如下：

```
// Sync 对象
private final Sync sync;
```

6.4.7　Semaphore 公平模式代码解析

Semaphore 通过 acquire()方法获取许可。acquire()方法代码如下：

```
/**
 * 获取 1 个许可
 */
public void acquire() throws InterruptedException {
    sync.acquireSharedInterruptibly(1);
}
```

acquire()方法还有一个重载的方法，可知指定获取许可的数量。acquire()重载的方法代码如下：

```
/**
 * 获取多个许可
 */
public void acquire(int permits) throws InterruptedException {
    if (permits < 0) throw new IllegalArgumentException();
    sync.acquireSharedInterruptibly(permits);
}
```

Semaphore 类的这两个 acquire()方法都是通过调用 AbstractQueuedSynchronizer 类的 acquireSharedInterruptibly()方法获取许可的，acquireSharedInterruptibly()方法代码如下：

```
public final void acquireSharedInterruptibly(int arg)
        throws InterruptedException {
    // 如果线程已经被中断
    if (Thread.interrupted())
        // 就抛出 InterruptedException 异常
        throw new InterruptedException();
    // tryAcquireShared()方法需要其子类实现
    // 如果 tryAcquireShared()方法返回小于 0
    // 获取资源就会失败
    if (tryAcquireShared(arg) < 0)
```

```
        // 调用doAcquireSharedInterruptibly()方法
        doAcquireSharedInterruptibly(arg);
}
```

AbstractQueuedSynchronizer 类的 tryAcquireShared()方法需要其子类实现，在 Semaphore 公平模式下调用的是内部类 FairSync 中的 tryAcquireShared()方法。tryAcquireShared()方法代码解析可参考 6.4.4 小节。

当 tryAcquireShared()方法返回值小于 0 时，将会执行 doAcquireSharedInterruptibly()方法，doAcquireSharedInterruptibly()方法代码如下：

```java
private void doAcquireSharedInterruptibly(int arg)
    throws InterruptedException {
    // 通过自旋加入队尾，与独占模式类似，只是传入的参数不同
    // 独占模式下传入参数 Node.EXCLUSIVE
    // 共享模式下传入参数 Node.SHARED
    final Node node = addWaiter(Node.SHARED);
    // 标记是否失败
    boolean failed = true;
    try {
        for (;;) {
            // 获取 node 结点的前驱结点
            final Node p = node.predecessor();
            // 如果 node 结点的前驱结点是头结点
            // 即 node 是头结点的直接后继结点
            if (p == head) {
                // 尝试在共享模式下获取资源
                int r = tryAcquireShared(arg);
                if (r >= 0) {
                    // 将当前结点设置为头结点，并尝试传播
                    setHeadAndPropagate(node, r);
                    p.next = null; // help GC
                    failed = false;
                    return;
                }
            }
            // 校验是否需要阻塞线程，判断中断状态
            if (shouldParkAfterFailedAcquire(p, node) &&
                parkAndCheckInterrupt())
                throw new InterruptedException();
        }
    } finally {
        if (failed)
            cancelAcquire(node);
    }
}
```

acquire()方法公平模式获取许可执行流程如图 6-12 所示。

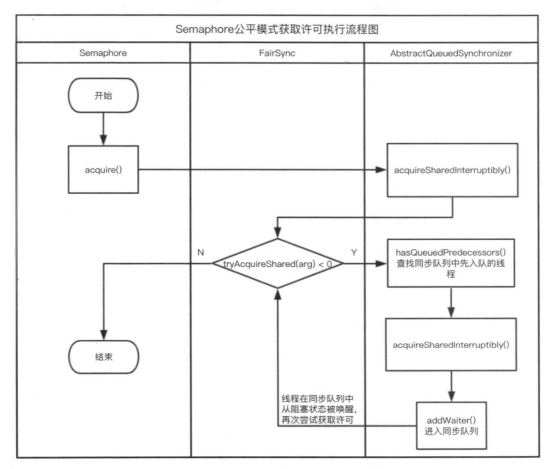

图 6-12　Semaphore 公平模式获取许可执行流程图

Semaphore 通过 release()方法释放许可，release()方法代码如下：

```
/**
 * 释放 1 个许可
 */
public void release() {
    sync.releaseShared(1);
}
```

release()方法还有一个重载的方法，可以指定释放许可的数量，release()重载方法代码如下：

```
/**
 * 释放多个许可
 */
public void release(int permits) {
    if (permits < 0) throw new IllegalArgumentException();
    sync.releaseShared(permits);
}
```

Semaphore 的两个 release()方法都会通过 releaseShared()方法释放许可，releaseShared()方法代

码如下：

```
public final boolean releaseShared(int arg) {
    if (tryReleaseShared(arg)) {
        doReleaseShared();
        return true;
    }
    return false;
}
```

releaseShared()方法代码解析可参考 6.1.5 小节。

6.4.8　Semaphore 非公平模式代码解析

Semaphore 非公平模式获取许可也是通过 acquire()方法，与公平模式获取许可不同的是，非公平模式下由 NonfairSync 类重写 tryAcquireShared()方法，tryAcquireShared()方法代码如下：

```
protected int tryAcquireShared(int acquires) {
    return nonfairTryAcquireShared(acquires);
}
```

tryAcquireShared()方法会调用父类 Sync 的 nonfairTryAcquireShared()方法，其方法代码如下：

```
final int nonfairTryAcquireShared(int acquires) {
    for (;;) {
        int available = getState();
        int remaining = available - acquires;
        if (remaining < 0 ||
            compareAndSetState(available, remaining))
            return remaining;
    }
}
```

与公平模式获取许可不同的是，在非公平模式下没有调用 hasQueuedPredecessors()方法，hasQueuedPredecessors()方法用于判断同步队列中是否存在比当前线程先入队的线程。公平模式下需要对先入等待队列的线程做到"先来后到"，对先入队的线程做出让步。非公平模式不管"先来后到"，直接获取许可。nonfairTryAcquireShared()方法代码解析可参考 6.4.3 小节。

Semaphore()方法非公平模式获取许可执行流程如图 6-13 所示。

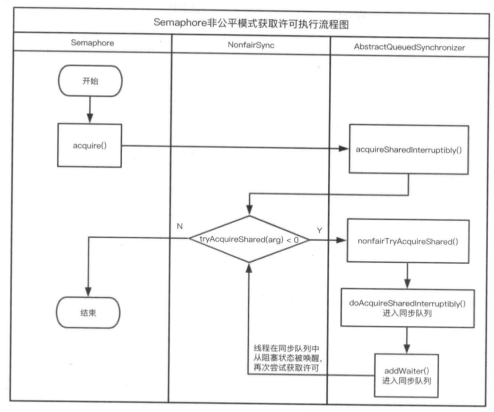

图 6-13　Semaphore 非公平模式获取许可执行流程图

非公平模式释放许可与公平模式释放许可相同，此处不再赘述。

6.4.9　Semaphore 常见面试考点

（1）Semaphore 工作原理。
（2）Semaphore 公平模式与非公平模式的原理对比。
（3）Semaphore 在其他并发容器中的使用。
（4）Semaphore 在高并发场景下的限流作用。

6.5　CountDownLatch

CountDownLatch 是一种倒计数器，CountDownLatch 可以等待多个线程执行完毕后再做一件事情。

日常开发中经常会遇到需要在主线程中开启多线程并发执行任务，并且主线程需要等待所有子线程执行完毕后再执行结果汇总的场景。CountDownLatch 的内部提供了一个计数器，在构造 CountDownLatch 时必须指定计数器的初始值，且计数器的初始值必须大于 0。另外，

CountDownLatch 还提供了一个 countDown()方法来操作计数器的值，每调用一次 countDown()方法计数器都会减 1，直到计数器的值减为 0 时代表条件已成熟，所有因调用 await()方法而阻塞的线程都会被唤醒。这就是 CountDownLatch 的内部机制。

CountDownLatch 执行示意图如图 6-14 所示。

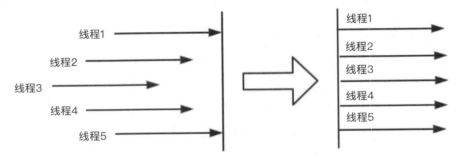

图 6-14　CountDownLatch 执行示意图

6.5.1　CountDownLatch 的使用方式

假设 A 和 B 两人约定去看电影，A 和 B 两人商量需要同时具备电影票和爆米花两种商品才可以进入电影院观赏影片。因此，A 和 B 两人分工，由一人购买电影票，另一个人购买爆米花。下面将通过代码模拟这个场景。

创建购买电影票的任务，代码如下：

```java
/**
 * @Author : zhouguanya
 * @Project : java-interview-guide
 * @Date : 2020-01-24 10:52
 * @Version : V1.0
 * @Description : 购买电影票任务
 */
public class BuyMovieTicketsTask implements Runnable {

    private CountDownLatch countDownLatch;

    /**
     * 构造器
     * @param countDownLatch CountDownLatch 对象
     */
    public BuyMovieTicketsTask(CountDownLatch countDownLatch){
        this.countDownLatch = countDownLatch;
    }

    @Override
    public void run() {
        try {
            // 开始排队
            System.out.println(CountDownLatchDemo.printDate()
```

```
                    + Thread.currentThread().getName()
                    + " 开始排队买电影票");
            // 线程休眠 10 秒
            Thread.sleep(10000);
            // 结束排队
            System.out.println(CountDownLatchDemo.printDate()
                    + Thread.currentThread().getName()
                    + " 排队结束，成功买到电影票");
        } catch (InterruptedException e) {
            e.printStackTrace();
        } finally {
            if(countDownLatch != null) {
                // countDownLatch 倒数 1
                countDownLatch.countDown();
            }
        }
    }
}
```

创建购买爆米花的任务，代码如下：

```
/**
 * @Author : zhouguanya
 * @Project : java-interview-guide
 * @Date : 2020-01-24 10:52
 * @Version : V1.0
 * @Description : 购买爆米花任务
 */
public class BuyPopcornTask implements Runnable {

    private CountDownLatch countDownLatch;

    /**
     * 构造器
     * @param countDownLatch CountDownLatch 对象
     */
    public BuyPopcornTask(CountDownLatch countDownLatch){
        this.countDownLatch = countDownLatch;
    }

    @Override
    public void run() {
        try {
            // 开始买爆米花
            System.out.println(CountDownLatchDemo.printDate()
                    + Thread.currentThread().getName()
                    + " 开始买爆米花");
            // 线程休眠 5 秒
            Thread.sleep(5000);
            // 买到爆米花
            System.out.println(CountDownLatchDemo.printDate()
```

```
                    + Thread.currentThread().getName()
                    + " 买到爆米花");
        } catch (InterruptedException e) {
            e.printStackTrace();
        } finally {
            if(countDownLatch != null) {
                // countDownLatch 倒数 1
                countDownLatch.countDown();
            }
        }
    }
}
```

创建 CountDownLatch 测试类，测试代码如下：

```
/**
 * @Author : zhouguanya
 * @Project : java-interview-guide
 * @Date : 2020-01-24 10:53
 * @Version : V1.0
 * @Description : CountDownLatch 使用方式演示
 */
public class CountDownLatchDemo {
    public static void main(String[] args) throws Exception {
        // 记录当前时间
        long now = System.currentTimeMillis();
        // 创建 CountDownLatch 对象，其初始计数器为 2
        CountDownLatch countDownLatch = new CountDownLatch(2);
        // 企业开发中建议使用 ThreadPoolExecutor 创建线程池
        ExecutorService executorService = Executors
                .newFixedThreadPool(2);
        try {
            // 并发执行购买爆米花和购买电影票的任务
            executorService.execute(new BuyPopcornTask(countDownLatch));
            executorService.execute(new BuyMovieTicketsTask(countDownLatch));
            // 等待其他线程完成各自的工作后再执行
            countDownLatch.await();
            System.out.println(printDate() + "电影票和爆米花都买到了，总共耗时:"
                    + (System.currentTimeMillis() - now));
        } finally {
            executorService.shutdown();
        }
    }

    /**
     * 返回时间字符串
     * @return 时间
     */
    public static String printDate() {
        SimpleDateFormat sdf =
                new SimpleDateFormat("yyyy-MM-dd hh:mm:ss");
```

```
            return sdf.format(new Date()) + " ";
    }
}
```

执行以上测试代码，执行结果如下：

```
2020-01-24 11:23:12 pool-1-thread-1 开始买爆米花
2020-01-24 11:23:12 pool-1-thread-2 开始排队买电影票
2020-01-24 11:23:17 pool-1-thread-1 买到爆米花
2020-01-24 11:23:22 pool-1-thread-2 排队结束，成功买到电影票
2020-01-24 11:23:22 电影票和爆米花都买到了，总共耗时:10043
```

6.5.2　CountDownLatch 类图

CountDownLatch 类中包含静态内部类 Sync，Sync 集成自 AbstractQueuedSynchronizer，CountDownLatch 类图如图 6-15 所示。

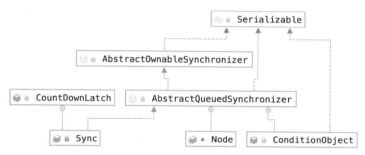

图 6-15　CountDownLatch 类图

6.5.3　CountDownLatch 内部类 Sync 代码解析

CountDownLatch 的内部类 Sync 继承自 AbstractQueuedSynchronizer，重写了其父类的 tryAcquireShared()方法和 tryReleaseShared()方法。Sync 类的代码如下：

```
/**
 * Sync 使用 AbstractQueuedSynchronizer 的 state 表示 count
 */
private static final class Sync extends AbstractQueuedSynchronizer {
    private static final long serialVersionUID = 4982264981922014374L;
    /**
     * 构造器
     */
    Sync(int count) {
        // 设置 state 的值为 count
        setState(count);
    }

    /**
     * 返回 count 值，即 state 值
```

```java
         */
        int getCount() {
            return getState();
        }

        /**
         * 重写 AbstractQueuedSynchronizer 中的 tryAcquireShared() 方法。
         */
        protected int tryAcquireShared(int acquires) {
            /**
             * 如果 state 等于 0 就返回 1,否则返回 -1
             */
            return (getState() == 0) ? 1 : -1;
        }

        /**
         * 重写 AbstractQueuedSynchronizer 中的 tryReleaseShared() 方法。
         */
        protected boolean tryReleaseShared(int releases) {

            for (;;) {
                // 获取 state 状态
                int c = getState();
                // 如果 state 等于 0
                if (c == 0)
                    // 就返回 false
                    return false;
                // 如果 state 不等于 0
                //  那么将 state 减 1
                int nextc = c-1;
                // 如果 CAS 更新 state 成功
                if (compareAndSetState(c, nextc))
                    // 就返回 nextc 是否等于 0
                    return nextc == 0;
            }
        }
    }
}
```

6.5.4 CountDownLatch 构造器代码解析

CountDownLatch 只有一个构造器,其代码如下:

```java
public CountDownLatch(int count) {
    // 如果 count 小于 0,就抛出 IllegalArgumentException 异常
    if (count < 0) throw new IllegalArgumentException("count < 0");
    // 创建一个 Sync 对象
    this.sync = new Sync(count);
}
```

6.5.5 await()方法代码解析

当前线程调用了 CountDownLatch 对象的 await()方法后，当前线程会被阻塞，直到下面的情况之一发生才会返回：

（1）当所有线程都调用了 CountDownLatch 对象的 countDown()方法后，即计时器的值为 0 时返回。

（2）其他线程调用了当前线程的 interrupt()方法中断了当前线程，当前线程会抛出 InterruptedException 异常后返回。

await()方法代码如下：

```java
public void await() throws InterruptedException {
    sync.acquireSharedInterruptibly(1);
}
```

await()方法调用其父类 AbstractQueuedSynchronizer 的 acquireSharedInterruptibly()方法，acquireSharedInterruptibly()方法代码如下：

```java
public final void acquireSharedInterruptibly(int arg)
        throws InterruptedException {
    // 如果线程被中断就抛出异常
    if (Thread.interrupted())
        throw new InterruptedException();
    // 如果 tryAcquireShared()小于 0，就进入 AQS 的同步队列
    if (tryAcquireShared(arg) < 0)
        // 调用 doAcquireSharedInterruptibly()方法进入同步队列
        doAcquireSharedInterruptibly(arg);
}
```

acquireSharedInterruptibly()方法调用的 tryAcquireShared()方法通常需要其子类实现。在 Sync 中重写了 tryAcquireShared()方法，tryAcquireShared()方法代码如下：

```java
protected int tryAcquireShared(int acquires) {
    return (getState() == 0) ? 1 : -1;
}
```

Sync 类的 tryAcquireShared()方法在 state 等于 0 时返回 1，否则返回-1。

回到 acquireSharedInterruptibly() 方法，当 Sync 类的 tryAcquireShared()返回 1 时，acquireSharedInterruptibly()方法执行结束，即 await()方法执行结束。

若 Sync 类的 tryAcquireShared()返回-1，则将会执行 doAcquireSharedInterruptibly()方法。doAcquireSharedInterruptibly()会造成线程阻塞，如果线程在同步队列获取到资源，就会造成在共享模式下对获取资源成功的传播行为。

CountDownLatch 类的 await()方法的执行流程如图 6-16 所示。

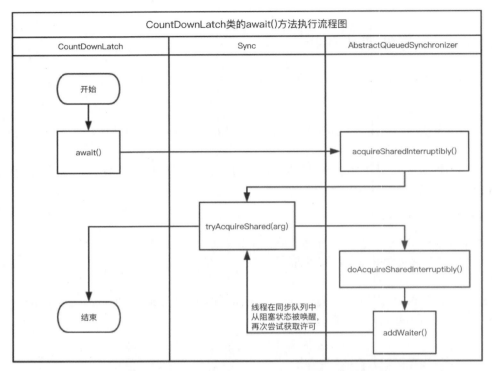

图 6-16　CountDownLatch 的 await() 方法的执行流程图

6.5.6　await(long timeout, TimeUnit unit) 方法代码解析

await(long timeout, TimeUnit unit) 方法可以实现在指定的时间内等待，当线程调用了该方法后，当前线程会被阻塞，直到下面的情况之一发生才会返回：

（1）当所有线程都调用了 CountDownLatch 对象的 countDown() 方法后，也就是计时器值为 0 的时返回 true。

（2）设置的超时时间到了，方法因超时而返回 false。

（3）其他线程调用当前线程的 interrupt() 方法中断了当前线程，当前线程会抛出 InterruptedException 异常后返回。

await(long timeout, TimeUnit unit) 方法代码如下：

```
public boolean await(long timeout, TimeUnit unit)
        throws InterruptedException {
    // 调用父类 AbstractQueuedSynchronizer 中的 tryAcquireSharedNanos() 方法
    return sync.tryAcquireSharedNanos(1, unit.toNanos(timeout));
}
```

AbstractQueuedSynchronizer 中的 tryAcquireSharedNanos() 方法代码如下：

```
public final boolean tryAcquireSharedNanos(int arg, long nanosTimeout)
        throws InterruptedException {
    if (Thread.interrupted())
```

```
            throw new InterruptedException();
    // 如果tryAcquireShared()方法返回大于0
    // 则tryAcquireSharedNanos()方法执行结束
    // 否则调用doAcquireSharedNanos()方法
    return tryAcquireShared(arg) >= 0 ||
        doAcquireSharedNanos(arg, nanosTimeout);
}
```

doAcquireSharedNanos()方法代码如下：

```
private boolean doAcquireSharedNanos(int arg, long nanosTimeout)
        throws InterruptedException {
    if (nanosTimeout <= 0L)
        return false;
    final long deadline = System.nanoTime() + nanosTimeout;
    final Node node = addWaiter(Node.SHARED);
    boolean failed = true;
    try {
        for (;;) {
            final Node p = node.predecessor();
            if (p == head) {
                int r = tryAcquireShared(arg);
                if (r >= 0) {
                    setHeadAndPropagate(node, r);
                    p.next = null; // help GC
                    failed = false;
                    return true;
                }
            }
            nanosTimeout = deadline - System.nanoTime();
            if (nanosTimeout <= 0L)
                return false;
            if (shouldParkAfterFailedAcquire(p, node) &&
                nanosTimeout > spinForTimeoutThreshold)
                LockSupport.parkNanos(this, nanosTimeout);
            if (Thread.interrupted())
                throw new InterruptedException();
        }
    } finally {
        if (failed)
            cancelAcquire(node);
    }
}
```

6.5.7　countDown()方法代码解析

当线程调用了countDown()方法后，会递减计数器的值，如果递减后计数器为0，就会唤醒所有调用await()方法而被阻塞的线程，否则什么都不做。

countDown()方法代码如下：

```java
public void countDown() {
    sync.releaseShared(1);
}
```

countDown()方法调用 AbstractQueuedSynchronizer 的 releaseShared()方法，代码如下：

```java
public final boolean releaseShared(int arg) {
    if (tryReleaseShared(arg)) {
        doReleaseShared();
        return true;
    }
    return false;
}
```

releaseShared()方法调用的 tryReleaseShared()方法需要子类实现。CountDownLatch 内部类 Sync 中的 tryReleaseShared()方法可参考 6.5.3 小节。

如果 tryReleaseShared()方法返回 true，就调用 doReleaseShared()方法。doReleaseShared()方法可参考 6.1.5 小节。

6.5.8　CountDownLatch 常见面试考点

（1）CountDownLatch 的作用及其使用常见场景。
（2）CountDownLatch 的原理。
（3）CountDownLatch 如何通过 AbstractQueuedSynchronizer 实现功能。

6.6　CyclicBarrier

CyclicBarrier 也称作循环栅栏，是一个可循环利用的屏障。CyclicBarrier 可以实现让一组线程等待至某个状态之后再全部同时执行。循环是因为当所有等待线程都被释放以后，CyclicBarrier 可以被重用。栅栏是描述所有线程被 CyclicBarrier 对象阻塞，当条件都达到时，所有线程一起通过栅栏开始执行。

6.6.1　CyclicBarrier 的使用方式

下面以一个旅游团场景为例，阐述 CyclicBarrier 的用法。旅游团有 3 个成员，3 个成员都到达后司机发车，3 人开启旅游时光。

创建旅行任务，旅行任务代码如下：

```java
/**
 * @Author : zhouguanya
 * @Project : java-interview-guide
 * @Date : 2020-01-25 11:46
 * @Version : V1.0
```

```java
 * @Description : 旅行任务
 */
public class TravelTask implements Runnable {
    /**
     * 循环栅栏对象
     */
    private CyclicBarrier cyclicBarrier;
    /**
     * 旅客姓名
     */
    private String name;
    /**
     * 旅客到达集合地的时间
     */
    private int arriveTime;

    /**
     * 构造器
     *
     * @param cyclicBarrier 循环栅栏对象
     * @param name 旅客姓名
     * @param arriveTime 旅客到达集合地的时间
     */
    public TravelTask(CyclicBarrier cyclicBarrier, String name, int arriveTime) {
        this.cyclicBarrier = cyclicBarrier;
        this.name = name;
        this.arriveTime = arriveTime;
    }

    @Override
    public void run() {
        try {
            //模拟到达需要花的时间
            Thread.sleep(arriveTime * 1000);
            System.out.println(CyclicBarrierDemo.printDate()
                    + " " + name + "到达集合点");
            cyclicBarrier.await();
            System.out.println(CyclicBarrierDemo.printDate()
                    + " " + name + "开始旅行啦～～");
        } catch (InterruptedException | BrokenBarrierException e) {
            e.printStackTrace();
        }
    }
}
```

创建旅游团司机任务，代码如下：

```
/**
 * @Author : zhouguanya
 * @Project : java-interview-guide
```

```java
 * @Date : 2020-01-25 11:48
 * @Version : V1.0
 * @Description : 旅游团司机任务
 */
public class TourDriverTask implements Runnable {
    @Override
    public void run() {
        System.out.println(CyclicBarrierDemo.printDate()
                + " 旅游团司机开始发车");
        try {
            // 模拟发车耗时 2 秒
            Thread.sleep(2000);
            System.out.println(CyclicBarrierDemo.printDate()
                    + " 旅游团司机发车成功,开启旅游时光");
        } catch (InterruptedException e) {
            e.printStackTrace();
        }
    }
}
```

创建 CyclicBarrier 测试类,测试代码如下:

```java
import java.text.SimpleDateFormat;
import java.util.Date;
import java.util.concurrent.CyclicBarrier;
import java.util.concurrent.ExecutorService;
import java.util.concurrent.Executors;

/**
 * @Author : zhouguanya
 * @Project : java-interview-guide
 * @Date : 2020-01-25 11:48
 * @Version : V1.0
 * @Description : CyclicBarrier 使用方式演示
 */
public class CyclicBarrierDemo {
    public static void main(String[] args) {

        CyclicBarrier cyclicBarrier = new CyclicBarrier(3,
                new TourDriverTask());
        // 企业开发中建议使用 ThreadPoolExecutor 创建线程池
        ExecutorService executor = Executors.newFixedThreadPool(3);
        try {
            // 旅游团 3 人先后到达指定集合地点
            executor.execute(new TravelTask(cyclicBarrier, "张三", 5));
            executor.execute(new TravelTask(cyclicBarrier, "李四", 3));
            executor.execute(new TravelTask(cyclicBarrier, "王五", 1));
        } finally {
            executor.shutdown();
        }
    }
```

```
/**
 * 获取当前时间
 *
 * @return 当前时间
 */
static String printDate() {
    SimpleDateFormat sdf = new SimpleDateFormat("yyyy-MM-dd HH:mm:ss");
    return sdf.format(new Date());
}
}
```

执行以上测试代码,执行结果如下:

```
2020-01-25 12:07:10 王五到达集合点
2020-01-25 12:07:12 李四到达集合点
2020-01-25 12:07:14 张三到达集合点
2020-01-25 12:07:14 旅游团司机开始发车
2020-01-25 12:07:16 旅游团司机发车成功,开启旅游时光
2020-01-25 12:07:16 张三开始旅行啦~~
2020-01-25 12:07:16 王五开始旅行啦~~
2020-01-25 12:07:16 李四开始旅行啦~~
```

6.6.2　CyclicBarrier 的属性

CyclicBarrier 的部分属性及其含义如下:

```
/** 保护 CyclicBarrier 对象入口的重入锁 */
private final ReentrantLock lock = new ReentrantLock();
/** 用于线程间的等待与唤醒操作 */
private final Condition trip = lock.newCondition();
/** 拦截的线程数 */
private final int parties;
/* 所有线程都到达 barrier 时执行的任务 */
private final Runnable barrierCommand;
/** 当前的 Generation */
/** 每当屏障失效或者开闸之后都会自动替换掉,从而实现重置的功能 */
private Generation generation = new Generation();
/**
 * 还能阻塞的线程数(parties-当前阻塞的线程数)
 */
private int count;
```

6.6.3　CyclicBarrier 内部类 Generation 代码解析

CyclicBarrier 有一个内部类 Generation,每使用一次 CyclicBarrier 对象就会生成一个新的 Generation 对象。

```
/**
```

```
 * 每次使用 CyclicBarrier 对象都会关联一个 Generation 对象
 * 当 CyclicBarrier 对象发生 trip 或者 reset 时
 * 对应的 generation 会发生改变
 */
private static class Generation {
    // 标识当前 CyclicBarrier 对象是否已经处于中断状态
    boolean broken = false;
}
```

6.6.4 CyclicBarrier 构造器代码解析

CyclicBarrier 指定拦截线程数的构造器代码如下:

```
/**
 * 创建拦截指定线程数的 CyclicBarrier 对象
 */
public CyclicBarrier(int parties) {
    this(parties, null);
}
```

CyclicBarrier 的另一个构造函数 CyclicBarrier(int parties, Runnable barrierAction),用于线程到达屏障时,优先执行 barrierAction 操作,方便处理更复杂的业务场景。

```
/**
 * 创建拦截指定线程数的 CyclicBarrier 对象
 * 并且可以指定在所有线程都进入栅栏后的执行动作
 */
public CyclicBarrier(int parties, Runnable barrierAction) {
    // 如果 parties 小于 0,就抛出 IllegalArgumentException 异常
    if (parties <= 0) throw new IllegalArgumentException();
    // 初始化 parties
    this.parties = parties;
    // 初始化 count
    this.count = parties;
    // 设置所有线程都到达栅栏后将执行的操作
    this.barrierCommand = barrierAction;
}
```

6.6.5 await() 方法代码解析

调用 await() 方法的线程通知 CyclicBarrier 当前线程已经到达同步点,然后当前线程被阻塞。直到所有的参与线程都调用了 await() 方法,CyclicBarrier 提供带有超时时间的 await() 和不带有超时时间的 await() 方法。

不带有超时时间的 await() 方法代码如下:

```
/**
 * 不带超时时间的 await() 方法
 */
```

```java
public int await() throws InterruptedException, BrokenBarrierException {
    try {
        return dowait(false, 0L);
    } catch (TimeoutException toe) {
        throw new Error(toe); // cannot happen
    }
}
```

带有超时时间的 await() 方法代码如下:

```java
/**
 * 带有超时时间的 await() 方法
 */
public int await(long timeout, TimeUnit unit)
    throws InterruptedException,
           BrokenBarrierException,
           TimeoutException {
    return dowait(true, unit.toNanos(timeout));
}
```

这两个重载的 await() 方法最终都会调用 dowait(boolean, long) 方法, dowait() 方法是 CyclicBarrier 的关键方法, 该方法源码如下:

```java
private int dowait(boolean timed, long nanos)
    throws InterruptedException, BrokenBarrierException,
           TimeoutException {
    // 获取重入锁
    final ReentrantLock lock = this.lock;
    // 加锁
    lock.lock();
    try {
        // 当前 generation 对象
        final Generation g = generation;
        // 如果这个 generation 损坏了, 就抛出异常
        if (g.broken)
            throw new BrokenBarrierException();
        // 如果当前线程被中断
        if (Thread.interrupted()) {
            // 设置损坏状态为 true
            // 并通知其他阻塞在此栅栏上的线程
            breakBarrier();
            // 抛出 InterruptedException 异常
            throw new InterruptedException();
        }
        // 如果线程没有被中断
        // count 值自减 1, 赋值为 index
        int index = --count;
        // 如果 index 等于 0, 就说明这是最后一个进入栅栏的线程
        if (index == 0) {  // tripped
            // 任务是否被执行的标志
            boolean ranAction = false;
```

```java
            try {
                // 获取所有线程到达栅栏后要执行的任务
                final Runnable command = barrierCommand;
                // 如果 command 非空
                if (command != null)
                    // 就执行 command 的 run()方法
                    command.run();
                // 设置 ranAction 为 true
                ranAction = true;
                // 更新栅栏的状态并唤醒所有线程
                nextGeneration();
                // 返回 0
                return 0;
            } finally {
                // 如果执行栅栏任务的时候失败了
                if (!ranAction)
                    // 就设置当前代的 broken 状态为 true，唤醒所有线程
                    breakBarrier();
            }
        }
        // 如果线程没有被中断
        // 并且 index 不等于 0，就说明通过栅栏的时机还不成熟
        for (;;) {
            try {
                // 如果没有时间限制
                if (!timed)
                    // 在 trip 条件上进行等待，直到线程被唤醒
                    trip.await();
                // 如果设置了等待时间
                else if (nanos > 0L)
                    // 就在 trip 条件上等待指定的时间
                    nanos = trip.awaitNanos(nanos);
            } catch (InterruptedException ie) {
                // 捕获 InterruptedException 异常
                // 如果当前代没有损坏
                if (g == generation && ! g.broken) {
                    // 就设置 broken 状态为 true
                    // 并通知其他阻塞在此栅栏上的线程
                    breakBarrier();
                    // 抛出 InterruptedException 异常
                    throw ie;
                } else {
                    // 上面的条件不满足，说明这个线程不是这代的
                    // 不会影响当前这代栅栏的执行，只打个中断标记
                    Thread.currentThread().interrupt();
                }
            }
            // 如果当前代的 broken 设置为 true
            if (g.broken)
                // 就抛出 BrokenBarrierException
```

```
                throw new BrokenBarrierException();
            // g != generation 表示正常换代了
            // 返回当前线程所在栅栏的下标
            // 如果 g == generation, 说明还没有换代, 那么为什么会醒了
            // 因为一个线程可以使用多个栅栏
            // 当别的栅栏唤醒了这个线程, 就会走到这里, 所以需要判断是不是当前代
            // 正是因为这个原因, 才需要 generation 来保证正确
            if (g != generation)
                return index;
            // 如果有时间限制, 且时间小于等于 0
            if (timed && nanos <= 0L) {
                // 就设置当前代的 broken 状态为 true, 唤醒所有线程
                breakBarrier();
                // 抛出 TimeoutException 异常
                throw new TimeoutException();
            }
        }
    } finally {
        // 解锁
        lock.unlock();
    }
}
```

如果某线程不是最后一个调用 await() 方法的线程,该线程就会一直处于等待状态,直到以下情况之一发生:

(1) 最后一个线程到达, 即 index == 0。
(2) 某个参与线程等待超时。
(3) 某个参与线程被中断。
(4) 调用了 CyclicBarrier 的 reset()方法,将屏障重置为初始状态。

当一个线程处于等待状态时,如果其他线程调用了 reset(),或者调用的 CyclicBarrier 对象原本就是被损坏的,就抛出 BrokenBarrierException 异常。任何线程在等待时被中断了,其他所有线程都将抛出 BrokenBarrierException 异常,并将 CyclicBarrier 置为损坏状态。

Generation 描述着 CyclicBarrier 的更新换代。在 CyclicBarrier 中,同一批线程属于同一代。当所有的线程到达 CyclicBarrier 对象后,Generation 就会被更新换代。其中,broken 属性标识当前 CyclicBarrier 是否已经处于中断状态。

默认情况下,CyclicBarrier 是没有损坏的。若 CyclicBarrier 损坏了或者某一个线程被中断了,则通过 breakBarrier()来终止所有的线程。在 breakBarrier()中除了将 broken 设置为 true 外,还会调用 signalAll()方法将被 CyclicBarrier 阻塞的所有线程全部唤醒。breakBarrier()方法代码如下:

```
private void breakBarrier() {
    // 设置损坏状态
    generation.broken = true;
    // 恢复正在等待进入屏障的线程数量
    count = parties;
    // 唤醒所有已经阻塞的线程
    trip.signalAll();
```

若所有线程都已经到达 CyclicBarrier 处，则会通过 nextGeneration()方法进行更新换代操作，在这个步骤中唤醒了所有线程，重置 count 和 generation。nextGeneration()方法代码如下：

```java
// 当CyclicBarrier发生trip时，用于更新状态并唤醒每一个线程
// 这个方法只在持有lock时被调用
private void nextGeneration() {
    // 唤醒所有线程
    trip.signalAll();
    // 恢复正在等待进入屏障的线程数量
    count = parties;
    // 创建新一代
    generation = new Generation();
}
```

6.6.6 reset()方法代码解析

CyclicBarrier 的 reset()方法可以重置 CyclicBarrier 的状态，reset()方法代码如下：

```java
/**
 * 将barrier状态重置
 * 如果此时有线程在barrier处等待
 * 这些线程就会抛出BrokenBarrierException 并返回
 */
public void reset() {
    //获取可重入锁
    final ReentrantLock lock = this.lock;
    // 加锁
    lock.lock();
    try {
        // 调用breakBarrier()方法
        breakBarrier();
        // 调用nextGeneration()方法
        nextGeneration();
    } finally {
        // 解锁
        lock.unlock();
    }
}
```

6.6.7 CyclicBarrier 常见面试考点

（1）CyclicBarrier 适用场景。
（2）CyclicBarrier 实现原理。
（3）CyclicBarrier 使用到的 ReentrantLock 的工作原理。

6.7 ReentrantReadWriteLock

在多线程并发场景下，存在多个线程对共享资源进行读取和写入的操作，且写入操作的频率没有读取操作频繁。在没有发生写入操作的时候，多个线程同时读取一个资源没有任何问题，因此应该允许多个线程同时读取共享资源。但是如果一个线程想对共享资源进行写入动作，就不应该允许其他线程对该资源进行读取和写入操作。针对这种情况，Java 提供了 ReentrantReadWriteLock 读写锁。ReentrantReadWriteLock 可以表示两种锁：一种是读取操作相关的共享锁；另一种是跟写入操作相关的独占锁。

6.7.1 ReentrantReadWriteLock 的使用方式

通过代码模拟读取操作和写入操作并发的场景，测试代码如下：

```java
/**
 * @Author : zhouguanya
 * @Project : java-interview-guide
 * @Date : 2020-01-25 18:27
 * @Version : V1.0
 * @Description : ReentrantReadWriteLock 使用方式演示
 */
public class ReentrantReadWriteLockDemo {
    /**
     * 数量为 5
     */
    private static final int COUNT = 5;
    /**
     * 可重入读写锁
     */
    private static ReentrantReadWriteLock readWriteLock =
            new ReentrantReadWriteLock();
    /**
     * 读锁
     */
    private static ReentrantReadWriteLock.ReadLock readLock =
            readWriteLock.readLock();
    /**
     * 写锁
     */
    private static ReentrantReadWriteLock.WriteLock writeLock =
            readWriteLock.writeLock();

    /**
     * 处理读取操作
     */
```

```java
    private void handleRead(ReentrantReadWriteLock.ReadLock lock)
            throws InterruptedException {
        try {
            // 模拟读取操作
            lock.lock();
            System.out.println(printDate()
                    + Thread.currentThread().getName()
                    + " 获取读锁执行了...");
            Thread.sleep(5000);
        } finally {
            lock.unlock();
        }
    }

    /**
     * 处理写操作
     */
    private void handleWrite(ReentrantReadWriteLock.WriteLock lock)
            throws InterruptedException {
        try {
            // 模拟写入操作
            lock.lock();
            System.out.println(printDate()
                    + Thread.currentThread().getName()
                    + " 获取写锁执行了...");
            Thread.sleep(5000);
        } finally {
            lock.unlock();
        }
    }

    /**
     * 测试代码
     */
    public static void main(String[] args) {
        final ReentrantReadWriteLockDemo readWriteLockDemo =
                new ReentrantReadWriteLockDemo();
        Runnable readRunnable = () -> {
            try {
                // 处理读取操作
                readWriteLockDemo.handleRead(readLock);
            } catch (InterruptedException e) {
                e.printStackTrace();
            }
        };

        Runnable writeRunnable = () -> {
            try {
                // 处理写入操作
                readWriteLockDemo.handleWrite(writeLock);
```

```java
            } catch (InterruptedException e) {
                e.printStackTrace();
            }
        }
    };

    // 一般企业开发中不建议手动创建线程
    // 此处为了简单起见,手动创建线程
    // 企业开发中应当使用线程池管理线程
    for (int i = 0; i < COUNT * 2; i++) {
        new Thread(readRunnable).start();
    }

    for (int i = 0; i < COUNT; i++) {
        new Thread(writeRunnable).start();
    }
}

/**
 * 返回时间
 *
 * @return 时间
 */
private String printDate() {
    SimpleDateFormat sdf =
            new SimpleDateFormat("yyyy-MM-dd hh:mm:ss");
    return sdf.format(new Date()) + " ";
}
}
```

执行以上代码,执行结果如下:

```
2020-01-25 06:36:04 Thread-2 获取读锁执行了...
2020-01-25 06:36:04 Thread-5 获取读锁执行了...
2020-01-25 06:36:04 Thread-1 获取读锁执行了...
2020-01-25 06:36:04 Thread-9 获取读锁执行了...
2020-01-25 06:36:04 Thread-0 获取读锁执行了...
2020-01-25 06:36:04 Thread-6 获取读锁执行了...
2020-01-25 06:36:04 Thread-3 获取读锁执行了...
2020-01-25 06:36:04 Thread-8 获取读锁执行了...
2020-01-25 06:36:04 Thread-4 获取读锁执行了...
2020-01-25 06:36:09 Thread-10 获取写锁执行了...
2020-01-25 06:36:14 Thread-11 获取写锁执行了...
2020-01-25 06:36:19 Thread-12 获取写锁执行了...
2020-01-25 06:36:24 Thread-13 获取写锁执行了...
2020-01-25 06:36:29 Thread-14 获取写锁执行了...
2020-01-25 06:36:34 Thread-7 获取读锁执行了...
```

6.7.2　ReentrantReadWriteLock 类图

ReentrantReadWriteLock 类的内部存在以下几个内部类:

（1）Sync 类：继承自 AbstractQueuedSynchronizer 类。
（2）FairSync 类：继承自 Sync 类，是公平锁的一种实现。
（3）NonfairSync 类：继承自 Sync 类，是非公平锁的一种实现。
（4）ReadLock 类：读锁的一种实现。
（5）WriteLock 类：写锁的一种实现。

ReentrantReadWriteLock 类图如图 6-17 所示。

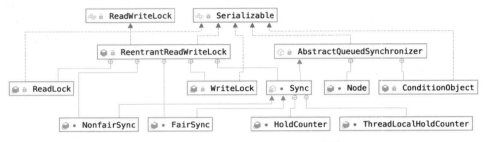

图 6-17　ReentrantReadWriteLock 类图

6.7.3　ReentrantReadWriteLock 的属性

ReentrantReadWriteLock 类几个重要属性的代码如下：

```
/** 读锁 */
private final ReentrantReadWriteLock.ReadLock readerLock;
/** 写锁 */
private final ReentrantReadWriteLock.WriteLock writerLock;
/** 执行所有同步机制 */
final Sync sync;
```

6.7.4　ReentrantReadWriteLock 构造器代码解析

ReentrantReadWriteLock 类的无参构造器代码如下：

```
/**
 * 创建一个默认的非公平模式的 ReentrantReadWriteLock 对象
 */
public ReentrantReadWriteLock() {
    this(false);
}
```

无参构造器会调用其带有公平策略参数的构造器，该构造器的代码如下：

```
/**
 * 根据指定的公平模式创建 ReentrantReadWriteLock 对象
 */
public ReentrantReadWriteLock(boolean fair) {
    // fair 为 true，将 sync 属性设置为 FairSync 对象
    // 否则将 sync 属性设置为 NonfairSync 对象
```

```
    sync = fair ? new FairSync() : new NonfairSync();
    // 设置 readerLock 属性
    readerLock = new ReadLock(this);
    // 设置 writerLock 属性
    writerLock = new WriteLock(this);
}
```

ReentrantReadWriteLock 构造器会对 sync、readerLock 和 writerLock 属性进行初始化。

6.7.5　ReentrantReadWriteLock 内部类 Sync 代码解析

Sync 类继承自 AbstractQueuedSynchronizer 类，Sync 类含有两个内部类，分别是 HoldCounter 和 ThreadLocalHoldCounter。

HoldCounter 类与读锁配套使用，表示读线程重进入的次数。HoldCounter 类代码如下：

```
// 读线程重进入的次数
static final class HoldCounter {
    // 读线程重进入的次数
    int count = 0;
    // 获取当前线程的 TID 属性的值
    final long tid = getThreadId(Thread.currentThread());
}
```

ThreadLocalHoldCounter 继承自 ThreadLocal，重写了 ThreadLocal 类的 initialValue()方法。ThreadLocalHoldCounter 类的代码如下：

```
// 本地线程计数器
static final class ThreadLocalHoldCounter
    extends ThreadLocal<HoldCounter> {
    // 重写初始化方法 initialValue()
    // 在没有设置值的情况下，获取的都是该 HoldCounter 对象的值
    public HoldCounter initialValue() {
        return new HoldCounter();
    }
}
```

Sync 类的属性及相关方法如下：

```
/*
 * 读取与写入计数提取以下一些常量和函数
 * 锁状态在逻辑上分为两个无符号的 short 类型
 * 低 16 位代表写锁的状态
 * 高 16 位代表读锁的状态
 */
/** 区分读锁和写锁的高低 16 位的变量 */
static final int SHARED_SHIFT   = 16;
/** SHARED_UNIT=1,00000000,00000000 */
static final int SHARED_UNIT    = (1 << SHARED_SHIFT);
/** MAX_COUNT=11111111,11111111 */
static final int MAX_COUNT      = (1 << SHARED_SHIFT) - 1;
```

```
/** EXCLUSIVE_MASK=11111111,11111111 */
static final int EXCLUSIVE_MASK = (1 << SHARED_SHIFT) - 1;
// 本地线程计数器
private transient ThreadLocalHoldCounter readHolds;
// 缓存的计数器
private transient HoldCounter cachedHoldCounter;
// 第一个读线程
private transient Thread firstReader = null;
// 第一个读线程的计数器
private transient int firstReaderHoldCount;
/** 参数c右移16位，保留获取c的高16位，即当前持有读锁的线程数  */
static int sharedCount(int c)    { return c >>> SHARED_SHIFT; }
/** 参数c与EXCLUSIVE_MASK，保留c的低16位，即写锁的重入次数  */
static int exclusiveCount(int c) { return c & EXCLUSIVE_MASK; }
```

Sync 类的构造器代码如下：

```
Sync() {
    // 初始化本地线程计数器
    readHolds = new ThreadLocalHoldCounter();
    // 设置AbstractQueuedSynchronizer的状态
    setState(getState()); // ensures visibility of readHolds
}
```

同步状态在可重入锁 ReentrantLock 的实现表示同一个线程重复获取可重入锁的次数，即一个整数类型变量来维护，但 ReentrantLock 中的同步状态仅仅表示是否锁定及重进入的次数，不能区分是读锁还是写锁。读写锁需要在同步状态上维护多个读线程和一个写线程的状态。因此，ReentrantReadWriteLock 对同步状态做了一些处理。ReentrantReadWriteLock 对于同步状态的实现是在一个整数类型的变量上通过"按位切割使用"：将这个整数类型的变量切分成两部分，高 16 位表示读状态，低 16 位表示写状态。读状态和写状态示意图如图 6-18 所示。

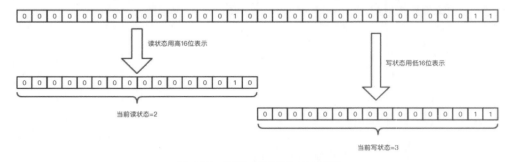

图 6-18　读状态和写状态示意图

假设当前同步状态变量值为 c，变量 c 的相关操作如下：

（1）获取写状态

c & EXCLUSIVE_MASK（EXCLUSIVE_MASK 用二进制表示为 11111111,11111111），含义是将 c 的高 16 位抹去，保留 c 的低 16 位。

（2）获取读状态

c>>>SHARED_SHIFT（SHARED_SHIFT 的值 16）的含义是将 c 右移 16 位，得到 c 的高 16 位。

6.7.6　ReentrantReadWriteLock 内部类 FairSync 代码解析

内部类 FairSync 是内部类 Sync 的公平模式的实现。FairSync 类的代码如下：

```
/**
 * Fair version of Sync
 */
static final class FairSync extends Sync {
    private static final long serialVersionUID = -2274990926593161451L;
    final boolean writerShouldBlock() {
        return hasQueuedPredecessors();
    }
    final boolean readerShouldBlock() {
        return hasQueuedPredecessors();
    }
}
```

6.7.7　ReentrantReadWriteLock 内部类 NonfairSync 代码解析

内部类 NonfairSync 是内部类 Sync 的公平模式的实现。NonfairSync 类的代码如下：

```
/**
 * Nonfair version of Sync
 */
static final class NonfairSync extends Sync {
    private static final long serialVersionUID = -8159625535654395037L;
    final boolean writerShouldBlock() {
        return false; // writers can always barge
    }
    final boolean readerShouldBlock() {
        /* As a heuristic to avoid indefinite writer starvation,
         * block if the thread that momentarily appears to be head
         * of queue, if one exists, is a waiting writer.  This is
         * only a probabilistic effect since a new reader will not
         * block if there is a waiting writer behind other enabled
         * readers that have not yet drained from the queue.
         */
        return apparentlyFirstQueuedIsExclusive();
    }
}
```

6.7.8 ReentrantReadWriteLock 内部类 ReadLock 代码解析

ReentrantReadWriteLock 类的读锁 ReadLock 的代码如下：

```java
/**
 * 读锁
 */
public static class ReadLock implements Lock, java.io.Serializable {
    private static final long serialVersionUID = -5992448646407690164L;
    private final Sync sync;

    /**
     * 构造器
     */
    protected ReadLock(ReentrantReadWriteLock lock) {
        sync = lock.sync;
    }

    /**
     * 获取读锁
     */
    public void lock() {
        sync.acquireShared(1);
    }

    /**
     * 获取读锁，响应中断
     */
    public void lockInterruptibly() throws InterruptedException {
        sync.acquireSharedInterruptibly(1);
    }

    /**
     * 尝试加读锁
     */
    public boolean tryLock() {
        return sync.tryReadLock();
    }

    /**
     * 尝试加读锁，带有超时时间
     */
    public boolean tryLock(long timeout, TimeUnit unit)
            throws InterruptedException {
        return sync.tryAcquireSharedNanos(1, unit.toNanos(timeout));
    }

    /**
```

```
     * 解读锁
     */
    public void unlock() {
        sync.releaseShared(1);
    }

    /**
     * 重写 Lock 接口 newCondition()方法
     */
    public Condition newCondition() {
        throw new UnsupportedOperationException();
    }

    /**
     * 重写 toString()方法
     */
    public String toString() {
        int r = sync.getReadLockCount();
        return super.toString() +
            "[Read locks = " + r + "]";
    }
}
```

6.7.9　ReentrantReadWriteLock 内部类 WriteLock 代码解析

ReentrantReadWriteLock 类的写锁 WriteLock 的代码如下：

```
/**
 * 写锁
 */
public static class WriteLock implements Lock, java.io.Serializable {
    private static final long serialVersionUID = -4992448646407690164L;
    private final Sync sync;

    /**
     * 构造器
     */
    protected WriteLock(ReentrantReadWriteLock lock) {
        sync = lock.sync;
    }

    /**
     * 获取写锁
     */
    public void lock() {
        sync.acquire(1);
    }

    /**
```

```java
 * 获取写锁，响应中断
 */
public void lockInterruptibly() throws InterruptedException {
    sync.acquireInterruptibly(1);
}

/**
 * 尝试获取写锁
 */
public boolean tryLock( ) {
    return sync.tryWriteLock();
}

/**
 * 尝试获取写锁，带有超时时间
 */
public boolean tryLock(long timeout, TimeUnit unit)
        throws InterruptedException {
    return sync.tryAcquireNanos(1, unit.toNanos(timeout));
}

/**
 * 解锁
 */
public void unlock() {
    sync.release(1);
}

/**
 * 重写 Lock 接口 newCondition()方法
 */
public Condition newCondition() {
    return sync.newCondition();
}

/**
 * 重写 toString()方法
 */
public String toString() {
    Thread o = sync.getOwner();
    return super.toString() + ((o == null) ?
                    "[Unlocked]" :
                    "[Locked by thread " + o.getName() + "]");
}

/**
 * 判断是否当前线程持有锁
 */
public boolean isHeldByCurrentThread() {
    return sync.isHeldExclusively();
```

```
    }
    /**
     * 查询重进入次数
     */
    public int getHoldCount() {
        return sync.getWriteHoldCount();
    }
}
```

6.7.10 ReentrantReadWriteLock 写锁代码解析

写锁的创建过程是通过 ReentrantReadWriteLock 类的 writeLock()方法实现的。

```
public ReentrantReadWriteLock.WriteLock writeLock() { return writerLock; }
```

writeLock()方法返回 writerLock 属性。ReentrantReadWriteLock 的构造器中对 writerLock 的属性进行初始化。下面将对 WriteLock 类的加锁和解锁方法进行代码解析。

WriteLock 的加锁方法 lock()代码如下：

```
public void lock() {
    sync.acquire(1);
}
```

lock()方法将调用 AbstractQueuedSynchronizer 的 acquire()方法进行加锁。acquire()方法代码如下：

```
public final void acquire(int arg) {
if (!tryAcquire(arg) &&
    acquireQueued(addWaiter(Node.EXCLUSIVE), arg))
    selfInterrupt();
}
```

acquire()方法调用的 tryAcquire()方法需要 AbstractQueuedSynchronizer 的子类实现，在 ReentrantReadWriteLock 的内部类 Sync 中对 tryAcquire()的实现如下：

```
/*
 * 方法处理流程
 * 1．如果读取计数或者写入计数为 0，并且当前线程不是锁的持有者，就返回加锁失败
 * 2．如果计数器已经超过其上限值，就返回加锁失败
 * 3．如果发生重进入或者队列策略允许，就更新锁的状态和锁的持有者
 */
protected final boolean tryAcquire(int acquires) {
    // 当前线程
    Thread current = Thread.currentThread();
    // 获取状态
    int c = getState();
    // 获取独占锁的重入次数
    int w = exclusiveCount(c);
```

```java
            // 如果当前同步状态 state 不等于 0, 就说明已经有其他线程获取了读锁或写锁
            if (c != 0) {
                // (Note: if c != 0 and w == 0 then shared count != 0)
                // 情况 1
                // 如果 c 不等于 0, 即 state 不等于 0
                // 如果 w 等于 0, 即独占锁的重入次数为 0
                // 说明此时读锁被持有, 因此返回 false, 表示加锁失败
                // 情况 2
                // 如果 c 不等于 0, 即 state 不等于 0
                // 如果 w 不等于 0, 即独占锁的重入次数不为 0
                // 如果当前线程不是写锁的持有者
                // 说明其他线程持有写锁, 因此返回 false, 表示加锁失败
                if (w == 0 || current != getExclusiveOwnerThread())
                    return false;
                // 判断同一线程获取写锁是否超过最大次数 (65535)
                // 如果超过最大次数, 就抛出错误
                if (w + exclusiveCount(acquires) > MAX_COUNT)
                    throw new Error("Maximum lock count exceeded");
                // 到这里发生重进入
                // 修改 state 状态
                setState(c + acquires);
                // 返回加锁成功
                return true;
            }
            // 如果 c 等于 0, 那么读锁和写锁都没有被获取
            // 如果 writerShouldBlock() 返回 true, 就表示需要阻塞
            // 或者通过 CAS 修改状态失败, 即存在线程竞争
            if (writerShouldBlock() ||
                !compareAndSetState(c, c + acquires))
                // 返回加锁失败
                return false;
            // 设置当前线程为锁的持有者
            setExclusiveOwnerThread(current);
            return true;
        }
```

tryAcquire() 方法执行流程总结如下:

（1）获取 c 和 w, c 表示当前锁的状态, w 表示独占锁的重入次数。如果 c 的值不等于 0, 说明已经有其他线程获取了读锁或写锁, 就执行步骤（2）。如果 c 的值等于 0, 就执行步骤（6）。

（2）如果 c 的值不为 0, 并且 w 的值为 0, 就说明读锁此时被其他线程占用, 当前线程不能获取写锁, 方法返回 false。

（3）如果 c 的值不为 0, 并且 w 的值不为 0, 但是持有写锁的线程不是当前线程, 当前线程就不能获取写锁, 方法返回 false。

（4）判断当前线程获取写锁是否超过最大次数, 如果超过最大次数, 就抛出错误; 如果没有超过最大次数, 就更新同步状态（此时当前线程已获取写锁, 更新是线程安全的）, 方法返回 true。

（5）如果 c 的值为 0, 此时读锁和写锁都没有被获取, 就判断线程是否需要阻塞（公平和非公平模式实现不同）。在非公平模式下总是不会被阻塞, 在公平模式下会进行判断（判断同步队列

中是否有等待时间更长的线程，若存在，则需要被阻塞，否则无须阻塞）。如果线程不需要阻塞，就通过 CAS 更新同步状态。如果 CAS 操作成功主，就返回 true；如果 CAS 操作失败，就说明锁被别的线程抢去了，返回 false。如果需要阻塞，那么方法返回 false。

（6）成功获取写锁后，将当前线程设置为占有写锁的线程，方法返回 true。
ReentrantReadWriteLock 内部类 Sync 的 tryAcquire()方法执行流程如图 6-19 所示。

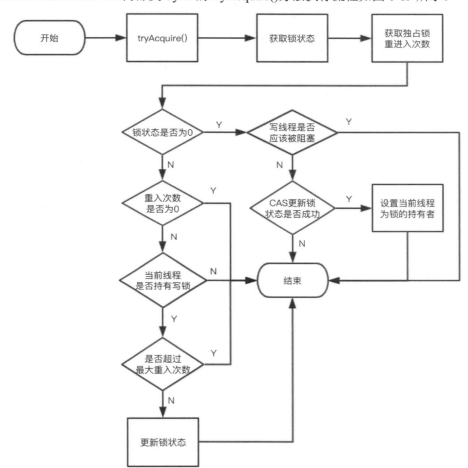

图 6-19　ReentrantReadWriteLock 内部类 Sync 的 tryAcquire()方法执行流程图

当 tryAcquire()方法返回 false 时，acquire()方法将调用 addWaiter()方法和 acquireQueued()方法，acquire()方法详细代码解析可参考 6.1.4 小节。

ReentrantReadWriteLock 的解锁方法 unlock()代码如下：

```
public void unlock() {
    sync.release(1);
}
```

unlock()方法调用 AbstractQueuedSynchronizer 的 release()方法释放锁，release()方法调用 tryRelease()方法需要其子类实现。ReentrantReadWriteLock 内部类 Sync 对 release()方法的实现如下：

```java
protected final boolean tryRelease(int releases) {
    // 若锁的持有者不是当前线程
    if (!isHeldExclusively())
        // 则抛出异常
        throw new IllegalMonitorStateException();
    // 新的 state 状态
    int nextc = getState() - releases;
    // 如果独占模式重入数为 0，就说明锁彻底被释放
    boolean free = exclusiveCount(nextc) == 0;
    if (free)
        // 如果锁被彻底释放，就将锁的持有线程置为 null
        setExclusiveOwnerThread(null);
    // 设置锁状态 state
    // 无论独占模式是否被释放，都更新独占重入数
    setState(nextc);
    // 返回 free
    return free;
}
```

tryRelease()方法首先查看当前线程是否为写锁的持有者，如果不是写锁的持有者，就抛出异常。然后检查释放后写锁的重入次数是否为 0，如果为 0，就表示写锁被彻底释放了，释放锁资源将锁的持有线程设置为 null，否则只是修改重入次数。

6.7.11 ReentrantReadWriteLock 读锁代码解析

读锁的创建过程是通过 ReentrantReadWriteLock 类的 readLock()方法实现的。

```java
public ReentrantReadWriteLock.ReadLock readLock() { return readerLock; }
```

readLock()方法返回 readerLock 属性。ReentrantReadWriteLock 的构造器中对 readerLock 的属性进行初始化。下面将对 ReadLock 类的加锁和解锁方法进行代码解析。

ReadLock 的加锁方法 lock()代码如下：

```java
public void lock() {
    sync.acquireShared(1);
}
```

lock()方法调用 AbstractQueuedSynchronizer 的 acquireShared()方法，acquireShared()方法代码如下：

```java
public final void acquireShared(int arg) {
    if (tryAcquireShared(arg) < 0)
        doAcquireShared(arg);
}
```

acquireShared()方法调用 tryAcquireShared()方法需要子类实现，ReentrantReadWriteLock 内部类 Sync 对 tryAcquireShared()方法的实现如下：

```java
protected final int tryAcquireShared(int unused) {
    // 获取当前线程
```

```java
        Thread current = Thread.currentThread();
        // 获取状态
        int c = getState();
        // 如果写线程重进入次数不等于 0
        // 且当前线程不是独占锁的持有者,就返回加锁失败
        if (exclusiveCount(c) != 0 &&
            getExclusiveOwnerThread() != current)
            return -1;
        // 获取读锁数量
        int r = sharedCount(c);
        // readerShouldBlock():读锁是否需要等待（公平锁原则）
        // r < MAX_COUNT:持有线程小于最大数（65535）
        // compareAndSetState(c, c + SHARED_UNIT):设置读取锁状态
        // 当读线程不应该被阻塞 && 持有读锁的线程数没有超过最大值 && CAS 成功
        if (!readerShouldBlock() &&
            r < MAX_COUNT &&
            compareAndSetState(c, c + SHARED_UNIT)) {
            // 持有读锁的线程数为 0
            if (r == 0) {
                // 设置第一个读线程
                firstReader = current;
                // 读线程占用的资源数为 1
                firstReaderHoldCount = 1;
            } else if (firstReader == current) {
                // 当前线程为第一个读线程,表示第一个读锁线程发生重进入
                // 占用资源数加 1
                firstReaderHoldCount++;
            } else {
                // 读锁数量不为 0 并且第一个读线程不是当前线程
                // 获取计数器
                HoldCounter rh = cachedHoldCounter;
                // 计数器为空或者计数器的 tid 不为当前正在运行的线程的 tid
                if (rh == null || rh.tid != getThreadId(current))
                    // 获取当前线程对应的计数器
                    cachedHoldCounter = rh = readHolds.get();
                else if (rh.count == 0)
                    // 计数为 0
                    // 加入 readHolds 中
                    readHolds.set(rh);
                // 计数+1
                rh.count++;
            }
            return 1;
        }
        return fullTryAcquireShared(current);
    }
```

tryAcquireShared()方法通过调用 readerShouldBlock()判断当前线程是否需要等待,此方法在公平模式 FairSync 和非公平模式 NonfairSync 中的实现略有不同。

在公平模式 FairSync 中,readerShouldBlock()方法的代码如下:

```java
final boolean readerShouldBlock() {
    return hasQueuedPredecessors();
}
```

readerShouldBlock()方法调用 hasQueuedPredecessors()方法的代码如下：

```java
public final boolean hasQueuedPredecessors() {
    // The correctness of this depends on head being initialized
    // before tail and on head.next being accurate if the current
    // thread is first in queue
    Node t = tail; // Read fields in reverse initialization order
    Node h = head;
    Node s;
    return h != t &&
        ((s = h.next) == null || s.thread != Thread.currentThread());
}
```

公平模式 FairSync 中，readerShouldBlock()判断线程是否应该阻塞，即判断同步队列中是否有比当前线程先入队列的线程，若有比当前线程先入队列的线程，则方法返回 true，否则方法返回 false。

在非公平模式 NonfairSync 中，readerShouldBlock()方法的代码如下：

```java
final boolean readerShouldBlock() {
    /* As a heuristic to avoid indefinite writer starvation,
     * block if the thread that momentarily appears to be head
     * of queue, if one exists, is a waiting writer.  This is
     * only a probabilistic effect since a new reader will not
     * block if there is a waiting writer behind other enabled
     * readers that have not yet drained from the queue.
     */
    return apparentlyFirstQueuedIsExclusive();
}
```

readerShouldBlock()方法调用的 apparentlyFirstQueuedIsExclusive()方法代码如下：

```java
final boolean apparentlyFirstQueuedIsExclusive() {
    Node h, s;
    return (h = head) != null &&
        (s = h.next) != null &&
        !s.isShared()         &&
        s.thread != null;
}
```

apparentlyFirstQueuedIsExclusive()方法在同步队列不为空并且同步队列的第一个结点不是共享结点时返回 true，即非公平模式 NonfairSync 中，readerShouldBlock()方法在同步队列不为空并且同步队列的第一个结点不是共享结点时返回 true。通过这种方式判断当前线程是否应该阻塞，可以有效避免在同步队列中的写线程过度"饥饿"，长时间没有机会获取锁。

在 tryAcquireShared() 方法中，如果 !readerShouldBlock()、r<MAX_COUNT 或者 compareAndSetState(c, c + SHARED_UNIT)任一条件不满足，就会调用 fullTryAcquireShared()方法。fullTryAcquireShared()方法代码如下：

```java
final int fullTryAcquireShared(Thread current) {
    HoldCounter rh = null;
    // 自旋
    for (;;) {
        // 获取状态
        int c = getState();
        // 写锁重入次数不等于0
        if (exclusiveCount(c) != 0) {
            // 当前线程不是写锁的持有者
            if (getExclusiveOwnerThread() != current)
                // 返回加锁失败
                return -1;
        } else if (readerShouldBlock()) {
            // 写锁重入次数等于0并且读线程被阻塞
            // 当前线程为第一个读线程
            if (firstReader == current) {
                // assert firstReaderHoldCount > 0;
            } else {
                // 当前线程不为第一个读线程
                // 计数器不为空
                if (rh == null) {
                    rh = cachedHoldCounter;
                    if (rh == null || rh.tid != getThreadId(current)) {
                        rh = readHolds.get();
                        if (rh.count == 0)
                            readHolds.remove();
                    }
                }
                if (rh.count == 0)
                    return -1;
            }
        }
        // 读锁数量为最大值, 抛出异常
        if (sharedCount(c) == MAX_COUNT)
            throw new Error("Maximum lock count exceeded");
        // CAS 成功
        if (compareAndSetState(c, c + SHARED_UNIT)) {
            // 读线程数量为0
            if (sharedCount(c) == 0) {
                // 设置第一个读线程
                firstReader = current;
                firstReaderHoldCount = 1;
            } else if (firstReader == current) {
                firstReaderHoldCount++;
            } else {
                if (rh == null)
                    rh = cachedHoldCounter;
                if (rh == null || rh.tid != getThreadId(current))
                    rh = readHolds.get();
```

```
            else if (rh.count == 0)
                readHolds.set(rh);
            rh.count++;
            cachedHoldCounter = rh; // cache for release
        }
        return 1;
    }
}
```

fullTryAcquireShared()方法在自旋中执行，方法的整体处理逻辑与tryAcquireShared()方法类似，此处不再赘述。

读锁的释放是通过ReadLock的unlock()方法实现的，unlock()方法代码如下：

```
public void unlock() {
    sync.releaseShared(1);
}
```

unlock()方法调用AbstractQueuedSynchronizer的releaseShared()方法，releaseShared()方法代码如下：

```
public final boolean releaseShared(int arg) {
    if (tryReleaseShared(arg)) {
        doReleaseShared();
        return true;
    }
    return false;
}
```

releaseShared()方法调用的 tryReleaseShared()方法需要 AbstractQueuedSynchronizer 的子类实现，在 ReentrantReadWriteLock 的内部类 Sync 中，对 tryReleaseShared()方法的实现如下：

```
protected final boolean tryReleaseShared(int unused) {
    // 获取当前线程
    Thread current = Thread.currentThread();
    // 如果当前线程为第一个读线程
    if (firstReader == current) {
        // 如果读线程占用的资源数为1
        if (firstReaderHoldCount == 1)
            // 将firstReader置为null
            firstReader = null;
        // 减少占用的资源
        else
            firstReaderHoldCount--;
    } else {
        // 获取缓存的计数器
        HoldCounter rh = cachedHoldCounter;
        // 计数器为空或者计数器的 tid 不为当前正在运行的线程的 tid
        if (rh == null || rh.tid != getThreadId(current))
            // 获取当前线程对应的计数器
            rh = readHolds.get();
```

```
        // 获取计数
        int count = rh.count;
        // 计数小于等于 1
        if (count <= 1) {
            // 移除
            readHolds.remove();
            if (count <= 0)
                // 计数小于等于 0，抛出异常
                throw unmatchedUnlockException();
        }
        // 减少计数
        --rh.count;
    }
    // 自旋
    for (;;) {
        // 获取状态
        int c = getState();
        // 改变状态
        int nextc = c - SHARED_UNIT;
        // CAS 修改状态
        if (compareAndSetState(c, nextc))
            // Releasing the read lock has no effect on readers,
            // but it may allow waiting writers to proceed if
            // both read and write locks are now free.
            return nextc == 0;
    }
}
```

6.7.12　ReentrantReadWriteLock 常见面试考点

（1）ReentrantReadWriteLock 的适用场景。
（2）读写锁与独占锁和共享锁的优缺点对比。
（3）ReentrantReadWriteLock 的实现原理。

6.8　ArrayBlockingQueue

BlockingQueue 是 Java 中的阻塞队列接口，在高并发场景中用得非常多。在线程池中，如果待执行的任务数量大于核心线程数量，就会尝试把新加入的任务放到一个阻塞队列中。
BlockingQueue 接口的代码如下：

```
public interface BlockingQueue<E> extends Queue<E> {
    // 将给定元素设置到队列中，如果设置成功就返回 true，否则返回 false
    // 如果是往限定了长度的队列中设置值，推荐使用 offer() 方法
    boolean add(E e);
```

```java
// 将给定的元素设置到队列中，如果设置成功就返回true，否则返回false
// e的值不能为空，否则抛出空指针异常
boolean offer(E e);

// 将元素设置到队列中，如果队列中没有多余的空间
// 该方法会一直阻塞，直到队列中有多余的空间
void put(E e) throws InterruptedException;

// 将给定元素在给定的时间内设置到队列中
// 如果设置成功就返回true，否则返回false
boolean offer(E e, long timeout, TimeUnit unit)
    throws InterruptedException;

// 从队列中获取值，如果队列中没有值
// 线程会一直阻塞，直到队列中有值，并且该方法取得了该值
E take() throws InterruptedException;

// 在给定的时间里，从队列中获取值
E poll(long timeout, TimeUnit unit)
    throws InterruptedException;

// 获取队列中剩余的空间
int remainingCapacity();

// 从队列中移除指定的值
boolean remove(Object o);

// 判断队列中是否拥有该值
public boolean contains(Object o);

// 将队列中的值全部移除，并设置到给定的集合中
int drainTo(Collection<? super E> c);

// 将指定数量的元素从队列中移除，并设置到给定的集合中
int drainTo(Collection<? super E> c, int maxElements);
}
```

ArrayBlockingQueue 是 BlockingQueue 接口的一个实现类，ArrayBlockingQueue 是基于数组实现的线程安全的有界的阻塞队列。

6.8.1 ArrayBlockingQueue 的使用方式

创建 ArrayBlockingQueue 的测试代码如下：

```java
/**
 * @Author : zhouguanya
 * @Project : java-interview-guide
 * @Date : 2020-01-27 13:54
```

```java
 * @Version : V1.0
 * @Description : ArrayBlockingQueue 使用方式演示
 */
public class ArrayBlockingQueueDemo {
    public static void main(String[] args) throws InterruptedException {
        ArrayBlockingQueue<String> arrayBlockingQueue =
                new ArrayBlockingQueue<>(5);
        System.out.println("增加值之前队列的容量=" + arrayBlockingQueue.size());
        for (int i = 0; i < 5; i++) {
            int element = i;
            // 一般企业开发中不建议手动创建线程
            // 此处为了简单起见，手动创建线程
            // 企业开发中应当使用线程池管理线程
            new Thread(() -> arrayBlockingQueue
                    .add(String.valueOf(element))).start();
        }
        Thread.sleep(100);
        System.out.println("增加值之后队列的容量=" + arrayBlockingQueue.size());
        System.out.println(arrayBlockingQueue.toString());

        System.out.println("阻塞队列取值开始");
        for (int i = 0; i < 5; i++) {
            System.out.println("从阻塞队列取出的值为：" +
arrayBlockingQueue.poll());
        }
    }
}
```

执行以上测试代码，测试结果如下：

```
增加值之前队列的容量=0
增加值之后队列的容量=5
[0, 1, 2, 3, 4]
阻塞队列取值开始
从阻塞队列取出的值为：0
从阻塞队列取出的值为：1
从阻塞队列取出的值为：2
从阻塞队列取出的值为：3
从阻塞队列取出的值为：4
```

6.8.2　ArrayBlockingQueue 的属性

ArrayBlockingQueue 继承自 AbstractQueue 抽象类并且实现了 BlockingQueue 接口。ArrayBlockingQueue 内部是通过 Object[]数组保存数据的，即 ArrayBlockingQueue 本质上是通过数组实现的。ArrayBlockingQueue 的大小（数组的容量）是创建 ArrayBlockingQueue 时指定的。

ArrayBlockingQueue 与 ReentrantLock 是组合关系，ArrayBlockingQueue 中包含一个 ReentrantLock 对象。ArrayBlockingQueue 是根据 ReentrantLock 实现"多线程对竞争资源的互斥访问"的。ReentrantLock 分为公平锁和非公平锁两种模式，关于具体使用公平锁还是非公平锁，在创建 ArrayBlockingQueue 时可以指定。ArrayBlockingQueue 默认会使用非公平锁。

ArrayBlockingQueue 与 Condition 是组合关系，ArrayBlockingQueue 中包含两个 Condition 对象，分别是 notEmpty 对象和 notFull 对象。Condition 依赖于 ArrayBlockingQueue 而存在，通过 Condition 可以实现对 ArrayBlockingQueue 更精确的访问。

如果某线程 A 想要从 ArrayBlockingQueue 获取数据，此时数组为空，该线程就会执行 notEmpty.await()进行等待。当某个线程 B 向数组中插入了数据之后，会调用 notEmpty.signal()唤醒在 notEmpty 条件上等待的线程。此时线程 A 会被唤醒，从而得以继续运行。

如果某线程 H 要插入数据，此时数组已满，该线程就会执行 notFull.await()进行等待。当某个线程 I 取出数据之后，会调用 notFull.signal()唤醒 notFull 条件上等待的线程。此时线程 H 就会被唤醒，从而得以继续运行。

ArrayBlockingQueue 的属性如下：

```java
/**
 * 序列化 ID
 */
private static final long serialVersionUID = -817911632652898426L;

/** 保存数据的数组 */
final Object[] items;

/** take, poll, peek or remove 的下一个索引 */
int takeIndex;

/** put, offer, or add 的下一个索引 */
int putIndex;

/** 队列中的元素个数 */
int count;

/** 可重入锁 */
final ReentrantLock lock;

/** 队列不为空的条件 */
private final Condition notEmpty;

/** 队列未满的条件 */
private final Condition notFull;

/**
 * 当前活跃迭代器的共享状态
 */
transient Itrs itrs = null;
```

6.8.3　ArrayBlockingQueue 构造器代码解析

ArrayBlockingQueue 指定容量的构造器代码如下：

```java
/**
 * 创建具有给定容量和默认访问策略的 ArrayBlockingQueue 对象
 */
public ArrayBlockingQueue(int capacity) {
    // 默认非公平策略
    this(capacity, false);
}
```

ArrayBlockingQueue 指定容量的构造器会调用另一个重载的构造器。此重载构造器可以指定容量和访问策略，重载构造器代码如下：

```java
/**
 * 创建具有给定容量和指定访问策略的 ArrayBlockingQueue 对象
 */
public ArrayBlockingQueue(int capacity, boolean fair) {
    // 如果给定容量 capacity 小于 0
    if (capacity <= 0)
        // 就抛出 IllegalArgumentException 异常
        throw new IllegalArgumentException();
    // 初始化 items 数组
    this.items = new Object[capacity];
    // 初始化 field 公平锁
    lock = new ReentrantLock(fair);
    // 初始化队列不为空的条件
    notEmpty = lock.newCondition();
    // 初始化队列未满的条件
    notFull = lock.newCondition();
}
```

除了以上两种构造器外，ArrayBlockingQueue 还提供了通过指定集合初始化队列的构造器，构造器代码如下：

```java
/**
 * 创建具有指定容量和指定访问策略并最初包含给定集合的元素 ArrayBlockingQueue 对象
 */
public ArrayBlockingQueue(int capacity, boolean fair,
                          Collection<? extends E> c) {
    this(capacity, fair);

    final ReentrantLock lock = this.lock;
    // 加锁
    lock.lock();
    try {
        int i = 0;
        try {
            // 依次将集合中的元素添加到 items 数组中
            for (E e : c) {
                checkNotNull(e);
                items[i++] = e;
            }
        } catch (ArrayIndexOutOfBoundsException ex) {
```

```
            throw new IllegalArgumentException();
    }
    // 修改队列中的元素个数
    count = i;
    // 修改 put, offer, or add 的下一个索引
    putIndex = (i == capacity) ? 0 : i;
} finally {
    // 解锁
    lock.unlock();
}
}
```

6.8.4 ArrayBlockingQueue 入队方法代码解析

add()方法允许在不超过队列容量的情况下立即将指定的元素插入此同步队列的尾部。若插入成功,则方法返回 true,否则方法返回 false。若同步队列已经满了,则方法会抛出 IllegalStateException 异常。add()方法代码如下:

```
public boolean add(E e) {
    return super.add(e);
}
```

ArrayBlockingQueue 的 add()方法调用父类 AbstractQueue 的 add()方法。父类的 add()方法代码如下:

```
public boolean add(E e) {
    if (offer(e))
        return true;
    else
        throw new IllegalStateException("Queue full");
}
```

父类 AbstractQueue 的 add()方法调用子类实现的 offer()方法进行添加元素操作,若子类的 offer()方法返回 true,则 add()方法返回 true,表示向同步队列添加元素成功;否则抛出 IllegalStateException 异常。父类 AbstractQueue 调用的子类 offer()方法实现如下:

```
public boolean offer(E e) {
    // 非空校验
    checkNotNull(e);
    // 获取可重入锁
    final ReentrantLock lock = this.lock;
    // 加锁
    lock.lock();
    try {
        // 如果队列中的元素个数等于 items 数组长度
        if (count == items.length)
            // 就返回添加失败
            return false;
        else {
```

```
            // 在当前添加位置插入元素
            enqueue(e);
            // 返回添加成功
            return true;
        }
    } finally {
        // 解锁
        lock.unlock();
    }
}
```

offer()的作用是将元素 e 插入阻塞队列的尾部。offer()方法使用 ReentrantLock 对象用于保证线程安全。若同步队列已满，则方法返回 false，表示插入同步队列失败；否则调用 enqueue()方法插入元素，并返回 true。enqueue()方法代码如下：

```
private void enqueue(E x) {
    // 获取存储数据的 items 数组
    final Object[] items = this.items;
    // 在 putIndex 位置添加元素 x
    items[putIndex] = x;
    // 在 putIndex 位置添加元素 x
    // putIndex 自增 1
    // 如果 putIndex 等于 items 数组的长度
    if (++putIndex == items.length)
        // 将 putIndex 置为 0
        putIndex = 0;
    // 修改队列中的元素个数
    count++;
    // 调用 notEmpty 条件的 signal()方法
    // 唤醒等待在队列不为空的条件上的 1 个线程
    notEmpty.signal();
}
```

enqueue()方法向 Object[]数组添加元素 x，最后会调用 notEmpty.signal()方法唤醒一个在队列非空条件等待的线程。

offer(E e, long timeout, TimeUnit unit)方法将指定的元素插入此队列的尾部，如果队列已满，就等待指定的时间，以便有空余空间可以插入新的元素。offer(E e, long timeout, TimeUnit unit)代码如下：

```
public boolean offer(E e, long timeout, TimeUnit unit)
    throws InterruptedException {

    checkNotNull(e);
    long nanos = unit.toNanos(timeout);
    final ReentrantLock lock = this.lock;
    lock.lockInterruptibly();
    try {
        while (count == items.length) {
            if (nanos <= 0)
                return false;
```

```
            // 在条件 notFull 上等待 nanos 时间
            nanos = notFull.awaitNanos(nanos);
        }
        enqueue(e);
        return true;
    } finally {
        lock.unlock();
    }
}
```

put()方法用于向队列中添加元素，此方法会在队列没有多余空间存储元素时阻塞，put()方法代码如下：

```
public void put(E e) throws InterruptedException {
    checkNotNull(e);
    final ReentrantLock lock = this.lock;
    lock.lockInterruptibly();
    try {
        while (count == items.length)
            // 在条件 notFull 上等待
            notFull.await();
        enqueue(e);
    } finally {
        lock.unlock();
    }
}
```

6.8.5　ArrayBlockingQueue 出队方法代码解析

poll()方法用于检索并删除此队列的队头，poll()方法代码如下：

```
public E poll() {
    final ReentrantLock lock = this.lock;
    lock.lock();
    try {
        // 如果队列中的元素个数为 0，就返回 null
        // 否则调用 dequeue()
        return (count == 0) ? null : dequeue();
    } finally {
        lock.unlock();
    }
}
```

poll()方法调用 dequeue()方法出队，dequeue()方法代码如下：

```
private E dequeue() {
    // 获取 items 数组
    final Object[] items = this.items;
    // 获取 items 数组 takeIndex 位置的元素
    E x = (E) items[takeIndex];
    // 将 items 数组 takeIndex 位置置为 null
```

```
        items[takeIndex] = null;
        // takeIndex 自增 1
        // 如果 takeIndex 等于 items 数组的长度
        if (++takeIndex == items.length)
            // 将 takeIndex 置为 0
            takeIndex = 0;
        // 队列中的元素个数减 1
        count--;
        if (itrs != null)
            itrs.elementDequeued();
        // 唤醒等待 notFull 条件的一个线程
        notFull.signal();
        return x;
}
```

poll()有一个带有超时时间的重载方法,重载方法代码如下:

```
public E poll(long timeout, TimeUnit unit) throws InterruptedException {
    long nanos = unit.toNanos(timeout);
    final ReentrantLock lock = this.lock;
    lock.lockInterruptibly();
    try {
        // 如果队列中的元素个数为 0
        while (count == 0) {
            if (nanos <= 0)
                return null;
            // 在 notEmpty 条件等待 nanos 时间
            nanos = notEmpty.awaitNanos(nanos);
        }
        // 调用 dequeue()方法
        return dequeue();
    } finally {
        lock.unlock();
    }
}
```

take()方法检索并除去此队列的头部元素,若队列中没有可用的元素,则等待直到队列中有元素可用。

```
public E take() throws InterruptedException {
    final ReentrantLock lock = this.lock;
    lock.lockInterruptibly();
    try {
        // 如果队列中的元素个数为 0
        while (count == 0)
            // 在 notEmpty 条件上等待
            notEmpty.await();
        // 调用 dequeue()方法
        return dequeue();
    } finally {
        lock.unlock();
```

        }
    }

peek()方法检索但不删除此队列的头部元素。peek()方法代码如下:

```
public E peek() {
    final ReentrantLock lock = this.lock;
    lock.lock();
    try {
        return itemAt(takeIndex); // null when queue is empty
    } finally {
        lock.unlock();
    }
}
```

peek()方法调用的 itemAt()方法代码如下:

```
final E itemAt(int i) {
    return (E) items[i];
}
```

peek()方法与poll()方法和take()方法不同的是,peek()方法不会造成元素的出队。

drainTo()方法移除此队列中的元素,并将它们添加到给定集合中。drainTo()方法代码如下:

```
public int drainTo(Collection<? super E> c) {
    return drainTo(c, Integer.MAX_VALUE);
}
```

drainTo()方法会调用其重载的 drainTo()方法,重载的 drainTo()方法代码如下:

```
public int drainTo(Collection<? super E> c, int maxElements) {
    // 集合非空校验
    checkNotNull(c);
    // 如果集合对象 c 等于当前队列
    if (c == this)
        // 就抛出 IllegalArgumentException 异常
        throw new IllegalArgumentException();
    // 如果 maxElements 小于等于 0
    if (maxElements <= 0)
        // 就返回 0
        return 0;
    // 获取 items 数组
    final Object[] items = this.items;
    // 获取可重入锁
    final ReentrantLock lock = this.lock;
    // 加锁
    lock.lock();
    try {
        // 取 maxElements 和队列元素个数 count 的最小值
        int n = Math.min(maxElements, count);
        // 获取 takeIndex
        int take = takeIndex;
        int i = 0;
```

```java
        try {
            while (i < n) {
                // 获取 take 位置的元素 x
                E x = (E) items[take];
                // 将 x 添加到集合 c
                c.add(x);
                // 将 items 数组 take 位置置为 null
                items[take] = null;
                // take 自增 1
                // 如果 take 等于 items 数组的长度
                if (++take == items.length)
                    // 设置 take 为 0
                    take = 0;
                // i 自增，进入下一轮循环
                i++;
            }
            return n;
        } finally {
            // 如果 add() 方法抛出异常
            if (i > 0) {
                // 修改队列中的元素个数
                count -= i;
                // 修改 takeIndex
                takeIndex = take;
                if (itrs != null) {
                    if (count == 0)
                        itrs.queueIsEmpty();
                    else if (i > take)
                        itrs.takeIndexWrapped();
                }
                for (; i > 0 && lock.hasWaiters(notFull); i--)
                    // 在 notFull 条件唤醒等待的线程
                    notFull.signal();
            }
        }
    } finally {
        lock.unlock();
    }
}
```

6.8.6 ArrayBlockingQueue 常见面试考点

（1）阻塞队列的特性及其实现类。
（2）ArrayBlockingQueue 的适用场景。
（3）ArrayBlockingQueue 的工作原理。
（4）ArrayBlockingQueue 在线程池中的应用。
（5）ArrayBlockingQueue 对 ReentrantLock 和 Condition 的应用。

(6)ArrayBlockingQueue 与 LinkedBlockingQueue 等阻塞队列的优缺点对比。

6.9　LinkedBlockingQueue

　　LinkedBlockingQueue 是 BlockingQueue 的另一个实现，LinkedBlockingQueue 是基于链表实现的阻塞队列。

6.9.1　LinkedBlockingQueue 的使用方式

　　创建 LinkedBlockingQueue 测试模拟一个生产者-消费者模型，测试代码中有 1 个生产者向阻塞队列中生产消息，有 3 个消费者线程从阻塞队列中消费消息。测试代码如下：

```java
/**
 * @Author : zhouguanya
 * @Project : java-interview-guide
 * @Date : 2020-01-27 21:01
 * @Version : V1.0
 * @Description : LinkedBlockingQueue 使用方式演示
 */
public class LinkedBlockingQueueDemo {
    /**
     * 生产者生产的消息
     */
    private static AtomicInteger PRODUCE_COUNT
            = new AtomicInteger(0);
    /**
     * 消费者消费的消息
     */
    private static AtomicInteger CONSUME_COUNT
            = new AtomicInteger(0);
    /**
     * LinkedBlockingQueue 阻塞队列
     */
    private static LinkedBlockingQueue<Integer> linkedBlockingQueue
            = new LinkedBlockingQueue<>(3);
    /**
     * 生产者-消费者模型传递的消息总数
     */
    private static final int COUNT = 10;

    /**
     * 生产者线程
     */
    static class Producer implements Runnable {
        @Override
        public void run() {
```

```java
            for (int i = 0; i < COUNT; i++) {
                try {
                    Integer messageId = PRODUCE_COUNT.incrementAndGet();
                    // 生产者向队列添加元素
                    linkedBlockingQueue.put(messageId);
                    System.out.printf("%s 生产的消息 id=%s，队列剩余容量=%s%n",
                            Thread.currentThread().getName(),
                            messageId, linkedBlockingQueue.remainingCapacity());
                } catch (InterruptedException e) {
                    e.printStackTrace();
                }
            }
        }
    }

    /**
     * 消费者线程
     */
    static class Consumer implements Runnable {
        @Override
        public void run() {
            while (CONSUME_COUNT.get() < COUNT) {
                try {
                    // 带超时时间的出队方法，如果不存在，就返回 null
                    Integer messageId = linkedBlockingQueue
                            .poll(5, TimeUnit.SECONDS);
                    System.out.printf("%s 消费的消息 id=%s，队列剩余容量=%s%n",
                            Thread.currentThread().getName(),
                            messageId, linkedBlockingQueue.remainingCapacity());
                    CONSUME_COUNT.incrementAndGet();
                    Thread.sleep(10);
                } catch (InterruptedException e) {
                    e.printStackTrace();
                }
            }
        }
    }

    /**
     * 测试代码
     */
    public static void main(String[] args) {
        // 一般企业开发中不建议手动创建线程
        // 此处为了简单起见，手动创建线程
        // 企业开发中应当使用线程池管理线程
        new Thread(new Producer(), "生产者 1").start();
        new Thread(new Consumer(), "消费者 1").start();
        new Thread(new Consumer(), "消费者 2").start();
        new Thread(new Consumer(), "消费者 3").start();
    }
}
```

}
```

执行以上测试代码,执行结果如下:

```
生产者 1 生产的消息 id=1,队列剩余容量=2
消费者 3 消费的消息 id=1,队列剩余容量=3
消费者 2 消费的消息 id=2,队列剩余容量=3
生产者 1 生产的消息 id=2,队列剩余容量=2
生产者 1 生产的消息 id=3,队列剩余容量=2
消费者 1 消费的消息 id=3,队列剩余容量=3
生产者 1 生产的消息 id=4,队列剩余容量=2
生产者 1 生产的消息 id=5,队列剩余容量=1
生产者 1 生产的消息 id=6,队列剩余容量=0
消费者 3 消费的消息 id=4,队列剩余容量=1
生产者 1 生产的消息 id=7,队列剩余容量=0
消费者 2 消费的消息 id=6,队列剩余容量=2
消费者 1 消费的消息 id=5,队列剩余容量=1
生产者 1 生产的消息 id=8,队列剩余容量=1
生产者 1 生产的消息 id=9,队列剩余容量=0
消费者 3 消费的消息 id=8,队列剩余容量=2
生产者 1 生产的消息 id=10,队列剩余容量=2
消费者 2 消费的消息 id=9,队列剩余容量=2
消费者 1 消费的消息 id=7,队列剩余容量=2
消费者 3 消费的消息 id=10,队列剩余容量=3
```

6.9.2 LinkedBlockingQueue 内部类 Node 代码解析

LinkedBlockingQueue 继承自 AbstractQueue 并且实现了 BlockingQueue 接口。

```java
public class LinkedBlockingQueue<E> extends AbstractQueue<E>
        implements BlockingQueue<E>, java.io.Serializable
```

LinkedBlockingQueue 是基于链表实现的阻塞队列,其内部通过 Node 对象表示链表中的一个结点。Node 类的代码如下:

```java
static class Node<E> {
    /**
     * 当前结点保存的元素值
     */
    E item;

    /**
     * 后继结点
     */
    Node<E> next;

    /**
     * 构造器
     */
    Node(E x) { item = x; }
}
```
```

LinkedBlockingQueue 类图如图 6-20 所示。

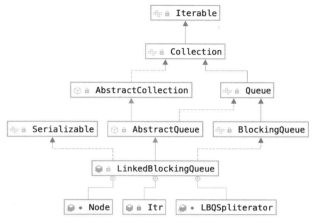

图 6-20　LinkedBlockingQueue 类图

6.9.3　LinkedBlockingQueue 的属性

LinkedBlockingQueue 类的常用属性如下：

```
/** 队列容量 */
private final int capacity;

/** 元素数量 */
private final AtomicInteger count = new AtomicInteger();

/**
 * 链表头结点
 */
transient Node<E> head;

/**
 * 链表尾结点
 */
private transient Node<E> last;

/** take、poll 等操作使用的可重入锁 */
private final ReentrantLock takeLock = new ReentrantLock();

/** 非空条件。当队列无元素时，线程会阻塞在 notEmpty 条件上，等待其他线程唤醒*/
private final Condition notEmpty = takeLock.newCondition();

/** put、offer 等操作使用的可重入锁*/
private final ReentrantLock putLock = new ReentrantLock();

/** notFull 条件。当队列满了时，线程阻塞在 notFull 上，等待其他线程唤醒 */
private final Condition notFull = putLock.newCondition();
```

6.9.4　LinkedBlockingQueue 构造器代码解析

LinkedBlockingQueue 的无参构造器代码如下：

```java
/**
 * 无参构造器，容量为 Integer.MAX_VALUE
 */
public LinkedBlockingQueue() {
    this(Integer.MAX_VALUE);
}
```

LinkedBlockingQueue 的无参构造器会调用指定容量的构造器，指定容量的构造器代码如下：

```java
/**
 * 创建具有指定容量的 LinkedBlockingQueue 对象
 */
public LinkedBlockingQueue(int capacity) {
    if (capacity <= 0) throw new IllegalArgumentException();
    this.capacity = capacity;
    last = head = new Node<E>(null);
}
```

LinkedBlockingQueue 另一个重载的构造器可以指定一个集合，用集合中的元素初始化该阻塞队列。

```java
/**
 * 创建一个容量为 Integer.MAX_VALUE 的 LinkedBlockingQueue 对象
 * 用指定集合中的元素初始化 LinkedBlockingQueue 对象
 */
public LinkedBlockingQueue(Collection<? extends E> c) {
    this(Integer.MAX_VALUE);
    final ReentrantLock putLock = this.putLock;
    putLock.lock(); // Never contended, but necessary for visibility
    try {
        int n = 0;
        for (E e : c) {
            if (e == null)
                throw new NullPointerException();
            if (n == capacity)
                throw new IllegalStateException("Queue full");
            // 入队，参考 put() 方法代码
            enqueue(new Node<E>(e));
            ++n;
        }
        count.set(n);
    } finally {
        putLock.unlock();
    }
}
```

6.9.5　LinkedBlockingQueue 入队方法代码解析

put()方法将元素插入阻塞队列的末尾，若队列空间不足，则线程等待。put()方法代码如下：

```java
/**
 * 将指定的元素插入此队列的末尾
 * 如果空间不足就等待
 */
public void put(E e) throws InterruptedException {
    // 如果元素为 null，就抛出 NullPointerException 异常
    if (e == null) throw new NullPointerException();
    // 原队列中包含的元素个数
    int c = -1;
    // 创建一个新的 Node 对象
    Node<E> node = new Node<E>(e);
    // 获取 putLock 用于向队列插入元素
    final ReentrantLock putLock = this.putLock;
    // 获取 count 用于计算队列中元素的数量
    final AtomicInteger count = this.count;
    // 加锁
    putLock.lockInterruptibly();
    try {
        // 当 count 等于 capacity 时，说明队列已满
        // 没有多余的空间存储新的元素
        while (count.get() == capacity) {
            // 线程在 notFull 条件等待
            notFull.await();
        }
        // 跳出上面的 while 循环，说明队列未满，已有多余空间可以存储新元素
        // 入队
        enqueue(node);
        // 队列元素数量加 1
        c = count.getAndIncrement();
        // 如果队列未满
        if (c + 1 < capacity)
            // 就唤醒 notFull 条件上等待的线程
            notFull.signal();
    } finally {
        // 解锁
        putLock.unlock();
    }
    // 如果 c 等于 0，那么队列里面至少有一个元素
    if (c == 0)
        // 唤醒 notEmpty 条件上等待的线程
        signalNotEmpty();
}
```

put()方法通过 enqueue()方法入队。enqueue()方法代码如下：

```java
private void enqueue(Node<E> node) {
    // assert putLock.isHeldByCurrentThread();
    // assert last.next == null;
    last = last.next = node;
}
```

put()方法通过调用 signalNotEmpty()方法用于唤醒 notEmpty 条件上等待的线程。signalNotEmpty()方法代码如下:

```java
private void signalNotEmpty() {
    final ReentrantLock takeLock = this.takeLock;
    takeLock.lock();
    try {
        notEmpty.signal();
    } finally {
        takeLock.unlock();
    }
}
```

offer()方法将指定的元素插入此队列的末尾,如果有足够空间,就立刻添加元素并返回 true。如果空间不足,就立刻返回 false。offer()方法不会造成线程阻塞。offer()方法代码如下:

```java
/**
 * 将指定的元素插入此队列的末尾
 * 如果有足够空间,就立刻添加元素并返回 true
 * 如果空间不足,就立刻返回 false
 */
public boolean offer(E e) {
    // 如果元素为 null,就抛出 NullPointerException 异常
    if (e == null) throw new NullPointerException();
    final AtomicInteger count = this.count;
    // 当 count 等于 capacity 时,说明队列已满
    // 返回 false,插入元素失败
    if (count.get() == capacity)
        return false;
    // 原队列中包含的元素个数
    int c = -1;
    // 创建一个新的 Node 对象
    Node<E> node = new Node<E>(e);
    // 获取 putLock 用于向队列插入元素
    final ReentrantLock putLock = this.putLock;
    // 加锁
    putLock.lock();
    try {
        // 如果队列未满
        if (count.get() < capacity) {
            // 入队
            enqueue(node);
            // 队列元素数量加 1
            c = count.getAndIncrement();
            // 如果队列未满
```

```
                if (c + 1 < capacity)
                    // 唤醒notFull条件上等待的线程
                    notFull.signal();
            }
        } finally {
            // 解锁
            putLock.unlock();
        }
        // 如果c等于0,那么队列里面至少有一个元素
        if (c == 0)
            // 唤醒notEmpty条件上等待的线程
            signalNotEmpty();
        return c >= 0;
    }
```

offer()方法的重载方法带有超时时间,当阻塞队列没有多余的空间时,线程会在指定的时间内等待阻塞队列空出多余的空间。

```
public boolean offer(E e, long timeout, TimeUnit unit)
    throws InterruptedException {

    if (e == null) throw new NullPointerException();
    long nanos = unit.toNanos(timeout);
    int c = -1;
    final ReentrantLock putLock = this.putLock;
    final AtomicInteger count = this.count;
    putLock.lockInterruptibly();
    try {
        while (count.get() == capacity) {
            if (nanos <= 0)
                return false;
            nanos = notFull.awaitNanos(nanos);
        }
        enqueue(new Node<E>(e));
        c = count.getAndIncrement();
        if (c + 1 < capacity)
            notFull.signal();
    } finally {
        putLock.unlock();
    }
    if (c == 0)
        signalNotEmpty();
    return true;
}
```

6.9.6　LinkedBlockingQueue 出队方法代码解析

检索并除去此队列的头部元素,若有队列中没有元素,则线程等待。

```
/**
```

```java
 * 检索并除去此队列的头部元素
 * 若有队列中没有元素,则等待
 */
public E take() throws InterruptedException {
    E x;
    int c = -1;
    // 获取count用于计算队列中元素的数量
    final AtomicInteger count = this.count;
    // 获取takeLock用于取出队列的元素
    final ReentrantLock takeLock = this.takeLock;
    // 加锁
    takeLock.lockInterruptibly();
    try {
        // 如果队列中的元素数量为0
        while (count.get() == 0) {
            // 在notEmpty条件上等待
            notEmpty.await();
        }
        // 跳出上面的while循环,说明队列非空
        // 出队
        x = dequeue();
        // 队列元素数量减1
        c = count.getAndDecrement();
        // 如果c大于1
        if (c > 1)
            // 唤醒在notEmpty上等待的线程
            notEmpty.signal();
    } finally {
        // 解锁
        takeLock.unlock();
    }
    // 如果c等于capacity,就说明当前队列至少有1个空闲位置
    if (c == capacity)
        // 唤醒在notFull条件上等待的线程
        signalNotFull();
    // 返回出队的元素
    return x;
}
```

take()方法通过dequeue()方法移除队列头部元素。dequeue()方法代码如下:

```java
private E dequeue() {
    // assert takeLock.isHeldByCurrentThread();
    // assert head.item == null;
    Node<E> h = head;
    Node<E> first = h.next;
    h.next = h; // help GC
    head = first;
    E x = first.item;
    first.item = null;
    return x;
```

take()方法通过 signalNotFull()方法唤醒在 notFull 条件上等待的线程。signalNotFull()方法代码如下：

```java
private void signalNotFull() {
    final ReentrantLock putLock = this.putLock;
    putLock.lock();
    try {
        notFull.signal();
    } finally {
        putLock.unlock();
    }
}
```

poll()方法检索并删除阻塞队列的头部元素，如果阻塞队列为空，就返回 null。

```java
/**
 * 检索并删除此队列的开头
 * 如果此队列为空，就返回 null
 */
public E poll() {
    // 获取 count 用于计算队列中元素的数量
    final AtomicInteger count = this.count;
    // 如果队列中元素的数量为 0
    if (count.get() == 0)
        // 返回 null
        return null;
    E x = null;
    int c = -1;
    // 获取 takeLock 用于取出队列的元素
    final ReentrantLock takeLock = this.takeLock;
    // 加锁
    takeLock.lock();
    try {
        // 如果非空
        if (count.get() > 0) {
            // 出队
            x = dequeue();
            // 队列元素数量减 1
            c = count.getAndDecrement();
            // 如果 c 大于 1
            if (c > 1)
                // 唤醒在 notEmpty 上等待的线程
                notEmpty.signal();
        }
    } finally {
        // 解锁
        takeLock.unlock();
    }
    // 如果 c 等于 capacity，就说明当前队列至少有 1 个空闲位置
```

```
        if (c == capacity)
            // 唤醒在 notFull 条件上等待的线程
            signalNotFull();
        // 返回出队的元素
        return x;
}
```

poll()方法带有超时时间的重载方法代码如下：

```
public E poll(long timeout, TimeUnit unit) throws InterruptedException {
    E x = null;
    int c = -1;
    long nanos = unit.toNanos(timeout);
    final AtomicInteger count = this.count;
    final ReentrantLock takeLock = this.takeLock;
    takeLock.lockInterruptibly();
    try {
        while (count.get() == 0) {
            if (nanos <= 0)
                return null;
            nanos = notEmpty.awaitNanos(nanos);
        }
        x = dequeue();
        c = count.getAndDecrement();
        if (c > 1)
            notEmpty.signal();
    } finally {
        takeLock.unlock();
    }
    if (c == capacity)
        signalNotFull();
    return x;
}
```

peek()方法检索但不删除此队列的头，如果此队列为空，就返回 null。peek()方法代码如下：

```
/**
 * 检索但不删除此队列的头
 * 如果此队列为空，就返回 null
 */
public E peek() {
    if (count.get() == 0)
        return null;
    final ReentrantLock takeLock = this.takeLock;
    takeLock.lock();
    try {
        Node<E> first = head.next;
        if (first == null)
            return null;
        else
            return first.item;
    } finally {
```

```
        takeLock.unlock();
    }
}
```

6.9.7　LinkedBlockingQueue 常见面试考点

（1）阻塞队列的特性及其实现类。
（2）LinkedBlockingQueue 的适用场景。
（3）LinkedBlockingQueue 的工作原理。
（4）LinkedBlockingQueue 在线程池中的应用。
（5）LinkedBlockingQueue 对 ReentrantLock 和 Condition 的应用。

6.10　DelayQueue

DelayQueue 是一个支持延时获取元素的无界阻塞队列。DelayQueue 使用 PriorityQueue 来实现。队列中的元素必须实现 Delayed 接口，在创建元素时可以指定多久才能从队列中获取当前元素，只有在延迟期满时才能从队列中提取元素。

DelayQueue 可以运用在以下两个应用场景中：

（1）缓存系统的设计：使用 DelayQueue 保存缓存元素的有效期，使用一个线程循环查询 DelayQueue，一旦能从 DelayQueue 中获取元素，就表示该缓存已经失效。

（2）定时任务调度：使用 DelayQueue 保存系统要执行的任务和任务执行时间，一旦从 DelayQueue 中获取到任务就开始执行，比如 Timer 就是使用 DelayQueue 实现的。

6.10.1　DelayQueue 的使用方式

通过向 DelayQueue 中添加 3 个不同延迟时间的消息验证 DelayQueue 的功能。延迟消息代码如下：

```
/**
 * @Author : zhouguanya
 * @Project : java-interview-guide
 * @Date : 2020-01-28 10:07
 * @Version : V1.0
 * @Description : 消息对象
 */
public class Message implements Delayed {
    /**
     * 延迟时间
     */
    private long time;
```

```java
/**
 * 消息内容
 */
private String content;

/**
 * 构造器
 *
 * @param content 消息内容
 * @param time    延迟时间
 * @param unit    延迟时间的单位
 */
public Message(String content, long time, TimeUnit unit) {
    this.content = content;
    this.time = System.currentTimeMillis()
            + (time > 0 ? unit.toMillis(time) : 0);
}

/**
 * 重写Delayed接口的getDelay()方法
 */
@Override
public long getDelay(TimeUnit unit) {
    return time - System.currentTimeMillis();
}

/**
 * 重写Comparable接口的compareTo()方法
 */
@Override
public int compareTo(Delayed o) {
    Message item = (Message) o;
    long diff = this.time - item.time;
    if (diff <= 0) {
        return -1;
    } else {
        return 1;
    }
}

/**
 * 重写Object类的toString()方法
 */
@Override
public String toString() {
    return "Message{" +
            "time=" + time +
            ", content='" + content + '\'' +
            '}';
}
```

}
```

创建 DelayQueue 的测试代码如下：

```java
/**
 * @Author : zhouguanya
 * @Project : java-interview-guide
 * @Date : 2020-01-28 10:06
 * @Version : V1.0
 * @Description : DelayQueueDemo 使用方式演示
 */
public class DelayQueueDemo {
    public static void main(String[] args) throws InterruptedException {
        // 消息1 延迟5秒出队
        Message item1 = new Message("消息1", 5, TimeUnit.SECONDS);
        // 消息2 延迟10秒出队
        Message item2 = new Message("消息2", 10, TimeUnit.SECONDS);
        // 消息3 延迟15秒出队
        Message item3 = new Message("消息3", 15, TimeUnit.SECONDS);
        DelayQueue<Message> queue = new DelayQueue<>();
        // 向 DelayQueue 中添加元素
        queue.put(item1);
        queue.put(item2);
        queue.put(item3);
        System.out.println(printDate() + " DelayQueue 元素出队测试开始");
        for (int i = 0; i < 3; i++) {
            Message take = queue.take();
            System.out.format(printDate() + " 消息%s 出队%n", take);
        }
        System.out.println(printDate() + " DelayQueue 元素出队测试结束");
    }

    /**
     * 返回当前时间
     *
     * @return 当前时间
     */
    private static String printDate(){
        SimpleDateFormat sdf = new SimpleDateFormat("yyyy-MM-dd HH:mm:ss");
        return sdf.format(new Date());
    }
}
```

执行以上测试代码，执行结果如下：

```
2020-01-28 10:18:02 DelayQueue 元素出队测试开始
2020-01-28 10:18:07 消息Message{time=1580177887812, content='消息1'}出队
2020-01-28 10:18:12 消息Message{time=1580177892812, content='消息2'}出队
2020-01-28 10:18:17 消息Message{time=1580177897812, content='消息3'}出队
2020-01-28 10:18:17 DelayQueue 元素出队测试结束
```
```

6.10.2　DelayQueue 的声明

DelayQueue 的声明如下：

```
public class DelayQueue<E extends Delayed> extends AbstractQueue<E>
    implements BlockingQueue<E>
```

从 DelayQueue 的声明可知，DelayQueue 实现了 BlockingQueue 接口，BlockingQueue 中的元素必须是 Delayed 接口的子类。

Delayed 接口是延迟接口，Delayed 接口代码如下：

```
public interface Delayed extends Comparable<Delayed> {

    /**
     * 以给定的时间单位返回与此对象关联的剩余延迟时间
     */
    long getDelay(TimeUnit unit);
}
```

Delayed 接口继承自 Comparable 接口，即任意两个 Delayed 对象之间是可以比较大小的，Comparable 接口代码如下：

```
public interface Comparable<T> {
    /**
     * 比较两个对象的大小
     */
    public int compareTo(T o);
}
```

6.10.3　DelayQueue 的属性

DelayQueue 的常用属性如下：

```
/**
 * 可重入锁
 */
private final transient ReentrantLock lock = new ReentrantLock();
/**
 * 存储元素的优先级队列
 */
private final PriorityQueue<E> q = new PriorityQueue<E>();

/**
 * 指定用于等待队列开头元素的线程
 * Leader-Follower 模式的这种变体形式
 * 用于最小化不必要的定时等待
 */
private Thread leader = null;
```

```
/**
 * 当更新的元素在队列的头部变得可用时
 * 或在新线程可能需要成为领导者时，会发出条件信号
 */
private final Condition available = lock.newCondition();
```

DelayQueue 类图如图 6-21 所示。

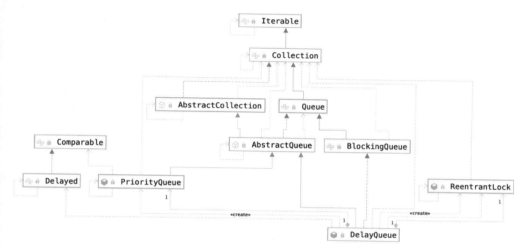

图 6-21 DelayQueue 类图

6.10.4 DelayQueue 构造器代码解析

DelayQueue 无参构造器代码如下：

```
/**
 * 默认构造器
 */
public DelayQueue() {}
```

DelayQueue 有一个指定集合参数的构造器，此构造器可以使用集合中的元素初始化 DelayQueue。DelayQueue 指定集合参数的构造器代码如下：

```
/**
 * 添加集合 c 中所有元素的构造器
 */
public DelayQueue(Collection<? extends E> c) {
    this.addAll(c);
}
```

6.10.5 DelayQueue 入队方法代码解析

DelayQueue 的 add() 方法、put() 方法和 offer() 方法都可以将元素添加到延迟队列中，各方法代

码如下:

```java
/**
 * 将指定的元素插入此延迟队列
 */
public boolean add(E e) {
    return offer(e);
}

/**
 * 将指定的元素插入此延迟队列
 * 由于队列是无界的,因此此方法将永远不会阻塞
 */
public void put(E e) {
    offer(e);
}

/**
 * 将指定的元素插入此延迟队列
 * 由于队列是无界的,因此此方法将永远不会阻塞
 */
public boolean offer(E e, long timeout, TimeUnit unit) {
    return offer(e);
}
```

以上 3 个方法都会调用重载的 offer()方法,重载的 offer()方法代码如下:

```java
public boolean offer(E e) {
    // 获取可重入锁
    final ReentrantLock lock = this.lock;
    // 可重入锁加锁
    lock.lock();
    try {
        // 调用优先级队列的 offer()方法入队
        q.offer(e);
        // 如果入队元素在队首,就唤醒一个出队线程
        if (q.peek() == e) {
            leader = null;
            available.signal();
        }
        // 返回入队成功
        return true;
    } finally {
        // 解锁
        lock.unlock();
    }
}
```

offer()方法通过 ReentrantLock 对象保证执行过程是线程安全的。通过调用 q.offer(e)方法将元素保存到优先级队列中。PriorityQueue 的 offer()方法代码如下:

```java
public boolean offer(E e) {
```

```java
    if (e == null)
        throw new NullPointerException();
    modCount++;
    int i = size;
    if (i >= queue.length)
        grow(i + 1);
    size = i + 1;
    if (i == 0)
        queue[0] = e;
    else
        siftUp(i, e);
    return true;
}
```

在 PriorityQueue 中将会根据元素的失效时间构建优先级队列，先失效的元素先出队列，后失效的元素后出队列。PriorityQueue 的相关代码解析可参考 4.5 节。

6.10.6　DelayQueue 出队方法代码解析

poll() 方法用于将 DelayQueue 的头部元素出队，若当前 DelayQueue 中没有延迟过期的元素，则方法返回 null。poll() 方法代码如下：

```java
/**
 * 检索并删除此队列的头
 * 如果此队列没有延迟过期的元素，就返回 null
 */
public E poll() {
    // 获取可重入锁
    final ReentrantLock lock = this.lock;
    // 可重入锁加锁
    lock.lock();
    try {
        // 检索但不删除队列头部元素
        E first = q.peek();
        // 如果 first 为 null 或者
        // 返回与此对象关联的剩余延迟时间大于 0
        // 就返回 null
        if (first == null || first.getDelay(NANOSECONDS) > 0)
            return null;
        else
            // 否则通过优先级队列 poll() 方法出队
            return q.poll();
    } finally {
        // 可重入锁解锁
        lock.unlock();
    }
}
```

poll() 方法有一个带有超时时间的重载方法，重载的 poll() 方法代码如下：

```java
public E poll(long timeout, TimeUnit unit) throws InterruptedException {
    // 获取等待时间
    long nanos = unit.toNanos(timeout);
    final ReentrantLock lock = this.lock;
    lock.lockInterruptibly();
    try {
        for (;;) {
            E first = q.peek();
            // 如果队首为空
            if (first == null) {
                // 如果 nanos 小于等于 0
                if (nanos <= 0)
                    // 就返回 null
                    return null;
                // 如果队首非空
                else
                    // 如果 nanos 大于 0
                    // 等待 nanos 时间
                    nanos = available.awaitNanos(nanos);
            } else {
                // 如果队首非空
                // 获取 first 的剩余延迟时间
                long delay = first.getDelay(NANOSECONDS);
                // 如果 delay 小于等于 0
                if (delay <= 0)
                    // 延迟时间到期，获取并删除队首元素
                    return q.poll();
                // 如果 delay 大于 0
                // 如果 nanos 小于等于 0
                if (nanos <= 0)
                    // 返回 null
                    return null;
                // 如果上面两个条件都不满足
                // 即 delay 大于 0 且 nanos 大于 0
                // first 置为 null
                first = null;
                // 如果 nanos 小于 delay 或者 leader 非空
                if (nanos < delay || leader != null)
                    // 等待 nanos 时间
                    nanos = available.awaitNanos(nanos);
                else {
                    // 如果 nanos 大于等于 delay 或者 leader 为空
                    // 获取当前线程
                    Thread thisThread = Thread.currentThread();
                    // 设置当前线程为 leader
                    leader = thisThread;
                    try {
                        // 等待 delay 时间
                        long timeLeft = available.awaitNanos(delay);
                        // 修改 nanos
```

```
                        nanos -= delay - timeLeft;
                } finally {
                    // 如果当前线程是 leader 线程
                    // 释放 leader 线程
                    if (leader == thisThread)
                        leader = null;
                }
            }
        }
    } finally {
        // 如果 leader 为 null 并且队列不为空
        // 说明没有其他线程在等待，那就通知条件队列
        if (leader == null && q.peek() != null)
            // 通过 signal() 方法唤醒一个出队线程
            available.signal();
        // 解锁
        lock.unlock();
    }
}
```

take()方法是较常用的用于获取 DelayQueue 队首元素的方法，若 DelayQueue 的队首元素并未过期，则线程将等待。take()方法代码如下：

```
/**
 * 检索并除去此队列的队首元素
 * 等待直到该队列上具有过期延迟的元素可用
 */
public E take() throws InterruptedException {
    final ReentrantLock lock = this.lock;
    // 可重入锁加锁
    lock.lockInterruptibly();
    try {
        // 自旋
        for (;;) {
            // 检索但不删除队列头部元素
            E first = q.peek();
            // 如果 first 对象为空
            // 说明此时延迟队列中没有任何元素
            if (first == null)
                // 线程在 available 条件上等待
                available.await();
            else {
                // 如果 first 非空
                // 获取 first 的剩余延迟时间
                long delay = first.getDelay(NANOSECONDS);
                // 如果 delay 小于等于 0
                if (delay <= 0)
                    // 延迟时间到期，获取并删除头部元素
                    return q.poll();
                // 如果 delay 大于 0，即延迟时间未到期
```

```java
                // 此时不能将对头元素出队。
                // 将 first 置为 null
                first = null;
                // 如果 leader 线程非空
                if (leader != null)
                    // 当前线程无限期阻塞
                    // 等待 leader 线程唤醒
                    available.await();
                else {
                    // 如果 leader 线程为空
                    // 获取当前线程
                    Thread thisThread = Thread.currentThread();
                    // 使当前线程成为 leader 线程
                    leader = thisThread;
                    try {
                        // 当前线程在这里等待
                        // 等待的时间是队首元素剩余的延迟时间
                        available.awaitNanos(delay);
                    } finally {
                        // 如果当前线程是 leader 线程
                        // 释放 leader 线程
                        if (leader == thisThread)
                            leader = null;
                    }
                }
            }
        }
    } finally {
        // 如果 leader 为 null 并且队列不为空
        // 说明没有其他线程在等待，就通知条件队列中的线程
        if (leader == null && q.peek() != null)
            // 通过 signal()方法唤醒一个条件队列中的出队线程
            available.signal();
        // 解锁
        lock.unlock();
    }
}
```

take()方法执行流程总结如下：

（1）获取可重入锁并加锁。

（2）查询优先级队列的队首元素。

（3）若优先级队列的队首为空，则线程阻塞。

（4）如果优先级队列的队首元素不为空，就获得队首元素的剩余延迟时间值，如果队首元素的剩余延迟时间值小于等于 0，就说明该元素已经达到指定的延迟时间，调用 poll()方法使队头元素出队，方法返回。

（5）如果队首元素的剩余延迟时间值大于 0，就释放元素 first 的引用。

（6）如果队首元素的剩余延迟时间值大于 0，并且 leader 线程非空，当前线程就进入条件队

列等待。

（7）如果队首元素的剩余延迟时间值大于 0，并且 leader 线程为空，就将当前线程设置为 leader 线程，当前线程等待队首元素的剩余延迟时间。

（8）自旋，循环以上操作，直到方法返回。

6.10.7　DelayQueue 工作原理解析

DelayQueue 是没有边界的阻塞队列，向 DelayQueue 中添加元素的线程不会阻塞，从队列中获取元素可能会造成线程等待。假设现在有 1 个生产者线程和 3 个消费者线程。生产者线程向 DelayQueue 存放元素，消费者线程从 DelayQueue 读取元素。

初始状态如图 6-22 所示。

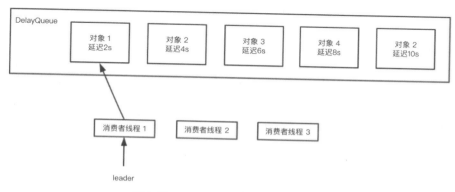

图 6-22　DelayQueue 初始状态示意图

队列中的元素按到期时间排序，队列头部的元素延迟 2 秒。消费者线程 1 查看了头部元素以后，发现队头元素还需要 2s 才能出队，于是线程 1 进入等待状态，线程 1 等待 2 秒以后将队头元素取出，等待头部元素到期的线程 1 称为 leader 线程。

消费者线程 2 和消费者线程 3 都处于等待状态。当消费者线程 1 取出对象 1 以后，会向消费者 2 和消费者 3 发出唤醒信号。

当线程 1 取出 DelayQueue 的队头元素后，DelayQueue 的状态转变为图 6-23 所示的状态。

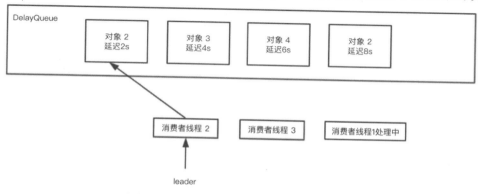

图 6-23　DelayQueue 队头元素出队后示意图

在图 6-23 所示的示意图中，线程 1 取出 DelayQueue 中的队头元素对象 1 后，对象 2 成为新的队头元素，此时消费者线程 2 成为新的 leader 对象，等待新的队头元素对象 2 到达延迟时间。当对象 2 到达延迟时间后，消费者线程 2 从 DelayQueue 中取出对象 2，以此类推。

6.10.8　DelayQueue 常见面试考点

（1）延迟队列的特性。
（2）DelayQueue 的适用场景。
（3）DelayQueue 的工作原理。
（4）DelayQueue 对 ReentrantLock 和 Condition 的应用。

6.11　LinkedBlockingDeque

LinkedBlockingDeque 是由链表实现的双端阻塞队列，可以在 LinkedBlockingDeque 的队首和队尾分别插入和删除操作。LinkedBlockingDeque 可以指定队列的容量，如果不指定队列的容量，那么默认容量等于 Integer.MAX_VALUE。

6.11.1　LinkedBlockingDeque 的使用方式

下面通过生产者线程和消费者线程阐述 LinkedBlockingDeque 的使用方式，生产者线程向 LinkedBlockingDeque 生产消息，消费者线程从 LinkedBlockingDeque 获取消息。

创建一个数据交换类代码如下：

```java
/**
 * @Author : zhouguanya
 * @Project : java-interview-guide
 * @Date : 2020-01-28 16:51
 * @Version : V1.0
 * @Description : 数据交换
 */
public class Exchanger {
    /**
     * 用于保存数据的仓库
     */
    private LinkedBlockingDeque<String> buffer;

    public Exchanger(LinkedBlockingDeque<String> buffer) {
        this.buffer = buffer;
    }

    /**
     * 添加数据
```

```java
     */
    public void produce(String message) throws InterruptedException {
        buffer.put(message);
    }

    /**
     * 获取数据,如果没有数据,就返回null
     */
    public String consume() throws InterruptedException {
        return buffer.poll(1000, TimeUnit.MILLISECONDS);
    }
}
```

创建生产者线程,代码如下:

```java
/**
 * @Author : zhouguanya
 * @Project : java-interview-guide
 * @Date : 2020-01-28 16:50
 * @Version : V1.0
 * @Description : 生产者线程
 */
public class Producer extends Thread {
    /**
     * 是否结束运行
     */
    private volatile boolean stop;
    /**
     * 自增编号
     */
    private AtomicInteger sequence = new AtomicInteger(1);

    /**
     * 需要执行的数据的引用
     */
    private Exchanger exchanger;

    public Producer(Exchanger exchanger, String name) {
        super(name);
        this.exchanger = exchanger;
    }


    @Override
    public void run() {
        while (!stop) {

            try {
                Thread.sleep(500);
                String message = String.valueOf(sequence.getAndIncrement());
                this.exchanger.produce(message);
```

```java
            System.out.printf("生产者线程%s 生产数据%s%n",
                    Thread.currentThread().getName(), message);
        } catch (InterruptedException e) {
            e.printStackTrace();
        }
      }
    }

    public void setStop(boolean stop) {
        this.stop = stop;
    }
}
```

创建消费者线程，代码如下：

```java
/**
 * @Author : zhouguanya
 * @Project : java-interview-guide
 * @Date : 2020-01-28 16:50
 * @Version : V1.0
 * @Description : 消费者线程
 */
public class Consumer extends Thread{
    /**
     * 需要执行的数据的引用
     */
    private Exchanger exchanger;

    public Consumer(Exchanger exchanger, String name) {
        super(name);
        this.exchanger = exchanger;
    }

    @Override
    public void run() {
        try {
            Thread.sleep(1000);
            String message;
            try {
                while ((message = exchanger.consume()) != null) {
                    System.out.printf("消费者线程%s 消费数据%s%n",
                            Thread.currentThread().getName(), message);
                }
            } catch (InterruptedException e) {
                e.printStackTrace();
            }
        } catch (InterruptedException e) {
            e.printStackTrace();
        }
    }
}
```

创建测试代码如下:

```java
/**
 * @Author : zhouguanya
 * @Project : java-interview-guide
 * @Date : 2020-01-28 16:51
 * @Version : V1.0
 * @Description : LinkedBlockingDeque 使用方式演示
 */
public class LinkedBlockingDequeDemo {
    public static void main(String[] args) throws InterruptedException {
        // 创建容量为 1 的 LinkedBlockingDeque 对象
        LinkedBlockingDeque<String> buffer = new LinkedBlockingDeque<>(1);
        // 创建 Exchanger 对象
        Exchanger stack = new Exchanger(buffer);
        // 创建生产者对象
        Producer producer = new Producer(stack, "Producer1");
        // 创建消费者对象
        Consumer consumer = new Consumer(stack, "Consumer1");
        // 启动生产者线程
        producer.start();
        // 启动消费者线程
        consumer.start();
        Thread.sleep(5000);
        // 停止生产者线程
        producer.setStop(true);
    }
}
```

执行测试代码,执行结果如下:

```
生产者线程 Producer1 生产数据 1
消费者线程 Consumer1 消费数据 1
生产者线程 Producer1 生产数据 2
消费者线程 Consumer1 消费数据 2
生产者线程 Producer1 生产数据 3
消费者线程 Consumer1 消费数据 3
生产者线程 Producer1 生产数据 4
消费者线程 Consumer1 消费数据 4
生产者线程 Producer1 生产数据 5
消费者线程 Consumer1 消费数据 5
生产者线程 Producer1 生产数据 6
消费者线程 Consumer1 消费数据 6
生产者线程 Producer1 生产数据 7
消费者线程 Consumer1 消费数据 7
生产者线程 Producer1 生产数据 8
消费者线程 Consumer1 消费数据 8
生产者线程 Producer1 生产数据 9
消费者线程 Consumer1 消费数据 9
生产者线程 Producer1 生产数据 10
```

消费者线程 Consumer1 消费数据 10

6.11.2 LinkedBlockingDeque 的声明

LinkedBlockingDeque 继承自 BlockingQueue 接口和 Deque 接口。

LinkedBlockingDeque 类的声明如下：

```
public class LinkedBlockingDeque<E>
    extends AbstractQueue<E>
    implements BlockingDeque<E>, java.io.Serializable
```

BlockingDeque 继承自 BlockingQueue 接口和 Deque 接口，BlockingDeque 代码如下：

```
/*
 * 如果立即可行且不违反容量限制，就将指定的元素插入此双端队列的头部
 * 如果当前没有空间可用，就抛出 IllegalStateException 异常
 */
void addFirst(E e);

/**
 * 如果立即可行且不违反容量限制，就将指定的元素插入此双端队列的末尾
 * 如果当前没有空间可用，就抛出 IllegalStateException 异常
 */
void addLast(E e);

/**
 * 如果立即可行且不违反容量限制，就将指定的元素插入此双端队列的头部
 * 并在成功时返回 true；如果当前没有空间可用，就返回 false
 */
boolean offerFirst(E e);

/**
 * 如果立即可行且不违反容量限制，就将指定的元素插入此双端队列的末尾
 * 并在成功时返回 true；如果当前没有空间可用，就返回 false
 */
boolean offerLast(E e);

/**
 * 将指定的元素插入此双端队列的头部
 * 如果空间不足将一直等待可用空间
 */
void putFirst(E e) throws InterruptedException;

/**
 * 将指定的元素插入此双端队列的末尾
 * 如果空间不足，就一直等待可用空间
 */
void putLast(E e) throws InterruptedException;

/**
```

```java
 * 将指定的元素插入此双端队列的头部
 * 如果空间不足，就在指定的等待时间内等待可用空间
 */
boolean offerFirst(E e, long timeout, TimeUnit unit)
    throws InterruptedException;

/**
 * 将指定的元素插入此双端队列的尾部
 * 如果空间不足，就在指定的等待时间内等待可用空间
 */
boolean offerLast(E e, long timeout, TimeUnit unit)
    throws InterruptedException;

/**
 * 获取并移除此双端队列的第一个元素，如果没有元素，就一直等待可用元素
 */
E takeFirst() throws InterruptedException;

/**
 * 获取并移除此双端队列的最后一个元素
 * 如果没有元素，就一直等待可用元素
 */
E takeLast() throws InterruptedException;

/**
 * 获取并移除此双端队列的第一个元素
 * 如果没有元素，就在指定的等待时间内等待可用元素
 */
E pollFirst(long timeout, TimeUnit unit)
    throws InterruptedException;

/**
 * 获取并移除此双端队列的最后一个元素
 * 如果没有元素，就在指定的等待时间内等待可用元素
 */
E pollLast(long timeout, TimeUnit unit)
    throws InterruptedException;

/**
 * 从此双端队列移除第一次出现的指定元素
 */
boolean removeFirstOccurrence(Object o);

/**
 * 从此双端队列移除最后一次出现的指定元素
 */
boolean removeLastOccurrence(Object o);

// *** BlockingQueue methods ***
```

```java
/**
 * 在不违反容量限制的情况下
 * 将指定的元素插入此双端队列的末尾
 */
boolean add(E e);

/**
 * 如果立即可行且不违反容量限制
 * 就将指定的元素插入此双端队列表示的队列中（此双端队列的尾部）并在成功时返回true；
 * 如果当前没有空间可用，就返回false
 */
boolean offer(E e);

/**
 * 将指定的元素插入此双端队列表示的队列中（此双端队列的尾部）
 * 必要时将一直等待可用空间
 */
void put(E e) throws InterruptedException;

/**
 * 将指定的元素插入此双端队列表示的队列中（此双端队列的尾部）
 * 如果空间不足，就在指定的等待时间内一直等待可用空间
 */
boolean offer(E e, long timeout, TimeUnit unit)
    throws InterruptedException;

/**
 * 获取并移除此双端队列表示的队列的头部
 */
E remove();

/**
 * 获取并移除此双端队列表示的队列的头部（此双端队列的第一个元素）
 * 如果此双端队列为空，就返回null
 */
E poll();

/**
 * 获取并移除此双端队列表示的队列的头部（此双端队列的第一个元素）
 * 如果没有元素，就一直等待可用元素
 */
E take() throws InterruptedException;

/**
 * 获取并移除此双端队列表示的队列的头部（此双端队列的第一个元素）
 * 如果没有元素，就在指定的等待时间内等待可用元素
 */
E poll(long timeout, TimeUnit unit)
    throws InterruptedException;
```

```java
/**
 * 获取但不移除此双端队列表示的队列的头部
 * 如果队列为空,就则抛出 NoSuchElementException 异常
 */
E element();

/**
 * 获取但不移除此双端队列表示的队列的头部
 * 如果队列为空,就返回 null
 */
E peek();

/**
 * 从此双端队列移除第一次出现的指定元素
 */
boolean remove(Object o);

/**
 * 如果此双端队列包含指定的元素,就返回 true
 */
public boolean contains(Object o);

/**
 * 返回此双端队列中的元素数
 */
public int size();

/**
 * 返回在此双端队列元素上以恰当顺序进行迭代的迭代器
 */
Iterator<E> iterator();

// *** Stack methods ***

/**
 * 将元素推入此双端队列表示的栈
 */
void push(E e);
```

6.11.3　LinkedBlockingDeque 内部类 Node 代码解析

LinkedBlockingDeque 通过内部类 Node 表示双端链表的结点。Node 代码如下:

```java
/** 双端链表的结点 */
static final class Node<E> {
    /**
     * 结点保存的数据
     */
    E item;
```

```
/**
 * 前驱结点
 */
Node<E> prev;

/**
 * 后继结点
 */
Node<E> next;

/**
 * 构造器
 */
Node(E x) {
    item = x;
}
}
```

LinkedBlockingDeque 类图如图 6-24 所示。

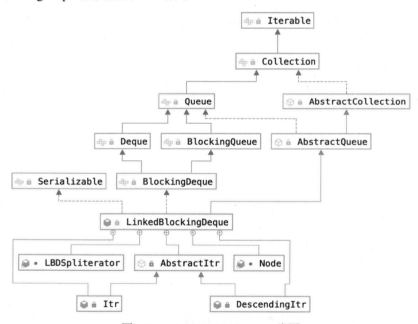

图 6-24　LinkedBlockingDeque 类图

6.11.4　LinkedBlockingDeque 的属性

LinkedBlockingDeque 常用属性代码如下：

```
/**
 * 头结点
 */
```

```
    transient Node<E> first;

    /**
     * 尾结点
     */
    transient Node<E> last;

    /** 双端队列中的元素数量 */
    private transient int count;

    /** 双端队列中的最大容量 */
    private final int capacity;

    /** 可重入锁 */
    final ReentrantLock lock = new ReentrantLock();

    /** 队列非空条件 */
    private final Condition notEmpty = lock.newCondition();

    /** 队列未满条件 */
    private final Condition notFull = lock.newCondition();
```

6.11.5 LinkedBlockingDeque 构造器代码解析

LinkedBlockingDeque 的无参构造器代码如下：

```
/**
 * 创建容量为 Integer.MAX_VALUE 的 LinkedBlockingDeque 对象
 */
public LinkedBlockingDeque() {
    this(Integer.MAX_VALUE);
}
```

LinkedBlockingDeque 的无参构造器会调用指定容量的构造器并创建一个容量为 Integer.MAX_VALUE 的 LinkedBlockingDeque 对象。指定容量的构造器代码如下：

```
/**
 * 创建指定容量的 LinkedBlockingDeque 对象
 */
public LinkedBlockingDeque(int capacity) {
    if (capacity <= 0) throw new IllegalArgumentException();
    this.capacity = capacity;
}
```

LinkedBlockingDeque 指定集合参数的构造器代码如下：

```
/**
 * 创建一个容量为 Integer.MAX_VALUE 的 LinkedBlockingDeque 对象
 * 用指定集合中的元素初始化 LinkedBlockingDeque 对象
 */
public LinkedBlockingDeque(Collection<? extends E> c) {
```

```
        this(Integer.MAX_VALUE);
        final ReentrantLock lock = this.lock;
        lock.lock(); // Never contended, but necessary for visibility
        try {
            for (E e : c) {
                if (e == null)
                    throw new NullPointerException();
                if (!linkLast(new Node<E>(e)))
                    throw new IllegalStateException("Deque full");
            }
        } finally {
            lock.unlock();
        }
    }
```

6.11.6　LinkedBlockingDeque 入队方法代码解析

addFirst()方法用于向双端阻塞队列的头部插入一个新元素。addFirst()方法代码如下：

```
/**
 * 如果立即可行且不违反容量限制，就将指定的元素插入此双端队列的头部
 * 如果当前没有空间可用，就抛出 IllegalStateException 异常
 */
public void addFirst(E e) {
    if (!offerFirst(e))
        throw new IllegalStateException("Deque full");
}
```

addFirst()方法通过 offerFirst()方法实现向双端阻塞队列的头部插入一个新元素的功能。如果 offerFirst()方法返回 false，addFirst()就抛出 IllegalStateException 异常。

offerFirst()方法用于向双端阻塞队列的头部插入一个新元素，如果插入成功，就返回 true；如果双端阻塞队列空间不足，就返回 false。offerFirst()方法代码如下：

```
/**
 * 如果立即可行且不违反容量限制，就将指定的元素插入此双端队列的头部
 * 并在成功时返回 true
 * 如果当前没有空间可用，就返回 false
 */
public boolean offerFirst(E e) {
    // 如果元素为 null，就抛出 NullPointerException 异常
    if (e == null) throw new NullPointerException();
    // 创建新的 Node 对象
    Node<E> node = new Node<E>(e);
    // 获取可重入锁
    final ReentrantLock lock = this.lock;
    // 加锁
    lock.lock();
    try {
        // 将新的 Node 对象链接到双端链表头部
```

```java
            return linkFirst(node);
        } finally {
            // 解锁
            lock.unlock();
        }
    }
```

offerFirst()方法通过调用 linkFirst()方法实现在双端阻塞队列头部添加元素。如果双端阻塞队列已满，就会添加失败。linkFirst()方法代码如下：

```java
private boolean linkFirst(Node<E> node) {
    // 如果双端队列包含的元素个数大于等于 capacity
    // 就说明队列已满
    if (count >= capacity)
        // 返回失败
        return false;
    // 双端队列的原头结点
    Node<E> f = first;
    // node 的 next 引用指向原头结点
    node.next = f;
    // 设置 node 为新的头结点
    first = node;
    // 如果队尾结点为 null
    if (last == null)
        // 设置队尾结点为 node
        last = node;
    else
        // 如果队尾结点不是 null
        // 设置原头结点的前驱结点为 node
        f.prev = node;
    // 双端队列中的元素数量加 1
    ++count;
    // 唤醒 notEmpty 条件上等待的线程
    notEmpty.signal();
    // 返回成功
    return true;
}
```

addLast()方法用于向双端阻塞队列的尾部插入一个新元素。addLast()方法代码如下：

```java
/**
 * 如果立即可行且不违反容量限制，就将指定的元素插入此双端队列的末尾
 * 如果当前没有空间可用，就抛出 IllegalStateException 异常
 */
public void addLast(E e) {
    if (!offerLast(e))
        throw new IllegalStateException("Deque full");
}
```

addLast()方法通过 offerLast()方法向双端阻塞队列尾部添加元素。如果 offerLast()方法返回 false，addLast()就抛出 IllegalStateException 异常。offerLast()方法代码如下：

```java
/**
 * 如果立即可行且不违反容量限制，就将指定的元素插入此双端队列的末尾
 * 并在成功时返回 true
 * 如果当前没有空间可用，就返回 false
 */
public boolean offerLast(E e) {
    // 如果元素为 null, 就抛出 NullPointerException 异常
    if (e == null) throw new NullPointerException();
    // 创建新的 Node 对象
    Node<E> node = new Node<E>(e);
    // 获取可重入锁
    final ReentrantLock lock = this.lock;
    // 加锁
    lock.lock();
    try {
        // 在双端链表尾部添加元素
        return linkLast(node);
    } finally {
        // 解锁
        lock.unlock();
    }
}
```

offerLast()方法通过调用 linkLast()方法实现在双端阻塞队列尾部添加元素。如果双端阻塞队列已满，就会添加失败。linkLast()方法代码如下：

```java
private boolean linkLast(Node<E> node) {
    // 如果双端队列包含的元素个数大于等于 capacity
    // 就则说明队列已满
    if (count >= capacity)
        // 返回失败
        return false;
    // 双端队列的原尾结点
    Node<E> l = last;
    // node 的 prev 引用指向原尾结点
    node.prev = l;
    // 更新尾结点为 node
    last = node;
    // 如果头结点为 null
    if (first == null)
        // 设置头结点为 node
        first = node;
    else
        // 如果头结点不为 null
        // 原尾结点的 next 引用指向 node
        l.next = node;
    // 双端队列中的元素数量加 1
    ++count;
    // 唤醒 notEmpty 条件上等待的线程
    notEmpty.signal();
    // 返回成功
```

```
        return true;
}
```

putFirst()方法将指定的元素插入双端阻塞队列的头部,如果双端阻塞队列空间不足,就一直等待可用空间。putFirst()方法代码如下:

```
/**
 * 将指定的元素插入此双端队列的头部
 * 如果空间不足,就一直等待可用空间
 */
public void putFirst(E e) throws InterruptedException {
    // 如果插入的元素为null,就抛出NullPointerException异常
    if (e == null) throw new NullPointerException();
    // 创建一个新的结点
    Node<E> node = new Node<E>(e);
    // 获取可重入锁
    final ReentrantLock lock = this.lock;
    // 加锁
    lock.lock();
    try {
        // 当双端队列中的元素数量大于等于双端队列的容量时
        // linkFirst()方法返回false
        while (!linkFirst(node))
            // 在notFull条件等待双端队列出现可用空间
            notFull.await();
    } finally {
        // 解锁
        lock.unlock();
    }
}
```

putLast()方法将指定的元素插入双端阻塞队列的尾部,如果双端阻塞队列空间不足,就一直等待可用空间。putLast()方法代码如下:

```
public void putLast(E e) throws InterruptedException {
    // 如果插入的元素为null,就抛出NullPointerException异常
    if (e == null) throw new NullPointerException();
    // 创建一个新的结点
    Node<E> node = new Node<E>(e);
    // 获取可重入锁
    final ReentrantLock lock = this.lock;
    // 加锁
    lock.lock();
    try {
        // 当双端队列中的元素数量大于等于双端队列的容量时
        // linkLast()方法返回false
        while (!linkLast(node))
            // 在notFull条件等待双端队列出现可用空间
            notFull.await();
    } finally {
        // 解锁
```

```
        lock.unlock();
    }
}
```

put()方法将指定的元素插入双端阻塞队列的尾部,put()方法调用 putLast()方法实现向双端阻塞队列的尾部添加元素,put()方法代码如下:

```
/**
 * 在双端队列末尾添加元素
 * 如果空间不足将等待
 */
public void put(E e) throws InterruptedException {
    putLast(e);
}
```

push()方法将双端阻塞队列当作栈数据结构使用,将元素添加到此双端阻塞队列表示的栈中。push()方法调用 addFirst()方法向双端阻塞队列头部添加元素。push()方法代码如下:

```
/**
 * 将元素推入此双端队列表示的栈
 */
public void push(E e) {
    addFirst(e);
}
```

6.11.7 LinkedBlockingDeque 出队方法代码解析

poll()方法用于检索并删除此双端阻塞队列的头部元素。poll()方法代码如下:

```
/**
 * 检索并删除此双端队列的头部元素
 */
public E poll() {
    return pollFirst();
}
```

poll()方法通过调用 pollFirst()方法实现双端阻塞队列的头部元素的出队。pollFirst()方法代码如下:

```
/**
 * 检索并删除此双端队列的第一个元素
 * 如果此双端队列为空,就返回 null
 */
public E pollFirst() {
    // 可重入锁
    final ReentrantLock lock = this.lock;
    // 加锁
    lock.lock();
    try {
        // 通过 unlinkFirst()方法获取双端队列头部元素
        return unlinkFirst();
```

```
    } finally {
        // 解锁
        lock.unlock();
    }
}
```

pollFirst()方法调用 unlinkFirst()方法移除并返回双端阻塞队列的第一个元素。unlinkFirst()方法代码如下：

```
/**
 * 移除并返回双端队列的第一个元素
 * 如果双端队列为空，就返回 null
 */
private E unlinkFirst() {
    // 获取双端队列的头结点
    Node<E> f = first;
    // 如果头结点为 null
    if (f == null)
        // 就返回 null
        return null;
    // 双端队列的头结点的后继结点 n
    Node<E> n = f.next;
    // 双端队列的头结点存储的元素
    E item = f.item;
    // 设置队列的头结点的 item 属性为 null
    f.item = null;
    // 修改队列的头结点的 next 引用，便于 GC
    f.next = f; // help GC
    // 重新设置双端队列的头结点为 n
    first = n;
    // 如果 n 为 null
    if (n == null)
        // 就设置双端队列的尾结点为 null
        last = null;
    else
        // 如果 n 不为 null
        // 就设置 n 的 prev 引用为 null
        n.prev = null;
    // 双端队列中的元素数量减 1
    --count;
    // 唤醒等待在 notFull 条件上的线程
    notFull.signal();
    // 返回双端队列原头结点保存的元素
    return item;
}
```

pollLast()方法用于检索并删除此双端队列的最后一个元素，pollLast()方法代码如下：

```
/**
 * 检索并删除此双端队列的最后一个元素
 * 如果此双端队列为空，就返回 null
```

```java
 */
public E pollLast() {
    // 可重入锁
    final ReentrantLock lock = this.lock;
    // 加锁
    lock.lock();
    try {
        // 调用 unlinkLast() 方法删除返回双端队列的最后一个元素
        return unlinkLast();
    } finally {
        // 解锁
        lock.unlock();
    }
}
```

pollLast()方法通过调用 unlinkLast()方法删除并返回双端阻塞队列的最后一个元素，unlinkLast()方法代码如下：

```java
/**
 * 删除并返回双端队列的最后一个元素
 * 如果双端队列为空，就返回 null
 */
private E unlinkLast() {
    // 双端阻塞队列的尾结点
    Node<E> l = last;
    // 如果双端阻塞队列的尾结点为 null
    if (l == null)
        // 就返回 null
        return null;
    // 双端阻塞队列的尾结点的前驱结点
    Node<E> p = l.prev;
    // 双端阻塞队列的尾结点保存的元素
    E item = l.item;
    // 双端阻塞队列的尾结点 item 属性置 null
    l.item = null;
    // 修改双端阻塞队列的尾结点的 prev 属性
    // 帮助 JVM 进行 GC
    l.prev = l; // help GC
    // 修改双端阻塞队列的尾结点为 p
    last = p;
    // 如果 p 为 null
    if (p == null)
        // 修改双端阻塞队列的头结点为 null
        first = null;
    else
        // 如果 p 不为 null
        // 修改 p 的 next 属性为 null
        p.next = null;
    // 双端阻塞队列的元素数量减 1
    --count;
    // 唤醒等待在 notFull 条件上的线程
```

```
        notFull.signal();
        // 返回双端队列尾部结点保存的元素
        return item;
}
```

take()方法用于检索并删除双端阻塞队列的头部元素，若双端阻塞队列为空，则 take()方法会造成线程等待。take()方法代码如下：

```
/**
 * 检索并删除此双端队列的头部元素
 * 如果队列为空就等待
 */
public E take() throws InterruptedException {
    return takeFirst();
}
```

take()方法调用 takeFirst()方法检索并删除双端阻塞队列的头部元素，takeFirst()方法代码如下：

```
/**
 * 获取并移除此双端队列的第一个元素，如果没有元素，就一直等待可用元素
 */
public E takeFirst() throws InterruptedException {
    // 可重入锁
    final ReentrantLock lock = this.lock;
    // 加锁
    lock.lock();
    try {
        E x;
        // 通过unlinkFirst()方法获取双端队列的头部元素
        // 如果获取的队列头部元素为null
        while ( (x = unlinkFirst()) == null)
            // 就在notEmpty条件等待双端队列非空
            notEmpty.await();
        // 如果获取的队列头部元素不为null
        // 就返回获取的队列头部元素
        return x;
    } finally {
        // 解锁
        lock.unlock();
    }
}
```

removeFirst()方法用于检索并删除此双端队列的第一个元素，removeFirst()方法代码如下：

```
/**
 * 检索并删除此双端队列的第一个元素
 */
public E removeFirst() {
    // 获取头部元素
    E x = pollFirst();
    // 如果头部元素为null，就抛出NoSuchElementException异常
    if (x == null) throw new NoSuchElementException();
```

```
        return x;
    }
```

removeLast()方法用于检索并删除此双端队列的最后一个元素,removeLast()方法代码如下:

```
/**
 * 检索并删除此双端队列的最后一个元素
 */
public E removeLast() {
    // 获取双端队列的最后一个元素
    E x = pollLast();
    // 如果 x 为 null,就抛出 NoSuchElementException 异常
    if (x == null) throw new NoSuchElementException();
    return x;
}
```

pop()方法从此双端阻塞队列代表的栈中出栈一个元素,pop()方法调用 removeFirst()方法实现出栈功能。pop()方法代码如下:

```
/**
 * 从此双端队列代表的堆栈中弹出一个元素
 */
public E pop() {
    return removeFirst();
}
```

6.11.8 LinkedBlockingDeque 常见面试考点

(1)双端阻塞队列的特性。
(2)LinkedBlockingDeque 的实现原理。
(3)LinkedBlockingDeque 与 LinkedBlockingQueue、ArrayBlockingQueue 优缺点对比。
(4)LinkedBlockingDeque 对 ReentrantLock 和 Condition 的应用。

6.12 CopyOnWriteArrayList

CopyOnWriteArrayList 是 Java 并发编程中常用的一种线程安全的集合容器。当向 CopyOnWriteArrayList 容器添加元素时,并不是直接往当前容器添加,而是先将当前容器进行复制,复制出一个新的容器,然后向新的容器中添加元素,当新元素添加完之后,再将原容器的引用指向新的容器。CopyOnWriteArrayList 适用于读并发大于写并发的场景。

6.12.1 CopyOnWriteArrayList 的使用方式

下面通过两个线程操作同一个 CopyOnWriteArrayList 对象,验证 CopyOnWriteArrayList 对象的线程安全的特性,其中一个线程遍历 CopyOnWriteArrayList 中的元素,另一个线程删除其中的

元素。创建测试代码如下：

```java
/**
 * @Author : zhouguanya
 * @Project : java-interview-guide
 * @Date : 2020-01-29 15:14
 * @Version : V1.0
 * @Description : CopyOnWriteArrayList 使用方式演示
 */
public class CopyOnWriteArrayListDemo {
    public static void main(String[] args) throws InterruptedException {
        CopyOnWriteArrayList<Integer> copyOnWriteArrayList
                = new CopyOnWriteArrayList<>();
        for (int i = 0; i < 10; i++) {
            copyOnWriteArrayList.add(i);
        }
        // 一般企业开发中不建议手动创建线程
        // 此处为了简单起见，手动创建线程
        // 企业开发中应当使用线程池管理线程
        // 遍历 CopyOnWriteArrayList 中的元素
        new Thread(() -> {
            for (int i = 0; i < copyOnWriteArrayList.size(); i++) {
                try {
                    Thread.sleep(100);
                } catch (InterruptedException e) {
                    e.printStackTrace();
                }
                System.out.println(Thread.currentThread().getName()
                        + "输出元素：" + copyOnWriteArrayList.get(i));
            }
        }).start();

        // 删除 copyOnWriteArrayList 中的偶数元素
        new Thread(() -> {
            for (int i = 0; i < copyOnWriteArrayList.size(); i++) {
                try {
                    Thread.sleep(50);
                } catch (InterruptedException e) {
                    e.printStackTrace();
                }
                if (copyOnWriteArrayList.get(i) == 5) {
                    System.out.println(Thread.currentThread().getName()
                            + "删除元素：" + copyOnWriteArrayList.remove(i));
                }
            }
        }).start();

        Thread.sleep(2000);
        // 遍历 CopyOnWriteArrayList 中的元素
        Iterator<Integer> iterator = copyOnWriteArrayList.iterator();
```

```
        while (iterator.hasNext()) {
            Integer integer = iterator.next();
            System.out.println("CopyOnWriteArrayList剩余元素: " + integer);
        }
    }
}
```

执行以上测试代码，执行结果如下：

```
Thread-0 输出元素: 0
Thread-0 输出元素: 1
Thread-0 输出元素: 2
Thread-1 删除元素: 5
Thread-0 输出元素: 3
Thread-0 输出元素: 4
Thread-0 输出元素: 6
Thread-0 输出元素: 7
Thread-0 输出元素: 8
Thread-0 输出元素: 9
CopyOnWriteArrayList 剩余元素: 0
CopyOnWriteArrayList 剩余元素: 1
CopyOnWriteArrayList 剩余元素: 2
CopyOnWriteArrayList 剩余元素: 3
CopyOnWriteArrayList 剩余元素: 4
CopyOnWriteArrayList 剩余元素: 6
CopyOnWriteArrayList 剩余元素: 7
CopyOnWriteArrayList 剩余元素: 8
CopyOnWriteArrayList 剩余元素: 9
```

6.12.2 CopyOnWriteArrayList 的属性

CopyOnWriteArrayList 有以下两个重要的属性：

```
/** 可重入锁 */
final transient ReentrantLock lock = new ReentrantLock();

/** 存储数据的底层数组 */
/** 需要注意的是用 volatile 修饰的数组 */
private transient volatile Object[] array;
```

（1）volatile Object[] array 用于存储具体的元素。值得注意的是，array 是 volatile 修饰的，因此可以保证某个线程对 array 数组的更新立刻对其他线程可见。volatile 关键字详解可参考 5.9 节。

（2）ReentrantLock lock 属性用于保证多个线程间以线程安全的方式操作 array 数组。

6.12.3 CopyOnWriteArrayList 构造器代码解析

CopyOnWriteArrayList 无参构造器代码如下：

```
/**
```

```
 * 创建空的 CopyOnWriteArrayList 对象
 */
public CopyOnWriteArrayList() {
    setArray(new Object[0]);
}
```

CopyOnWriteArrayList 指定集合参数的构造器代码如下：

```
public CopyOnWriteArrayList(Collection<? extends E> c) {
    Object[] elements;
    if (c.getClass() == CopyOnWriteArrayList.class)
        elements = ((CopyOnWriteArrayList<?>)c).getArray();
    else {
        elements = c.toArray();
        // c.toArray might (incorrectly) not return Object[] (see 6260652)
        if (elements.getClass() != Object[].class)
            elements = Arrays.copyOf(elements, elements.length, Object[].class);
    }
    setArray(elements);
}
```

CopyOnWriteArrayList 指定数组参数的构造器代码如下：

```
public CopyOnWriteArrayList(E[] toCopyIn) {
    setArray(Arrays.copyOf(toCopyIn, toCopyIn.length, Object[].class));
}
```

6.12.4　CopyOnWriteArrayList 添加元素方法代码解析

add()方法用于向 CopyOnWriteArrayList 中添加新元素，add()方法代码如下：

```
/**
 * 在 CopyOnWriteArrayList 尾部添加元素
 */
public boolean add(E e) {
    // 可重入锁
    final ReentrantLock lock = this.lock;
    // 加锁
    lock.lock();
    try {
        // 获取原数组
        Object[] elements = getArray();
        // 原数组的长度
        int len = elements.length;
        // 复制一个新的数组，长度为原数组长度+1
        Object[] newElements = Arrays.copyOf(elements, len + 1);
        // 新数组最后一个位置存储新元素 e
        newElements[len] = e;
        // 修改 array 数组引用
        setArray(newElements);
```

```
        // 返回添加成功
        return true;
    } finally {
        // 解锁
        lock.unlock();
    }
}
```

add()方法执行流程总结如下：

（1）加可重入锁。
（2）获取原数组引用。
（3）获取原数组的长度。
（4）根据原数据和原数组的长度复制一个新数组，新数组的长度为原数组长度加1。
（5）将新添加的元素存储在新数组最后一个位置上。
（6）修改 array 数组的引用，使 array 引用新数组。
（7）可重入锁解锁。

add()方法的重载方法可以指定新元素的插入位置，重载的 add()方法代码如下：

```java
public void add(int index, E element) {
    // 可重入锁
    final ReentrantLock lock = this.lock;
    // 加锁
    lock.lock();
    try {
        // 获取原数组
        Object[] elements = getArray();
        // 原数组的长度
        int len = elements.length;
        // 校验插入位置是否合法
        if (index > len || index < 0)
            throw new IndexOutOfBoundsException("Index: "+index+
                                                ", Size: "+len);
        // 新数组
        Object[] newElements;
        // 需要移动的元素数量
        int numMoved = len - index;
        // 如果是在 CopyOnWriteArrayList 的末尾插入元素
        if (numMoved == 0)
            // 就复制一个新的数组，长度为原数组长度+1
            newElements = Arrays.copyOf(elements, len + 1);
        else {
            // 如果不是在 CopyOnWriteArrayList 的末尾插入元素
            // 就创建一个新的数组，长度为原数组长度+1
            newElements = new Object[len + 1];
            // 将原数组 0 至 index 位置的元素复制到新数组中
            System.arraycopy(elements, 0, newElements, 0, index);
            // 将原数组剩余元素复制到新数组中
            System.arraycopy(elements, index, newElements, index + 1,
```

```
            numMoved);
    }
    // 在新数组 index 位置保存新元素
    newElements[index] = element;
    // 修改 array 数组引用
    setArray(newElements);
} finally {
    // 解锁
    lock.unlock();
}
}
```

addAll()方法用于批量添加集合中的元素至 CopyOnWriteArrayList 中，addAll()方法代码如下：

```
public boolean addAll(Collection<? extends E> c) {
    Object[] cs = (c.getClass() == CopyOnWriteArrayList.class) ?
        ((CopyOnWriteArrayList<?>)c).getArray() : c.toArray();
    if (cs.length == 0)
        return false;
    final ReentrantLock lock = this.lock;
    lock.lock();
    try {
        Object[] elements = getArray();
        int len = elements.length;
        if (len == 0 && cs.getClass() == Object[].class)
            setArray(cs);
        else {
            Object[] newElements = Arrays.copyOf(elements, len + cs.length);
            System.arraycopy(cs, 0, newElements, len, cs.length);
            setArray(newElements);
        }
        return true;
    } finally {
        lock.unlock();
    }
}
```

6.12.5　CopyOnWriteArrayList 更新元素方法代码解析

set()方法可以更新 CopyOnWriteArrayList 中的元素，set()方法代码如下：

```
public E set(int index, E element) {
    // 可重入锁
    final ReentrantLock lock = this.lock;
    // 加锁
    lock.lock();
    try {
        // 获取原数组
        Object[] elements = getArray();
        // 获取原数组 index 位置上的元素值
```

```
        E oldValue = get(elements, index);
        // 如果 oldValue 不等于 element，就说明是更新操作
        if (oldValue != element) {
            // 原数组的长度
            int len = elements.length;
            // 根据原数组复制一个新数组
            Object[] newElements = Arrays.copyOf(elements, len);
            // 为新数组 index 位置的元素赋新值 element
            newElements[index] = element;
            // 修改 array 数组引用
            setArray(newElements);
        } else {
            // 如果 oldValue 等于 element，就不需要更新
            setArray(elements);
        }
        // 返回 oldValue
        return oldValue;
    } finally {
        // 解锁
        lock.unlock();
    }
}
```

6.12.6 CopyOnWriteArrayList 删除元素方法代码解析

remove()方法可用于删除指定位置的元素，remove()方法代码如下：

```
public E remove(int index) {
    // 可重入锁
    final ReentrantLock lock = this.lock;
    // 加锁
    lock.lock();
    try {
        // 获取原数组
        Object[] elements = getArray();
        // 获取原数组长度
        int len = elements.length;
        // 获取原数组 index 位置的元素值
        E oldValue = get(elements, index);
        // 需要移动的元素数量
        int numMoved = len - index - 1;
        // 如果删除的是 CopyOnWriteArrayList 最后一个元素
        if (numMoved == 0)
            // 就复制新数组，长度为原数组的长度减1，并修改 array 引用
            setArray(Arrays.copyOf(elements, len - 1));
        else {
            // 如果删除的不是 CopyOnWriteArrayList 最后一个元素
            // 就复制新数组，长度为原数组的长度减1
            Object[] newElements = new Object[len - 1];
```

```
            // 复制原数组 0 至 index 位置的元素至新数组
            System.arraycopy(elements, 0, newElements, 0, index);
            // 复制原数组剩余元素至新数组
            System.arraycopy(elements, index + 1, newElements, index,
                    numMoved);
            // 修改 array 引用
            setArray(newElements);
        }
        // 返回 oldValue
        return oldValue;
    } finally {
        // 解锁
        lock.unlock();
    }
}
```

remove()方法重载的方法可以删除具体元素，重载的 remove()方法代码如下：

```
public boolean remove(Object o) {
    Object[] snapshot = getArray();
    int index = indexOf(o, snapshot, 0, snapshot.length);
    return (index < 0) ? false : remove(o, snapshot, index);
}
```

重载的 remove()方法代码调用 remove(o, snapshot, index)方法删除元素，核心逻辑类似，不再赘述。

```
private boolean remove(Object o, Object[] snapshot, int index) {
    final ReentrantLock lock = this.lock;
    lock.lock();
    try {
        Object[] current = getArray();
        int len = current.length;
        if (snapshot != current) findIndex: {
            int prefix = Math.min(index, len);
            for (int i = 0; i < prefix; i++) {
                if (current[i] != snapshot[i] && eq(o, current[i])) {
                    index = i;
                    break findIndex;
                }
            }
            if (index >= len)
                return false;
            if (current[index] == o)
                break findIndex;
            index = indexOf(o, current, index, len);
            if (index < 0)
                return false;
        }
        Object[] newElements = new Object[len - 1];
        System.arraycopy(current, 0, newElements, 0, index);
```

```
            System.arraycopy(current, index + 1,
                    newElements, index,
                    len - index - 1);
            setArray(newElements);
            return true;
        } finally {
            lock.unlock();
        }
    }
```

6.12.7　CopyOnWriteArrayList 查找元素方法代码解析

get()方法用于查找 index 位置上的元素，get()方法代码如下：

```
public E get(int index) {
    return get(getArray(), index);
}
```

get()方法只是查找 array 数组 index 位置上的元素值，不需要加锁。

indexOf()方法用于查找指定的元素在 CopyOnWriteArrayList 中的存储位置，indexOf()方法代码如下：

```
public int indexOf(Object o) {
    Object[] elements = getArray();
    return indexOf(o, elements, 0, elements.length);
}
```

indexOf()方法调用重载的方法查找指定的元素在 CopyOnWriteArrayList 中的存储位置。重载的 indexOf()方法代码如下：

```
private static int indexOf(Object o, Object[] elements,
                   int index, int fence) {
    if (o == null) {
        for (int i = index; i < fence; i++)
            if (elements[i] == null)
                return i;
    } else {
        for (int i = index; i < fence; i++)
            if (o.equals(elements[i]))
                return i;
    }
    return -1;
}
```

lastIndexOf()方法用于查找指定元素在 CopyOnWriteArrayList 中最后一次出现的位置。lastIndexOf()方法代码如下：

```
public int lastIndexOf(Object o) {
    Object[] elements = getArray();
    return lastIndexOf(o, elements, elements.length - 1);
}
```

lastIndexOf()方法调用其重载的方法查找指定元素在 CopyOnWriteArrayList 中最后一次出现的位置。重载的 lastIndexOf()方法代码如下：

```
private static int lastIndexOf(Object o, Object[] elements, int index) {
    if (o == null) {
        for (int i = index; i >= 0; i--)
            if (elements[i] == null)
                return i;
    } else {
        for (int i = index; i >= 0; i--)
            if (o.equals(elements[i]))
                return i;
    }
    return -1;
}
```

6.12.8　CopyOnWriteArrayList 工作原理解析

假设初始状态下 CopyOnWriteArrayList 存储了两个元素，分别是 element1 和 element2，此时 CopyOnWriteArrayList 的状态如图 6-25 所示。

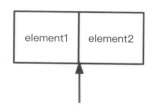

图 6-25　CopyOnWriteArrayList 的状态示意图 1

此时线程 1 和线程 2 共同操作 CopyOnWriteArrayList，线程 1 从 CopyOnWriteArrayList 查询元素 element1 的信息，线程 2 向 CopyOnWriteArrayList 添加新元素 X。此时，CopyOnWriteArrayList 的状态转变为图 6-26 所示的状态。

需要注意的是，此时线程 1 和线程 2 分别作用于不同的数组，因此线程 1 和线程 2 不会相互影响。其他涉及 CopyOnWriteArrayList 修改的（添加、修改或删除元素）线程将会因 ReentrantLock 而阻塞，等待线程 2 释放 ReentrantLock 可重入锁。

当线程 2 添加元素完成后，线程 3 查询元素 X 的信息，CopyOnWriteArrayList 的状态转变为图 6-27 所示的状态。

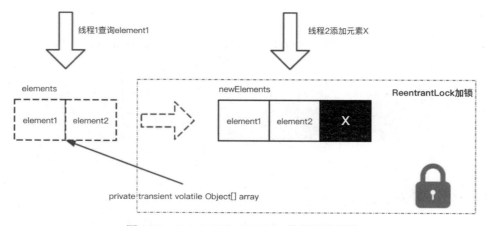

图 6-26　CopyOnWriteArrayList 的状态示意图 2

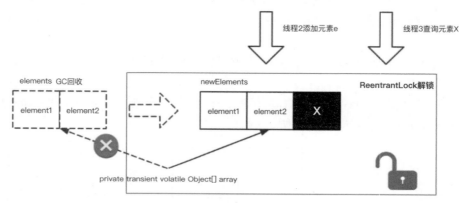

图 6-27　CopyOnWriteArrayList 的状态示意图 3

6.12.9　CopyOnWriteArrayList 常见面试考点

（1）CopyOnWriteArrayList 的适用场景。
（2）CopyOnWriteArrayList 与 ArrayList 的对比。
（3）CopyOnWriteArrayList 实现原理。
（4）CopyOnWriteArrayList 对 volatile 和 ReentrantLock 等并发组件的应用，及各个组件的功能和实现原理。

6.13　ConcurrentHashMap

ConcurrentHashMap 是线程安全的并发容器，在线程安全的基础上提供了较高的写并发能力。ConcurrentHashMap 的设计与实现非常精巧，使用到链表、红黑树、volatile、CAS、synchronized 等多种技术手段提升整体性能。ConcurrentHashMap 使用的核心数据结构及扩容和数据迁移思想与 HashMap 大体相似，建议读者结合 4.6 节 HashMap 相关知识学习 ConcurrentHashMap。

6.13.1　ConcurrentHashMap 的使用方式

下面创建两个线程同时操作 ConcurrentHashMap：一个线程向其中写入数据；另一个线程同时修改数据。通过这个场景验证 ConcurrentHashMap 的线程安全的特性。

创建测试代码如下：

```java
/**
 * @Author : zhouguanya
 * @Project : java-interview-guide
 * @Date : 2020-01-30 11:02
 * @Version : V1.0
 * @Description : ConcurrentHashMap 使用方式演示
 */
public class ConcurrentHashMapDemo {
    public static void main(String[] args) throws InterruptedException {
        // 创建 ConcurrentHashMap，初始容量设置为 16
        ConcurrentHashMap<String, Integer> concurrentHashMap
                = new ConcurrentHashMap<>(16);
        // 一般企业开发中不建议手动创建线程
        // 此处为了简单起见，手动创建线程
        // 企业开发中应当使用线程池管理线程
        // 创建一个线程，向 ConcurrentHashMap 中添加 10 个元素
        new Thread(() -> {
            for (int i = 0; i < 10; i++) {
                concurrentHashMap.put(String.valueOf(i), i);
            }
        }).start();
        // 创建一个线程，将 ConcurrentHashMap 中的偶数键的值乘以 2
        new Thread(() -> {
            for (Map.Entry<String, Integer> entry : concurrentHashMap.entrySet()) {
                if (Integer.parseInt(entry.getKey()) % 2 == 0) {
                    concurrentHashMap.put(entry.getKey(), 2 * entry.getValue());
                }
            }
        }).start();

        Thread.sleep(100);
        // 打印 ConcurrentHashMap 中的所有键值对
        concurrentHashMap.forEach((key, value) ->
                System.out.println("[key=" + key + ",value=" + value + "]"));
    }
}
```

执行以上测试代码，执行结果如下：

```
[key=0,value=0]
[key=1,value=1]
```

```
[key=2,value=4]
[key=3,value=3]
[key=4,value=8]
[key=5,value=5]
[key=6,value=12]
[key=7,value=7]
[key=8,value=16]
[key=9,value=9]
```

6.13.2　ConcurrentHashMap 类的属性

ConcurrentHashMap 部分属性如下：

```java
/**
 * 哈希桶数组
 */
transient volatile Node<K,V>[] table;

/**
 * 一个过渡的桶数组，只有在扩容的时候才会使用
 */
private transient volatile Node<K,V>[] nextTable;

/**
 * 哈希表初始化或扩容时的一个控制位标识量
 * 负数代表正在进行初始化或扩容操作
 * -1：代表正在初始化
 * -N：表示有 N-1 个线程正在进行扩容操作
 * 大于等于 0
 * 如果数组未初始化，就代表初始化数组的容量
 * 如果数组已经初始化，就代表下次扩容的阈值
 */
private transient volatile int sizeCtl;

/**
 * 扩容时要拆分的下一个任务的索引位置
 */
private transient volatile int transferIndex;

/**
 * 链表向红黑树转换时的阈值
 */
static final int TREEIFY_THRESHOLD = 8;

/**
 * 链表向红黑树转换时，哈希表的最小扩容阈值
 */
static final int MIN_TREEIFY_CAPACITY = 64;
```

```java
/**
 * 表示 ForwardingNode 结点的哈希值
 */
static final int MOVED     = -1;

/**
 * 表示 TreeBin 结点的哈希值
 */
static final int TREEBIN   = -2;
```

6.13.3 ConcurrentHashMap 内部类 Node 代码解析

Node 是 ConcurrentHashMap 的静态内部类是 ConcurrentHashMap 用于表示一个键和值的映射关系的最小单元。Node 类的代码如下：

```java
static class Node<K,V> implements Map.Entry<K,V> {
    // 哈希值
    final int hash;
    // 映射的键
    final K key;
    // 映射的值
    volatile V val;
    // 指向下一个结点的引用
    volatile Node<K,V> next;
    /**
     * 构造器
     */
    Node(int hash, K key, V val, Node<K,V> next) {
        this.hash = hash;
        this.key = key;
        this.val = val;
        this.next = next;
    }
    /**
     * 获取映射的键
     */
    public final K getKey()       { return key; }
    /**
     * 获取映射的值
     */
    public final V getValue()     { return val; }
    /**
     * 重写 hashCode()方法
     */
    public final int hashCode()   { return key.hashCode() ^ val.hashCode(); }
    /**
     * 重写 toString()方法
     */
    public final String toString(){ return key + "=" + val; }
```

```java
/**
 * 不支持setValue()方法
 */
public final V setValue(V value) {
    throw new UnsupportedOperationException();
}
/**
 * 重写equals()方法
 */
public final boolean equals(Object o) {
    Object k, v, u; Map.Entry<?,?> e;
    return ((o instanceof Map.Entry) &&
            (k = (e = (Map.Entry<?,?>)o).getKey()) != null &&
            (v = e.getValue()) != null &&
            (k == key || k.equals(key)) &&
            (v == (u = val) || v.equals(u)));
}

/**
 * 根据指定的键和哈希查找Node对象
 */
Node<K,V> find(int h, Object k) {
    Node<K,V> e = this;
    if (k != null) {
        do {
            K ek;
            if (e.hash == h &&
                ((ek = e.key) == k || (ek != null && k.equals(ek))))
                return e;
        } while ((e = e.next) != null);
    }
    return null;
}
```

6.13.4 ConcurrentHashMap 内部类 TreeNode 代码解析

当链表长度过长的时候，会转换为 TreeNode。它不是直接将链表转换为红黑树，而是把这些结点包装成 TreeNode 放在 TreeBin 对象中，由 TreeBin 完成对红黑树的包装。TreeNode 继承自 Node 类，带有 prev 指针，方便基于 TreeBin 的访问。

```java
/**
 * Nodes for use in TreeBins
 */
static final class TreeNode<K,V> extends Node<K,V> {
    /**
     * 父结点
     */
    TreeNode<K,V> parent;  // red-black tree links
```

```java
/**
 * 左子结点
 */
TreeNode<K,V> left;
/**
 * 右子结点
 */
TreeNode<K,V> right;
/**
 * 前驱结点
 */
TreeNode<K,V> prev;    // needed to unlink next upon deletion
/**
 * 红黑结点标识
 */
boolean red;
/**
 * 构造器
 */
TreeNode(int hash, K key, V val, Node<K,V> next,
        TreeNode<K,V> parent) {
    super(hash, key, val, next);
    this.parent = parent;
}
/**
 * 重写Node类的find()方法,在查询时会使用到
 */
Node<K,V> find(int h, Object k) {
    return findTreeNode(h, k, null);
}

/**
 * 查找结点
 */
final TreeNode<K,V> findTreeNode(int h, Object k, Class<?> kc) {
    if (k != null) {
        TreeNode<K,V> p = this;
        do {
            int ph, dir; K pk; TreeNode<K,V> q;
            TreeNode<K,V> pl = p.left, pr = p.right;
            if ((ph = p.hash) > h)
                p = pl;
            else if (ph < h)
                p = pr;
            else if ((pk = p.key) == k || (pk != null && k.equals(pk)))
                return p;
            else if (pl == null)
                p = pr;
            else if (pr == null)
                p = pl;
```

```
                    else if ((kc != null ||
                              (kc = comparableClassFor(k)) != null) &&
                             (dir = compareComparables(kc, k, pk)) != 0)
                        p = (dir < 0) ? pl : pr;
                    else if ((q = pr.findTreeNode(h, k, kc)) != null)
                        return q;
                    else
                        p = pl;
                } while (p != null);
            }
            return null;
        }
    }
```

6.13.5 ConcurrentHashMap 内部类 TreeBin 代码解析

TreeBin 类并不负责包装结点的键/值信息，而是包装很多 TreeNode 结点。在实际的哈希桶数组中存放的是 TreeBin 对象，而不是 TreeNode 对象，TreeBin 还带有读写锁。

由于 TreeBin 类的代码较长，因此此处只截取部分属性和构造器代码。

```
static final class TreeBin<K,V> extends Node<K,V> {
    TreeNode<K,V> root;
    volatile TreeNode<K,V> first;
    volatile Thread waiter;
    volatile int lockState;
    // values for lockState
    static final int WRITER = 1; // set while holding write lock
    static final int WAITER = 2; // set when waiting for write lock
    static final int READER = 4; // increment value for setting read lock

    /**
     * Tie-breaking utility for ordering insertions when equal
     * hashCodes and non-comparable. We don't require a total
     * order, just a consistent insertion rule to maintain
     * equivalence across rebalancings. Tie-breaking further than
     * necessary simplifies testing a bit.
     */
    static int tieBreakOrder(Object a, Object b) {
        int d;
        if (a == null || b == null ||
            (d = a.getClass().getName().
             compareTo(b.getClass().getName())) == 0)
            d = (System.identityHashCode(a) <= System.identityHashCode(b) ?
                 -1 : 1);
        return d;
    }

    /**
     * Creates bin with initial set of nodes headed by b.
```

```java
 */
TreeBin(TreeNode<K,V> b) {
    super(TREEBIN, null, null, null);
    this.first = b;
    TreeNode<K,V> r = null;
    for (TreeNode<K,V> x = b, next; x != null; x = next) {
        next = (TreeNode<K,V>)x.next;
        x.left = x.right = null;
        if (r == null) {
            x.parent = null;
            x.red = false;
            r = x;
        }
        else {
            K k = x.key;
            int h = x.hash;
            Class<?> kc = null;
            for (TreeNode<K,V> p = r;;) {
                int dir, ph;
                K pk = p.key;
                if ((ph = p.hash) > h)
                    dir = -1;
                else if (ph < h)
                    dir = 1;
                else if ((kc == null &&
                          (kc = comparableClassFor(k)) == null) ||
                         (dir = compareComparables(kc, k, pk)) == 0)
                    dir = tieBreakOrder(k, pk);
                    TreeNode<K,V> xp = p;
                if ((p = (dir <= 0) ? p.left : p.right) == null) {
                    x.parent = xp;
                    if (dir <= 0)
                        xp.left = x;
                    else
                        xp.right = x;
                    r = balanceInsertion(r, x);
                    break;
                }
            }
        }
    }
    this.root = r;
    assert checkInvariants(root);
}
```

6.13.6 ConcurrentHashMap 内部类 ForwardingNode 代码解析

ForwardingNode 结点是一个用于连接新老两个 table 数组的结点类。ForwardingNode 包含一个 nextTable 指针，用于指向下一张表。而且这个结点的 key、value 和 next 指针全部为 null，

ForwardingNode 结点的哈希值等于 MOVED，即-1。ForwardingNode 类的 find() 的方法是从 nextTable 中查询结点的。

```java
static final class ForwardingNode<K,V> extends Node<K,V> {
    final Node<K,V>[] nextTable;
    ForwardingNode(Node<K,V>[] tab) {
        super(MOVED, null, null, null);
        this.nextTable = tab;
    }

    Node<K,V> find(int h, Object k) {
        // loop to avoid arbitrarily deep recursion on forwarding nodes
        outer: for (Node<K,V>[] tab = nextTable;;) {
            Node<K,V> e; int n;
            if (k == null || tab == null || (n = tab.length) == 0 ||
                (e = tabAt(tab, (n - 1) & h)) == null)
                return null;
            for (;;) {
                int eh; K ek;
                if ((eh = e.hash) == h &&
                    ((ek = e.key) == k || (ek != null && k.equals(ek))))
                    return e;
                if (eh < 0) {
                    if (e instanceof ForwardingNode) {
                        tab = ((ForwardingNode<K,V>)e).nextTable;
                        continue outer;
                    }
                    else
                        return e.find(h, k);
                }
                if ((e = e.next) == null)
                    return null;
            }
        }
    }
}
```

6.13.7 ConcurrentHashMap 类 put() 方法代码解析

put() 方法用于将一个键及其对应的值保存到 ConcurrentHashMap 中。put() 方法代码如下：

```java
public V put(K key, V value) {
    return putVal(key, value, false);
}
```

6.13.8 ConcurrentHashMap 类 putIfAbsent() 方法代码解析

putIfAbsent() 方法是与 put() 方法功能类似的方法，用于将一个键及其对应的值保存到

ConcurrentHashMap 中。putIfAbsent()方法代码如下：

```
public V putIfAbsent(K key, V value) {
    return putVal(key, value, true);
}
```

6.13.9　ConcurrentHashMap 类 putVal()方法代码解析

put()方法和 putIfAbsent()方法都调用了 putVal()方法，只是调用 putVal()方法时传入的参数略微不同。

putVal()方法有 3 个参数，分别是：

（1）K key：将要向 ConcurrentHashMap 添加的映射的键。

（2）V value：将要向 ConcurrentHashMap 添加的映射的值。

（3）boolean onlyIfAbsent：如果为 true，就表示原 ConcurrentHashMap 中不存在对应的键才能进行添加操作。如果为 false，就表示即使原 ConcurrentHashMap 已存在对应的键，也可以进行添加操作。

putVal()方法代码如下：

```
final V putVal(K key, V value, boolean onlyIfAbsent) {
    // 如果 key 或 value 为空，就抛出 NullPointerException 异常
    if (key == null || value == null) throw new NullPointerException();
    // 计算 key 的哈希值
    int hash = spread(key.hashCode());
    int binCount = 0;
    // 自旋，仅 break 或 return 可以使程序退出循环
    for (Node<K,V>[] tab = table;;) {
        // f 是根据哈希值和 table 数组长度计算出的 table 对应位置存储的 Node 对象
        // n 是 table 数组的长度
        // i 的计算方式：hash 的值%table 长度，余数赋值给 i
        // Node 对象的 hash 值
        Node<K,V> f; int n, i, fh;
        // 如果 table 数组为空或者 table 数组长度为 0
        if (tab == null || (n = tab.length) == 0)
            // 就对 table 数组进行初始化
            tab = initTable();
        else if ((f = tabAt(tab, i = (n - 1) & hash)) == null) {
            // 如果 f 等于 null，即当前哈希表中的位置 i 对应的存储位置未出现哈希碰撞
            // 就创建一个新的 Node 对象
            // 通过 CAS 操作将新的 Node 对象存储到 table 数组中
            // 如果 CAS 操作成功，就执行 break 语句退出循环
            // 如果 CAS 操作失败，就说明有竞争存在，程序会进入下一次循环
            if (casTabAt(tab, i, null,
                         new Node<K,V>(hash, key, value, null)))
                break;                   // no lock when adding to empty bin
        }
        else if ((fh = f.hash) == MOVED)
```

```java
                    // 如果 Node 结点的哈希值等于 MOVED, 就说明哈希表在扩容
                    // helpTransfer()方法帮助迁移数据
                    tab = helpTransfer(tab, f);
                else {
                    // 执行到这里, 说明 f 是该位置的头结点, 且 f 非空
                    // oldVal 存储 key 对应的原 value
                    V oldVal = null;
                    // 将 f 作为锁对象
                    // 获取数组该位置的头结点的监视器
                    synchronized (f) {
                        // 如果数组位置 i 处的元素还是 f, 即头结点未被修改
                        if (tabAt(tab, i) == f) {
                            // 头结点的哈希值大于 0, 说明目前是链表结构
                            if (fh >= 0) {
                                // 用于累加, 记录链表的长度
                                binCount = 1;
                                // 遍历链表
                                for (Node<K,V> e = f;; ++binCount) {
                                    // 链表中的结点的 key
                                    K ek;
                                    // 如果 e 的哈希值等于 hash
                                    // 并且 e 的 key 与 key 是同一个对象或者 e 的 key 与 key 相等
                                    if (e.hash == hash &&
                                        ((ek = e.key) == key ||
                                         (ek != null && key.equals(ek)))) {
                                        // oldVal 等于 e 的 value。
                                        oldVal = e.val;
                                        // 如果 onlyIfAbsent 等于 false
                                        if (!onlyIfAbsent)
                                            // 更新 e 的 value 为方法参数传入的 value
                                            e.val = value;
                                        // 执行到这里即可跳出循环
                                        break;
                                    }
                                    // 执行到这里说明 e 的 key 与方法参数传入的 key 不等
                                    // 则需要沿着链表继续找到其余哈希冲突的结点
                                    // pred 等于 e, 表示一个前驱结点
                                    Node<K,V> pred = e;
                                    // 如果 e 的后继结点等于 null, 就说明到达链表尾部
                                    if ((e = e.next) == null) {
                                        // 创建一个新的 Node 结点, 此结点的前驱结点等于 e
                                        // 让 e 的 next 引用指向新的 Node 结点
                                        pred.next = new Node<K,V>(hash, key,
                                                                  value, null);
                                        // 执行到这里即可跳出循环
                                        break;
                                    }
                                }
                            }
                            else if (f instanceof TreeBin) {
```

```java
                        // 如果 f 是红黑树上的结点
                        Node<K,V> p;
                        binCount = 2;
                        // 红黑树上插入新结点
                        if ((p = ((TreeBin<K,V>)f).putTreeVal(hash, key,
                                                      value)) != null) {
                            // oldVal 等于 e 的 value。
                            // 如果 onlyIfAbsent 等于 false
                            oldVal = p.val;
                            if (!onlyIfAbsent)
                                // 更新 e 的 value 为方法参数传入的 value
                                p.val = value;
                        }
                    }
                }
                // 如果 binCount 等于 0
                if (binCount != 0) {
                    // 判断是否要将链表转换为红黑树，临界值和 HashMap 一样，也是 8
                    if (binCount >= TREEIFY_THRESHOLD)
                        // 扩容或者转为红黑树
                        treeifyBin(tab, i);
                    // 如果 oldVal 非空。
                    if (oldVal != null)
                        // 返回 oldVal
                        return oldVal;
                    // 执行到这里即可跳出循环
                    break;
                }
            }
        }
        //将当前 ConcurrentHashMap 的元素数量+1
        addCount(1L, binCount);
        // 如果是新增键值对，就返回 null
        return null;
}
```

6.13.10 ConcurrentHashMap 类 initTable()方法代码解析

在 putVal()方法中，当 table 数组为空或 table 数组长度为 0 时，将调用 initTable()对 table 数组进行初始化。initTable()方法代码如下：

```java
/**
 * 初始化 table 数组
 */
private final Node<K,V>[] initTable() {
    // tab 记录 table 数组的引用
    // src
    Node<K,V>[] tab; int sc;
```

```
            // table 为空或者 table 长度为 0 时开始循环执行以下代码
            while ((tab = table) == null || tab.length == 0) {
                // sizeCtl 表示有其他线程正在进行初始化操作
                // 对于 table 的初始化工作，只能有一个线程在进行
                if ((sc = sizeCtl) < 0)
                    // 调用 yield()方法
                    Thread.yield(); // lost initialization race; just spin
                else if (U.compareAndSwapInt(this, SIZECTL, sc, -1)) {
                    // 利用 CAS 操作把 sizectl 的值置为-1，表示本线程正在进行初始化
                    // 如果 CAS 成功，就执行以下代码
                    // 如果 CAS 失败，就进入下一次自旋
                    try {
                        if ((tab = table) == null || tab.length == 0) {
                            // DEFAULT_CAPACITY 默认初始容量是 16
                            int n = (sc > 0) ? sc : DEFAULT_CAPACITY;
                            // 初始化数组，长度为 16 或初始化时提供的长度
                            Node<K,V>[] nt = (Node<K,V>[])new Node<?,?>[n];
                            // 将这个数组赋值给 table，table 是 volatile 修饰的
                            table = tab = nt;
                            // n >>> 2 即得到 n/4
                            // n - (n >>> 2)即得到 3/4 * n，即 0.75 * n
                            // 如果 n 为 16，那么这里 sc = 12
                            // 其实就是 0.75 * n
                            sc = n - (n >>> 2);
                        }
                    } finally {
                        // 设置 sizeCtl 为 sc
                        sizeCtl = sc;
                    }
                    // 跳出循环
                    break;
                }
            }
            // 返回创建的数组
            return tab;
}
```

6.13.11　ConcurrentHashMap 类 helpTransfer()方法代码解析

在 putVal()方法中，如果 Node 结点的哈希值等于 MOVED，就说明哈希表在扩容。调用 helpTransfer()方法帮助迁移数据。helpTransfer()方法代码如下（helpTransfer()方法调用的 transfer()将在后面的章节进行代码分析）：

```
/**
 * Helps transfer if a resize is in progress.
 */
final Node<K,V>[] helpTransfer(Node<K,V>[] tab, Node<K,V> f) {
    Node<K,V>[] nextTab; int sc;
    // 如果 table 不是空的且 Node 结点是转移类型的（数据检验）
```

```
        // 且 Node 结点的 nextTable (新 table) 属性不是空的 (数据校验)
        // 尝试帮助扩容
        if (tab != null && (f instanceof ForwardingNode) &&
            (nextTab = ((ForwardingNode<K,V>)f).nextTable) != null) {
            // 根据 table 数组的长度得到一个标识符号
            int rs = resizeStamp(tab.length);
            // 如果 nextTab 没有被并发修改且 tab 没有被并发修改
            // 且 sizeCtl<0 (说明还在扩容)
            while (nextTab == nextTable && table == tab &&
                (sc = sizeCtl) < 0) {
                // 若 sizeCtl 无符号右移 16 位不等于 rs
                // 即 sc 高 16 位不等于标识符, 则标识符变化了
                // 或者 sc 等于 rs + 1, 扩容结束了, 不再有线程进行扩容
                // 或者 sizeCtl 等于 rs + 65535 (如果达到最大帮助线程的数量, 即 65535)
                // 或者转移下标正在调整 (扩容结束)
                // 结束循环, 返回 table
                if ((sc >>> RESIZE_STAMP_SHIFT) != rs || sc == rs + 1 ||
                    sc == rs + MAX_RESIZERS || transferIndex <= 0)
                    break;
                // 如果以上都不是, 就将 sizeCtl + 1 (表示增加了一个线程帮助其扩容)
                if (U.compareAndSwapInt(this, SIZECTL, sc, sc + 1)) {
                    // 进行转移
                    transfer(tab, nextTab);
                    // 结束循环
                    break;
                }
            }
            return nextTab;
        }
    return table;
}
```

ConcurrentHashMap 对扩容操作进行了优化。优化方式就是让并发执行添加元素操作的线程协助转移 table 数组中的 Node 对象, 把数据项从老数组转移到新数组, 通过多线程加速扩容操作。

具体优化方案是: 在执行添加元素操作的线程中, 第一个发现需要扩容的线程负责分配新数组, 开始转移部分 Node, 此后其他发现有扩容正在进行中的线程参与到转移 Node 工作中。对于那些在执行添加元素操作但不参与转移工作的线程, 继续执行原来的添加元素操作 (先在原数组中找到插入位置, 如果遇到 FowardingNode 结点, 就在新数组中插入); 执行查询操作的线程不参与转移工作, 遇到 FordwardingNode 则到新数组查询。协助扩容示意图如图 6-28 所示。

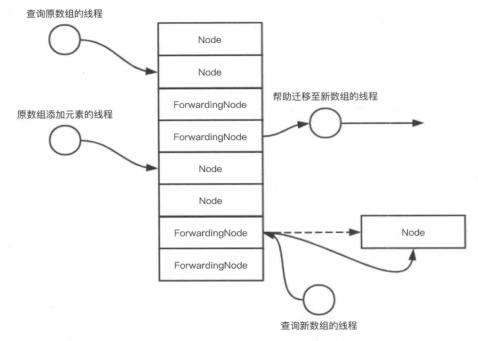

图 6-28　ConcurrentHashMap 协助扩容示意图

6.13.12　ConcurrentHashMap 类 treeifyBin() 方法代码解析

treeifyBin() 方法将长度过长的链表转换为红黑树或者对哈希表扩容。如果容量没有达到转换为红黑树的要求，就进行扩容操作；如果满足转换为红黑树的条件，就将链表转换为红黑树。treeifyBin() 方法代码如下：

```
private final void treeifyBin(Node<K,V>[] tab, int index) {
    Node<K,V> b; int n, sc;
    // 如果table数组非空
    if (tab != null) {
        // MIN_TREEIFY_CAPACITY=64
        // 如果table数组长度小于64，就进行数组扩容
        if ((n = tab.length) < MIN_TREEIFY_CAPACITY)
            // 扩容后的容量是原容量的2倍
            tryPresize(n << 1);
        else if ((b = tabAt(tab, index)) != null && b.hash >= 0) {
            // 如果index位置的Node结点b非空，且哈希值大于等于0
            // 以b作为对象监视器
            // 加锁
            synchronized (b) {
                // 如果index位置存储的还是b，即index位置的元素未被其他线程修改
                if (tabAt(tab, index) == b) {
                    // 遍历链表上的所有Node结点，将Node结点替换成TreeNode结点
                    TreeNode<K,V> hd = null, tl = null;
                    for (Node<K,V> e = b; e != null; e = e.next) {
```

```
                    // 用 e 的 hash、key 和 value 创建新的 TreeNode 结点
                    TreeNode<K,V> p =
                        new TreeNode<K,V>(e.hash, e.key, e.val,
                                          null, null);
                    // 维护 TreeNode 的 prev 引用
                    if ((p.prev = tl) == null)
                        hd = p;
                    else
                        tl.next = p;
                    tl = p;
                }
                // 构建红黑树并将其存放在 table 数组的 index 位置
                setTabAt(tab, index, new TreeBin<K,V>(hd));
            }
        }
    }
}
```

6.13.13 ConcurrentHashMap 类 tryPresize()方法代码解析

tryPresize()方法主要用于尝试调整哈希表的大小以容纳给定数量的元素。tryPresize()方法代码如下：

```
// 方法参数 size 是扩容以后的 size
private final void tryPresize(int size) {
    // c 的计算方式：size*1.5 倍+1，再往上取最近的 2 整次方
    int c = (size >= (MAXIMUM_CAPACITY >>> 1)) ? MAXIMUM_CAPACITY :
        tableSizeFor(size + (size >>> 1) + 1);
    int sc;
    while ((sc = sizeCtl) >= 0) {
        Node<K,V>[] tab = table; int n;

        // 如果 table 数组为空或者长度为 0，就进行数组初始化操作
        if (tab == null || (n = tab.length) == 0) {
            n = (sc > c) ? sc : c;
            // 通过 CAS 操作设置 sizeCtl 等于-1
            if (U.compareAndSwapInt(this, SIZECTL, sc, -1)) {
                try {
                    if (table == tab) {
                        @SuppressWarnings("unchecked")
                        Node<K,V>[] nt = (Node<K,V>[])new Node<?,?>[n];
                        table = nt;
                        sc = n - (n >>> 2); // 0.75 * n
                    }
                } finally {
                    sizeCtl = sc;
                }
            }
```

```
            }
            else if (c <= sc || n >= MAXIMUM_CAPACITY)
                break;
            else if (tab == table) {
                // 返回用于调整大小为 n 的表的标记位
                int rs = resizeStamp(n);

                if (sc < 0) {
                    Node<K,V>[] nt;
                    if ((sc >>> RESIZE_STAMP_SHIFT) != rs || sc == rs + 1 ||
                        sc == rs + MAX_RESIZERS || (nt = nextTable) == null ||
                        transferIndex <= 0)
                        break;
                    // 通过 CAS 操作将 sizeCtl 的值加 1
                    if (U.compareAndSwapInt(this, SIZECTL, sc, sc + 1))
                        // 调用 transfer()方法
                        // 此时 nextTab 参数不等于 null
                        transfer(tab, nt);
                }
                // 将 sizeCtl 设置为 (rs << RESIZE_STAMP_SHIFT) + 2
                else if (U.compareAndSwapInt(this, SIZECTL, sc,
                                             (rs << RESIZE_STAMP_SHIFT) + 2))
                    // 调用 transfer()方法, 此时 nextTab 参数为 null
                    transfer(tab, null);
            }
        }
    }
}
```

6.13.14 ConcurrentHashMap 类 transfer()方法代码解析

transfer()方法主要用于将原哈希桶数组 table 中的元素移动到新的数组中,transfer()方法代码如下:

```
private final void transfer(Node<K,V>[] tab, Node<K,V>[] nextTab) {
    // n 等于 table 数组的长度
    int n = tab.length, stride;
    // stride 可以理解为步长, 有 n 个位置是需要进行迁移的
    // 将这 n 个位置分为多个任务包, 每个任务包有 stride 个任务
    // stride 在单核模式下直接等于 n, 在多核模式下为 (n>>>3)/NCPU, 最小值是 16
    if ((stride = (NCPU > 1) ? (n >>> 3) / NCPU : n) < MIN_TRANSFER_STRIDE)
        // 如果 stride 小于 16, 就让 stride 等于 16
        stride = MIN_TRANSFER_STRIDE; // subdivide range
    // 如果 nextTab 为 null, 就先进行一次初始化
    // 当第一个发起迁移的线程调用此方法时, 参数 nextTab 为 null
    // 之后参与迁移的线程调用此方法时, nextTab 不会为 null
    if (nextTab == null) {
        try {
            // 容量是原 table 数组的 2 倍
```

```java
            Node<K,V>[] nt = (Node<K,V>[])new Node<?,?>[n << 1];
            // nextTab 指向容量是原数组 2 倍的新数组
            nextTab = nt;
        } catch (Throwable ex) {      // try to cope with OOME
            sizeCtl = Integer.MAX_VALUE;
            return;
        }
        // ConcurrentHashMap 中的属性 nextTable 等于 nextTab
        nextTable = nextTab;
        // ConcurrentHashMap 中的属性 transferIndex 等于 n，用于控制迁移的位置
        transferIndex = n;
    }
    // nextTab 数组的长度
    int nextn = nextTab.length;
    // 创建 ForwardingNode 对象
    // 这个构造器会生成一个 Node，key、value 和 next 属性都为 null
    // 关键是哈希值为 MOVED
    // 在后面的处理中，原数组中位置 i 处的结点完成迁移工作后
    // 会将位置 i 处设置为 ForwardingNode 结点，用来告诉其他线程该位置已经处理完
    ForwardingNode<K,V> fwd = new ForwardingNode<K,V>(nextTab);

    // advance 指的是做完了一个位置的迁移工作，可以准备做下一个位置的了
    boolean advance = true;
    boolean finishing = false; // to ensure sweep before committing nextTab

    // i 是位置索引，bound 是边界，注意是从后往前的
    for (int i = 0, bound = 0;;) {
        Node<K,V> f; int fh;
        // advance 为 true 表示可以进行下一个位置的迁移了
        while (advance) {
            int nextIndex, nextBound;
            if (--i >= bound || finishing)
                advance = false;

            // 将 transferIndex 的值赋给 nextIndex
            // 一旦 transferIndex 小于等于 0，
            // 说明原数组的所有位置都有相应的线程去处理了
            else if ((nextIndex = transferIndex) <= 0) {
                i = -1;
                advance = false;
            }
            else if (U.compareAndSwapInt
                     (this, TRANSFERINDEX, nextIndex,
                      nextBound = (nextIndex > stride ?
                                   nextIndex - stride : 0))) {
                // nextBound 是这次迁移任务的边界
                // 注意是从后往前迁移的
                bound = nextBound;
                i = nextIndex - 1;
                advance = false;
```

```java
        }
    }
    if (i < 0 || i >= n || i + n >= nextn) {
        int sc;
        // 如果所有的迁移操作已经完成
        if (finishing) {
            // 将 nextTable 置为 null
            nextTable = null;
            // 将 table 更新为 nextTab 数组，完成迁移
            table = nextTab;
            // 重新计算 sizeCtl
            // n 是原数组长度
            // n<<1 即 2 * n，即新数组的长度
            // n >>>1 即 n / 2
            // sizeCtl = 2 * n - n / 2 = 0.75 * 2 * n
            // 即 sizeCtl 是新数组长度的 0.75 倍
            sizeCtl = (n << 1) - (n >>> 1);
            return;
        }
        // sizeCtl 在迁移前会设置为 (rs << RESIZE_STAMP_SHIFT) + 2
        // 然后，每当有一个线程参与迁移，就会将 sizeCtl 加 1
        // 这里使用 CAS 操作对 sizeCtl 进行减 1，代表做完了属于自己的任务
        if (U.compareAndSwapInt(this, SIZECTL, sc = sizeCtl, sc - 1)) {
            // 任务结束，方法退出
            if ((sc - 2) != resizeStamp(n) << RESIZE_STAMP_SHIFT)
                return;

            // 到这里说明
            // (sc - 2)等于 resizeStamp(n) << RESIZE_STAMP_SHIFT
            // 即所有的迁移任务都做完了，也就会进入上面的 if 分支
            finishing = advance = true;
            i = n; // recheck before commit
        }
    }
    // 如果位置 i 处是空的，那么放入刚刚初始化的 ForwardingNode 结点
    else if ((f = tabAt(tab, i)) == null)
        advance = casTabAt(tab, i, null, fwd);
    // 如果该位置处是一个 ForwardingNode，代表该位置已经迁移过了
    else if ((fh = f.hash) == MOVED)
        advance = true; // already processed
    else {
        // 对数组该位置处的结点加锁，开始处理数组该位置处的迁移工作
        synchronized (f) {
            if (tabAt(tab, i) == f) {
                Node<K,V> ln, hn;
                // 头结点的 hash 大于 0，说明是链表的 Node 结点
                if (fh >= 0) {
                    // 把链表拆成两部分，一部分放在 nextTab 的 i 位置
                    // 另一部分放在 nextTab 的 i+n 位置
```

```
                int runBit = fh & n;
                Node<K,V> lastRun = f;
                for (Node<K,V> p = f.next; p != null; p = p.next) {
                    int b = p.hash & n;
                    if (b != runBit) {
                        runBit = b;
                        lastRun = p;
                    }
                }
                if (runBit == 0) {
                    ln = lastRun;
                    hn = null;
                }
                else {
                    hn = lastRun;
                    ln = null;
                }
                for (Node<K,V> p = f; p != lastRun; p = p.next) {
                    int ph = p.hash; K pk = p.key; V pv = p.val;
                    if ((ph & n) == 0)
                        ln = new Node<K,V>(ph, pk, pv, ln);
                    else
                        hn = new Node<K,V>(ph, pk, pv, hn);
                }
                // 其中的一个链表放在新数组的位置 i
                setTabAt(nextTab, i, ln);
                // 另一个链表放在新数组的位置 i+n
                setTabAt(nextTab, i + n, hn);
                // 将原数组该位置处设置为 fwd, 代表该位置已经处理完毕
                // 其他线程一旦看到该位置的哈希值为 MOVED, 就不会进行迁移了
                setTabAt(tab, i, fwd);
                // advance 设置为 true, 代表该位置已经迁移完毕
                advance = true;
            }
            else if (f instanceof TreeBin) {
                // 红黑树的迁移
                TreeBin<K,V> t = (TreeBin<K,V>)f;
                TreeNode<K,V> lo = null, loTail = null;
                TreeNode<K,V> hi = null, hiTail = null;
                int lc = 0, hc = 0;
                for (Node<K,V> e = t.first; e != null; e = e.next) {
                    int h = e.hash;
                    TreeNode<K,V> p = new TreeNode<K,V>
                        (h, e.key, e.val, null, null);
                    if ((h & n) == 0) {
                        if ((p.prev = loTail) == null)
                            lo = p;
                        else
                            loTail.next = p;
                        loTail = p;
```

```
                            ++lc;
                        }
                        else {
                            if ((p.prev = hiTail) == null)
                                hi = p;
                            else
                                hiTail.next = p;
                            hiTail = p;
                            ++hc;
                        }
                    }
                    // 如果一分为二后,结点数少于 8,那么将红黑树转换回链表
                    ln = (lc <= UNTREEIFY_THRESHOLD) ? untreeify(lo) :
                        (hc != 0) ? new TreeBin<K,V>(lo) : t;
                    hn = (hc <= UNTREEIFY_THRESHOLD) ? untreeify(hi) :
                        (lc != 0) ? new TreeBin<K,V>(hi) : t;

                    // 将 ln 放置在新数组的位置 i
                    setTabAt(nextTab, i, ln);
                    // 将 hn 放置在新数组的位置 i+n
                    setTabAt(nextTab, i + n, hn);
                    // 将原数组该位置处设置为 fwd,代表该位置已经处理完毕
                    // 其他线程一旦看到该位置的哈希值为 MOVED,就不会进行迁移了
                    setTabAt(tab, i, fwd);
                    // advance 设置为 true,代表该位置已经迁移完毕
                    advance = true;
                }
            }
        }
    }
}
```

ConcurrentHashMap 扩容过程中将 table 数组分割成多个部分,每个线程负责迁移其中的部分数据。分割过程如图 6-29 所示。

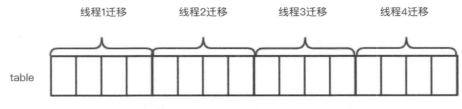

图 6-29　ConcurrentHashMap table 数组分割示意图

每个扩容的线程从尾部向前开始复制结点,每当一个结点复制完成后,会在原数组的这个位置上存储一个 ForwardingNode 结点,代表此结点已经迁移,如图 6-30 所示。

由于扩容的数组容量是原数组的 2 倍,因此在原数组每个位置上存储的链表或红黑树都需要迁移至新的数组中。假设结点在原数组中的存储位置是 index,原数组的长度为 n,原数组中的结点只可能位于扩容后数组的 index 或者 index+n 的位置,如图 6-31 所示。

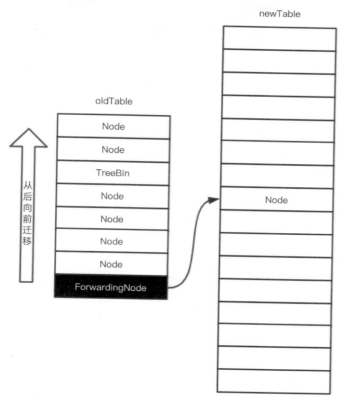

图 6-30　Node 结点迁移示意图

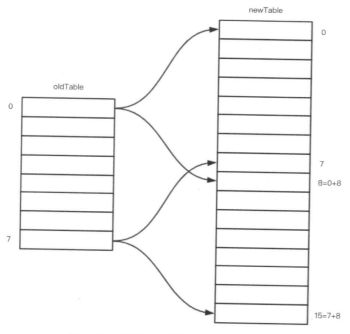

图 6-31　老数组和新数组对应关系示意图

6.13.15　ConcurrentHashMap 类 get()方法代码解析

```java
public V get(Object key) {
    Node<K,V>[] tab; Node<K,V> e, p; int n, eh; K ek;
    // 计算哈希值
    int h = spread(key.hashCode());
    // 根据哈希值确定结点位置
    if ((tab = table) != null && (n = tab.length) > 0 &&
        (e = tabAt(tab, (n - 1) & h)) != null) {
        // 如果搜索到的结点 key 的哈希值与参数 key 的哈希值相等
        if ((eh = e.hash) == h) {
            // 如果搜索到的结点 key 与传入的 key 相等
            if ((ek = e.key) == key || (ek != null && key.equals(ek)))
                // 返回 key 对应的 value
                return e.val;
        }
        // 如果头结点的哈希值小于 0，就说明正在扩容或者该位置是红黑树
        else if (eh < 0)
            // 参考 ForwardingNode.find(int h, Object k)
            // 或者 TreeBin.find(int h, Object k)
            return (p = e.find(h, key)) != null ? p.val : null;

        // 遍历链表
        while ((e = e.next) != null) {
            if (e.hash == h &&
                ((ek = e.key) == key || (ek != null && key.equals(ek))))
                return e.val;
        }
    }
    return null;
}
```

6.13.16　ConcurrentHashMap 常见面试考点

（1）ConcurrentHashMap 使用场景。
（2）ConcurrentHashMap 的实现原理。
（3）JDK 1.8 的 ConcurrentHashMap 与 HashMap 的实现方式及优缺点对比。
（4）JDK 1.7 的 ConcurrentHashMap 与 HashMap 的实现方式及优缺点对比。
（5）JDK 1.8 的 ConcurrentHashMap 与 JDK 1.8 的 HashMap 实现方式及优缺点对比。

6.14　Unsafe

Java 语言本身并不能直接访问操作系统底层的指令，必须通过本地方法才能访问。Unsafe 类

提供了硬件级别的原子操作。Java IO 和 Java 并发中广泛使用了 Unsafe 类，很多广泛使用的高性能开发库也是基于 Unsafe 类开发的，如 Netty、Hadoop 等。尽管如此，还是不推荐开发者直接使用 Unsafe 类进行开发，因为错误地使用 Unsafe 类可能会造成 JVM 致命性错误。

6.14.1 Unsafe 单例设计模式

可以通过以下链接查看 Unsafe 类的代码：

```
https://hg.openjdk.java.net/jdk8u/jdk8u/jdk/file/3ef3348195ff/src/share/classes/sun/misc/Unsafe.java
```

Unsafe 类的声明如下：

```
public final class Unsafe
```

Unsafe 类被定义为 final，因此不可以被继承。

Unsafe 类的构造器代码如下：

```
private Unsafe() {
}
```

Unsafe 类的构造器是私有的，即 Unsafe 类被设计成单例模式，不能直接通过 new 关键字创建 Unsafe 对象。因此，Unsafe 类只能在其内部进行实例化。Unsafe 类的 theUnsafe 属性实例化代码如下：

```
private static final Unsafe theUnsafe = new Unsafe();
```

Unsafe 类的 getUnsafe() 方法可以获取到 Unsafe 类的实例化对象。getUnsafe() 方法代码如下：

```
@CallerSensitive
public static Unsafe getUnsafe() {
    Class<?> caller = Reflection.getCallerClass();
    if (!VM.isSystemDomainLoader(caller.getClassLoader()))
        throw new SecurityException("Unsafe");
    return theUnsafe;
}
```

getUnsafe() 方法被设计为只能从引导类加载器 BootstrapClassLoader 加载，否则 getUnsafe() 方法会抛出 SecurityException 异常。如果想使用 Unsafe 类，那么可以使用以下两种方案：

（1）通过 BootstrapClassLoader 加载开发人员开发的 Java 类。
（2）通过 Java 反射修改 theUnsafe 的访问权限设置。

6.14.2 Unsafe 类内存操作相关方法

allocateMemory() 方法用于分配内存。此方法分配的内存不会被垃圾收集器自动回收，必须手动回收。allocateMemory() 方法代码如下：

```
/**
 * Allocates a new block of native memory, of the given size in bytes. The
```

```
 *   contents of the memory are uninitialized; they will generally be
 *   garbage. The resulting native pointer will never be zero, and will be
 *   aligned for all value types. Dispose of this memory by calling {@link
 *   #freeMemory}, or resize it with {@link #reallocateMemory}.
 *
 * @throws IllegalArgumentException if the size is negative or too large
 *         for the native size_t type
 *
 * @throws OutOfMemoryError if the allocation is refused by the system
 *
 * @see #getByte(long)
 * @see #putByte(long, byte)
 */
public native long allocateMemory(long bytes);
```

reallocateMemory()方法用于重新分配内存。此方法分配的内存不会被垃圾收集器自动回收，必须手动回收。reallocateMemory()方法代码如下：

```
/**
 * Resizes a new block of native memory, to the given size in bytes. The
 * contents of the new block past the size of the old block are
 * uninitialized; they will generally be garbage. The resulting native
 * pointer will be zero if and only if the requested size is zero. The
 * resulting native pointer will be aligned for all value types. Dispose
 * of this memory by calling {@link #freeMemory}, or resize it with {@link
 * #reallocateMemory}. The address passed to this method may be null, in
 * which case an allocation will be performed.
 *
 * @throws IllegalArgumentException if the size is negative or too large
 *         for the native size_t type
 *
 * @throws OutOfMemoryError if the allocation is refused by the system
 *
 * @see #allocateMemory
 */
public native long reallocateMemory(long address, long bytes);
```

freeMemory()方法可以释放 allocateMemory()方法和 reallocateMemory()方法分配的内存。freeMemory()方法代码如下：

```
/**
 * Disposes of a block of native memory, as obtained from {@link
 * #allocateMemory} or {@link #reallocateMemory}. The address passed to
 * this method may be null, in which case no action is taken.
 *
 * @see #allocateMemory
 */
public native void freeMemory(long address);
```

setMemory()方法的功能是在给定的内存块中设置值。setMemory()方法代码如下：

```
/**
```

```
 * Sets all bytes in a given block of memory to a fixed value
 * (usually zero).
 *
 * <p>This method determines a block's base address by means of two parameters,
 * and so it provides (in effect) a <em>double-register</em> addressing mode,
 * as discussed in {@link #getInt(Object,long)}.  When the object reference is
null,
 * the offset supplies an absolute base address.
 *
 * <p>The stores are in coherent (atomic) units of a size determined
 * by the address and length parameters.  If the effective address and
 * length are all even modulo 8, the stores take place in 'long' units.
 * If the effective address and length are (resp.) even modulo 4 or 2,
 * the stores take place in units of 'int' or 'short'.
 *
 * @since 1.7
 */
public native void setMemory(Object o, long offset, long bytes, byte value);
```

copyMemory()方法用于内存复制。copyMemory()方法代码如下:

```
/**
 * Sets all bytes in a given block of memory to a copy of another
 * block.
 *
 * <p>This method determines each block's base address by means of two
parameters,
 * and so it provides (in effect) a <em>double-register</em> addressing mode,
 * as discussed in {@link #getInt(Object,long)}.  When the object reference is
null,
 * the offset supplies an absolute base address.
 *
 * <p>The transfers are in coherent (atomic) units of a size determined
 * by the address and length parameters.  If the effective addresses and
 * length are all even modulo 8, the transfer takes place in 'long' units.
 * If the effective addresses and length are (resp.) even modulo 4 or 2,
 * the transfer takes place in units of 'int' or 'short'.
 *
 * @since 1.7
 */
public native void copyMemory(Object srcBase, long srcOffset,
                              Object destBase, long destOffset,
                              long bytes);
```

以下各个方法分别用于查询和设置各种类型的变量的值。

```
/** @see #getByte(long) */
public native short    getShort(long address);
/** @see #putByte(long, byte) */
public native void     putShort(long address, short x);
/** @see #getByte(long) */
public native char     getChar(long address);
```

```java
/** @see #putByte(long, byte) */
public native void    putChar(long address, char x);
/** @see #getByte(long) */
public native int     getInt(long address);
/** @see #putByte(long, byte) */
public native void    putInt(long address, int x);
/** @see #getByte(long) */
public native long    getLong(long address);
/** @see #putByte(long, byte) */
public native void    putLong(long address, long x);
/** @see #getByte(long) */
public native float   getFloat(long address);
/** @see #putByte(long, byte) */
public native void    putFloat(long address, float x);
/** @see #getByte(long) */
public native double  getDouble(long address);
/** @see #putByte(long, byte) */
public native void    putDouble(long address, double x);
```

getAddress()方法用于获取指定内存地址的本地指针。getAddress()方法代码如下：

```java
/**
 * Fetches a native pointer from a given memory address.  If the address is
 * zero, or does not point into a block obtained from {@link
 * #allocateMemory}, the results are undefined.
 *
 * <p> If the native pointer is less than 64 bits wide, it is extended as
 * an unsigned number to a Java long.  The pointer may be indexed by any
 * given byte offset, simply by adding that offset (as a simple integer) to
 * the long representing the pointer.  The number of bytes actually read
 * from the target address maybe determined by consulting {@link
 * #addressSize}.
 *
 * @see #allocateMemory
 */
public native long getAddress(long address);
```

putAddress()方法用于存储本地指针到指定的内存地址。putAddress()方法代码如下：

```java
/**
 * Stores a native pointer into a given memory address.  If the address is
 * zero, or does not point into a block obtained from {@link
 * #allocateMemory}, the results are undefined.
 *
 * <p> The number of bytes actually written at the target address maybe
 * determined by consulting {@link #addressSize}.
 *
 * @see #getAddress(long)
 */
public native void putAddress(long address, long x);
```

6.14.3　Unsafe 类 CAS 相关方法

CAS（Compare And Swap）操作有 3 个操作数，分别是内存值 M、期望值 E 和新值 N。当且仅当内存值 M 和期望值 E 相等时，尝试将内存值 M 修改为新值 N，如果更新成功，CAS 操作就返回 true，否则 CAS 操作返回 false。Unsafe 类提供的 CAS 方法代码如下：

```
/**
 * Atomically update Java variable to <tt>x</tt> if it is currently
 * holding <tt>expected</tt>.
 * @return <tt>true</tt> if successful
 */
public final native boolean compareAndSwapObject(Object o, long offset,
                                                 Object expected,
                                                 Object x);

/**
 * Atomically update Java variable to <tt>x</tt> if it is currently
 * holding <tt>expected</tt>.
 * @return <tt>true</tt> if successful
 */
public final native boolean compareAndSwapInt(Object o, long offset,
                                              int expected,
                                              int x);

/**
 * Atomically update Java variable to <tt>x</tt> if it is currently
 * holding <tt>expected</tt>.
 * @return <tt>true</tt> if successful
 */
public final native boolean compareAndSwapLong(Object o, long offset,
                                               long expected,
                                               long x);
```

除了以上 CAS 方法外，Unsafe 还提供了基于 CAS 方法的扩展方法。以下方法通过 CAS 操作设置新值并返回旧值。

```
/**
 * Atomically adds the given value to the current value of a field
 * or array element within the given object <code>o</code>
 * at the given <code>offset</code>.
 *
 * @param o object/array to update the field/element in
 * @param offset field/element offset
 * @param delta the value to add
 * @return the previous value
 * @since 1.8
 */
public final int getAndAddInt(Object o, long offset, int delta) {
```

```java
    int v;
    do {
        v = getIntVolatile(o, offset);
    } while (!compareAndSwapInt(o, offset, v, v + delta));
    return v;
}

/**
 * Atomically adds the given value to the current value of a field
 * or array element within the given object <code>o</code>
 * at the given <code>offset</code>.
 *
 * @param o object/array to update the field/element in
 * @param offset field/element offset
 * @param delta the value to add
 * @return the previous value
 * @since 1.8
 */
public final long getAndAddLong(Object o, long offset, long delta) {
    long v;
    do {
        v = getLongVolatile(o, offset);
    } while (!compareAndSwapLong(o, offset, v, v + delta));
    return v;
}

/**
 * Atomically exchanges the given value with the current value of
 * a field or array element within the given object <code>o</code>
 * at the given <code>offset</code>.
 *
 * @param o object/array to update the field/element in
 * @param offset field/element offset
 * @param newValue new value
 * @return the previous value
 * @since 1.8
 */
public final int getAndSetInt(Object o, long offset, int newValue) {
    int v;
    do {
        v = getIntVolatile(o, offset);
    } while (!compareAndSwapInt(o, offset, v, newValue));
    return v;
}

/**
 * Atomically exchanges the given value with the current value of
 * a field or array element within the given object <code>o</code>
 * at the given <code>offset</code>.
 *
```

```
 * @param o object/array to update the field/element in
 * @param offset field/element offset
 * @param newValue new value
 * @return the previous value
 * @since 1.8
 */
public final long getAndSetLong(Object o, long offset, long newValue) {
    long v;
    do {
        v = getLongVolatile(o, offset);
    } while (!compareAndSwapLong(o, offset, v, newValue));
    return v;
}

/**
 * Atomically exchanges the given reference value with the current
 * reference value of a field or array element within the given
 * object <code>o</code> at the given <code>offset</code>.
 *
 * @param o object/array to update the field/element in
 * @param offset field/element offset
 * @param newValue new value
 * @return the previous value
 * @since 1.8
 */
public final Object getAndSetObject(Object o, long offset, Object newValue)
{
    Object v;
    do {
        v = getObjectVolatile(o, offset);
    } while (!compareAndSwapObject(o, offset, v, newValue));
    return v;
}
```

6.14.4　Unsafe 类线程调度相关方法

park()方法用于阻塞线程。park()方法代码如下：

```
/**
 * Block current thread, returning when a balancing
 * <tt>unpark</tt> occurs, or a balancing <tt>unpark</tt> has
 * already occurred, or the thread is interrupted, or, if not
 * absolute and time is not zero, the given time nanoseconds have
 * elapsed, or if absolute, the given deadline in milliseconds
 * since Epoch has passed, or spuriously (i.e., returning for no
 * "reason"). Note: This operation is in the Unsafe class only
 * because <tt>unpark</tt> is, so it would be strange to place it
 * elsewhere.
 */
```

```
public native void park(boolean isAbsolute, long time);
```

unpark()方法用于唤醒被阻塞的线程。unpark()方法代码如下：

```
/**
 * Unblock the given thread blocked on <tt>park</tt>, or, if it is
 * not blocked, cause the subsequent call to <tt>park</tt> not to
 * block.  Note: this operation is "unsafe" solely because the
 * caller must somehow ensure that the thread has not been
 * destroyed. Nothing special is usually required to ensure this
 * when called from Java (in which there will ordinarily be a live
 * reference to the thread) but this is not nearly-automatically
 * so when calling from native code.
 * @param thread the thread to unpark.
 *
 */
public native void unpark(Object thread);
```

monitorEnter()方法用于获取对象监视器，monitorEnter()方法代码如下：

```
/** Lock the object.  It must get unlocked via {@link #monitorExit}. */
public native void monitorEnter(Object o);
```

monitorExit()方法用于释放对象监视器。monitorExit()方法代码如下：

```
/**
 * Unlock the object.  It must have been locked via {@link
 * #monitorEnter}.
 */
public native void monitorExit(Object o);
```

tryMonitorEnter()方法尝试获取对象监视器，返回是否获取成功。tryMonitorEnter()方法代码如下：

```
/**
 * Tries to lock the object.  Returns true or false to indicate
 * whether the lock succeeded.  If it did, the object must be
 * unlocked via {@link #monitorExit}.
 */
public native boolean tryMonitorEnter(Object o);
```

6.14.5　Unsafe 类 Class 相关方法

staticFieldOffset()方法用于获取给定静态字段的内存地址偏移量。staticFieldOffset()方法代码如下：

```
/**
 * Report the location of a given field in the storage allocation of its
 * class. Do not expect to perform any sort of arithmetic on this offset;
 * it is just a cookie which is passed to the unsafe heap memory accessors.
 *
 * <p>Any given field will always have the same offset and base, and no
```

```
 * two distinct fields of the same class will ever have the same offset
 * and base.
 *
 * <p>As of 1.4.1, offsets for fields are represented as long values,
 * although the Sun JVM does not use the most significant 32 bits.
 * However, JVM implementations which store static fields at absolute
 * addresses can use long offsets and null base pointers to express
 * the field locations in a form usable by {@link #getInt(Object,long)}.
 * Therefore, code which will be ported to such JVMs on 64-bit platforms
 * must preserve all bits of static field offsets.
 * @see #getInt(Object, long)
 */
public native long staticFieldOffset(Field f);
```

staticFieldBase()方法用于返回给定静态字段的位置。staticFieldBase()方法代码如下：

```
/**
 * Report the location of a given static field, in conjunction with {@link
 * #staticFieldOffset}.
 * <p>Fetch the base "Object", if any, with which static fields of the
 * given class can be accessed via methods like {@link #getInt(Object,
 * long)}. This value may be null. This value may refer to an object
 * which is a "cookie", not guaranteed to be a real Object, and it should
 * not be used in any way except as argument to the get and put routines in
 * this class.
 */
public native Object staticFieldBase(Field f);
```

shouldBeInitialized()方法用于判断是否需要初始化一个类。shouldBeInitialized()方法代码如下：

```
/**
 * Detect if the given class may need to be initialized. This is often
 * needed in conjunction with obtaining the static field base of a
 * class.
 * @return false only if a call to {@code ensureClassInitialized} would have no effect
 */
public native boolean shouldBeInitialized(Class<?> c);
```

ensureClassInitialized()方法确保类被初始化。ensureClassInitialized()方法代码如下：

```
/**
 * Ensure the given class has been initialized. This is often
 * needed in conjunction with obtaining the static field base of a
 * class.
 */
public native void ensureClassInitialized(Class<?> c);
```

defineClass()方法用于跳过 JVM 安全检查定义一个类。defineClass()方法代码如下：

```
/**
 * Tell the VM to define a class, without security checks. By default, the
 * class loader and protection domain come from the caller's class.
```

```
*/
public native Class<?> defineClass(String name, byte[] b, int off, int len,
                                    ClassLoader loader,
                                    ProtectionDomain protectionDomain);
```

defineAnonymousClass()方法可以定义一个匿名类。defineAnonymousClass()方法代码如下：

```
/**
 * Define a class but do not make it known to the class loader or system dictionary.
 * <p>
 * For each CP entry, the corresponding CP patch must either be null or have
 * the a format that matches its tag:
 * <ul>
 * <li>Integer, Long, Float, Double: the corresponding wrapper object type from java.lang
 * <li>Utf8: a string (must have suitable syntax if used as signature or name)
 * <li>Class: any java.lang.Class object
 * <li>String: any object (not just a java.lang.String)
 * <li>InterfaceMethodRef: (NYI) a method handle to invoke on that call site's arguments
 * </ul>
 * @params hostClass context for linkage, access control, protection domain, and class loader
 * @params data      bytes of a class file
 * @params cpPatches where non-null entries exist, they replace corresponding CP entries in data
 */
public native Class<?> defineAnonymousClass(Class<?> hostClass, byte[] data, Object[] cpPatches);
```

6.14.6　Unsafe 类对象相关方法

objectFieldOffset()方法返回对象成员属性在内存中相对于此对象的内存地址的偏移量。objectFieldOffset()方法代码如下：

```
/**
 * Report the location of a given static field, in conjunction with {@link
 * #staticFieldBase}.
 * <p>Do not expect to perform any sort of arithmetic on this offset;
 * it is just a cookie which is passed to the unsafe heap memory accessors.
 *
 * <p>Any given field will always have the same offset, and no two distinct
 * fields of the same class will ever have the same offset.
 *
 * <p>As of 1.4.1, offsets for fields are represented as long values,
 * although the Sun JVM does not use the most significant 32 bits.
 * It is hard to imagine a JVM technology which needs more than
 * a few bits to encode an offset within a non-array object,
 * However, for consistency with other methods in this class,
 * this method reports its result as a long value.
```

```
 * @see #getInt(Object, long)
 */
public native long objectFieldOffset(Field f);
```

getObject()方法用于获得给定对象地址偏移量的值。getObject()方法代码如下:

```
/**
 * Fetches a reference value from a given Java variable.
 * @see #getInt(Object, long)
 */
public native Object getObject(Object o, long offset);
```

putObject()方法用于设置给定对象地址偏移量的值。putObject()方法代码如下:

```
/**
 * Stores a reference value into a given Java variable.
 * <p>
 * Unless the reference <code>x</code> being stored is either null
 * or matches the field type, the results are undefined.
 * If the reference <code>o</code> is non-null, car marks or
 * other store barriers for that object (if the VM requires them)
 * are updated.
 * @see #putInt(Object, int, int)
 */
public native void putObject(Object o, long offset, Object x);
```

6.14.7　Unsafe 类数组相关方法

arrayBaseOffset()方法返回数组中的第一个元素的偏移地址。arrayBaseOffset()方法代码如下:

```
/**
 * Report the offset of the first element in the storage allocation of a
 * given array class. If {@link #arrayIndexScale} returns a non-zero value
 * for the same class, you may use that scale factor, together with this
 * base offset, to form new offsets to access elements of arrays of the
 * given class.
 *
 * @see #getInt(Object, long)
 * @see #putInt(Object, long, int)
 */
public native int arrayBaseOffset(Class<?> arrayClass);
```

以下常量都使用 arrayBaseOffset()方法:

```
/** The value of {@code arrayBaseOffset(boolean[].class)} */
public static final int ARRAY_BOOLEAN_BASE_OFFSET
        = theUnsafe.arrayBaseOffset(boolean[].class);

/** The value of {@code arrayBaseOffset(byte[].class)} */
public static final int ARRAY_BYTE_BASE_OFFSET
        = theUnsafe.arrayBaseOffset(byte[].class);
```

```java
/** The value of {@code arrayBaseOffset(short[].class)} */
public static final int ARRAY_SHORT_BASE_OFFSET
        = theUnsafe.arrayBaseOffset(short[].class);

/** The value of {@code arrayBaseOffset(char[].class)} */
public static final int ARRAY_CHAR_BASE_OFFSET
        = theUnsafe.arrayBaseOffset(char[].class);

/** The value of {@code arrayBaseOffset(int[].class)} */
public static final int ARRAY_INT_BASE_OFFSET
        = theUnsafe.arrayBaseOffset(int[].class);

/** The value of {@code arrayBaseOffset(long[].class)} */
public static final int ARRAY_LONG_BASE_OFFSET
        = theUnsafe.arrayBaseOffset(long[].class);

/** The value of {@code arrayBaseOffset(float[].class)} */
public static final int ARRAY_FLOAT_BASE_OFFSET
        = theUnsafe.arrayBaseOffset(float[].class);

/** The value of {@code arrayBaseOffset(double[].class)} */
public static final int ARRAY_DOUBLE_BASE_OFFSET
        = theUnsafe.arrayBaseOffset(double[].class);

/** The value of {@code arrayBaseOffset(Object[].class)} */
public static final int ARRAY_OBJECT_BASE_OFFSET
        = theUnsafe.arrayBaseOffset(Object[].class);
```

arrayIndexScale()方法返回数组中一个元素占用的大小。arrayIndexScale()方法代码如下：

```java
/**
 * Report the scale factor for addressing elements in the storage
 * allocation of a given array class.  However, arrays of "narrow" types
 * will generally not work properly with accessors like {@link
 * #getByte(Object, int)}, so the scale factor for such classes is reported
 * as zero.
 *
 * @see #arrayBaseOffset
 * @see #getInt(Object, long)
 * @see #putInt(Object, long, int)
 */
public native int arrayIndexScale(Class<?> arrayClass);
```

以下常量都使用 arrayIndexScale() 方法：

```java
/** The value of {@code arrayIndexScale(boolean[].class)} */
public static final int ARRAY_BOOLEAN_INDEX_SCALE
        = theUnsafe.arrayIndexScale(boolean[].class);

/** The value of {@code arrayIndexScale(byte[].class)} */
public static final int ARRAY_BYTE_INDEX_SCALE
        = theUnsafe.arrayIndexScale(byte[].class);
```

```java
/** The value of {@code arrayIndexScale(short[].class)} */
public static final int ARRAY_SHORT_INDEX_SCALE
        = theUnsafe.arrayIndexScale(short[].class);

/** The value of {@code arrayIndexScale(char[].class)} */
public static final int ARRAY_CHAR_INDEX_SCALE
        = theUnsafe.arrayIndexScale(char[].class);

/** The value of {@code arrayIndexScale(int[].class)} */
public static final int ARRAY_INT_INDEX_SCALE
        = theUnsafe.arrayIndexScale(int[].class);

/** The value of {@code arrayIndexScale(long[].class)} */
public static final int ARRAY_LONG_INDEX_SCALE
        = theUnsafe.arrayIndexScale(long[].class);

/** The value of {@code arrayIndexScale(float[].class)} */
public static final int ARRAY_FLOAT_INDEX_SCALE
        = theUnsafe.arrayIndexScale(float[].class);

/** The value of {@code arrayIndexScale(double[].class)} */
public static final int ARRAY_DOUBLE_INDEX_SCALE
        = theUnsafe.arrayIndexScale(double[].class);

/** The value of {@code arrayIndexScale(Object[].class)} */
public static final int ARRAY_OBJECT_INDEX_SCALE
        = theUnsafe.arrayIndexScale(Object[].class);
```

6.14.8　Unsafe 类 volatile 相关方法

getObjectVolatile()方法从对象的指定偏移量处获取变量的引用，使用 volatile 的加载语义。getObjectVolatile()方法代码如下：

```java
/**
 * Fetches a reference value from a given Java variable, with volatile
 * load semantics. Otherwise identical to {@link #getObject(Object, long)}
 */
public native Object getObjectVolatile(Object o, long offset);
```

putObjectVolatile()方法存储变量的引用到对象指定的偏移量处，使用 volatile 的存储语义。putObjectVolatile()方法代码如下：

```java
/**
 * Stores a reference value into a given Java variable, with
 * volatile store semantics. Otherwise identical to {@link #putObject(Object, long, Object)}
 */
public native void    putObjectVolatile(Object o, long offset, Object x);
```

6.14.9 Unsafe 类内存屏障相关方法

loadFence()方法的作用是内存屏障，禁止 load 操作重排序。loadFence()方法代码如下：

```java
/**
 * Ensures lack of reordering of loads before the fence
 * with loads or stores after the fence.
 * @since 1.8
 */
public native void loadFence();
```

storeFence()方法的作用是内存屏障，禁止 store 操作重排序。

```java
/**
 * Ensures lack of reordering of stores before the fence
 * with loads or stores after the fence.
 * @since 1.8
 */
public native void storeFence();
```

fullFence()方法的作用是内存屏障，禁止 load、store 操作重排序。fullFence()方法代码如下：

```java
/**
 * Ensures lack of reordering of loads or stores before the fence
 * with loads or stores after the fence.
 * @since 1.8
 */
public native void fullFence();
```

6.14.10 Unsafe 类常见面试考点

（1）Unsafe 的设计原则。
（2）Unsafe 提供的 CAS 方法、线程调度方法和 volatile 相关方法等原理分析。
（3）Unsafe 类的方法在各个并发工具、并发容器中的使用。

6.15 LockSupport

LockSupport 是一个线程阻塞工具类，所有的方法都是静态方法，可以让线程在任意位置阻塞。LockSupport 是用来创建锁和其他同步类的基本线程阻塞原语，LockSupport 提供 park()和 unpark()方法实现阻塞线程和解除线程阻塞。每个使用 LockSupport 的线程都与一个许可（permit）关联。permit 相当于 1 和 0 的开关，默认是 0，线程调用一次 unpark()方法就从 0 变成 1，线程调用一次 park()方法就从 1 变成 0。许可只有 1 个，重复调用 unpark()方法不会造成许可累加。

6.15.1 LockSupport 的使用方式

创建以下测试代码，验证 LockSupport 的阻塞和唤醒功能：

```java
/**
 * @Author : zhouguanya
 * @Project : java-interview-guide
 * @Date : 2020-02-02 10:13
 * @Version : V1.0
 * @Description : LockSupport 使用方式演示
 */
public class LockSupportDemo {
    /**
     * 充当锁对象
     */
    public static Object lock = new Object();
    // 一般企业开发中不建议手动创建线程
    // 此处为了简单起见，手动创建线程
    // 企业开发中应当使用线程池管理线程
    /**
     * 测试线程 1
     */
    static TestThread t1 = new TestThread("测试线程1");
    /**
     * 测试线程 2
     */
    static TestThread t2 = new TestThread("测试线程2");
    /**
     * 测试线程
     */
    public static class TestThread extends Thread {
        public TestThread(String name) {
            super(name);
        }

        @Override
        public void run() {
            synchronized (lock) {
                System.out.println(printDate() + getName() + "获得锁，开始执行");
                System.out.println(printDate() + getName() + "线程阻塞，等待被唤醒");
                LockSupport.park();
                if (Thread.currentThread().isInterrupted()) {
                    System.out.println(printDate() + getName() + "被中断了");
                }
                System.out.println(printDate() + getName() + "继续执行");
            }
            System.out.println(printDate() + getName() + "执行结束");
```

```java
        }
    }
    public static void main(String[] args) throws InterruptedException {
        Thread.currentThread().setName("主线程");
        t1.start();
        System.out.println(printDate() + t1.getName() + "启动");
        Thread.sleep(1000L);
        t2.start();
        System.out.println(printDate() + t2.getName() + "启动");
        Thread.sleep(2000L);
        System.out.println(printDate() + Thread.currentThread().getName()
                + "中断线程" + t1.getName());
        t1.interrupt();
        Thread.sleep(3000L);
        System.out.println(printDate() + Thread.currentThread().getName()
                + "唤醒线程" + t2.getName());
        LockSupport.unpark(t2);
        t1.join();
        t2.join();
    }

    /**
     * 返回时间
     */
    static String printDate() {
        SimpleDateFormat sdf = new SimpleDateFormat("yyyy-MM-dd HH:mm:ss");
        return sdf.format(new Date());
    }
}
```

执行以上测试代码，执行结果如下：

```
2020-02-02 10:48:57 测试线程 1 获得锁，开始执行
2020-02-02 10:48:57 测试线程 1 启动
2020-02-02 10:48:57 测试线程 1 线程阻塞，等待被唤醒
2020-02-02 10:48:58 测试线程 2 启动
2020-02-02 10:49:00 主线程中断线程测试线程 1
2020-02-02 10:49:00 测试线程 1 被中断了
2020-02-02 10:49:00 测试线程 1 继续执行
2020-02-02 10:49:00 测试线程 1 执行结束
2020-02-02 10:49:00 测试线程 2 获得锁，开始执行
2020-02-02 10:49:00 测试线程 2 线程阻塞，等待被唤醒
2020-02-02 10:49:03 主线程唤醒线程测试线程 2
2020-02-02 10:49:03 测试线程 2 继续执行
2020-02-02 10:49:03 测试线程 2 执行结束
```

6.15.2　LockSupport 构造器代码解析

LockSupport 类的构造器被定义为 private，因此 LockSupport 类不可以产生实例化对象。

LockSupport 构造器代码如下：

```
private LockSupport() {} // Cannot be instantiated
```

6.15.3　LockSupport 静态代码块

LockSupport 大量使用了 Unsafe 类的方法。LockSupport 静态代码块的代码如下：

```
// Hotspot implementation via intrinsics API
private static final sun.misc.Unsafe UNSAFE;
private static final long parkBlockerOffset;
private static final long SEED;
private static final long PROBE;
private static final long SECONDARY;
static {
  try {
    UNSAFE = sun.misc.Unsafe.getUnsafe();
    Class<?> tk = Thread.class;
    parkBlockerOffset = UNSAFE.objectFieldOffset
        (tk.getDeclaredField("parkBlocker"));
    SEED = UNSAFE.objectFieldOffset
        (tk.getDeclaredField("threadLocalRandomSeed"));
    PROBE = UNSAFE.objectFieldOffset
        (tk.getDeclaredField("threadLocalRandomProbe"));
    SECONDARY = UNSAFE.objectFieldOffset
        (tk.getDeclaredField("threadLocalRandomSecondarySeed"));
  } catch (Exception ex) { throw new Error(ex); }
}
```

在 LockSupport 类的静态代码块中获取了 Thread 类的 Class 对象，并将各个属性的偏移量定义为常量，供 LockSupport 类的其他方法使用。静态代码块中涉及的 Thread 类的属性代码如下：

```
/**
 * The argument supplied to the current call to
 * java.util.concurrent.locks.LockSupport.park.
 * Set by (private) java.util.concurrent.locks.LockSupport.setBlocker
 * Accessed using java.util.concurrent.locks.LockSupport.getBlocker
 */
volatile Object parkBlocker;

// The following three initially uninitialized fields are exclusively
// managed by class java.util.concurrent.ThreadLocalRandom. These
// fields are used to build the high-performance PRNGs in the
// concurrent code, and we can not risk accidental false sharing.
// Hence, the fields are isolated with @Contended.

/** The current seed for a ThreadLocalRandom */
@sun.misc.Contended("tlr")
long threadLocalRandomSeed;
```

```
/** Probe hash value; nonzero if threadLocalRandomSeed initialized */
@sun.misc.Contended("tlr")
int threadLocalRandomProbe;

/** Secondary seed isolated from public ThreadLocalRandom sequence */
@sun.misc.Contended("tlr")
int threadLocalRandomSecondarySeed;
```

6.15.4　LockSupport 类阻塞方法代码解析

park()方法使线程进入阻塞状态。当 unpark()方法被调用或者阻塞的线程被中断时，被阻塞的线程会被唤醒。park()方法代码如下：

```
public static void park() {
    UNSAFE.park(false, 0L);
}
```

park()方法调用 Unsafe 类的 park()方法使线程阻塞。

park()方法有一个重载的方法，不仅可以使线程阻塞，还可以记录导致此线程阻塞的同步对象。park()方法的重载方法代码如下：

```
public static void park(Object blocker) {
    // 当前线程
    Thread t = Thread.currentThread();
    // 设置当前线程的 parkBlocker 属性，用于记录线程阻塞情况
    setBlocker(t, blocker);
    // 通过 Unsafe 的 park() 方法阻塞线程
    UNSAFE.park(false, 0L);
    // 线程被唤醒以后，清除当前线程的 parkBlocker 属性
    setBlocker(t, null);
}
```

parkNanos()方法可以使线程阻塞指定纳秒的时间，当 unpark()方法被调用、线程被中断或者经过指定的等待时间后，被阻塞的线程会被唤醒。parkNanos()方法代码如下：

```
public static void parkNanos(long nanos) {
    // 如果时间参数大于 0
    if (nanos > 0)
        // 就调用 Unsafe 的 park() 方法阻塞指定时间
        UNSAFE.park(false, nanos);
}
```

parkNanos()方法有一个重载的方法，不仅可以使线程阻塞指定纳秒的时间，还可以记录导致此线程阻塞的同步对象。重载的 parkNanos()方法代码如下：

```
public static void parkNanos(Object blocker, long nanos) {
    // 如果时间参数大于 0
    if (nanos > 0) {
        // 当前线程
        Thread t = Thread.currentThread();
```

```
        // 设置当前线程的parkBlocker属性，用于记录线程阻塞情况
        setBlocker(t, blocker);
        // 通过Unsafe的park()方法阻塞线程
        UNSAFE.park(false, nanos);
        // 线程被唤醒以后，清除当前线程的parkBlocker属性
        setBlocker(t, null);
    }
}
```

parkUntil()方法用于将线程阻塞至指定的日期。当 unpark()方法被调用、线程被中断或者指定日期到达后，被阻塞的线程会被唤醒。parkUntil()方法代码如下：

```
public static void parkUntil(long deadline) {
    // 通过Unsafe的park()方法阻塞线程
    UNSAFE.park(true, deadline);
}
```

parkUntil()方法有一个重载的方法，不仅可以使线程阻塞至指定的日期，还可以记录导致此线程阻塞的同步对象。重载的 parkUntil()方法代码如下：

```
public static void parkUntil(Object blocker, long deadline) {
    // 当前线程
    Thread t = Thread.currentThread();
    // 设置当前线程的parkBlocker属性，用于记录线程阻塞情况
    setBlocker(t, blocker);
    // 通过Unsafe的park()方法阻塞线程
    UNSAFE.park(true, deadline);
    // 线程被唤醒以后，清除当前线程的parkBlocker属性
    setBlocker(t, null);
}
```

6.15.5　LockSupport 类唤醒方法代码解析

unpark()方法用于唤醒阻塞的线程。unpark()方法代码如下：

```
public static void unpark(Thread thread) {
    // 如果线程不等于null
    if (thread != null)
        // 就通过Unsafe的unpark()方法唤醒线程
        UNSAFE.unpark(thread);
}
```

6.15.6　LockSupport 常见面试考点

（1）LockSupport 阻塞/唤醒方法的原理。
（2）AbstractQueuedSynchronizer 等并发组件对 LockSupport 阻塞/唤醒方法的使用。
（3）LockSupport 对 Unsafe 相关方法的使用。

6.16 原 子 类

在多线程环境下执行 i++ 这个操作，并不能保证变量 i 的线程安全性。因为 i++ 其实不是一个原子操作，i++ 是由以下 3 个步骤组成的：

（1）取出变量 i 的值。
（2）执行累加操作。
（3）累加后的结果写回变量 i。

在多线程竞争环境下，以上 3 个步骤可能被不同的线程按照不同的顺序执行，因此无法保证在多线程环境下变量 i 的线程安全。在这种场景下，使用 synchronized/lock 等加锁方式来保证代码块互斥访问可以实现变量线程安全。

除了加锁方式外，Java 提供的原子类也可以解决上述问题。Java 中的原子类都是基于无锁方案实现的。与加锁的方案相比，原子类并没有加锁、解锁和线程切换的消耗。

Java 中的 java.util.concurrent.atomic 包下提供了以下几类原子类：

（1）基本类型原子类
AtomicBoolean 类用于原子性地更新布尔类型。
AtomicInteger 类用于原子性地更新整数类型。
AtomicLong 类用于原子性地更新长整型类型。

（2）引用类型原子类
AtomicReference 类用于原子性地更新引用类型。
AtomicStampedReference 类用于原子性地更新引用类型，可以解决 ABA 问题。
AtomicMarkableReference 类用于原子性地更新引用类型，可以解决 ABA 问题。

（3）数组类型原子类
AtomicIntegerArray 类用于原子性地更新整数类型的数组。
AtomicLongArray 类用于原子性地更新长整型类型的数组。
AtomicReferenceArray 类用于原子性地更新引用类型的数组。

（4）对象字段原子类
AtomicIntegerFieldUpdater 类用于原子性地更新对象中的整数类型字段。
AtomicLongFieldUpdater 类用于原子性地更新对象中的长整型类型字段。
AtomicReferenceFieldUpdater 类用于原子性地更新对象中的引用类型字段。

（5）JDK1.8 新增原子类
LongAccumulator 类用于原子性地更新长整型类型，比 AtomicLong 更优。
LongAdder 类相当于 LongAccumulator 类的一个特例。
DoubleAccumulator 类用于原子性地更新双精度浮点数类型。

DoubleAdder 类相当于 DoubleAccumulator 类的一个特例。

Striped64 类是 LongAccumulator、LongAdder、DoubleAccumulator 和 DoubleAdder 四个类的父类。

6.16.1　AtomicInteger 的使用方式

本节以 AtomicInteger 类为例阐述原子类的使用方式。创建测试代码如下：

```java
/**
 * @Author : zhouguanya
 * @Project : java-interview-guide
 * @Date : 2020-02-02 18:21
 * @Version : V1.0
 * @Description : AtomicInteger 使用方式演示
 */
public class AtomicIntegerDemo {
    /**
     * 累加线程
     */
    static class AddThread implements Runnable {
        /**
         * 计数器
         */
        private AtomicInteger atomicInteger;

        /**
         * 构造器
         *
         * @param atomicInteger 计数器
         */
        AddThread(AtomicInteger atomicInteger) {
            this.atomicInteger = atomicInteger;
        }

        @Override
        public void run() {
            for (int i = 0; i < 10000; i++) {
                atomicInteger.incrementAndGet();
            }
        }
    }

    /**
     * 测试代码
     */
    public static void main(String[] args) throws InterruptedException {
        // 创建 AtomicInteger 对象
        AtomicInteger count = new AtomicInteger(0);
        // 一般企业开发中不建议手动创建线程
```

```java
        // 此处为了简单起见，手动创建线程
        // 企业开发中应当使用线程池管理线程
        // 创建累加线程 1
        Thread thread1 = new Thread(new AddThread(count));
        // 创建累加线程 2
        Thread thread2 = new Thread(new AddThread(count));
        // 启动累加线程 1
        thread1.start();
        // 启动累加线程 2
        thread2.start();
        thread1.join();
        thread2.join();
        // 打印 atomicInteger 被线程 1 和线程 2 累加后的值
        System.out.println("count 累加后的值=" + count.intValue());
    }
}
```

执行以上测试代码，执行结果如下：

```
count 累加后的值=20000
```

6.16.2　AtomicInteger 类的属性

AtomicInteger 保存了一个 volatile 修饰的 int 类型的 value 属性，此属性就是 AtomicInteger 保存的值。value 属性的代码如下：

```java
private volatile int value;
```

AtomicInteger 内部有一个 Unsafe 类型的属性。其代码如下：

```java
// setup to use Unsafe.compareAndSwapInt for updates
private static final Unsafe unsafe = Unsafe.getUnsafe();
private static final long valueOffset;

static {
    try {
        valueOffset = unsafe.objectFieldOffset
            (AtomicInteger.class.getDeclaredField("value"));
    } catch (Exception ex) { throw new Error(ex); }
}
```

6.16.3　AtomicInteger 构造器代码解析

AtomicInteger 无参构造器代码如下：

```java
/**
 * 创建一个初始值为 0 的 AtomicInteger 对象
 */
public AtomicInteger() {
}
```

AtomicInteger 指定初始值的构造器代码如下：

```java
/**
 * 创建指定初始值的 AtomicInteger 对象
 */
public AtomicInteger(int initialValue) {
    value = initialValue;
}
```

6.16.4　AtomicInteger 常用方法代码解析

addAndGet()方法以原子方式将给定值添加到当前值，并返回更新后的值。addAndGet()方法代码如下：

```java
/**
 * 以原子方式将给定值添加到当前值，并返回更新后的值
 *
 * @param delta 要累加的值
 * @return 更新后的值
 */
public final int addAndGet(int delta) {
    return unsafe.getAndAddInt(this, valueOffset, delta) + delta;
}
```

如果 compareAndSet()方法当前值等于期望值，就以原子方式将该值设置为给定的更新值。compareAndSet()方法代码如下：

```java
/**
 * 如果当前值等于期望值，就以原子方式将该值设置为给定的更新值
 *
 * @param expect 期望值
 * @param update 更新值
 * 若@return 执行成功返回 true，否则返回 false
 *
 */
public final boolean compareAndSet(int expect, int update) {
    return unsafe.compareAndSwapInt(this, valueOffset, expect, update);
}
```

decrementAndGet()方法以原子方式将当前值减 1。decrementAndGet()方法代码如下：

```java
/**
 * 以原子方式将当前值减 1
 *
 * @return 返回更新后的值
 */
public final int decrementAndGet() {
    return unsafe.getAndAddInt(this, valueOffset, -1) - 1;
}
```

get()方法返回 AtomicInteger 当前值。get()方法代码如下：

```java
/**
 * 返回当前值
 */
public final int get() {
    return value;
}
```

getAndAdd()方法以原子方式将给定值添加到当前值并返回更新前的值。getAndAdd()方法代码如下：

```java
/**
 * 以原子方式将给定值添加到当前值
 *
 * @param delta 添加值
 * @return 更新前的值
 */
public final int getAndAdd(int delta) {
    return unsafe.getAndAddInt(this, valueOffset, delta);
}
```

getAndSet()方法以原子方式设置为给定值并返回旧值。getAndSet()方法代码如下：

```java
/**
 * 以原子方式设置为给定值并返回旧值
 *
 * @param newValue 新值
 * @return 旧值
 */
public final int getAndSet(int newValue) {
    return unsafe.getAndSetInt(this, valueOffset, newValue);
}
```

incrementAndGet()方法以原子方式将当前值增加 1。incrementAndGet()方法代码如下：

```java
/**
 * 以原子方式将当前值增加 1
 *
 * @return 更新后的值
 */
public final int incrementAndGet() {
    return unsafe.getAndAddInt(this, valueOffset, 1) + 1;
}
```

intValue()方法以 int 的形式返回此 AtomicInteger 的值。intValue()方法代码如下：

```java
/**
 * 以 int 的形式返回此 AtomicInteger 的值
 */
public int intValue() {
    return get();
}
```

6.16.5　ABA 问题

在 CAS 操作中，需要取出内存中某时刻的数据，在下一时刻比较并交换（CAS），这个时间差会导致数据的变化。

假设有以下场景：

（1）线程 1 读取变量 X 的值为 A。
（2）线程 2 读取变量 X 的值为 A。
（3）线程 2 进行了写操作，将变量 X 的值由 A 变为 B。
（4）线程 2 进行了写操作，将变量 X 的值由 B 变为 A。
（5）线程 1 进行 CAS 操作，发现 X 的值仍然是 A，线程 1 执行 CAS 成功。

分析以上场景，尽管线程 1 的 CAS 操作成功，但线程 1 并不知道变量 X 的值发生过变更。这样的问题就是 ABA 类问题。在某些场景下，ABA 问题可能会引发严重的后果。在开发过程中，如果想避免 ABA 问题的发生，就可以使用 AtomicStampedReference 类或者 AtomicMarkableReference 类。下面以 AtomicInteger 类和 AtomicStampedReference 类的测试代码为例，验证 AtomicInteger 类无法发现 ABA 问题，AtomicStampedReference 类可以发现 ABA 问题。

创建测试代码如下：

```java
/**
 * @Author : zhouguanya
 * @Project : java-interview-guide
 * @Date : 2020-02-02 23:23
 * @Version : V1.0
 * @Description : ABA 问题演示
 */
public class AbaDemo {
    /**
     * 创建 AtomicInteger 对象，初始值为 100
     */
    private static AtomicInteger ABA = new AtomicInteger(100);

    /**
     * 创建 AtomicStampedReference 对象，初始值为 100
     */
    private static AtomicStampedReference<Integer> NOT_ABA
        = new AtomicStampedReference<Integer>(100, 0);

    /**
     * 测试代码
     */
    public static void main(String[] args) throws InterruptedException {
        // 一般企业开发中不建议手动创建线程
        // 此处为了简单起见，手动创建线程
        // 企业开发中应当使用线程池管理线程
        // 模拟发生 ABA 问题
```

```java
Thread thread1 = new Thread(() -> {
    // 发生 ABA 问题
    // 线程 thread1 将 ABA 的值从 100 变成 101
    ABA.compareAndSet(100, 101);
    // 线程 thread1 将 ABA 的值从 101 变成 100
    ABA.compareAndSet(101, 100);
});

Thread thread2 = new Thread(() -> {
    try {
        // 线程 thread2 休眠 1 秒
        TimeUnit.SECONDS.sleep(1);
    } catch (InterruptedException e) {

    }
    // 线程 thread2 将 ABA 的值从 100 变成 101
    boolean abaResult = ABA.compareAndSet(100, 101);
    System.out.println("线程thread2将ABA的值从100变成101的执行结果 = "
            + abaResult);
});
// 启动线程
thread1.start();
thread2.start();
thread1.join();
thread2.join();

Thread thread3 = new Thread(() -> {
    try {
        // 线程 thread3 休眠 1 秒
        TimeUnit.SECONDS.sleep(1);
    } catch (InterruptedException e) {

    }
    // 线程 thread3 将 NOT_ABA 从 100 变成 101
    NOT_ABA.compareAndSet(100, 101,
            NOT_ABA.getStamp(), NOT_ABA.getStamp() + 1);
    // 线程 thread3 将 NOT_ABA 从 101 变成 100
    NOT_ABA.compareAndSet(101, 100,
            NOT_ABA.getStamp(), NOT_ABA.getStamp() + 1);
    System.out.println("线程thread3获取NOT_ABA的stamp = "
            + NOT_ABA.getStamp());
});

Thread thread4 = new Thread(() -> {
    // stamp 发生变化
    int stamp = NOT_ABA.getStamp();
    System.out.println("线程thread4获取NOT_ABA的stamp = " + stamp);
    try {
        // 线程 thread3 休眠 2 秒
        TimeUnit.SECONDS.sleep(2);
    } catch (InterruptedException e) {
```

```
                boolean atomicStampedReferenceResult = NOT_ABA
                        .compareAndSet(100,
                    101, stamp, stamp + 1);
                System.out.println("线程 thread4 将 NOT_ABA 的值从 100 变成 101 的执行结果是 = "
                        + atomicStampedReferenceResult);
            });
        thread3.start();
        thread4.start();
    }
}
```

执行以上代码，执行结果如下：

```
线程 thread2 将 ABA 的值从 100 变成 101 的执行结果是 = true
线程 thread4 获取 NOT_ABA 的 stamp = 0
线程 thread3 获取 NOT_ABA 的 stamp = 2
线程 thread4 将 NOT_ABA 的值从 100 变成 101 的执行结果是 = false
```

6.16.6　AtomicStampedReference 代码解析

AtomicStampedReference 的内部类 Pair 维护了带有版本号的应用对象。内部类 Pair 的代码如下：

```java
private static class Pair<T> {
    // 对象引用
    final T reference;
    // 版本号
    final int stamp;
    // 私有构造器
    private Pair(T reference, int stamp) {
        this.reference = reference;
        this.stamp = stamp;
    }
    // 创建一个 Pair 对象
    static <T> Pair<T> of(T reference, int stamp) {
        return new Pair<T>(reference, stamp);
    }
}
```

AtomicStampedReference 的属性如下：

```java
private volatile Pair<V> pair;
private static final sun.misc.Unsafe UNSAFE = sun.misc.Unsafe.getUnsafe();
private static final long pairOffset =
        objectFieldOffset(UNSAFE, "pair", AtomicStampedReference.class);
```

AtomicStampedReference 只有一个构造器，需要传入目标对象与初始版本号。构造器代码如下：

```java
public AtomicStampedReference(V initialRef, int initialStamp) {
```

```java
        pair = Pair.of(initialRef, initialStamp);
    }
```

compareAndSet()方法用于以原子方式设置引用和版本号的值。compareAndSet()方法代码如下：

```java
/**
 * 以原子方式设置引用和版本号的值
 *
 * @param expectedReference 引用的期望值
 * @param newReference 引用的新值
 * @param expectedStamp 版本号的期望值
 * @param newStamp 版本号的新值
 * @return 更新成功返回 true，否则返回 false
 */
public boolean compareAndSet(V   expectedReference,
                             V   newReference,
                             int expectedStamp,
                             int newStamp) {
    Pair<V> current = pair;
    return
        expectedReference == current.reference &&
        expectedStamp == current.stamp &&
        ((newReference == current.reference &&
          newStamp == current.stamp) ||
         casPair(current, Pair.of(newReference, newStamp)));
}
```

compareAndSet()方法的执行流程如下：

（1）若原引用不等于期望引用，则方法返回 false，否则执行步骤（2）。

（2）若原版本号不等于期望版本号，则方法返回 false，否则执行步骤（3）。

（3）若原引用与新引用相等并且原版本号与新版本号相等，则不需要修改引用和版本号，方法返回 true，否则执行步骤（4）。

（4）调用 casPair()方法进行原子性的更新。

compareAndSet()方法调用的 casPair()方法代码如下：

```java
private boolean casPair(Pair<V> cmp, Pair<V> val) {
    return UNSAFE.compareAndSwapObject(this, pairOffset, cmp, val);
}
```

6.16.7　原子类常见面试考点

（1）原子类主要解决的问题。

（2）原子类的实现原理。

（3）ABA 问题及解决方式。

（4）AtomicStampedReference 的实现原理。

6.17 线程池

线程池是企业开发中常用的一种多线程处理形式,线程池中维护了一定数量的线程,线程池内的线程可以并发执行外部提交的多个任务。本书多处代码注释中提到,企业开发中不建议开发人员手动创建线程,原因是开发人员手动创建的线程在运行结束后都会被虚拟机销毁,如果线程数量多的话,那么频繁地创建和销毁线程会大大浪费时间和效率。线程池可以充分复用线程,让线程持续不断地处理任务,有效避免频繁地创建和销毁线程。

6.17.1 ThreadPoolExecutor 的使用方式

线程池的标准创建方式是通过 ThreadPoolExecutor 类。下面通过 ThreadPoolExecutor 类创建线程池。

创建线程池中执行的任务类。其代码如下:

```java
/**
 * @Author : zhouguanya
 * @Project : java-interview-guide
 * @Date : 2020-02-03 12:33
 * @Version : V1.0
 * @Description : 创建任务类
 */
public class RunnableTask implements Runnable {
    /**
     * 任务名
     */
    private String name;

    /**
     * 构造器
     */
    public RunnableTask(String name) {
        this.name = name;
    }

    /**
     * 重写 run()方法
     */
    @Override
    public void run() {
        try {
            System.out.println(IgnorePolicy.printDate()
                    + this + "处理开始");
            // 让任务执行慢点, 休眠 3 秒
```

```java
            Thread.sleep(3000);
        } catch (InterruptedException e) {
            e.printStackTrace();
        }
        System.out.println(IgnorePolicy.printDate()
                + this + "处理结束");
    }

    @Override
    public String toString() {
        return "任务[name=" + name + "]";
    }
}
```

线程池从线程工厂创建线程。线程工厂代码如下：

```java
/**
 * @Author : zhouguanya
 * @Project : java-interview-guide
 * @Date : 2020-02-03 12:36
 * @Version : V1.0
 * @Description : 创建线程工厂
 */
public class NamedTreadFactory implements ThreadFactory {
    /**
     * 生成线程编号
     */
    private final AtomicInteger threadId = new AtomicInteger(1);

    /**
     * 重写newThread()方法
     */
    @Override
    public Thread newThread(Runnable runnable) {
        Thread t = new Thread(runnable, "线程-"
                + threadId.getAndIncrement());
        System.out.println(IgnorePolicy.printDate()
                + t.getName() + "被创建");
        return t;
    }
}
```

线程池处于饱和状态时将拒绝执行处理程序。拒绝执行处理程序代码如下：

```java
/**
 * @Author : zhouguanya
 * @Project : java-interview-guide
 * @Date : 2020-02-03 12:38
 * @Version : V1.0
 * @Description : 创建线程池拒绝执行处理程序
 */
public class IgnorePolicy implements RejectedExecutionHandler {
```

```java
    /**
     * 重写rejectedExecution()方法
     */
    @Override
    public void rejectedExecution(Runnable runnable, ThreadPoolExecutor e) {
        doLog(runnable, e);
    }

    /**
     * 打印日志
     */
    private void doLog(Runnable runnable, ThreadPoolExecutor e) {
        // 可做日志记录等
        System.err.println(printDate() + runnable.toString() + "被拒绝");
    }

    /**
     * 返回时间
     */
    static String printDate(){
        SimpleDateFormat sdf = new SimpleDateFormat("yyyy-MM-dd HH:mm:ss");
        return sdf.format(new Date()) + " ";
    }
}
```

创建测试代码验证线程池的创建和使用。测试代码如下:

```java
/**
 * @Author : zhouguanya
 * @Project : java-interview-guide
 * @Date : 2020-02-03 15:14
 * @Version : V1.0
 * @Description : ThreadPoolExecutor使用方式演示
 */
public class ThreadPoolExecutorDemo {
    public static void main(String[] args) {
        /* 核心线程池的大小 */
        int corePoolSize = 2;
        /* 核心线程池的最大线程数 */
        int maxPoolSize = 4;
        /* 线程最大空闲时间 */
        long keepAliveTime = 10;
        /* 时间单位 */
        TimeUnit unit = TimeUnit.SECONDS;
        /* 阻塞队列，容量为2 */
        BlockingQueue<Runnable> workQueue
                = new ArrayBlockingQueue<>(2);
        /* 线程创建工厂 */
        ThreadFactory threadFactory = new NamedTreadFactory();
        /* 线程池拒绝策略 */
        RejectedExecutionHandler handler = new IgnorePolicy();
```

```java
        ThreadPoolExecutor executor = null;
        try {
            /* 推荐的创建线程池的方式 */
            executor = new ThreadPoolExecutor(corePoolSize,
                    maxPoolSize, keepAliveTime, unit,
                    workQueue, threadFactory, handler);
            /* 预启动所有核心线程，提升线程池执行效率 */
            executor.prestartAllCoreThreads();
            /* 任务数量 */
            int count = 10;
            // 向线程池提交任务
            for (int i = 1; i <= count; i++) {
                RunnableTask task
                        = new RunnableTask(String.valueOf(i));
                executor.submit(task);
            }
        } finally {
            // 关闭线程池
            assert executor != null;
            executor.shutdown();
        }
    }
}
```

执行以上测试代码，执行结果如下：

```
2020-02-03 16:04:13 线程-1 被创建
2020-02-03 16:04:13 线程-2 被创建
2020-02-03 16:04:13 线程-3 被创建
2020-02-03 16:04:13 任务[name=2]处理开始
2020-02-03 16:04:13 任务[name=1]处理开始
2020-02-03 16:04:13 任务[name=3]处理开始
2020-02-03 16:04:13 线程-4 被创建
2020-02-03 16:04:13 任务[name=6]处理开始
2020-02-03 16:04:13 java.util.concurrent.FutureTask@1be6f5c3 被拒绝
2020-02-03 16:04:13 java.util.concurrent.FutureTask@6b884d57 被拒绝
2020-02-03 16:04:13 java.util.concurrent.FutureTask@38af3868 被拒绝
2020-02-03 16:04:13 java.util.concurrent.FutureTask@77459877 被拒绝
2020-02-03 16:04:16 任务[name=2]处理结束
2020-02-03 16:04:16 任务[name=6]处理结束
2020-02-03 16:04:16 任务[name=1]处理结束
2020-02-03 16:04:16 任务[name=3]处理结束
2020-02-03 16:04:16 任务[name=4]处理开始
2020-02-03 16:04:16 任务[name=5]处理开始
2020-02-03 16:04:19 任务[name=4]处理结束
2020-02-03 16:04:19 任务[name=5]处理结束
```

6.17.2 ThreadPoolExecutor 构造器代码解析

ThreadPoolExecutor 使用默认线程工厂的构造器代码如下：

```java
public ThreadPoolExecutor(int corePoolSize,
                          int maximumPoolSize,
                          long keepAliveTime,
                          TimeUnit unit,
                          BlockingQueue<Runnable> workQueue,
                          RejectedExecutionHandler handler) {
    this(corePoolSize, maximumPoolSize, keepAliveTime, unit, workQueue,
        Executors.defaultThreadFactory(), handler);
}
```

ThreadPoolExecutor 使用默认拒绝执行处理程序的构造器代码如下：

```java
public ThreadPoolExecutor(int corePoolSize,
                          int maximumPoolSize,
                          long keepAliveTime,
                          TimeUnit unit,
                          BlockingQueue<Runnable> workQueue,
                          ThreadFactory threadFactory) {
    this(corePoolSize, maximumPoolSize, keepAliveTime, unit, workQueue,
        threadFactory, defaultHandler);
}
```

ThreadPoolExecutor 使用默认线程工厂和默认拒绝执行处理程序的构造器代码如下：

```java
public ThreadPoolExecutor(int corePoolSize,
                          int maximumPoolSize,
                          long keepAliveTime,
                          TimeUnit unit,
                          BlockingQueue<Runnable> workQueue) {
    this(corePoolSize, maximumPoolSize, keepAliveTime, unit, workQueue,
        Executors.defaultThreadFactory(), defaultHandler);
}
```

以上 3 个构造器都会调用下面这个重载的构造器：

```java
/**
 * ThreadPoolExecutor 构造器
 *
 * @param corePoolSize 核心线程数
 * @param maximumPoolSize 最大线程数
 * @param keepAliveTime 线程最大空闲时间
 * @param unit 时间单位
 * @param workQueue 待执行任务的队列
 * @param threadFactory 创建新线程的线程工厂
 * @param handler 线程池拒绝执行处理程序
 * @throws IllegalArgumentException
 * @throws NullPointerException
 */
public ThreadPoolExecutor(int corePoolSize,
                          int maximumPoolSize,
                          long keepAliveTime,
                          TimeUnit unit,
                          BlockingQueue<Runnable> workQueue,
```

```java
                       ThreadFactory threadFactory,
                       RejectedExecutionHandler handler) {
    // 参数合法性校验
    if (corePoolSize < 0 ||
        maximumPoolSize <= 0 ||
        maximumPoolSize < corePoolSize ||
        keepAliveTime < 0)
        throw new IllegalArgumentException();
    // 参数非空校验
    if (workQueue == null || threadFactory == null || handler == null)
        throw new NullPointerException();
    this.acc = System.getSecurityManager() == null ?
            null :
            AccessController.getContext();
    this.corePoolSize = corePoolSize;
    this.maximumPoolSize = maximumPoolSize;
    this.workQueue = workQueue;
    this.keepAliveTime = unit.toNanos(keepAliveTime);
    this.threadFactory = threadFactory;
    this.handler = handler;
}
```

ThreadPoolExecutor 构造器的核心参数含义如下：

（1）int corePoolSize：线程池内的核心线程的数量。如果属性 allowCoreThreadTimeOut 为 false（allowCoreThreadTimeOut 的默认值是 false），那么核心线程即使处于空闲状态也不会被回收。如果属性 allowCoreThreadTimeOut 为 true，那么核心线程也可以被销毁。

（2）int maximumPoolSize：线程池可容纳的最大线程数量。

（3）long keepAliveTime：空闲线程等待新任务的最大等待时间。

（4）TimeUnit unit：keepAliveTime 的时间单位。

（5）BlockingQueue<Runnable> workQueue：在任务被执行之前用于保存任务的队列。

（6）ThreadFactory threadFactory：线程池创建新线程时使用的线程工厂。

（7）RejectedExecutionHandler handler：线程池的拒绝执行处理程序。

参数 workQueue 可以是 ArrayBlockingQueue、LinkedBlockingQueue 或 DelayQueue 等任意一种阻塞队列。例如在 Executors 类中创建固定线程数的线程池 newFixedThreadPool()方法使用的是 LinkedBlockingQueue 队列。newFixedThreadPool()方法代码如下：

```java
public static ExecutorService newFixedThreadPool(int nThreads) {
    return new ThreadPoolExecutor(nThreads, nThreads,
                                  0L, TimeUnit.MILLISECONDS,
                                  new LinkedBlockingQueue<Runnable>());
}
```

从 newFixedThreadPool()方法调用的 ThreadPoolExecutor 构造器可知，此方法创建的线程池其核心线程数量与最大线程数量相等，使用一个容量为 $2^{31}-1$ 的 LinkedBlockingQueue 阻塞队列存储待执行任务。LinkedBlockingQueue 构造器代码如下：

```
/**
```

```
 * Creates a {@code LinkedBlockingQueue} with a capacity of
 * {@link Integer#MAX_VALUE}.
 */
public LinkedBlockingQueue() {
    this(Integer.MAX_VALUE);
}
```

newFixedThreadPool()方法创建的阻塞队列的容量可以认为是无限大的,在高并发环境下,如果提交到线程池的任务过多,就会造成 LinkedBlockingQueue 阻塞队列中存储的元素过多,在极端情况下可能会造成 JVM 内存溢出。

Executors 类的多个创建线程池的方法都存在性能和安全等方面的风险,这就是为什么 1.5 节安装的阿里巴巴编码规范插件不推荐使用 Executors 类的 API 创建线程池,而推荐使用 ThreadPoolExecutor 类创建线程池的原因。

Executors 类提供了默认的线程工厂实现类 DefaultThreadFactory。DefaultThreadFactory 类代码如下:

```
/**
 * The default thread factory
 */
static class DefaultThreadFactory implements ThreadFactory {
    private static final AtomicInteger poolNumber = new AtomicInteger(1);
    private final ThreadGroup group;
    private final AtomicInteger threadNumber = new AtomicInteger(1);
    private final String namePrefix;
    /**
     * 构造器
     */
    DefaultThreadFactory() {
        SecurityManager s = System.getSecurityManager();
        group = (s != null) ? s.getThreadGroup() :
                              Thread.currentThread().getThreadGroup();
        namePrefix = "pool-" +
                      poolNumber.getAndIncrement() +
                     "-thread-";
    }
    /**
     * 创建线程
     */
    public Thread newThread(Runnable r) {
        Thread t = new Thread(group, r,
                              namePrefix + threadNumber.getAndIncrement(),
                              0);
        if (t.isDaemon())
            t.setDaemon(false);
        if (t.getPriority() != Thread.NORM_PRIORITY)
            t.setPriority(Thread.NORM_PRIORITY);
        return t;
    }
}
```

在 ThreadPoolExecutor 类中包含以下 4 种线程池拒绝执行处理程序：

（1）AbortPolicy：当线程池饱和后，抛出 RejectedExecutionException 异常。

（2）CallerRunsPolicy：当线程池饱和后，由提交任务的线程执行任务。

（3）DiscardOldestPolicy：丢弃阻塞队列中最早入队的任务。

（4）DiscardPolicy：默默地丢弃任务。

6.17.3 ThreadPoolExecutor 工作流程

ThreadPoolExecutor 类的执行流程如图 6-32 所示。

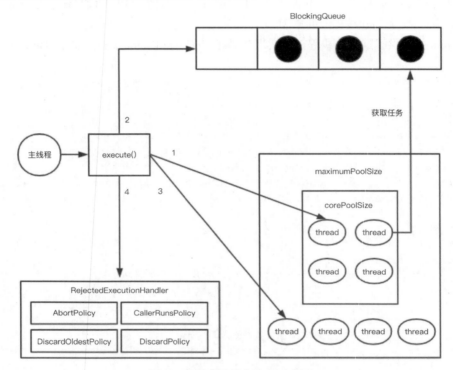

图 6-32　线程池执行流程示意图

当提交任务到线程池执行时，线程池的状态变化如下：

（1）当线程池内的线程数量少于 corePoolSize 时，线程池创建新线程用于执行提交到线程池的任务。

（2）当线程池内的线程数量大于等于 corePoolSize 时，任务将进入阻塞队列，等待核心线程执行。如果阻塞队列没有达到最大容量，那么任务入队成功，否则执行步骤（3）。

（3）当线程池内的线程数量大于等于 corePoolSize 并且阻塞队列已满时，线程池内就会创建新的非核心线程用于执行任务。如果线程池内的数量小于 maximumPoolSize，那么创建非核心线程成功，否则执行步骤（4）。

（4）当线程池中的线程数量等于 maximumPoolSize 时，线程池拒绝执行处理程序。

6.17.4 ThreadPoolExecutor 内部类 Worker 代码解析

线程池中的每个线程都是一个 Worker 对象，Worker 类是 ThreadPoolExecutor 类的内部类，继承自 AbstractQueuedSynchronizer 类并实现了 Runnable 接口。Worker 类实现了简单的不可重入的互斥锁。Worker 类的声明如下：

```
private final class Worker
    extends AbstractQueuedSynchronizer
    implements Runnable
```

Worker 类的属性如下：

```
/** 线程对象 */
final Thread thread;
/** 工作线程要运行的初始任务 */
Runnable firstTask;
/** 每线程任务计数器 */
volatile long completedTasks;
```

Worker 类的构造器代码如下：

```
/**
 * 创建带有指定初始任务的 Worker 对象
 * @param firstTask the first task (null if none)
 */
Worker(Runnable firstTask) {
    // 设置 state 状态为-1
    setState(-1); // inhibit interrupts until runWorker
    // 工作线程要运行的初始任务
    this.firstTask = firstTask;
    // 通过线程工厂创建线程
    this.thread = getThreadFactory().newThread(this);
}
```

Worker 类重写了 run() 方法，调用外部类 ThreadPoolExecutor 的 runWorker() 方法。

```
/** Delegates main run loop to outer runWorker */
public void run() {
    runWorker(this);
}
```

Worker 类重写的 AbstractQueuedSynchronizer 类的方法如下：

```
// Lock methods
//
// 0 表示无锁状态
// 1 表示加锁状态

protected boolean isHeldExclusively() {
    // 判断 state 状态是否为 0.
    return getState() != 0;
}
```

```java
}

/**
 * 尝试加锁
 */
protected boolean tryAcquire(int unused) {
    // 设置 state 状态为 1
    if (compareAndSetState(0, 1)) {
        // 设置当前线程为锁的持有者
        setExclusiveOwnerThread(Thread.currentThread());
        return true;
    }
    return false;
}

/**
 * 尝试解锁
 */
protected boolean tryRelease(int unused) {
    setExclusiveOwnerThread(null);
    // 设置 state 状态为 0
    setState(0);
    return true;
}
```

Worker 类提供加锁和解锁类的方法代码如下：

```java
// 加锁
public void lock()         { acquire(1); }
// 尝试加锁
public boolean tryLock()   { return tryAcquire(1); }
// 解锁
public void unlock()       { release(1); }
// 判断是否处于加锁状态
public boolean isLocked()  { return isHeldExclusively(); }
```

Worker 类的线程中断方法代码如下：

```java
void interruptIfStarted() {
    Thread t;
    if (getState() >= 0 && (t = thread) != null && !t.isInterrupted()) {
        try {
            t.interrupt();
        } catch (SecurityException ignore) {
        }
    }
}
```

6.17.5 ThreadPoolExecutor 的状态

线程池的状态和线程数量是通过 ThreadPoolExecutor 内部的 ctl 属性控制的，ctl 是一个原子性的 int 类型的变量，其高 3 位表示线程池的状态，低 29 位表示线程池内的线程数。ctl 的代码如下：

```
// 用来标记线程池状态（高3位）和线程个数（低29位）
// 默认是 RUNNING 状态，线程个数为 0
private final AtomicInteger ctl = new AtomicInteger(ctlOf(RUNNING, 0));
```

从 ctl 的初始值可知，线程池的初始状态是 RUNNING，线程池初始的线程数量为 0。

封装和解析 ctl 的相关方法如下：

```
// Packing and unpacking ctl
private static int runStateOf(int c)     { return c & ~CAPACITY; }
private static int workerCountOf(int c)  { return c & CAPACITY; }
private static int ctlOf(int rs, int wc) { return rs | wc; }
```

ThreadPoolExecutor 的 COUNT_BITS 属性表示用 int 类型的低 29 位记录线程池内线程的数量。COUNT_BITS 属性的代码如下：

```
// Integer 是 32 位，所以 COUNT_BITS 等于 29 位
private static final int COUNT_BITS = Integer.SIZE - 3;
```

ThreadPoolExecutor 的 CAPACITY 属性表示线程池的最大容量，即线程池最多可以容纳 $2^{29}-1$ 个线程。CAPACITY 用二进制表示为 00011111111111111111111111111111。

```
// 线程最大个数(低29位)00011111111111111111111111111111
private static final int CAPACITY   = (1 << COUNT_BITS) - 1;
```

线程池有以下几种状态：

（1）RUNNING

当线程池处于 RUNNING 状态时，可以执行提交到线程池的新任务和阻塞队列中的待执行任务。RUNNING 用二进制表示为 11100000000000000000000000000000。

```
// RUNNING 状态即 11100000000000000000000000000000
// 该状态的线程池会接收新任务，也会处理在阻塞队列中等待处理的任务
private static final int RUNNING    = -1 << COUNT_BITS;
```

（2）SHUTDOWN

当线程池处于 SHUTDOWN 状态时，线程池不再接收新任务，但还可以继续处理阻塞队列中待处理的任务。SHUTDOWN 用二进制表示为 00000000000000000000000000000000。

```
// SHUTDOWN 状态即 00000000000000000000000000000000
// 该状态的线程池不会再接收新任务，但还会处理已经提交到阻塞队列中等待处理的任务
private static final int SHUTDOWN   =  0 << COUNT_BITS;
```

（3）STOP

当线程池处于 STOP 状态时，线程池不再接收新任务，也不处理阻塞队列中的任务，中断运

行中的线程。STOP 用二进制表示为 00100000000000000000000000000000。

```
// STOP 状态即 00100000000000000000000000000000
// 该状态的线程池不会再接收新任务，不会处理在阻塞队列中等待的任务
// 而且还会中断正在运行的线程
private static final int STOP       = 1 << COUNT_BITS;
```

（4）TIDYING

当线程池处于 TIDYING 状态时，线程池所有任务都被终止了，workerCount 为 0，线程将执行 terminated()方法。TIDYING 用二进制表示为 01000000000000000000000000000000。

```
// TIDYING 状态即 01000000000000000000000000000000
// 该状态的线程池所有任务都被终止了，workerCount 为 0
// 为此状态时还将调用 terminated()方法
private static final int TIDYING    = 2 << COUNT_BITS;
```

（5）TERMINATED

当线程执行 terminated()方法后，线程池处于 TERMINATED 状态。TERMINATED 用二进制表示为 01100000000000000000000000000000。

```
// TERMINATED 状态即 01100000000000000000000000000000
// terminated()方法调用完成后变成此状态
private static final int TERMINATED = 3 << COUNT_BITS;
```

线程池各状态间的转换如图 6-33 所示。

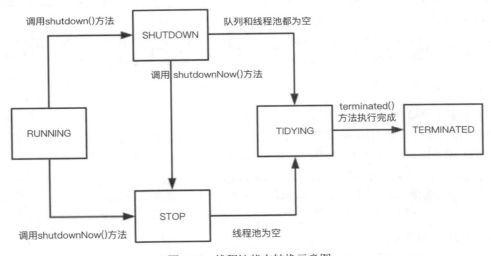

图 6-33　线程池状态转换示意图

当线程池处于 RUNNING 状态时，调用线程池的 shutdown()方法或者调用线程池的 finalize()方法，finalize()方法调用了 shutdown()方法后，线程池将从 RUNNING 状态转换到 SHUTDOWN 状态。

当线程池处于 RUNNING 或 SHUTDOWN 状态时，调用线程池的 shutdownNow()方法后，线程池将从 RUNNING 或 SHUTDOWN 状态转换到 STOP 状态。

当线程池处于 SHUTDOWN 状态，并且阻塞队列和线程池都为空时，线程池将从 SHUTDOWN

状态转换到 TIDYING 状态。

当线程池处于 STOP 状态,并且线程池为空时,线程池将从 STOP 状态转换到 TIDYING 状态。

当线程池处于 TIDYING 状态时,terminated()方法执行后,线程池将从 TIDYING 状态转换到 TERMINATED 状态。

6.17.6　ThreadPoolExecutor 提交任务代码解析

AbstractExecutorService 类是 ThreadPoolExecutor 类的父类,AbstractExecutorService 类继承自 ExecutorService 接口并实现了若干个 submit()方法,submit()方法用于将任务提交到线程池执行。ThreadPoolExecutor 类图如图 6-34 所示。

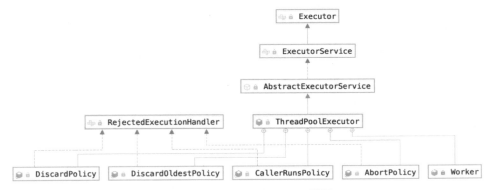

图 6-34　ThreadPoolExecutor 类图

AbstractExecutorService 类的 submit()方法首先通过 newTaskFor()方法创建一个任务,然后调用 ThreadPoolExecutor 的 execute()方法执行任务。

```
/**
 * 接收 Callable 对象的 submit()方法
 *
 * @throws RejectedExecutionException {@inheritDoc}
 * @throws NullPointerException       {@inheritDoc}
 */
public <T> Future<T> submit(Callable<T> task) {
    if (task == null) throw new NullPointerException();
    // 调用 newTaskFor()方法创建一个任务
    RunnableFuture<T> ftask = newTaskFor(task);
    // 调用 execute()方法执行任务
    execute(ftask);
    return ftask;
}

/**
 * 接收 Runnable 对象的提交任务方法
 *
 * @throws RejectedExecutionException {@inheritDoc}
 * @throws NullPointerException       {@inheritDoc}
```

```java
 */
public Future<?> submit(Runnable task) {
    if (task == null) throw new NullPointerException();
    // 调用newTaskFor()方法创建一个任务
    RunnableFuture<Void> ftask = newTaskFor(task, null);
    // 调用execute()方法执行任务
    execute(ftask);
    return ftask;
}

/**
 * 接收Runnable和返回值对象的提交任务方法
 *
 * @throws RejectedExecutionException {@inheritDoc}
 * @throws NullPointerException       {@inheritDoc}
 */
public <T> Future<T> submit(Runnable task, T result) {
    if (task == null) throw new NullPointerException();
    // 调用newTaskFor()方法创建一个任务
    RunnableFuture<T> ftask = newTaskFor(task, result);
    // 调用execute()方法执行任务
    execute(ftask);
    return ftask;
}
```

AbstractExecutorService 类有两个重载的 newTaskFor() 方法，newTaskFor() 方法代码如下：

```java
protected <T> RunnableFuture<T> newTaskFor(Callable<T> callable) {
    return new FutureTask<T>(callable);
}

protected <T> RunnableFuture<T> newTaskFor(Runnable runnable, T value) {
    return new FutureTask<T>(runnable, value);
}
```

newTaskFor() 方法返回一个 FutureTask 对象。FutureTask 类实现 RunnableFuture 接口。FutureTask 表示可取消的异步计算任务。FutureTask 类图如图 6-35 所示。

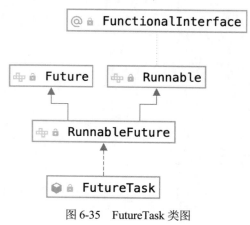

图 6-35　FutureTask 类图

6.17.7　ThreadPoolExecutor 类 execute()方法代码解析

ThreadPoolExecutor 类的 execute()方法执行给定的任务。线程池可能创建新线程执行任务，也可能使用已有的线程执行任务。execute()方法代码如下：

```
/**
 * 执行给定的任务
 * 用一个新线程执行，或者用一个线程池中已经存在的线程执行这个任务
 * 如果任务无法被提交执行，或者因为线程池已经被关闭
 * 或者线程池已经达到其容量上限
 * 任务会被线程池的拒绝执行处理程序处理
 */
public void execute(Runnable command) {
    // 任务非空校验
    if (command == null)
        // 任务为空，抛出 NullPointerException 异常
        throw new NullPointerException();

    /*
     * 执行流程分为以下 3 种情况
     *
     * 1. 如果当前线程池中的线程数量少于 corePoolSize，就尝试创建一个新线程执行任务，
     * command 作为这个线程的第一个任务
     *
     * 2. 如果不满足第 1 种情况，即当前线程池中的线程不小于 corePoolSize
     *    如果任务成功进入队列，就需要重校验确认是否应该新建一个线程
     *    因为可能存在有些线程在上次检查后消亡或者进入这个方法后，线程池被关闭了
     *    所以需要再次检查线程池状态，如果线程池停止了，就需要回滚入队的任务
     *    如果线程池中没有线程，就创建一个新线程
     *
     * 3. 如果无法将任务加入队列（可能队列满了），就需要创建新的线程
     *    如果创建新线程成功，线程池内的线程池数将会增加
     *    如果创建新线程失败，就说明线程池关闭或者饱和了，执行拒绝任务
     */

    // 获取 ctl 的值。ctl 是 AtomicInteger 类型的变量
    // 保存了线程池状态（高 3 位）和线程个数（低 29 位）
    int c = ctl.get();

    /**
     * 1.如果当前线程池中的线程数量少于 corePoolSize
     */
    if (workerCountOf(c) < corePoolSize) {
        // addWorker()方法添加工作线程成功，结束
        if (addWorker(command, true))
            // 方法返回
            return;

        /**
```

```
     * 如果 addWorker() 方法添加工作线程失败, 就再次获取 c
     * 失败的原因可能是:
     * a.线程池进入 SHUTDOWN 状态, SHUTDOWN 状态的线程池不再接收新任务
     * b.workerCountOf(c) < corePoolSize
     * 判断后, 由于并发原因, 别的线程先创建了 worker 线程
     * 导致当前线程池内的线程数大于 corePoolSize
     */
    c = ctl.get();
}

/**
 * 2.当前线程池中的线程不小于 corePoolSize, 进入这个条件分支
 * 如果线程池为 RUNNING 状态, 且将任务加入队列成功
 */
if (isRunning(c) && workQueue.offer(command)) {
    // 再次校验位
    int recheck = ctl.get();

    /**
     * 再次校验放入 workerQueue 中的任务是否能被执行
     * a.如果线程池不是 RUNNING 状态, 就拒绝添加新任务, 从阻塞队列中删除任务
     * b.如果线程池是 RUNNING 状态
     * 或者线程池不是 RUNNING 状态, 但从阻塞队列中删除任务失败
     * (可能刚好有一个线程执行完毕, 并消耗了这个任务),
     * 确保还有线程执行任务 (只要有一个就够了)
     */

    // 如果在再次校验的过程中, 线程池不是 RUNNING 状态
    // 并且 remove(command)删除任务成功, 就拒绝这个任务
    if (! isRunning(recheck) && remove(command))
        // 拒绝任务
        reject(command);
    // 如果上面的 if 条件没有满足, 就走到 else if 分支
    // 如果当前 worker 数量为 0, 就通过 addWorker(null, false)方法创建一个线程
    else if (workerCountOf(recheck) == 0)
        // 第一个参数为 null, 说明创建一个新线程, 这个线程没有初始任务
        // 第二个参数为 true 代表创建的是核心线程, 占用 corePoolSize
        // 如果参数为 false 代表创建的是非核心线程, 占用 maxPoolSize
        addWorker(null, false);

}
/**
 * 3.如果线程池不是 RUNNING 状态或者任务无法入队
 *   就尝试创建新线程
 *   如果 addWork(command, false)失败了, 就拒绝这个任务
 */
else if (!addWorker(command, false))
    // 拒绝任务
    reject(command);
}
```

execute()方法执行流程如图 6-36 所示。

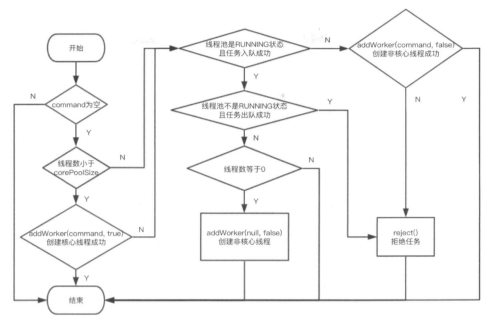

图 6-36　execute()方法执行流程图

execute()方法执行步骤如下：

（1）如果 execute()方法执行的任务为 null，就抛出 NullPointerException 异常，否则执行步骤（2）。

（2）如果当前线程池中的线程少于 corePoolSize，就通过 addWorker(command, true)方法创建一个核心线程用于处理任务，此线程的初始任务是 command 任务。如果创建核心线程成功，那么 execute()方法执行结束，否则执行步骤（3）。

（3）如果线程池是 RUNNING 状态并且任务进入阻塞队列成功，就执行步骤（4），否则执行步骤（6）。

（4）如果线程池不是 RUNNING 状态并且任务从阻塞队列出队成功，就执行 reject()方法拒绝这个任务，否则执行步骤（5）。

（5）如果当前线程池中的线程数等于 0，就通过 addWorker(null, false)方法创建非核心线程用于处理任务，此时创建的非核心线程没有初始任务。

（6）通过 addWorker(command, false)方法创建非核心线程用于处理任务，此线程的初始任务是 command 任务。

6.17.8　ThreadPoolExecutor 类 addWorker()方法代码解析

addWorker()方法向线程池中添加一个新线程，如果新线程创建成功，那么方法返回 true，否则方法返回 false。addWorker()方法代码如下：

```
/**
```

```java
 * 在线程池中创建一个新线程
 *
 * @param firstTask 线程池要执行的第一个任务
 *
 * @param core     如果 core 等于 true，就表示核心线程，corePoolSize 是上限
 * 如果 core 等于 false，就是非核心线程，maximumPoolSize 是上限
 *
 * @return 创建成功返回 true，否则返回 false
 */
private boolean addWorker(Runnable firstTask, boolean core) {
    // 外层循环标记
    retry:
    for (;;) {
        // 获取 ctl 的 int 数值
        int c = ctl.get();
        // 线程池状态 c & ~CAPACITY
        int rs = runStateOf(c);
        /**
         * 下面的 if 条件等价于
         * rs >= SHUTDOWN
         * 并且
         * (1) rs == SHUTDOWN
         * (2) firstTask == null
         * (3) ! workQueue.isEmpty()
         * 至少有一个为 false 的时候，返回 false
         */
        // 从线程池的各状态可知，RUNNING 是负数
        // SHUTDOWN 是 0，其他状态是正数
        if (rs >= SHUTDOWN &&
            ! (rs == SHUTDOWN &&
               firstTask == null &&
               ! workQueue.isEmpty()))
            return false;
        for (;;) {
            // 当前线程数
            int wc = workerCountOf(c);
            /**
             * 当前线程数≥最大容量
             * 或者
             * 如果当前创建的是核心线程并且当前线程数大于等于 corePoolSize
             * 或者
             * 当前创建的是非核心线程并且当前线程数大于等于 maximumPoolSize
             * 返回创建线程失败
             */
            if (wc >= CAPACITY ||
                wc >= (core ? corePoolSize : maximumPoolSize))
                // 方法返回 false
                return false;
            // CAS 操作设置 ctl 自增 1，如果 CAS 操作成功
            if (compareAndIncrementWorkerCount(c))
```

```java
                    // 跳出外层 for 循环
                    break retry;
                // 获取 ctl 的 int 数值
                c = ctl.get();
                // 运行状态发生了变化
                if (runStateOf(c) != rs)
                    // 重新进入外层 for 循环
                    continue retry;
        }
    }
    // 新线程是否启动
    boolean workerStarted = false;
    // 是否成功添加新线程
    boolean workerAdded = false;
    // 工作线程 Worker
    Worker w = null;
    try {
        // 创建工作线程
        w = new Worker(firstTask);
        final Thread t = w.thread;
        if (t != null) {
            // 可重入锁
            final ReentrantLock mainLock = this.mainLock;
            //加锁
            mainLock.lock();
            try {
                // 获取 ctl 的 int 数值
                int c = ctl.get();
                // 线程池运行状态
                int rs = runStateOf(c);
                // rs < SHUTDOWN 即线程池是 RUNNING 状态的
                // 或者
                // 线程池为 SHUTDOWN 状态,且 firstTask == null
                if (rs < SHUTDOWN ||
                    (rs == SHUTDOWN && firstTask == null)) {
                    // 如果线程已经启动
                    if (t.isAlive())
                        // 就抛出 IllegalThreadStateException 异常
                        throw new IllegalThreadStateException();
                    // 新线程加入 workers 这个 HashSet 中
                    workers.add(w);
                    // 当前的线程数
                    int s = workers.size();
                    // 如果当前的线程数大于 largestPoolSize
                    if (s > largestPoolSize)
                        largestPoolSize = s;
                    // 标识线程添加成功
                    workerAdded = true;
                }
            } finally {
```

```
                    //解锁
                    mainLock.unlock();
                }
                // 如果线程添加成功
                if (workerAdded) {
                    // 启动新线程
                    t.start();
                    // 新线程启动成功
                    workerStarted = true;
                }
            }
        } finally {
            // 如果新线程启动失败
            if (! workerStarted)
             // 删除线程
                addWorkerFailed(w);
        }
        // 返回 workerStarted
        return workerStarted;
    }
```

6.17.9 ThreadPoolExecutor 类 runWorker()方法代码解析

当线程池的工作线程 Worker 创建并启动后，将执行线程的 run()方法。其代码如下：

```
/** Delegates main run loop to outer runWorker */
public void run() {
    runWorker(this);
}
```

run()方法将调用外部类 ThreadPoolExecutor 的 runWorker()方法执行任务。runWorker()方法代码如下：

```
/** Worker 启动后，run()方法中会执行 runWorker()方法 */
final void runWorker(Worker w) {
    // 当前线程
    Thread wt = Thread.currentThread();
    // w 第一个要执行的任务
    Runnable task = w.firstTask;
    // 将 w 的 firstTask 属性置为 null
    w.firstTask = null;
    // 当 new Worker()时 state 为-1
    // 此处会调用 Worker 类的 tryRelease()方法，将 state 置为 0
    // 允许中断
    w.unlock(); // allow interrupts
    // 是否"突然完成"
    // 如果是由于异常导致进入 finally
    // completedAbruptly==true 就是突然完成的
    boolean completedAbruptly = true;
    try {
```

```java
// 如果当前 task 不为空，就执行 while 循环
// task 的来源有两处：
// 1.一处是 w 的 firstTask 属性指定的第一个任务
// 2.getTask()方法从阻塞队列中获取的任务
while (task != null || (task = getTask()) != null) {
    // 加锁，为了在 shutdown()时不终止正在运行的 worker 线程
    w.lock();
    // 如果线程池是最少是 STOP、TIDYING、TERMINATED 三种状态之一
    // 就设置中断标志
    // 否则（RUNNININ 状态）重置中断标志，重置后需要重新检查线程池状态
    // 因为当重置中断标志时候，可能调用了线程池的 shutdown 方法
    // 改变了线程池状态
    /**
     * 1.如果线程池状态≥STOP，即 STOP、TIDYING 和 TERMINATED
     * 且当前线程没有设置中断状态，就设置线程中断
     * 2.如果一开始判断线程池状态小于 STOP
     * 并且 Thread.interrupted()为 true
     * 即线程中断了且又清除了中断标示
     * 再次判断线程池状态是否大于等于 STOP
     * 如果是，就再次设置中断标示
     * 如果否，就不操作，清除中断标示后进行后续步骤
     */
    if ((runStateAtLeast(ctl.get(), STOP) ||
         (Thread.interrupted() &&
                runStateAtLeast(ctl.get(), STOP))) &&
        !wt.isInterrupted())
        // 设置线程中断标志
        wt.interrupt();
    try {
        // 执行任务前的操作，由其子类实现
        beforeExecute(wt, task);
        Throwable thrown = null;
        try {
            // 调用任务的 run()方法
            task.run();
        } catch (RuntimeException x) {
            thrown = x; throw x;
        } catch (Error x) {
            thrown = x; throw x;
        } catch (Throwable x) {
            thrown = x; throw new Error(x);
        } finally {
            // 执行任务后的操作，由其子类实现
            afterExecute(task, thrown);
        }
    } finally {
        // task 置为 null。
        task = null;
        // 完成任务数加 1
        w.completedTasks++;
```

```
                // 解锁
                w.unlock();
            }
        }
        // 设置 completedAbruptly 为 false
        completedAbruptly = false;
    } finally {
        // 处理线程退出的工作
        processWorkerExit(w, completedAbruptly);
    }
}
```

runWorker()方法执行流程如图 6-37 所示。

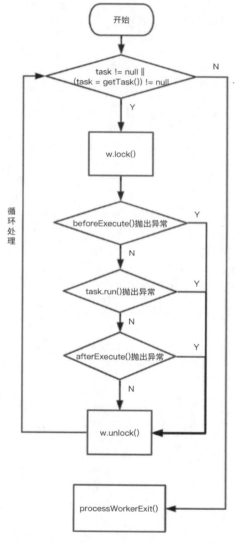

图 6-37　runWorker()方法执行流程图

6.17.10 ThreadPoolExecutor 类 getTask()方法代码解析

getTask()方法用于从阻塞队列中获取待执行的任务。getTask()方法代码如下：

```java
private Runnable getTask() {
    // 是否超时
    boolean timedOut = false;

    for (;;) {
        // 获取 ctl 的 int 值
        int c = ctl.get();
        // 线程池的状态
        int rs = runStateOf(c);

        /**
         * 对线程池状态的判断，两种情况会导致 workerCount 减 1，并且返回 null
         * 1.线程池状态为大于等于 STOP，此时不用考虑 workQueue 的情况
         * 2.线程池状态为 SHUTDOWN，且 workQueue 为空
         */
        if (rs >= SHUTDOWN && (rs >= STOP || workQueue.isEmpty())) {
            // CAS 减少 worker 数量
            decrementWorkerCount();
            return null;
        }
        // 当前的工作线程数
        int wc = workerCountOf(c);

        // 是否允许回收空闲的线程
        // allowCoreThreadTimeOut 表示是否允许核心线程在空闲时被回收
        // wc > corePoolSize 即存在非核心线程，非核心线程空闲时将被回收
        boolean timed = allowCoreThreadTimeOut || wc > corePoolSize;
        // 如果工作线程数大于最大线程数
        // 或者 timed 和 timedOut 任一为 true
        // 并且工作线程数大于 1
        // 或者工作队列为空
        if ((wc > maximumPoolSize || (timed && timedOut))
            && (wc > 1 || workQueue.isEmpty())) {
            // 工作线程数量减 1
            if (compareAndDecrementWorkerCount(c))
                return null;
            continue;
        }

        try {
            // 根据 timed 决定用 poll 或者 take 方式获取任务
            // 两种方式都会抛出 InterruptedException 中断异常
            Runnable r = timed ?
                // 获取队列中的任务，阻塞指定时间
                workQueue.poll(keepAliveTime, TimeUnit.NANOSECONDS) :
```

```
                // 获取队列中的任务，如果没有任务就阻塞
                workQueue.take();
            // 如果获取到任务就返回此任务
            if (r != null)
                return r;
            // 没有返回，说明超时，设置 timedOut 为 true
            timedOut = true;
        } catch (InterruptedException retry) {
            // 响应中断，设置 timedOut 为 false
            timedOut = false;
        }
    }
}
```

6.17.11　ThreadPoolExecutor 类 processWorkerExit() 方法代码解析

processWorkerExit() 方法在线程退出前执行清理工作。processWorkerExit() 方法代码如下：

```
/** 执行清理工作 */
private void processWorkerExit(Worker w, boolean completedAbruptly) {
    // 如果线程是突然结束
    if (completedAbruptly) // If abrupt, then workerCount wasn't adjusted
        // 工作线程数减 1
        decrementWorkerCount();
    final ReentrantLock mainLock = this.mainLock;
    mainLock.lock();
    try {
        // 统计整个线程池完成的任务个数
        completedTaskCount += w.completedTasks;
        // 删除工作线程
        workers.remove(w);
    } finally {
        mainLock.unlock();
    }
    // 尝试设置线程池状态为 TERMINATED，如果当前是 shutdown 状态并且工作队列为空
    // 或者当前是 stop 状态，当前线程池里面没有活动线程
    tryTerminate();
    int c = ctl.get();
    // SHUTDOWN 或 RUNNING
    if (runStateLessThan(c, STOP)) {
        if (!completedAbruptly) {
            // 如果允许核心线程超时，那么线程池中的最小线程数可以为 0
            // 否则线程池中的最小线程数可以为 corePoolSize
            int min = allowCoreThreadTimeOut ? 0 : corePoolSize;
            if (min == 0 && ! workQueue.isEmpty())
                min = 1;
            // 如果当前线程 ≥ 线程池允许的最小值
            if (workerCountOf(c) >= min)
                // 清理工作结束
```

```
            return;
        }
        // 如果线程是突然结束的,就需要补上一个新的线程
        addWorker(null, false);
    }
}
```

6.17.12　ThreadPoolExecutor 类 shutdown()方法代码解析

shutdown()方法用于关闭线程池,调用 shutdown()方法前进入线程池的任务将继续得到执行,调用 shutdown()方法后不再有任务进入线程池。shutdown()方法代码如下:

```
/** 线程池关闭方法 */
public void shutdown() {
    // 可重入锁
    final ReentrantLock mainLock = this.mainLock;
    // 加锁
    mainLock.lock();
    try {
        // 权限检查
        checkShutdownAccess();
        // 设置当前线程池状态为 SHUTDOWN,如果已经是 SHUTDOWN,就直接返回
        advanceRunState(SHUTDOWN);
        // 设置中断标志
        interruptIdleWorkers();
        // 为 ScheduledThreadPoolExecutor 类预留的钩子函数
        onShutdown(); // hook for ScheduledThreadPoolExecutor
    } finally {
        // 解锁
        mainLock.unlock();
    }
    // 尝试将状态变为 TERMINATED
    tryTerminate();
}
```

6.17.13　ThreadPoolExecutor 类 shutdownNow()方法代码解析

shutdownNow()方法停止所有正在处理中的任务并返回阻塞队列中等待处理的任务的集合。shutdownNow()方法代码如下:

```
/** 线程池关闭方法 */
public List<Runnable> shutdownNow() {
    // 保存阻塞队列中的任务
    List<Runnable> tasks;
    // 可重入锁
    final ReentrantLock mainLock = this.mainLock;
    // 加锁
    mainLock.lock();
```

```
try {
    // 权限检查
    checkShutdownAccess();
    // 设置线程池状态为 stop
    advanceRunState(STOP);
    // 中断线程
    interruptWorkers();
    // 清空原队列，移动队列任务到 tasks 中
    tasks = drainQueue();
} finally {
    // 解锁
    mainLock.unlock();
}
// 尝试将状态变为 TERMINATED
tryTerminate();
// 返回 tasks
return tasks;
}
```

6.17.14　线程池常见面试考点

（1）线程池的正确使用方式。
（2）阿里巴巴编码规范不推荐使用 Executors 类创建线程池的原因。
（3）线程池的核心工作原理。
（4）线程池主要状态和核心方法代码解析。
（5）线程池在企业开发中的适用场景。

第五篇

面试与技巧

第 7 章

剖析面试

面试是企业考察一个人的工作能力与综合素质是否可以融入公司的团队的重要手段。随着中国互联网进程的不断发展，企业对面试投入的时间和人力在不断增加，面试的表现形式越来越多样化。

7.1 什么是面试

很多从业人员，尤其是有了一些工作年限的开发人员认为，开发人员只要自己本身技术实力够强就行，至于面试准备、面试效果以及面试结果反馈与技术无关，不需要投入太多的精力。其实不然，从笔者从业以来接触的很多开发人员和面试官了解到，很多技术实力过硬的开发人员其实并不一定能拿到比较满意的 Offer。其原因在于影响 offer 的因素并非只有技术本身，还包括着装、表达能力、面试技巧、期望薪资、求职意向和背景调查等多个因素。

7.1.1 让面试官记住你

面试是一个较为短暂的两个陌生人（面试官和候选人）的交流过程。很多候选人的名字在短暂的面试后都会被面试官忘记。因此，这类候选人面试通过的概率很低。

以笔者的朋友，某互联网公司的面试官的经历为例。这位面试官曾经遇到过这样一位候选人，其工作履历如图 7-1 所示。

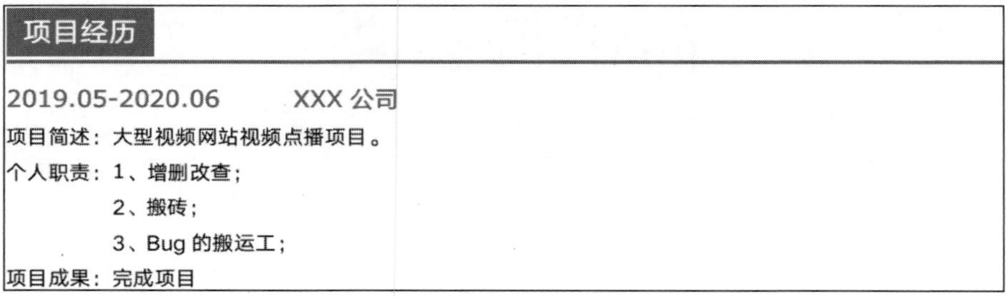

```
项目经历

2019.05-2020.06          XXX 公司
项目简述：大型视频网站视频点播项目。
个人职责：1、增删改查；
         2、搬砖；
         3、Bug 的搬运工；
项目成果：完成项目
```

图 7-1 工作履历示意图

这样的工作履历没办法吸引到面试官。因为市场上大量的从业人员都是做着这样简单重复的工作，所以面试官想要跟候选人继续交流下去的欲望不强烈。短暂的面试后，可能在候选人离开面试的单位后，面试官就会忘记刚刚面试的候选人的姓名。

想要让面试官记住你的方式很多，并非只有技术强这一点。

（1）负责的工作态度

在面试中突出在某个特殊的、苛刻的场景下，按时完成公司安排的任务。通过这样的案例向面试官展现你的责任心。

（2）优秀的设计方案

在面试中描述你的项目经验时，将你的一个设计亮点告诉面试官，并告诉面试官你当时的设计思路、设计目标，对系统扩展性、稳定性、可维护性等多方面的思考，等等。通过这样的案例告诉面试官你是一个有想法的、思路清晰的优秀开发人员。

（3）重大的生产故障

通过主动将自己遇到的故障讲述给面试官，体现你的诚实和担当，并告诉面试官你在遇到重大生产事故时的排查方案、容错方案、解决方案等。通过这样的案例告诉面试官你是一个抗压能力很强的开发人员。

（4）执着的学习态度

坚持写博客两年，坚持每季度看完一本技术图书，每周末逛两小时 GitHub，等等。通过这样的案例告诉面试官你是一个热衷学习、喜欢钻研的开发人员。

（5）过硬的技术本领

重构过重大项目，优化过开源框架的核心源码，参加过重要技术大会演讲，等等，通过这样的案例告诉面试官你是一个技术过硬的开发人员。

除了以上几点外，还有很多方式可以让面试官记住你，例如对公司内部开发人员做过培训，擅长跨多个部门沟通并按时交付项目，等等。通过不断地将自己的优点暴露给面试官，使面试官愿意跟你交流和探讨，这是让面试官记住你的关键因素，也是成功通过面试的前提。

7.1.2 让面试官信任你

除了要让面试官记住你以外，还需要在短暂的面试过程中让面试官信任你。

比如有这样一个面试场景。你以前的项目是每天处理 100 万笔交易数据，面试官的项目每天要处理 1000 万笔交易数据，即在你缺乏相关经验的前提下，面试官要求你提供合理的、稳定的设计方案。

对于这一类你没有处理过且难度较大的问题，如果你回答得很好，就会提升面试官对你的信任。这一类问题的回答需要一定的技术实力和沟通能力。

（1）稳定的技术实力

突出你过往的工作经历中对于需求分析、概要设计、详细设计、系统功能性设计、系统非功能性设计等多个方面的考量。成功说服面试官在既定的开发时间、开发人力、开发成本、维护成本内，你的方案是最优的解决方案。

（3）拔高的临场发挥能力

对于这一类问题需要有一定的知识储备。在缺乏相关开发经验的前提下，尽可能提供令面试官满意的设计方案。针对以上面试场景，可以考虑的回答亮点如下：

①性能测试方案

根据具体的业务场景预估系统发布后可能面临的性能问题，针对性地对系统的数据库、缓存和服务器等多个角度进行性能测试，尽可能将风险降到最低。

②扩容方案

在以往的项目经验和交易量的基础上，对服务器集群、缓存集群、数据库集群等资源进行扩容。根据合理性能测试方案提供合理的预估扩容值。

③限流方案

在系统并发量较大时，出于对系统稳定性和系统压测报告的综合考虑，将系统的并发量通过限流手段控制在一个合理的区间内。常用的限流手段有：Nginx 限流、Redis 限流、Hystrix 限流、Guava 限流、Dubbo Sentinel 限流等。

④降级方案

当系统达到处理极限或者系统出现严重异常，通过降级方案将系统损失降到最低。例如，当页面崩溃时，将用户导流到一个友好页面，避免 App 直接闪退影响用户体验。

⑤熔断方案

例如，上海某机房发生火灾或者某接口有安全漏洞被黑客攻击，考虑在极端情况下系统的稳定性和可靠性，可能需要对系统进行熔断处理，将所有流量全量拦截，把损失降到最低。

⑥灰度测试方案

对系统的部分功能进行灰度测试，让生产流量进入这部分功能并且对生产用户无感知，用于测试这部分功能及当前的资源配置能否满足既定的要求。如果不能满足要求，就需要再次对系统进行优化，直至将系统调整到一个最佳的状态。

对于你没有经历过的项目和场景，需要尽可能开拓自己的思路，主动跟面试官交流，尽可能将自己的设计思路和方案设计得稳定、可靠、易扩展。

7.2 面试环节分析

笔者的好友，上海某知名互联网猎头 Allen（花名）表示，开发人员的跳槽一般伴随着 30%的薪资涨幅，有些特别大型的一二线互联网公司（如阿里巴巴、腾讯、今日头条和拼多多等）给开发人员的薪资涨幅可能超过 50%。因此，每年有很多技术人员选择跳槽。随着国内互联网的不断发展，衍生出所谓"金三银四"和"金九银十"等跳槽高峰季。很多互联网公司的团队每年两次跳槽高峰季后，整个团队 80%的人员都会"换血"。虽然跳槽季给开发人员更多、更好的工作机会，但用人单位的面试投入和面试难度也在不断增加。如何有效把握跳槽的黄金时间，拿到自己心仪的Offer，对于每个开发人员来说都是值得深思的。

7.2.1 笔试

笔试环节一般是针对初级开发人员的，主要考核常见的数据结构的实现，常见算法的代码编写和一些常用 Java 工具类的代码实现等。笔试时间一般没有强制的时间限定，候选人在合理的时间内完成笔试题即可。

7.2.2 语音面试

很多公司为了节约现场面试带来的时间成本，会在现场面试前增加一轮语音面试。语音面试的交流途径通常是电话，因此语音面试通常也称为电话面试。近年来也有不少公司采用其他通信工具进行语音面试。语音面试的形式正在呈现出多样化。例如，笔者经历过美团电话面试、建设银行微信语音面试、阿里巴巴菜鸟网络的钉钉语音面试等。

语音面试的时间通常在 30 分钟左右，建议候选人与面试官约定一个合适的时间，寻找一个安静的环境进行语音面试。由于语音面试时面试官看不到候选人正在做的事情，因此面试时候选人应当尽可能保持口齿清晰和网络通畅，避免给面试官造成不好的面试体验。

最重要的一点是，候选人通过语音面试后，通常会获取面试官的联系方式。因此，如果面试官没有明确地告知面试未通过，或者面试官告知未来 1~2 天公司人力资源部同事会跟进语音面试结果，候选人需要及时与面试官进行沟通，及时获取自己的语音面试结果反馈。

7.2.3 视频面试

视频面试是比较流行的一种面试形式，主要是为工作较忙没有时间参加现场面试或者路途较远不方便参加现场面试的候选人而准备的。视频面试与语音面试的不同点在于,在视频面试中,面试官和候选人可以互相看见彼此,因此视频面试的结果有可能会作为最后的面试结果,即视频面试通过后,可能会拿到公司的 Offer。

视频面试的形式相比于语音面试较为正式,一般候选人需要找一个干净整洁的环境,穿着合适的服装参与视频面试,视频面试期间需要目光直视摄像头,避免给面试官造成候选人对视频面试不重视或者使面试官感到面试过程中候选人有作弊的嫌疑。

视频面试的面试官通常在公司或者会议室等办公环境,参与视频面试的面试官可能有多位,因此候选人需要仔细聆听每一位面试官的问题并对每一个问题做出详细、合理的解答。

和语音面试类似的是,候选人在面试结束后,需要及时跟进自己的面试结果。但如果是多位面试官与候选人在群组或聊天室内进行视频面试,候选人可以积极选择与对自己意向较强的面试官进行沟通,主动获取自己的面试结果。

7.2.4 现场面试

现场面试是目前主流的面试形式。通常现场面试伴分为 3~5 轮不同的面试。每一轮现场面试持续 40~60 分钟。

现场面试分为一般分为以下几种:

(1) 技术主管初试

初试一般考察候选人的基础能力,主要包括编码能力、设计模式、常见算法和常见 JDK 工具类的代码实现等。初试主要针对候选人过往的项目经验和面试官目前负责的项目进行考察。

(2) 技术总监复试

一般初试通过后,紧接着就会进入复试流程。复试的面试官一般是技术主管的上级,即技术总监。复试也可能会对初试中的问题进行再次考察,更多情况是针对项目总体架构、技术选型、多个相似技术优缺点对比等更高层次的技术考核。复试一般会比初试难度更大。

(3) 人力资源部面试

技术总监复试通过后,会进入人力资源面试。此轮面试主要采集候选人的期望薪资、兴趣爱好、表达能力、持续学习能力和求职意向等非技术层面的基本情况。很多技术人员认为进入人力资源面试基本上就是面试通过了。其实不然,很多大型互联网公司在这一轮会筛选掉很多候选人。例如阿里巴巴的人力资源部有一票否决权,即使候选人成功通过前几轮面试,但只要人力资源部评估后,认为候选人与公司价值观不符或者候选人的求职意向不明确等,人力资源部都有权不录用候选人。因此,人力资源部面试也是现场面试非常重要的一个环节,开发人员不可以掉以轻心。

(4) 交叉面试

一般在跳槽高峰季,互联网公司多个部门都急需大量开发人员。这时公司部门之间会形成招聘竞争,即 A 部门面试后,B 部门也会进行面试。所谓交叉面试,就是多个部门交叉轮流面试同一个候选人。交叉面试会造成候选人需要参加更多的面试,每一轮都通过后才可能拿到 Offer。

以笔者的一次拼多多现场面试经历为例讲述大型互联网公司的面试过程。面试地点是一间咖啡厅,可能是想让候选人尽可能放松,面试官和候选人一边喝着咖啡一边面试。整个现场面试的过程耗时 5 个多小时，是一次非常耗时、非常耗体力的经历。

（1）初试

初试是应聘的拼多多的订单团队。一个从阿里巴巴菜鸟网络跳槽到拼多多的开发人员负责面试，主要的面试内容是常见的算法、JDK 各种工具的代码分析、线程池的代码分析和过往项目的设计思路及优缺点和应急方案。

（2）交叉面试

第 1 轮交叉面试是应聘的拼多多的中间件团队。拼多多中间件团队开发人员面试主要是考察各种中间件的原理和代码实现。该项目当时正在对 Kafka 做扩展开发，使 Kafka 消息具有更多贴合其自身业务的特性，因此偏向于考察 Kafka 的代码实现和 Scala 语言。

（3）复试

复试是拼多多的订单团队总监负责，主要考察海量数据存储、高并发场景设计、Redis 缓存穿透及系统稳定性和扩展性等方面。

（4）交叉复试

交叉复试是拼多多的中间件团队总监负责，主要考察 Kafka 客户端代码实现、Java IO、Netty、Scala 和 Python 等技术。与复试相比，交叉复试明显更加关注底层技术和候选人的知识面。

（5）人力资源面试

主要了解笔者选择拼多多的原因、选择跳槽的原因、期望薪资和兴趣爱好等方面。

从笔者的这次面试经历可以看出，用人单位花费了大量的时间挑选候选人，对候选人的综合素质要求越来越高。用人单位选拔人才的口味越来越挑剔。

7.2.5 压力面试

除了以上常见的几种面试形态外，用人单位对一些重要的职位可能还安排了压力面试。例如面试官给出一个非常难的问题或者目前还没有标准解决方案的问题，让候选人在短时间内作答。压力面试主要考察候选人的心理素质和应变能力。就目前笔者了解到的压力面试情况来看，压力面试一般不作为面试结果的重要参考，其主要侧重考察候选人的心理素质，并希望经历压力面试后，可以将候选人的期望薪资控制到用人单位可接受的范围内。

7.2.6 背景调查

一些大型的互联网公司会委托第三方背景调查公司对其通过面试的候选人的学历、过往工作履历以及在过往就职过的公司的突出表现和重大失误进行调查，综合评估是否录用该候选人。因此，背景调查要求候选人的职业生涯有较好的职业道德，不能出现重大失误，更不能出现失信或者与公司价值观相悖的记录。

以笔者曾经就职的公司为例，有一位面试通过的候选人因背景调查而被用人单位拒绝。背景调查结果显示，此候选人在上一家公司离职的原因是盗取公司客户资源并贩卖给竞争公司，从而被上一家公司辞退。

笔者建议每一位从业人员，无论是出于什么样的原因选择跳槽，一定要坚守自己的岗位，将自己的工作做到尽善尽美，为自己和所在的单位画上一个完美的句号。

7.2.7 在线考试

一些大型公司的工作人员经常需要跨部门进行沟通，因此在技术面试通过后，会安排一些行政能力测试或IQ/EQ测试等，如携程和中国平安。

这些在线考试一般是计时考试，候选人需要在指定的时间内完成大量复杂的试题。在线考试结果会作为录用的参考标准。有些公司对这类考试做了强约束,考核不通过的候选人一律不能录用，如中国平安。

第 8 章

面试技巧

酒香也怕巷子深。技术人员在面试过程中尽可能多与面试官交流，尽可能让面试官了解更多简历等书面材料中没有反映的情况，尽可能展现自己的才华。

8.1 第一类候选人

金无足赤，人无完人。每个人都有自己的缺点，有很多缺点是我们自己很清楚的，也有一些是我们不自知的。第一类候选人不愿意主动与面试官交流，对面试官提出的问题及答案是否正确不关心。

每个候选人应该都经历过图 8-1 所示的面试场景。面试官总会提出一些超出候选人能力之外的问题。

在面试过程中遇到超出能力范围之外的问题是很常见的。第一类候选人对于这类问题表现出不积极的态度。也许候选人面试结束后会针对面试过程中遇到的难题进行分析，各个击破，但面试过程中应该表现得积极主动，主动与面试官就超出能力范围的问题进行沟通，寻找一个在现有能力范围内的折中方案，以尽可能提升面试官对候选人的印象分。

笔者的一次腾讯面试场景如图 8-2 所示。

第 8 章 面试技巧 | 753

图 8-1 第一类候选人面试场景

图 8-2 笔者的一次腾讯面试场景

当时笔者并不知道更多其他的答案，如果笔者像第一类候选人那样直接说不知道，不再继续与面试官进行沟通，可能就不会再有候选的面试环节。笔者采取了图 8-3 所示的主动与面试官沟通交流的方式，成功进入下一轮面试。

图 8-3　遇到难题主动与面试官积极沟通

8.2 第二类候选人

第二类候选人有较强的技术能力，但是不善于沟通，在面试过程中不善于对面试官的问题进行扩展和延伸，往往会错失很多机会，第二类候选人面试场景如图 8-4 所示。

图 8-4　第二类候选人面试场景

第二类候选人可以准确地回答出每个问题，但缺少对相关问题的深度剖析，虽然可以答对问题，但在多个候选人中不能脱颖而出，尤其在跳槽高峰季中，可能很快就会被竞争对手超越，与自己理想的工作机会失之交臂。

8.3 第三类候选人

第三类候选人相比第二类候选人可以做到知其然，知其所以然。当面试官提出问题后，第三类候选人可以给出准确的答案并说出问题产生的原因、解决问题的方案、解决方案能够生效的原因等。第三类候选人的面试场景如图 8-5 所示。

通过这样的面试表述过程，可以使面试官清晰地认识到候选人排查问题的能力、解决问题的能力、技术实力和表达能力。这是一种比较高效的面试技巧，大部分第三类候选人可以顺利进行下一轮面试，面试结束后回去等待用人单位通知。

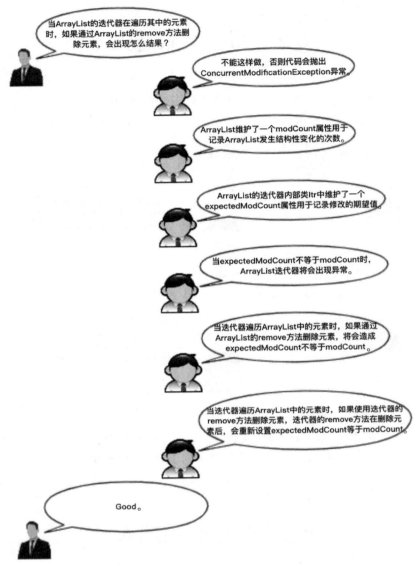

图 8-5　第三类候选人面试场景

8.4　第四类候选人

第四类候选人是面试通过率较高的一类候选人，这类候选人不仅可以准确地回答出问题的答案，给出问题产生的原因、问题的解决方案、解决方案的生效原理，而且可以对一个知识点进行扩展，将多个知识点和关键技术串联成知识网络，更好地展现自己的技术实力、沟通能力以及分析和总结问题的能力。同步不断与面试官进行互动，一步步将面试官带入自己预先设计好的"陷阱"（候选人擅长的技术或者知识点）中，巧妙地错开面试官追问。

下面以常见的面试题"工作当中遇到的难点问题"为例,分析第四类候选人的面试思路。第四类候选人的面试场景如图 8-6 所示。

图 8-6　第四类候选人面试场景

当第四类候选人回答出面试官的问题后,主动将问题难度升级,积极与面试官进行沟通和互动。第四类候选人对问题的扩展如图 8-7 所示。

758 | Java 面试一战到底（基础卷）

图 8-7　第四类候选人主动对问题进行扩展

当第四类候选人对问题进行扩展后，主动提出一些面试官在面试时非常关注的知识点，吸引面试官继续与其交流。第四类候选人提出面试官关注的知识点，如图 8-8 所示。

图 8-8　第四类候选人主动对问题进行扩展

第四类候选人充分掌握面试技巧，把握面试官心理，了解面试官对候选人技术、沟通等综合素质的偏好，通过讲故事的方式不断地与面试官进行交流和互动。第四类候选人与面试官的交流互动如图 8-9 所示。

图 8-9 第四类候选人与面试官交流互动

按照第四类候选人的面试思路,候选人会将面试官感兴趣的问题和知识点以知识网的形式表述给面试官。第四类候选人的知识网如图 8-10 所示。

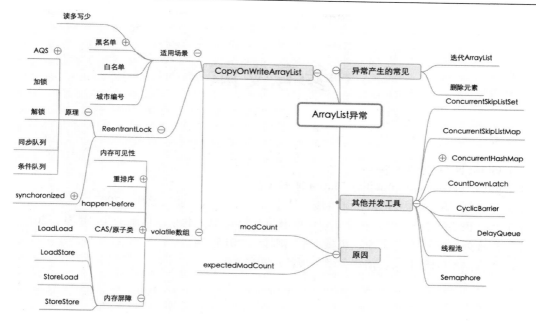

图 8-10　第四类候选人与面试官交流互动

第四类候选人面试通过率高的原因在于其平时工作和学习时的工作积累，以及面试前的精心准备。希望各位读者可以结合自身的情况，努力向第四类候选人看齐，提升自己的技术实力、总结能力和沟通能力，收获自己满意的 Offer。

参考文献

[1] https://leetcode-cn.com/.
[2] https://baike.baidu.com/item/Maven/6094909.
[3] 埃克尔. JAVA 编程思想（第 4 版）[M]. 北京：机械工业出版社，2007.
[4] Java 核心技术·卷 1：基础知识（原书第 9 版）[M]. 北京：机械工业出版社，2013:720.
[5] Java 并发编程[M]. 北京：机械工业出版社，2016:354.
[6] 数据结构[M]. 北京：清华大学出版社，2013:389.